JN412035

21세기 제조공학

2 1 ST CENTURY MANUFACTURING

21세기 제조공학

Paul K. Wright 지음 | 안성훈 · 김형중 · 김휘준 · 김민형 · 김지석 옮김

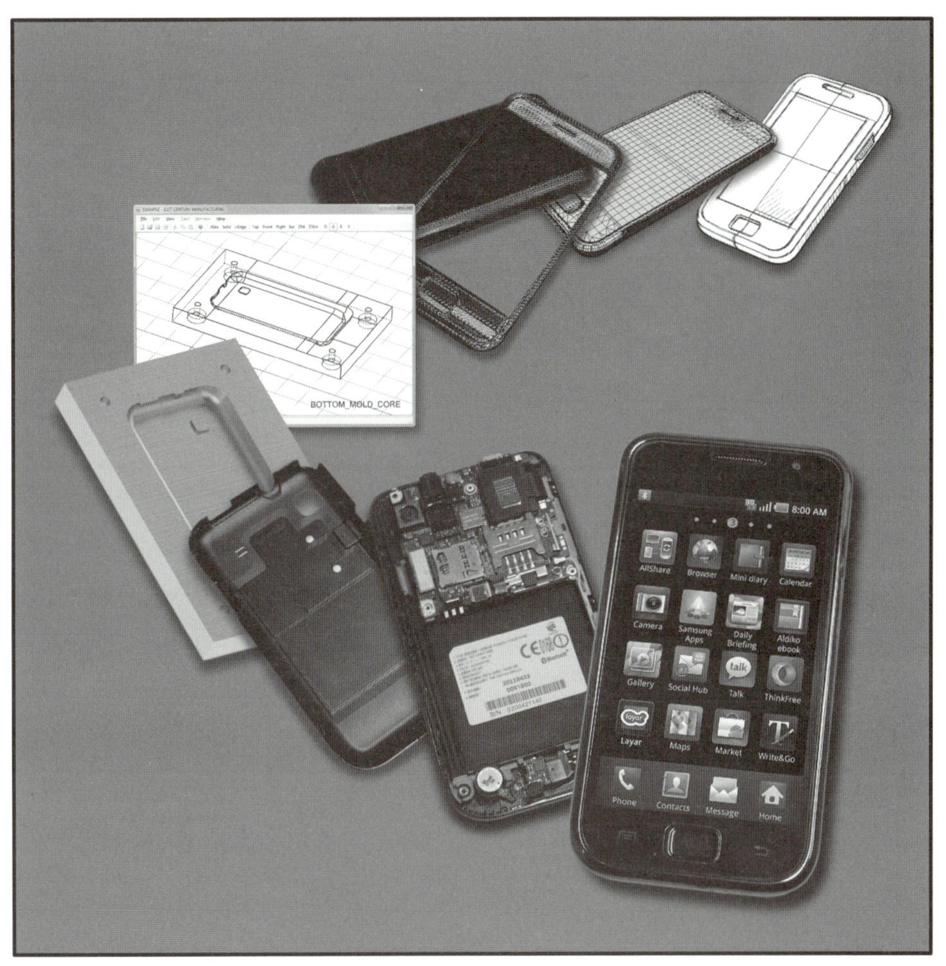

Σ 시그마프레스

21세기 제조공학

발행일 | 2011년 1월 3일 1쇄 발행

저자 | Paul Kenneth Wright
역자 | 안성훈, 김형중, 김휘준, 김민형, 김지석
발행인 | 강학경
발행처 | (주)시그마프레스
편집 | 송현주
교정 · 교열 | 장은정

등록번호 | 제10-2642호
주소 | 서울특별시 마포구 성산동 210-13 한성빌딩 5층
전자우편 | sigma@spress.co.kr
홈페이지 | http://www.sigmapress.co.kr
전화 | (02)323-4845~7(영업부), (02)323-0658~9(편집부)
팩스 | (02)323-4197

인쇄 | 한교원색　　　　제본 | 동신제책

ISBN | 978-89-5832-634-2

21st Century Manufacturing

＊책값은 뒤표지에 있습니다.

역자 서문 _PREFACE

21세기의 첫 10년을 보내는 이 시점에 우리나라의 산업 중 몇몇은 선진국과 대등하게 경쟁하는 시대가 되었다. 그러나 미국이 아직도 세계의 과학과 기술, 경제를 이끌어 가는 모습을 보며, 향후 우리나라가 더 발전하며 맞을 미래를 조심스럽게 예견할 수 있다.

폴 라이트 교수의 『21세기 제조공학』은 일반적인 제조를 가르치는 교과서와 많이 다르다. 세세한 기술을 백과사전식으로 나열하기보다는 21세기에 중요하다고 생각되는 대표적인 기술에 대해서 중점적으로 다룬다. 무엇보다 큰 특징은, 기술을 그 자체로 가르치기보다 더 큰 그림을 보고 새로운 신생회사를 창업하거나 이미 세워진 회사를 관리하는 기술경영(MOT)에 대한 내용을 예를 들어 제시한다.

초판이 나온 지 약 10년에 가까운 시간이 지났지만 번역을 하면서 앞으로 10년 후에도 상당한 내용이 가치가 있을 것이라는 생각을 하게 되었고 라이트 교수의 예지를 볼 수 있었다.

특별히 융합을 강조하고 다학제 간 협력이 제품 개발에서 강조되는 오늘날, 기계공학, 전기/전자공학, 산업공학, 화학공학, 항공공학, 재료공학 등 대부분의 공학도와 경영학, 산업디자인 등 제품 개발에 관련되는 전공을 공부하는 학생들이 함께 팀으로 일하기 위해 요구되는 기본 지식을 제공해 주는 책이라고 할 수 있다.

가능한 한 원문을 따르려고 했으며, 초판이 미국에서 출간된 2000년대 초의 통계자료를 그대로 사용한 부분도 있지만 독자들이 저자의 의미를 이해하는 데 도움이 된다고 생각되는 것은 최근 자료로 수정하였다.

역자로서 바라는 것은 미국 대학에서 강조하는 혁신과 융합적인 사고가 부족하나마 이 책을 통해 우리나라에서도 교육되고, 이제 선진국을 기술적으로 추월하면서 개척적인 방향 설정이 점차 중요해지는 우리나라의 산업발전에 미력하나마 일조하기를 바란다.

마지막으로 약 2년간 번역작업을 함께 한 공역자인 제자 김형중, 김휘준, 김민형, 김지석 군과, 교정을 도와준 서울대학교 기계항공학부 혁신설계 및 통합생산연구실 대학원생들, 느린 템포로 번역을 했지만 여유롭게 대응해 주신 (주)시그마프레스에 감사를 드리고, 평안한 마음으로 번역할 수 있게 기도와 마음으로 지원해 주신 양가 부모님, 아내 그리고 세 아이들에게 고마움을 전한다.

Veritas Lux Mea(진리는 나의 빛).

2010년 11월

대표역자 안성훈

저자 서문 _PREFACE

이 책의 초판은 10여 년 전 '닷컴(.com)' 열기가 한창일 때 쓰였다. 닷컴의 열풍으로 학생들이 〈신생기업이름.com〉 형태의 인터넷 주소(URL)를 등록하고, 다음에는 혁신적인 제품 설계나 서비스를 상업화하는 데 뛰어들게 만들었다.

'기업가 정신'은 초판인 영문판뿐 아니라 한글판에서 역시 이 책의 중요한 요소이다. 우리는 이 책이 제품개발, 제조 그리고 비즈니스 계획을 처음으로 융합하는 기능을 계속하고, 대학원이나 학부 고학년 수업의 교재로 사용되어 기업가 정신을 가진 학생들에게 도움을 주기를 기대한다. 또한 경영학과 공학을 전공하는 학생들이 섞여서 소그룹으로 한 학기 동안 과제를 하는 데 교재로 사용되기를 바란다. 이를 위해 부록에는 새로운 서비스나 제품으로 비즈니스를 계획하는 방법과 사례가 제공된다. 이들 제품의 대량 생산을 위한 제조 방법뿐 아니라 최초의 시작품을 제작할 수 있는 '쾌속 조형(rapid prototyping)' 방법에 대해서도 자세히 다룬다.

이 책의 주제 중 하나는 점차 강력해지는 글로벌 시장이 투자, 기업가 정신, 디자인, 제조, 서비스에 미치는 영향에 대한 것이다. 나와 안성훈 박사를 포함한 UC 버클리의 연구그룹이 이 책에 사용되는 자료들을 1990년대 말에 작성하였으며, 그와 유사한 연구그룹들이 전 세계적으로 분산된 설계자들, 쾌속 조형 서비스 그리고 대량 생산 기업들을 연결해 주는 CAD/CAM 소프트웨어를 설계했다. 그 이후로 시장분석, 투자, 디자인, 시작품 제작, 대량 생산, 전 세계적으로 서비스를 연결해 주는 경향이 가속화되었다. 그러한 점에서 우리는 '제조'라는 주제를 가치사슬의 독립된 영역의 하나로 한정해서 보는 것은 올바르지 않다고 생각한다.

글로벌 회사가 살아남고 성장하는 데는 제품구현과 관련된 모든 측면의 기술과 지식—기업가 정신에서부터 시장분석, 설계와 제조, 서비스를 통해 지속적으로 수입을 얻는 데까지—이 요구된다. 최근 세계경제의 불안정은 각각의 기업이 시장을 확장하는 데 폭넓은 안목을 가져야 하고, 또 새로운 시장, 다양한 주문과 외부의 제한요인들에 신속하게 대응할 수 있는 민첩한 제조 시스템을 가져야 한다는 점을 생각하게 한다.

이 책의 또 하나의 주제는 다음과 같은 아이디어에 중요성을 둔다. 제품 설계에서의 혁신이 매우 중요한 것과 함께, 글로벌 시장에서 그 제품을 대량으로 제조할 수 있는 기업의 초기 설계 역시 중요하다. 예를 들어, 바이오 연료와 태양으로부터 얻는 연료(solar-to-fuel)와 같은 새로운 연구분야는 석탄과 석유에 대한 의존도를 줄이기 위해 발전하고 있다. 이러한 중요한 연구 주제가 성공하기 위해서는 글로벌 시장에서 규모의 경제를 제공할 수 있는 대량 생산 방법에 대한 연구가 보조되어야만 한다. 만약 그렇게 되지 않는다면 새로운 에너지 제품은 지난 수십 년간 시장을 지배해 온 석탄과 석유기반의 제품과 서비스들을 대체할 수 없을 것이다.

또 다른 예로 헬스케어와 서비스의 중요성을 들 수 있다. 실험실에서 독거노인들을 위한 네트워크 기반의 건강 모니터링 장치를 설계하거나 시작품으로 만드는 일은 쉬울 수 있다. 그러나 규모의 경제를 다시 생각하면 신뢰성, 보안성, 개인정보보호, 잘못된 판단의 최소화를 보장하는 품질이 확보되어야 제품과 서비스가 대량으로 사용될 수 있다.

지금까지 한국은 대중이 사용할 수 있는 IT와 휴대전화 서비스에 국가의 중대한 투자를 해 왔고, 이 분야의 산업과 이들이 헬스케어에 미치는 영향으로 글로벌 리더십과 시장 확장을 취할 준비가 되어 있다. 좀 더 넓게 보면, 오늘날 휴대용 장치와 이를 사용한 서비스들은 여러 문화권의 사람들에게 익숙한 것이 사실이며, 한국은 새로운 무선/휴대전화 서비스의 거의 모든 방면에서 세계적인 리더이다.

한국에서는 소비자들이 초기의 혁신적인 서비스를 사용하고 나서 이를 좀 더 개선한 후에 글로벌 시장에 새로운 서비스로 수출할 수 있는 기회가 있다. 쉽게 말하면, '홈 시장'에서 위험을 무릅쓰고 시도한 후에 제품을 개선하여 세계 무대에 나가는 것이다.

우리는 기업가 정신을 기초로 한 이 교과서와 한국이 이룩한 훌륭한 모바일 IT 서비스를 기반으로 하여 많은 학생들이 새롭고 흥미진진한 기업들을 창업하기를 바라 마지 않는다.

이 책에 관심을 갖는 모든 사람들에게 감사하며,

2010년 10월

Paul Wright

차례 _CONTENTS

제1장 제조 : 예술, 기술, 과학 그리고 비즈니스

1.1 서론 : '제조'란 무엇인가? 2

1.2 예술로서의 제조(기원전 2만 년부터 서기 1770년대까지) 3

1.3 기술로서의 제조 : 1770년대부터 1970년대까지 7

1.4 과학으로서의 제조 : 1980년대부터 현재까지 12

1.5 비즈니스로서의 제조 19

1.6 요약 22

1.7 참고문헌 25

1.8 인용문헌 26

1.9 사례 연구 : 옆자리 방식 증후군 27

1.10 복습 29

제2장 제조분석 : 시작하는 회사를 위한 몇 가지 기본적인 질문

2.1 서론 : WWW.START-UP-COMPANY.COM 32

2.2 질문 1 : 누가 고객인가 33

2.3 질문 2 : 제품 제조비용(C)은 얼마인가? 39

2.4 질문 3 : 제품의 품질(Q)은 얼마인가 62

2.5 질문 4 : 제품을 얼마나 빨리 인도(D)할 수 있는가 80

2.6 질문 5 : 유연성(F) 비용 86

2.7 기술 경영 91

2.8 참고문헌 94

2.9 인용문헌 99

제3장 제품설계, 컴퓨터 이용설계 그리고 솔리드 모델링

3.1 서론 102
3.2 디자인을 정의할 수 있는가? 103
3.3 설계의 심미적, 창의적, 개념적인 양상 104
3.4 설계의 높은 수준의 공학적 단계 105
3.5 설계의 분석적인 단계 109
3.6 설계의 상세 단계 114
3.7 3개의 튜토리얼 : 개요 115
3.8 첫 번째 튜토리얼 : 와이어 프레임 구성 116
3.9 솔리드 모델링 개요 122
3.10 두 번째 튜토리얼 : CSG를 이용한 솔리드 모델링 130
3.11 세 번째 튜토리얼 : DSG를 이용한 솔리드 모델링 135
3.12 기술 경영(MOT) 139
3.13 용어 해설 144
3.14 참고문헌 145
3.15 인용문헌 148
3.16 참고 URL 주소 : 상용 CAD/CAM 시스템과 설계 어드바이저 149

제4장 입체 형상 가공과 쾌속 조형

4.1 입체 형상 가공 방법 152
4.2 스테레오리소그래피 : 일반적인 개요 156
4.3 시작품 제조 공정의 비교 176
4.4 쾌속 조형용 주조 방법 183
4.5 절삭 가공을 사용한 쾌속 조형(신속 제작) 189
4.6 기술 경영 193
4.7 용어 설명 196
4.8 참고문헌 197
4.9 인용문헌 201
4.10 참고 URL 주소 201

제5장 반도체 생산

5.1 서론 204
5.2 반도체 204

5.3 시장 적응 205
5.4 미소전자공학 혁명 207
5.5 트랜지스터 210
5.6 집적회로의 설계 218
5.7 반도체 생산 I : 요약 221
5.8 반도체 생산 II : NMOS 223
5.9 레이아웃 규칙 228
5.10 전단처리(Front-end) 과정의 심화 230
5.11 후위처리 과정 방법 247
5.12 칩의 생산비용 251
5.13 기술 경영 259
5.14 용어 설명 272
5.15 참고문헌 275
5.16 인용문헌 277
5.17 참고 URL 주소 278

제6장 컴퓨터 제조

6.1 서론 280
6.2 인쇄 회로 기판 제작 282
6.3 PCB 조립 287
6.4 하드 드라이브 제조 298
6.5 기술 경영 306
6.6 용어 해설 316
6.7 참고문헌 317
6.8 컴퓨터 제작의 사례연구 321

제7장 금속제품의 제조

7.1 서론 334
7.2 기본적인 절삭 가공 공정 337
7.3 절삭 가공 공정의 제어 349
7.4 절삭 가공비용 366
7.5 박판 성형 371
7.6 기술 경영 382
7.7 용어 설명 385

7.8 참고문헌 388
7.9 인용문헌 390
7.10 참고 URL 주소 390

제8장 플라스틱 제품 제조와 최종조립

8.1 서론 392
8.2 플라스틱의 특성 393
8.3 플라스틱 가공 공정 I : 사출성형 기법 397
8.4 플라스틱 가공 공정 II : 폴리머 압출성형 409
8.5 플라스틱 가공 공정 III : 중공성형 411
8.6 플라스틱 가공 공정 IV : 박판의 열성형 412
8.7 컴퓨터 상품 : 조립 및 제조고려설계 415
8.8 기술 경영 425
8.9 용어 설명 428
8.10 참고문헌 429
8.11 인용문헌 431
8.12 참고 URL 주소 431

제9장 생명공학

9.1 서론 434
9.2 고대예술의 현대적 실천 435
9.3 흥미 끌기 436
9.4 생명공학 역사에서의 이정표 438
9.5 생명과학(bioscience)의 재검토 441
9.6 생명공학 공정 450
9.7 유전공학 I : 개관 457
9.8 유전공학 II : 헤모글로빈의 유전자 복제 사례 464
9.9 생물학적 처리 공학 471
9.10 기술 경영 475
9.11 용어 설명 480
9.12 참고문헌 482
9.13 인용문헌 482

제10장 미래 제조업 전망

10.1 이 책의 목표와 내용에 대한 고찰 **486**

10.2 기술 경영 **487**

10.3 과거에서 현재로 **488**

10.4 현재에서 미래로 **489**

10.5 조직적인 '계층형성'의 원리 **491**

10.6 계측 I : 학습하는 조직 **493**

10.7 계층 II : 시장 진입 기간의 단축 **495**

10.8 계층 III : 설계의 심미성 **497**

10.9 계층 IV : 신제품을 창조하기 위한 문화의 연결 **498**

10.10 계층 이론에 대한 결론 **504**

10.11 참고문헌 **504**

10.12 인용문헌 **506**

부록 프로젝트, 견학, 사업계획서를 위한 아이디어의 '연습장'

A.1 누가 기업가가 되고 싶어 하는가? **510**

A.2 시작품 제작과 회사운영에 대한 프로젝트 **511**

A.3 프로젝트 진행단계와 제작 진도 **511**

A.4 단기 사업 계획의 구성 **515**

A.5 프로젝트 선택 **517**

A.6 프로젝트 예제 : 기능이 향상된 마우스－입력 기기 **518**

A.7 프로젝트 상담(그룹이 아닌 팀으로 통일) **519**

A.8 최근의 상담 프로젝트 예 **521**

A.9 가능한 공장 견학 **522**

A.10 분야 선정의 기준 **523**

A.11 공장 견학 사례 연구 정리 **524**

A.12 공장 견학 실시 예를 위한 추천 형식과 내용 **525**

A.13 참고문헌 **529**

A.14 인용문헌 **529**

A.15 참고 URL 주소 **530**

찾아보기 531

21ST
CENTURY
MANUFACTURING

제조 : 예술, 기술, 과학 그리고 비즈니스

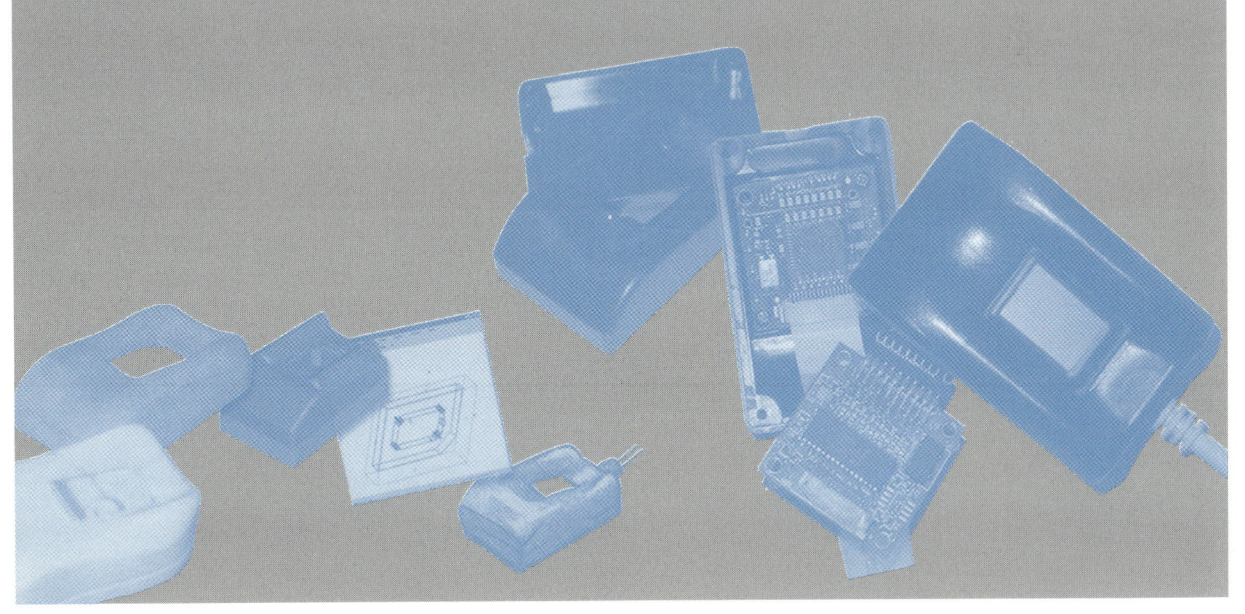

1.1 서론 : '제조'란 무엇인가?

'제조(manufacturing)'라는 말은 라틴어에 어원을 두고 있는데, '손으로(by hand)'를 의미하는 'manu'와 '만들다(to make)'를 뜻하는 'facere'가 결합된 단어이다. 제조의 사전적 정의는 "특히 대규모로 육체노동이나 기계 장치를 이용하여 물건을 만드는 것"이다.[1] 우리는 이러한 간단한 정의로부터 제조가 역사적으로 어떠한 경향을 가지고 있었는지 확인할 수 있다. 수백 년 동안 제조는 인간이 육체적 노동을 투입하여 숙련된 기술로 물건을 만드는 것으로 이루어져 왔다. 그러다가 약 2백여 년 전 산업혁명이 일어난 이후에는 그림 1.1의 두 번째 열(19세기)에 요약한 것처럼 기계의 역할이 커졌고, 시간이 지나면서 제조 공정의 모델 또한 보다 잘 이해할 수 있게 되었다. 최근 수십 년 동안에는 생산성을 높이기 위하여, 컴퓨터를 이용한 설계 및 제조(Computer Aided Design/Computer Aided Manufacturing, CAD/CAM), 품질 관리(Quality Assurance, QA)에 대한 새로운 개념들이 도입되었다. 21세기에는 더 나은 공정 모델이 도입되고, 보다 정확한 제어가 가능해지며, 통합이 증가될 것이다.

20세기 초의 (위의 사전적 정의에서 사용된) '대규모'라는 말은 헨리 포드(Henry Ford)의 대량 생산(mass production)과 동일한 말이었다. 그러나 이제는 인터넷이 제조에 대해 보다 더 큰 규모의 접근이나 세계적인 접근을 위한 발판을 마련했다는 데에 대부분의 사람들이 동의할 것이다. 우리는 정보의 글로벌 네트워크와 여러 지역에 분산된 제조사들이 나타나리라고 예상할 수 있다. 하나의 중앙 집중적인 회사 개념을 고집하는 단일 조직이라는 20세기의 개념은 아마 사라질 것이고, 특별한 목적에 따라 설립되고 시장이 제품을 요구하는 동안 존속했다가 시장이 변화하면 우아하게 해산하는, 보다 작고 민첩한 회사들이 새로운 문화를 주도할 것이다. 인터넷은 타고난 기업가 정신을 가진 사람들이 보다 유연하고 비공식적인 회사를 세우는 것을 분명 가능하게 만들고 있다. 제1장의 목표는 새로운 국제적 변화의 시대와 제조에 대해 이러한 넓은 시야를 갖추기 위한 발판을 마련하는 것이다.

1) 국립국어원 표준국어대사전에서는 '제조'라는 말을 "(1) 공장에서 큰 규모로 물건을 만듦, (2)원료에 인공을 가하여 정교한 제품을 만듦"이라고 정의하고 있다.

제조 : 과거, 현재, 그리고 미래			
18세기 초	19세기	20세기	21세기
• 모루와 망치 • 공정이해 부족 • 장인(craft people) • 가내수공업	• 증기기관 • 공정에 대한 이해 증가 • 도시 공장	• 컴퓨터 이용 설계, 계획 및 제조 • 폐회로 제어를 이용한 제한된 공정 모델 • 공장 자동화 증가	• 전사적 정보 네트워크 • 강건한 공정과 종합 조정 제어 • 글로벌 기업과 가상 제조 회사

그림 1.1 21세기까지의 4세기 동안의 제조

1.2 예술로서의 제조(기원전 2만 년부터 서기 1770년대까지)[2)]

일반적인 의미에서 볼 때 제조는 인간이 생존하는 데 있어 매우 필수적이다. 역사가들은 약 2만 년 전 유럽 빙하기의 시작을 기술이 특히 분출됐던 시기로 간주한다(Pfeiffer, 1986). 크로마뇽인들은 현재의 런던 교외 북부 부근까지 내려온 빙하를 피해 남하했다. 그들은 추위를 피하기 위해 거친 털가죽을 만들었고, 사냥을 하기 위해 간단한 도구를 만들었으며, 요리를 하기 위해 조잡한 기구를 만들었다. 기원전 2만 년부터 1만 년 사이의 이 전반적인 시기를 석기시대라고 부르는데, 기원전 1만 년쯤에 간단한 도구를 만들고 사용하게 됨으로써 인류는 유목 부족 생활에서 공동체 생활로 이행하게 되었다. 이러한 공동체 생활은 농업 혁명의 밑거름이 되었다.

제조는 기후나 기근 혹은 전쟁 등의 영향으로 말미암아 장인 공예 기술에 기반하여 발달해 온 것이 분명하다. 예를 들어, 천연 주석과 혼합된 천연 구리 광석을 이용하여 석기보다 내구성이 좋은 무기를 만들 수 있다는 우연한 발견으로 말미암아 석기시대로부터 청동기시대로 이행하게 되었을 것이다. 고고학자들은 기원전 5천 년경 이전에 한국, 타이를 비롯한 동양 문명권에서 청동 무기, 그릇, 장신구들이 제작되었다고 생각한다. 비슷한 시기에 서양에서는 영국 콘월(Cornwall) 지대에서 주석이 채

2) '예술'은 원문에서는 'art'라고 되어 있고, 우리말에서는 이를 '기예(技藝)'라고 명시적으로 번역할 수 있으나, '기예와 학술을 아울러 이르는 말'이라는 넓은 뜻을 가지고 있는 '예술'로 번역하였다.

굴되었다는 증거가 있으며, 기원전 3천 년경에는 이집트와 메소포타미아 문명이 역사에 등장했다. 이들 문명의 역사적 뿌리는 분명하지 않지만, 그곳에는 세련된 장인들이 있었다(Thomsen & Thomsen, 1974). 그들의 초기 예술과 기술은 그리스와 로마로 전파되어 유럽 제조의 기틀을 다졌다. 이들은 철기시대까지 서서히 발전하여 마침내 17세기와 18세기 산업혁명에 이르게 된다.

이러한 초기 예술 및 기술을 보여 주는 예가 바로 탈랍 주조(lost-wax casting) 공정이었다. 이 공정은 기원전 5천 년부터 3천 년 사이에 이집트와 한국에서 발견되었다. 이 공정에서 장인은 밀랍을 새겨서 조각상 같은 모형을 만든 후에, 모래나 점토로 이 밀랍 모형을 둘러싼다(오늘날로 말하자면 주형을 제작하는 셈이다－역자 주). 그리고는 밀랍 모형을 열로 녹여서 (모래 혹은 점토로 만든) 주형 바닥의 작은 구멍을 통해 빼냄으로써 속을 비운 후에, 바닥의 구멍을 막고 녹인 금속을 주형의 위쪽 구멍으로 부어 넣는다. 금속이 식어서 굳으면 주물을 모래(주형)로부터 꺼내고, 손으로 다듬고 광택을 내어 마무리하게 되면 원하는 예술품이 완성된다. 이 책의 뒷부분에서는 인터넷에 연결되어 AT&T, 실리콘 그래픽스, IBM의 일련의 컴퓨터 케이스 시작품을 생산하는 현대의 쾌속 조형 공장을 다룰 예정이다. 이들은 누가 뭐래도 첨단 기술 작업이지만, 아이러니하게도 탈랍 주조 공정은 시작품 제작에 광범위하게 사용되는 기본 공정들 중의 하나로 아직도 남아 있다.

만약 단조와 주조의 뿌리가 이집트와 한국의 장인들이라면, 선삭과 절삭과 같은 조금 더 복잡한 공정들은 어떨까? 이집트 테베의 무덤에서 고고학자들이 발굴한 청동 그릇들은 바닥이 마치 원시적인 선반에서 만들어진 것과 같은 전형적인 형태의 고리를 보여 준다(뒤에서 다시 이야기하겠지만, 선반은 선삭 기계 공구로서, 오늘날에는 보통 강철봉의 지름을 변경하기 위해 사용한다). 이들의 제작 연도는 기원전 26년 이전으로 추정되는데, 왜냐하면 그 해에 테베가 약탈되었기 때문이다(Armarego & Brown, 1969). 대영 박물관과 뉴욕의 자연사 박물관에는 수많은 예술 작품들이 초기의 기계 가공(선삭)으로 만들어진 이러한 전형적인 원 형상을 보여 준다.

선반(lathe)이라는 단어는 낭만적인 어원을 가지고 있다. 이 말은 봉을 돌리는 데에 사용하는 탄력성 있는 막대기 혹은 얇은 나뭇가지와 관련된 'lath'라는 말에서 유래하였다. 초기의 선반은 2명이 작동하였는데, 1명은 공구를 붙들고 다른 1명이 가공할 봉을 돌렸다. 그러다가 아마 2명 중 1명이 (아마 힘들어서 지친 사람이) 구식 재봉틀 페달과 같은 원시적인 시스템을 만들었을 것이다. 로프를 봉의 한쪽 끝에 둘러싸서 묶는다. 로프의 한쪽 끝은 말 발판처럼 생겨서 터너(turner)의 발에 묶고, 다른 한쪽 끝은 지붕 서까래에 고정된 탄력성 있는 나뭇가지(lath)에 묶는다. 터너가 발을 들어올리고 내리면 봉이 앞뒤로 회전하게 되고, 라스(lath)가 로프로 돌아오도록 스프링 역할을 한다. 이러한 공정은 현대 정밀성의 관점에서 보면 정말 조잡한 공정이다! 그러나 라스라는 단어는 오늘날의 선반이라는 단어가 되었고, 터너라는 말은 영국에서 선반 기사를 가리킬 때 사용되는 머시니스트(machinist)라는 미국 단어보다 더 자주 사용된다.

제조에 대한 예술적인 관점에 대한 이러한 소개는 제조고려설계(Design for Manufacturability, DFM)에 대한 아이디어를 가져온다(Bralla, 1998 참조). 자유형 단조(open-die forging), 주조, 기계 가공에 대한 위의 설명으로부터 복잡한 원본 설계와 어떻게 하면 쉽게 만들 수 있을 것인가 사이에는 상충관계(trade-off)가 존재한다. 이것은 옛 장인들에게도 틀림없이 존재했을 것이다. 유럽 예술을 볼 수 있는 여러 자연사 박물관에서는 예쁜 백합 무늬나 아름다운 둥근 모퉁이 장식이 없는 대신에 요리 냄비, 일상 도구, 식사 도구와 같이 다소 무뎌 보이는 기능성 물건들을 많이 볼 수 있다. 반면에, 이국적인 보석이나 목걸이에는 장식적인 요소들이 있는데, 가장 화려한 물건은 검의 손잡이와 칼집이다. 이것들은 일반 병사에게조차도 가장 중요한 물건이어서 기능보다는 미(美)의 측면에서 장인들에게 상대적으로 많은 돈을 기꺼이 지불하였다. 아시아 문화에서는 부와 사회적 위치를 다른 방식으로 과시하였는데, 다시 말해 단순함이 미(美)의 동의어였다. 그럼에도 불구하고 가장 좋은 재료와 세련된 구조를 사용하였다.

제조고려설계를 경제적으로 분석하려면 항상 최종 고객을 염두에 두어야 한다. 매우 기발하고 제작하기에 거의 불가능해 보이는 (혹은 21세기에 대응하는) 칼집이야말로 바로 고객이 원하는 것이고 기꺼이 돈을 내고 사고자 하는 물건이겠지만 모든 고객들에게 해당되지는 않는다. 월마트(Walmart), K마트(Kmart)[3], 맥도날드(McDonald's)는 최대의 부란, 미학과 고품질 재료가 낮은 가격과 타협하는 대량 소비 시장으로부터 얻어지는 것임을 보여 준다. 따라서 신제품을 설계하고 계획해서 제작하는 사업을 시

3) Kmart : 우리나라의 E-mart(이마트)와 같이 저가 제품을 위주로 파는 매장

작하는 어떤 기업이라도 시장 분석에서부터 시작해야 한다. 설계, 계획, 제작의 각 단계에 얼마나 많은 시간과 돈이 소모되는지가 바로 이 책의 주제이다. 어떤 소비자 집단이 표적이고, 어떤 이윤으로, 얼마나 많은 품목이 팔릴 것인지에 대한 분석과 같이 시장의 맥락을 읽어 내지 못한다면 제아무리 대단한 기술이라 하더라도 결코 성공할 수 없다.

이 장의 마지막에 있는 사례 연구에서도 같은 내용을 이야기하고 있다. **옆자리 방식 증후군**(the next bench syndrome)을 언급하는 기사는 휴렛패커드(Hewlett-Packard, HP)에서 만들었다. 과거에는 설계 엔지니어가 최종 소비자보다는 옆자리에 있는 동료를 감동시키기 위해 장비를 설계하였으나 오늘날에는 설계자가 보다 고객 지향적인 방식으로 초점을 수정하였고, 그 결과 HP 제품들이 개선되었음이 증명되었다. 기사에서는 또한 펜 입력 컴퓨터의 초기 시작품(1993~1994년)에 대해서도 언급하고 있다. 몇몇 독자들은 아마 그것들이 얼마나 부피가 크고 속도가 느렸는지 기억할 것이다. 그러나 오늘날의 설계자와 제조업자들은 소비자들이 손바닥 크기의 모바일 펜 입력 장비에 대해 무엇을 원하는지 이해한다. 예를 들어, Palm Pilot(PDA의 일종－역자 주)과 같은 제품들은 안정화되었고, 이제는 소비자들에게 유용한 제품이 되었다.

이 절에서는 '예술로서의 제조'로부터 설계와 제조 간의 중요한 연결 고리(DFM)를 소개하였다. 예술, 설계, 제조 간의 관계는 복잡하다. **예술**이라는 말은 기술을 의미하는 라틴어 'ars'에서 유래되었다. 특히 산업혁명(1770~1820년) 이전에는 명인이나 장인들이 신제품을 설계하고 제작한 손기술이 지배적이었던 반면, 현대에는 수학적으로 훈련된 엔지니어들이 제품을 설계하고 제작한다. 21세기에도 여전히 공장에서 장비를 작동하거나 다른 장비를 효과적으로 설치하려면 어느 정도의 직관과 시행착오가 필요하지만, 점차 장인이나 숙련공들은 사라질 것이다.

그렇다면 예술은 이제 더 이상 설계와 제조에서 중요한 역할을 하지 않을 것인가? 대답은 '아마 아닐 것'이다. 왜냐하면 예술은 손 기술 그 자체뿐 아니라 그 이상의 것을 포함하기 때문이다. 대부분의 예술 학자들은 **미학적 경험**이라는 개념을 설명할 때 기본적인 기술을 예술적 경지로 승화시키는 것으로 묘사한다. 음악, 춤, 문학, 그림, 건축 혹은 조각과 같이 어떤 분야에서든 성공한 예술가들은 청중과 미학적 경험을 소통하는데, 소비자와 이러한 미학적 경험을 소통하는 것은 항상 '설계 예술가'나 '제조 예술가'에 대한 실마리가 될 것이다—수학적으로 얼마나 복잡한지 혹은 얼마나 첨단 기술의 이러한 영역들이 실현될 것인가에 상관없이 말이다. 이 책이 기술과 비즈니스로서의 제조로 옮겨 가는 동안, 이 분야를 처음 접하는 학생들은 이러한 미학적 경험의 개념을 마음속에 새겨 두길 바란다.

1.3 기술로서의 제조 : 1770년대부터 1970년대까지

제조를 순수하게 예술적 노동 혹은 적어도 장인 방식 노동으로부터 변화하게 한 최초의 분기점은 대략 1770년부터 1820년 사이에 일어났던 영국의 산업혁명(industrial revolution)임에 틀림없다. 탁월한 역사가들은 산업혁명을 단순히 하나의 원인으로만 설명하지는 않는다(Plumb, 1965; Wood, 1963). 그것은 다음과 같은 기술, 경제, 정치적인 요인들의 조합이었다.

1. 일상적인 위생 및 생활 여건의 급격한 개선으로 인해 시장을 형성하는 인구가 증가하였고, 공장 확장을 위한 노동력 공급이 가능하게 되었다.
2. 탐험가들이 새로운 식민지와 글로벌 시장을 열어젖히면서 영국 및 유럽 전반에서뿐만 아니라 아시아와 아프리카에서의 큰 시장에 대한 접근도 가능하게 되었다. 또한, 역사가들은 영국이 미국 독립전쟁에서 패배하였음에도 불구하고 급속하게 팽창하는 미국의 거대한 상품 시장이 그대로 남아 있음을 지적한다.
3. 영국은 오랜 기간 동안 사회 및 정치적으로 안정되어 있었다. 이는 비즈니스와 교역에 있어 보다 더 기업하기에 좋은 분위기를 제공하였다.
4. 은행 업무와 신용을 다루는 데 있어 신기술이 등장하였다. 여기에 편지, 상업 문서들을 취급하는 빠르고 신뢰성 있는 통신 방법들이 추가되었다.
5. 상업의 성공이 오랫동안 지속되면서 자본이 축적되었고 이자율(interest rates)이 떨어지게 되었다. 저리의 가용 자본은 비즈니스에 도움이 되었다. 대규모 매매와 중소 규모의 비즈니스가 형성되었고, 이는 런던과 잉글랜드 북부의 산업 도시들 주변에서 대중화된 '골드 러시(gold rush)' 열풍을 부추겼다.

6. 물론 산업혁명은 증기기관이 없었다면 발생할 수 없었을 것이다(이와 마찬가지로, 200년 후의 트랜지스터와 마이크로프로세서의 발명이 없었다면 현재의 정보 시대도 없었을 것이다). 토머스 뉴커먼(Thomas Newcomen)은 1712년에 첫 번째 증기기관을 만들었지만, 증기동력을 산업에 유용하게 만든 것은 제임스 와트가 개선한 엔진 설계에 의한 것이었다. 특히, 분리 응축기(separate condenser)에 관한 와트의 특허는 1769년에 승인(grant)되었다. 산업혁명 시기에 추진된 이러한 증기동력 장치는 결국 모든 분야에서의 생산성의 대량 증가를 가져왔다. 역사가들은(Plumb, 1965; Wood, 1963) 철강, 직물, 그리고 기계 제조에서 수많은 사례들을 제공한다. 예를 들어, 연이은 급속한 발명들은 면사 방적(cotton spinning)을 가내 수공업에서 공장으로 옮겨 왔다. 아크라이트(Arkwright)의 워터 프레임(water frame, 1769)[4], 하그리브스(Hargreave)의 다축 방적기(multiplied spinning wheel, 1770), 크럼프턴(Crompton)의 물레(mule, 1779)는 사람 1명이 자아낼 수 있는 실의 양을 막대하게 증가시켰다. 또한 방적과 같은 산업에 증기기관을 적용시키는 데에는 그리 많은 시간이 걸리지 않았다. 최초의 증기동력 기계는 1785년에 발명되었고, 약 15년 뒤에 면화 산업이 공장 시대로 넘어가는 것이 완료되었다. 이는 면화의 수요를 자연스럽게 증가시켰는데, 그것은 엘리 휘트니(Eli Whitney)의 또다른 발명이 없었다면 발생할 수 없었을 것이다. 문헌에 따르면, 1793년 4월에 휘트니는 최초의 조면기[5]를 만들었는데, 그로 인해 대변혁이 일어나 조지아(Georgia)와 미국 남부에서 면화의 산출이 급격히 증가하게 되었다.

그러나 역사가들과 경제학자들은 신기술 그 자체만으로는 생산성과 상업에서의 극적인 팽창이 충분히 설명되지 않는다고 강하게 강조한다. 사실 역사가들은 심지어 증기 기술이 새로운 착상이 아니었다는 것을 지적한다. 고대 그리스인들이 증기동력 장난감을 가지고 놀았다거나 고대 이집트인들이 신전의 문을 증기동력을 사용했다는 증거들이 있고 또한 15세기에 중국에서는 이미 제강(steelmaking), 화약, 천연가스를

4) 워터 프레임(water frame) : 1769년에 영국의 아크라이트가 발명한 방적 기계. 오늘날의 방적 기계의 기원(起源)이 되었다－출처 : 네이버 http://krdic.naver.com/detail.nhn?kind=korean&docid=29057700

5) 조면기(繰綿機, cotton gin). 면화에서 면섬유를 분리시키는 기계

위한 착암 등을 포함하는 일련의 다소 복잡한 기술 아이디어들을 발달시켰다는 증거도 있다. 그러나 이전 문명에서의 그러한 기술들은 산업혁명을 시작하는 데에 어떠한 것도 이용되지 않았다. (산업혁명의 발발에는) 1770년에서 1820년 사이에 위에 열거한 모든 여섯 가지 요인들이 함께 합쳐져서 이루어졌다. 따라서 21세기 제조의 성장이라는 문맥을 뒤돌아보는 것은 흥미로운 일이다. 여러 관점에서 볼 때, 오늘날의 기술은 전자 공학이나 통신 분야와 관련되어 있긴 하지만, 성장을 유지하기 위해서는 사회/경제적인 동력(driver)이 유지되어야만 한다.

1820년을 지나면서 산업혁명은 여전히 진행 중이었지만, 그것은 유럽과 미국에서 지속적으로 강화되는 시기였다. 예를 들면, 공작기계 산업의 발전과 견실화는 1840년부터 1910년 사이의 시기에 중요했다. 표준화되고 정밀도가 개선되면서 보다 성능이 좋은 기계들이 다른 여러 금속제품 산업의 기반을 제공하였다. 이러한 2차 산업들은 공작기계의 신뢰성을 바탕으로 확장될 수 있었다. **심지어 오늘날에도 공작기계는 다른 산업들이 생산을 수행하는 데 기반이 되기 때문에, 산업 사회를 위한 핵심적인 기초 요소이다.** 로젠베르그(Rosenberg, 1976)는 공작기계 산업의 기원과, 공작기계 산업이 총포 산업과 같은 2차 산업을 지원하는 결정적인 역할에 대해 이해하기 쉽고 흥미로운 리뷰를 작성하였다. 여기에 대표적인 부분을 인용한다.

> 19세기 전반 전체를 통틀어, 그리고 1855년 새뮤얼 콜트(Samuel Colt)의 무기 공장이 하트포드에 세워지면서 정점에 달했다고 할 수 있는 소형 화기의 제작은 특수 정밀 기계의 발달에 중요한 위치를 차지하게 되었다…. 엘리 휘트니(Eli Whitney)와 시므온 노스(Simeon North)가 존 D. 홀(John D. Hall)이 하퍼에 페리 무기고에서 (밀링 기계를 이용)한 것처럼 1810년대에 그들의 머스킷총(musket) 생산 회사에 투박한 밀링 기계를 이용하게 된 것은 분명하다…. 평밀링 기계의 설계는 1850년대에 와서 정착되었고, 모든 금속 무역에서 급격하게 두드러진 자격을 맡게 되었다.

총포 제작과 기계 발명의 상호작용은 **교체 가능한 부품**(interchangeable parts)이라는 제조의 중요한 착상을 창조하게 되었다. 이러한 개념이 있기 전에는 총의 각 부품은 손으로 만들어져서 하나씩 조립되었는데, 이는 십여 개의 부품들이 크기나 형상에 대한 품질 관리 없이 만들어졌기 때문이다. 반면에 교체 가능한 부품이라는 개념이 도입되면서 각각의 부품들은 엄격한 동일성하에 생산되었다. 이 경우 부품들 간의 어떤 조합이라도 정밀하게 결합될 수 있었다. 또한 이는 조립이 상대적으로 덜 숙련된 노동에 의해서 진행될 수 있다는 것을 의미했다. 엘리 휘트니(Eli Whitney)는 종종 교체 가능한 부품이라는 아이디어의 '발명자'라고 불린다. 그러나 많은 역사가들은 이와 견해를 달리했다. 이 새로운 제조 방식은 품질 관리와 인도 시간이라는 동일한 문제로 고심했던 여러 뉴잉글랜드의 무기공장 장인들에 의해 여러 해를 거쳐 발전되고 정제된 것이라고 할 수 있다(Rosenberh, 1976). 또한 같은 시기에 프랑스에서는 르블랑(LeBlanc)이 교체 가능한 부품에 대한 비슷한 방법을 고안했다.

이러한 새로운 방법들은 고객 만족에 어떻게 영향을 미쳤을까? 역사적 사실을 살펴보면, 초기에는 전쟁에 연관된 정부 기관과 같은 고객들의 불만이 있었다고 한다(토머스 제퍼슨은 휘트니와 거의 최초의 머스킷총 제작 계약을 맺었다고 한다). 왜냐하면 교체 가능한 부품이라는 개념은 신중한 기계 준비(set up)와 엄격한 품질 관리를 요구하였기 때문이다. 즉 배치 시간이 추가되면서 보통 때보다 초기 인도가 늦어지는 것을 의미했다. 반대로, 고객들은 휘트니나 다른 무기 공장들이 얼마나 빨리 대량으로 생산할 수 있는지를 보고 놀랐다고 한다. 이 고객들은 여분의 부품이 필요할 때 더욱 기뻐했는데, 이전에는 이러한 수리를 하려면 손으로 부품을 연마(polishing)하고 '맞추고 깎는 사람들(fitter and turner)'의 조정 기술이 필요했다. 그러나 교체 가능한 부품을 사용하게 되면서부터 수리는 단지 대용품을 구입하기만 하면 되었고, 그것이 원래 부품과 동일한 크기라는 것을 상당히 믿게 되었다.

F. W. 테일러(F. W. Taylor)는 1911년에 『과학적인 관리의 원리(Principles of Scientific Management)』를 집필했는데, 많은 부분이 1895년에서 1911년 사이의 미드베일 철강 회사(Midvale Steel Company)와 베들레헴 철강 주식회사(Bethlehem Steel Corporation)에서의 공장 경험에 기반한 것이었다. 테일러는 여러 분야에서 비상한 성공을 거둔 사람이었다. 첫째, 그는 마운셀 화이트(Maunsel White)와 함께 고속강 절삭 공구를 개발하였는데, 이로 인해 선삭, 드릴링, 밀링과 같은 기본 생산 공정에서 절삭 속도가 4배나 증가하게 되었다. 둘째, 테일러는 금속 가공과 같은 개별적인 제조 공정들을 세심하게 분석하여 엄밀한 제어를 하고자 하였다. 절삭 속도와 공구 수명을 연관

시킨 테일러 수명식은 오늘날에도 사용된다. 이러한 작업은 교체 가능 부품의 개념에서 자연스럽게 생겨났지만, 테일러의 주요 목표는 보다 체계적인 측정이었다. 셋째, 공장 조직에 주목하게 되면서 테일러는 혼돈으로부터 질서를 창조하였다. 그는 작업 과정을 하위 단계로 쪼개어 정량화하여 작은 단계들을 보다 효율적으로 조직하였다. 각각의 하위 작업 시간을 줄여서 전체 작업이 보다 빠르게 수행될 수 있도록 하는 것이 목표였다. 그러한 **작업 시간과 동작과의 연구**(time-and-motion study)는 당시의 산업 조직에 있어 매우 효율적이어서, 곧바로 모든 큰 신생 산업 회사들에서 사용되었다.

결국, 보통 헨리 포드의 개념이라고 생각되는 **대량 생산**(mass production)은 교체 가능 부품 착상과 테일러의 산업 작업을 쪼개어 최적화한 세심한 방법으로부터 자연스럽게 생겨난 정점이었다. 1912년경에는 최초의 자동차가 잘 조직된 생산 라인에서 찍어져 나오기 시작했고(Rosenberg, 1976), 제1, 2차 세계대전은 속도와 효율의 필요를 더욱 증가시켰다. 미국에서 엄청난 효율로 생산되는 무기들은 유럽의 동맹국들이 승리하는 데 필수적이었다.

이러한 효율적인 생산 방식으로부터 얻어진 지식은 1945~1946년의 제2차 세계대전 후에, 특히 전쟁에서 패배하여 몇 년간 재건이 필요한 다른 나라들과 비교했을 때, 미국이 전 세계 독점권을 갖게 된다는 것을 의미했다. 미국은 기본 제조 공정의 세부 지식을 갖게 되었을 뿐만 아니라, 농업 및 제조업의 거대 기업들을 어떻게 조직하는가를 다루는 운영연구(operations research, OR)[6]에서도 매우 숙달되게 되었다. 전기 산업의 팽창은 이를 더욱 자극하였다. **최초의 수치제어**(numerically controlled, NC) 공작기계가 발명되었고 1951년부터 1955년의 기간 동안 개선되었다. 이 기간은 **컴퓨터 이용 제조**(computer aided manufacturing, CAM)의 초기이기도 하다.

요약하면, 제2차 세계대전 이후 1960년대를 지나 1970년대 초반까지 미국은 25년간 전대미문의 부를 축적하였다. 제조에서의 우월은 이러한 부의 핵심 요소였다.

6) 운영연구(operations research) : 과학적 방법(주로 수학이나 행동과학) 및 용구(주로 컴퓨터)를 체계(system)의 운영방책에 관한 문제에 적용하여 이를 관리하는 사람들에게 최적의 해(解)를 제공하는 것. 의사결정 문제의 분석에 있어 계량적·과학적 기법을 이용하여 최적의 해답을 얻는 것을 목적으로 하는 시스템 운영기법.
http://100.naver.com/100.nhn?docid=116103

1.4 과학으로서의 제조 : 1980년대부터 현재까지

1.4.1 개관 : 공학 과학과 조직 과학

아마도 성공적일 때에는 '바퀴 위에서 자는 것(fall asleep at the wheel, 태만해지는 것)'이 인간의 본성일지도 모른다. 1970년대 미국의 상업 역량과 컴퓨터 이용 제조라는 새로운 아이디어의 초기 전망에도 불구하고, 미국의 여러 제조 산업은 일본의 효율과 품질 관리(quality assurance, QA) 방식에 대해 약점이 노출된 채 남겨져 있었다. 이는 1970년대 중반 매우 주목할 만한 충격을 만들기 시작한다.

마츠시다(Matsushita)나 소니(Sony) 같은 일본 제조업자들은 VCR, 전자레인지, 텔레비전, 카메라와 같은 소비재(consumer items)를 먼저 접수하기 시작했고, 한국 등 다른 환태평양 국가들이 그 뒤를 이었다. 게다가 미국의 '빅 3(Big Three)' 자동차 제조업자들은 1970년대의 휘발유 가격 인상에 대응하는 자동차의 설계 변경을 거부하였으며, 도요타(Toyota), 혼다(Honda), 니산(Nissan)은 미국 자동차 시장에서 우려할 만한 수준으로 시장을 빠르게 석권하였다.

어떻게 미국은 1980년대 즈음부터 시작된 이러한 도전에 대응하였을까? 미국은 이러한 도전을 처음에는 감정적이고 약간은 얕잡아 보았다. 1980년대 초반의 잡지 기사들은 유럽과 일본의 교활한 도전자들이 단지 미국 시장에 진입하기 위해 철강, 자동차, 메모리 칩을 실제 시장 가격보다 낮은 가격에 최악으로 '덤핑(dumping)'하고 있다고 우겨댔다. 또는 약간 부드럽게, 새로운 경쟁자들이 저임금 노동에 의해서만 성공적일 것이라고 했다. 별로 놀라울 것은 없지만, 최초의 합리적인 미국의 대응은 공장 작업장에서의 노동 가격을 낮추기 위해 **로봇 공학**(robotics)과 **유연생산 시스템**(flexible manufacturing system, FMS)에 막대한 투자를 하는 것이었다. 로봇 공학과 무인 유연생산 시스템은 하나로 합쳐서 **컴퓨터 통합 제조**(computer integrated manufacturing, CIM)로 정의될 수 있다.

1980년대 중반까지는 CIM에 대한 투자가 상당한 전망을 보여 주기 위해 시작되었다. 그럼에도 서론에서 강조한 바와 같이 아무리 뛰어나다고 해도 기술만으로는 제조의 경쟁에서 승리할 수는 없다. 제조의 우월성을 진정으로 180° 전환하려면, **전사적 품**

질경영(total quality management, TQM)의 맥락에서 보았을 때 로봇 공학과 FMS에 대한 이러한 투자가 필요하다.

이어지는 2개의 절에서는 다음의 두 제목하에 이러한 이슈들에 대해 보다 자세하게 다룬다.

- 공학 과학 : CIM의 하드웨어와 소프트웨어
- 조직 과학 : TQM 이슈들

결국 우리는 제조를 분석하는 데에 초석이 될 어떤 아이디어들이 공고해지는 1980년경부터 시작된 역사적인 시기에 있는 것이다. 이를 과학이라고 부르는 것은 과장일 수도 있겠지만, 그럼에도 차후에 제조를 분석하기 위한 얼마간의 반박할 수 없는 개념들을 아는 것은 유용하다. 이러한 아이디어들은 그림 1.2와 같이 서로 간에 구성되어 있다.

1.4.2 공학 과학(engineering science)

초기에 컴퓨터를 제조에 적용한다는 통찰력 있는 생각은 해링톤(Harrington, 1973), 머천트(Merchant, 1980), 비요르크(Bjorke, 1979)를 비롯한 소수의 사람들로부터 시작되었다. 그들은 자동화, 최적화, 종합 제조 시스템의 작동 통합 등의 방법으로 컴퓨터 통합 제조의 개념을 창조했다. 1980년대 동안, CIM은 자연스럽게 확장되어 로봇 공학과 인공 지능(artificial intelligence, AI) 기술의 사용을 포함하게 되었다(Wright & Bourne, 1988).

그림 1.3의 3개의 원은 해링톤, 머천트, 비요르크의 CIM 시대의 초기 강조점을 보여 준다. 그것은 각 공정의 기본 물리학[복합 공작(머시닝), 용접, 반도체 제조 등], 제어 이슈(로봇이나 가공기의 서보 컨트롤), 유연생산 시스템(FMS) 일정(예 : IC 웨이퍼의 가공 부품의 생산) 등을 포함한다.

그림 1.3은 사전적으로 '체계적으로 공식화된 지식'으로서 정의되는 과학을 사용하는 '공학 과학'의 구성을 보여 주는가? 핵심 이슈는 수학적 공식화와 엄정한 증명이 전개될 수 있는지 여부이다. 과학을 지지하는 자료들에는 다음과 같은 관찰이 있다.

첫째, 맨 안쪽 원(공정) 안에는 재료 가공과 반도체의 기본 공정의 물리 현상이

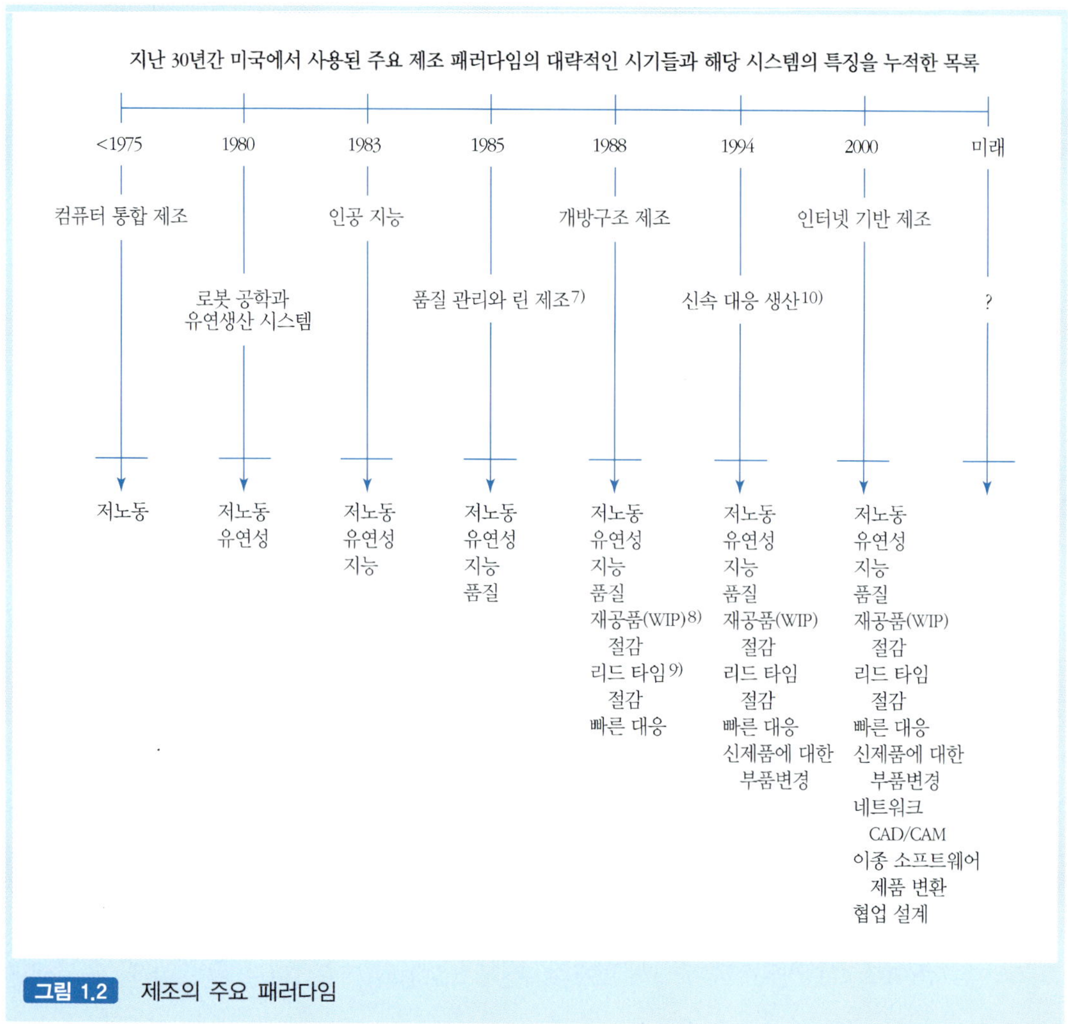

그림 1.2 제조의 주요 패러다임

있다. 이 공정들은 그 근저에 소성에 대한 기본적인 이해를 위한 전위(dislocation) 이론 또는 트랜지스터가 동작하는 방법에 대한 기본적인 이해를 위한 격자 물리 현상과

7) 린 제조(lean manufacturing) : 생산 능력을 효율적으로 활용하여 재공품의 완충 재고와, 인력과 설비 등의 여유분을 최소한으로 유지하면서도 효율을 극대화할 수 있도록 작업 정보를 긴밀하게 교환하는 협동적인 생산 시스템

8) 재공품(在工品, work in process 또는 work in progress, WIP) : 생산 공정 중의 미완성 제품

9) 리드 타임(lead time) : 기획에서 제품화까지의 소요 시간 발주에서 배달까지의 시간 기획에서 실시까지의 준비 기간 절감

10) 신속 대응 생산(agile manufacturing) : 급작스럽게 변화하는 시장 환경에 신속하게 대응하면서 소비자의 요구에 부합되는 고부가/고품질 제품을 빠른 시간 안에 효율적으로 생산할 수 있게 하는 새로운 생산 시스템 패러다임

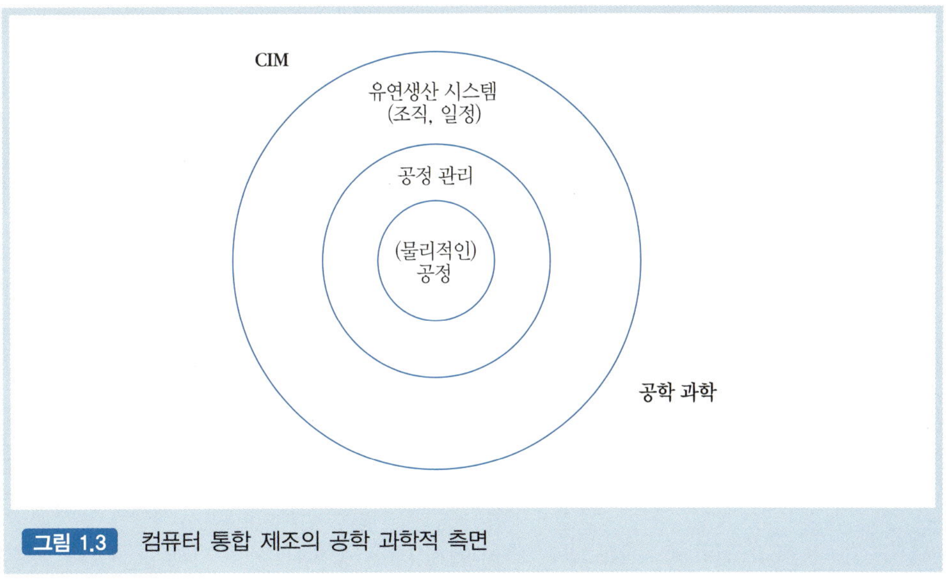

그림 1.3 컴퓨터 통합 제조의 공학 과학적 측면

같은 주제를 가지고 있다. 동시에, 머시닝이나 단조와 같은 소성 가공 공정에서는 금속이 변형되는데, 이제는 유한 요소 해석 방법(finite element analysis method)과 같은 매우 표준화된 방법들이 있어서 여러 개별 공정에서 재료에 적용되는 힘을 예측할 수 있다. 이와 비슷하게 IC를 NMOS[11], CMOS[12]나 BiPolar(제5장에서 설명)로 만드는지 간에, 리소그래피(lithography)와 도핑(doping)과 같은 것들의 기본은 동일하다. 이러한 관찰들은 과학적 방법과 원리를 구축하는 훌륭한 근거이며 여러 제조 단계에 대해 폭넓게 적용될 수 있다.

둘째, 다음 원(공정 관리)에서 이제는 안정성, 정정 시간(settling time), 제조에 사용된 기계의 정확도를 규정하는 제어 이론이 지식으로 잘 구성되어 있다. 링크(linkage), 캠(cam), 구동(drive) 메커니즘, 마찰의 표준 운동학적 해석과 결합되어, 또 다른 과학적 지식이 본질적으로 기계 장치의 제어와 관련되어 제조의 이러한 부분에

11) NMOS(n-channel metal oxide semiconductor) : N채널 트랜지스터로 구성되고, P형 기판을 사용하며 전류 통로를 흐르는 캐리어가 전자인 반도체. 속도는 빠르지만 전력 소모가 크다. 산화막에 의해 전류 통로로부터 절연된 게이트 전극에 전압을 인가하여, 소스 전극과 드레인 전극 간에 전류 통로를 제어함으로써 동작하는 트랜지스터를 MOS 트랜지스터라고 한다.

12) CMOS(complementary metal oxide semiconductor) : 상보성 금속 산화막 반도체. 인버터 회로에 p-채널 트랜지스터와 n-채널 트랜지스터를 같이 구성하여 동작 속도는 늦지만 소비 전력이 아주 작은 반도체. 포켓 계산기나 손목시계 등의 휴대용 제품에 많이 사용된다.

서 축적되어 왔다. 특히 집적회로가 작아지면서 리소그래피 패턴의 정밀 기구 움직임이 전체 산업의 성공에 결정적인 요소이다. 또한 광학, 재료과학, 고체역학의 관련 이슈에 대한 과학적 지식 역시도 존재한다.

셋째, 맨 바깥쪽 원에는 유연생산 시스템의 일정이 있다. 여기에는 개별 기능 시뮬레이션, 통계적 모델링, 최적화, 대기 이론(queuing theory)의 해석적 영역이 관계되어 있다. 이들은 여러 산업 공학 및 운영연구(operations research) 부문의 초석이 된다. 최근에 인공 지능 분야에서는 이 영역에 몇몇 추가적인 과학을 도입하였는데, 제약 조건 기반 추론(constraint based reasoning)[13]이 그것이다. 요약하자면, 이러한 일정 이슈들의 배후의 수학은 현재 과학으로서 독자적으로 잘 확립되어 있고, 웨이퍼가 리소그래피 장치와 오븐에 경제적으로 전입/전출되어야만 하는 반도체 공장의 일정관리(Leachman & Hodges, 1996)에서 매우 중요한 적용 사례들을 가지고 있다. 제조에 대한 보다 공학-과학적인 접근이 이미 설명되었지만, 보다 조직화된 방법들이 또한 필요하므로 다음 절에서 이를 충분히 강조하여 설명할 것이다.

1.4.3 조직 과학(organizational science)

아이러니하게도 전사적 품질경영과 연관된 새로운 철학들의 대다수는 데밍(W. E. Deming)과 같은 미국의 산업공학자들에 의해서 고안되었다. 또한 역사가들은 최초의 산업 로봇이 1961년에 미국에서 특허를 받았지만 일본의 사용자들이 가장 적극적이었다고 지적한다(Engelberger, 1980). 이와 매우 유사하게, 일본이나 여타 환태평양 국가들의 새로운 경쟁자들은 단지 '그 당시 알려진 최고의 아이디어들'을 취하였고 매우 헌신적이고 완벽하게 적용하였다.

예를 들어, 오노 다이치(Taiichi Ono)는 도요타 생산 시스템(Toyota production system, TPS)을 고안하였는데, TPS에서는 부품들의 불필요한 양을 이미 정체된 시스템으로 떠미는(pushing) 것이 아니라 유연생산 시스템(FMS)을 통해 제품을 가져오는

13) 인공 지능의 많은 문제들은 주어진 조건을 만족시켜야 하는 문제로 볼 수 있는데, 이러한 문제의 목표 상태는 주어진 제한 조건을 만족시킨 문제 상태이다. 설계 작업을 수행할 때, 제한된 시간, 비용 그리고 재료를 만족시키는 범위 내에서 일을 해야 하기 때문에 설계 작업도 제한 조건의 만족 문제로 볼 수 있다.
http://www.aistudy.com/problem/constraint_satisfaction_problem.htm

(pulling) 방식으로 재공품(work in progress, WIP)을 절감시켰다. 간판 방식(just in time, JIT) 제조는 종종 이러한 작업 방식을 표현하는 데 사용된다. 린 제조는 재공품 혹은 재고품 절감을 강조하는 다른 연관어구이다.

동시에 도요타는 품질 관리에 대한 새로운 접근 방식을 개척하였다. 품질 관리(quality control, QC)의 '낡은' 정의에 의하면, 부품(component)이란 공정 작업이 설계자가 지정한 치수를 만족시켰는가를 확인하기 위해 부품이 만들어진 후에 측정되는 것이므로 부품이 지정된 치수를 따르지 못하면 폐기되었다.

반면 오늘날의 '새로운' 도요타 방식은 생산 라인 안에서의 활동에 대한 측정에 중점을 둔다. 따라서 라인의 끝에서 측정하여 부품을 폐기하는 방식이 아니라, 라인을 따라서 측정하는 방식으로 초점이 이동하게 된다. 또한 기계는 애초에 결함 부품이 발생하는 것을 방지하도록 조정된다. 이는 공정 내 품질 관리(in-process quality control) 혹은 전사적 품질경영(total quality management, TQM)으로 불리게 되었다. 이 방식은 문제를 아래쪽으로 '차 보내어(punting)' 결국 검사를 통해 알게 되는 것이 아니라 책임을 개별 노동자 혹은 기계에 지우는 것이다(Cole, 1999). 따라서 그림 1.4에서 TQM이라는 새로운 원을 추가하게 되었고, 앞의 그림 1.3을 확대하여 조직 및 비즈니스 문제를 다루게 된다.

그림 1.4에서 함축한 것처럼, 동시 설계로도 알려진 **동시공학**(concurrent engineering, CE)은 TQM에 밀접하게 연관된 주제이다. 동시공학은 1980년대 후반에 중요하게 되었는데, 이는 너무나 많은 미국 회사들이 **벽을 넘어선 제조**(over-the-wall manufacturing)에 빠져들었기 때문이다. 이 캐치프레이즈는 다음과 같이 설명될 수 있다. 많은 회사에서 설계자가 사회적 진공 상태(social vacuum)에서 일을 하는 것이 여기저기에 나타났다. 예를 들면, 아름다운 CAD 이미지들은 고성능의 그래픽 지향 워크스테이션에서 만들어지지만, 이러한 이미지들은 공장 작업장에서 로봇과 공작기계의 특정 작업을 위해 재해석되어야만 했다. 이러한 번역(해석) 과정에서 많은 모호함과 오류들이 발생하였고, 설계와 제조 간의 지연이 길어지는 원인이 되었다.

지난 수십 년 동안 벽을 넘어선 제조의 몇 가지 원인은 사실 테일러의 독재로 거슬러 올라간다. 그는 설계 엔지니어만이 생산에 있어 의사결정을 내릴 만큼 똑똑하다고 믿었고, 제조 엔지니어는 결정 루프 밖에 머무르면서 단지 시킨 것만을 수행해야

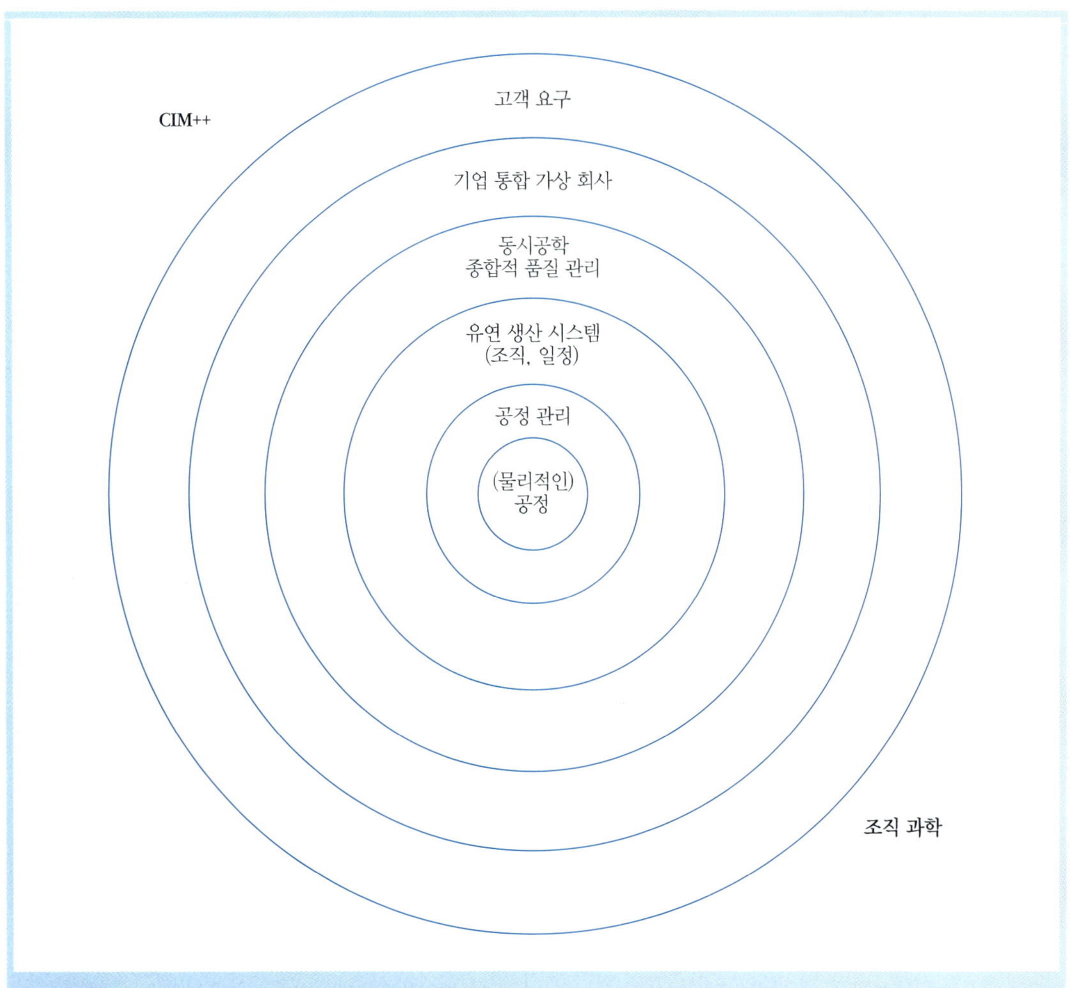

그림 1.4 컴퓨터 통합 제조의 조직 과학적 측면. (앞의 그림 1.3에서 보인)기술 자체보다 고객에 보다 초점을 맞추어서 확대됨.

한다고 주장했다. 아마도 이러한 점이 수십 년간 대학 과정이 구성된 방식과 대다수의 공장에서 임금을 결정하고 책임을 지우는 방식에 영향을 끼친 것으로 보인다. 일반적으로 설계자는 대학에서 훈련된 반면 제작자는 직업학교에서 훈련되었다. 1980년대까지 이러한 구획화는 그다지 도움이 되지 않았다. 오늘날 테일러리즘(Taylorism)은 못마땅한 어조로 사용된다. 테일러리즘은 설계자와 제작자 간의 뛰어넘을 수 없는 벽을 만들어 의사소통을 파괴함으로써 결국 제조 시스템에서 시간이 지연되도록 하였다.

안타깝게도 미국의 제조업자들이 동시공학과 전사적 품질경영에 더 많은 초점을 맞추는 것이 혼란을 해결하는 유일한 방법이었다는 것을 정직하게 인정하기까지 수년의 시간이 필요했다. 제레미 메인(Jeremy Main)은 '품질 전쟁(The Quality Wars)'에서 다음과 같이 이야기했다.

> 빅 3 자동차 회사들은 차이는 있지만 비슷한 기반에서 출발하여 위기를 벗어나기 위한 다른 방식을 시도했으나, 본질적으로는 같은 시도를 하고 있었던 것이다. 그들은 TQM을 대체할 만한 것이 없다는 것을 알게 되었다.

다행히도 미국의 일반적인 경제에 있어서 1980년대에는 모두 나쁜 소식만 있는 것은 아니다. 컴퓨터 산업의 발흥으로 인해 하드웨어와 소프트웨어 양 분야에서 막대한 성장을 이끌었다. 그리고 다소 롤러코스터 양태를 보임에도 미국의 반도체 제조는 꾸준히 번영하였다(Macher et al., 1998). 하드웨어, 운영 체제, 소프트웨어는 창조적인 벤처 자본가들과 특히 실리콘 밸리의 컴퓨터 문화에 힘입어 미국 회사들의 강점으로 이어져 왔고, 동시에 바이오 기술과 제약 산업이 1980년대에 급속하게 발전하였다.

1980년대 후반 즈음에는 TQM, JIT, CE, 린 제조의 조직 과학은 CIM의 공학 과학과 결합하여 미국의 제조에 있어 중요한 개선을 이루어 내기 시작했다(Schonberger, 1998; Macher et al., 1998). 그리고 이는 다음 절에서 서술하는 바와 같은 1990년대의 경제 성장을 위한 발판을 마련했다.

1.5 비즈니스로서의 제조

아이리스(Ayres)와 밀러(Miller)는 제조를 "컴퓨터 신기술과 같은 공급 요소와 제품의 인도(delivery), 품질(quality), 다양성(variety)의 소비자 요구와 같은 수요 요소가 만나는 합류점"으로 간결하게 정의하였다(1983). 이 정의에서는 아마도 몇 가지 세부적인 것들이 명확해질 필요가 있다. 한편 여기에는 일반적인 판매 시장으로 신기술을 자연스럽게 '밀어내는(push)' 것과 연관되어 있다. 예를 들어, 오늘날에는 새로운 칩, 빠른 컴퓨터, 빠른 모뎀이 끊임없이 개발되고 거의 매일 발표되고 있다. 반면 판매 시장으로부터의 부족한 '끌어당김(pull)' 역시 존재한다. 예를 들어, 사용자가 인터넷에서 프로그램을 더 빨리 다운로드 받아서 비디오 게임에서 보다 현실적인 그래픽을 실행시키고 싶어 하는 것처럼 말이다.

다시 말해 아이리스와 밀러는 기술적 진보의 어느 국면에서든 간에, 한편에서는 보다 효율적인 설계와 제조의 방법을 자극하고 다른 한편에서는 소비자 수요를 자극하는, 이러한 '밀고 당기는 요인(push-pull factors)'의 합류 지점이 존재한다는 것을 찾아내었다.

21세기에 소비자들은 무엇을 원하는가? 아이리스와 밀러의 정의에 따르면, 바로 제품의 인도, 품질, 다양성이다. 다시 말해, 사람들은 '한 시간도 걸리지 않거나 (시간이 걸리면) 돈을 돌려받을 수 있는' 피자, 안경, 휴가 사진들을 원하는 것이다. 보다 산업적인 환경에서도 상황은 비슷한데, 선(Sun)이나 IBM과 같은 큰 컴퓨터 설계 업체 역시 인쇄 회로 기판(printed circuit boards, PCB) 조립에서 빠르게 성장하는 회사인 솔렉트론(Solectron)과 같은 제조 지향의 서브 공급자들에게 비슷한 요구를 한다.

그래서 1990년대 최고의 회사들은 동시공학과 TQM을 높은 수준으로 확장시켰다. 이는 공장 작업장 제조에서부터 소비자의 요구에 이르기까지 모든 방식의 '끊임없는(seamless)' 연결을 의미한다. 이것이 오늘날에는 명확하고 현명하게 여겨지지만, (1980년대 이전까지의) '낡은' 공장 방식은 제품을 생산하고 나면, 소비자와의 연결은 대부분 원거리 마케팅 조직에게 맡기는 것에 초점을 맞추었다. 오늘날에는 그렇지 않으며, 이 절에서는 비즈니스 문제와 큰 규모의 제조(manufacturing-in-the-large)에 초점을 맞추고 있다.

이러한 확장된 관점은 그림 1.2의 오른쪽에 보인다. 즉 **개방구조 제조**(open-architecture manufacturing)와 **신속 대응 생산**(agile manufacturing)은 1990년대를 관통하는 새로운 패러다임이었다. 이들은 '인도, 품질, 다양성'이라는 새로운 고객 요구에 대응할 수 있도록 재빨리 형태를 바꿀 수 있는 기업들을 강조했다(Greenfeld et al., 1989; Goldman et al., 1995; Anderson, 1997).

1990년대 중반까지는 인터넷 기반 제조가 이러한 패러다임들이 자연스럽게 확장된 형태였으며, 설계와 제조 서비스를 인터넷을 통해 공유하는 것을 강조하였다(Smith & Wright, 1996).

인터넷의 유용성, 화상 회의, 상대적으로 편리한 항공 여행 등으로 글로벌 무역이 쉽게 증대될 수 있었다. 대규모 기업들은 분할되어 각 부분들이 여러 대륙에서 종합적으로 조정되었는데, 아마 한 나라의 뛰어난 설계팀과 다른 나라의 저비용의 효율적인 제조 팀의 이점을 취하기 위해서였을 것이다. 그러나 사실은 다양한 문화 경제적인 이유로 인해 산업 성장은 항상 '대규모 기업들이 어디에 분포해 있는가' 하는 상황에 의존적이었던 것처럼 보인다. 이는 1770년에 면화가 미국 조지아에서 영국 브래드포드로 운송되어 옷으로 만들어진 다음, 점점 늘어나는 대영제국 식민지로 수출된 것과 비슷하다. 인터넷이 발명되기 바로 직전의 1970년에서도 이 상황은 여전히 사실이었다. 미국에서 제품을 설계한 후 '해외 제조(offshore manufacturing)'를 이용하는 것은 표준화된 관례였다. 21세기에는 월드와이드웹과 화상 회의(video conferencing)로 인해, 한 지역의 고급 설계 사무소에서 설계하여 다른 지역의 저렴한 노동력을 보다 빨리 이용할 수 있는 **잠재력**을 가지고 있다. 그럼에도 이러한 잠재력을 실현하고 시장에서 빨리 얻기 위해서는 명확한 소통(1차적으로는 고객과 설계자, 2차적으로는 설계자와 제작자 간의 소통)이 필수적인 요소로 남아 있다. 이 책의 후반부에서는 이러한 회사들이 차세대 회로, 휴대폰과 같은 제품 부문에서 경쟁자를 물리치고 이윤을 극대화한다는 사실을 예를 들어 보여 줄 것이다(Ulrich & Eppinger, 1995).

기업 통합(enterprise integration)은 그림 1.4의 다섯 번째 원에 표시되어 있다. 이 용어는 실제로 동시공학의 개념으로 전사를 포괄하는 넓은 규모를 함축한다. 이때 주요 조건은 대규모 제조 회사 내의 모든 부서들의 통합이다. 다시 말해, 1980년대 이전에는 여러 부서 간의 협동보다는 테일러리즘이 기업 경쟁력의 기반이었다(Cole, 1999). 그러나 21세기에는 조직 내의 사원이나 부서 간 장벽을 허물고, 회사 전체가 문제를 공공연히 공유하고, 공유된 목적을 향해 일하고, 공유된 생산성 측정을 정의하여 동일하게 몫을 나눌 수 있어야만 한다. 그러면 통합 설계 및 제조 접근으로 인해 시장적기대응에서 이익을 창출할 수 있을 것이다. 이것이 바로 이 책의 핵심 메시지이다.

기업 간 상호 신용이 있다면 외부 기업과 계약할 수 있는 기회를 갖게 되고, 이 계약은 단기간에 이루어져 곧 상업 기회에 적합할 것이다. 이렇듯 예전의 획일적인 기업의 한시적인 존재 형태를 가상 기업[14]이라고 한다. 니시무라(Nishimura, 1999)는 가상 기업이 21세기에 성공하려면 각 참여 기업의 핵심 경쟁 기술에 의존하는 것은 물론, 동시에 각 참여 기업은 그들 간의 제휴 기술에도 보다 더 숙달되어야만 한다고 주장한다.

서로우(Thurow, 1999)는 심지어 "자기 잠식 효과(cannibalization)[15]는 구 기업들을 위한 도전"이라고 주장한다. 즉 오래된 유명 기업들은 이제 작은 기업 부서들로 쪼개어져야 한다는 것이다. 이는 어떤 기업 벤처와는 굳건한 상호작용을 하겠지만, 그 유용성이 끝났을 때에는 해체할 것이다.

개방구조 제조, 신속 대응 생산, 인터넷 기반 제조, 가상 기업은 모두 혁신적인 아이디어 같아 보인다. 그렇지만 그림 1.2를 보면 새로운 전문용어나 문구가 곧 생겨날 것이라는 것을 알 수 있다. 물음표를 채우는 것은 독자의 몫이다. 아마도 가장 중요한 것은 각 시기들이 이전 시기의 토대 위에 구축되었다는 사실과, 어떤 환경에서도 전사적 품질경영의 토대 위에서 조직 과학이 구축된다는 것을 잊으면 안 된다는 사실이다. 웹과 같은 공학 과학의 신기술은 제품과 서비스를 창조하는 새로운 방법을 제공하지만, 근본적으로 제조에서의 효율성과 공정품질 관리(in-process quality control)는 항상 필수적일 것이다.

1.6 요약

지금까지 기예, 기술, 과학 그리고 비즈니스로서의 제조에 대해 살펴보았는데, 우리는 금속을 가공하거나 웨이퍼를 식각(etching)하는 것보다는 제조가 보다 활동적이라는 것으로 결론지을 수 있다. 제조는 일종의 확장된 사회적 기업(social enterprise)이다. 지난 250년간 제조가 발달함에 따라 인간 생활은 그야말로 드라마틱하게 변화하였다. 인간 사회는 농업 사회로부터 면화 산업 장인, 공장 기계, 컴퓨터 자동화와 로봇(및

14) 가상 기업(virtual corporation) : 동종업체, 협력업체나 경쟁업체 간에 전략적 제휴나 합작 관계를 맺고 이를 통해 형성하는 기업 네트워크로서 특정 목적을 달성한 후에는 해체되는 한시적인 기업 형태.

15) 자기 잠식 효과(cannibalization) : 기능이나 디자인이 탁월한 후속 제품이 나오면서 해당 기업이 먼저 내놓은 비슷한 제품의 시장을 깎아먹는 경우 혹은 중국에서 만든 저가 제품이 국내 시장에 들어와 동일 회사의 제품을 구축하는 경우 등을 말한다. 마케팅 전문가들은 '제 살 깎아먹기'로 비유할 수 있는 이런 현상을 '자기 잠식 효과' 또는 '카니벌라이제이션(cannibalization)'이라고 부른다.

관련 소프트웨어 개발 및 유지)을 거쳐 마침내 모뎀과 웹을 이용한 원격제조(tele-manufacturing)에 이르게 되었다.

마르크스나 매슬로우와 같은 철학자들은 인간은 실제로 아무것도 하지 않는 것보다 노동을 좋아한다고 말한다. 그러나 동시에 인간은 급여를 넘어 자신의 노동이 인정받기를 원한다. 1.3절에서 묘사한 1950년대까지의 초기 이행기에 장인은 대량 생산과 기계화에 따라 사라졌다. 현대인들은 보통 위험한 공장에서 일을 한다든지 비좁은 자리에 앉아 단지 급여만을 위해 단순 워드프로세서 작업만을 하고 싶어 하지는 않는다.

미래학자 나이스비트(Naisbitt)의 말처럼 사람들은 이제 '하이테크 하이터치(high-tech high-touch)', 즉 현대의 생활 편의 시설들을 보다 쉽게 접근하고 싶어 한다. 그래서 사람들은 돈을 충분히 벌게 되면 업무를 개선하거나, 업무를 흥미롭게 만들거나, 보람 있는 직업을 위해 재교육에 힘쓴다. 오늘날 기업에서 이러한 현상은 일반적으로 공장 작업장에서 벗어나는 것을 의미한다. 처음에 재교육을 하게 되면 장비 진단 및 보수 혹은 생산 조직의 위치에서 일하게 되고, 시간이 지나면서 종합 관리(general management)[16], 인사과, 비즈니스 지향 의사결정으로 점점 그 위치가 발전될 것이다. 수십 년 안에 **사람과 부분 자동화의 결합**(combination of people and partial automation)이라는 해답을 공장 작업장에서 볼 수 있을 것이다. 오늘날의 비용 효율적인 해답은 바로 기계화된 장비를 사용하는 것이다. 말하자면 땜납 리플로우 배스(reflow solder bath)를 통과하면서 PCB 기판에 납땜을 할 때 움직이는 팰릿을 사용하지만, 검사, 모니터링, 재처리 그리고 때때로 발생하는 수정 작업에는 인간 노동을 사용하는 것과 같다.

이렇듯 지금도 자동화와 인간 노동이 어느 정도 부분적으로 결합해 있음에도 완전히 무인으로 작동될 수 있는 복잡한 자본재(capital equipment)에 투자하는 것이 장기 추세이다. 이는 늘 컴퓨터 통합 제조(CIM)의 목표였다(Harrington, 1973; Merchant, 1980).

이제 인간은 지식이라는 이슈를 가지고 일하게 된다. 테일러의 '고용인(hired hands)' 개념으로부터 피터 드러커(Peter Drucker)가 1940년에 만든 '지식근로자(know-

16) 종합 관리(general management) : 생산관리와 노무관리를 종합하는 전체 관리

ledge worker)'라는 개념으로의 변화는 그림 1.1과 1.2의 왼쪽에서 오른쪽으로 가면서 강조되고 있다. 여러 산업에서 역시 그 영향력이 **자본 집약적인 장비**(capital-intensive machinery)로부터 **소프트웨어와 기업 지식**(software and corporate knowledge)으로 옮겨가고 있다. 많은 주요 경영인들은 조직이 기능하는 방식을 재고하도록 강요받고 있으며, 실제로 '경영'의 역할은 그 자체로 재평가받고 있다. 이는 특히 그 문화가 비공식적이고 젊은 새로운 기업들에서 확인된다.

드러커(1999)는 이러한 새로운 문맥에서 경영의 기초를 다시 살펴보았다. 그는 사내의 경영 방식은 "고객 가치 그리고 가처분 소득을 분배하는 고객 결정"에 초점을 맞추어야만 한다고 주장한다. 이 점은 이 책의 제2장 및 전체적으로 관통하는 주제와 밀접한 관련이 있다. "누가 고객인가"라는 질문에 대한 명확한 답이 없다면 제품의 개발, 설계, 시작품, 제작의 방향이 잘못될 수도 있다.

21세기에는 창조성과 유연성을 촉진하는 환경을 제공하는 것이 계속적으로 사회적 추세가 될 것이다. 그렇지만 이는 20세기 초의 초기 '작업 시간과 동작의 연구' 환경과는 다소 다른 데에 강조점을 두고 있다! 뿐만 아니라 대졸 취업자들에게 평생직장의 개념은 더 이상 무의미해져서, 스스로를 '프리에이전트(free agent)'로 생각하여 1~3년마다 이직하면서 승진하고 있다(Jacoby, 1999; Cappelli, 1999).

이러한 추세대로라면 제1장은 다음과 같은 질문으로 끝을 맺을 수 있다. "2100년에는 제조라는 개념이 있어서 사람들은 일을 할까?"

이 질문이 육체 노동을 의미한다면 대답은 아마 "아니요"일 것이다. 반면, 사람들이 설계하고 계획하여 자동화 장비를 설치해서 소비자들에게 물건을 만드는 집단적 기업을 의미한다면 그 대답은 "예"가 될 것이다. 그리고 아마 (그림 1.4의 가장 바깥에 있는) 소비자들은 그리스-로마 시대 이전부터 인간이 필요로 하고 원해 왔던 것과 똑같은 것을 더욱더 원하게 될 것이다. 건강, 좋은 음식, 행복한 관계, 매력적인 의복, 안전하고 편안한 주거, 빠른 교통수단, 그리고 엔터테인먼트.

우리는 이제 원격 통신과 원격 제조를 이용하게 될 것이다. 언젠가는 '스타 트렉(Star Trek)'을 보면서 감탄했던 것처럼 원격 전송도 가능할지도 모른다. 그렇지만 인간 영혼은 아마도 매우 현실적이고도 근본적인 채로 남아 있을 것이다.

1.7 참고문헌

Anderson, D. M. 1997. *Agile product development for mass customization.* Chicago: Irwin Publishing.

Armarego, E. J. A., and R. H. Brown. 1969. *The machining of metals.* Englewood Cliffs, N.J.: Prentice-Hall.

Ayres, R. U., and S. M. Miller. 1983. *Robotics: applications and social implications.* Cambridge, MA: Ballinger Press.

Bjorke, O. 1979. Computer aided part manufacturing. *Computers in Industry* 1, no. 1: 3-9.

Bralla, J. G., Ed. 1998. *Design for manufacturability handbook,* 2nd ed. New York: McGraw-Hill.

Cappelli, P. 1999. Career jobs are dead. *California Management Review* 42, no. 1: 146-167.

Cole, R. E. 1999. *Managing quality fads: How american business learned to play the quality game.* New York and Oxford: Oxford University Press.

Drucker, P. F. 1999. *Management challenges for the 21st century.* New York: HarperCollins Publishers.

Engelberger, J. F. 1980. *Robotics in practice.* New York: Amacom Press.

Goldman, S., R. Nagel, and K. Preiss. 1995. *Agile competitors and virtual organizations.* New York: Van Nostrand Reinhold.

Greenfeld, I., F. B. Hansen, and P. K. Wright. 1989. Self-sustaining open system machine tools. In *Transactions of the 17th North American Manufacturing Research Institution,* 304-310.

Harrington, J. 1973. *Computer integrated manufacturing.* New York: Industrial Press.

Jacoby, S. M. 1999. Are career jobs headed for extinction? *California Management Review* 42, no. 1: 123-145.

Leachman, R. C., and D. A. Hodges. 1996. Benchmarking semiconductor manufacturing. *IEEE Transactions on Semiconductor Manufacturing* 9, no. 2: 158-169.

Macher, J. T., D. C. Mowery, and D. H. Hodges. 1998. Reversal of fortune? The recovery of the U.S. semiconductor industry. *California Management Review* 41, no. 1: 107-136. Berkeley: University of California, Haas School of Business.

Merchant, M. E. 1980. The factory of the future—technological aspects. *Towards the Factory of the Future,* PED-Vol. 1, 71-82. New York: American Society of Mechanical Engineers.

Nishimura, K. 1999. Opening address. In *Proceedings of the 27th North American Manufacturing*

Research Conference. Berkeley, CA.

Pfeiffer, J. E. 1986. Cro-magnon hunters were really us: working out strategies for survival. *Smithsonian Magazine,* 75-84.

Plumb, J. H. 1965. *England in the eighteenth century.* Middlesex, England: Penguin Books.

Rosenberg, N. 1976. *Perspectives on technology.* Cambridge, England: Cambridge University Press.

Schonberger, R. 1998. *World class manufacturing: The next decade.* New York: Free Press.

Smith. C. S., and P. K. Wright. 1996. CyberCut: A World Wide Web based design to fabrication tool. *Journal of Manufacturing Systems* 15, no. 6: 432-442.

Taylor, F. W. 1911. *Principles of scientific management.* New York: Harper and Bros.

Thomsen, E. G., and H. H. Thomsen. 1974. Early wire drawing through dies. *Transactions of the ASME, Journal of Engineering for Industry* 96, Series B, no. 4: 1216-1224. Also see Thomsen, E. G. Tracing the roots of manufacturing technology: A monogram of early manufacturing techniques. *Journal of Manufacturing Processes.* Dearborn, Mich.: SME.

Thurow, L. 1999. Building wealth. *The Atlantic Monthly* 283, no. 6: 57-69.

Ulrich, K. T., and S. D. Eppinger. 1995. *Product design and development.* New York: McGraw-Hill.

Wood, A. 1963. *Nineteenth century Britain.* London: Logmans.

Wright, P. K., and D. A. Bourne. 1988. *Manufacturing intelligence.* Reading, MA: Addison Wesley.

1.8 인용문헌

1.8.1 기술 서적

Compton, W. D. 1997. *Engineering management.* Upper Saddle River, N.J.: Prentice-Hall.

Cook, N. H. 1966. *Manufacturing analysis.* Reading, MA: Addison Wesley.

DeGarmo, E. P., J. T. Black, and R. A. Kohser, 1997. *Materials and processes in manufacturing,* 8th ed. New York: Prentice Hall.

Groover, M. P. 1996. *Fundamentals of modern manufacturing.* Upper Saddle River, NJ: Prentice-Hall.

Jaeger, R. C. 1988. *Introduction to microelectronic fabrication.* Reading, MA: Addison Wesley

Modular Series on Solid State Devices.

Kalpakjian, S. 1997, *Manufacturing processes for engineering materials.* 3rd ed. Menlow Park, CA: Addison Wesley Longman.

Koenig, D. T. 1987. *Manufacturing engineering: Principles for optimization.* Washington, New York, and London: Hemisphere Publishing Corporation.

Pressman, R. S., and J. E. Williams. 1977. *Numerical control and computer-aided manufacturing.* New York: Wiley and Sons.

Schey, J. A. 1999. *Introduction to manufacturing processes.* New York: McGraw-Hill.

Womak, J. P., D. T. Jones, and D. Roos. 1991. *The machine that changed the world.* New York: Harper Perennial.

1.8.2 인문 서적

Sale, K. 1996. *Rebels against the future: the Luddites and their war on the industrial revolution.* Reading, MA: Addison Wesley.

1.8.3 추천 간행물

The Economist, 〈www.economist.com〉, 25 St. James St., London SW1A 1HG. This often includes special "Pull-out sections" on "High technology": for example, see the June 20, 1998, copy that contains "Manufacturing" and the June 26, 1999, copy that contains "Business and the Internet." *Fast Company,* 〈www.fastcompany.com〉, 77 North Washington St., Boston, MA, 02114-1927.

The Red Herring, 〈www.redherring.com〉, Redwood City, CA, Flipside Communications.

Scientific American, 〈http://www.sciam.com〉, 415 Madison Ave., New York, NY, 10017-1111.

Wired 〈www.wired.com〉, 520 3rd St., 3rd Floor, San Francisco, CA, 94107-1815.

1.9 사례 연구 : 옆자리 방식 증후군

이 책의 여러 장에서는 어떤 상황 혹은 제품의 공학적 관점을 경영 맥락에 결합시키려는 시도의 하나로 사례 연구를 다루고 있다. 이상적으로라면 이러한 결합을 통해 기술 경영에 대한 균형 잡힌 접근이 가능할 것이다. 첫 번째 사례 연구에서 배울 몇 가지 주요 포인트는 다음과 같다.

- 제품을 설계하고 시제품을 제작하려면 공학적 창의성이 최대한으로 필요하다. 그러나 항상 차근차근 다음과 같은 몇 가지 어려운 질문들을 확인해야 한다.
- 어느 소비자군이 이 제품을 구매할 것인가?
- 합리적인 가격인가?
- 동일한 가격의 제품 사이에 '선반 효과(shelf appeal)'[17]를 갖고 있는가?
- 소비자들이 제품을 사용하는 데에 즐거움을 느끼고 친구들에게 이를 이야기할 것인가?
- 고객이 제품의 기능적인 측면뿐만 아니라 미관적인 품질에도 만족하여 다시 그 제품을 구매할 것인가?
- 그림 1.4의 가장 바깥쪽 원에 나타나 있는 것처럼, 21세기에 이러한 고객 요구(customer needs)는 포괄적인 전제로서 남아 있을 것이다.

다음 텍스트는 1995년 3월에 글렌 고우(Glenn Gow)가 샌프란시스코에 기고한 "기술 주도적인 제품은 구매자를 내쫓는다(Tech-Driven Products Drive Buyers Away)"에서 발췌한 내용이다.

> 기술 회사들은 보통 위대한 혁신가들이고, 그 혁신적인 아이디어 대부분은 엔지니어로부터 나온다. 그러나 엔지니어들만으로 신제품을 계획한다면 회사는 위험을 감수해야만 한다. 애플의 리사(Lisa) 컴퓨터는 소프트웨어와 결합된 다른 펜 기반 컴퓨터들이 그랬던 것처럼 엔지니어들만으로 구성된 실패를 보여 주는 예이다.
>
> 휴렛패커드(HP)사에서는 엔지니어 기반 제품으로부터 매우 자주 손해를 보곤 했다. 심지어는 '옆자리 방식 증후군(next-bench syndrome)'이라는 말이 생겨나기도 했다. 신제품에 대한 아이디어를 가지고 고민하는 엔지니어가 옆자리의 엔지니어에게 생각을 물어본 후, 결국 그 옆자리의 엔지니어를 위한 제품을 만들게 되는 것이다.

17) 선반 효과(shelf appeal) : 비슷한 제품들이 선반에 올려져 있을 때 눈길을 끌 수 있는가, 즉 제품 외관의 시각적 효과를 의미하는 것으로 보인다.

이후에 HP사에서는 고객의 요구를 진심으로 이해할 수 있는 매우 정교한 방식을 개발하게 되었다. 고객 데이터(customer input)의 가치를 엔지니어 팀에게 설명하여 옆자리 방식 증후군을 완전히 없애고 나자, HP사는 프린터, UNIX 시스템, 시스템 관리 소프트웨어 등 여러 분야에서 현저하게 성장하게 되었다. 마케팅이 고객 요구를 보다 더 잘 이해하도록 하기 위해서 HP는 고객 중심 그룹을 만들어 엔지니어 팀이 그 그룹에 참여하도록 하였다.

1.10 복습

1. 스프레드시트(spreadsheet)에 4개의 열을 그린 후, 18세기부터 21세기까지 4세기 동안 제조의 주요한 속성을 장비, 공정, 사람의 표제하에 열거하라.
2. 역사가들이 일반적으로 지적하는 1770년부터 1820년 사이의 1769년에 제임스 와트가 증기 엔진의 분리 응축기를 발명하면서 시작된 1차 산업혁명의 계기가 된 여섯 가지 요인들을 열거하라. 또한, 각 요인들에 대해서 1947년 트랜지스터, 1958년 집적회로(IC), 1971년 마이크로프로세서의 발명과 함께 시작된 오늘날 정보 시대 혁명의 동일한 조건들을 1~2문장으로 서술하라.
3. 다음을 50단어 이내로 설명하라.
   (a) 옆자리 방식 증후군
   (b) 교체가능 부품
   (c) 제조(조립)고려설계(DFM/A)
4. 미국이 왜 1970년대 초반에 태만했었고, 혼다/도요타/소니와의 경쟁의 손실을 따라잡은 5~6가지 이유를 표 형식으로 열거하라. 두 번째 열의 각 항목의 옆에는 특히 도요타가 보급한 몇 가지 제조에 있어 조직 과학적 접근을 나열하라.
5. 지난 30년간 주요 제조 패러다임 6~7가지를 표 형식으로 열거하라.

21ST
CENTURY
MANUFACTURING

제조 분석 : 시작하는 회사를 위한 몇 가지 기본적인 질문

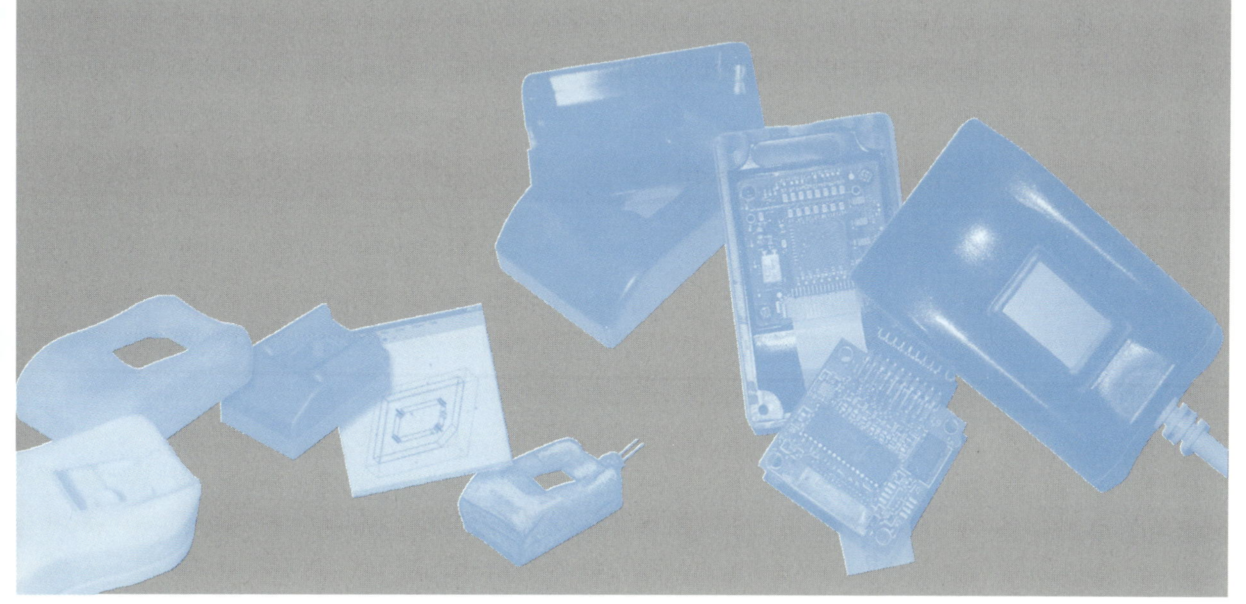

2.1 서론 : WWW.START-UP-COMPANY.COM

당신이 친구들과 〈www.start-up-company.com〉라는 회사를 시작하거나 대기업 안에서부터 작은 회사를 스핀오프(spin-off)[1)]하고자 한다고 생각해 보자. 이 책은 제조(manufacturing)에 관한 책이기 때문에, 시작하려는 회사가 서비스 기관이나 컨설팅 그룹이 아니라 신제품을 개발하고 제작하여 판매할 것이라고 가정한다.

이 책은 당신의 회사가 기술적인 아이디어를 브레인스토밍하고, 시장을 분석하고, 비즈니스 계획을 개발하고, 신개념 제품을 창조하고, 시작품을 제작하고, 상세 설계를 실행하고, 제조를 관리하고, 판매를 위해 제품을 발매할 것이라고 전제한다. 그림 2.1에는 이러한 단계의 보다 구체적인 내용이 시계 방향으로 정리되어 있다. 그림 2.1의 맨 위에서 시작하는 가장 중요한 몇 가지 질문은 다음과 같다.

- 누가 **고객**(customer)인가? 즉 누가 이 제품을 구매하는가?
- 제품의 제작 **가격**(cost)은 얼마가 될 것인가? 즉 제품과 관련된 창업비용, 부대경비, 운영비, 임금은 얼마나 될 것인가? 제품의 연간 판매량은 얼마나 될 것인가? **이익률**(profit margin)은 얼마나 될 것인가?
- 소비자군은 어떠한 수준의 **품질**(quality)을 필요로 하는가?
- 목표하는 **인도**(delivery) 시간은? 즉 신제품의 시장적기대응(time-to-market) 시간은 얼마나 되나? 다른 회사들이 시장에 더 빨리 진입할 것인가?
- 다음 제품 라인은 **탄력성**(flexibility)을 보장할 만큼 얼마나 빨리 인도될 수 있는가?
- **장기 성장**(long-term growth)을 보장할 기술 경영의 문제는 무엇인가? 적대 경쟁에 대한 **진입 장벽**(barrier to entry)이 있는가?

제2장은 이러한 질문을 다루는 6개의 절로 구성되어 있다.

1) 스핀오프(spin-off) : 분할 회사가 현물 출자 등의 방법을 통해 자회사를 신설하고 취득한 주식 또는 기존 자회사의 주식을 모회사의 주주에게 분여하는 것을 말한다.
출처 : 네이버 용어 사전, http://terms.naver.com/item.nhn?dirId=700&docId=4211

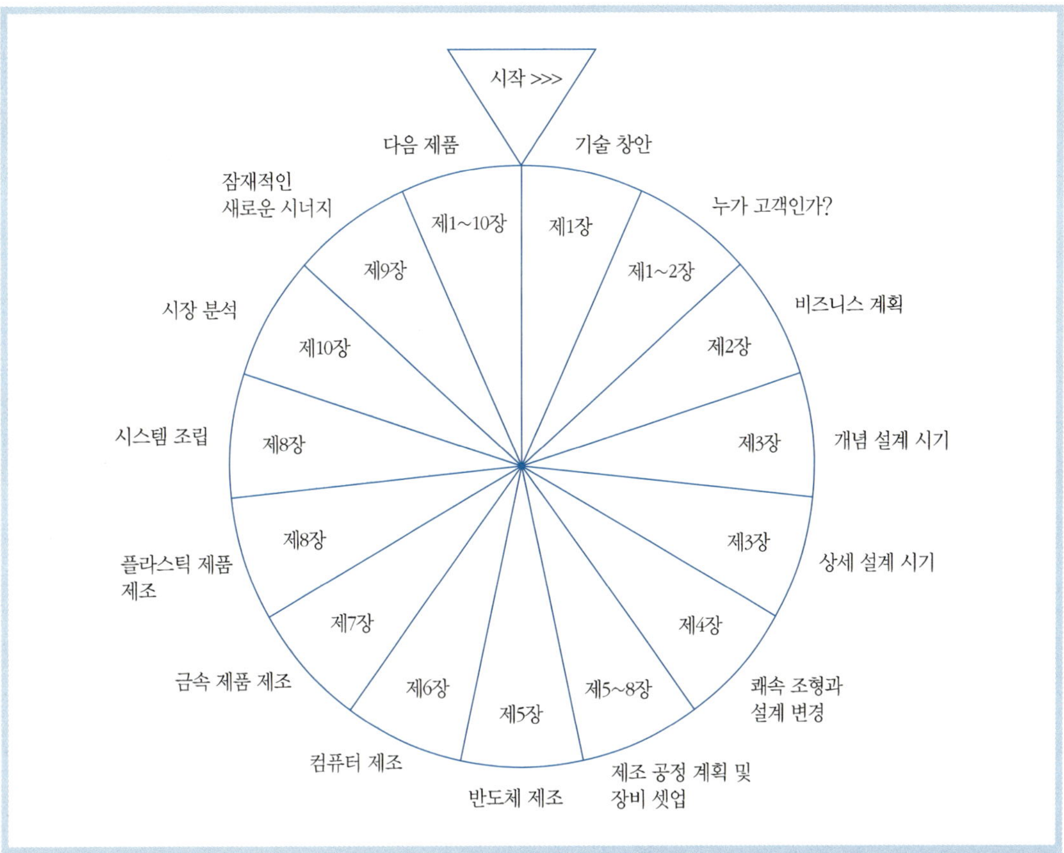

그림 2.1 제품 개발과 제작 사이클의 단계. 위 도표는 '누가 고객인가?'를 분석하는 것으로부터 시작하여 비즈니스 계획, 설계, 시작품 제작, 제작의 다양한 방식, 판매에 이르기까지 시계 방향으로 이동한다. 이 책에서 제2장의 내용 및 다른 장의 순서는 거의 이 도표를 따라 구성되어 있다.

2.2 질문 1 : 누가 고객인가

제품에 대한 정확한 틈새시장(niche market)을 결정하기 위해서는 가격, 품질, 인도, 탄력성이라는 네 가지 주요 인자 간에 불가피한 트레이드 오프(trade-off)가 발생할 것이다. 이러한 문제들은 이 장에서 구체적으로 다루겠지만, 먼저 약간의 흥미를 유발하기 위해 〈www.start-up-company.com〉에서 만들어질 제품의 가능한 고객들의 스펙트럼을 생각해 보자.

첫째, 고객이 미국 국립 연구소 중의 하나이고, 우리 회사가 핵무기에 들어가는 장치를 만들 것이라고 가정해 보자. 이 경우 가격이 얼마나 비쌀지, 인도에 시간이 얼마나 소요될지 등은 전혀 관계없이, 높은 품질(integrity)만이 문제가 되어야 할 것이다. 안전성이나 신뢰성(reliability)에 대해서 어떠한 타협도 있을 수 없으며, 매우 비싸고 인도 시간이 길 것이다.

둘째, 고객이 항공 산업이고, 우리 회사가 부품 공급자 중의 하나라고 가정해 보자. 안전성과 신뢰성(reliability)에 대해서 여전히 중점을 둘 테지만, 가격에 대해서도 관심을 두어야 할 것이다. 미국의 보잉사는 유럽의 에어버스사가 고객들에게 구애하고 있다는 것과 일본 제조 회사들이 상업 항공기 사업에 참여하기 시작했다는 것을 알고 있다.

셋째, 고객이 주요 자동차 생산자이고, 우리 회사가 부품 공급자 중의 하나일 경우이다. 요즘과 같은 10만km 품질보증 시대에 신뢰성은 여전히 관심 분야겠지만, 가격 경쟁력은 더 큰 문제가 될 것이다. 품질과 가격에 대한 어떤 절충이 이루어져야만 한다(자세한 내용은 2.3절 참조).

넷째, 미래의 고객이 런던 해러즈[2)]나 노드스트롬[3)] 혹은 샤퍼 이미지[4)]라면, 당신의 회사가 공급하고자 계획한 제품은 매력적이고 적당한 가격이어야 하지만, 핵무기만큼이나 신뢰성이 있을 필요는 없다.

마지막으로, 고객 제품이 K마트로 예정되었다면, 대량, 저가, 적당한 신뢰성이 설계와 제조 결정에 숨겨진 시장 요인(market forces)이다.

2.2.1 시장 수용 그래프(market adoption graph)

신생 회사, 특히 '하이테크' 회사에서 도전할 중요한 요소는 다음과 같다.

- 새 회사의 설립자가 엔지니어라면 거의 대부분 창조적이고, 새롭고 호기심을 불러일으키는 것을 만들고 싶어 한다.

2) Harrods of London : 런던 해러즈 백화점
3) Nordstrom : 미국 노드스트롬 백화점
4) The Sharper Image : '남자 어른들을 위한 최첨단 장난감 가게'라는 개념의 전자 제품 회사

그러나 만약 제품과 회사가 장기적으로 성공하고자 한다면,

- 회사는 누가, 어떤 고객 그룹이 최초의 실제 시장 수용자(adopter)인가에 초점을 맞추어야만 한다. 이는 회사를 성장시키는 데 중대한 현금 유동을 제공하고 이를 유지한다.

오랜 기간에 걸쳐 판단해 보면, 대부분의 제품은 서로 다른 연구개발 단계, 시장에서의 초기 수용, 지속적 성장, 성숙 및 쇠퇴의 단계를 거친다. 물론 다음에 나오는 그림 2.2와 2.3은 제품 개발에 관한 다른 저작들에서 보이는 추세에 근거해 있기 때문에 정량적인 방식이 아니라 정성적인 방식으로 분석해야 한다(Moore, 1995; Poppel & Toole, 1995).

이 저작들은 일반적으로 다음과 같은 방식으로 하나의 제품에 대해서 고찰한 결과이다. (a) 신제품은 처음에 시장에 천천히 수용된다. (b) 성공적으로 시장에 수용되면, 급격히 성장하는 시기가 뒤따른다. (c) 시간이 지나면서 시장이 안정적으로 자리잡게 되고, 과잉 공급이 발생하기도 한다. (d) 마침내 신제품이 원래 제품의 역할을 넘겨받게 되면서 시장이 사라지게 된다.

이 책에서는 여러 제품들이 그림 2.2의 그래프를 따라 놓여 있다. 이 제품들이 서로 다른 비율로 성장하며, 실제로 시장에서의 총수입(gross income)도 다르기 때문에 이 그래프를 액면 그대로 이해한다면 약간 혼동될 것이다. 그러나 일반적으로 '시장 수용(market adoption)'이라는 관점에서 제품이 시장에서 어떻게 받아들여지는가를 볼 때 여러 제품을 결합해 놓은 이 그래프는 꽤 유용하다(이 그래프를 일반 대중들 앞에서 설명할 때 청중들은 더 이상 쓸모없는 마차 시대의 말채찍이 그래프 오른쪽 아래 구석에 있고 복제양 돌리(Dolly)와 관련된 제품이 그래프 왼쪽 아래 구석 끝에 있다는 것을 보고 '가볍게 웃으며' 이해할 수 있을 것이다). 이 기술들이 시장 수용 그래프를 따라 올라갈 수 있는지 없는지를 결정하는 것은 다음에 달려 있다.

- 소비자에게 유리한 가격
- 소비자에게 견실함과 유용성을 제공하는 기술
- 호환성(가전제품을 예로 든다면 다른 애플리케이션이나 소프트웨어가 새로운

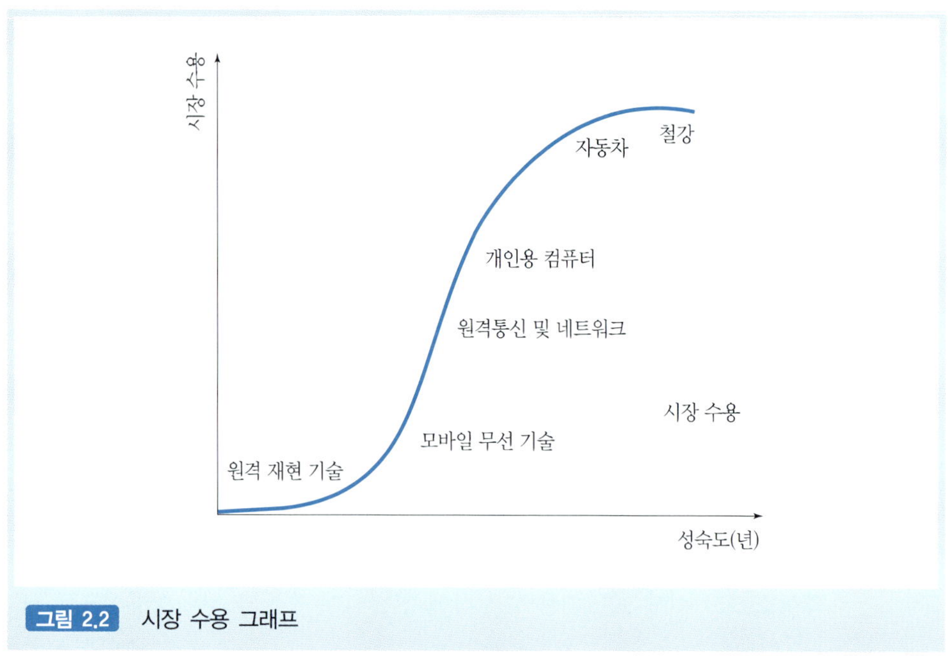

그림 2.2 시장 수용 그래프

장비에서도 움직일 수 있는가 하는 것을 의미한다.)

- 장비가 업계 표준에 맞는지 여부

이러한 과제들은 최신 제품들을 출시할 때 어려움을 겪게 만드는 점들이다. 실리콘 밸리의 컨설턴트인 제프리 무어(Geoffrey Moore)는 1995년에 이 점을 강조하기 위해 그림 2.3에서처럼 '캐즘 넘기(crossing the chasm)'라는 문구를 소개한 바 있다. 제품 주기의 초기 단계에서는 항상 시장의 어떤 기준이 존재할 것이다. (신제품이 출시되면) 신기술을 좋아해서 신제품이 얼마나 유용한지와는 상관없이 구매해 버리는 작은 소비자 그룹이 존재한다. 이들은 즐기기 위해 제품을 구입하거나 혹은 친구들에게 '쿨한' 걸 샀다고 자랑하고 싶어 하는 사람들이다. 그러나 이러한 감수성 예민한 '기술 오타쿠(technology nuts)' 혹은 '기술 매니아(technophile)'의 초기 시장은 딱 그만큼만 지속된다. 제품이 정말로 성장할 수 있는가는 위의 첫째 항목에서처럼 가격이 평균적인 소비자들에게 있어 유리한지의 여부에 달려 있다. 그렇다면 질문은 다음과 같다. 어떻게 제품이 초기 광신자들과 현실 시장 사이에 존재하는 캐즘을 넘어서 살아남을 수 있을까? 제프리 무어는 계속해서 안정적인(stable) 성장 국면을 맞이하는 열쇠를 '볼

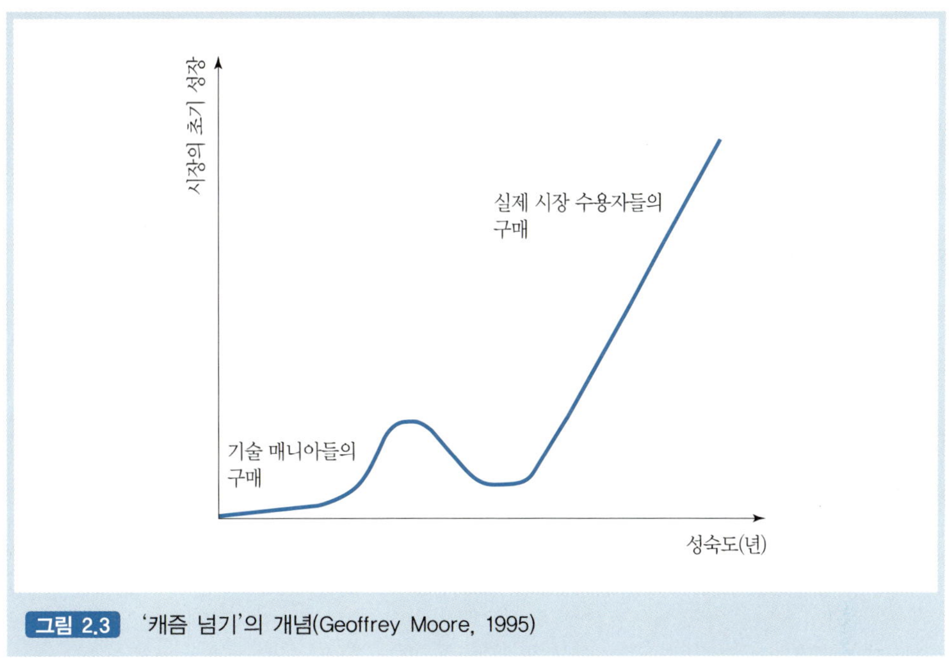

그림 2.3 '캐즘 넘기'의 개념(Geoffrey Moore, 1995)

링의 헤드 핀(head bowling pin)'이라는 비유를 들어 설명한다. 무어는 무선 호출기(pager, 삐삐)를 예로 들었다. 의사들이 현실 시장에서의 첫 번째 수용자들이었고, 일반 대중이 무선 호출기가 유용하다는 것을 확인하게 되면서 제품이 '캐즘을 넘어' 급격하게 그림 2.2의 S 곡선을 올라가게 된 것이었다.

2.2.2 가격, 품질, 인도 그리고 유연성(CQDF) 간의 필연적인 트레이드 오프

시장 수용에 대해 간략하고 비공식적으로 살펴보았는데, 이로부터 여러 품질 단계와 소비자 선택의 시장 기회가 넓은 스펙트럼을 가지고 있음을 알 수 있었다. 그래서 그림 2.4와 같이 어떤 회사든 간에 품질(Q)을 높이거나 인도(D) 시간을 줄이거나, 혹은 보다 유연하게(F) 제조 및 공급 라인을 갖추게 되면, 필연적으로 가격(C)이 상승할 수밖에 없는 것이다.

품질, 인도, 유연성으로 인해 가격이 상승함에도 불구하고, 오늘날의 고객들은 보다 많은 정보를 가지고 있고 이전보다 더 많은 것을 기대하게 된다. 예를 들어, 고객들은 펜티엄 칩이 완벽하게 동작하면서도 가격 경쟁력이 있기를 원한다. 그렇다면 제조

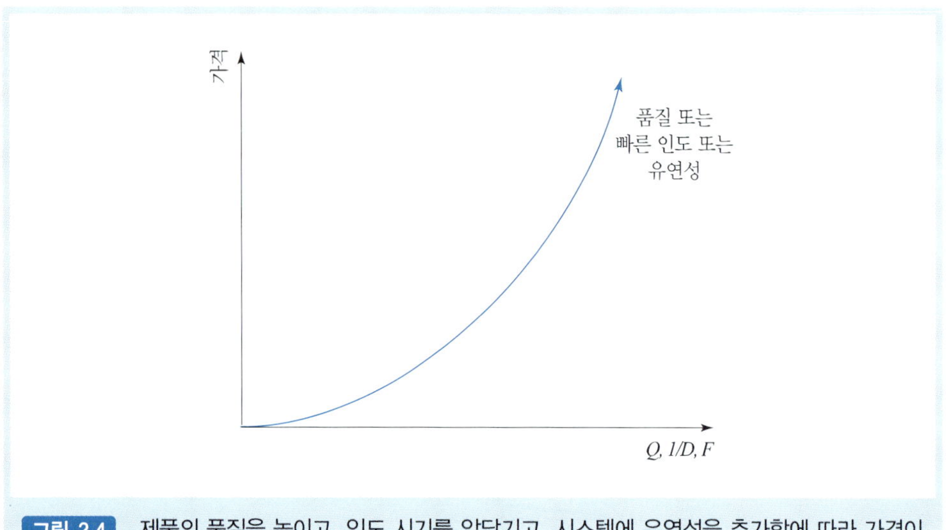

그림 2.4 제품의 품질을 높이고, 인도 시기를 앞당기고, 시스템에 유연성을 추가함에 따라 가격이 상승하는 것을 보여 주는 그래프(CQDF). 그림 2.10과 비교해 보라.

업자들은 이에 어떻게 부응할 것인가? 얼핏 보기에 제조업자들은 가격을 낮게 유지하는 동시에 제품을 소량으로 품질을 좋게 만들어 빨리 인도하는 것을 달성해야만 하는 트레이드 오프에 시달려야 하는 것 같다. 예를 들면,

- 슈퍼컴퓨터 혹은 고성능 그래픽 지향 유닉스(UNIX)는 소량으로 빨리 제작되어 가정이나 대학생들이 살 수 있는 가격대로 CompUSA[5]에서 판매될 수 없다.
- 람보르기니(Lamborghini)나 페라리(Ferrari)도 소량으로 빨리 제작되어 혼다 어코드나 포드 토러스와 같은 가격에 판매되기 어렵다.

하지만 좀 더 자세히 살펴보면 판매 시장에서는 엔지니어적 제약과 경제적 목표 사이에서 타협을 해야 하는 상황이 존재한다. 각 산업군에 적절하게 전달할 수 있는 설계 및 제작 시스템을 통해 시장 규모의 종류에 대한 확실한 예측이 필요한 것이다. 즉 고급 승용차는 항상 경차보다 비싸지만, 고급 승용차 부문 내에서는 높은 가격대비 성능을 제공할 수 있는 설계 및 제조 기술을 갖춘 자들만이 산업을 선도할 수 있는 것이다. 소비자들은 당연히 이익과 연관되어 있는 가격에 의해 영향을 받는다.

5) 컴프유에스에이(CompUSA) : 미국의 3대 컴퓨터 하드웨어 소매업체의 하나

2.3 질문 2 : 제품 제조비용(C)은 얼마인가?

2.3.1 제품의 제조비용을 산출하기 위한 일반적 고찰

N을 특정 제품의 주기에 걸쳐 팔린 제품의 개수라고 가정하자. 각각의 제품의 가격은 다음과 같이 간단하게 표현된다.

$$\text{개별 제품의 가격 } C = (D/N + T/N) + (M + L + P) + O \tag{2.1}$$

식 (2.1)에서 각각의 항은 다음과 같다.

- D =설계 및 개발 비용. 개념 설계와 상세 설계 그리고 시작품 제작비용을 포함한다.
- T =가공비용. 특히 금형 등의 가공을 포함한다.

D와 T는 제품이 생산되면서 그 비용이 제품으로 양도되기 때문에, 개별 제품의 비용을 산출하기 위해서는 이를 전체 제품의 개수인 N으로 나누어 준다.

- M =제품 1개당 재료비용.
- L =기계 작동, 조립, 검사, 포장에 소모되는 제품 1개당 노동비용(노임).
- P =장비 임대 및 이용과 관련된 제품 1개당 생산비용.
- O =간접비. 사무실이나 공장 임대료, 네트워크 설치 및 유지, 전화 설치 및 요금, 전기 및 기타 유지비용, 전국 광고(general advertising) 그리고 일반 지원 직원 등을 포함한다. 간접비는 모든 활동에 대해 평균 이상 소요되므로 결국 구성요소마다 배정되어야만 한다. 이러한 잠재적인 간접비 목록을 검토해 보면, 대다수의 소규모 회사들이 차고 혹은 설립자의 집 지하실에서 첫 번째 시작품을 만든다는 것은 그리 놀라운 일이 아니다.

오스왈드(Ostwalds, 1988)가 나타낸 그림 2.5에서는 위의 공식에 대한 또 다른 관점을 확인할 수 있다. 비용의 크기가 비례적으로 나타나 있지는 않지만, 그림 2.5를 통해 우리는 제품을 설계하고 제조하여 판매하는 비용에 대해 개괄적으로 확인할 수 있다. 차트 하단의 구입원가는 직접노임과 직접재료비이다. 바로 위에 제조 간접비가 나타

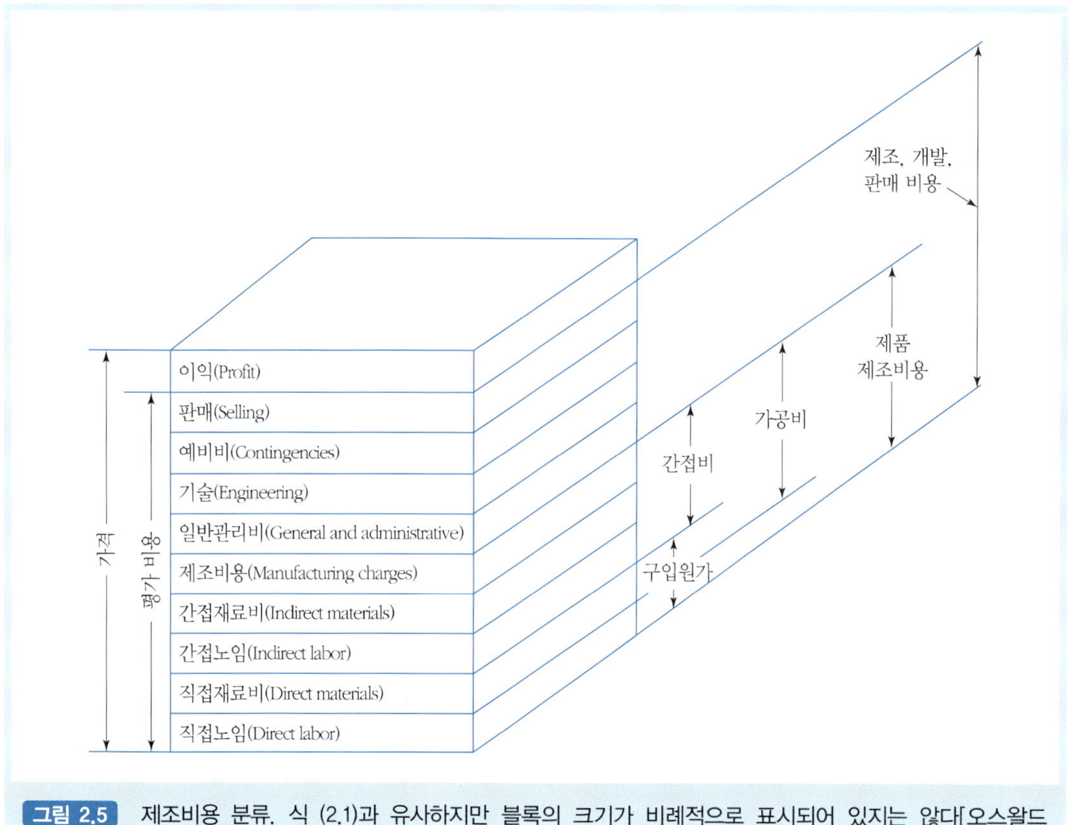

그림 2.5 제조비용 분류. 식 (2.1)과 유사하지만 블록의 크기가 비례적으로 표시되어 있지는 않다[오스왈드(Ostwald, 1988)의 허가에 의해 수록함].

나 있는데, 전체 공장을 가동시키는 노임, 고정구(fixture)와 같은 소모재료, 그리고 유지 등과 같은 기타 비용을 말한다. 이 위에는 조직을 운영하는 데에 필요한 다른 여러 간접비가 있다. 기술 비용은 식 (2.1)의 개별 제품을 설계하고 개발하는 비용이 포함된다.

이 책에서 사용하는 시장적기대응(time-to-market)이라는 용어는 (a) 그림 2.1의 '개념 설계' 단계에서 엔지니어가 자신의 시간을 회사에 청구하기 시작하는 때부터, (b) 고객이 제품을 처음으로 구매하여 수입이 발생하는 시점까지의 시간을 측정하기 위한 것이다. 시장적기대응은 그림 2.1에서 '9시 방향'까지 걸쳐져 있다는 점을 확인하라. 쉽게 말해 막대한 빚을 지거나 판매가 되기 전에 '파산'할 수 있는 기회는 얼마든지 있다. 따라서 제품의 인도에 대해 다루고 있는 2.5절은 시장적기대응의 문제를 보다 더 자세히 다룬다.

2.3.2 개별 제조 공정의 구체적인 비용

이러한 관찰을 통해 우리는 다음과 같은 흥미로운 질문을 던져볼 수 있다. 비용이 저렴한 제조 공정이 있는가? 만약 그렇다면, 왜 설계와 생산계획을 담당하는 사람들은 여러 가능한 방법들을 탐색한 다음에 가장 비용이 저렴하고 예측된 결과물을 얻을 수 있는 공정을 선택하지 않는가?

이제 우리는 '기계 분야'의 여러 제조 공정들을 검토하고 제기되는 제약 조건들에 대해 논의해 보려 한다. 기계 제조 공정에 익숙하지 않은 독자들을 위해 표 2.1에 제조 공정을 대략적으로 분류해 두었다. 보다 더 자세한 내용은 제4, 7, 8장을 참조하라. 〈cybercut.berkeley.edu〉에서 제공하는 제조 지원 서비스는 이에 대한 설명과 관련 정보를 제공한다. 첫 번째 항목은 쾌속 조형(SFF) 그룹인데, 1987년에 SLA가 개발되면서 등장한 공정이다. 다른 그룹들은 미국공학한림원(National Academy of Engineering)의 단위 제조 공정 연구 위원회(the Unit Manufacturing Process Research Committee)에서 제시한 분류를 따랐다(Finnie, 1995).

다음 분석들은 금속가공산업에서 저자의 개인적인 경험을 토대로 한 것이며, 아마 반도체와 같은 다른 제조 분야에 적용할 경우에는 수정되어야 한다. 또한 칼팍지안(Kalpakjian, 1997)과 쉐이(Schey, 1999)의 교재 뒷부분에서는 본 내용과 비슷한 내용을 다루고 있다. 몇몇 도표와 개념들은 (승인을 얻은 후에) 이 책에 통합되어 있다. 이 책을 집필할 당시에는 이사위와 애쉬비(Esawi & Ashby, 1998)가 '공정 선택자(process selector)'라는 내용을 확장하는 작업을 하고 있었다.

2.3.3 제조 지원 서비스(Manufacturing Advisory Service, MAS) : 〈cybercut.berkeley.edu〉

잔디 깎기, 세탁기 혹은 간단한 병따개의 표준 기계 부품을 생각해 보자.

- 기계 부품을 하나의 고체 덩어리로부터 완전히 제작해야 하는가?
- 아니면 주조 혹은 단조를 통해 거의 최종 형상으로 만든 후 마무리 가공을 하면 되는가?
- 여러 개의 작은 표준 부품 재료들을 용접하거나 리벳(rivet) 고정을 해야 하는가?

표 2.1 기계 제조 공정의 대략적인 분류(피니에(Finnie, 1995)의 허가에 의해 수록함)

그룹	공정	공정에 대한 간략한 설명
1. 적층제조로 분류될 수 있는 쾌속 조형	1. 스테레오리소그패피(stereolithography) 2. 선택적 레이저 소결(selective laser sintering, SLS) 3. 용융 적층 조형(fused deposition modeling, FDM)	1. SLA는 레이저를 이용하여 액체 폴리머를 광경화시킨다. 2. SLS는 레이저를 이용하여 금속 분말을 융합시킨다. 3. FDM은 뜨거운 플라스틱을 노즐을 통해 뽑아낸다. '미니 치약을 뜨겁게 밀어내는' 것처럼 모델을 만든다.
2. 질량 변화 공정	1. 드릴링(drilling) 2. 밀링(milling) 3. 선삭(turning) 4. 연삭(grinding) 5. 방전가공(electro discharge machining, EDM), 전해가공(electro chemical machining, ECM)	이 공정들은 소재(stock)라 불리는 고체 덩어리로부터 형상을 제거한다. 1. 공구 상점에서 파는 간단한 드릴은 다른 깊이와 지름의 구멍을 뚫는다. 2. 밀링 공구는 그 끝단이 평평하고(flat end) 옆면으로 재료를 절단한다. 덩어리 재료로부터 '재떨이'와 같이 평평한 포켓을 깎아 낼 수 있다. 3. 원통형의 소재를 이용하는 선반 작업을 선삭이라고 부른다. 선삭 공구는 회전하는 소재의 위아래로 지나가며 층(layer)을 제거한다. '둥근 막대기로부터 의자 다리의 조각을 만들어 낸다.' 4. 연삭(grinding)/연마(polishing)는 연마재(abrasive)를 이용하여 금속에서 박막을 제거하는데, 공정 1~3보다 높은 정밀도가 가능하다. 5. 방전가공은 전기 아크(arc)를 이용하며, 전해가공은 하전된 화학 재료를 이용하는데, 정밀한 층을 제거한다.
3. 상(phase) 변화 공정	1. 주조(casting) 2. 플라스틱 사출성형(FDM 포함 가능)	1. 주조 공정에서는 모래로 만들어진 속이 빈 공동(모래 주형)에 용융된 금속을 붓는다. 2. 사출성형은 뜨겁게 액화된 플라스틱을 금형 안으로 '쏘아 넣는다.'

표 2.1 (계속)

그룹	공정	공정에 대한 간략한 설명
4. 구조 변화 공정	1. 코팅(coating) 2. 표면 합금(surface alloying) 3. 유도 잔류 응력(induced residual stresses)	1. 화학적 혹은 물리적으로 부드럽거나 단단한 재료에 표면에 단단한 코팅을 침적시킬 수 있다. 크롬 도금이 대표적인 예. 2, 3. 합금이나 탈청(shot blasting)은 표면을 강화시킨다.
5. 소성 공정	1. 압연(rolling) 2. 판재 인발(sheet drawing) 3. 압출(extrusion) 4. 단조(forging)	1. 슬래브(slab)는 '알루미늄 주방 포일'만큼이나 얇게 만들어져 나올 수 있다. 2. 판재를 적당한 크기로 절단하고 구부려서 사무용 가구, 서류 캐비닛이나 통조림 캔 등으로 만드는 것을 판재 인발이라고 한다. 3. (EDM이나 밀링을 통해 제작한) 지정된 형태의 다이(끝단의 구멍)를 통해 마치 뜨겁고 거대한 치약처럼 절단면이 다르게 생긴 압출 형상을 제작할 수 있다. 4. 냉간 혹은 온간가공은 금속을 '두드려서' 금형을 만들어 낸다. 금속 재료(소재)가 원하는 형상으로 만들어지는 원리는 소성 변형이다.
6. 강화 공정	1. 금속분말(powder metals) 2. 복합재(composites) 3. 용접/브레이징(welding/brazing)	1. 금속분말은 다이에서 형태를 갖춘 뒤 소결되어 원하는 강도를 갖게 된다. 2. 복합재료의 대표적인 예는 탄소섬유 레이어이다. 3. 용접은 국소적으로 재료를 용융시켜 인접한 판재를 '함께 미니 주조'한다. 브레이징은 2개의 판재 사이에 금속을 채워 넣고 고상(solid-state) 결합시키는 공정이다.

2.3.4 배치 사이즈

제안된 제조 방식에 대해서 표 2.2의 원칙을 고려할 때에는 가격에 가장 큰 영향을 미치는 기준에서부터 시작하는 것이 합리적이다. 보통 배치 사이즈(batch size), 강도, 형상 그리고 공차가 가장 중요한 요인들이다.

2.3.4.1 배치 사이즈 : 1

단 하나의 부품으로 이루어진 제품을 제작할 때에는 스테레오리소그래피(stereolithography, SLA), 선택적 레이저 소결(selective laser sintering, SLS), 용융 적층 조형(fused deposition modeling, FDM)과 같은 쾌속 조형 방식이나 주조 공정을 이용하는 것이 통상적이다. SLA, SLS, FDM은 쾌속 조형(solid freeform fabrication, SFF)으로 알려져 있다.[6] SLA는 낮은 강도의 광경화 플라스틱 모델을 생산하므로 구조물에는 적합하지 않다. SLS는 낮은 강도의 금속 부품을, FDM은 낮은 강도의 ABS 플라스틱 부품을 제작할 수 있다. 쾌속 조형과 CNC 머시닝 공정은 한 개짜리(one-off) 부품을 만들 때는 경제적인데, 이는 실제 생산에 앞서 비용이 많이 드는 다이나 금형을 만들지 않아도 되기 때문이다. 주조 역시 머시닝으로 만들 수 없는 복잡한 대형 부품을 만들 수 있지만, 왁스나 나무 주형이 필요하다. 주조 공정에서는 모래에 모양을 가진 공동(구멍, cavity)을 만들어 그 안에 용융된 금속을 부어 넣는 방식을 주로 사용한다.

실제로 배치 사이즈가 1개 혹은 2개 정도로 작고 부품 형상이 단순하다면 숙련된 기능공이 수동 밀링 머신이나 선반 등을 이용하기도 하는데, CNC 머신의 프로그래밍에 시간을 들일 이유가 별로 없기 때문이다. 그러나 형상이 복잡하다면 1개짜리 부품이라 할지라도 CNC 프로그래밍에 들어가는 시간은 유의미할 것이다. 그 이유는 약간 미묘한데, 수동 공작기계를 이용할 때에는 부품 가공이 거의 끝난 시점에서 오차가 발생할 수 있으며, 그렇게 되면 재료뿐만 아니라 그때까지 투여된 시간을 비롯해 '모든 것이 수포로' 돌아가기 때문이다. 프로그램을 이용한 공작기계에서 가공이 마무리되는 시점에 오차가 발생할 경우에는, 재료는 폐품이 되겠지만 그 시점까지 가공한 프로그래밍 형상 정보는 컴퓨터에 저장되어 있다. 물론 다음과 같은 질문이 가능하다. 어떻게 부품의 복잡도를 측정하는가? 한 가지 방법은 부품을 가공하기 위한 CNC 코드의 라인 수가 길어지면 부품 복잡도가 증가한다고 할 수 있다.

배치 사이즈가 1일 경우에 부품 형상이 복잡하다면 머시닝보다 쾌속 조형 공정을 사용하는 것이 좋다. 예를 들면, 도넛처럼 생긴 물건은 쾌속 조형을 이용하면 쉽게 만

6) 쾌속 조형은 rapid prototyping, SFF(solid freeform fabrication) 등 여러 가지 방식으로 표현되나, 이 책을 번역할 때에는 모두 쾌속 조형이라고 번역하였다. Rapid prototyping과 solid freeform fabrication은 원어로서는 그 '뉘앙스'가 약간은 다르지만, 현재 사용되고 있는 공정의 측면에서 보았을 때 이를 '쾌속 조형'이라고 번역하여도 동일한 의미이기 때문이다.

표 2.2 제조 공정 선택을 위한 요소 원칙

설계자가 고려하는 일반적인 원칙	제조 공정에 함축된 고려 사항(기계 제조 공정)
1. 가격	가격은 아래의 모든 원칙에 의해 영향을 받는다. 본문에서 모든 요인들과 관련하여 다룬다.
2. 배치 사이즈	쾌속 조형, 머시닝 그리고 아마 주조 정도가 '단 하나(just one)'의 부품을 제작하는 데에 적합하다. 만약 구조적으로 유용한 제품을 만들려면 CNC 머시닝과 주조가 현실적이지만, 강도가 낮은 ABS-플라스틱 부품의 경우 FDM이 대안이 될 수 있다. 2~5개 정도의 부품을 만들 경우에는 CNC 머시닝이 알맞다. 배치 사이즈가 증가하게 되면 약식 플라스틱 사출성형 혹은 주조 역시 고려 대상이 된다. 다이나 금형의 가격 역시 중요한 요인이다.
3. 강도 및 무게 –재료 선택과 관련	높은 강도가 필요할 경우에는 플라스틱 성형보다는 금속 공정을 사용하고, 더 높은 강도나 성능이 필요하다면 주조보다는 단조나 머시닝을 사용해야 한다. 경량 제품을 만들 때에는 플라스틱, 알루미늄 혹은 티타늄 등을 사용한다. 일반적으로 높은 강도와 성능이 요구될 경우 가격이 상승한다. 실제로 티타늄과 같은 재료는 매우 비싸다.
4. 형상	넓고 얇은 단면의 가공에는 플라스틱 부품의 경우 중공성형(blow molding)을, 금속 부품의 경우에는 금속판재성형을 사용한다. '두꺼운(chunky)' 단면은 주조/단조/밀링 등으로 가공하고, '원통형(cylindrical)' 단면은 선삭으로 가공한다. 일반적으로 복잡한 형상을 가진 부품의 경우 제조비용이 올라간다. 배치 사이즈가 작으면 CNC 프로그래밍 및 실행 시간이 상대적으로 길고, 배치 사이즈가 크면 다이 가격이 상대적으로 비싸진다.
5. 공차	공차가 $\pm 50\mu m$(0.002in.)보다 작으면 밀링/연삭/연마 공정들을 사용한다. 연삭과 연마는 매우 비싼 공정이므로, 가능하다면 설계자는 이러한 마무리 비용을 피해야 한다.
6. 제품 수명	제품 수명을 길게 하려면 플라스틱보다 금속 공정을 선택하는 것이 좋다. 피로(fatigue)를 고려한다면 특별한 가공 혹은 래핑(lapping) 공정을 통해 설계 변수를 결정해야 한다. 제품 수명이 길 경우에는 좋은 재료를 사용하고, 표면 처리를 개선해야 하며 세심하게 설계를 최적화해야 하기 때문에 대부분 필연적으로 비용이 증가한다.
7. 리드 타임	제품을 설계자에게 빠르게 인도하기 위해 생산 계획자는 표준 공정 및 가공을 사용하고자 한다. 설계를 기묘하게 한다면 특수한 공구와 지루한 수작업 조립 그리고 마무리가 필요하게 된다. 특수한 공구와 고정구를 사용하게 되면 가격이 급격하게 증가하며 인도 시간 역시 길어진다. 다이나 금형을 사용하는 공정은 항상 비싸며 머시닝이나 쾌속 조형보다 시간이 오래 걸린다.
8. 조립고려설계(design for assembly, DFA) 문제	개별 부품이 다른 부품과 이어지거나 고정되는 과정인 조립 역시 중요하다. 용접, 리벳 고정, 볼트 고정은 비용이 많이 들어가며, 이러한 공정은 잘 제어되지 않는다. 그래서 비용을 줄이려면 새로운 조립 방식을 고안하거나 1개로 만드는 제조 방식을 사용하는 것이 좋다.

들 수 있지만, CNC 머시닝으로는 위아래 반쪽씩을 가공한 후에 결합하지 않는다면 제작이 불가능하기 때문이다. 일반적으로 형상이 복잡할수록 쾌속 조형을 사용하는 것이 적합하다. 물론 부품 강도는 필수적인 고려 요소이다. 그러므로 높은 강도가 요구된다면 CNC 머시닝과 주조가 유일한 대안일 것이다. SLS는 금속 부품을 제작할 수는 있지만 머시닝으로 생산한 부품보다는 강도가 약하며, FDM은 적당한 강도를 가진 플라스틱 부품을 제작할 수 있지만 역시 플라스틱 사출성형으로 만든 부품보다는 약하다.

2.3.4.2 배치 사이즈 : 2~10 [7)]

부품 개수가 몇 개 되지 않을 때, 즉 10개 정도의 배치 사이즈를 필요로 할 때에는, 형상이 그리 복잡하지 않다면 CNC 머시닝이 적당한 선택이다. 물론 형상이 복잡하고 세부 가공이 많이 요구된다면 SLS나 FDM이 현실적이며 비용 면에서도 효율적이다.

2.3.4.3 배치 사이즈 : 10~500

10에서 500 정도의 배치 사이즈인 경우에는 CNC 머시닝이 좋은 편이다. 이 범위의 배치 사이즈가 되면 그림 2.6에서 보는 것처럼 **시작품 주문 제작 회사**(custom prototyping shop)보다는 **생산 공장**(production shop)의 영역에 속하게 된다. 그러나 가공 기계 간의 이송에 자동화 기기를 투자할 만큼은 아니기 때문에 보통 수동으로 옮기는 것이 알맞다.

만약 고객이 배치 사이즈를 1에서 10~500개 정도로 늘린다면, '다시 처음으로 되돌아가서' 주조에 적합한 SLA 패턴을 만드는 것이 최상의 방법이라는 점을 알아야 한다. 요구되는 공차가 SLA에 뒤이은 주조 공정에서 가능하다면 머시닝보다는 이러한 방법이 좋을 것이다.

2.3.4.4 배치 사이즈 : 100~10,000

유연생산 시스템(FMS)이라 불리는 큰 공장 안에 CNC 공작기계들이 정렬하고 있다면 배치 사이즈가 증가함에 따라 유리할 것이다. 여기서는 부품을 한 장비에서 다른 장비로 옮기는 데에는 로봇이나 무인운반장비(automated guided vehicles, AGVs)를 이용하

---

7) 저자 주 : 각 단계의 배치 사이즈는 대략적인 수치이며, 그 수치는 부품 복잡도와 같은 여러 요인에 의해 결정된다. 다음에 이어지는 배치 사이즈의 범위는 어느 정도 중복된다.

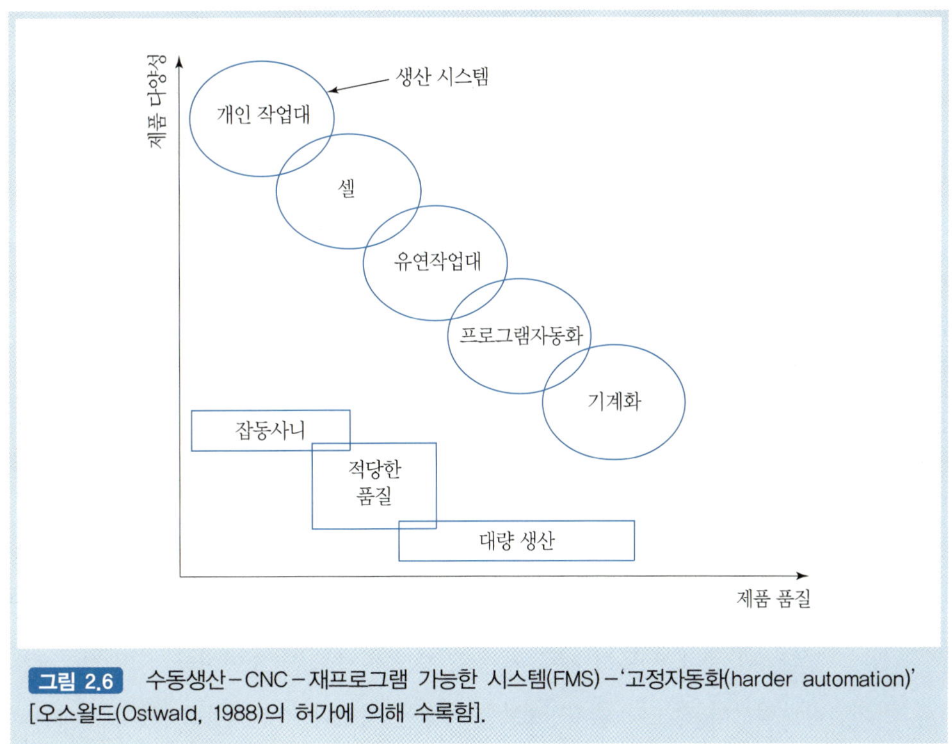

그림 2.6 수동생산–CNC–재프로그램 가능한 시스템(FMS)–'고정자동화(harder automation)' [오스왈드(Ostwald, 1988)의 허가에 의해 수록함].

고, 시스템을 통제하는 데에 필요한 통신 소프트웨어에 따라 효율이 결정될 것이다. 그러나 수천 정도의 배치 사이즈가 되면 냉간단조 혹은 형단조로 제품을 빠르게 찍어내는 고가의 다이를 제작하는 것도 고려 대상이 된다. 미리 만들어진 다이 혹은 주형은 1개 혹은 작은 배치 사이즈는 거의 사용되지 않고 큰 배치 사이즈에서 다이 비용은 전체 배치 수량에 의해 나누어지기 때문에 **부품당 금형 다이 비용**(cost of the tooling die per component)은 감소하게 된다(식 (2.1)에서 가공비용 *T*). 샌즈(Sands, 1970)는 서로 다른 성형 공정에 대해 어느 배치 사이즈에서 다이의 사용이 효과적으로 되는가를 보여 주는 광범위한 분석을 제시한다. 다이 가격과 제조 시스템 비용은 그림 2.6의 왼쪽에서 오른쪽으로 가면서 증가한다. 이러한 가격 요인의 중요한 책임은 설계자에게 있다. '일상적인(off-the-shelf)' 자동화 방법들을 가지고 기존의 공장 기계를 사용하여 설계된 부품을 제작하는 것이 가격을 낮출 수 있고 가장 좋은 경우는 현재의 고정구뿐만 아니라 심지어 현재 다이의 몇몇 부품들을 재사용하는 것이다.

2.3.4.5 배치 사이즈 : 5,000~수백만

배치 사이즈가 증가함에 따라 자동화가 점점 더 중요한 역할을 한다. 그러나 극단적으로 큰 배치 사이즈에서는 차라리 컴퓨터를 사용하지 않는 기계로 돌아가는 것이 오히려 경제적일 수도 있다. 즉 이 범위의 배치 사이즈는 '병에 넣는 토마토 케첩'의 영역으로 들어온 셈인데, 고정된 컨베이어 라인에서 동일한 제품을 매일 만들어 내는 것이다. 이러한 방식을 **고정자동화**(fixed or hard automation)라고 부르는데, 글자 그대로 '즉각 정지(hard stop)'가 렌치와 같은 위치에 있기 때문이다. 이러한 즉각 정지 위치를 통해 제품이 내용물로 채워지고 인쇄가 될 위치를 설정한다. 기본적인 컴퓨터와 센서가 라인상의 물건들을 제어하지만, 프로그램을 수정하는 것은 필요하지 않다.

2.3.5 재료 선정

설계자가 제품에 사용되는 부품을 선택하는 것은 무게, 비용, 강도 등의 요인에 달려 있다. 이 중에서 특히 최종 제품의 강도가 중요한 요인이다. 일반적으로는 금속이 플라스틱보다 강도가 좋지만, 보통 가정용 기구나 가전제품, 자동차 부속품과 같은 일반 소비재에는 사출성형 및 가열성형된 플라스틱이 선호되는 편이다.

일반적으로 플라스틱의 제조비용이 금속보다 저렴한데, 이는 플라스틱 성형이 금속 성형보다 훨씬 더 작은 힘을 필요로 하기 때문에 장비의 가격이 싸면서도 다이가 덜 복잡하며 종종 노임도 낮기 때문이다. 그렇지만 변속기어와 같은 특정 부품들은 고른 입자 구조(grain structure)를 얻기 위해 폐쇄 형단조 소재를 이용해 제작할 필요가 있다. 기어 톱니 형상을 완성하는 것은 마무리 머시닝을 이용한다. 기본 강도에 대한 문제는 물건을 어떤 재료로 만드는가와 명백하게 연관되어 있다. 즉 문헌에 나온 강도뿐만 아니라 순도, 열처리, 공정 특성 등이 제품의 강도를 결정하게 된다. 여기에는 금속의 가공 경화(work hardening) 성질과 플라스틱의 수축률(shrinkage) 등이 포함된다. 따라서 SLA와 같은 쾌속 조형 기술을 이용하여 광경화 수지로부터 플라스틱 부품을 제작할 경우 다음과 같은 점을 중요하게 고려해야 한다. SLA에 사용되는 재료는 ABS와 폴리스티렌 표준 재료 정도의 구조적 적합성을 결코 보장할 수 없다. FDM 공정은 적당한 강도를 가진 ABS 부품을 제작할 수 있지만, 사출성형 ABS만큼 구조적으로 견고하지 못하다.

2.3.6 부품 형상

제품의 형상은 부품의 미적인 속성과 기능적인 측면을 포함하지만, 적합한 제조 공정을 선정하는 데에 제약 조건이 된다. 그림 2.7은 쉐이(Schey, 1999)의 연구 결과로 전체 부품의 특정 형상에 대해 공정이 선택되는가를 보여 준다. 이 그래프를 대략적으로 살펴보자. *x*축 근처의 냉간 압연 공정은 굉장히 넓고 얇은 납작한 스트립(strip)을 생산한다. 실제로 스트립은 종종 수백 밀리미터 너비에 겨우 수십 마이크로미터 정도의 두께를 가지고 있고, 다른 어떤 공정도 롤링만큼이나 이 정도의 치수를 만족시키지 못한다. 그래서 자동차 보디 패널(body panel), 사무용 가구, 심지어 수프 캔을 생산할 때에는 시작 단계에서 냉간 압연을 사용하고, 이후에 판재 성형이나 형단조와 같이 여러 보조 공정들이 뒤따르게 된다.

그래프에서 플라스틱 판재의 가열성형은 냉간 압연 공정보다 약간 위에 위치해

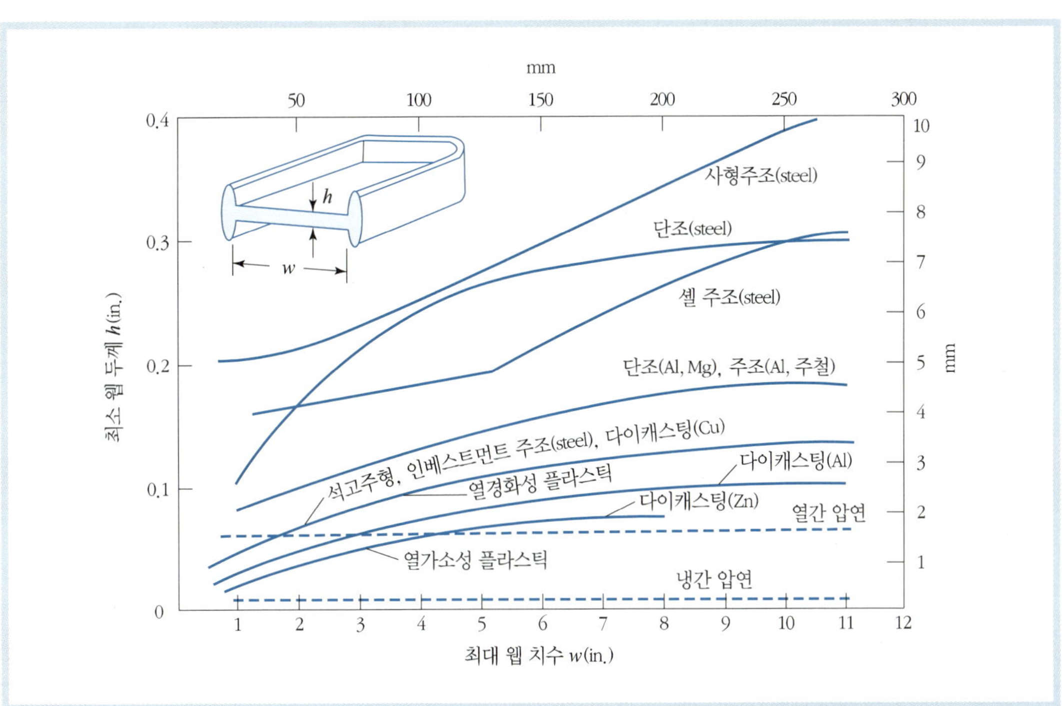

그림 2.7 부품 형상에 따라 가능한 공정. 아주 얇은 단면에 대해서는 압연과 가열성형을 사용하고, '두툼한' 단면일 경우에는 머시닝과 사출성형을 사용한다(*Introduction to Manufacturing Processes* by J. A. Schey, © 1987. McGraw-Hill의 허가에 의해 재수록함).

있다. 이 공정은 어느 정도의 얇은 단면을 만들어 낼 수 있기 때문에, 구조적으로 강건성이 적게 필요한 여러 물건들을 생산하는 데에 있어 냉간 압연과 경쟁하는 관계에 있다. 그래프의 중앙부는 다소 '두툼하게(chunky)' 보이는 두께의 제품을 만드는 공정과 연관되어 있다(그림 2.7의 y축). 마지막으로, 사형주조는 주형을 제작하는 방식 때문에 치수가 5mm(0.2in.)보다 작은 제품을 만들 수 없다.

2.3.7 CAD와 CAM 간의 정밀도, 공차, 적합도

반도체, 플라스틱, 금속, 섬유 등 모든 제조 공정에서는 각 공정의 물리적인 한계가 정밀도를 달성하는 데에 중요한 영향을 미친다. 즉 각 공정 작업에서 제품을 제작하는 동안에는 원래 가공물(재료)에 부과된 물리적/화학적 작용으로 인해 그 성능을 구속하는 한계(envelope)가 따르게 마련이다. 따라서 다음과 같은 문제를 생각해 보아야 한다. (a) 지정된 CAD 형상, 공차, 강도와, (b) 최종 제작물 사이에는 어느 정도의 적합도(fidelity)가 존재하는가? 가장 좋은 시나리오는 실제 가공물의 형상이 원래의 CAD 형상대로 완벽하게 제작되는 경우일 것이다. 또, 가공 대상인 원재료의 물성이 변하지 않거나 가공 경화로 인해 보다 개선된 물성을 갖는 경우에 우리는 가장 좋은 시나리오대로 가공을 수행하게 된다.

반면 최악의 경우는 공정을 제대로 제어하지 못해서 완벽하게 좋은 가공물을 망치는 것이다. 대표적인 예가 초기의 용접 공정이었는데, 열영향부(heat-affected zone)로 인해 재료의 파괴 인성(fracture toughness)이 줄어들기 때문이다. 이와 같이 각 공정의 한계치를 제어하는 것은 매우 복잡하기 때문에 다음과 같은 여러 요인들에 의존한다.

- 성형/절삭/적층되고 있는 가공물의 물성
- 금형(tooling)/마스킹(masking)/성형 재료(media)의 물성
- 기본 공정 장치 및 그 제어 구조의 특징
- 공정의 물리 혹은 화학적 파라미터의 개수
- 먼지, 마찰, 습도 등과 같은 외부 잡음에 대한 공정의 민감도

표 2.3과 그림 2.8은 일반적으로 사용되는 전형적인 공차를 보여 준다. 심지어 하나의 특정 공정 안에서조차 성능에 있어 미묘한 차이가 있을 수 있는데, 이는 공차의 범위 안에 들어오게 된다는 것을 확인하라. 각 공정의 가운데에 있는 어두운 막대 부분은 일반적으로 예상되는 수치이다. 이 범위를 일컬어 공정의 자연 공차(natural tolerance, NT)라 부르며, 설계와 제조 양 측면에 있어 매우 중요하다.

어떤 소비자 제품에서든 간에 제조비용과 이월비용(subsequent cost)은 부품 정확도와 치수 공차에 대한 설계자의 선택과 관련되어 있다는 점을 명심해야만 한다.

일단 설계와 그에 관련된 공차가 공장 작업장에 전달되면, 제작자는 설계자가 내린 결정에 따라 정밀도와 NT를 절대적으로 준수하기 위해 공정을 선택할 의무만 갖게 된다. 만약 설계자가 공차를 지나치게 요구했거나 아예 생각이 없었다면 비용은 틀림없이 급격하게 상승할 것이다. 설계 결정을 잘못하게 되면 필연적으로 비용이 많이 드는 제조 공정을 어쩔 수 없이 선택하게 된다.

다음에 강조하는 개념은 제조 공정의 특정 그룹에서의 공정의 연속, 즉 **프로세스 체인**(process chain)이다. 이에 대한 예제는 〈cybercut.berkeley.edu〉 웹사이트에서도 제공되고 있다. 일반적으로 높은 정밀도와 반들반들한 표면을 점진적으로 달성하기 위해서는 여러 공정이 연속적으로 사용된다. 기계 제조에서의 보통 프로세스 체인은 우선 부피 형상을 얻기 위해 판재의 가스불꽃절단(flame-cut), 주조 혹은 단조에서 시작하고, 그다음으로 형상을 보다 다듬기 위해 일련의 머시닝 작업을 뒤이어서 한다. 마지막으로 설계자가 고정밀도와 후처리를 요구하였을 경우 연삭이나 연마가 뒤따른다.

그림 2.8에는 가스불꽃절단, 머시닝, 연삭의 NT가 나타나 있는데, 왼쪽에서 오른쪽으로 갈수록 높은 정밀도이다. 몇 가지 주안점을 짚어 보자.

- 설계자는 그림 2.9의 간단한 도표에 요약된 것과 같이 이러한 프로세스 체인이 존재한다는 것을 인식해야만 한다.
- 각 추가 공정에서는 어느 정도의 **공차의 변환**(transitional tolerance)이 선행될 필요가 있다. 설계자가 이러한 공차의 변환을 모른다면 그림 2.10과 같이 불필요한 마무리 비용이 발생한다. 반면에 설계자가 요구되는 공차를 느슨하게 한다면

표 2.3 금속 공정의 일반적인 정밀도(0.001in≈25μm)

공정	정밀도(μm)	정밀도(인치)
열간 평단조	±1250	±0.05
열간 폐쇄 형단조	±500	±0.02
인베스트먼트 주조	±75~250	±0.003~0.01
냉간 폐쇄 형단조	±50~125	±0.002~0.005
머시닝	±25~125	±0.001~0.005
방전가공	±12.5	±0.0005
래핑, 연마	±0.25	±0.00001

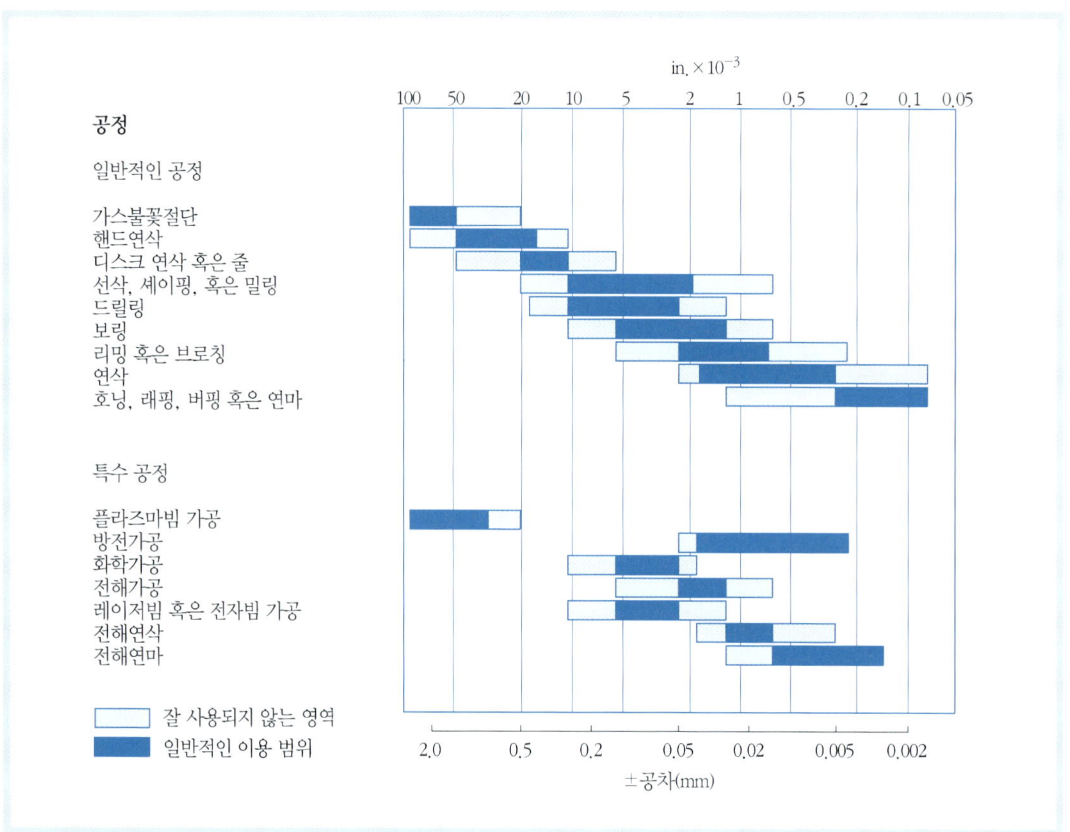

그림 2.8 자연 공차=막대의 진한 부분, 여러 일반적인 기계 제조 공정에서 사용. 분산=막대의 흐린 부분 (Kalpakjian, 1997, *Manufacturing Processes for Engineering Materials*. Prentice-Hall, Inc., Upper Saddle River, NJ의 허가를 얻어 수록함).

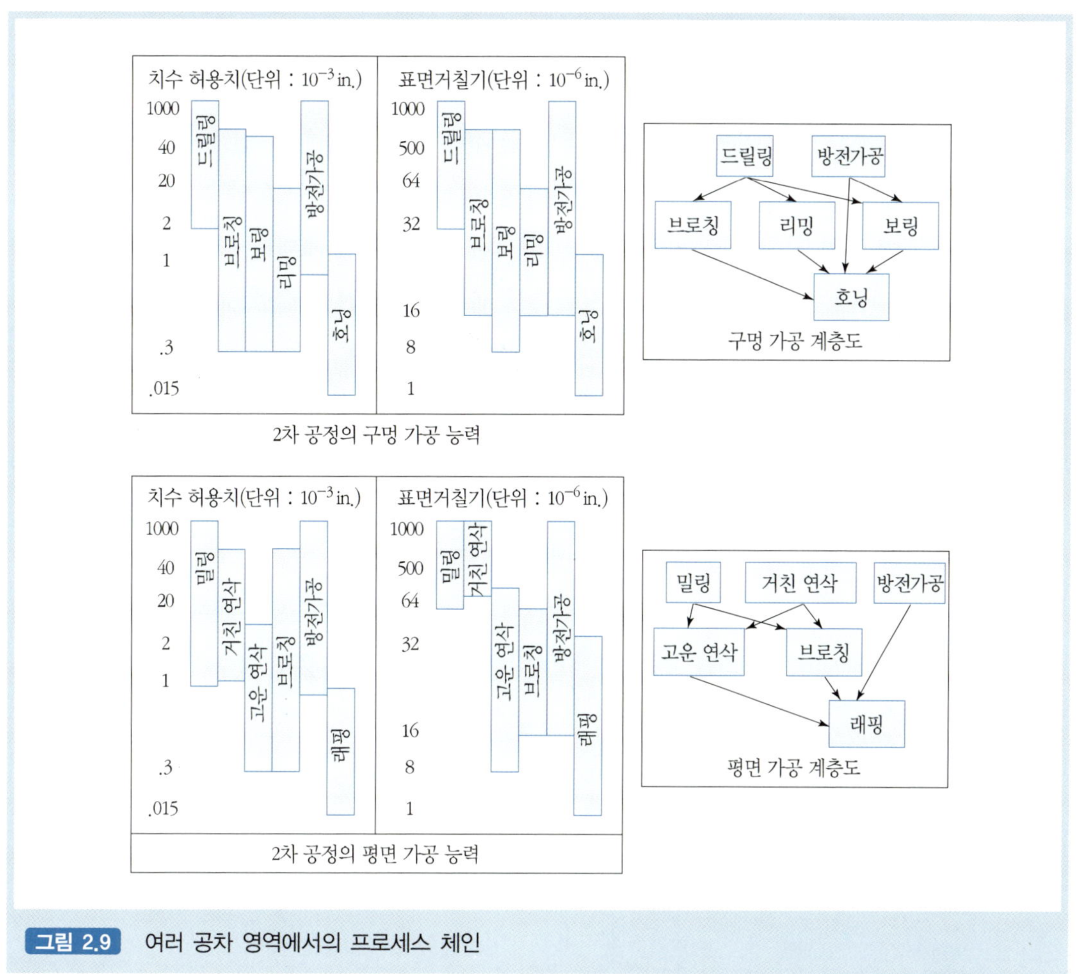

그림 2.9 여러 공차 영역에서의 프로세스 체인

제조비용이 절약된다는 점은 동전의 반대 면이라 할 수 있다.

- 프로세스 체인 내의 어느 단계에서든 다음 공정으로 넘어가기 전에는 제조의 품질보증을 주의 깊게 수행해야 한다. '부모(parent)' 공정이 너무 일찍 끝나면 '자식(child)' 공정이 수행해야 할 일이 엄청나게 많아지게 된다(녹슨 정원용구를 손질할 때를 생각해 보자. 최종 연마 단계로 넘어가기 전에는 거친 연마지 등을 사용해서 어느 정도까지 손질해 두는 작업이 필요하다).

2.3.8 제품 수명 예측

앞의 표 2.2의 세 번째 분류의 부품 강도를 다시 한 번 생각해 보자. 강도는 설계 형상, 공차, 재료 선정, 제조 방식 선택과 관련되어 있다. 이러한 요인들은 장기적인 사용 수명에 대해 서로 결합되어(coupled) 영향을 미친다. 항공기 구조 엔지니어는 아마 이러한 장기적인 물성에 대해 가장 많이 고려하는 설계자일 것이다. 허츠버그(Hertzberg, 1996)와 다울링(Dowling, 1993)은 금속과 폴리머의 피로 물성에 대해 설명했다. 피로 파괴(fatigue failure)는 항상 응력이 집중된 곳에서 시작된다. 뾰족한 모서리, 작은 구멍, 지름이 급격히 변하는 곳은 균열(crack)이 시작될 수 있는 위험 부위이다. 피로와 관련된 영역을 다루는 설계자는 강철 및 알루미늄의 높은 품위 등급을 명시하고, 균일한 입자 구조를 유지하기 위해 (주조보다는) 단조나 성형과 같은 공정을 선택하여, 연삭이나 래핑과 같은 추가적인 최종 마무리 작업을 지시할 것이다. 이러한 추가 작업들은 장기적인 피로 수명을 극적으로 개선시킬 수 있는 매우 고운 표면을 만들 수 있다.

그림 2.10은 이러한 추가적인 고운 마무리 작업의 비용을 나타낸다. 추가 연삭과

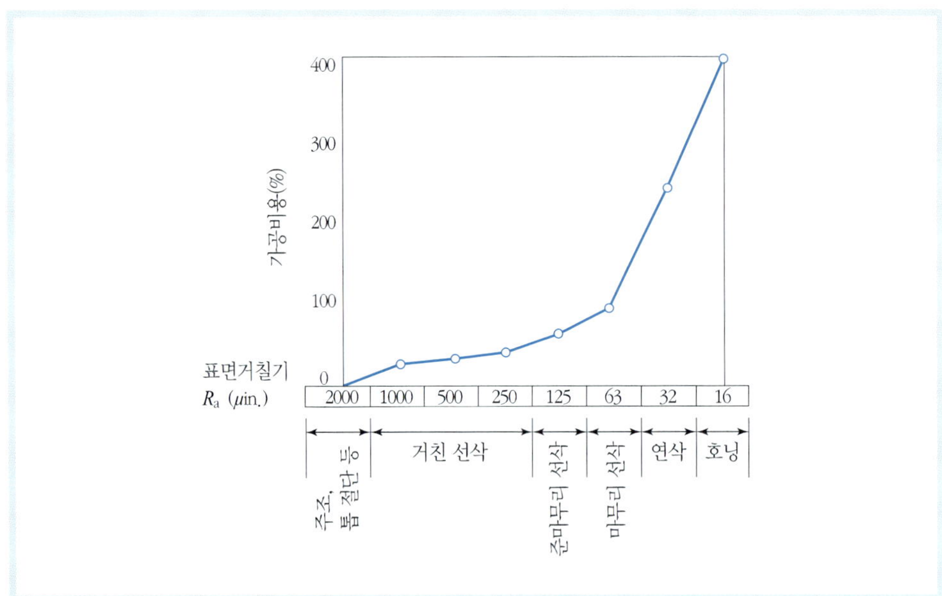

그림 2.10 부품이 거친 주조 단계에서부터 최종 절삭, 곱게 호닝처리된 최종 제품으로 옮겨 감에 따라 마무리 비용이 증가한다(Kalpakjian, 1997, *Manufacturing Processes for Engineering Materials*, Prentice-Hall, Inc., Upper Saddle River, NJ의 허가를 얻어 수록함).

호닝 작업은 미리 단조 혹은 주조된 표면에 대해 400% 이상의 비용이 추가되고, 선반에서 가공된 것과 비교할 때에도 200~300% 정도의 비용이 추가된다. 결국 정밀하게 제조된 항공기 부품이나 표면 품질이 보장되는 플라스틱 사출성형용 주형이 매우 비싼 것은 별로 놀라운 사실이 아니다.

2.3.9 리드 타임

이 책에서 리드 타임(lead time)이라는 용어는 '상세 CAD 파일을 제작 시설에 전달한 후부터 부품의 실제 생산에 이르기까지 걸리는 시간'으로 정의한다. 즉 리드 타임은 2.5절에서 좀 더 자세히 다룰 전체 시장적기대응(time-to-market)의 작은 부분이라고 볼 수 있다. 이러한 생산 시간의 관점에서 볼 때 중요한 점은 바로 리드 타임이 설계자의 결정에 매우 종속되어 있다는 점이며, 따라서 제조 공정의 선택과 직접적인 관련성을 가지고 있다. 이때 주요 요소는 요구되는 배치 사이즈, 부품 형상, 정밀도이다. 리드 타임을 생각하기 위한 기준으로서, ±50μm(±0.002in.)의 정밀도와 적당한 복잡도를 갖는 금속 부품을 만드는 데에는, 물론 일반적인 비즈니스 조건에 따라 다르긴 하지만 보통 기계 공장에서 2~3주 정도의 작업 시간이 걸린다.

그러나 정밀한 주형이나 다이가 필요할 때에는 리드 타임이 7~8주 정도 소요될 것이다. 단조, 금속판재성형, 부피가 큰 사출성형과 같은 공정에서는 다이를 만드는 작업에 여러 추가적인 단계들이 필수적이다. 여기에는 다이를 설계하는 동안에 금속의 스프링백 혹은 플라스틱의 수축과 같은 요인들이 포함될 필요가 있다. 다이를 제조하는 동안에는 높은 변형 응력이 발생하기 때문에, 다이 설계자는 지지 블록과 압력판을 만들어야만 한다. 또한 모든 수직 벽에 약간의 테이퍼를 주기 위해 분리면(parting plane)과 빼기 경사각(draft anagle)을 고려해야 하는데 이는 부품이 성형 후 잘 분리될 수 있도록 하기 위한 것이다. 불행히도, 스프링백의 정확한 양이나 최적의 빼기 경사각을 예측하는 완벽한 해석 모델은 아직까지 존재하지 않는다. 결국 최초의 다이를 만들 때에는 숙련된 경험이 필요하며 그러고 나서 시행착오를 여러 번 거친 후에야 최종적인 다이 표면이 만들어진다.

앞의 단락은 여전히 하나의 장비와 하나의 공정에 대해서만 설명하고 있다. 한편 대규모 FMS 시스템과 배치 사이즈가 클 경우에는 그림 2.6의 오른쪽 아래에서와 같이 수개월의 리드 타임이 소요된다. 여러 제조 공정이 결합되어 복잡한 조립품을 만들 경우 역시 마찬가지이다. 물론 제품 복잡도와 크기가 증가하면 그에 비례하여 리드 타임이 늘어난다. 극단적으로 항공기나 자동차의 완전히 새로운 모델의 경우, 설계에서 시작해 최초의 제품이 나오기까지 리드 타임은 몇 개월이 아니라 몇 년이 걸릴 것이다.

2.3.10 부품 결합과 관련된 비용 요인

다음 예제는 (a) 혁신적인 제조 기술의 가능성과, (b) 새로운 경제적 조건 간의 다소 복잡한 상호작용에 적응하기 위해 설계와 제조가 어떻게 변화해 나가는지를 보여 준다. 다시 말해, 제1장의 아이리스와 밀러(Ayres & Miller, 1983)의 말을 상기해 본다면, "CIM은 수요 요소와 공급 요소의 합류점이다."

10~20년 전에는 하나의 커다란 슬래브 덩어리로 매우 큰 구조물을 가공하는 것은 상식적인 것이 아니었다. 그러나 보잉사의 혁신적인 머시닝 프로그램은 그러한 방향으로 나아가고 있다. 항공기의 천장 내부에는 비틀림 안정성을 위해 거인 옷걸이처럼 생긴 구조재들이 일정한 간격으로 가로질러 배치되어 있다. 오늘날 대부분의 항공기는 그림 2.11의 위쪽과 같이 여러 부품들을 결합하여 만든다. 그러나 최근의 설계는 그림의 아래쪽과 같이 큰 슬래브로부터 가공을 하는 추세로, 이러한 방식으로 인해 공장에서 예상치 못한 요소가 발생하거나 비용이 많이 드는 결합 작업을 사용하지 않을 수 있게 되었다.

토머스(Thomas, 1994)는 그렇게 설계 국면으로 **되돌아 흐르는**(flowing back) 제조 혁신은 설계와 제조의 관계를 조직하는 새로운 방식이라는 점을 파악하였다. 아이리스와 밀러의 CIM에 대한 정의를 통해 우리는 새로운 혁신이나 새로운 **공급 요소**(supply element)는 다음과 같은 점을 포함한다는 사실을 관찰하였다.

- 절삭 공구 기술의 발전과 고속 가공 공정의 정밀도를 제어하는 방식에 대한 이해
- 안정적인 공작기계와 고속 스핀들의 가능성
- 큰 단조 슬래브의 균일성을 보장하기 위해 보다 균질한 미세구조
- 광범위한 테스트를 하고 단일부품 구조가 최소한 다종부품 구조만큼의 신뢰성

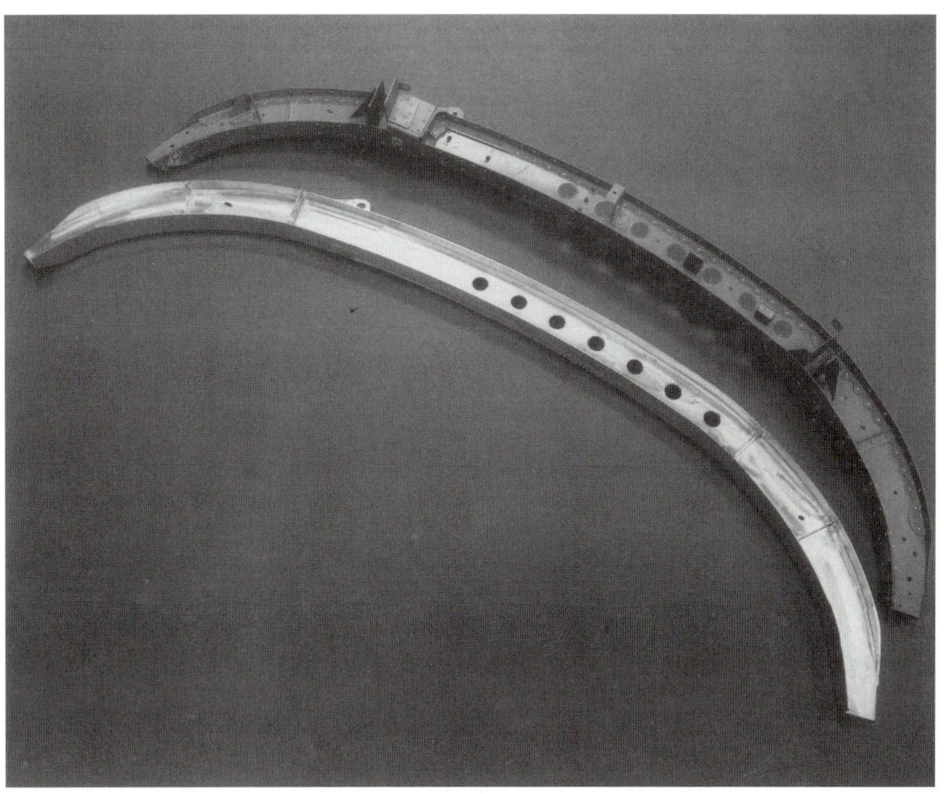

그림 2.11 통합된 제품과 공정 설계를 통해 사진 아래쪽과 같이 재료 덩어리로부터 완전한 하나의 항공기 부품을 만들 수 있게 되었다(보잉사의 Donald Sandstorm 박사의 허가를 얻어 수록함).

을 가진다는 점을 보여 주는 능력

한편 새로운 **수요 요소**(demand element)는 다음을 포함한다.

- 결합 및 리벳 작업 비용의 상승–이러한 작업들은 일부만을 자동화할 수 있으며, 특히 공작물을 고정하는 데에는 수동 작업이 요구된다.
- 제작 단계를 줄이는 데에 대한 선호–각 제작 단계에서는 항상 더 많은 셋업, 고정, 문서화, 품질보증이 요구된다.
- 비용을 절감하면서도 항공기의 안전과 통합을 개선하기 위한 탈규제 이후의 전체 항공 산업에 대한 광범위한 강제

이러한 경향은 설계와 제조 공정의 복잡도를 엄청나게 증가시키는 반면에 창조적인 회사들은 이를 이용하여 자신의 강점으로 삼을 수 있을 것이다. 우리의 결론은 어떠한 부품 1개조차도 고립되어 해석하고 최적화해서는 안 된다는 것이다. 설계와 제조의 견지를 조금만 더 넓혀 시스템의 측면에서 바라본다면, 항상 개선, 단순화 혹은 가격절감의 여지가 존재할 것이다.

2.3.11 잠재 이윤의 측면에서 본 비용 분석

휴렛패커드의 리턴 맵(return map, RM)은 설계 및 제조비용을 분석하는 또 다른 방법이다. 그러나 RM은 단지 가격뿐만 아니라 다음과 같은 생존에 관한 질문에도 초점을 맞추고 있다.

- 주어진 시기에서의 이익은 얼마나 될 것인가(ΔP)?
- 어떤 이익을 달성하는 데에는 얼마나 걸릴 것인가(T_b)?

그림 2.12는 시간에 대해 비용 혹은 총수입을 로그 스케일 그래프로 나타낸다(House & Price, 1991의 모델). 그래프에서 중요한 곡선은 다음과 같다.

- 엔지니어가 프로젝트를 생각해 낸 최초의 순간(T_c)부터 시작하는 총투자 곡선(그림 2.1의 상단).
- 첫 번째 제품을 제조하여 판매하자(T_m)마자 시작하는 총판매 곡선. 제조 라인을 셋업하고 수정하는 것은 판매를 발생시키지 못한다.
- T_b에서부터 발생하는 총이익곡선.

시간축에서 중요한 점들은 다음과 같다.

- T_c−프로젝트 시작점. 이후에 제품 정의, 제품 개발, 제조 공정계획, 장비 셋업, 조립 라인 수정, T_m 근처의 제품 제조 시작으로 이어진다.
- T_m−실제 제조가 시작되어 제품이 팔리는 점.
- T_b−'제품 개념정의'의 시작으로부터 양의 이익이 발생하는 점까지의 손익분기 기간(T_b-T_c). 그래프에서는 출시 후 손익분기 기간(T_b-T_m)도 표시하였는데, 제

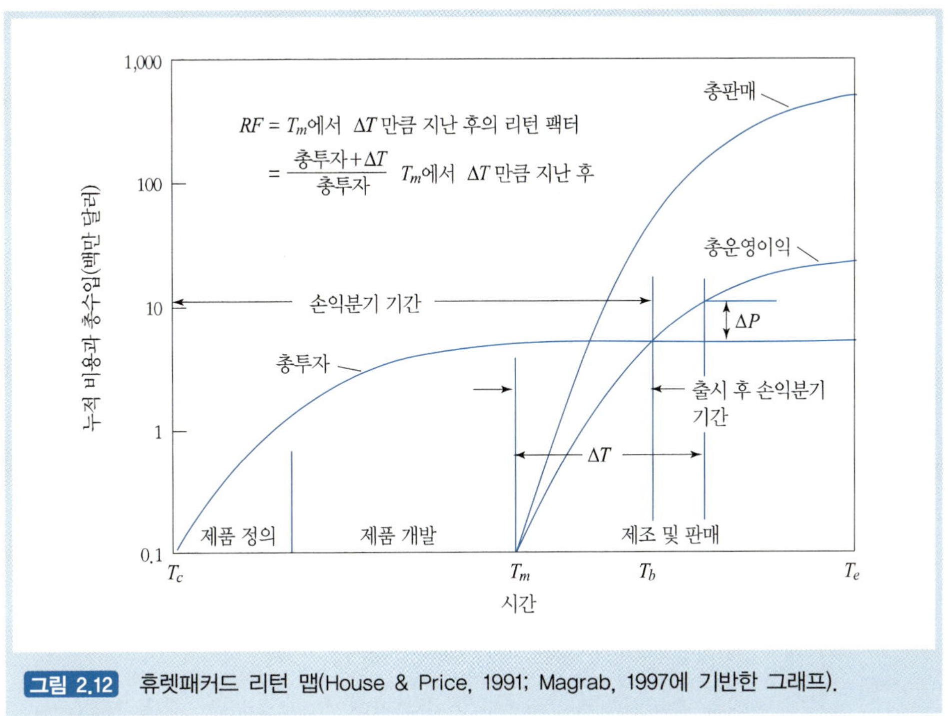

그림 2.12 휴렛패커드 리턴 맵(House & Price, 1991; Magrab, 1997에 기반한 그래프).

조 생산성에 보다 초점을 맞춘 개념이다. 물론 생산을 빨리하고 제품의 양을 늘리는 것이 바람직하다. 모든 개발 비용을 빨리 청산하는 것이 목적이 되겠다.

- ΔT와 ΔP – 휴렛패커드 리턴 팩터(RF)를 계산하는 출시 후 손익분기 기간(T_m)을 지난 임의의 점들(ΔT, ΔP). *RF*는 총이익을 총투자로 나눈 값이다. T_m 이후에 최단 기간에 *RF*를 최대화하는 것이 목적이다. 보다 중요하게는 손익분기점 T_c부터 새로운 *RF*′을 측정하는 것도 가능하다. 전사적인 수익성의 관점에서 손익분기는 출시 후 손익분기 기간보다 중요하므로, 현금 유동이 제한되어 있는 새로운 회사는 앞부분에 초점을 맞추어야 한다.

제품의 수익흐름(income stream)이란 무엇인가? 보통 다음의 정의가 사용된다.

- 판매 가격(sales price)=회사가 (소매업자가 아닌) 배급업자(도매업자)에게 제시하도록 책정된 판매 가격
- **순수판매액**(net sales)=개별 판매 가격×판매된 제품 개수

- 누적순수판매액(cumulative net sales)=여러 해에 걸친 통합 순판매액

개별 제품을 생산하고 영업하는 비용은 무엇인가? 보통 다음의 정의가 사용된다.

- 단가(unit cost)=제품 1개당 발생하는 제조 및 관련 간접비용(그림 2.5의 제품 제조비용을 참조)
- **제품 가격**(cost of the product)=단가×판매된 개수
- 개발 비용(development costs)=상세 및 구체설계 비용+시장 진출 비용(launch) +부양 비용(support)
- 마케팅 비용(marketing costs)=순수판매액의 일부(13%)(Magrab, 1997)
- 기타 선전 및 운영 비용(other promotional and running costs)=순수판매액의 일부(8%)(Magrab, 1997)

잠재 수익 혹은 손실은 무엇인가? 보통 다음의 정의가 사용된다.

- **매출 총이익**(gross margin)=**순수판매액**(net sales)−**제품 가격**(cost of product)
- 매출 총이익률(percentage gross margin)=매출 총이익/순수판매액×100%
- 세전수익(pretax profit)=매출 총이익−개발비용−마케팅 비용−기타 비용
- 누적수익(cumulative profit)=매해 기준 통합수익(손실)

표 2.4는 구체적인 예시를 보여 주기 위해 매그랩(Magrab, 1997)의 저서에서 발췌하였다. 이 예제에서 최초의 2년간은 판매가 없었다. 그렇지만 설계와 개발 비용은 맨 마지막 행에서처럼 160만 달러의 일시적인 손실을 항상 발생시킨다.

여기서는 제품이 2005년까지 인상적인 수익을 내는 것을 보여 주고 있지만, 첫 2, 3년 동안의 리스크는 충분히 강조되고 있지 않다. 또, 제품이 시장에 진입했을 때 고객이 이를 좋아하지 않는다면 어떻게 할 것인가? 개발 기간이 너무 길어서 다른 회사가 먼저 비슷한 제품을 내놓는다면? 아니면 몇 주 후에 더 나은 제품을 내놓는다면? 이 표에서 리스크는 명백히 나타나 있지 않다.

몇 가지 필요한 질문들을 더 던져보자. (개발에 소요되는) 160만 달러는 어디서 조달할 것인가? (작은 회사의 경우) 일종의 대출 혹은 (큰 회사나 현존하는 회사의 경

표 2.4 매그랩의 이익 모델 예제(Integrated Product and Process Design by E. B. Magrab. Copyright CRC Press, Boca Raton, Florida의 허가를 받아 재수록함.)

	연도								
	1997	1998	1999*	2000	2001	2002	2003	2004	2005
	j=1	j=2	j=3	j=4	j=5	j=6	j=7	j=8	j=9
A 판매 가격			$65.90	$65.90	$65.90	$67.90	$67.90	$67.90	$67.90
B 판매된 개수			100,000	250,000	300,000	350,000	250,000	$200,000	$150,000
C 순수판매액[=AB]			$6,590,000	$16,475,000	$20,370,000	$23,765,000	$16,975,000	$13,580,000	$10,185,000
D 누적순수판매액[=SUM C(j)]			$6,590,000	$23,065,000	$43,435,000	$67,200,000	$84,175,000	$97,755,000	$107,940,000
E 단위 비용(target)			$34.00	$33.50	$33.00	$33.00	$33.50	$34.00	$34.50
F 단가[=BE]			$3,400,000	$8,375,000	$9,900,000	$11,550,000	$8,375,000	$6,800,000	$5,175,000
G 매출총이익[=C−F]			$3,190,000	$8,100,000	$10,470,000	$12,215,000	$8,600,000	$6,780,000	$5,010,000
H 매출총이익률[=100G/C]			48.41%	49.17%	51.40%	51.40%	50.66%	49.93%	49.19%
I 개발비용			$400,000	$50,000	$50,000	$50,000	$50,000	$50,000	$50,000
J 마케팅 비용(순수판매액의 13%) [=0.13C]	$800,000	$800,000	$856,700	$2,141,750	$2,648,100	$3,089,450	$2,206,750	$1,765,400	$1,324,050
K 기타 비용(순수판매액의 8%) [=0.08C]			$527.200	$1,318,000	$1,629,600	$1,901,200	$1,358,000	$1,086,400	$814,800
L 총운영 비용[=I+J+K]	$800,000	$800,000	$1,783,900	$3,509,750	$4,327,700	$5,040,650	$3,614,750	$2,901,800	$2,188,850
M 세전수익[=G−L]	($800,000)	($800,000)	$1,406,100	$4,590,250	$6,142,300	$7,174,350	$4,985,250	$3,878,200	$2,821,150
N 수익률[=100M/C]			21.34%	27.86%	30.15%	30.19%	29.37%	28.56%	27.70%
O 누적수익[=SUM M(j)]	($800,000)	($1,600,000)	($193,900)	$4,396,350	$10,538,650	$17,713,000	$22,698,250	$26,576,450	$29,397,600

* 제품이 연중에 시장에 진입하였다.

우) 전략적 투자로부터 조달할 것이 틀림없다. 그렇다면 이자율은? 8%?, 10%?, 12%?, 다른 제품을 ⟨www.start-up-company.com⟩에서 런칭하면 돈은 적게 벌 수 있을지 몰라도 160만 달러보다는 리스크가 적다면? 이미 존재하는 대기업에서 다른 프로젝트를 후원한다면? 회사의 목적에 더 적합한 다른 프로젝트가 있다면?

이러한 질문들은 이 책의 범위를 넘어서는 질문이다. 더 관심이 있는 독자는 파킨(Parkin, 1990)의 『경제학(Economics)』이나 튜슨 등(Thuesen, Fabrycky, & Thuesen, 1971)의 『공학경제(Engineering Economy)』에서 이러한 문제에 대해 여러 장을 할애해 대안 경제적 분석과 같은 내용을 다루고 있으니 참조하라.

2.4 질문 3 : 제품의 품질(Q)은 얼마인가

2.4.1 서론 : 공정품질 대 조직품질

품질이란 무엇인가? 제품은 어느 정도의 품질을 필요로 하는가? 품질은 수치적으로 측정될 수 있는가? 그리고/또는 미적인 문제인가? 특히 '품질비용(cost of quality)'이란 무엇인가? 또한 '충분하지 않은 품질에 대한 비용(cost of not enough quality)'이라는 것이 있는가?

이러한 질문에 대답을 하기 위해 품질에 대해 정의하는 것이 필요하다. 다음에 이어지는 절에서는 몇 개의 정의를 살펴볼 것이다.

- 첫 번째 정의에서는 설계자가 요구하는 지름에 따라 제작된 축의 지름 측정과 같은 변수들을 고려한다. 이는 **공정품질**(process quality)의 한 측면이다.
- 두 번째 정의에서는 회사의 전체 질에 대한 보다 포괄적인 측정을 고려한다. 이는 조직품질(organizational quality) 혹은 **전사적 품질경영**(total quality management, TQM)과 관련되어 있다. 제1장에서 강조한 바와 같이, 데밍(W.E. Demming)과 같은 미국 엔지니어들은 TQM을 주창하였고 도요타를 비롯한 일본 회사들(Ohno, 1988)은 TQM을 열정적으로 적용하였다. 다행스럽게도 1982년쯤 톰 피터(Tom Peter)의 『초우량 기업의 조건(In Search of Excellence)』과 같은 책으로 인해 미국 제조업자들은 미국의 제조경쟁력을 복구하기 위해 무엇을 해야 하는지를 알

게 되었다. (a) 공장에서의 품질보증, (b) 전체 조직에 대한 TQM, (c) 보다 효율적인 경영(린 경영, lean management) 위계. 가빈(Garvin, 1987)은 TQM의 여덟 가지 측면에 대해 서술하였으며, 각 측면들은 맬컴 발드리지 품질상(Malcolm Baldrige Award)과 ISO 9000 시스템에 의해 평가된다. 콜(Cole, 1999)은 최근 그의 저서에서 '린 조직(lean organization)' 내의 방식에 대해 논의하였다. 이러한 조직품질에 대한 내용들은 이 장의 뒷부분에서 다시 검토할 예정이다.

2.4.2 공장 작업장에서의 공정품질 : 통계적 품질 관리(statistical quality control, SQC)를 이용한 정량적 측정

공정품질은 제조 공정, 특히 공정이 어떻게 잘 제어되는가 하는 문제와 그 고유의 정밀도의 물리적인 측면과 직접적으로 관련이 있다.

영국식 선술집에서 다트 화살을 던지는 친구들을 생각해 보자. 각자는 3개의 화살을 가지고 있다. 목표는 물론 던질 때마다 과녁의 중심에 명중시키는 것이다. 모두가 한 번씩 3개의 화살을 던지고 나면 다음 라운드가 시작되는 방식이다. 이렇게 한 시간 동안 즐겁게 놀고 난 뒤에, 각 친구들은 얼마나 많이 중심에 과녁을 맞추었을까? 그리고 과녁 중심에는 화살이 어떤 식으로 모여 있을까?

- 1번 친구는 아주 잘하는 사람이어서 많이 명중시켰다. 게다가 중심에 맞추지 못했을 때조차도 지름 50mm(2in.) 이내의 작은 원 근처에 모여 있다.
- 2번 친구는 1번 친구보다는 못하지만 그래도 중심을 어느 정도 맞추었다. 그렇지만 화살은 과녁 전체에 대해 지름 325mm(13in.)의 큰 원 안에 분산되어 있다. 이 크기는 표준 다트 과녁에서 점수를 얻을 수 있는 지름의 크기이다.
- 3번 친구는 한 번도 다트 게임을 해본 적이 없다. 중심을 전혀 맞추지 못했을 뿐 아니라, 과녁을 아예 맞추지도 못해서 화살이 땅바닥에 떨어져서 사람들에게 큰 웃음을 선사했다.
- 4번 친구는 좀 별난 스타일이다. 모든 화살이 과녁의 점수 표시선 왼쪽에 모여 있다(이곳은 표준 다트 과녁의 11번째 영역으로, 과녁 내에서 점수가 0점인 곳이다). 물론 중심을 전혀 맞추지 못했다. 그렇지만 화살은 일관되게 2인치 지름

의 원 안에 모여 있다. 다른 친구들은 왜 이 친구가 좀 더 오른쪽으로 겨냥하지 않았는지 궁금해한다.

- 5번 친구는 꽤 잘한다. 시작할 즈음에는 2번 친구보다도 더 많이 중심을 맞추었지만, 술이 좀 들어가고 나서 파장 무렵에는 2번에게 점수가 뒤처지게 되었다.
- 6번 친구는 2번 친구보다 이론적으로는 뛰어나지만, 이 친구는 주위의 다른 사람들 때문에 쉽게 산만해지는 스타일이다. 과녁 중심도 많이 맞추었고 2번 친구보다 평균적으로 더 잘 모여 있지만, 화살이 자주 과녁을 벗어나곤 했다. 사실 게임이 끝날 때까지 과녁을 벗어난 것 중에는 3번보다 훨씬 큰 실수들이 많았다.

위의 즐거운 사고실험의 중요한 점은 제조 공정에서도 역시 같은 문제가 발생하기 쉽다는 것이다.

반도체 산업에서는 리소그래피 장비, 건식 식각(dry etching), 확산 체임버(diffusion chamber), 증착(vapor deposition) 장비 등과 같은 여러 단계의 공정이 있다. 이들은 다트 게임을 했던 친구들에서 볼 수 있었던 것과 같이 고유의 양태를 보일 수 있다.

이제 구체적으로 공작기계 산업의 예를 생각해 보면, 6개의 서로 다른 선반에서 원형 축(shaft)을 가공하고 있다고 생각해 보자. 이 축은 잔디 깎기의 중심축에 들어갈 부품이다. 목표 치수는 25mm 혹은 1in.이다. 이 축은 선반에서 가공되어 나오면서 자동 접촉식 센서로 측정된다.

- 1번 선반은 매우 정확하며, 좋은 반복정밀도를 갖고 있다. 모든 축 지름은 목표값인 25mm 혹은 1in. 근처에 모인다. 변동폭은 50μm(0.002in.)이다. 즉 지름 25mm의 축을 $\pm$25μm 오차로 생산해 낸다.
- 2번 선반은 덜 정확하다. 축 지름의 변동폭은 500μm(0.02in.) 정도로 커서 오차는 $\pm$250μm이다. 다트 게임의 1, 2번 친구의 경우에서처럼, 2번 선반은 1번 선반보다 덜 정확한 셈이다. 2번 선반은 아마도 정확도가 그렇게 중요하지 않은 원통형 부품의 거친 절삭에 사용될 수 있을 것이다. 혹은 더 중요하게는, SQC 품질보증 부서(Quality Assurance Department)에서 장비 개선을 위해 보수를 추천할 수도 있다.

- 3번 선반은 정확도 측면에서는 희망이 없다. 부품들은 25mm 혹은 1in. 목표값과는 너무 많이 동떨어져 있기 때문에 품질보증 부서는 장비 생산을 전격적으로 중단하고 심각하게 보수 작업을 시작할 것이다. 아마 구동기(actuator)나 리드스크류가 손상되어 요구되는 세팅과는 동떨어져 있을 테고, 따라서 이따금씩 장비가 서버릴 수도 있다.
- 중요한 질문 : 정확도(accuracy)와 정밀도(precision)의 차이는 무엇인가? 4번 선반을 1번 선반과 비교해 보았을 때 이러한 차이를 알 수 있다(마치 다트 게임에서 4번 친구와 1번 친구를 비교하는 것처럼). 4번 장비의 결과는 매우 좋은 정밀도를 보여 주지만, 잘못된 위치에 정밀하게 집중되어 있다. 장비 성능에 뭔가 결함이 있어서 정확도가 떨어지는 것이다. 아마 고정구가 배치런(batch run)의 오른쪽으로 미끄러져 있을 것이다. 단지 첫 번째 축 가공을 시작할 때부터 오른쪽으로 틀어져 있을 뿐이지만, 모든 축들이 잘못된 위치에서 지름이 가공되는 것이다.
- 5번 선반은 가공을 시작할 때에는 좋지만, (선반의) 공구 마멸이나 (리소그래피 장비의) 정렬이 고정되어 있지 않아서 흔들리게 되어, 공정의 품질이 떨어지게 된다. SQC 팀은 이러한 품질 저하 요소들을 파악하고 보수해야만 한다.
- 6번 선반은 전체적으로는 매우 좋지만, 때때로 아주 엉망인 부품이 생산된다. 아마 이는 장비 제어 오류 때문일 것인데, 이로 인해 합선이 되거나 종종 중요한 오차가 발생한다.

위와 같이 품질보증 부서는 축의 치수 데이터를 모니터하고 감독할 것이다. 그리고 그 결과는 통계적으로 분석되어 막대한 컴퓨터 데이터베이스에 저장될 것이다.

이렇듯 통계적 품질 관리 데이터베이스는 품질을 높은 수준으로 유지할 수 있는 열쇠이다. SQC 데이터베이스는 세심한 장비 조정, 장비 관리 일정, 시기에 알맞은 오차 및 드리프트 행동 보고, 그리고 장비 진단에 대한 중요한 정보를 제공한다. 특정 장비에 대한 유지보수 일정 권고는 공장 일정 관리에도 적용될 수 있다.

또한 품질보증은 **포카요케**(Pokayoke) 접근을 포함하기도 한다(Ohno, 1988; Black, 1991). **포카요케**(ポカヨケ)는 '실수방지(defect free)'를 뜻하는 일본어로 된 조어이다. 이

개념은 작업자가 잘못된 경로 근처에 재료를 적재하는 것과 같은 잠재적인 실수를 방지하기 위해 추가적인 장비를 장착하는 경우를 말한다.

마지막으로, 품질보증 방법에는 **다구치**(Taguchi)의 공식기법(formal technique)이 포함되기도 한다. **다구치** 방법은 제조되는 제품의 잡음 유형에 초점을 맞추어 문서화된 통계 수단을 통해 잡음 발생을 줄인다. 게다가 다구치 방법은 제품 소비자의 손실시간(제품을 구입한 후 동작하게 하거나 후에 수리하는 시간 등)을 문서화하고 있다. 이러한 문제들은 공장으로 되돌아가 잡음의 원인을 추적하여 비용 함수에 할당된다.

지금까지 논의한 내용은 '로켓을 만드는 것만큼 어려운 일'은 아니고, 대부분은 상식 수준의 품질보증에 관한 것이다. 사실 자동차를 세심하게 유지하는 것과 별다른 점이 없다. 오일을 체크하고, 추천 유지보수 일정을 따르고, 큰 고장이 발생하기 전에 문제를 해결하고, 바쁘지 않을 때 정비 일정을 잡는 것 등과 같다.

2.4.3 '규격한계' 대 '공정관리(PC)한계'

얼핏 유사해 보이지만 'CAD/CAM의 서로 다른 쪽에 있는' 다음의 두 정의를 이해하는 것은 중요하다.

- 설계자가 설정하는 **규격한계**(specification limit)(보통 줄여서 '스펙'이라고 부른다.)
- 사용되는 제조 공정의 고유한 **공정관리한계**(process control limit)

'스펙'이라는 말 안에는 다음과 같은 중요한 정의가 포함된다.

- **공차**(tolerance) : 설계자의 요구와 관련된다. 공차는 '기준값'의 양옆에 허용 가능한 오차를 두는 것과 동일한 말이다. 이를 일컬어 '양측공차 스펙'이라고 한다. 그렇지만 공차를 일부러 평균에 대해 좌우대칭으로 설정하지 않는 경우가 많다는 것을 알아두어야 한다. 축(shaft)은 보통 중심 베어링 내에 끼워져 회전하는데, 회전이 가능하면서도 크기가 너무 커서는 안 된다. 축의 크기가 기준값보다 약간 작은 것은 문제가 되지 않으며 이 경우 공차는 25mm(+0/−50μm)라고 기재된다.

공정관리한계 내에는 다음과 같은 중요한 정의가 포함된다.

- **평균값**(mean value) : 앞의 예시에서 제작된 모든 원통형 축의 평균값과 같은 것을 말한다. 참고로 평균값에서의 (x)의 값은 μ_x 라고 표기한다. 그림 2.13에서는 13mm가 평균값이다.
- **평균값 근처의 분산**(variance) : 공정에서의 (설계자 공차 말고) 자연공차(natural tolerance, NT)와 같은 개념이다. 표준 SQC 모니터링에서는 보통 {NT=$6\sigma=\pm3\sigma$} 값이 사용된다. 이는 그림 2.13의 가우시안(Gaussian) 또는 종형 정규분포 곡선의 양 측면을 의미한다. 그림에서 왼쪽에서부터 지름 범위가 시작되는데, 이는 [12.950~12.955], [12.955~12.960] 등과 같은 식으로 설정되어 있다. 다음으로 히스토그램은 왼쪽에서부터 오른쪽 끝으로 가면서 각 범위에서의 축의 개수를 표시한다.

만약 회사에서 ($6\sigma=\pm3\sigma$) 이내의 모든 축 지름을 허용한다면, 불합격률은 1만 개 부품 중에 27개가 될 것이다. ($12\sigma=\pm6\sigma$)에 대해 허용할 경우라면 불합격률은 10억 개 중 고작 2개가 될 것이다.

요구되는 정확도, 즉 스펙은 그림 2.13 (c)에 나타낸 것처럼 **규격상한**(upper specification limit)에서 **규격하한**(lower specification limit)을 뺀 값으로 결정된다(USL−LSL). 이는 단순히 잔디 깎기의 중심축에 사용될 금속 축의 허용 가능한 지름 범위일 뿐이다. 이상적인 지름과 허용 가능한 (USL−LSL)은 설계자가 기능적 측면을 고려하여 결정한다.

다음으로는 합당한 능력을 가진 제조 공정을 선택하는 것이 상식적이다. 다시 말해 공정의 정확도와 NT가 설계자의 요구조건에 부합해야 한다는 말이다. 이상적으로는 설계자의 (USL−LSL) 값은 제조 공정이 달성할 수 있는 $\pm3\sigma$(혹은 NT=6σ)보다 커야만 한다.

쉽게 말해 정밀 망원경을 만들 때 공차를 엄격하게 하고 (USL−LSL) 값을 작게 정한다면, 큰 NT 값을 갖는 지하실의 오래된 쇠톱과 무딘 드릴을 사용할 사람은 아무도 없을 것이다. 그렇지만 놀랍게도 많은 제조업자들은 잘못된 제조 공정이나 마멸된 공구로 설계자의 요구를 맞추려고 노력하느라 고생하고 있다. 게다가 어떤 설계자들

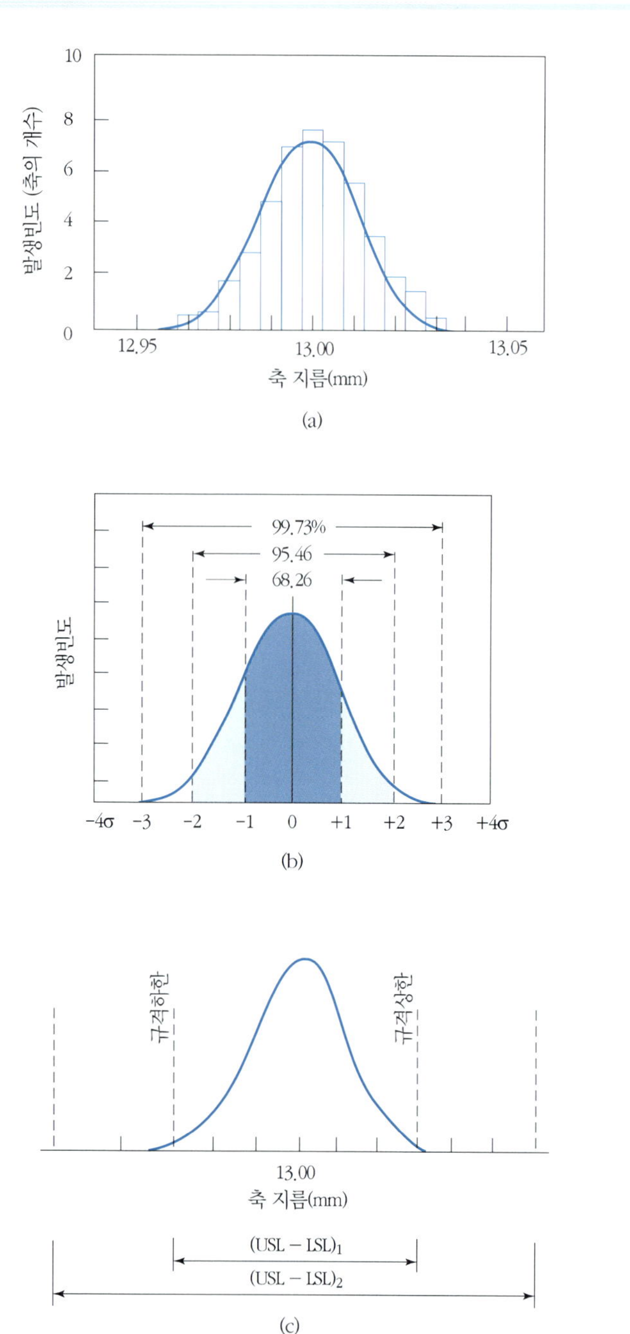

그림 2.13 (a)는 평균 축 지름 13mm 근처에 모여 있는 제조 공정 자체의 데이터를 보여 주고 있다. 표준 통계적 품질 관리(SQC)에서는 (b)와 같이 가우시안이나 종형 정규 곡선을 가정하는데, 이는 제조된 부품의 99.73%가 $6\sigma = \pm 3\sigma$ 범위 안에 들어온다는 것을 의미한다. (c)는 설계자의 요구 범위인 규격상한(USL)과 규격하한(LSL)을 보여 준다. 첫 번째 경우인 $(USL-LSL)_1$은 제조 공차와 동일하다. 즉, $C_p=1$이고 최소 허용조건이지만, 실제로 바람직하지는 않은데, 왜냐하면 $\pm 3\sigma$의 제조 능력으로는 몇 부품들이 분명히 설계자의 스펙을 맞추지 못할 수밖에 없기 때문이다. 두 번째 경우에서는 $(USL-LSL)_2$을 2배로 만들어서 $C_p=2$로 설정하였다. 이 경우가 보다 더 바람직하다. 하지만 C_p가 너무 커지게 되면 선택된 제조 공정이 설계자에 의해 느슨하게 설정된 구속조건들에 대해 '너무 좋아'진다는 것을 기억하라(Kalpakjian, 1997년과 DeVor 등 1992년의 그림을 수정하였다).

은 (USL−LSL) 값을 부품이 필요로 하는 것보다 '너무 좋게' 설정하기도 한다. 이 경우 공차를 달성하기 위해 제조업자들은 표준 밀링이나 선삭 작업을 한 후에, 연삭이나 심지어 연마와 같이 비싼 마무리 공정을 해야만 한다.

2.4.3.1 공정능력계수 C_p

공정능력은 규격상한과 규격하한 사이의 (USL−LSL) 값의 영역을 종형 곡선의 너비로 분할한다. 표준 SQC에서는 $\pm 3\sigma$, 즉 표준편차의 ± 3배를 사용한다. 이 값은 C_p로 알려져 있으며 다음과 같이 계산한다.

$$C_p = \frac{\text{USL} - \text{LSL}}{6\sigma_x} \tag{2.2}$$

C_p의 최소 허용값은 1이지만, 그림 2.13에서처럼 보통 1에서 2 사이의 값이 바람직하다.

2.4.3.2 공정능력계수 C_{pk}

앞선 논의에서 우리는 기본적으로 제조 공정의 평균값이 설계자가 할당한 부품의 목표 크기와 일치한다고 가정했다. 다시 말해 제조 공정의 $\pm 3\sigma$만큼의 '뷰파인더(viewing window)'는 설계자의 (USL−LSL) 값의 '뷰파인더'와 동일하다는 가정이다.

그러나 실제로는 그렇지 않다면? 다트 게임에서 4번 친구를 상기해 보자. 다트 화살은 모두 작은 '뷰파인더' 안에 들어갔지만, 그 중심은 목표로부터 벗어나 있었다. 왼쪽 끝으로 한참 벗어난 4번 선반의 축은 곧 오차를 발생시켰다. 드보어, 챙, 서덜랜드(DeVor, Chang, & Sutherland, 1992)가 제시한 다음의 예제를 살펴보자. 설계자가 의도한 축의 이상적인 크기는 145mm라 가정하자. 그리고 선택된 선반 작업은 원래 요구되는 $\pm 3\sigma$ SQC 조건을 충분히 가공할 수 있지만, 선반의 공구대가 틀어지고 모든 부품 크기가 조금씩 달라서 평균값이 145mm가 아닌 130mm로 된다고 가정해 보자. 평균값이 이렇게 '변동하는(drift)' 것을 설명하기 위해 제작자들은 보통 C_{pk}라는 능력계수를 사용한다. C_{pk} 값은 스펙에서 정해진 값에 대한 실제 공정평균과 관련되어 있다.

설계자가 원하는 값을 설정하고 동일한 ± 공차를 양쪽에 설정한(양측공차) 스펙에 대해, C_{pk}는 다음과 같이 정의된다. 먼저, 공정평균 μ_x와 표준편차로 나타낸 규격한

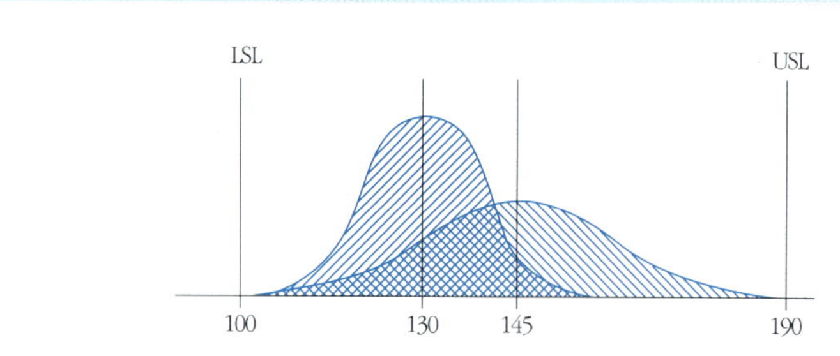

그림 2.14 제조 공정은 거시적인 오차, 즉 셋업, 고정, 온도제어 등과 같은 거시적인 오차에 의해 '움직일' 수 있다. 위의 예제에서 공정은 설계자가 정한 LSL=100 쪽으로 움직이고 있다. 이는 공정이 $\pm3\sigma$의 관점에서는 좋은 성능을 보일 수 있을 경우라도 왼쪽 끝의 몇몇은 곧 스펙을 벗어날 것이라는 것을 의미한다. C_{pk} 평가는 이러한 이동을 고려한다[Devor, Chang, & Sutherland, 1992)의 허가를 얻어 수록함].

계를 결정하는 것이 필요하다.

$$Z_{USL} = \frac{USL - \mu_X}{\sigma_X},\ Z_{LSL} = \frac{LSL - \mu_X}{\sigma_X} \tag{2.3}$$

이 두 값들 중 최솟값을 선택한다. 아마 독자들은 왜 이 경우를 선택했는지에 대해 궁금해할 것이다. 그 이유는 다음과 같다. 그림 2.14의 어두운 곡선이 설정 범위의 양쪽 끝으로 '이동'한다면 '최악의 경우'를 살펴보는 데에는 바람직할 것이다. 대략적인 그림을 통해 제조 공정이 왼쪽으로 움직인 것을 알 수 있으며, 왼쪽 끝에서 제조되는 부품은 '스펙을 벗어나게' 된다. 따라서 분석할 때에는 가우시안 곡선이 얼마나 왼쪽, 즉 LSL=100mm에 가까운지를 고려해야만 한다.

$$Z_{\min} = \min[\,|\,Z_{USL},\ \text{또는}\ (-Z_{LSL})\,|\,] \tag{2.4}$$

그다음 이 값을 3으로 나누면 C_{pk} 계수가 결정된다. 3으로 나누는 이유는 이렇게 하면 종형 곡선의 한쪽 끝이라든지, 평균값 μ_x와 곡선이 '이동'함에 따라 움직이는 LSL(혹은 USL) 사이의 거리가 어떻게 결정되는지를 알 수 있기 때문이다.

$$C_{pk} = \frac{Z_{\min}}{3} \tag{2.5}$$

공정능력이 받아들일 수 있는 수준이 되기 위해서는 제조의 C_{pk}는 1.00 이상이어야 한다. 드보어, 챙, 서덜랜드(1992)의 예제를 다시 따라가 보자. 공정평균이 이동해서 130에 위치했다면 원래 값 145보다 다소 떨어져 있으며 표준편차 σ_x=10이다. 계산은 다음과 같이 진행된다.

$$Z_{USL} = \frac{190-130}{10} = 6$$

$$Z_{LSL} = \frac{100-130}{10} = 3$$

$$Z_{\min} = \min[|6, \text{ 또는 } (-(-3))|] = 3$$

$$C_{pk} = \frac{3}{3} = 1.00$$

그렇지만, 공정평균이 다시 원래 값 145로 맞춰진다면,

$$Z_{USL} = \frac{190-145}{10} = 4.5$$

$$Z_{LSL} = \frac{100-145}{10} = -4.5$$

$$Z_{\min} = \min[|4.5, \text{ 혹은 } (-(-4.5))|] = 4.5$$

$$C_{pk} = \frac{4.5}{3} = 1.50$$

위의 예는 공정을 조정함으로써 C_{pk}가 50% 증가한다는 것을 보여 준다.

2.4.4 모토로라사의 6시그마 프로그램

6시그마 품질은 모토로라사에서 1970년대 후반과 1980년대 초반에 품질에 다시 초점을 맞추기로 결정하면서 유명하게 된 문구인데, 한 배치에서의 불량품을 백만 개당 3.4개로 줄이려는 목적의 품질보증 프로그램이다.

대학에서는 모토로라사가 이러한 품질 표준을 만든 정확한 방식에 더 많은 관심을 갖는데, 특히 여러 통계학자들은 꼬치꼬치 물어보곤 했다. 실제로 6시그마의 엄격한 해석은 10억 개의 부품 중에 2개의 결함이 만들어지는 것으로 이해된다. 간단히

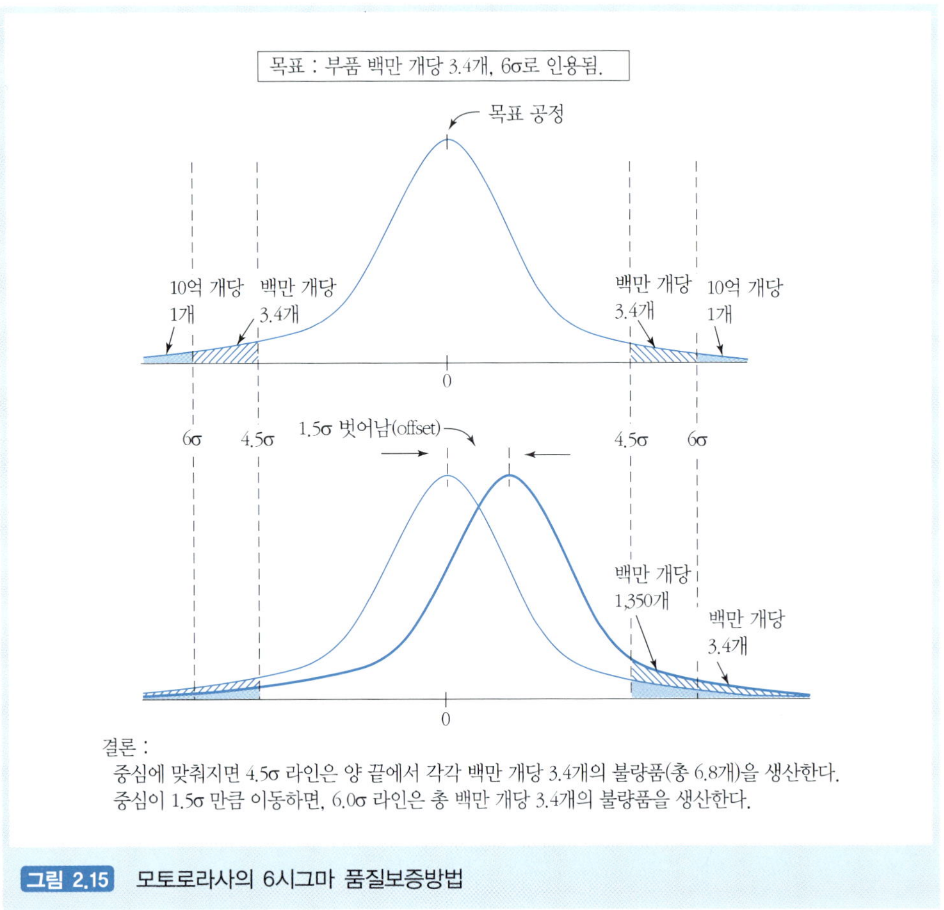

그림 2.15 모토로라사의 6시그마 품질보증방법

말해, 공정이 요구되는 평균값의 중심에 위치하도록 허용되었는가 아닌가로 압축된다(그림 2.15).

먼저, 평균값(즉, 목표값)에 중심이 맞추어진 제조 공정을 이용해 백만 개의 부품을 생산하는 경우를 생각해 보자. 정규 곡선의 아래 영역은 여러 개의 시그마 범위로 계산될 수 있다. 우리가 중심의 양쪽에 ±4.5 시그마 라인을 고려한다면, 백만 개당 양쪽에 3.4개씩 총 6.8개가 곡선의 끝에 놓일 것이다. 이는 그림 2.13에서 보였듯이 ±3 시그마 범위에서 허용된 것보다 더 엄격한 공차이다.

공정이 중심을 벗어나 이동한다면 어떻게 될까? 정규 곡선의 중심이 1.5 시그마만큼 이동(오프셋)했다고 해 보자. 두 번째 곡선을 원래 원점에 놓인 ±4.5 시그마 너비의 파인더를 통해 보고 있다면 아마 곡선의 왼쪽 끝에는 사실상 결함이 없을 테지만, 오른쪽 끝에는 더 많은 수의 결함이 발생할 것이다(정확히 1,350개).

그러나 이동된 오프셋 곡선을 더 넓은 (±6 시그마 너비의) 뷰파인더로 본다면, 오른쪽 끝에 매우 적은 수의 데이터를 산출하는 호의적인 광경을 볼 수 있다. 이 경우 곡선의 말단은 백만 개당 3.4개만을 포함하고, 전부 오른쪽 끝에 모여 있을 것이다. 실제로, 백만 개당 3.4개 결함의 품질 성능을 갖는 'm-시그마 오프셋+n-시그마 뷰파인더' 방식의 무한한 조합이 존재한다.

긍정적인 결론을 내리자면, 모토로라사는 백만 개당 3.4보다 적은 결함을 갖는 훌륭한 제품으로 잘 알려졌다는 점이다. 초점이 맞추어져야 할 것은 6시그마의 엄격한 정의보다는 이 정량적인 기준으로서의 숫자이다. 그러나 왜 모토로라사가 몇몇 제조 공정에서 중심이 벗어나도록 이동하는 것을 허용하는 모니터링 기법을 사용하는지에 대해 통계학자들이 의문점을 갖는 것은 일리가 있다.

2.4.5 공정품질 요약

통계적 관점에서 가장 좋은 현장실습은 공정**평균**과 공정**분산** 모두를 주의 깊게 따라가는 것이다.

공정분산은 (a) **품질 관리서클**(quality circle)(공정의 물리적 현상을 개선하기 위해 장비 성능에 대해 열심히 일하고 의견을 나누는 엔지니어 그룹)을 만들고, (b) 더 정밀하게 제어되는 새로운 자본재(장비)에 투자하는 방법으로 개선할 수 있다. 두 가지 방안 모두 매우 많은 비용이 들면서 시간이 걸리는 일이다. 다시 다트 게임을 하는 친구들에게로 가 보자. 2번 친구는 좀 더 경험을 쌓고 시간을 들여 훈련해서 1번 친구처럼 되어야 하며, 우리의 2번 선반 역시 몇 가지 측면에서 연구 및 개선해야만 한다. 이미 판매되었다면 요구되는 정확도를 맞추기 위해 교체해야 한다.

그러나 산출을 지속적으로 모니터링하고 각 배치 평균을 목표값에 맞추기 위해 통계를 사용하면서 공정평균이 종종 다뤄진다. 공정평균이나 목표값의 측정 오차는 고정된 오프셋으로 발견할 수 있다. 이는 고정구나 (반도체 공정의) 리소그래피 마스크가 잘못 정렬되었을 때, 또는 한 배치가 끝나고 다음으로 넘어가면서 마멸된 공구가 조정되지 않았을 때 등의 원인과 관련이 있다.

여러분이 예상하듯 어떤 경우에는 평균과 분산 둘 다 필요 없을 때가 있다. 가공 재료를 별로 신뢰할 수 없는 곳에서 구입했기 때문에 경도가 넓은 분산을 가지고 있다면, 결과값이 여기저기 흩어져서 나올 뿐만 아니라 공구 마멸도 발생하고, 심지어 평균도 변할 것이다. 따라서 백만 개당 3.4개의 불량을 얻을 수도 없을 것이다. 그렇지만 앞서 나가길 원하는 회사라면, 적당한 가격 수준에서 제품을 실제로 개선하는 방식으로 기술을 개발하여 명백히 이 목표를 달성해야만 한다.

2.4.6 '보다 큰 그림' – 조직품질

모토로라사의 관점은 바로 품질보증은 공장 작업장에서뿐만 아니라 제품 실현의 모든 측면에 영향을 준다는 것이다. 이를 해석하자면, '대규모' 제조는 복합적인 예술이라는 말이다. 제품 자체와 제품을 제작할 생산 공정을 실제 산업에서 계획하는 것은 전통적인 기계 및 전기 엔지니어부터 마케팅 전문가, 벤처 자본가, 산업심리학자, 광고제작자에 이르기까지 다양한 분야의 사람들로 이루어진 거대한 팀에 달려 있다. 대규모 제조는 소니 워크맨 조립 라인이나 포드 무스탕 라인, 더 크게는 보잉 777의 거대한 조립 공장 등을 포함할 뿐만 아니라, 시장 분석과 고객 반응 또한 포함하는 개념이다.

대규모 제조는 '학습 조직(learning organization)'내의 엄격한 품질보증의 맥락 안에서만 효과적일 수 있다. 콜(Cole, 1999)은 **조직적 학습**(organizational learning)과 **개인적 학습**(individual learning)을 2개의 사회적 양식에 따라 구별한다. 개인적 학습은 한 개인이나 하나의 공장 단위에 대해 적용할 수 있지만, 중요한 점은 그 주변에는 벽이 둘러싸여 있어서 대부분 일종의 편집증 기질을 보이는 보호론과 관련된다는 것이다. 영국노동조합(British Trade Union)의 구식 태도는 이를 잘 보여 준다. 자신의 비밀스러운 기술을 지키는 데 급급한 장인이나, 다음에 무엇이 올지 전혀 걱정하지 않은 채 자신들만의 순익을 위해 작업하던 공장들처럼 말이다. 산업 사례 한 가지를 보자. 봉재(bar stock)를 제조하는 금속 압출 공장의 경우, 형상은 정확하지만 너무 불균일하게 열처리되었기 때문에 마지막 단계의 절삭 가공 공장에서 생산 일정을 맞출 수 없었다. 예전 같으면 압출 공장에서 생산량 증대를 축하하는 동안 절삭 가공 공장은 스스로 이 문제를 책임져야 했다.

조직적 학습이 이루어지게 되면 위와 같은 문제는 판매 부서를 포함한 모두의 문제가 된다. 이렇듯 품질에 대한 협동적인 태도는 미국 회사들이 1980년대 이후에 채택하기 시작한 방식에서 매우 중요한 변화였다. 이러한 방식은 전사적 품질경영(TQM)이라고도 알려져 있다. 오늘날 품질보증이라는 말은 인기 있는 용어이며, 제10장에서 다시 논의할 것이다. 여러 그룹 세미나와 책들이 많이 있으며, 비즈니스의 새로운 방식을 위해 모두가 학습자인 동시에 조직에서 발생하는 문제들을 감추기보다는 드러내도록 격려하는 사회적 스타일을 가르치고 있다(Senge et al., 1994).

오늘날 사람들은 약간의 의혹을 갖고 TQM이라는 용어를 바라본다(Cole, 1999). 이 용어는 너무 오랫동안 형식적인 통계적 방법을 사용함으로써 품질개선/품질 관리에 대한 실제적인 요구를 무시하는 미사여구로서 사용되었다. 최악의 경우 TQM은 품질에 대해 '불쾌하고 모호한' 정성적 접근이었다. 이러한 접근은 논리적인 엔지니어 및 MBA에게 있어 다소 언짢고 불편할 수 있는데, 왜냐하면 너무 상식 수준이기 때문이다. 그럼에도 조직 내에서 공정 품질과 교차구분(cross-division) 품질을 주의 깊게 분석하는 것을 뜻하는 품질보증은 이제 현대 제조에서 성공을 위해 필수적 사항이다.

2.4.7 전사적 품질경영(TQM) 수준에서의 품질의 정의

TQM 수준에서 품질이라는 일반적인 용어는 여러 가지 다른 방식으로 측정될 수 있다(Cole, 1999; Garvin, 1987을 참조). 가빈(Garvin)은 다음의 여덟 가지 항목을 제시하였다. 문자들의 건조한 목록만 쳐다보면 재미가 없으니, 이번 주말에 자동차나 컴퓨터를 사러 쇼핑하러 나간다고 한번 상상해 보자. 각 분류 항목의 밑에는 자동차와 컴퓨터에서 생각할 수 있는 예시들을 적어 보았다.

1. **성능**(performance)은 정량화하거나 순위를 매길 수 있는 기본적인 쟁점에 대한 측정 수단이다.
    - 자동차 : 마력, 최고 속도, 가속, 중량, 연비
    - 컴퓨터 : 프로세서 속도, RAM 용량, 하드 디스크 공간, 모니터 크기
2. **특색**(feature)은 성능에 대해 부수적인 측면이다.[8)]

8) 저자 주 : 성능과 특색 간의 '회색 지대'에 주목하라. 20년 전에 컵홀더는 분명히 '특색'이었다. 오늘날 TV 광고주는 마치 미니밴의 컵홀더의 개수를 성능을 측정하는 것으로 간주하는 것처럼 보인다.

- 자동차 : 선루프, 가죽 시트, 바퀴 외륜(휠 림) 디자인, 컵홀더
- 컴퓨터 : CD 플레이어, 그래픽 칩, 초고속(랜카드)

3. **적합성**(conformance)은 제품이 얼마나 기능적이고 안전한 표준을 잘 지키는지를 측정하는 방법이다.
   - 자동차 : 배출 기준, 에어백 옵션, 연비
   - 컴퓨터 : 표준 운영체제, 표준 입출력 포트, 전자파 기준
4. **신뢰성**(reliability)은 고장이나 파손 빈도와 관련된다.
   - 자동차 : 소비자 보고서, 고장이나 파손에 대한 J. D. 파워스(J. D. Powers)[9)]의 품질 조사
   - 컴퓨터 : 시스템 다운 주기, 시스템 충돌 빈도, 디스크 드라이브 신뢰성
5. **내구성**(durability)은 신뢰성과 비슷하지만 장기적인 수명에 초점을 맞춘다.
   - 자동차 : 타이어 수명, (타이밍 벨트와 같은) 주요 부품 교체 이전의 주행 거리
   - 컴퓨터 : 장기 수명 예측
6. **편리함**(serviceability)은 수리의 빈도, 편의와 결부된다(애프터서비스).
   - 자동차 : 오일 교환 빈도, 기타 서비스 일정, 서비스 비용 및 편의
   - 컴퓨터 : 업그레이드 비용 및 편의, 주요 부품의 접근성
7. **미감**(aesthetics)은 제품이 어떤 외관, 느낌, 소리, 맛, 냄새를 가지고 있는가 하는 것이다.
   - 자동차 : 포르셰(Porsche) 대 미니 밴—이 정도면 다 말한 셈이다!
   - 컴퓨터 : 사각형 크림색 본체 대 아이맥(iMacs)
8. **지각된 품질**(perceived quality)은 오랜 시간 축적된 명성과 관련이 있다.
   - 자동차 : 미국 회사들이 엄청나게 발전했음에도 불구하고 도요타사가 여전히 경쟁에서 승리한다.
   - 컴퓨터 : 소비자들은 가격에 의해 마음이 흔들리는 반면, 대기업은 선, IBM, HP와 같은 유명 브랜드의 제품을 선호할 것이다. 그들에게는 'Intel Inside'가 중요한 것이다.

9) J. D. power and associates : 미국의 소비자 만족도 조사업체. 〈www.jdpower.com〉

2.4.8 말콤 볼드리지 품질상, ISO 9000 인증체계

특정 기업의 TQM 능력을 평가하는 데에는 다음의 두 가지가 유명하다. 말콤 볼드리지 품질상을 수상하거나 ISO 9000 인증을 얻게 되면 시장성이나 명성이 올라간다.

- 말콤 볼드리지 국가 품질상(Malcolm Baldrige National Quality Award)은 품질경영과 품질달성에서 뛰어난 미국 기업들을 표창하기 위해 미국 통상부(U.S. Commerce Department)에서 수여한다.
- 국제표준협회(International Organization for Standardization, ISO)에서는 ISO 9000 인증을 관리하는데, ISO는 품질 표준, 테스트, 인증 방법 개발을 촉진하는 기구이다.

이들의 기준은 약간 다르지만(표 2.5), 둘 다 '학습 조직'의 기준을 강조하고 있다(Cole, 1999).

표 2.5 말콤 볼드리지 국가 품질상과 ISO 9000의 유사점과 차이점. (G. Hutchins), ISO 9000 : *A Comprehensive Guide to Registration,* Audit Guideline, and Successful Certification, Oliver Wight Publications, Inc., Essex Junction, VT.에서 발췌. 저작권은 1993 Oliver Wight Publications, Inc.에 있으며, John & Wiley & Sons, Inc.의 허가를 얻어 재수록함.)

볼드리지	ISO 9000
미국 기반	글로벌 기반
최고 수준의 품질	최고의 공통 부문
'세계 수준' 품질	도달 가능한 품질
고급 TQM 상	TQM 첫걸음
시스템 지향	시스템 지향
광대한 품질 기준 적용, 제어, 참여, 개선에 중점	Version ISO 9001은 일반적으로 볼드리지 범주를 포함
배타적, 부문당 2개의 수상	포괄적, 누구나 등록 가능
고급의 품질 영역이 보다 더 요구됨, 고객 만족 강조, 정량적 결과, 지속적인 개선	일반적 품질 영역 고객 만족과 지속적인 개선이 강조되지 않음

2.4.9 조직 품질에 대한 사례 연구

지금부터는 일본 오사카의 다이하쓰 자동차 회사(Daihatsu Motor Corporation)를 방문한 이야기를 소개해 보도록 하겠는데, 다이하쓰사를 선전하려는 목적이 아니라, 다만 품질보증에 초점을 맞춘 것이 '큰 물고기들과 함께 헤엄쳐 나가는 것'에 엄청난 경쟁력을 가진 세계적인 자동차 회사들 사이의 틈새시장을 공략하는 데에 어떻게 도움이 되었는지를 설명하고자 하는 것이다. 다이하쓰사는 '무엇이 품질인가?'에 대한 광범위한 분석을 수행하였고 이제 누가 고객인지에 대한 매우 명확한 관점을 갖게 되었다. 특히 미니자동차와 미니트럭 시장에서 자신의 위치를 자각하고 있었다. 이를 위해 크기, 안락함, 연료 효율성에 대해 고객이 바라는 요구를 맞추었다. 다이하쓰사가 목표로 하는 기능은 한정된 시장 부문에서 가격, 안락함, 연료 효율성을 최적화하는 것이었다. 다이하쓰 미니트럭은 상점 등의 소규모 배달을 할 때 도쿄의 작은 상가 뒷골목의 여기저기에서 볼 수 있다. 오사카, 교토, 도쿄의 복잡한 출퇴근길에서도 다이하쓰 미니자동차는 매우 성공적이었다. 자동차를 처음 구입하는 젊은이들 또한 다이하쓰 고객에 있어 일정 부분을 대표하는 것처럼 보였다.

방문 기간 동안 다이하쓰는 충돌시험을 수행하였고, 고품질 저가격 제품을 만드는 것이 가능하다는 것을 강조했다. 다이하쓰의 품질 혁신은 목표 시장에 대한 연구로부터 시작하였고, 그 결과 고품질 저가 제품 체제를 확립하기 위한 통합적인 설계 및 제조로 나아가게 되었다. 예를 들어, 다이하쓰의 품질보증 연구는 고객이 상대적으로 저가의 자동차를 필요로 하면서도, 항상 안전성에 우선적인 가치를 둔다는 것을 보여준다. 따라서 다이하쓰는 설계 단계부터 안전 문제를 계속해서 강조했고, 추후에도 시장에서 안전성을 특히 강조했다. 구체적으로는 차체에 용접 횟수를 최소화하기 위해 설계 경험을 적절하게 사용했고 그 결과 가격도 감소했지만, 새시의 접히는 부분의 구조적인 안정성을 위해서라면 어떠한 타협도 하지 않았다.

(오사카, 디트로이트 혹은 코번트리[10] 등의) 자동차 산업에 대한 여러 연구를 통해 볼 때, 우리가 주목할 또 다른 점은 바로 적합한 자동화 방식을 통해 전체적인 품질을 향상시킬 수 있다는 것이다. 이는 특히 고된 용접 작업이라든가 얼라인먼트(align-

10) Coventry : 영국 버밍엄 남동쪽에 있는 영국 자동차 공업의 중심지.

ment)가 요구되는 벌크 자동차 조립 라인에서의 경우 특히 더욱 그렇다. 엔지니어는 미래에도 여전히 가능한 많은 작업들을 자동화하고자 노력하고 있을 것이고, 자동차 조립에서 고된 작업의 영역으로 자동화를 확장시켜 나갈 것이다. 제록스(Xerox), 부스로이드(Boothroyd), 듀허스트(Dewhurst)의 연구(제8장)로부터 확인할 수 있는 흥미로운 점을 발견할 수 있는데, 자동화를 극한까지 밀어붙이고, 최고의 품질을 창조하면서, 못을 구멍에 넣는 것과 같이(peg-in-hole-like) 끼워 넣는 조립 작업 등은 수직적으로 이루어져야만 한다는 것이다. 결국 '통합 생산(integrated manufacturing)'이나 TQM의 관점에서 보았을 때, 수직적 조립을 장려하기 위해 엔진, 변속기, 핵심 요소의 재설계를 고려하고 넓은 시야를 갖는 것은 유용하다.

2.4.10 격식을 차리지 않은 결론

우리는 보통 **품질**이라는 단어는 일상적인 용법으로 사용한다. 그러나 이 절에서는 품질을 여러 가지 방식으로 이해할 수 있다는 것을 보여 주었다.

첫째, SQC에 기반한 품질보증과 C_p, C_{pk}와 같은 공정능력과 같은 정량적인 방식을 강조하는 것으로 결론을 짓는 것은 유용하다. 이것들은 +/−3시그마 공정분산에 기반하고 있지만 이제는 모토로라의 6시그마 분석을 포함할 수도 있다(DeVor, Chang, & Sutherland, 1992).

둘째, 그렇지만 TQM에서는 많은 정성적인 문제들이 발생하였으며, 이때는 주의를 기울여 해석해야만 한다. 예를 들어, 가빈(Garvin)이 품질을 측정하는 항목 중의 하나는 바로 **미학**이다. 우리는 자동차, 옷, 음악, 음식, 와인, 영화 등을 선택할 때 품질과 미학이라는 말이 무엇을 의미하는지 알고 있다. 과연 그런가? 다음의 옵션은 가능한 **선호도**를 가리킨다.

- 참/거짓 문제 : 한 사람당 100달러인 뉴욕의 유명한 식당의 저녁식사는 동네 햄버거 체인점의 한 사람당 10달러짜리보다 품질이 좋다.
- 참/거짓 문제 : 조르지오 아르마니(Georgio Armani)의 300달러인 반팔 셔츠는 랜즈엔드(Land's End)[11] 의 30달러짜리 반팔 셔츠보다 품질이 좋으며, 랜즈엔드

11) 랜즈엔드(Land's End) : 미국의 통신판매업체 ⟨www.landsend.com⟩

셔츠는 동네 시장의 13달러짜리보다 품질이 좋다.

답이 참인지 거짓인지는 아마도 문맥(context)에 의해 좌우되는 목적함수(objective function)에 달려 있을 것이다(Hazelrigg, 1996). 문맥은 구체적인 요구와 당시의 구체적인 상황에 종속된다.

이러한 상황들의 예는 각 개인의 가처분소득이 얼마나 되는가 하는 것과 긴밀하게 연결되어 있다. 하지만 아무리 무지막지하게 엄청난 부를 가진 부자들이라 하더라도 '아이들과 저녁에 야구장에 놀러' 가면서는 300달러짜리 셔츠를 입고 100달러짜리 저녁을 먹지는 않을 것이다.

게다가 문맥이란 단순히 가처분소득의 상황을 말하는 것은 아니다. 졸지에 부자가 된 사람이 300달러짜리 셔츠를 본다면 패션의 제물이라면서 조롱할 수도 있지만, 비슷한 정도로 부자이면서 오페라 첫날에 최고의 인상을 남기고 싶어 하는 대도시의 사교계 명사라면 정말 갖고 싶어할 수도 있을 것이다.

'예술이란 제 눈에 안경이다.' 어떤 종류의 제품이든 광범위한 재료로 만들 수 있고, 또한 제품은 다양한 마케팅 전략과 목적함수를 통해 판매될 수 있다. 따라서 정통한 대규모 제조(manufacturing-in-the-large) 조직이라면 최대한 주요 고객층과 '입장 바꿔 생각'해 보기 위해 독하게 노력하는 동시에, 가장 매력적인 비용대비 품질을 제공하는 가격의 제품을 설계해야만 한다.

2.5 질문 4 : 제품을 얼마나 빨리 인도(D)할 수 있는가

21세기에는 시장적기대응이 바로 성공의 열쇠이다. 오늘날의 고객들은 '즉각적인 만족'을 요구한다. 휴가 사진, 돋보기, 안경, 피자와 같은 제품들은 한 시간 혹은 그보다 빨리 인도될 수 있다. 그렇다면 왜 제조업에서의 부품들은 그렇지 못한가?

인텔과 같은 기업들이 성공할 수 있었던 것은 새로 개발된 칩을 시장에 최초로 선보이고 그 결과 지속적으로 시장 이윤의 제일 큰 몫을 가져갔다는 것은 주지의 사실이다. 시장에 뒤늦게 진입하는 기업들은 위험을 회피하고 싶어 한다. 물론 이윤은 적다.

어떤 제품을 제조하든 간에 가장 어려운 것 중의 하나는 좋은 품질(quality, Q)의 제품을 적당한 비용(cost, C)에 설계하여 신속하게 만들어 인도(delivery, D)하는 것이다. 부록에서는 한 학기 동안의 프로젝트를 다루고 있는데, 학기 초에 학생 그룹은 설계로 시작하지만, 학기 말에 설계를 여러 조각의 부품들로 제작하여 조립할 때면 항상 수많은 타협이 이루어지곤 한다. 이것은 인생의 교훈이기도 하다. 현실에서의 모든 제품 개발에서는 설계의 품질(Q), 제작비용(C), 얼마나 제품이 빨리 인도될 수 있는가(D), 얼마나 기업이 유연한가(F) 하는 것과 같은 인자 간의 타협이라든지 '평가를 하는 행위'를 필연적으로 포함한다.

현장 엔지니어와 학생 그룹 모두에게 발생하는 핵심적인 문제는 다음과 같다. 그러한 타협은 어느 수준에서 이루어져야 하는가?

- 개념 설계 단계 동안?
- 상세 설계 단계에서?
- 시작품(프로토 타입) 제작 단계?
- 실제 생산/제조의 공정계획 단계?
- 제품을 시장에 내놓고 고객이 피드백을 준 후에?
- 위의 모든 단계에서?

여러 번의 피드백 루프(feedback loop)가 있어야만 한다는 점은 확실한 것 같다. 그러나 어떤 문제든 간에 초기에 지적되어 제거될수록 시장적기대응이 빨라질 것이다. 요컨대 개념 설계를 잘할수록 얻는 이득이 커진다. 반면 고객의 피드백을 기다리는 것은 정말로 위험할 것이다.

2.5.1 개념 설계 소요 기간

개념 설계 단계에서 능률을 올리려면 팀의 구성은 기업 전체의 광범위한 대표자들을 포함하고 있어야 한다. 자동차 산업의 관찰로 얻어진 일반적인 의견에 따르면, 높은 수준의 제품을 한 가지 설계하게 되면 수백 개의 관련 보조 제작 및 조립 공구 또한 설계되어야 한다는 것이다. 만약 '고객이 누구인가'를 결정하는 초기 국면에서 개념 설계를 정확하게 한다면 시간과 비용 모두에서 엄청난 이득을 얻을 수 있다. 결국 목적은 우회로를 찾는 것이 아니라 시장분석을 잘하는 것이다. 그림 2.16을 간단히 해석

	드라이버 (스탠리 툴스 잡마스터)	인라인 스케이트 (롤러블레이드	프린터 (휴렛패커드 데스크젯 5000)	자동차 (크라이슬러 콩코드)	비행기 (보잉777)
연간생산량	100,000개	100,000개	1,500,000대	250,000대	50대
판매 수명	40년	3년	3년	6년	30년
판매 가격	3달러	200달러	365달러	1만 9천 달러	1억 3천만 달러
부품 개수	3개	35개	200개	10,000개	130,000개
개발 기간	1년	2년	1.5년	3.5년	4.5년
내부 개발팀(최대)	3명	5명	100명	850명	6,800명
외부 개발팀(최대)	3명	10명	100명	1,400명	10,000명
개발 비용	15만 달러	75만 달러	5천만 달러	10억 달러	30억 달러
생산 투자	15만 달러	100만 달러	2천 5백만 달러	6억 달러	30억 달러

다섯 종류의 제품들의 속성과 관련된 개발 결과를 나타낸 표. 모든 수치는 대략적인 것이며, 공개되어 사용 가능한 정보와 기업 출처에 기반하고 있다.

그림 2.16 다섯 번째 행에 잘 알려진 제품들에 대한 개발 기간을 나타내고 있다(Karl T. Ulrich and Steven D. Eppinger, 제품 설계 및 개발, McGraw-Hill의 허가를 얻어 재수록함).

하면 일반적으로 생산을 시작할 때 걸리는 시간을 보여 준다. 울리히(Ulrich)와 에핑거(Eppinger)가 1995년에 발간한 서적으로부터 발췌한 자료인데, 상대적으로 최근의 자료이면서도 제품 설계와 개발에 대한 훌륭한 연구서이다. 신속하고 정확한 개념을 이끌어 내기 위한 개념 설계 전략에 대한 자세한 설명이 수록되어 있다.

가장 좋은 상황은 시장 분석과 개념 설계가 한 방에 정확히 맞아떨어지는 것이다. 최상의 시나리오대로라면 수개월 혹은 1~2년 안에 상품 진열대라든가 선반에 최종 제작된 제품이 올려지고, 많은 고객들이 그 제품을 원하고 가격을 지불할 수 있을 것이다. 매우 성공적이었던 마즈다 미아타[12)]의 개념 설계팀의 전문가 중에는 심지어 자동차 보험 고문도 있었다. 그들은 엔진 마력, 새시 안정성, 전체 비용 등에 대한 결정을 거들었고, 이런 방식을 통해 결국 목표 계층이었던 젊은 운전자 시장에서 보험 요

12) 마츠다 자동차 회사의 소형 스포츠카

율을 산출하게 되었다.

2.5.2 상세 설계 소요 기간

상세 설계 단계에서 효율을 얻기 위한 신기술에는 조립고려설계(design for assembly, DFA) 소프트웨어 도구와 같은 것들이 있다. 그러한 기술들은 컴팩 컴퓨터와 크라이슬러의 인트리피드[13]와 네온[14] 시리즈의 생산 라인에서 수많은 성공들을 견인했다. 예를 들어, 니산의 경영자 요시후미 츠지는 1994년 10월 29일에 이코노미스트지에서 크라이슬러를 다음과 같이 칭찬했다. "우리가 보통 부품을 만드는 데 5개의 파트가 필요로 한다면, 네온은 3개만 사용한다. 예를 들어, 우리가 볼트를 5개 사용하면, 네온의 보디 측면은 솜씨 있게 설계되었기 때문에 3개만 사용하면 된다." DFA 소프트웨어의 일반적인 목표는 조립에 사용되는 부품의 개수를 과감하게 줄이고 설계 형상을 효율적으로 만들어서 플라스틱 주형을 저렴하게 만드는 것이다. DFA에 대해서는 이 책의 제8장에서 자세히 다룬다.

2.5.3 시작품 제작 소요 기간

설계자가 개념 설계를 마치고 나서 위에서 지적한 DFM이나 DFA 문제들을 고려하는 상세 설계의 초기 단계에서는 시작품을 제작해 보는 것이 종종 유용하다. 웹스터 사전(1999)에서는 시작품(prototype)을 다음과 같이 정의하고 있다. "**사본, 모조품, 상징, 견본 혹은 개선된 형태 등과 관련된 독창적인 물건.**"

VLSI 분야에서 시작품을 제작한다는 것은 산화금속반도체 제작 서비스(Metal Oxide Semiconductor Implementation Service, MOSIS)를 사용하는 것을 의미한다. MOSIS는 1980년대 중반에 만들어진 잘 검증된 중개 서비스로서, 현재는 서던캘리포니아 대학에 위치해 있다. 사용자는 표준 기판 레이아웃 도구를 사용해서 설계한 뒤, 인터넷을 통해 CIF 포맷(CalTech Interchange Format에서 유래됨)으로 전달한다. 몇 가지 체크 후에, EDIF 명세에 기반하여 제조 가능성을 보장하는 제작 서비스로 칩을 보낸다. 시

---

13) 인트리피드(Intrepid) : 크라이슬러의 자동차
14) 네온(Neon) : 크라이슬러의 자동차

작품 칩은 6주 내지 10주 안에 되돌아 오고, 칩을 비롯한 다른 부품들은 맞춤 전문점에서 PCB에 조립된다.

기계 분야에서는 눈으로 확인해 보기 위해 상상의 물건을 종이 모델, 폼-코어(foam core) 모델, 나뭇조각 등으로 만든다. 단순한 모델을 통해 설계자 그룹은 공통된 입장을 공유할 수 있다. 물리적인 시작품은 "설계 공정을 구조화하여 부품 공급자들을 조화롭게 배열할 수 있게 한다(Kamath & Liker, 1994)."

단순한 모델 만들기 단계를 넘어가면 여러 수준에서 세련되게 만들 수 있게 된다. 만약 설계자들이 외관을 개선하거나 혹은 시작품을 주조 공정의 초기 압입형으로 사용하게 될 경우에, 보다 연속적인 시작품 기술이 필요하게 된다. 이 경우 스테레오리소그래피, 선택적 레이저 소결(SLS), 용융 적층 조형(FDM), 머시닝 등을 사용하는 것이 일반적이다. 제4장에서는 여러 종류의 시작품 제작 방식을 다룬다(Weiss et al., 1990; Ashley, 1991; Au & Wright, 1993; DTM, 1993; Jacobs, 1992; Weiss & Prinz, 1995; Weiss et al., 1997; Jacobs, 1997; Sachs et al., 1998; Weiss & Prinz, 1998).

배치 사이즈가 10~500 정도 될 경우 고강도 플라스틱 시작품으로 소량을 만들어 내는 것이 유용하다. 플라스틱 시작품은 상대적으로 저렴한 알루미늄 주조나 머시닝 주형으로 주입될 수 있다. 이 경우, CAD/CAM 팀은 사출성형 공정에서 최종적으로 사용할 스틸 주형으로 넘어가기 전에 알루미늄 시작품 주형을 주문한다. 배치 사이즈가 큰 요리기구, 장난감, 자동차 부품들과 같은 제품을 생산할 때 사용되는 최종 주형은 안정성이 있으며 마모를 견딜 수 있어야 한다. 고강도 금형강으로 제작하여 완벽하게 연마한 주형을 만들려면 10만 달러 이상의 비용이 든다. 그림 2.17은 지금까지의 제품 개발을 요약하고 있다. 각 개발 단계는 전 단계를 거쳐서 이루어진다. 이 장의 마지막에는 사례 연구를 수록하고 있는데, CAD/CAM 소프트웨어를 이용하여 한 단계에서 다음 단계로 우아하면서도 명확하게 넘어가는 방식에 관해 다루고 있으니 참조하라.

2.5.4 공정계획과 최초의 생산 런(run)을 완료하기까지의 시간

기계공학 설계자들이 CAD 설계를 마치고 특정 제품의 시작품을 만들면, 이제는 빠르고 엄격하게 제작된 **실제 부품**을 보고 싶어 한다. 공정계획은 이러한 상황에서 CAD 화면상에 렌더링된 '가상의 대상'으로부터 가공된 '물리적 대상'으로 가는 '다리'역할

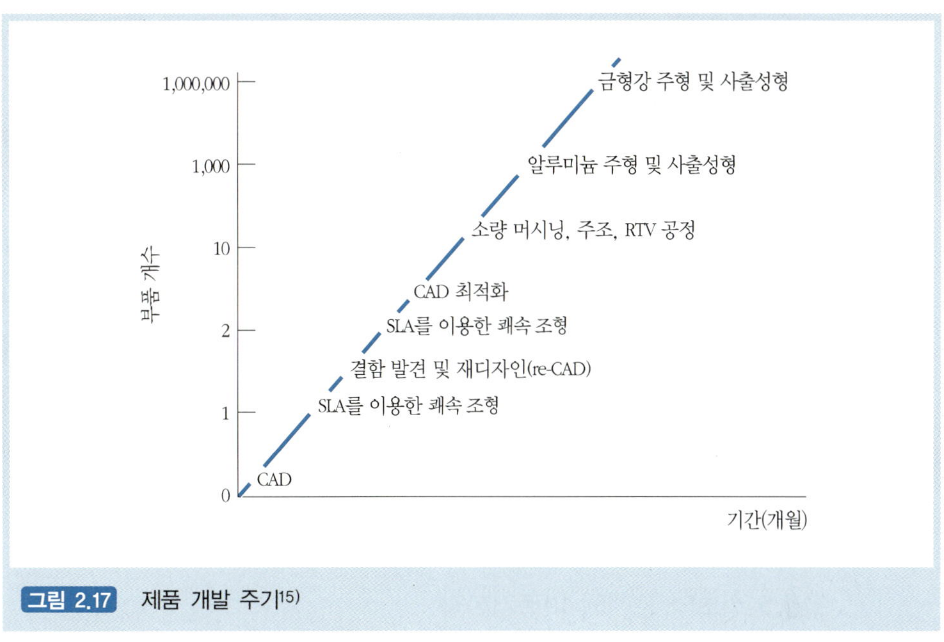

그림 2.17 제품 개발 주기[15)]

을 하며, 제작된 부품을 설계자에게 보내준다.

공정계획은 다음과 같은 여러 단계를 포함한다. (a) 설계자가 창조해 낸 형상 인식, (b) 형상이 어떻게 교차하거나 겹치는지를 분석, (c) 이러한 형상들의 기하학적 구조를 '하류의(downstream)' 가공 장비 및 가공성에 매핑, (d) 공정과 관련된 적절한 고정구(fixture) 및 셋업 루틴 선택, (e) 장비의 가동 파라미터 지정, (f) 공정 중 및 후공정 검사 루틴의 상세화, (g) 부품 자체뿐만 아니라 모든 정보를 포함하는 품질보증 보고서 제출.

심지어 특정한 공정을 결정할 때조차도 무슨 장비를 사용하고 부품이 유연생산시스템(FMS)을 통해 어떻게 이동하는지를 선택하는 문제가 여전히 제기된다. 이는 공장 수준에서 공정을 선택하고 제품을 계획하는 단계의 일반적인 영역이다. 이때 제약조건들은 장비나 원재료의 사용 가능 여부, 고객 인도시간 등이 고려될 것이다. 여러 장비를 통과하는 부품의 흐름을 스케줄링하는 데 필요한 몇 가지 기술은 다음과 같다. Bourne과 Fox(1983) : 제약 조건 통제 추론, Cho와 Wysk(1993)의 스케줄링 알고리즘,

15) RTV process(Room Temperature Vulcanizing process) : 상온경화 공정

Adiga(1995)와 Kamath, Pratt 그리고 Mize(1995)의 객체지향 프로그래밍 기술.

이러한 기술들은 금속제품 생산에 사용되는 밀링 센터, 드릴링 머신, 선반이라는 '오케스트라'의 일정을 조율하는 셈이다. 혹은 IC 웨이퍼 제작이라면 리소그래피, 적층, 에칭 단계의 연속이겠다.

보다 세부적으로 단일 장비 수준에서 공정계획은 각 개별 장비에서 완료될 필요가 있다. 오늘날의 공장에서조차 어떤 구멍을 먼저 드릴링할 것인가와 같은 정밀한 조합은 여전히 숙련도의 영역이다. 즉, CNC 프로그래머로 승진한 장비 오퍼레이터, 혹은 셋업 시트나 절삭 장비의 프로그램과 함께 구동되는 트래블러를 작성하는 장비 오퍼레이터가 얼마나 숙련된 사람인가 하는 것의 문제로 남아 있다. Wysk와 동료들(1998)이 작성한 문서는 위의 주제에 대해 이해하기 쉬운 리뷰를 제공한다.

2.5.5 최초의 고객에 이르기까지

시뮬레이션 소프트웨어는 공장 내에서 서로 다른 장비 간에 부품의 이동 경로를 쉽게 확인할 수 있게 해 주고, 이러한 시뮬레이션을 통해 장비 셋업과 디버깅 시간을 효율적으로 관리할 수 있게 된다. 이전 모델에서 사용했던 고정구, 다이, 공구들을 재사용하게 되면 시간 또한 줄어든다. 이러한 점에서 최초의 고객과 밀접한 관련을 맺게 되는 것이다. 24시간 셋업과 디버깅 작업은 두말할 나위 없이 필요하다.

2.6 질문 5 : 유연성(F) 비용

생산 시스템은 고품질의 제품을 적은 비용으로 신속하게 인도해야 한다. 그런데, 수많은 전략 입안자와 경제학자들은 이외에도 유연성(flexibility)이라는 개념이 필요하다고 지적한다.

미국과 유럽에서 발간된 자료(Agile, 1991; Black, 1993; Cole, 1999; Greis & Kasarda, 1997; Anderson, 1997; Kramer, 1998)들은, 특히 "제품 공정의 모든 국면에서 유연성과 동시성을 개선하고, 통합 소프트웨어와 통신 시스템을 통해 전사적 혹은 기업 간 서로 다른 유닛을 통합"하는 것에 초점을 둔 '신속대응생산(agile manufacturing)' 시스템이 필요하다고 언급하고 있다(Agile, 1991).

일본(Yoshio, 1994; Ohsono, 1995)에서 발간되는 자료들도 비슷한 견해를 나타내는데, 최근의 J. D. 파워스(J. D. Powers)의 자동차 비교 조사 자료에서는 "품질의 차이가 좁혀졌기 때문에, 이제 일본은 다른 영역에서 경쟁해야 한다."라고 지적한다(Rechtin, 1994; J. D. Powers 보고서 시리즈 참조). 즉 품질, 비용, 인도, 유연성(QCDF)의 인자들이 결합하는 것에 방점이 주어지는 것이다.

이상적인 경우라면, 일단 다양한 시장 부문이 자리를 잡고 나면 생산이 개량되거나 개선되면서 급격한 변화 없이 안정적인 상태가 될 것이다. 그러나 불행하게도 최근 몇 년 동안 제조업자들은 장기적인 연속적 생산에만 의지할 수가 없었는데, 왜냐하면 세계 경제의 여러 사건들로 인해 고객 요구와 고객 선호의 폭이 급격하게 변했기 때문이다.

헨리 포드가 좋아하는 "당신이 원하는 색이 검은색이라면 어떠한 색깔도 선택할 수 있습니다."[16)]라는 금언은 오늘날의 소비자 선호 범위에 정면으로 배치된다. 따라서 이론적으로는 '맞춤식 대량 생산'이라는 제안이 가능하게 되었는데, 일단은 근사하게 들린다. 그러나 이러한 맞춤이라는 말은 자동차와 같은 제품에서는 배치 사이즈와 가격 정도가 합의된 후에야만 가능하다. 거부 CEO와 영화배우 정도는 되어야 정확한 맞춤 자동차를 살 수 있다.

그럼에도 불구하고 갑작스러운 시장 전환에도 준비할 수 있는 능력은 점점 더 이슈가 되고 있다. 새로운 설비를 구입하는 경우, 제조사에서는 몇 가지 작업만 가능한 상대적으로 저렴한 장비를 구매할 것인지, 아니면 좀 더 비용이 들지만 미래의 예측하기 어려운 작업들을 수행할 수 있는 다목적 장비를 구매할 것인지를 결정해야만 한다. 투자 경비, 투자 수익률(returns-on-investment, ROI), 가치 하락을 분석하는 방법론은 많은 책에 소개되어 있다(Parkin, 1992 참조).

이런 개념들은 유용하다고 판명되어 구입하고자 하는 새로운 장비의 투자 수익률을 분석할 때 사용한다. 그러나 오늘날의 시장 추세는 매우 불확실하기 때문에 여러 가지 분석 방법들을 이용하더라도 처음 진입하는 구체적인 시스템을 예측하기란 쉽지

16) 당시 포드 자동차는 생산 라인을 단순화하기 위해 자동차 색을 검은색으로만 한정 지었다.

않다. 물론 희망은 있다. 이 책의 후반부에서 몇 가지 엔지니어링 솔루션들을 제시할 텐데, 적당한 비용 증가만으로 훨씬 더 유연한 장비류를 공급하는 것에 대해 이야기할 것이다(Greenfeld et al., 1989). 이러면 투자의 딜레마가 조금은 줄어들 수 있다.

지금까지는 새로운 기업이 계속적으로 성장하는 데에 유연성이 주요한 문제라는 것을 강조했다. 그러면 질문을 던져 보자. 어느 한 시장 부문의 설계 및 생산 시스템은 다른 시장 부문이나 제품의 필요에 따라 재빨리 부품을 바꾸고, 이전 부문과 동일한 효율성을 보장할 수 있는가?

오늘날에 그 질문에 대한 답을 한다면, "아마 그렇지 못할 것이다." 예를 들어, 어느 기계 공장에 선반류는 아주 잘 갖춰져 있지만 수직 보링 머신이 전혀 없다면 공차를 달성하는 데에 분명 한계가 있을 것이다. 예를 들어, 트럭 변속기에서 헬리콥터 변속기로 갑자기 전환할 수 있을 것 같진 않다. 또 심지어 반대의 경우, 정밀 보링을 전문으로 하는 공장에서 설비와 기능공들이 갑자기 비용 효율적인 방식으로 전환 배치되어 공차가 덜 요구되는 생산 공정에도 적용되지 않을 것이다. 그렇게 되면 당연히 경쟁력이 감소할 것이다. 반도체 제조에서도 비슷한 비교가 가능하다. 현재 대용량 메모리 칩 생산에 중점을 두고 있는 제조사는 선뜻 어떤 애플리케이션에 특정한 부품을 만들지는 않을 것이다. 반대의 경우에도 마찬가지이다. 어느 정도 일반적인 결론을 내려보면 오늘날의 제조 설비들, 특히 공작기계, 로봇 등을 비롯한 제조 시스템들은 특정 시장 부문에 너무 종속적이기 때문에 충분히 유연하지 않다는 것이다.

유연하면서 재배치될 수 있는 제조 시스템에 대한 일반적인 요구는 당연히 CIM의 핵심 측면이다. Merchant(1980)는 1969년에서 1971년 사이의 몇 가지 산업 전망을 제시하였는데, 여기서 구체적인 사례와 CIM 철학이 요구되는 것에 대해 자세히 서술하고 있다. 물론 그 전망은 유연생산 시스템(FMS)과 관련 기술이 공장에 적용될 비율에 대해서는 과대평가했다. 1970년대와 1980년대에 장비들은 작업이 완료되면 신호(handshake)를 주고받았다. 만약 작업이 정확하게 제시간에 끝나면 FMS은 충분히 잘 작동했다. 그러나 만약 장비에 이상이 생기게 되면, 통신이 원활하지 않거나 FMS를 효율적으로 만들기 위해 사람이 자주 개입해야만 했다. 이 시기에 여러 연구 개발 그룹들의 노력을 통해 셀 커뮤니케이션 소프트웨어의 결함이 산업에서 CIM을 적용하는 데 주요 장애물이라는 점을 알게 되었다(Harrington, 1973; Merchant, 1980; Bjorke,

1979). 1980년대 후반에 CIM에 대한 리뷰 기사는 셀 개념을 이용하는 가장 효율적인 방법은 단지 서너 대의 장비로 구성된 매우 소규모의 유연생산 시스템이라고 주장하여 인기를 끌기도 했다. 나중에 설명하겠지만, 이런 경향들로부터 공장 작업장에서 보다 복잡한 컴퓨터 및 센서 기반 기술이 필요하게 되었다는 것을 알 수 있다.

2.6.1 유연성 고려설계(재사용)

자동차 산업에서의 유연성 고려설계는 고정구(fixture) 부품류를 어느 정도 재사용할 수 있다면 큰 성과를 거둘 수 있을 것이다. 로봇이 프레임, 도어, 새시 등을 조립하고 용접하는 자동화 조립 라인은 분명 엄청난 비용이 들어간다. 여러 개의 축구 경기장만 한 크기의 2층 높이의 라인에서는 로봇, 고정구, 조립 크래들에서 자동차 보디 부품을 용접하고 조립하게 된다. 비용이 엄청나게 들어가는 이러한 라인은 일반적인 자동차 공장에 직접 가 보지 않고서는 상상하기가 쉽지 않다. 여기서 중요한 점은 고정되어 있는 라인의 사용/재사용성을 최대화하는 것이다. 설계자가 완전히 자유롭게 설계를 하는 경우를 생각해 보자. 그러면 하나의 자동차 시리즈에서도 매번 특수한 가공 방식이 필요하게 될지도 모르고, 결국 비용적으로 효율적인 제조가 어렵게 될 수도 있다. 위에서 언급했듯 이러한 (가공 방식 결정) 요인은 설계자에게 중요한 책임을 둔다. 이상적인 상황은 새로 설계한 부품이 기존의 작업장의 장비에서 가공되어 '선반재고' 자동화 솔루션으로 즉시 이동하는 것이다. 최상의 경우는 기존 다이의 일부 부품과 고정구 또한 재사용되는 것이다.

몇몇 기업들에서는 작은 배치 사이즈에서 혼합 생산 라인을 사용하기도 한다. 이러한 라인에서는 여러 모양의 보디가 지나가게 된다. 이러한 혼합 방식은 아마 일반 세단과 스테이션 왜건의 보디처럼 거의 비슷한 보디를 혼합하는 정도로 단순하겠지만, 어느 정도 비슷한 크기의 다른 종류의 자동차의 혼합으로까지 확장될 수도 있다. 복합적인 재사용성을 고려한 좋은 설계가 이루어지면, 수많은 고정구와 로봇이 같은 차종 안에서 달라지는 자동차에 대해 사용될 수 있다.

또한 제조와 설계 간의 협력이 긴밀하게 되면, 심지어 기존의 로봇과 고정구의 재사용 여부가 다음 자동차 '설계에 있어 역으로 구속조건'으로 작용할 수도 있다. 결국 개별 자동차에 대한 자동화 비용은 수년 동안 1개 이상의 차종을 놓고 보았을 때

상대적으로 감소한다.

2.6.2 맺는말 : 설계 미학과 제조

2.6절의 끝에 적당한 전망을 제시한다면, 그것은 바로 최종 사용자를 고려하는 것과 마찬가지로 제조고려설계(또는 유연성 고려설계)는 항상 고려 대상이어야만 한다는 것이다. TQM과 관련된 일본의 논문들은 점점 설계 목적만큼이나 계량화하기 어려움에도 그들의 다음 추진력의 하나로 정량적 측면의 미학을 강조하고 있다(Yoshio, 1994; Iwata et al., 1990; Hauser & Clausing, 1988 참조).

극단적으로 말하자면 자동차라든가 세탁기, 난방로 등의 내부에 깊숙하게 장착되는 부품은 멋있어 보일 필요가 없다. DFM과 DFA 방법은 그림 2.1의 매 단계(제품 개발 및 제작 단계)마다 적용될 수 있다.

다른 측면으로 보면 2.4.10절에서 이야기한 300달러짜리 폴로 셔츠라든가 신제품 재규어 자동차 또는 비싼 뱅 앤드 올룹슨[17] 오디오 시스템 같은 고품질 고비용 제품 시장은 항상 존재한다. 이러한 경우 구매자는 스타일과 고급품을 적극적으로 추구하기 때문에 제조성을 고려하는 설계 엔지니어는 자동차를 네 바퀴 위에 얹은 박스처럼 보이도록 마감하는 등의 혼자만의 길을 가서는 절대로 안 된다. 이렇게 할 경우 가격은 저렴하겠지만, 실제로는 팔기 어려울 것이다.

도쿄와 교토를 방문해 보니, 부유한 일본인들이 벤츠나 BMW, 재규어 혹은 대형 도요타라든가 아큐라를 선호하는 이유가 분명해졌다. 거리에서, 심지어 금융가와 도쿄의 대사관 지역에서조차 미국 자동차는 별로 볼 수가 없고, 캐딜락이나 짐을 가득 실은 지프, 포드 머스탱 새차만 가끔 볼 수 있을 뿐이다.

미국 상위 3개 업체는 이 원인을 일본 정부가 미국산 자동차에 대해 무역 장벽 조치를 취하고 있기 때문이라며 불평하고 있지만, 아마 진짜 이유는 일본 부유층 사업가들은 '브란도' 자동차를 원하기 때문일 것이다. '브란도'란 '브랜드'의 일본식 발음인데, 'brand appeal'을 뜻하는 말이다. 아마 일본에서 미국산 자동차는 현재 충분한 '브란도'를 갖고 있지 못한 것 같다. 하지만 일본은 여타의 미국산 '브란도' 제품의 홍수

17) Bang & Olufsen : 덴마크 명품 오디오 전문업체

속에 살고 있다. 리바이스 501이라든지, 맥도날드, 할리우드 액션 영화, 미국 음악 CD 등이 그것이며, 도쿄의 스타벅스 커피숍 또한 마찬가지다.

이 이야기의 교훈은 제품 설계와 제품 제조는 미적이고 비이성적인 감성을 가지고 있다는 것이다. 이러한 감성적인 측면들은 구석에 숨겨져 있기 때문에, 설계 및 제조 엔지니어는 그냥 지나쳐서는 절대로 안 된다. 제1장의 '예술로서의 제조'라는 절에서 이야기했듯이 미적 경험을 환기시킬 수 있는 제품은 언제나 시장의 일정 부분을 차지하고 있다.

2.7 기술 경영

제1장에서는 제조의 예술, 기술, 과학 및 비즈니스 측면을 살펴보았다. 지난 100년간 설계와 제조는 분명 예술/기술적인 영역에서 시작해 비즈니스/과학적인 영역으로까지 확장되어 왔다. 이러한 환경에서는 단지 과학과 기술의 축복만으로는 결코 성공할 수 없다. 특히 1980년대 후반의 미국의 제조업계는 분명 공황상태였다. 반도체, 자동차, 가전제품, 공작기계와 같은 기간산업은 국제 경쟁 속에 도태되고 있었다.

오늘날 상황은 모든 측면에서 볼 때 훨씬 나아졌다. 뉴욕 타임즈는 "세계는 우리를 어떻게 보는가?(How the World Sees Us)"라는 도발적인 기사에서 다음과 같이 이야기했다. "자동화 무기 체계, 의료 스캐너, 인터넷 등과 같은 우리의 기술은 개발 국가들이 동경하는 표준을 제시하고 있다."

어떠한 기적도 일어나지 않았지만, 그럼에도 진보는 다음과 같은 영역에서 느리게 진행되고 있다.

- 제조 및 설계에서의 창조성
- 품질 관리 및 기본 제조 방식의 제어
- 효율성을 위한 기업 다운사이징
- 글로벌 교역
- 인터넷 상거래

1990년대 후반의 환율 상황으로 인해 미국 밖의 여러 기업들이 어려움을 겪는 동안 미국 기업이 경쟁하기 좋은 환경이 조성되었다는 것은 사실이다.

이 책을 저술할 당시의 이슈는 앞으로도 이러한 성장이 계속될 것인가 하는 것이었다. 몇 년 동안 미국 제조업자들은 환태평양 및 유럽의 경쟁 기업들을 추격하면서 마치 스포츠에서 말하는 '뒤쫓아 가는(coming from behind)' 심리학적인 상황을 즐기기까지 했다. 선두 주자 자리를 유지하려면 2등보다 훨씬 더 많은 창조성과 헌신이 필요하기 마련이다.

앞의 목록과 비슷한 목록을 하나 더 보자. 아마 창조성이 계속 필요한 영역은 다음과 같을 것이다.

- 인터넷 상거래를 통한 글로벌 시장의 개척 및 확장
- 복합 시스템 : 특히 서로 밀접한 연관을 맺고 있는 전기/기계/바이오 제품에 필요한 CAD/CAM 기술의 개발
- 의식적인 시장적기대응을 계속하면서 동시에 미적 창조성과 균형을 맞추는 것
- 6 시그마 품질 목표를 향한 지속적인 노력
- 변화에 대처할 수 있을 뿐만 아니라 성공할 수 있는 조직의 창설. 예를 들면, 반도체부터 기계, 제철에 이르기까지 모든 산업은 환경 문제를 보다 더 의식해야 한다고 하지만, 동시에 다른 나라에 대해 경쟁력을 갖춰야만 한다. 이들 여타 국가들에서는 오염이나 산업 안전과 같은 문제에 대해 관심이 별로 없을 수도 있는데, 이는 특히 창조적이고 효율적이어야 하는 제조업자들에 대한 거센 도전이다.
- 산업 전반에 일정한 수준으로 영향을 미치는 정부 지원 기회, 공공 정책, 연방 규제에 대한 적극적인 반응. 예를 들면, 원래 인터넷은 25년 전에 국방 고등 연구 기획청(Defense Advanced Research Project Agency, DARPA) 프로젝트로 시작되었지만, 국립 과학 재단(National Science Foundation, NSF)이 프로젝트를 이어받아 계속 시행하게 되었다. MOSIS에 관한 이야기도 이와 비슷하다. 요컨대 북부 캘리포니아의 실리콘 밸리와 보스턴 근처의 루트 128호선(벤처 산업 단지)에서 창출된 부의 상당 부분은 이러한 프로젝트로부터 시작되었다는 주장은 일

리가 있다. 그렇기 때문에 여러 가지 제약 조건을 이해하면서 정부 지원 연구에 공동 스폰서가 되고자 하는 기업들은 막대한 수익을 얻을 수도 있다. 그러나 최근의 통신산업을 둘러싼 규제에서 볼 수 있듯, 여론이 합의되기까지는 오랜 시간이 걸리며 심지어는 실패할 수도 있다(또 다른 예는 다음과 같다. 바이오 기술에서의 제한조치들로 인해 FDA의 감독을 받는 약품들은 초기 연구 개발 투자 단계와 시장 사이에 오랜 시간이 필요하다. 이 때문에 여러 바이오 관련 중소업체들은 창업한 지 얼마 되지 않아 재원이 충분한 제약 기업들에 매각되곤 한다).

- 신제품의 초기 시장적기대응과 완성된 제품의 인도 시간은 이 책에서 다루는 주제이다. 설계, 계획, 제작 등에 대해 논하게 될 통합적인 문제는 분명 기술적으로 집중되는 영역이다. 특히 새로운 하드웨어와 소프트웨어 환경으로 인해 설계, 계획, 제작 사이의 연결은 단순하게 되었다. 칩이든 컴퓨터 케이스든 간에, 설계 대상의 첫 번째 시작품에 도달하는 시간 단축 등을 통해 이윤이 발생하기도 한다. 새로운 기술과 분산 소프트웨어 시스템의 표준으로 말미암아 설계와 제조 사이에 풍부한 정보가 오갈 수도 있고, 시작품을 더 신속하게 획득하면 설계자가 미적 측면을 검토할 수 있게 된다. 또한 어떻게 하위 부품이 체결 부품과 상호작용하는지에 대한 기초 해석이 가능하며, 이후의 해당 부품의 제조 방식에 대한 기본적인 의사결정이 가능하게 된다. 즉 물리적인 시작품을 획득하는 것의 이득은 부품 자체뿐만 아니라 부품이 생산될 방식에 대한 것도 포함한다. 제품과 그 제품이 제작되는 공정을 평가하는 능력은 동시공학의 필수적인 개념이다.

수많은 새로운 트렌드와 예기치 못한 방해물들이 있겠지만, 비즈니스의 기본 목표는 다음과 같다. 승자는 바로 적당한 가격의 고품질 제품을 설계, 생산, 제작해서 첫 번째로 시장에 내놓는 사람이라는 것이다. 이러한 맥락에서 제2장에서는 품질, 비용, 인도, 유연성(QCDF)이라는 네 가지 요인의 맥락에서 제조를 해석하는 일반적인 원리에 대해 살펴보았고, 품질보증 방법에 대한 포괄적인 접근도 검토하였다. 또한 기계 제조에서의 공정 선택에 대한 세부 원칙에 대해서도 논하였다.

2.8 참고문헌

ACIS. 1996. *ACIS technical overview, ACIS geometric modeler, programming manual.* ACIS 3D Toolkits. Boulder, CO: Spatial Technology Inc.

Adiga, S. 1993. *Object oriented software for manufacturing systems.* London: Chapman & Hall.

Agile Manufacturing Enterprise Forum. November 1991. *An industry led view of 21st century manufacturing enterprise strategy,* 2 vols. Bethlehem, PA: Lehigh University.

Anderson, D. M. 1997. *Agile product development for mass customization.* Burr Ridge, ILL: Irwin Publishers.

Ashley, S. April 1991. Rapid prototyping systems. *Mechanical Engineering Magazine,* ASME, 34-43.

Au, S., and P. K. Wright. 1993. A comparative study of rapid prototyping technology. In *Intelligent concurrent design: Fundamentals,* methodology, modeling and practice, ASME DE 66: 73-82.

Ayres, R. U., and S. M. Miller. 1983. *Robotics: Applications and social implications.* Cambridge, MA: Ballinger Press.

Bjorke, O. 1979. Computer aided part manufacturing. *Computers in Industry* 1, no. 1: 3-9.

Black, J. T. 1991. *The design of a factory with a future.* New York: McGraw-Hill.

Boothroyd, G., and P. Dewhurst. 1999. *DFMA Software,* on CD from the company, or contact 〈www.dfma.com〉.

Bourne, D. A., and M. S. Fox. 1983. Autonomous manufacturing: Automating the job shop. *Computer Magazine,* IEEE, 17, no. 9.

Chang, T. 1990. *Expert process planning for manufacturing.* Reading, MA: Addison-Wesley.

Cho, H., and R. A.Wysk. 1993. A robust adaptive scheduler for an intelligent workstation controller. *International Journal of Production Research* 31, no. 4: 771-789.

Cole, R. E. 1999. Managing quality fads: How American business learned to play the quality game. New York and Oxford: Oxford University Press.

Cutkosky, M. R., and J. M. Tenenbaum. 1990. A methodology and computational framework for concurrent product and process design. *Mechanism and Machine Theory* 25, no. 3: 365-381.

DeVor, R. E., T. H. Chang, and J. W. Sutherland. 1992. *Statistical quality control.* New York: MacMillan Publishing Co.

Dewhurst, P., and G. Boothroyd. 1988. Early cost estimating in product design. *Journal of Manufacturing Systems* 7, no. 3: 183-191.

Dowling, N. E. 1993. *Mechanical behavior of materials.* Upper Saddle River, NJ: Prentice-Hall.

DTM Corporation. 1993. Selective laser sintering. *Product Information Bulletin* 1, no 1.

Esawi, A. M. K., and M. F. Ashby. 1998a. Cost-based ranking for manufacturing process selection. In *Proceedings of the Second International Conference on Integrated Design and Manufacturing Mechanical Engineering (IDMME 1998).* Compiène, France 4: 1001-1008.

Esawi, A. M. K., and M. F. Ashby. 1998b. The development and use of a software tool for selecting manufacturing processes at the early stages of design. In *Proceedings of the Third Biennial World Conference on Integrated Design and Process Technology (IDPT).* Berlin, Germany 3: 210-217.

Finnie, I. (Chair of Committee). 1995. *Unit manufacturing processes.* Washington, D.C: National Academy Press.

Garvin, D. A. 1987. Competing on the eight dimensions of quality. *Harvard Business Review* (November-December): 101-109.

Greenfeld, I., F. B. Hansen, and P. K. Wright. 1989. Self-sustaining, open-system machine tools. In *Proceedings of the 17th North American Manufacturing Research Institution* 17: 281-292.

Greis, N. P., and J. D. Kasarda. 1997. Enterprise logistics in the information era. *California Management Review* 39, no. 3: 55-78.

Harrington, J. 1973. *Computer integrated manufacturing.* New York: Industrial Press.

Hauser, J. R., and D. Clausing. 1988. The house of quality. *Harvard Business Review* (May-June): 63-73.

Hazelrigg, G. A. 1996. *Systems engineering: An approach to information-based design.* Upper Saddle River, N.J.: Prentice-Hall International Series in Industrial and Systems Engineering.

Hertzberg, R. W. 1996. *Deformation and fracture mechanics of engineering materials.* New York: John Wiley.

House, C. H., and R. L. Price. 1991. The return map: Tracking product teams. *Harvard Business Review* (January-February): 92-100.

Inouye, R., and P. K. Wright. 1999. Design rules and technology guides for Web-based manufacturing. *The Design Engineering Technical Conference (DETC) on Computer Integrated Engineering,* Paper Number DETC'9/CIE-9082, Las Vegas.

Iwata, M., A. Makashima, A. Otani, J. Nakane, S. Kurosu, and T. Takahashi. 1990.

Manufacturing 21 report: The future of Japanese manufacturing. Wheeling, IL: Association of Manufacturing Excellence.

Jacobs, P. F. 1992. *Rapid prototyping and manufacturing: Fundamentals of stereolithography.* Dearborn, MI: Society of Manufacturing Engineers Press.

Jacobs, P. F. 1996. *Stereolithography and other RP & M technologies.* Dearborn, MI: Society of Manufacturing Engineers Press.

Jones, R., S. Mitchell, and S. Newman, 1993. Feature based systems for the design and manufacture of sculptured products. *International Journal of Production Research* 31, no. 6: 1441-1452.

Kalpakjian, S. 1997. *Manufacturing processes for engineering materials.* Menlo Park, CA: Addison Wesley. (See in particular Chapter 15).

Kamath, M., J. Pratt, and J. Mize, 1995. A comprehensive modeling and analysis environment for manufacturing systems. In *Proceedings of the 4th Industrial Engineering Research Conference,* 759-768. Also see http://www.okstate.edu/cocim.

Kamath, R. R., and J. K. Liker, 1994. A second look at Japanese product development. *Harvard Business Review* (Reprint Number 94605).

Kochan, D. 1993. *Solid freeform fabrication.* Amsterdam: Elsevier Press.

Kramer, B. M. 1998. *Proceedings of the 1998 NSF Grantees Design and Manufacturing Conference.* Monterrey, Mexico. See annual volumes of this conference. Arlington, VA: National Science Foundation.

Machining Data Handbook. 1980. 3d ed. 2 vols. Cincinnati, OH: Institute of Advanced Manufacturing Systems (IAMS).

Magrab, E. B. 1997. *Integrated product and process design and development.* Boca Raton and New York: CRC Press.

Mead, C., and L. Conway. 1980. *Introduction to VLSI systems.* Reading, MA: Addison Wesley.

Merchant, M. E. 1980. The factory of the future—Technological aspects. In *Towards the Factory of the Future.* PED 1: 71-82 New York: American Society of Mechanical Engineers.

Moore, G. A. 1995. *Inside the tornado.* New York: Harper Business.

MOSIS. 2000. *University of Southern California's Information Sciences Institute—The MOSIS VLSI Fabrication Service,* http://www.isi.edu/mosis/

NSF. 1993. *Agile Manufacturing Initiative,* program solicitation, National Science Foundation's Directorate for Engineering.

Ohno, T. 1988. *Toyota production system: Beyond large scale production.* Portland, OR:

Productivity Press.

Ohsono, T. 1995. *Charting Japanese industry.* London and New York: Cassell Publishers.

Ostwald, P. F. 1988. *American Machinist cost estimator,* 4th ed. Cleveland, OH: Penton Education Division.

Parkin, M. 1990. *Economics.* Reading, MA: Addison Wesley.

Peters, T. J., and R. H. Waterman. 1982. *In search of excellence: Lessons from America's best-run companies.* New York: Harper and Row.

Poppel, H. L., and M. Toole. 1995. The bleeding edge of information technology. *The Red Herring Magazine,* (June): 82-86.

Pressman, R. S., and J. E. Williams. 1977. *Numerical control and computer-aided manufacturing.* New York: Wiley and Sons.

Queenen, A. 1979. *The modular approach to productivity in flexible manufacturing systems.* Technical Report 79-824. Dearborn, MI: The Society of Manufacturing Engineers.

Rechtin, M. 1994. Europeans roar to no. 2 in CSI. *Automotive News,* (July 11): 59.

Sachs, E., M. Cima, J. Bredt, A. Curodeau, T. Fan, and D. Brancazio. 1992. CAD casting: direct fabrication of ceramic shells and cores by three dimensional printing. *ASME Manufacturing Review* 5, no. 2.

Sands, R. L. 1971. *Selection of processes for the manufacture of small components, in competitive methods of forming.* (103-112). ISI Publication Number 138. London: The Iron and Steel Institute.

Schey, J. A. 1999. *Introduction to manufacturing processes.* New York: McGraw-Hill.

Senge, P., A. Kleiner, C. Roberts, R. Ross, and B. Smith. 1994. *The fifth discipline fieldbook.* New York: Doubleday Books.

Shah, J. J. 1991. Assessment of features technology. *Computer Aided Design* 23, no. 5: 331-343.

Smith, G. W. 1973. *Engineering economy: Analysis of capital expenditures.* Ames: Iowa State University Press.

Suh, N. P. 1990. *Principles of design.* New York: Oxford University Press.

Sungertekin, U. A., and H. B. Voelcker, 1986. Graphic simulation and automatic verification of machining programs. In *Proceedings of the 1986 IEEE Conference on Robotics and Automation,* 156-165.

Tadikamalia, P. R. 1994. The confusion over six-sigma quality. *Quality Progress,* 83-85.

Thomas, R. J. 1994. *What machines can't do.* Berkeley, Los Angeles, London: University of California Press. See in particular Chapter 7, "The Politics and Aesthetics of Manufacturing,"

246-258.

Thuesen, H. G., W. J. Fabrycky, and G. J. Thuesen. 1971. *Engineering economy.* Englewood Cliffs, N.J.: Prentice-Hall.

Toye, C., M. R. Cutkosky, L. J. Leifer, M. Tenenbaum, and J. Glicksman. 1994. SHARE: A methodology and environment for collaborative product development. *International Journal of Intelligent Systems* 3, no. 2: 129-153.

Ulrich, K. T., and S. D. Eppinger. 1995. *Product design and development.* New York: McGraw-Hill.

Urabe, K., and P. K. Wright. 1997. Parting planes and parting directions in a CAD/CAM system for plastic injection molding. 1997 ASME Design for Manufacturing Symposium. The Design Engineering Technical Conferences, Sacramento, CA,

Wang, F.-C., and P. K. Wright. 1998a. Web-based design tools for a networked manufacturing service. Paper presented at the 1998 ASME Design Technical Conference, Atlanta, GA. September 13-16.

Wang, F.-C., and P. K. Wright. 1998b. Internet-based design and manufacturing on an open architecture machining center. Paper presented at the 1998 *Japan-USA Symposium on Flexible Automation,* Ohtsu, Japan, July 13-15.

Wang, F-C., and P. K. Wright. 1998. Collaborative design: A case study on InfoPad, a wireless, networked computer. Anaheim, CA: The International Mechanical Engineering Congress and Exposition.

Webster's New World College Dictionary. 1999. Foster City, CA: IDG Books Worldwide.

Weiss, L., E. Gursoz, F. B. Prinz, P. Fussel, S. Mahalingam, and E. Patrick. 1990. A rapid tool manufacturing system based on stereolithography and thermal spraying. *ASME Manufacturing Review* 3, no. 1.

Weiss, L. E., and F. B. Prinz. 1995. Shape deposition processing. Paper presented at the NSF Workshop II on Design Methodologies for Solid Freeform Fabrication, Pittsburgh, PA, June 5-6.

Weiss, L. E., R. Merz, F. B. Prinz. G. Neplotnik, P. Padmanabhan, L. Schultz, and K. Ramaswami. 1997. Shape deposition manufacturing of heterogeneous structures. *SME Journal of Manufacturing Systems* 16: 239-248.

Weiss, L. E., and F. B. Prinz, 1998. Novel applications and implementations of shape deposition manufacturing. Naval Research Conference.

Wright, P. K., D. A. Bourne, J. P. Colyer, G. S. Schatz, and J. A. E. Isasi. 1982. A flexible manufacturing cell for swaging. *Mechanical Engineering,* 76-83.

Wright, P. K., and D. A. Bourne. 1988. *Manufacturing intelligence.* Reading, MA: Addison Wesley.

Wysk, R. A., T. C. Chang, and H. P. Wang. 1998. *Computer aided manufacturing,* 2d ed. Prentice-Hall.

Yoshio, T. 1994. Japan's competitiveness in industrial technology. *Journal of Japanese Trade and Industry* 13, no. 4: 8-10.

2.9 인용문헌

Barr, A., and E. Feigenbaum. 1981. *The handbook of artificial intelligence,* 1-3. Los Altos, CA: Heuristech Press, Stanford, and William Kaufmann Inc.

Boothroyd, G., P. Dewhurst, and W. Knight, 1994. *Product design for manufacture and assembly.* New York: M. Dekker.

Chanan, S. 1994. *Concurrent engineering: Concepts, implementation and practice,* 1st ed. Edited by Chanan S. Syan and Unny Menon. London, New York: Chapman & Hall.

Chang, T. 1990. *Expert process planning for manufacturing.* Reading, MA: Addison-Wesley.

Cook, N. H. 1966. Manufacturing economics. In *manufacturing analysis,* 148-159, Reading, MA: Addison Wesley.

Corbett, J. 1991. *Design for manufacture: Strategies,* principles, and techniques. Edited by John Corbett et al. Addison-Wesley Series in Manufacturing Systems. Reading, MA: Addison-Wesley.

DeGarmo, E. P., J. T. Black, and R. A. Kohser. 1997. *Materials and processes in manufacturing,* 8th ed. Upper Saddle River, NJ: Prentice-Hall.

El Wakil, S. D. 1998. *Processes and design for manufacturing.* Boston: PWS Publishers.

Groover. M. P. 1996. *Fundamentals of modern manufacturing.* Prentice-Hall.

Koren, Y., F. Jovane, and G. Pritschow. 1998. Open architecture control systems: *Summary of global activity.* Institute for Industrial Technologies and Automation.

Peterson, I. 1997. Fine lines for chips. *Science News* (8 November): 302-303.

21ST
CENTURY
MANUFACTURING

03

제품 설계, 컴퓨터 이용 설계 그리고 솔리드 모델링

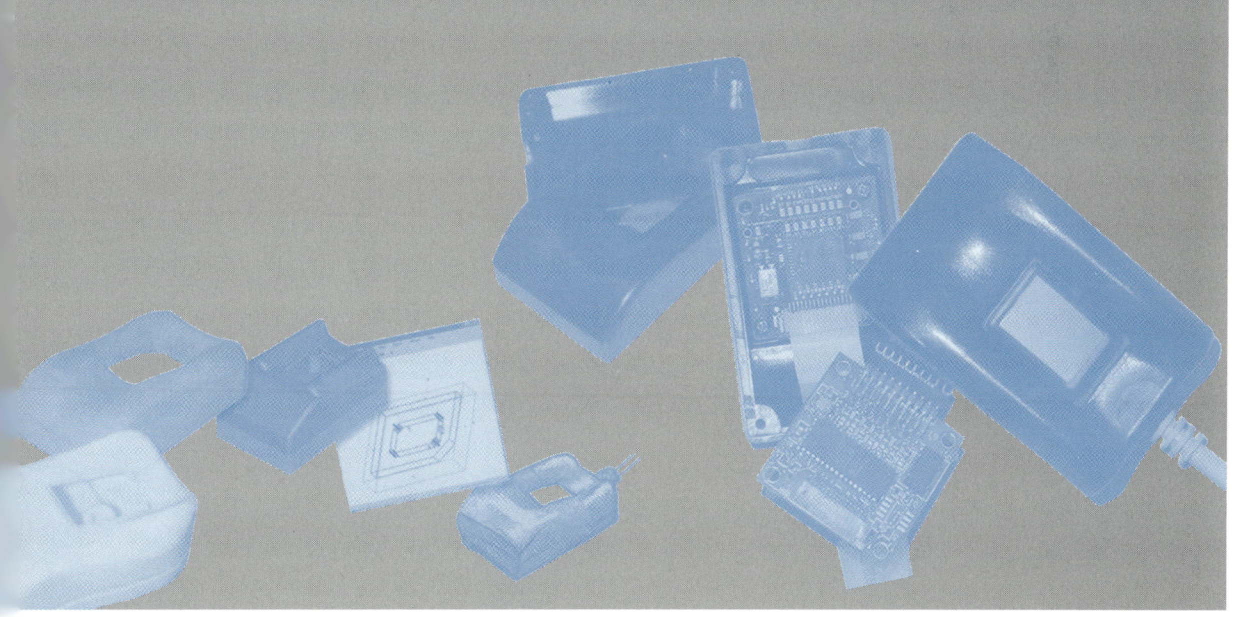

3.1 서론

제3장에서는 다양한 컴퓨터 이용 설계(Computer-Aided Design, CAD) 기법들을 중심으로 일반적인 공학 설계에 대해서 다룬다. 컴퓨터 성능의 빠른 발전에 힘입어 CAD 도구들은 꾸준히 발전해 왔으며, 이 책이 출간되기까지의 단 몇 개월 동안에도 관련된 최신 기술들은 발전할 것이다. 하지만 이 장에서 소개되는 CAD 및 솔리드 모델링(Solid Modeling)의 일반적인 원리들은 크게 변함이 없을 것이다.

제4장에서는 초기 **시작품**(prototype)의 제작과 이로부터 첫 **실제 파트**(real part)의 제작으로 이어지는 일련의 제조 과정이 다루어진다. 형상 기반 설계(feature-based design)의 기하학적 조작(geometric operation)과 주조 야금(metallurgy of casting)을 이웃하는 장에서 이야기하는 것은 다소 적절하지 못한 배치일 수 있다. 단연코 다른 어떤 제조 관련 책도 이러한 배치를 사용하지는 않았다. 이러한 배치의 목적은 제2장에서 언급된 테일러리즘(taylorism)의 부정적인 결과와 같이 제조 기업의 다양한 부서를 나누어 논하기보다는 이들 간의 **통합**(integration)에 대해 강조하기 위함이다.

최근 몇 년간 CAD 설계 도구들은 컴퓨터를 사용하여 쾌속 조형(RP) 기법과 대량 생산에 적용될 수 있도록 발전되었다. 제4장에서는 제3장에서 다룬 CAD 모델들을 어떻게 '분할(tessellate)'하고 이러한 자료구조들을 스테레오리소그래피(SLA) 공정에서 이루어지는 레이저 빔의 주사 동작(rastering movement)에 사용하는가에 대해서 설명할 것이다. 새로운 쾌속 조형 기법의 대부분은 1987년 이후에 등장하였다. 따라서 혁신적인 제조 기업이 되고자 한다면, 반드시 CAD에서 쾌속 조형과 CAM으로 연결되는 이러한 일반적인 연구 분야의 발전에 대해서 꾸준히 인식하고 있어야 한다. 실제로 오늘날에는 CAD 데이터베이스를 절삭 가공과 같은 전통적인 공정과 연계시키는 것이 매우 쉬워졌다. 심지어 5,000년 전부터 한국과 이집트에서 사용되기 시작한 탈랍 주조 공정(lost-wax casting)조차도, 제품 설계에서 CAD/CAM 기법들을 이용한 몰드 제작과 정밀 주조(investment casting)까지의 연결이 급속히 개선된 덕분에 여전히 광범위하게 사용되고 있다.

3.2 디자인을 정의할 수 있는가?

다음에 소개되는 설계에 대한 몇 가지 공통적인 정의들은 유용하며, 다소 폭넓은 분야의 디자인 활동에 대해서 보여 준다. 첫 번째 정의는 설계 분야에 있어서 매우 높은 수준의 미적인 관점에 대한 것이다. 두 번째 정의 또한 높은 수준의 관점이지만 앞선 정의에 비해 보다 공학적인 부분을 다룬다. 세 번째 정의는 설계자가 특정 설계에 대해 부품의 치수를 계산하는 것을 시작으로 발생하는 필연적인 상충관계(trade off)의 분석과 관련이 있다. 네 번째 정의는 보다 실질적이며, 세부적인 설계 도면에 관계된 내용을 다룬다. 다음의 네 절에서는 설계에 대해 서로 다른 네 가지 수준의 정의에 대해서 고찰한다.

- **높은 수준의 예술적 설계** : 어떠한 형태의 설계라도 기능적이어야 하고 예술과 공학의 결합에 그 기반을 두어야 한다(W. A. Gropius, Bauhaus 운동의 창시자).
- **높은 수준의 공학적 설계** : 설계란 지금까지 존재하지 않았던 제품(하드웨어, 소프트웨어, 시스템)을 창조하는 과정이다(서남표, 1990).
- **공학적이고 분석적인 설계** : 설계는 의사결정 과정이다(Hazelrigg, 1996).
- **상세적인 설계** : 설계는 독창적인 계획, 스케치, 패턴 등을 만드는 것이다(웹스터 사전).

이와 같은 다양한 가능성들로 인해, 디자인 관련자들 사이에서는 **설계**(design)라는 단어의 정의에 대해 끊임없는 논쟁이 이어지고 있다. 또한 설계의 정의가 넓은 의미를 가질 수 있기에, 세계적으로 각 공과 대학마다 설계에 대한 교육 기법들에서 약간씩 차이가 나타난다.

일부 공과 대학에서는 설계의 창의적인 면을 강조한다. 이는 다양한 모델과 시작품들을 만들고 진일보한 소비자 제품의 시장에 대해서 생각하는 것을 의미한다. 다른 대학들은 보다 분석적인 입장에서, 전기 공학도들에게는 상세한 VLSI와 회로의 설계를, 기계 공학도들에게는 기어, 샤프트, 베어링 등의 전통적인 응력 해석 및 피로 해석에 대해서 가르친다.

3.3 설계의 심미적, 창의적, 개념적인 양상

공과 대학 밖에서는 설계라는 단어가 주거 공간, 예술 작품을 포함한 다양한 의미를 갖는다. 자동차, 주거 공간, 다양한 소비자 제품, 의복 등의 개념 설계자들에게 있어서 설계 활동은 하나의 예술 형식이다. 이들은 심미적으로 즐거움을 줄 수 있는 창의적인 이미지들을 실제로 개념화시킨다.

설계의 **심미적**(artistic), **창의적**(creative), **개념적**(conceptual) 양상은 여러 요소들을 고려하는 다분야에 걸친 활동이다. 제2장에서는 이러한 요소들로서 사용자 요구, 잠재적인 시장, 제조비용, 요구 품질 수준, 시장적기대응, 유연성, 장기적인 성장 등이 논의되었다.

'높은 수준'의 창의적인 설계는 소비자의 요구와 물리적인 객체 사이의 개념적인 사상(mapping)을 포함하며, 또 이 단계의 설계자들은 구속받지 않기를 선호한다. 그들과의 면담을 통해 그들이 여전히 넓은 종이 위에 연필로 스케치하는 것을 선호하며, 이는 창의적인 우뇌를 보다 자유롭게 한다고 주장하는 것을 알 수 있다. 창의적인 설계는 공동의 노력임에 틀림없으며, 화이트보드나 연필, 종이 등은 여전히 최고의 도구들인 것 같다. 이 책의 부록에는 이에 대한 예로서, 한 디자인 그룹이 그들의 초기 컨셉을 550×700mm 크기의 아트지 위에 그린 그림이 첨부되어 있다. 이는 자연스러운 아이디어의 교환뿐만 아니라 대등한 논의가 가능하게 해 준다. 일단 설계팀이 새로운 장치에 대한 비전을 갖게 되면, CAD와 같은 구체적인 설계 도구들이 사용될 수 있다. 또한 설계의 대안과 가능한 최적 설계안들에 대한 의사결정(decision making)에 필요한 특정 해석 도구들이 사용될 수 있다.

컴퓨터 이용 설계(CAD) 프로그램들은 여러 가지 전략을 생각하여 다양한 형식으로 개발되어 왔다. 이러한 전략에도 불구하고, 전통적인 CAD 프로그램들은 **개념 설계**(conceptual design) 도구로 사용되기에는 많은 어려움이 있었다. 설계 프로세스 과정에서 너무 이른 단계에 일반 CAD 시스템을 사용하면 전체 설계 시간이 더 많이 걸리게 된다는 것은 공통적인 경험이다! "만약 당신이 오직 하나의 망치만을 가지고 있다면, 모든 것이 못처럼 보일 것이다."라는 경구(cliché)가 이 경우에 맞는 말이다. 모든 표준 CAD 시스템은 한계와 구조화된 문서(statements), 그리고 표준화된 소프트웨어 작동 방법이 있기 때문에, 만약 새로운 아이디어가 이러한 프로그램의 논리를 따라야 한다면 창의적인 설계 과정은 구속될 수밖에 없다. 개념 설계는 브레인스토밍, 시장 인식 그리고 미적인 측면이 강조되는 단계이며, 이를 위해서는 CAD 프로그램의 논리에 구속되지 않고 물 흐르듯이 자유롭게 진행되어야 한다.

새로운 자동차나 트럭의 개념 설계에 있어서 일부 최신 버전의 고가 컴퓨터 이용 스타일링 도구들이 예술적인 필요를 채워 줄 수 있다(참고 : 세이퀸 교수의 작품들, http://www.cs.berkeley.edu/~sequin). 하지만 이와는 달리 대부분의 범용 CAD 패키지들(ProEngineer, Unigraphics, AutoCAD, SolidWorks 등)은 창의적인 일에 사용되기에는 유연성이 매우 부족하다.

3.4 설계의 높은 수준의 공학적 단계

3.4.1 품질 기능 전개

QFD는 품질 기능 전개(Quality Function Deployment)의 약어로 잘 알려져 있다(Hauser & Clausing, 1998). 이는 제2장에서 소개된 넓은 범위의 CQDF에서 '품질 대비 비용'의 측면에 초점을 맞추고 있다. 보통 하나의 마케팅 전문가팀이 QFD 공정을 시작하면, 사용자 그룹들에게 일반적인 성향, 선호도 등을 묻는 긴 설문지에 대한 답을 요청한다. 이러한 설문의 결과는 제품 품질을 결정하고, 설계의 특징으로 마지막으로 제조된 제품의 특징으로 나타난다(그림 3.1a). 보다 자세한 내용은 컴프턴(Compton, 1997)의 저서에서 확인할 수 있으며, 여기서는 기본적인 단계를 다루기로 한다.

우선 일련의 요구되는 특징들이 설문팀에 의해 정렬된다. 제2장의 폴로(polo) 셔츠를 예로 들면, 재료의 종류, 착용감, 스타일, 색상, 비용 등이 이러한 특징이 될 수 있다. 설문에 참여한 사용자는 각각의 특징에 대해 그들이 생각하는 중요도를 1에서 10까지의 점수로 평가하고, 다른 회사의 최고급(best in class) 셔츠도 이와 유사한 형태의 설문을 통해 평가한다. 그러고 나면 설문팀은 응답자들로부터 수집된 수많은 결과를 정리하고 제품에 대한 가장 중요한 소비자의 요구사항을 구분하여 그 순위를 매긴다.

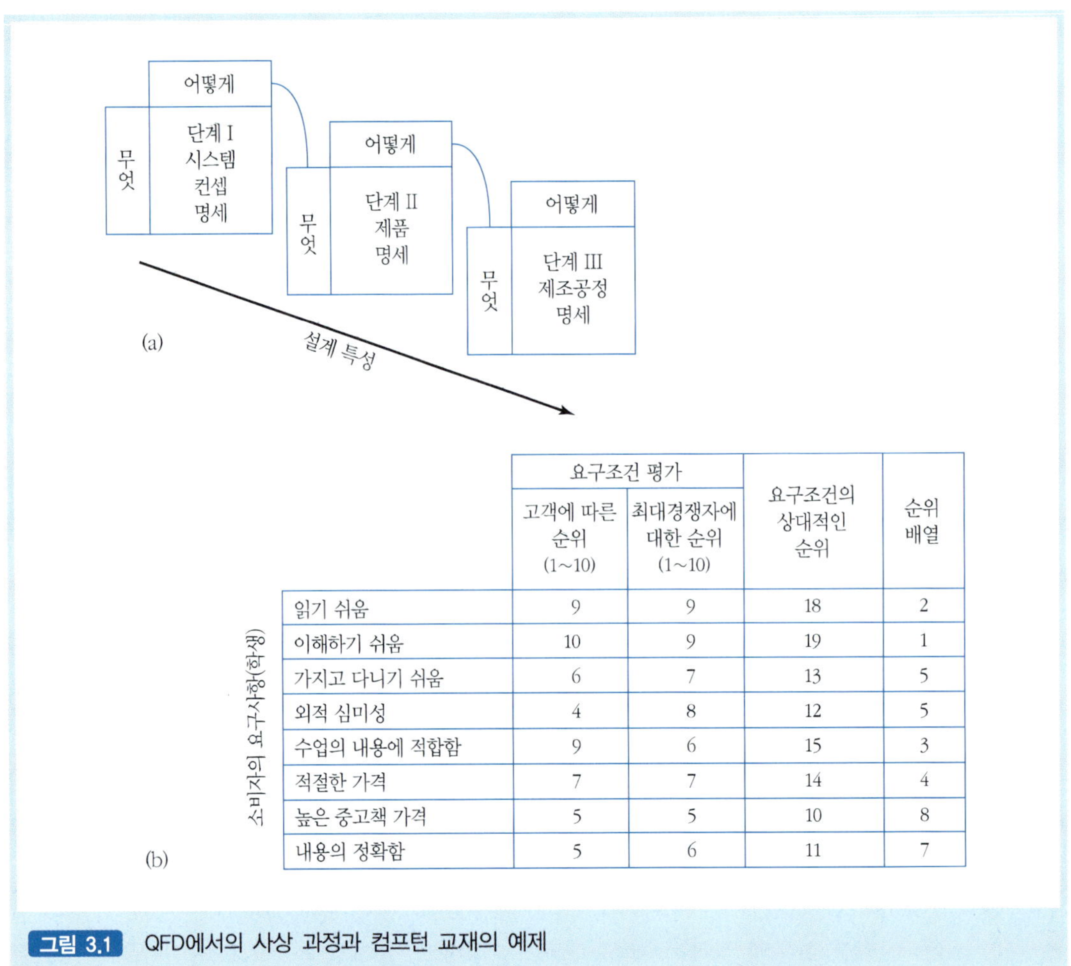

	요구조건 평가		요구조건의 상대적인 순위	순위 배열
	고객에 따른 순위 (1~10)	최대경쟁자에 대한 순위 (1~10)		
읽기 쉬움	9	9	18	2
이해하기 쉬움	10	9	19	1
가지고 다니기 쉬움	6	7	13	5
외적 심미성	4	8	12	5
수업의 내용에 적합함	9	6	15	3
적절한 가격	7	7	14	4
높은 중고책 가격	5	5	10	8
내용의 정확함	5	6	11	7

그림 3.1 QFD에서의 사상 과정과 컴프턴 교재의 예제

그림 3.1b는 컴프턴의 교재를 위한 가상의 예이다. 여기에는 '이해하기 쉬움(easy to understand)'이 1로, '높은 중고책 가격(good resale value)'이 8로 순위가 매겨져 있다. 다른 행렬에서는 '이해하기 쉬움'과 같은 사용자의 요구사항들이 '사용 예들', '재료의 구성', '도표의 수' 등의 특정한 제품 요구사항으로 해석될 수 있다. 일련의 이와 유사한 행렬을 통해 중요한 제품의 특징들을 달성하기 위한 제조 활동이 최종적으로 명확해지고, 공정계획 및 생산 부서들로 전달된다. 컴프턴의 예에서 생산 부서는 사용자의 요구를 반영하기 위해 책의 외형, 미적 스타일, 심지어는 책의 무게나 치수들을 선택할 것이다.

한 예로 자동차의 설계와 가공에 QFD가 적용되는 것을 생각해 볼 수 있다. 일반적으로 볼보(Volvo) 차량의 소유자들로 구성된 소비자 그룹은 충돌에 강한 차량의 특성을 다른 무엇보다 중요하게 생각한다고 가정해 보자. 그림 3.1a 중앙의 '제품의 상세 스펙'을 나타내는 행렬에서 왼쪽 아래의 '무엇(what)'은 '측면 충격으로부터의 찌그러짐 방지'가 될 것이며, 이 위의 '어떻게(how)'는 '도달 가능한 응력 수준'이 될 것이다. '제조 요구사항(spec.)들'에서는 필요한 강철의 두께와 등급이 윗부분에 속할 것이다. 강판 두께와 등급은 또한 제조 테이블에서 최종 비용에도 영향을 미칠 것이다.

하지만 자동차와 같은 대량 생산제품의 설계에 QFD 기법을 이용한 것에는 문제점이 있다. QFD는 (a) 명백한 시장 부문이 존재하고, (b) 각 부문에 속하는 구성원들이 동일하게 선호도를 갖는다고 가정하고 있다. 만약 하나의 그룹에서 내부 구성원들의 선호도가 동일하지 않다면, QFD의 기능은 제대로 작동하지 못하게 된다(Hazelrigg, 1996 참조). 예를 들어, 다른 무엇보다 충돌 저항이 중요하다고 생각하는 그룹의 소비자들은 볼보의 마케팅 메시지에 쉽게 마음이 쏠릴 것이다. 하지만 만약 해당 그룹의 사람들이 차량의 스타일, 가격, 색상에 관한 선택안들을 좋아하지 않는다면, 충돌 저항은 판매를 촉진할 만큼의 충분한 특징이 되지는 못한다. 그렇기 때문에 QFD는 지금까지 사용자 그룹의 규모가 작거나 제품의 특징이 많지 않은 경우에 성공적으로 사용되어 왔다(Hauser & Clausing, 1998).

3.4.2 공리 설계

공리 설계(axiomatic design)는 QFD의 대안으로 1990년 서남표 교수와 동료들에 의해 개발되었다. QFD와 유사하게 사용자의 요구를 기반으로 시작되었으며, 크게 다음의 3단계로 이루어진다. 기능적 요구사항(Functional Requirement, FR)의 명확화, 물리적 영역의 설계 변수(Design Parameter, DP), 공정 변수(Process Variables, PV). 이점에 대해서는 그림 3.2의 사상이 QFD를 설명해 주는 그림 3.1과 철학적으로 동일하다.

주요 아이디어는 사용자의 질적인 요구를 보다 구체적인 공학 용어들로 대응시키는 것이다. 기능적 요구사항(FR)은 2.4.7절의 TQM 논의에서 기술된 컴퓨터(메모리 크기 등)와 자동차(가속도 등)의 성능 문제와 유사하다. 그렇다면 설계 변수(DP)는 기능적 영역의 요구사항(FR)에 도달하기 위한 컴퓨터 칩이나 자동차 엔진의 상세 설계 변

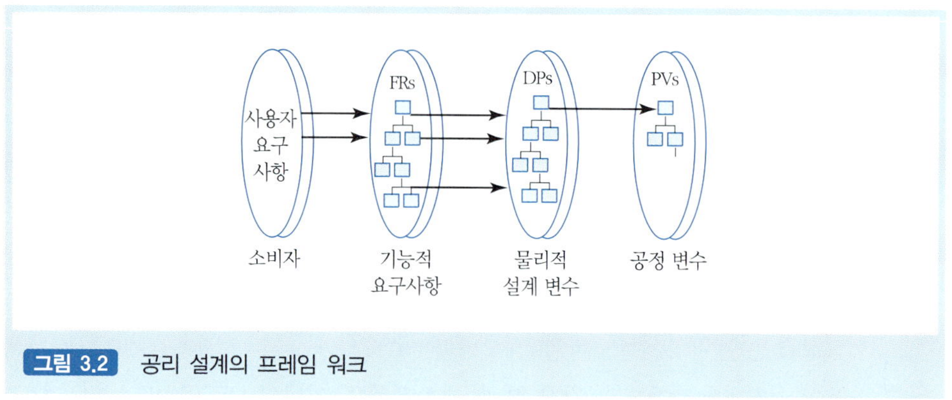

그림 3.2 공리 설계의 프레임 워크

수가 되고, 공정 변수(PV)는 컴퓨터 칩이나 자동차 엔진을 만들기 위해 요구되는 반도체나 생산 라인 기술이 될 것이다.

설계팀이 그림 3.2를 따라 이동함에 따라 이들의 도식이 수렴(converge)하기 위해 서남표 교수와 그의 동료들은 다음의 두 공리를 제안하였다.

1. 기능적 요구사항(FR)의 독립성을 유지하라.
2. 설계의 정보량을 최소화하라.

첫 번째 공리는 기능적 영역의 요구사항들이 비연성(decoupled)된 설계를 생성하는 것을 목적으로 한다. 예를 들어, 서 교수는 사출성형 장비들의 다양한 설계안을 분석하였다(서남표, 1990, pp.72-78 참조). 몇몇 설계안에서는 플라스틱의 녹는 속도(melting rate), 유속, 압출기의 압력 증가 등의 세 가지 기능적 요구사항(FR)이 모두 단 하나의 물리적 영역의 설계 변수인 스크류 회전 속도에 영향을 받았다(제8장을 보면 스크류 장치의 작동을 볼 수 있다). 이러한 연성(coupled)된 설계는 이 3개의 기능적 요구사항(FR) 중 어느 하나도 독립적으로 조절할 수 없기 때문에 문제점으로 지적되었다. 그 결과 스크류 메커니즘에 대해 각각의 기능적 요구사항(FR)들이 독립적으로 제어될 수 있는 설계 대안이 검토되었다.

이러한 독립성을 생성하기 위한 수학적인 방법은 (FR)=**A**(DP)일 때 '설계 행렬 **A**'를 만드는 것이다. 행렬의 요소들은 각각의 기능적 요구사항(FR_i)과 설계 변수(DP_j) 간의 관계의 본질을 정의한다. 행렬 내의 개개의 요소들은 다음과 같이 주어진다.

$$\mathbf{A}_{ij} = \frac{\delta FR_i}{\delta DP_j} \tag{3.1}$$

'비연성된' 제품 설계는 **A**가 대각행렬일 경우 얻어진다. 다시 말해, **A**는 반드시 정방(square)형 행렬이어야 하고, '0'이 아닌 요소들은 오로지 주대각(main diagonal)에서만 나타나야 한다. 이 외의 위치에 있는 요소들은 잠재적인 연성을 제거하기 위해 반드시 '0'이어야 한다. 따라서 다양한 설계안들이 분석될 수 있으며, 이를 통해 장비의 특정한 기능이 오로지 하나의 기능적 영역의 요구사항에만 연계되도록 하는 것이 목적이다. 만약 누군가 그 설계 변수를 '조정'한다면, 이는 하나의 기능적 요구사항에만 영향을 끼치고 다른 장비의 어떠한 기능에는 전파되지 않아야 한다.

두 번째 공리는 직관적으로 이해될 수 있다. 이는 설계자에게 부품과 장치를 단순하게 생성하도록 조언하고 있다. 사실 이러한 개념은 3.5.2장에서 소개될 부스로이드(Boothroyd)와 듀허스트(Dewhurst)의 DFM/A 소프트웨어에서 중요한 생각 중의 하나이기도 하다. 그들은 개개의 부품들의 형상과 이들 간의 조립을 단순하게 하는 것(예 : 나사 대신 억지 끼움을 사용하는 것)을 더 권장한다. 이는 제8장에서 IBM사의 프로프린터(proprinter)의 재설계를 예로 보다 자세히 소개된다.

3.5 설계의 분석적인 단계

개념 설계와 상위 수준의 분석이 수행된 후에는 곧 상세 설계가 구체화되어야 한다. 비록 이러한 작업들이 간단한 '데스크톱 CAD/제도 시스템'으로 수행될 수 있어도, 오늘날 대부분의 CAD 프로그램들은 그들의 사용자들에게 기본적인 CAD 패키지에 여러 소프트웨어 모듈들을 추가하도록 권장하고 있다. 여기에는 (a) 제약요소 기반(constraint-based) 설계와 파라메트릭 모델링(parametric modeling), (b) 생산/제조/환경 고려설계 평가(scoring), (c) 유한 요소 해석(Finite Elements Analysis, FEA) 모듈 등이 포함되며, 보다 다양한 모듈들이 꾸준히 추가되고 있다.

3.5.1 제약요소 기반 설계와 파라메트릭 모델링

때로는 특정 치수로 모델을 구성하기보다 특정 형상이나 선들 간의 구속조건을 부여하는 것이 유용할 수 있다. 규격품인 가정용 전등 스위치의 간단한 덮개를 생각해 보자. 미국 표준 치수를 예로 들면, 외부 치수는 일반적으로 112mm×68mm이다(한국은 70mm×50mm). 하지만 사실상 이러한 치수는 구속조건이 될 수 없다. 예를 들어, 시중의 장난감 상점에서는 유명한 만화 캐릭터로 장식된 전등 스위치 덮개를 찾을 수 있다. 덮개 제품들에는 중심부에 2개의 나사를 이용하여 규격 박스에 붙이기 위한 2개의 구멍을 가진 사각형 홈이 있다. 중심 홈의 치수와 나사 구멍의 위치는 스위치 박스를 고정하기 위해서 반드시 구속되어야 한다. 다시 말해, 전등 스위치 덮개를 예술적으로 재설계하려면 외관의 형상을 상상할 수 있는 여러 모양으로 수정할 수 있으나, 내부에서는 보다 공학적인 치수들로 엄격히 구속되어야 한다.

또 다른 예제는 그림 3.3과 같다(Shah & Mantyla, 1995).

- 선 3은 선 5와 평행하다.
- 선 2는 원호이며, 선 1과 선 3에 접한다.
- 선 4는 선 3의 α에 위치한다.
- 선 1은 수평이며, 길이는 b이다.

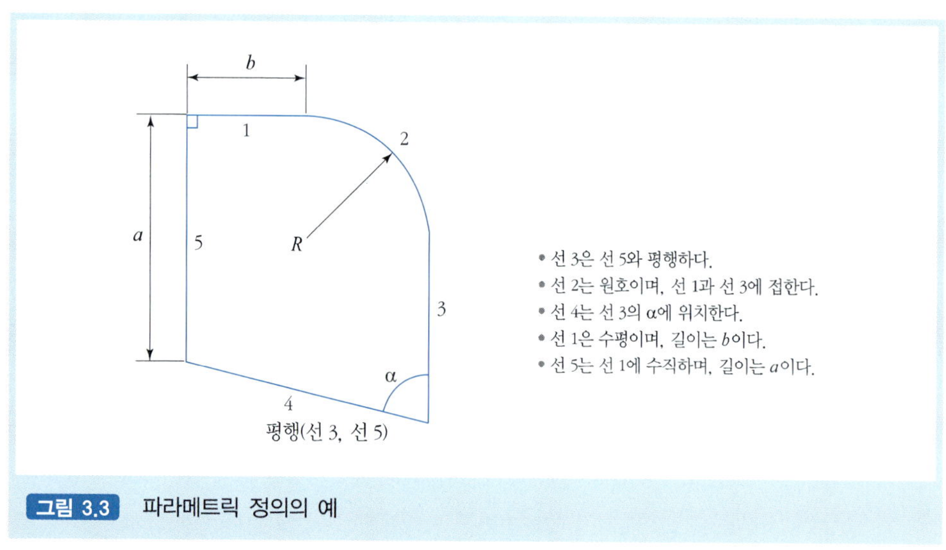

그림 3.3 파라메트릭 정의의 예

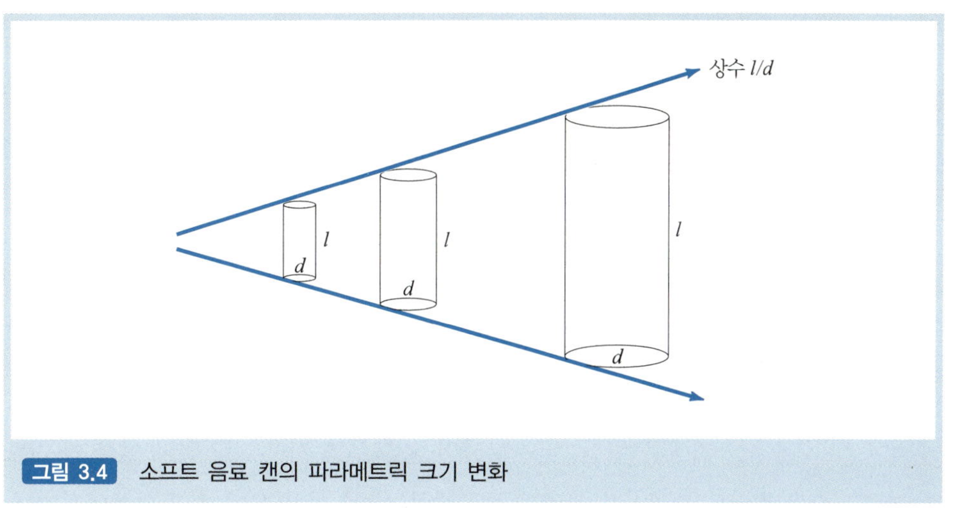

그림 3.4 소프트 음료 캔의 파라메트릭 크기 변화

- 선 5는 선 1에 수직하며, 길이는 a 이다.

이러한 구속조건들이 보다 세련되게 개발된 방법이 파라메트릭 모델링이다. 이 방법은 특정 개체를 그 원형에서 나름의 다양한 형태로 빠르게 크기를 조절할 수 있도록 해 준다.

소프트 음료용 알루미늄 캔을 생각해 보자(그림 3.4). 아마도 120mm의 높이와 62mm의 지름을 부여하기보다, 120/62≒1.9인 비율이 적용되었을 것이다. 높이와 지름은 특정한 치수가 사용되지 않고, 비례적으로 표현된다. 결과적으로 모델은 새로운 치수에 따른 재정의가 필요없이 축소와 확대가 가능해진다.

3.5.2 조립, 제조, 환경 고려설계(DFA/DFM/DFE)

조립, 제조, 환경 고려설계 소프트웨어 패키지들은 설계자나 설계팀에게 제조 및 환경과 관련된 요소들에 대한 평가 결과를 제공한다. 이상적으로, 설계안들은 제조 가능성을 향상시키고 환경에 대한 영향을 줄이기 위해 설계 공정의 초기에 수정될 수 있다. 특정 제품의 제조 가능성을 분석하기 위한 새로운 기술 중에는 부스로이드와 듀허스트(1999)의 제조와 조립고려설계(DFMA)가 있다. 그 소프트웨어는 설계자들이 CD나 웹을 통해 제조와 조립고려설계에 활용할 수 있게 되어 있다. 예를 들어, 절삭 가공을 위한 DFM 소프트웨어, 판금 가공을 위한 DFM 소프트웨어, 환경에 미치는 영향을 평가하기 위한 DFE 소프트웨어, 그리고 조립체 평가를 하는 유명한 DFA 모듈들을 포함하는 통합 프로그램도 있다.

조립 모듈의 DFA는 다음의 두 가지 주요 아이디어를 포함하고 있다.

- 각각의 부품들은 품질이 우수해야 하고, 그 종류는 가능한 적어야 한다.
- 조립 작업들은 가능한 간단해야 한다. 예를 들어, 공장의 장비들은 잘 정돈되어 배치되어야 하며, 개개의 부품들 각각의 형상과 다른 부품과의 조립은 단순해야 하며, 조립 작업의 방향은 중력 방향과 반대되지 않아야 한다.

절삭 가공을 위한 DFM 모듈인 '윈도우즈 사용자를 위한 절삭 가공(Machining for Windows)'은 설계자 작업과 공정계획 개발, 개념 설계 초기 단계에서 비용 예측, 견적 작성, 양산 계획 등을 도와준다.

3.5.3 분석 및 결정 기반 설계

유한 요소 해석(FEA)을 이용하면 상세 설계 공정의 필수적인 요소들인 재료의 사용과 성능의 최적화를 구체적이며 자동적으로 수행할 수 있다. 많은 경우에 이러한 상세한 공학적 분석은 기술적인 혁신을 제공하지만, 원래의 상위 수준의 개념에는 큰 영향을 주지 못한다. FEA의 계산값은 정확하지만, 그 결과에 대해서는 주의를 기울여 판단할 필요가 있다. 특히 지난 수십 년간 설계를 위해 개발된 공통적인 '안전 계수(safety factor)'들은 여전히 적용되어야 한다. 왜냐하면 오늘날 사용되는 공학 재료와 유한 요소 모델의 경계 조건들에는 불확실성이 존재하기 때문이다. 시덜(Siddall)의 다이어그램은 결정 기반 공학 설계와 관계되는 이러한 불확정성의 개념을 잘 표현해 주고 있다(Hazelrigg, 1996). 일반적으로 설계자들은 주어진 하중에 대해 측정되거나 미리 알 수 있는 응력값을 가지고 있지 않다. 대신에 설계자들은 오로지 확률함수에 기초하여 응력을 계산할 수 있다. 이와 유사하게, 오늘날의 금속 제조와 또 다른 생산 방법에서 설계자들은 항복 강도 등의 물성에 대한 정확한 값을 알지 못한다. 이 또한 확률함수를 사용한다. 이런 그래프는 두 확률함수의 끝단이 겹쳐지는 '실패 영역(failure zone)'에서 중대한 위험이 나타날 수 있음을 보여 준다.

여기서 다음과 같은 중요한 질문을 생각해 볼 수 있다. 설계자는 '실패 영역'을 처리하기 위해 무엇을 해야 하는가? 그 답은 설계자의 성향 또는 중점을 두는 가치에 상당히 의존하게 된다. 일상적인 제품들의 경우 설계의 목표는 돈을 벌기 위함이며, 돈은 많이 벌수록 좋다(Hazelrigg, 1996).

'돈을 버는 것'이 주요한 목적이라면 설계자는 '아마도 가끔의 파손은 괜찮다'는 식으로 재료의 물성을 선택하게 될 것이다 예를 들어, 백만 개 중에 3.4개 정도의 불량은 수용할 만하다고 여길 수 있지만(그림 2.15), 이와 같은 상황에서 소비자는 일시적으로 이러한 불량으로 인해 불쾌한 생각이 들 것이다. 그러나 만일 회사가 신속하고 정중하게 보증 절차를 제공한다면, 결과적으로 설계 유용성 u가 수용 가능하게 된다. 다시 말해, 일상 제품의 경우에는 '과도 안전(oversafe)'한 물성의 재료를 선택한다면, '과도 설계와 과도 비용'이 존재하지 않고 불량이 발생하지 않는다.

그와 반대로 우주와 항공 산업의 설계자는 돈을 버는 것과 '안정성 및 신뢰성'의 균형을 반드시 재평가해야 한다. 핵무기와 같은 극단적인 경우에는 제2장의 초반에 언급된 설계의 주요 목적으로, 사회는 '비용 효율'보다 '신뢰성'을 더 요구하게 된다. 이는 그림 3.5에서 두 곡선이 실패 영역을 전혀 남기지 않는 쪽으로 x 축의 방향으로 서로 멀어져야 함을 뜻한다.

이와 같은 생각을 가지고 있다면, 이제 치수를 정하는 것과 같이 구체적인 설계를 시작할 수 있다.

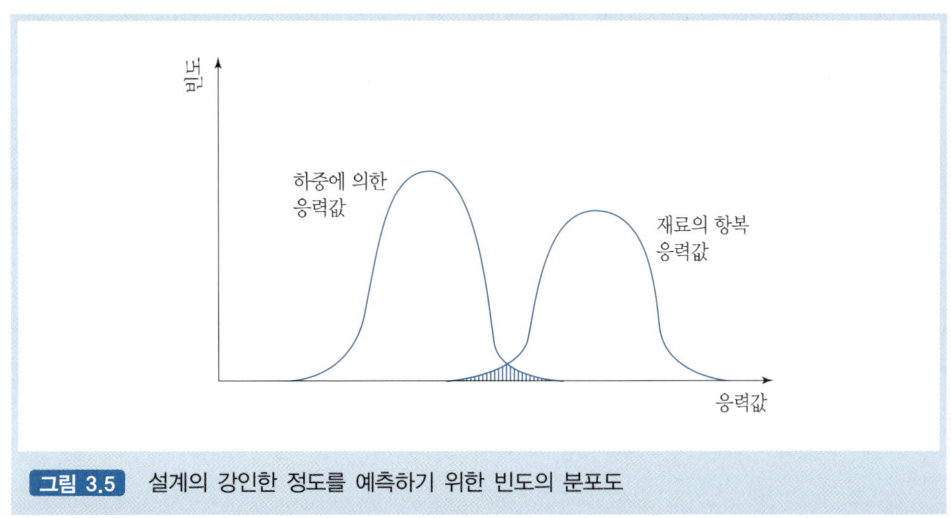

그림 3.5 설계의 강인한 정도를 예측하기 위한 빈도의 분포도

3.6 설계의 상세 단계

'이전에는' 창의적인 설계자들은 그들의 도안을 제도실로 전달하고, 연필을 사용하여 종이에 공차를 포함한 정식 도면을 완성했다. 그러나 CAD 장비의 발달과 함께, 명백히 연필과 종이로 하던 업무들이 풀-다운(pull-down) 컴퓨터 메뉴와 마우스를 이용한 드래그 앤 드롭(drag-and-drop) 위치지정 방식으로 대체되었다. 상세한 CAD 기법들은 와이어 프레임 기법, 솔리드 지오메트리 기술 등을 포함하는 다양한 방법으로 나눌 수 있다. 제3장에서는 이러한 기본적인 기법들의 예를 보여 준다. CAD 도면들은 도면을 그리는 방법을 보이기 위해 순차적으로 만들어졌다. 그러나 이러한 튜토리얼들을 읽거나 CAD 설명서를 사는 것보다는, CAD 워크스테이션으로 가서 로그인을 하고 세세한 명령어들을 사용하여 결과적으로 어떤 형상의 멋진 등각도와 3개의 직교 투상도를 그려보는 것이 훨씬 도움이 된다. CAD를 이용한 상세 설계는 자동차를 운전하는 것과 비슷하다. 예를 들어, 운전면허 학원의 많은 교과서에는 시속 10km 정도로 천천히 운전하라고 쓰여 있지만 실제로 코너를 도는 데에는 직접적으로 도움을 주지 못한다.

(개념 설계와 상대되는)개념으로서의 상세 설계에 있어서 의사소통의 도구로 전통적인 CAD 프로그램의 유용함은 부정할 수 없다. 도면들은 일관되게 존재하며, 반복 가능하고 표준에 맞게 작성된다. 설계자들과 제도사들은 공차, 평편도 수직도와 이외의 조립과 관련된 품질을 체크하기 위해 부품의 설계를 비교한다. 비록 이러한 공정이 종종 지루하게 여겨질 수 있지만, 이는 수작업에 비해서 크게 향상된 것이다. 또한 설계자들은 CAD를 사용하여 세세한 부분을 표현할 수 있었고, 자신의 생각을 설계 단계마다 전달할 수 있었다.

대부분의 최신 CAD 도구들은 와이어 프레임과 솔리드 모델링 기능을 모두 가지고 있다. 솔리드 모델링은 일반적으로 와이어 프레임에서 부족한 '형태'에 대한 지각을 제공해 준다. 솔리드 모델링은 보다 직관적인 시스템이며, 모델을 구성하는 과정에서 파트들의 제조(특히 절삭 가공)와 조립에 대한 통찰력을 제공한다. CSG(Constructive Solid Geometry)와 DSG(Destructive Solid Geometry)를 이용한 솔리드 모델링에 대해서는 이 장의 후반부에서 다룰 것이다.

3.7 3개의 튜토리얼 : 개요

그림 3.6은 가상 현실(virtual reality) 환경에서의 사용자를 위한 조이스틱의 예를 보여 준다. 조이스틱은 바닥에 다소 무거운 받침을 갖는다. 이 받침이 3차원 공간에서 움직이면, 바닥에서 가속도계가 이를 측정하여 가상 환경을 적당하게 조정한다. 이때 조정을 위한 정보는 병렬(또는 USB) 포트를 통해 컴퓨터로 전달된다.

손잡이를 제외하면, 이 장치는 비교적 단순한 형태의 부품들로 구성된다. 이후의 절에서는 서로 다른 세 가지 CAD 방법으로 조이스틱을 설계하는 것을 다룬다.

- AutoCAD 패키지를 이용한 와이어 프레임(3.8절)
- AutoCAD 패키지를 이용한 CSG(3.10절)
- SolidWorks 패키지를 이용한 DSG(3.11절)

이 세 가지 튜토리얼들에서는 각 CAD 기술들의 특징들을 보여 준다. 또한 이 장의 마지막에서는 유니그래픽스(Unigraphics, UG) 패키지와 변수기반 설계에 대한 특징들에 대해서 다룬다.[1)]

그림 3.6
가상현실 조이스틱

1) AutoCAD, SolidWorks, UG의 사용은 이 제품들을 고의적으로 추천하거나 이 장의 끝 부분에 정리된 URL들 외의 다른 CAD 제품들을 제외하고자 함이 아님을 밝힌다. 모든 CAD 패키지에서 와이어 프레임, CSG, DSG를 사용할 수 있다. 저가의 시스템의 경우에도 일종의 변수기반 설계가 가능하다. 이 장에서는 일종의 혼합된 제품의 사용을 보이기 위해서 하나의 제품보다 다양한 CAD 시스템을 선택하였다.

3.8 첫 번째 튜토리얼 : 와이어 프레임 구성

간단한 와이어 프레임 CAD 시스템들에는 기본적인 수학과 컴퓨터 그래픽 기술이 사용된다. 와이어 프레임 프로그램은 사용자가 국부 프레임(local frame)이나 상대적 기준 프레임(relative reference frame)에서 점을 선택하는 것으로 시작된다(국부 프레임은 대부분 임의로 선택된다). 이 선택된 점들은 전역 참조 프레임에 반영된다. 마지막으로 점들 사이에 선을 그린다.

따라서 최종 이미지는 복잡한 선들의 연결로 보인다. 예를 들어, (a) 모델링 중에 물체의 뒷부분을 나타내는 숨겨야 할 선들이 남아 있으며, (b) 표면에 대한 음영처리가 없을 수 있다. 그래서 한눈에 와이어 프레임 모델을 이해하는 것은 쉽지 않다.

비록 솔리드 모델링과 같은 가시화의 장점은 부족하지만, 와이어 프레임에도 나름의 유용한 점이 있다. 와이어 프레임 프로그램은 사용자의 필요에 따른 특수한 목적을 적용하기에 매우 간단하다. 또한, 선형 대수, 동역학, 로봇 공학 수업에서 흔히 사용하는 계산과 유사한 방법들이 사용된다.

최근까지만 해도 와이어 프레임 프로그램이 저사양의 컴퓨터에서 사용할 수 있다는 점이 사용의 가장 설득력 있는 이유였다. 그러나 최근에는 반도체의 설계와 제조에 관련된 기술의 진전(제5, 6장 참고)과 저가의 고성능 컴퓨터를 사용할 수 있게 됨에 따라 점점 데스크톱 장비에서 솔리드 모델링이 일반적으로 사용되고 있다.

이해를 돕기 위해 조이스틱의 바닥을 예로 들어 보자. 바닥의 설계를 위해 필요한 길이를 선택하여 조이스틱의 외형을 보이기 위한 여러 선을 만들 수 있다. 대칭적인 물체의 CAD 모델링에서 물체의 절반만을 그리고 이를 중심선을 넘어서 대칭시키는 것은 매우 흔한 일이다. 이는 시간이 적게 걸리고 대칭적인 관점에서 양쪽의 객체가 동일하다는 장점이 있다. 그림 3.7은 바닥의 오른쪽 절반에 대한 평면도이다. 중심점 **a**의 좌표는 $x=0$, $y=0$, $z=0$이며, 더 간단하게는 (0, 0, 0)이다. 점 **a**로부터 시작되는 선은 직선 명령으로 그려진다.

그림 3.7과 3.8은 조이스틱 바닥에 대한 기본적인 형상들을 보여 준다. 그림 3.7은 바닥의 절반에 대한 외부 모서리의 평면도이고, 그림 3.8은 동일한 선에 대한 등각도이다. 이는 선의 3차원 특성에 대해서 살펴볼 수 있게 해 준다.

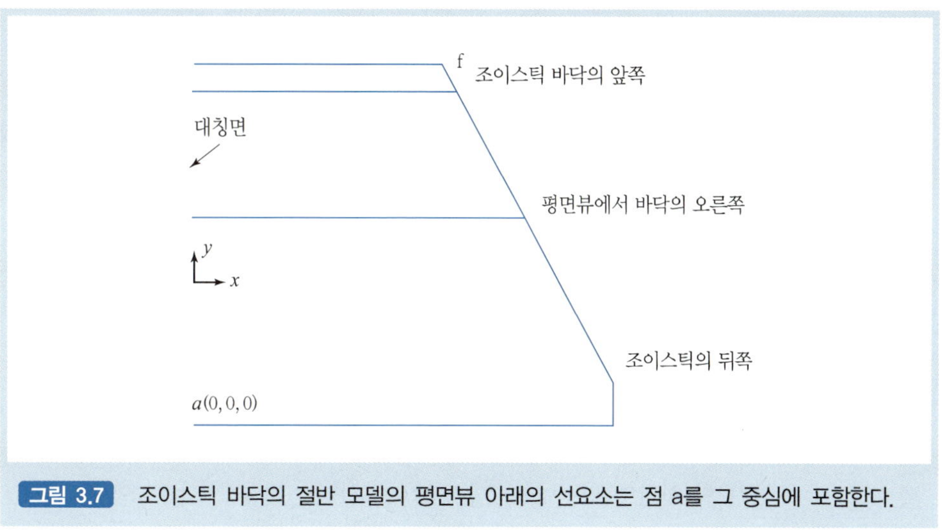

그림 3.7 조이스틱 바닥의 절반 모델의 평면뷰 아래의 선요소는 점 a를 그 중심에 포함한다.

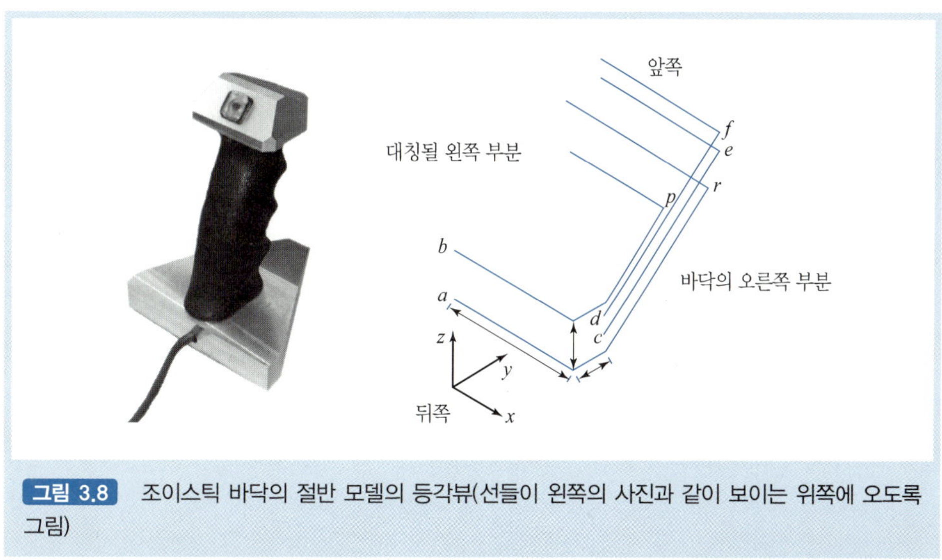

그림 3.8 조이스틱 바닥의 절반 모델의 등각뷰(선들이 왼쪽의 사진과 같이 보이는 위쪽에 오도록 그림)

그림 3.8의 관점은 AutoCAD의 **뷰포인트**(vpoint) 명령으로 그려진다. 이 관점은 (1, −1, 1)이나 x 방향으로 양, y 방향으로 음, z 방향으로 양, 각 축에 대해서 1 : 1 비율(등각뷰)로 설정할 수 있다. 도면을 만들 때 관점의 비를 변경하여 전체 형상에 대해 원근감의 영향을 평가해 보는 것도 좋다.

점 b에서 시작되는 선은 물체의 윗면 치수와 유사하게 그려진다. b선 위의 모든 점들은 a 선의 점들에 대해 일정한 높이의 z 치수를 갖는다.

좌표계는 대상 물체의 크기와 계산하기 쉬운 것으로 선택한다. 우선 c와 d의 점들은 직교 좌표계로 정의되었다. 그러나 c와 d에서 시작되는 선은 각진 부분과 앞 모서리로 연결되며 극좌표계로 정의되었다. 점 e와 f는 점 c와 d에서부터의 고정된 거리와 각도로 결정된다. 점 r, e, f를 따라 기울어진 면의 정확한 형상을 유도하기 위해 임시 구성선들이 그려지나 이들은 나중에 지워진다. 그림 3.9에서 바닥의 전체적인 외형이 명확해지기 시작한다. $x=0$에서 y-z 면을 기준으로 물체를 복사하기 위해 미러(mirror) 명령이 사용된다. 그림 3.9는 일부 돌출선 및 불필요한 선들을 갖는다. 이 돌출들은 필요한 모서리 ce, df, ij, gh를 남기기 위해 트림(trim) 명령으로 제거된다.

물체의 외형은 직선(line) 명령을 이용하여 o와 h, h와 j, j와 q, p와 f, f와 e, e와 r 사이의 선을 구성해 줌으로써 명확해진다. 그림 3.10은 여기까지의 결과를 보여 준다.

물체의 전체 외형의 묘사와 함께, 다음으로 중요한 단계는 세부적인 내부와 캐비티의 생성이다.

전화기를 포함한 대부분의 일상 제품들이 바닥면에 덮개를 갖기 때문에, 바닥의 얕고 둥근 모서리의 포켓이 모델링의 시작에 좋은 기준이 된다. 이는 마지막에 덮개로 덮일 얕게 파인 형상과 매우 유사하다. 덮개는 PCB와 전선들이 위치하는 넓은 내부공간을 덮는데, 이러한 덮개는 일반적으로 물체 바닥의 윤곽을 따른다. 조이스틱의 경우

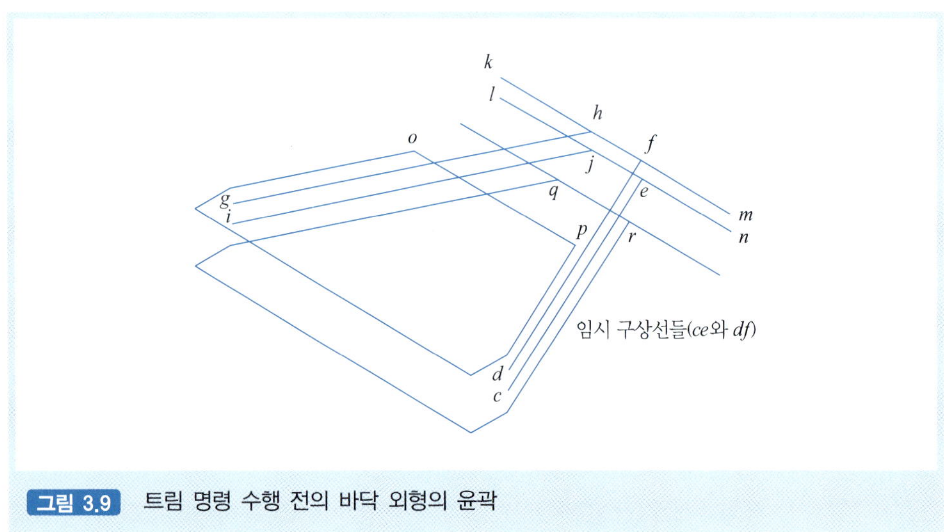

그림 3.9 트림 명령 수행 전의 바닥 외형의 윤곽

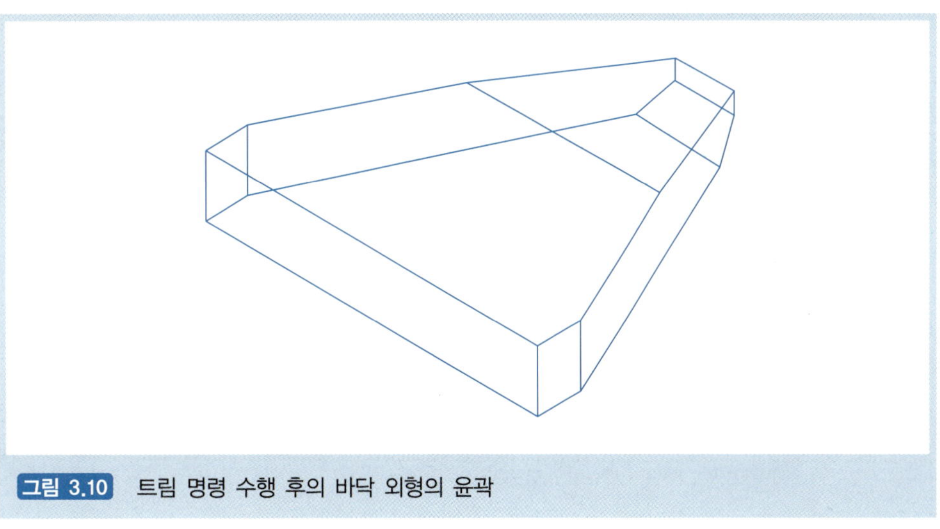

그림 3.10 트림 명령 수행 후의 바닥 외형의 윤곽

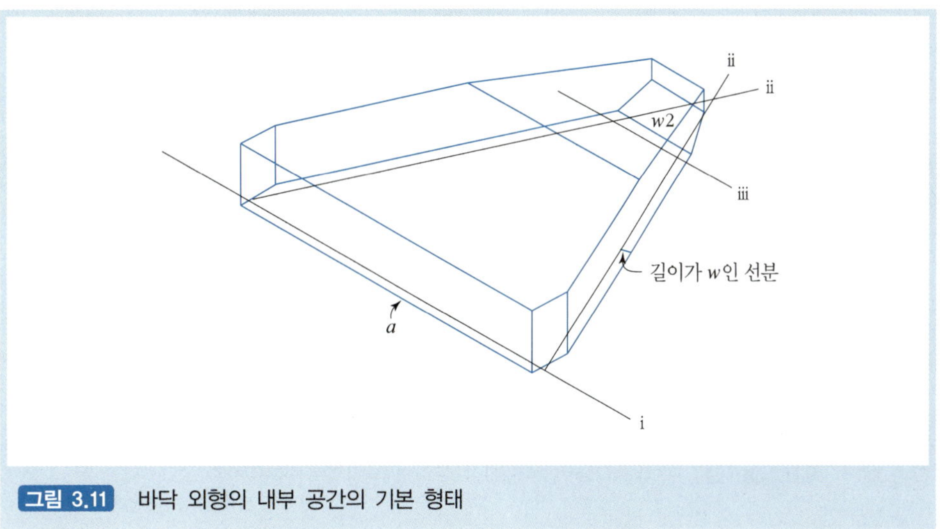

그림 3.11 바닥 외형의 내부 공간의 기본 형태

바닥은 둥근 모서리를 갖는 평평한 사다리꼴 형태이다.

이어지는 몇 개의 이미지에서는 덮개를 만들기 위한 얕고 둥근 포켓을 그린다. 우선 바닥의 외각 모서리로부터 일정한 등간격으로 사다리꼴의 직선을 그리고(그림 3.11), 다음으로 이들을 연결하고 둥글게 한다. 마지막으로 이를 복사하고 내부 공간의 깊이만큼 떨어뜨린 후 붙여 넣는다(그림 3.12).

바닥에 위치하는 내부 공간의 외형은 사각형과 연결된 선(polyline) 명령으로 그려

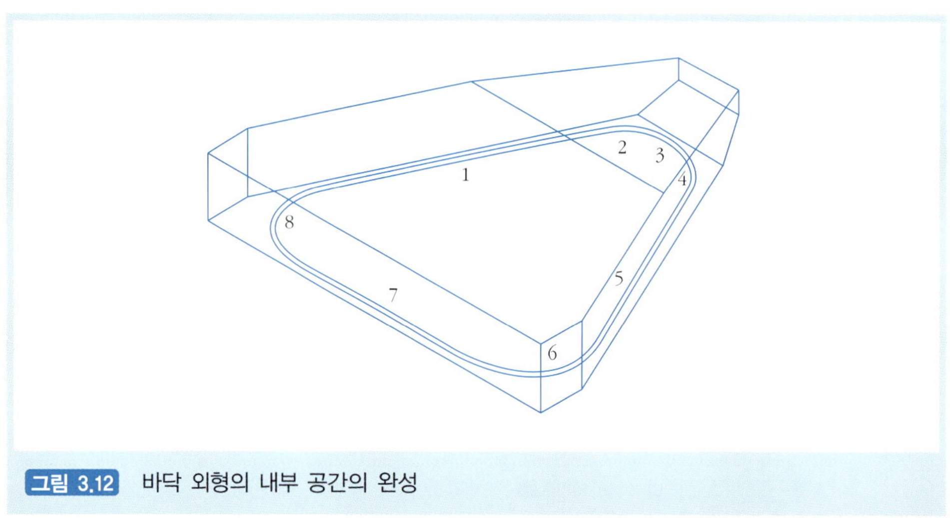

그림 3.12 바닥 외형의 내부 공간의 완성

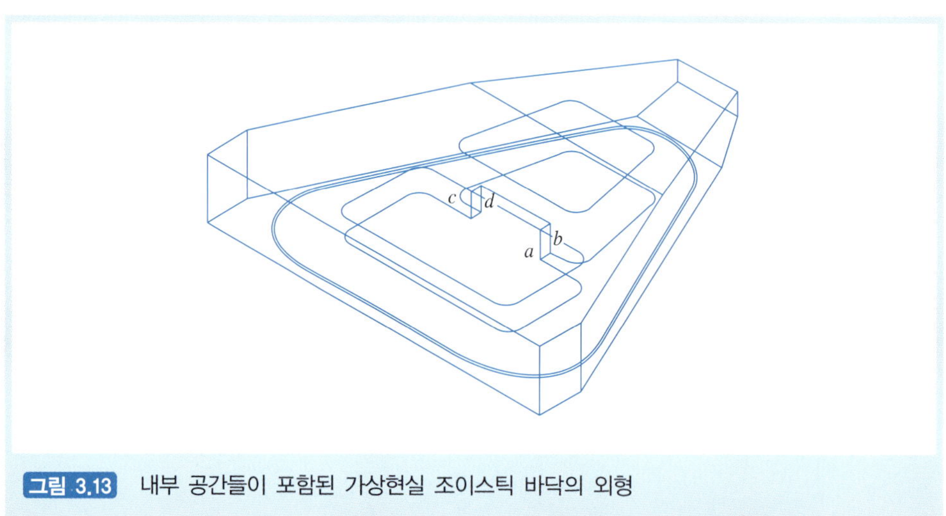

그림 3.13 내부 공간들이 포함된 가상현실 조이스틱 바닥의 외형

진다. 그림 3.13은 앞선 과정들의 결과로 가속도계와 회로들을 배치하기 위한 얕게 파인 형상, 왼쪽에 중간 깊이의 포켓, 오른쪽에 깊은 사다리꼴 포켓을 보여 준다.

이제 몇 가지 세부적인 부분들이 남았다. 손잡이는 바닥을 뚫고 위쪽으로 올라오는 2개의 볼트로 고정된다. 그러므로 내부 공간의 안쪽에 있는 전자부품과 간섭하지 않기 위해 볼트 머리를 위한 넓은 볼트 구멍을 확보해야 한다.

큰 볼트 머리를 위한 카운터 보어는 큰 원으로, 나사산 부분은 작은 동심원으로

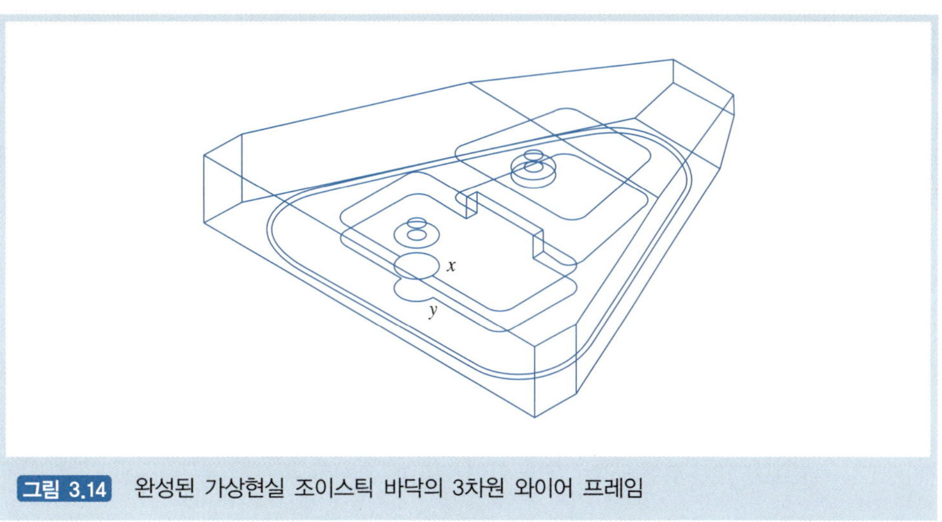

그림 3.14 완성된 가상현실 조이스틱 바닥의 3차원 와이어 프레임

표현된다. 그러므로 볼트 머리에 대응되는 카운터 보어와 나사산 부분을 담당하는 관통원, 이렇게 2개의 원이 그려진다. 그림 3.14에서 위쪽 작은 원은 상단면과 일치하며 이는 이것이 나사산을 위한 관통원임을 의미한다. 바닥의 스크류 구멍과 병렬 포트 케이블을 위한 구멍들은 여기서 제외되었지만, 나중에 추가되어야 한다.

보다 명확하게 보이도록 하기 위해 내부선들은 숨은선으로 변경될 수 있다. 숨은선과 함께, 물체는 일반적인 다측면 도면에서 요구되는 조건들을 모두 만족시킨다.

뷰포인트(vpoint) 명령으로 6개의 직교 뷰위치에서의 형상이 얻어질 수 있으나, 일부 숨은선들은 뷰위치의 변화에 따라 일일이 조절되어야 한다. 그러나 등각뷰에서는 물체의 확인이 쉽지 않다(그림 3.14). 바닥에서 제거된 실린더(예 : 관통 구멍)들은 명확히 구분하기 어려우며, 필릿의 수직한 모서리들이 가시화에 포함되지 않는다. 이는 모델에 집중하지 않고는 깊이와 표면을 이해하기 어렵게 한다.

와이어 프레임 모델의 개발은 가공성이나 물리적인 사실성(feasibility)에 대해서는 아무런 영향을 미치지 못했다. 도면은 간단히 말해 3차원 공간상에 위치한 선과 곡선들의 조합이다.

여기서 '모든 이해는 CAD 설계자인 관찰자의 눈과 뇌에서 이루어진다는 점'이 중요하다. 사실 설계자는 가공이 불가능한 '에셔(Escher)의 그림과 같은 형상'을 그릴 수 있고, 이를 표현하기 위해 와이어 프레임은 충분히 사용될 수 있다.

3.9 솔리드 모델링 개요

3.9.1 소개

앞서 다룬 와이어 프레임 모델링과 달리, 솔리드 모델링은 컴퓨터가 '이해할 수 있는 실제 솔리드 형상'을 만들어 사용한다. 여러 교과서들이 솔리드 모델링과 관련된 주제에 대한 체계적인 내용을 다룬다. 예를 들어, 호프만(Hoffmann, 1989)의 『Geometric and Solid Modeling』과 폴리(Foley), 반담(van Dam), 파이너(Feiner), 휴즈(Hughes)(1992)의 『Computer Graphics : Principles and Practices』에서는 솔리드 모델링의 세부적인 사항을 자세히 다루었다. 이 책도 위의 책들과 유사한 순서로 불리언 조작, 경계 표현법(b-rep), CSG들을 정리하였으며, 도표를 사용할 수 있게 허락한 데 대해 매우 감사드린다.

그림 3.14와 같은 조이스틱을 만들기 위해 와이어 프레임 튜토리얼(3.8절)에서는 사용자가 CAD 시스템 앞에 앉아 점을 선택하고 이들을 이어 주는 게 전부였다. 그러나 솔리드 모델링 튜토리얼에서는 CAD 시스템 앞에 앉은 사용자가 개개의 형상을 더하고, 빼고, 교차시키며 조이스틱을 구성한다(3.10절). 이러한 생성과 제거의 조작을 통해 부분적인 형상들을 결합하여 새로운 형상을 만든다. 이는 서로 다른 모양과 크기의 레고 블록(Lego block)을 조립하고, 분해하는 것과 유사하다. 이러한 조작에는 정규화된 불리언 조합 조작자(regularized Boolean set operator)라 불리는 수정된 일반적인 불리언 조합 조작자(ordinary Boolean set operator)가 사용된다.

3.9.2 정규화된 불리언 조합 조작

불리언 조합 조작은 부족하거나 남는 재료가 없이 형상을 모델링하는 것을 목표로 한다. 예를 들어, 그림 3.15의 두 번째 그림을 유심히 살펴보면 알 수 있듯이, 일반적인 불리언 교차를 수행하면 솔리드 사이에 공통으로 속하는 추가적인 매달린(dangling) 면이 나타난다. 두 번째 그림에서는 이 불필요한 매달린 탭을 보여 준다. 일반적인 불리언 조합 조작의 기본적인 수학으로는 모든 경우에 완벽한 솔리드를 제공하지 못하며 저차원의 매달린 형상들이 만들어진다.

이러한 매달린 형상들을 피하기 위해, 형상 모델링에서 정규화된 불리언 조합 조작들을 사용해야 한다(Requicha, 1977). 이는 수학적으로 매달린 점, 선, 면이 없이 항상 닫혀진 솔리드들을 만들 수 있도록 정의되어 있다. 정규화 조작은 위첨자 *를 사용하며, 다음과 같이 쓰인다.

- 정규화된 결합 조작자 = $\cup^*$
- 정규화된 교차 조작자 = $\cap^*$
- 정규화된 빼기 조작자 = $-^*$

정규화된 조작은 다음과 같이 정의된다.

$$(A \text{ op}^* \ B) = \text{닫힘}(\text{내부}(A \text{ op } B))$$

위의 식에서 조작은 ∪, ∩, − 중에 하나이다. 그림 3.15에서 op*는 교차 조작($\cap^*$)이다.

실제로 $A \cap^* B$를 계산하는 것은 다음의 단계들을 의미한다.

- 단계 1 : 그림 3.15, 일반적인 불리언 교차, $A \cap B$는 물체의 부피와 모든 매달리거나 저차원인 면, 모서리, 꼭짓점들을 계산한다.
- 단계 2 : $(A \cap B)$ = 내부$(A) \cap$ 내부(B)는 내부에 있는 점들을 계산한다.
- 단계 3 : $(A \cap B)$ 경계의 점들을 더한다(이들은 면, 모서리 또는 꼭짓점일 수 있으며, A와 B의 교차에서 내부 점들과 이웃한다). 그림 3.15의 마지막 사각형은 닫힘(closure)을 나타낸다.

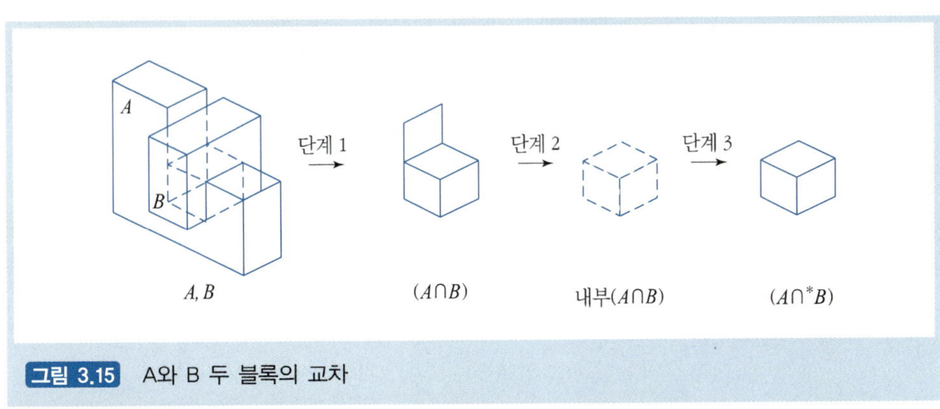

그림 3.15 A와 B 두 블록의 교차

- 정규화는 새로운 형상의 내부점에 대해 이웃하는 저차원 형상들을 제거하고, 경계의 점들을 유지해 준다.

그림 3.15는 일반적인 조작의 문제점을 보여 준다. 2개의 형상 *A*와 *B*의 교차는 2개의 형상 모두에 내부와 경계의 교차를 갖는다. 그림 3.15에서 형상 *A*는 'L 모양'이고, 형상 B는 보다 작은 사각 블록이다. 일반적인 조작은 경계의 모든 교차들을 포함하여 매달린 면들을 남긴다. 그러나 정규화된 조작은 (a) 내부의 교차와, (b) A와 B의 내부와 상대 형상의 경계 사이의 교차를 갖지만, (c) 경계의 교차는 부분 조합만을 갖는다.

호프만의 예는 외부에 매달린 면을 보여 준다. 보다 명확한 예로 그림 3.16의 폴리(Foley)와 동료들의 예에서는 교차면에 대한 정규화를 통해 내부에 매달린 모서리 CD가 제거됨을 보여 준다. 이 그림에서 (a)에서 (b)쪽 방향으로, 왼쪽의 밝은 형상이 오른쪽의 더 어두운 오프셋 블록과 교차된다. 여기서 의문점은 (그림 3.16c의 *A*와 *D* 사이에서) 이들 경계의 교차 부분 중 어느 것이 정규화된 교차 조작인가 하는 것이다.

필요충분조건으로 두 형상들이 모두 이 공유된 경계에 대해 같은 방향에 있다면,

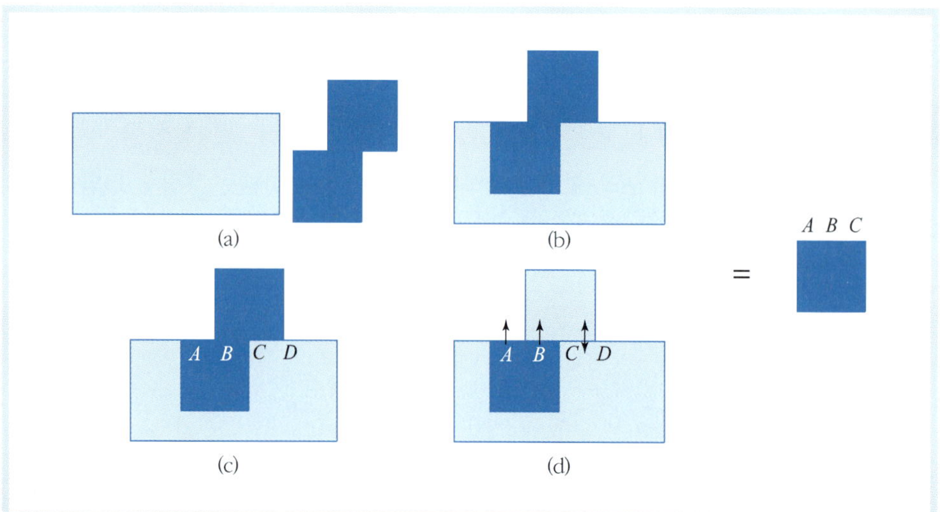

그림 3.16 두 블록의 정규화된 불리언 교차는 다음의 경계 부분들을 포함한다.
(a) AB 경계-양쪽 객체들이 동일한 면에 놓여 있기 때문에 포함된다.
(b) BC 경계-이 면은 이미 양쪽 객체들 중 하나에 속하고, 내부경계의 교차가 포함되기 때문에 포함된다.
(c) CD 경계-객체들이 서로 반대쪽에 놓여 있기 때문에 포함되지 않는다.

경계면－경계면 교차가 정규화된 불리언 교차에 속해 있는가가 기준이 된다. 두 형상이 그들의 내부 영역을 부품의 경계(그림 AB)에 대해 같은 쪽에 갖기 때문에, (이 경계는) 닫혀 있기 위해 반드시 포함되어야 한다. 다시 말해, 두 형상이 그들의 내부 영역을 부품 경계에 대해 같은 쪽에 갖는 경우 그들 교차의 내부는 경계의 같은 쪽에 대한 영역을 포함한다.

다음으로 다른 형상의 내부와 교차되는 하나의 형상의 경계는 반드시 포함되어야 한다. 그러므로 작은 단면 BC는 어두운 객체의 내부에 일부분이 된다. 그리고 이 부분은 밝은 형상의 경계에 합쳐져 새로운 형상의 일부분으로서 정규화에 포함된다. 이와 달리, 원래 형상의 내부에 CD와 같이 공유 경계의 반대쪽에 위치하는 부분의 경우 정규화된 조작에서 제외된다. 이때 경계에 인접한 어떤 내부의 점도 교차에 포함되지 않는다. 그러므로 CD는 결과 형상의 어느 내부 점에도 인접하지 않으며, 정규화 후에도 포함되지 않는다.

경계점들은 형상과 그 보완 형상(complement)으로부터 거리가 0인 점들로 정의된다. 그러나 이 경계점들이 형상의 일부분이 될 필요는 없다. 열린(open set) 조합이 어떠한 경계점도 갖지 않을 때, 닫힌(cloded set) 조합은 모든 경계점들을 갖는다. 하나의 조합과 그 경계점들과의 결합(union)은 조합의 닫힘(closure)으로 불려진다. 닫힌 조합의 경계는 경계점들의 조합으로 내부는 모든 다른 조합의 점들로 구성된다. 조합의 정규화는 조합 내부점들의 닫힘으로 정의된다(Foley et al., 1992).

정리하면, 정규화 조합은 어떤 내부의 점과도 인접하지 않는 점은 경계점으로 갖지 않는다. 그림 3.15의 단계 3에서 닫힌 정육면체를 생각하면 윗부분의 왼쪽 뒤의 모서리는 내부에 이웃하며 포함된다. 그러나 단계 2에서 나온 매달린 탭의 모서리 부분 위에 수직한 어떠한 점들도 이에 포함되지 않는다. 왜냐하면 이 점들은 새로운 형상의 어떠한 내부 영역에도 이웃하지 않기 때문이다.

3.9.3 경계 표현법

솔리드 형상은 다음과 같은 다양한 방법으로 표현될 수 있다. 기본 요소의 사용, 스윕, b-rep, 부분 분할, CSG(Foley et al., 1992). 그림 3.15의 단계 3은 '솔리드 나무로 이루어진 정육면체 블록'으로 나타낼 수 있다. 그러나 여기에 어떠한 공간상의 위치나 물

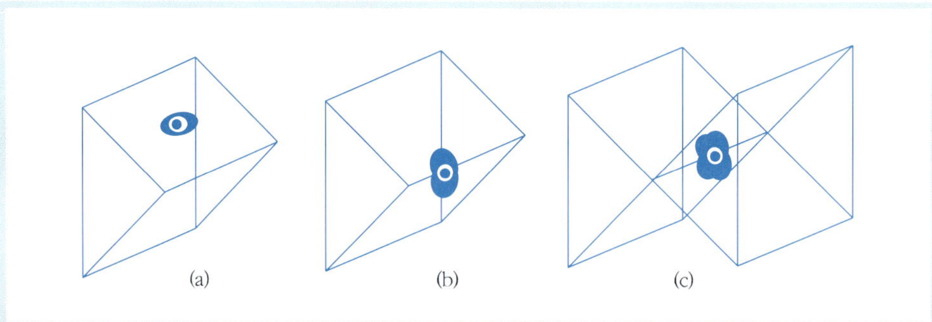

그림 3.17 B-rep 시스템은 일반적으로 2-매니폴드만을 지원한다. 곡면 위의 모든 점들은 (a)와 (b)에 나온 것과 같이 디스크로 둘러싸여 있다. (c)에서의 연결된 모서리는 위상 디스크를 애매하게 만든다. (c)에서 연결된 이 모서리의 주변이 위상적으로 2개의 디스크와 동등하기 때문에 객체 (c)는 2-매니폴드가 아니다.

리적 수치에 대한 값은 정의되지 않는다. B-rep은 일종의 표면 경계에 대해서 표현한다. B-rep은 점의 위치 좌표의 리스트로 표현되는 정육면체 면리스트이다. 솔리드를 표현하기 위해 요구되는 속성은 레퀴차(1981)에 의해 정의되었다. 애매함을 해결하는 것은 레퀴차의 리스트 중 한 예이다. 그러므로 간단한 정육면체에서조차도 육면체의 내부와 외부를 구분하기 위한 방법으로 점들을 나열하는 것은 중요하다. 이를 위해 오른손 법칙에 따라 객체의 외부에서 볼 때 점들이 반시계 방향으로 보이도록 배열하는 것이 일반적이다.

또한 2-매니폴드(manifold)의 경계를 갖는 솔리드만을 지원하는 것이 일반적이다. 2-매니폴드의 모든 점의 이웃 경계는 2차원 디스크에 대해 위상 동형(homeomorphic)이다. 그림 3.17a는 삼각 블록의 한 점과 이를 둘러싸고 있는 주변을 보여 준다. 이 점이 다이어그램 (a)와 같이 면 위에 있거나 다이어그램 (b)와 같이 모서리 위에 있는 경우 주변은 여전히 디스크이다. 그러나 그림 3.17c와 같이 인접한 블록이 있을 경우 이 접합 부분에서의 주변은 하나보다 2개의 디스크로 이해될 수 있다. 그러므로 그림 3.17C는 2-매니폴드가 아니다.

B-rep을 저장하기 위한 방법으로는 여러 가지가 있다. 위에서 말했듯이 가장 간단한 방법은 모든 면을 점과 함께 나열하는 것이다. 이 방법에서 하나의 단점은 이웃하는 관계를 확인하기 어렵다는 것이다. 예를 들어, 만약 특정 점에 속하는 모든 면을

알고자 한다면 대상 형상의 모든 면을 조사해야 할 것이다. 그래서 이웃을 검색하기 위한 계산 비용을 줄이기 위한 다른 b-rep 방법이 제시되었다.

바움가르트(Baumgart)의 **날개-모서리**(winged-edge) 자료 구조는 간략한 표현과 적은 계산 비용을 목적으로 하는 b-rep의 한 예이다(1972, 1975). 그림 3.18은 날개-모서리 구조를 보여 준다. 그림 3.19는 사면체의 두 면 A, B가 모서리 e를 공유하는 것을 보여 준다. CAD에서 점, 모서리, 면을 효과적으로 검색하기 위해 주로 **오른손 법칙**을 사용한다. 면 A에서는 오른손 법칙을 따라 a를 이전 모서리로, d를 다음 모서리로 갖는다. 면 B에서는 오른손 법칙을 따라 이전 모서리로 c를, 다음 모서리로 d를 갖는다. 표 3.1은 사면체의 또 다른 데이터를 보여 준다. 이 표는 컴퓨터에서 어떻게 간결하고 접근성이 좋게 데이터를 저장하는지를 보여 준다.

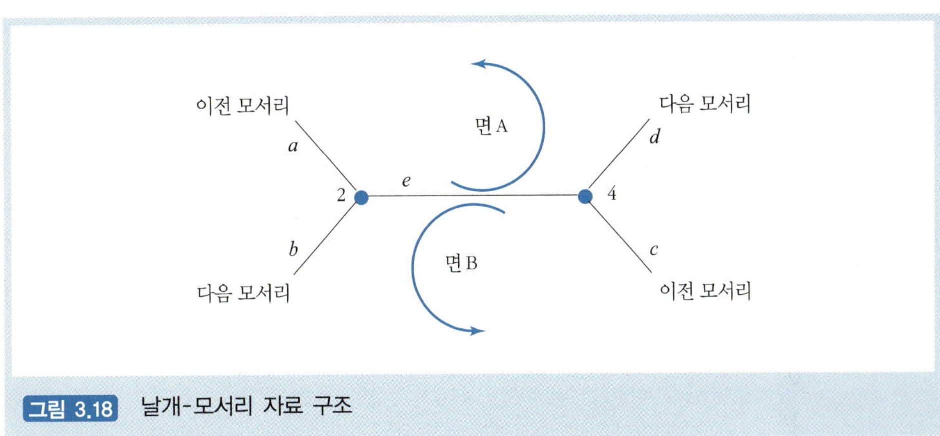

그림 3.18 날개-모서리 자료 구조

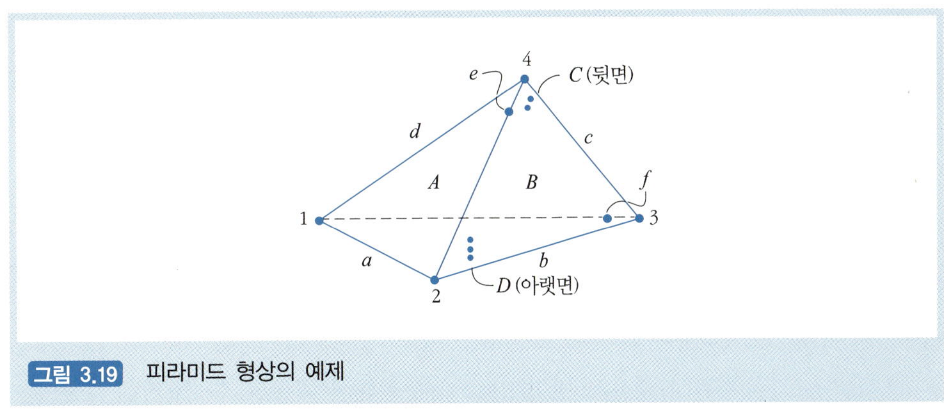

그림 3.19 피라미드 형상의 예제

표 3.1 날개-모서리 자료 구조를 이용한 피라미드 형상의 정의

점과 모서리			면		왼쪽 면의 모서리		오른쪽 면의 모서리	
점	점	모서리	왼쪽	오른쪽	이전 모서리	다음 모서리	이전 모서리	다음 모서리
1	2	a	A	D	d	e	b	f
2	3	b	B	D	e	c	f	a
3	1	f	C	D	c	d	a	b
3	4	c	B	C	b	e	d	f
1	4	d	C	A	f	c	e	a
2	4	e	A	B	a	d	c	b

3.9.4 CSG

CAD/CAM에서 솔리드 모델링을 사용하기 위한 일반적인 기술들은 와이어 프레임 모델의 애매함을 뛰어넘고자 하는 산업계의 명백한 요구에 부응하여 1970년대에 개발되었다.

샤(Shah)와 만틸라(Mantyla)(1995)는 두 연구팀에 대해서 다음과 같이 묘사하였다. "케임브리지 대학의 이안 브레이드(Ian Braid)와 동료들은 평면, 2차 곡면, 환형의 부분으로 구성되는 경계 표현에 대해서 다루었다(Braid, 1979). 로체스터대학의 보엘커(Voelcker)와 레퀴차(Requicha)는 대수적인 비동등함에 의해 정의되는 반-공간에서 불리언 조합의 유한한 수로 구성되는 CSG를 소개하였다." 이 두 방법은 1980년대 초 상업적인 개발에 사용되었다.

CSG에서는 블록들을 서로 더하고, 빼고, 교차하여 보다 복잡한 형상을 만든다. 이 CSG 방법을 설명하기 위해 L 형태의 꺾쇠 모델을 예로 소개한다(그림 3.20).

2개의 블록과 하나의 구멍으로 이보다 복잡한 솔리드를 구성한다. 꺾쇠의 두 다리는 결합(union)으로 만들어지고, 구멍은 솔리드 다리의 차이로 얻어진다. 그림 3.21은 이 꺾쇠 모델의 CSG 트리를 보여 준다. 꺾쇠를 이루는 형상들은 나무의 잎처럼 표현되고, 각 노드는 어떤 정규화 불리언 조작이 사용돼야 할지를 알려 준다. 이 꺾쇠 모델의 경우, 2개의 블록과 하나의 구멍이 잎과 대응된다.

두 번째 블록은 x 방향으로 (1)에 의해서 이동된 후 첫 번째 블록과 결합된다. 구

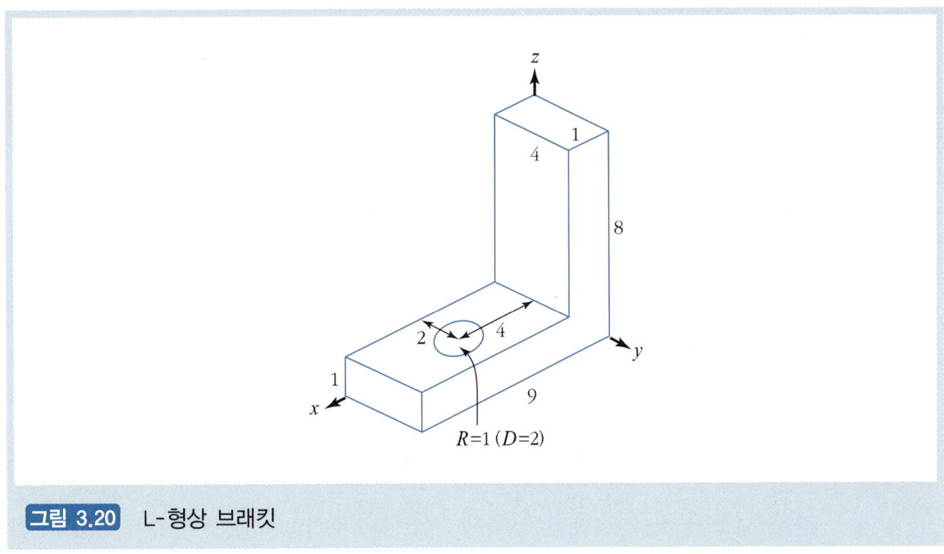

그림 3.20 L-형상 브래킷

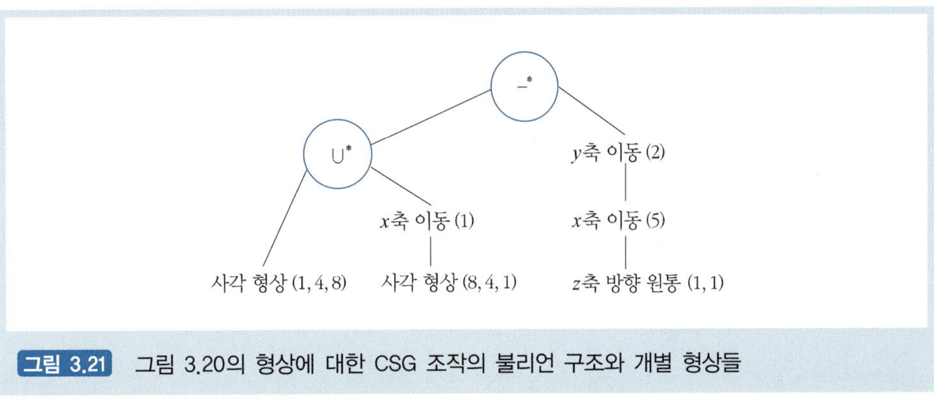

그림 3.21 그림 3.20의 형상에 대한 CSG 조작의 불리언 구조와 개별 형상들

멍은 (5)에 의해 x방향으로, (2)에 의해 y 방향으로 이동된 다음 결합된 블록에서 뺀다.

3.9.5 형상 기반 설계

확장된 CSG는 실제로 가공하고자 형상에 대응되는 특별한 구성 블록을 만들 수 있다. 이 경우 설계자는 '설계-제조 단계의 뒷부분인' 가공 공정에서의 물리적 작업들에 대응되는 구멍이나 포켓과 같은 형상을 만드는 제한된 메뉴를 사용하게 된다. 구멍이나 포켓을 포함하는 메뉴는 기계식 가공(machining)에 대응된다.[2)] 이 아이디어는 이 장의 뒷부분인 3.11절에 나오는 DSG 방법의 기반이 된다. 우선 솔리드 모델링을 이용한 조이스틱 모델링의 예를 다시 다루어 보자.

3.10 두 번째 튜토리얼 : CSG를 이용한 솔리드 모델링

여기서는 와이어 프레임 모델링과 솔리드 모델링 기법을 비교하여 보여 주기 위해 조이스틱 바닥을 예로 다룬다. 우선 다른 3차원 형상들을 제거하거나 더하기 위한 재료 형태의 3차원 블록을 만드는 것으로 시작한다.

CAD/CAM의 관점에서 CSG는 설계자가 형상을 직관적으로 만들 수 있고, 또 설계자가 제조 공정을 이해한다면 제조성(manufacturability)에 대해 통찰할 수 있게 해 주는 명백한 장점이 있다. 또한 공정계획과 고정, 정렬들에 대해서 명확하게 정의할 수 있다. 이는 CSG의 불리언 특성으로 인해 논리적으로 형상들이 더해지고 빼지기 때문이다. 만약 이 과정이 잘 진행된다면, 형상의 순서는 제조 순서로 사용될 수 있다. 의사소통이 필요할 경우 CSG 모델의 표면을 렌더링할 수도 있는데, 이 과정에서 내부에 대한 표현을 갖고, 음영이 있는 멋진 그림이 스크린에 그려진다.

튜토리얼에 들어가기에 앞서 중요한 미묘함(subtlety)에 대해 설명할 필요가 있다. 그래픽 표현의 관점에서 솔리드 모델링은 와이어 프레임이나 렌더링 된 솔리드로 표현할 수 있다.

지금도 최고 사양의 컴퓨터는 고가의 상용 CAD 도구를 사용하여 완전히 음영된 솔리드 블록을 보여 줄 수 있다. 한편, 여러 다른 CAD 패키지에서는 CSG 방법으로 잘 그려진 솔리드들이 필요에 따라 와이어 프레임으로 보이기도 한다. 앞 절에서는 실제로 이러한 것이 왜 요구되는지가 제시되었다. CSG 프로그램은 복잡한 컴퓨터 알고리즘을 사용하며, 이로 인해 상당한 계산량이 요구된다. 그러므로 부분적으로 완성된 CAD 모델에 대해 (간단한 구멍을 추가하는 것과 같은) CSG 조작이 이루어질 때,

2) 형상 기반 설계에서 단순히 기계식 가공만을 다루는 것은 아니다. 금속 박판 가공, 단조, 주조 등의 표준 금형 조합으로 쉽게 만들 수 있는 모든 표준 형상들을 다룰 수 있다. 만약, 설계자가 어떤 제조 공정이 사용될 것인지를 알고 있다면, 마음속으로 금형과 그에 대응되는 형상을 설계해 보는 것이 좋다. 물론 이러한 아이디어는 통합 회로를 설계하고 빠르게 납품하기 위한 MOSIS의 핵심 철학과도 일치한다.

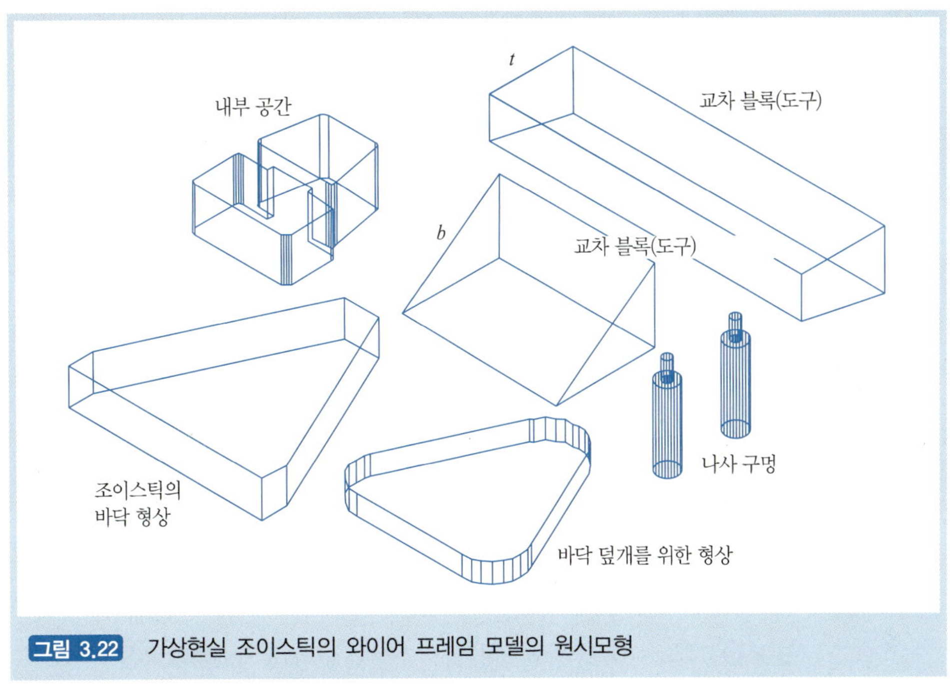

그림 3.22 가상현실 조이스틱의 와이어 프레임 모델의 원시모형

일시적으로 이 모델을 와이어 프레임으로 보이게 할 수 있다면 컴퓨터가 보다 빠르게 계산을 수행할 수 있을 것이다. 일단 CSG 조작이 끝나고 모델은 렌더링 될 수 있다.

위의 그림 3.22는 CSG를 설명하기 위해 제시되었다. 그림 3.22와 3.23은 바닥과 여기서 제거될 개개의 형상들을 보여 준다. 그림 3.22는 솔리드 모델의 와이어 프레임 표현을 보여 주는 반면, 그림 3.23은 같은 모델에 대한 솔리드 표현을 보여 준다.

또한 이 그림들에는 조이스틱의 앞부분 모서리의 기울어진 부분을 위한 절삭 블록과 간섭 블록들이 포함된다. 이 블록들은 그림 윗부분 오른쪽에 b와 t로 표시되었다. 이와 같은 특별한 형상들은 사용자의 개별 작업 도구로 설계된다. 이러한 도구들은 가상의 피삭재를 자르고 교차시켜 조이스틱 위에 경사각을 만든다.

그림 윗부분 왼쪽에 있는 바닥은 블록의 외형을 본떠서 만들 수 있고, 본뜬 요소는 연결된 선(polyline)과 합해진다. 그리고 **돌출**(extrude) 명령을 이용하여 적당한 높이로 돌출된다. 돌출 명령을 사용하기 위해서 연결된 선은 반드시 닫힌 상태여야 한다. 그림 3.22의 아래쪽 중간에서 바닥면의 내부 공간은 와이어 프레임 모델과 동일한 방법으로 만든다. 바닥면의 외형선을 연결된 선으로 만들고, 이를 돌출시킨다. 바닥면

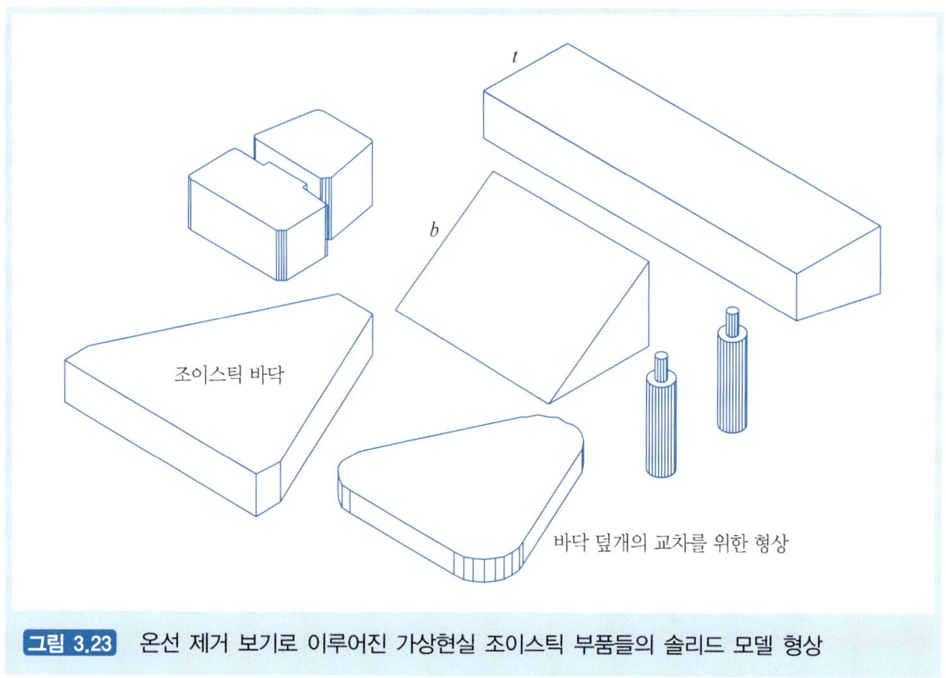

그림 3.23 온선 제거 보기로 이루어진 가상현실 조이스틱 부품들의 솔리드 모델 형상

의 내부 공간이 불리언 빼기로 만들어지기 때문에 돌출의 높이는 요구되는 깊이보다 두껍게 선택한다.

이 설계는 제품의 바닥에 대해서 다루고 있기 때문에, 여기서 센서와 PCB가 들어갈 공간을 만드는 것이 당연하다. 내부 공간의 외형은 와이어 프레임 모델과 똑같은 방법으로 만든다. 그전에 사각 내부 공간으로부터 공통된 모서리는 제거되어야 한다. 바닥면과 같이 외형선을 연결된 선으로 만들고, 이를 적당한 높이로 돌출시킨다. 사각형 부분의 외형과 사다리꼴 부분의 외형, 이 2개의 연결된 선들을 만들고 돌출시킨다.

내부 공간의 돌출은 사각형과 사다리꼴 내부 공간의 높이의 차이에 영향을 받는다(remains sensitivity). 보다 간단히 하기 위해, 두 형상들을 **유니언**(union) 명령으로 더한다.

다음으로 만들 형상은 보어(bore)와 카운터-보어이다. 보어와 카운터-보어가 동축을 이루기 때문에 이들을 동시에 만드는 것이 적절하다. 두 구멍은 본래 실린더이기 때문에, **실린더**(cylinder) 명령으로 만들어진다. 이 명령은 실린더의 아래쪽 원의 중심 위치와 실린더의 반지름, 높이를 입력하도록 요구한다. 보어와 카운터-보어 조합은 2개의 실린더를 정의하고 앞서 사용되었던 **유니언** 명령으로 합하여 만들어진다.

지금까지의 모든 형상은 전역 좌표계(World Coordinate System, WCS)에서 만들어졌다. 예를 들어, 연결된 선은 그림 3.8에서 보인 특정한 *x-y* 면 위에 만들어진다. 그러나 *x-y* 면이 항상 그림 3.8에서 보인 전역 좌표계에서만 정의돼야 하는 것은 아니고, 사용자 정의 좌표계나 지역 좌표계와 같은 사용자 좌표계(User Coordinate System, UCS)로 재정의될 수 있다.

모델의 앞쪽에 기울어진 부분은 전역 *x* 축 방향으로 만들어진 간섭 블록을 이용하는 모델링의 좋은 예이다. 그러나 이를 위해서는 그림 3.8의 *x-y* 평면이 정의된 원래의 WCS에서 오른쪽으로 기울어진 *x-y* 면에 만들어져야 하며, 이를 위해서 좌표계를 WCS에서 UCS로 바꿔야 한다. 이는 **ucs** 명령으로 이루어진다. **ucs**를 입력하고 그림 3.8과 같이 바뀔 좌표계에 대해서 입력한다. 이 새로운 참조 평면은 그림 3.22의 상단에 있는 작은 삼각면 *b*와 사각면 *t*에 대응된다. 이 경우 좌표계는 그림 3.8의 원래 *x* 축에 대해서 90°, 새로운 축 또는 *y*축에 대해서 (*x*축으로부터 90°이기 때문) 90°만큼 회전된다. 회전축을 결정할 때에는 그 순서가 중요한데, 이 예에서는 *x*축이 먼저이다. *X* 축 회전 다음에 *y*축으로 90°만큼 회전시키기 위해서 **ucs** 명령이 다시 선택되어야 한다.

일단 UCS가 조정되고 나면, **절단** 또는 **간섭 블록** *b*와 *t*가 돌출된다. 이미 말했듯이, 이 간섭 블록을 이용하여 바닥의 앞쪽에 경사진 면을 만든다. 연결된 선 ***t***는 바닥 위에 만들어지고, 다른 연결된 선 ***b***는 아래 경사에 만들어진다. 경사의 윗부분은 사각형으로 그 아랫부분은 삼각형으로 만들어진다. 연결된 선 ***b***와 ***t***가 만들어지면, 이를 돌출시킨다. CSG 빼기 방법의 특징은 돌출 높이가 항상 정확할 필요가 없다는 것이다. 높이는 두 형상의 간섭에서 가장 큰 부분의 폭을 지날 정도로 크기만 하면 된다. 두 간섭 블록이 돌출되고 나면, 이들은 메인 블록을 자르는 데 사용된다. 이 간섭은 메인 블록의 앞부분을 경사지게 하여 미적으로 보이게 해 준다.

그림 3.24와 3.25에서는 각 형상을 솔리드 빼기로 구성하기에 적당한 위치에서 보여 준다. 앞의 형상은 와이어 프레임에 대한 것이고 뒤는 솔리드에 대한 것이다. 그림 3.26은 최종 모델이다. **렌더** 명령으로 렌더링을 초기화할 수 있다. 이는 그림 3.26과 3.14를 비교하여 확인할 수 있다.

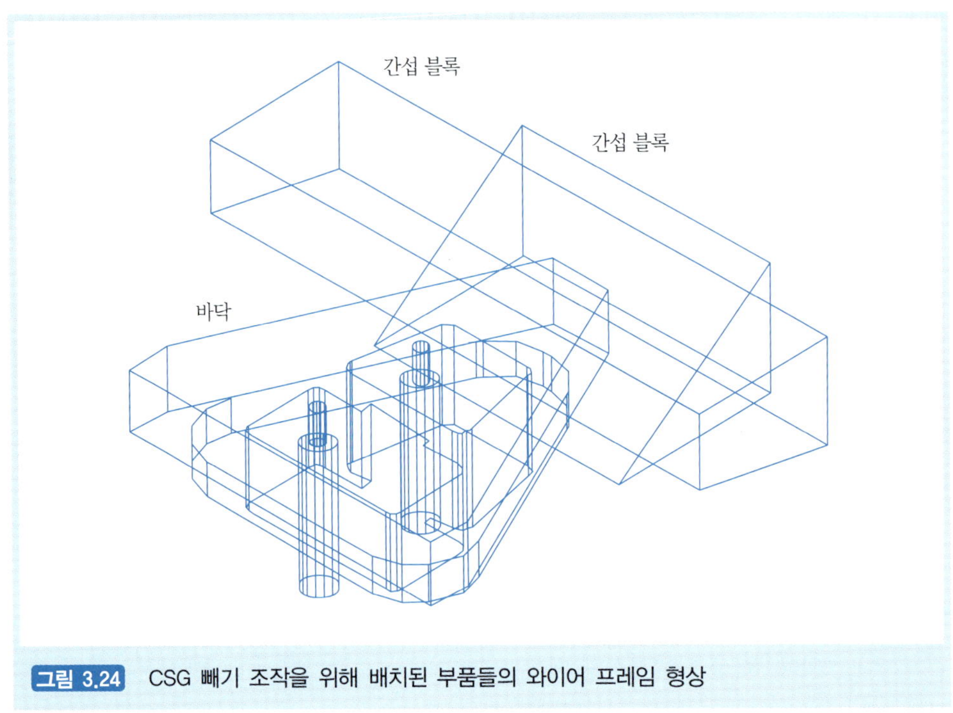

그림 3.24 CSG 빼기 조작을 위해 배치된 부품들의 와이어 프레임 형상

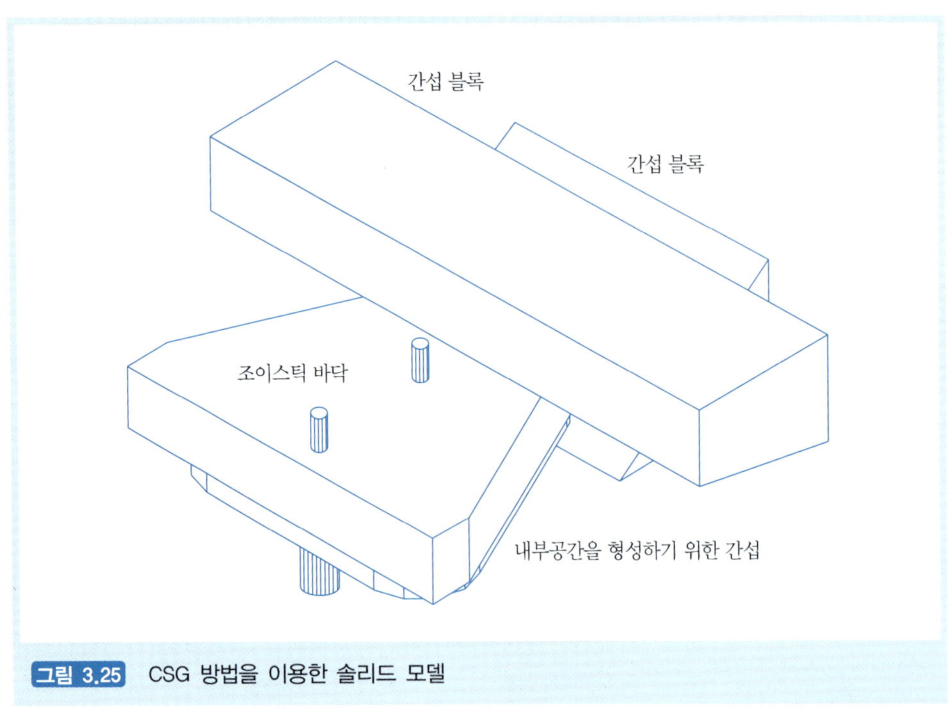

그림 3.25 CSG 방법을 이용한 솔리드 모델

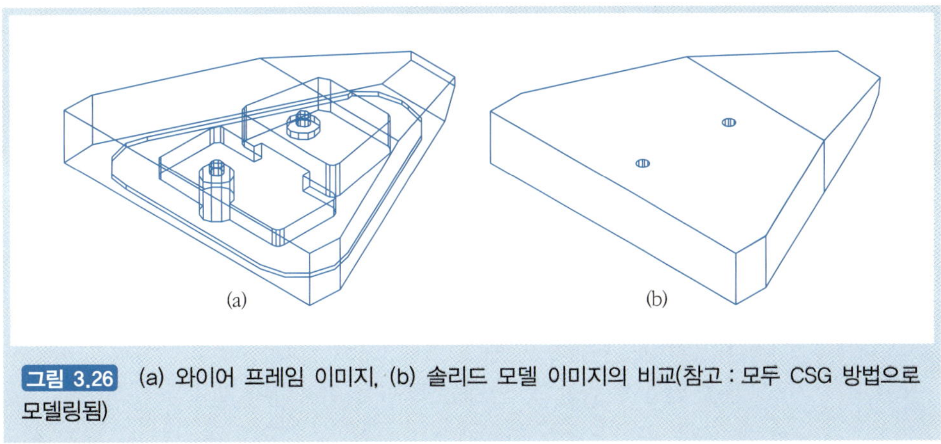

그림 3.26 (a) 와이어 프레임 이미지, (b) 솔리드 모델 이미지의 비교(참고 : 모두 CSG 방법으로 모델링됨)

3.11 세 번째 튜토리얼 : DSG를 이용한 솔리드 모델링

3.11.1 형상 기반 설계로서의 DSG

DSG는 일반적인 CSG의 특별한 경우이다. DSG에서는 차 또는 빼기(difference) 정규화 불리언 조작만이 사용된다(Requicha, 1980; Cutkosky & Tenenbaum, 1990; Shah & Mantyla, 1995; Woo, 1992; 1993; Regli et al., 1995). 이 방법의 가장 큰 이점은 설계 단계에서 밀링 절삭 단계를 미리 예측할 수 있는 것이다. 즉, DSG의 빼기 방법이 금속 재료를 밀링 절삭하는 과정을 반영한다. 명백히, DSG는 특정한 절삭 가공 형상을 위한 형상 기반 설계를 가능하게 해 주는 방법이다. 사출 형상이나 주조 형상은 다른 제조 공정들에 대한 형상 기반 설계 환경을 제공할 수 있다.

DSG에서는 설계자가 사전에 정해진 형상을 풀-다운 메뉴에서 고르고 이에 대한 변수를 지정하여 수정한 후 빼기를 한다. 일반적인 DSG 형상에는 다음의 여덟 가지 모양이 포함된다(Wright & Bourne, 1988, p.222 참조). 관통 구멍(through-hole), 끝이 막힌 구멍(blind hole), 포켓(pocket), 숄더(shoulder), 챔퍼(chamfer), 면(plane), 블록을 지나는 채널, 슬롯이나 닫힌 채널.

3.11.2 사용 예

앞에서 다루었던 예에 이어서 DSG에 대해서 설명하고자 한다. 여기서는 손잡이의 윗부분을 덮는 조각을 만든다. 이 조각이 바닥과 비교해서 간단하고 DSG로 설명하기 쉽기 때문이다.

이 형상은 수학적인 표면을 갖기보다는 '예술적 기하 형상(artsy-geometric)'으로 만들어질 것이다(Bartels et al., 1987; Riesenfeld, 1993; Puttre, 1992). 앞서 언급된 여덟 가지 기본 요소 중 챔퍼 분류에 속하는 형상들이 주로 제거되고 하나의 포켓이 생성된다.

모델을 만들기 위한 첫 단계는 DSG를 이용하여 재료를 제거(이후에는 가공에 의해서 제거)할 경계 블록을 만든다. 여기서는 AutoCAD가 아닌 SolidWorks CAD 패키지를 사용한다. 앞서 강조했듯이 사용되는 CAD 패키지의 차이는 이 장에서 미묘한 차이를 보일 뿐, 어떠한 CAD 환경도 이 튜토리얼에 사용될 수 있다.

경계 블록을 생성하기 위해 세 좌표 평면 중에 하나를 선택하여 외형을 그리고 이를 돌출시켜 솔리드 형상을 만든다. SolidWorks에서는 각 3개의 좌표 평면을 왼쪽 창에서 선택할 수 있다. 하나의 좌표 평면이 선택되면, 오른쪽의 창에서 하이라이트되고 이는 마치 공중에 떠 있는 게임 카드와 같이 보인다.

원하는 좌표 평면을 선택하고 나면, 오른쪽 수직 툴바에 있는 sketch 아이콘을 클릭한다. 그러면 스케치 모드로 환경이 변경되며 오른쪽에 스케치 툴바가 보이게 된다. 이 스케치 툴바에 있는 rectangle 아이콘을 사용하여 사각형을 그린다. 사각형의 위치와 크기를 정의하기 위해 dimension and constraints 아이콘을 선택한다. SolidWorks에서는 그려진 형상이 완전히 구속되었을 경우, 스케치의 선들이 검은색으로 변한다(이는 스케치의 위치와 크기에 아무런 애매함이 없음을 뜻한다). 일단 스케치가 완전히 정의되면, 왼쪽 툴바의 윗부분에 있는 extrude boss/base 아이콘을 클릭한다. 사용자는 스케치된 컨투어(여기서는 사각형)가 스케치 평면으로부터 돌출될 거리를 지정한다. 그러면 컨투어는 그림 3.27과 같이 솔리드 파트로 돌출된다.

경계 블록이 그려지고 나면 최종 파트를 만들기 위해 DSG 조작을 이용하여 재료를 제거해야 한다. 이 파트의 설계에 있어서 제거되는 대부분의 형상은 챔퍼이다. SolidWorks에서 챔퍼는 크게 그림 3.28과 3.29처럼 두 가지 방법으로 만들 수 있으며, 자세한 내용은 다음과 같다.

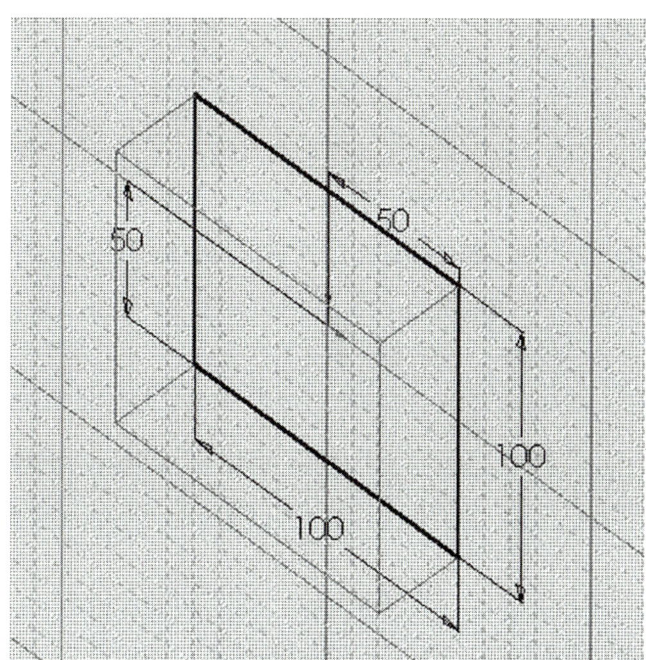

그림 3.27 조이스틱 윗부분의 구성을 위한 DSG방법 : 경계 블록의 생성

그림 3.28 방법 1 : 원래의 경계 블록에서 일부를 잘라내기 위해 *챔퍼* 명령을 사용

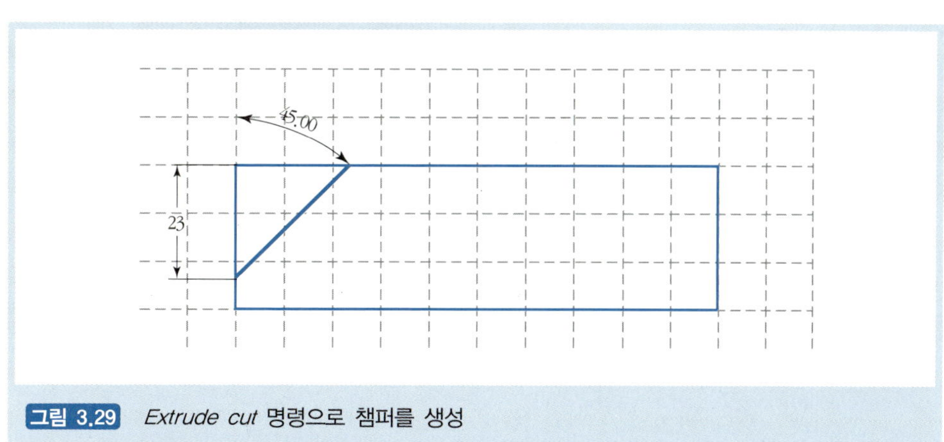

그림 3.29 *Extrude cut* 명령으로 챔퍼를 생성

- 첫 번째로, 가장 명백하고 주로 사용되는 방법은 파트에서 잘려 나갈 모서리를 선택하고 왼쪽 툴바의 chamfer 아이콘을 클릭하는 것이다. 여기서 사용자는 챔퍼를 정의하기 위한 2개의 변수를 입력해야 한다. 그림 3.28에 나온 예제에서 챔퍼의 각과 윗면에서 잘려 내려가야 할 길이가 지정되어야 한다.
- 두 번째로, 같은 형상을 extrude cut 조작으로 잘라 낼 수 이 방법으로 챔퍼를 만들기 위해서는 경계 블록의 옆면이 선택되어야 한다. 그리고 오른쪽 툴바의 sketch 아이콘을 클릭한다. 이는 사용자가 파트의 면 위에 스케치를 할 수 있도록 해 준다. 그림 3.29와 같은 삼각형을 그린다. 삼각형을 그린 후 (왼쪽 툴바의 두 번째) extrude cut 아이콘을 클릭한다. 절단 깊이로 '관통'을 선택하여 챔퍼를 만든다. 이 방법은 앞선 방법보다 더 어려워 대부분의 경우에 사용되지 않는다.

그리고 그림 3.30에 보이는 8개의 챔퍼들을 만들기 위해 이 챔퍼 조작을 7번 더 반복한다. 이 그림은 제거된 각 챔퍼들을 보여 주는 펼친 그림(exploded view)으로, 번호는 챔퍼 조작들이 이루어진 순서를 보여 준다.

마지막으로 위 버튼의 움푹 파인 DSG 형상을 제거한다. DSG와 관련된 CAD/CAM 표현에서는 이러한 움푹 파인 형상을 포켓이라 한다. CSG와 달리 포켓은 아래 형상의 최소 높이보다 더 높은 각기둥으로는 만들어질 수 없으며, 이 DSG 포켓의 깊이는 정확히 정의되어야 한다.

SolidWorks에서 포켓을 생성하기 위해서는 포켓의 컨투어를 포켓이 잘려 나갈 면 위에 그린다. 앞서 설명했듯이, 면 위에 스케치를 만들기 위해서는 그릴 면을 선택하고 오른쪽 툴바의 sketch 아이콘을 클릭한다. 오른쪽 툴바의 스케치 도구들을 이용하여 원하는 컨투어를 그린다. 다시 한 번 그려진 컨투어의 위치와 크기에 대한 치수가 충분히 정의되어야 함을 명심해야 한다. 일단 컨투어가 그려지면, 왼쪽 툴바의 extrude cut을 선택할 수 있다. 다음으로 포켓의 요구되는 깊이를 정의한다. 그림 3.31에서는 포켓과 함께 완성된 포켓을 보여 준다. 포켓 모서리의 필릿은 절단 조작 전 또는 후에 스케치에 더해질 수 있다. 다른 방법으로는 필릿을 적용할 모서리를 선택하고 왼쪽 툴바의 fillet 아이콘을 사용할 수도 있다. 바닥 예와 같이, 스크류로 조립하기 위한 부분과 같은 몇몇 세부적인 형상들이 추가되어야 한다.

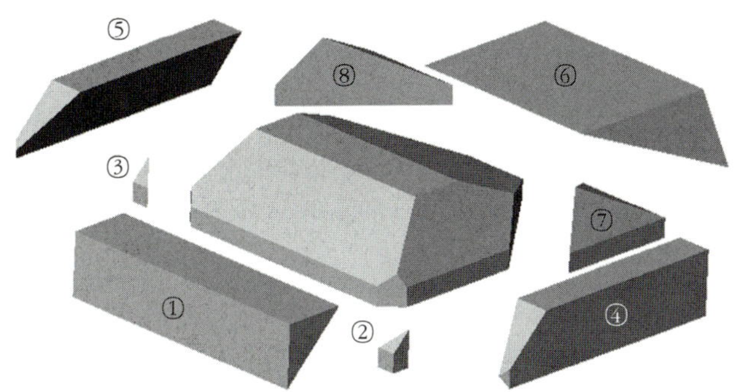

그림 3.30 모든 챔퍼들의 분해도

그림 3.31 완성된 조이스틱 윗부분의 솔리드 모델

3.11.3 DSG 접근법의 요약

이 절을 마무리하기 위해 DSG 접근법이 CSG와 다른 방법을 설계자에게 요구함을 강조하고자 한다. 만약 설계자가 일반적인 솔리드 모델링 기술에 익숙해 있다면, 빼기 조작자의 제한은 다소 놀라울 수 있다. 그러나 약간의 연습을 통해 설계자는 점진적으로 이 새로운 방법에 익숙해지고 결국 별다른 제한을 못 느끼게 될 것이다. 새로운 접근법에 익숙해지기 위한 이러한 부담은 DSG의 주요한 장점들로 능가될 수 있다. 이 설계는 일반적으로 가공하기에 편해야 한다(Kim et al., 1999).

3.12 기술 경영(MOT)

3.12.1 설계 환경의 역사

기업들은 어떤 기준으로 CAD 시스템을 결정해야 하는가? 기업 내에서 제품의 도면과

표 3.2 대략적인 시기를 포함한 CAD의 일반적인 역사

시기	일반적인 CAD 환경
1950년대 후반에서 1960년대 초반 사이(예 : Sutherland, 1963)	T자형 자와 종이에 제도를 하는 대신, 컴퓨터 화면에 제도를 함. '점을 선택하여 선분과 연결시켜 줌.'
1960년대(예 : Roberts, 1963)	은선 제거 기법을 이용한 3차원 제도 : 뷰포인트를 설정하고 '한 단계 낮은' 2차원의 선들을 제거.
1970년대	솔리드 모델링 기법들이 연구수준에서 등장하고, 이후 일부 상업 시스템으로 이어짐 • 경계표현법(Braid, 1979) • CSG 표현법(Requicha & Voelcker, 1977)
1970년대 후반에서 1980년대 초반 사이(예 : Grayer, 1976; Woo, 1982)	가공 가능한 형상을 기반으로 하는 CAD 객체를 이용한 형상 기반 시스템 자유 곡면 가공의 등장
1980년대 중반에서 후반 사이(예 : Pratt & Wilson, 1987)	명시적 방법(explicit way)에서 형상을 이용한 설계
1980년대 후반에서 1990년대 사이	상업용 형상 기반 모델링과 변수기반 설계 방법 등장 • Pro-Engineer • Unigraphics • CATIA

세부 내역을 만드는 개별적인 프로젝트 그룹이나 독립적인 엔지니어에게 어떤 기준으로 CAD 시스템이 활용되어야 하는가? 시장적기대응, 기업 내 인적 자원의 배치, 장기적인 성장 등의 기술 경영 문제들은 CAD 시스템의 선택에 어떠한 영향을 미치는가?

다양한 CAD 시스템의 역사에 대한 간단한 요약이 이러한 질문에 대한 답을 찾는데 도움을 줄 수 있다(표 3.2).

3.12.2 저가 시스템

학생들의 학습이나 소규모 설계 프로젝트 그리고 수많은 모델링 요구에 대해 제한 없이 와이어 프레임과 변수화되지 않은 렌더링된 솔리드 모델을 만들 수 있는 저가의 CAD 시스템의 수가 증가하고 있다. 저가의 시스템들은 최근 개인용 컴퓨터에서 빠른 속도의 연산 장치와 충분한 양의 메모리를 사용할 수 있음에 따라 짧은 시간에 배우고 사용할 수 있다. CAD 환경이 필요한 신생 기업은 이러한 제품들을 고려해 봄으로써 현명하게 선택할 수 있을 것이다. 다음 소개된 제품들 이외에도 다양한 CAD 시스템이 판매되고 있다.

- AutoCAD, www.autodesk.com
- SolidWorks, www.solidworks.com
- IronCAD, www.ironcad.com

3.12.3 고가의 시스템

높은 수준의 솔리드 모델링과 실시간 렌더링 기능을 수행하기 위해 개발된 또 다른 제품군들은 최근 개발된 파라메트릭 모델의 설계에 대한 관리도 가능하다. 일반적으로 이는 객체들이 특정한 치수의 생성 없이 생성된다는 것을 의미한다. 객체들의 초기화가 명확하게 이루어지면, 치수가 추가되고, 적절하게 그 크기가 조절된다. 사용자는 개체의 서로 다른 파트에 대해서 구속조건을 부여할 수 있으며, 이를 이용해 크기를 조절한다.

제품의 다양함을 포함하여 장기적인 기업 성장을 위해서 이러한 기능들은 상당히 매력적이나 여기에는 중대한 결점이 있다. 바로 학습 시간이 많이 필요하다는 점이다. 또한 18개월 정도마다 제품의 업데이트가 이루어지기 때문에, 새롭게 수정된 내용에 대한 재교육에도 많은 시간이 요구된다.

이러한 시스템들은 하나의 제품군에서 여러 유사한 부품들이 설계되는 커다란 자동차 회사나 국영 연구소를 위한 강력한 설계 도구들이다. 아마도 팀켄(Timken Inc.)사와 같은 베어링 제조 회사가 이러한 특징을 가장 쉽게 보여 줄 수 있을 것이다. 보어 크기(bore size), 레이스(race), 덮개(cover plate)와 같은 부품들은 한 번 설계되고 나면 그 크기를 변경하여 사용한다. 향후 부품의 교정안을 위해, 소프트웨어 라이브러리에 있는 모든 파라메트릭 설계는 같은 제품군에서 새로운 객체의 생성에 빠르게 재사용될 수 있다.

큰 규모의 시스템들 또한 DFM/A와 유한 요소해석을 위한 보충 패키지와 직접 연결될 수 있다. 그리고 이들 대부분은 다른 소프트웨어 애플리케이션과의 연결을 위해 오픈 아키텍처(open architecture) 또는 API(Application Programming Interface)를 포함하고 있다.

- ProEngineer, www.ptc.com
- Unigraphics, www.ugsolutions.com
- CATIA, www.catia.com

이런 다양한 상용 CAD 시스템 간의 변환은 IGES(Initial Graphics Exchange System)로 가능하였으며, 최근에는 PDES/STEP로도 가능하다. PDES/STEP는 유용한 국제 표준에 포함되어 있다(참고 : ISO 1989, 1993).

스페이셜 테크놀로지(Spatial Technology)사의 ACIS와 같은 제품들은 앞서 언급되었던 애플리케이션들과는 달리 중간적인 역할을 하고 있다. 이러한 소프트웨어들은 솔리드 표현을 위해 공개된 사실상의 표준(open *de facto* standard)을 만들기 위해 틈새시장에 맞춰 특화되었다. 이는 AutoCAD를 포함한 다른 시스템에서 활용되는 경우를 찾는 것이다. ACIS의 개방성은 연구 커뮤니티에서 주로 이용되며, 기술 경영의 관점에서 이러한 공개된 CAD 시스템을 향한 연구는 중요하다.

3.12.4 CAD의 미래 전망 : 다분야 협업 설계/공학과 글로벌 제조

다양한 문화적 이유들에 기인하여, 오늘날 산업의 성장은 큰 규모 사업이 어디에 분포되어 있는가에 크게 영향을 받는다. 종종 이러한 큰 규모의 사업 조직들은 한 국가에서 훌륭한 설계팀의 이점을 얻기 위해, 또 다른 국가에서는 적은 비용과 효과적인 제조팀들의 이점을 얻기 위해, 분리되어 다양한 대륙에 걸쳐 구성되었다. 이러한 추세는 협업 공학이나 제조 및 조립고려설계에서 더 강조되고 있다. 이들은 각각의 제품 개발, 제조, 판매, 서비스 단계에서 설계와 제조까지의 모든 구성원들을 통합하는 것을 목표로 한다(Urabe et al., 1999 참조).

이러한 추세를 따라가기 위해, 공학 제품들은 더욱 복잡해지고 있다. 동시공학은 제품의 대부분이 기계나 전자 요소들로만 이루어져 있을 경우에도 적용하기 쉽지 않다. 더구나 자동차, 비행기, 로봇, 컴퓨터 등에 수많은 혼합된 회로, 전원 장치, 제어

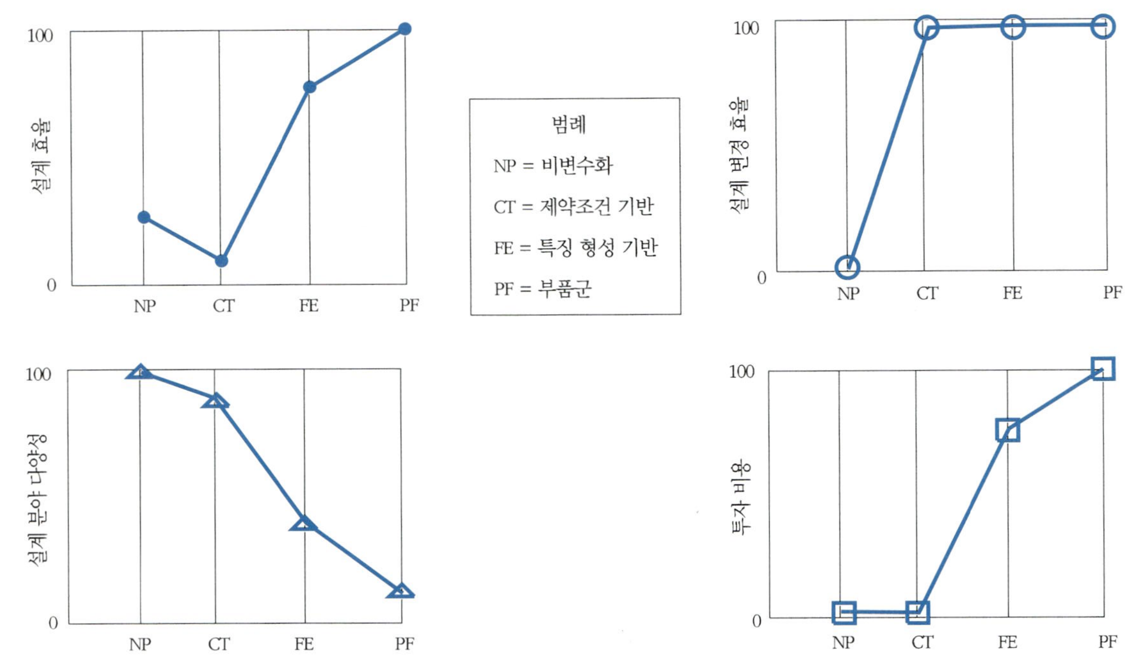

그림 3.32 비변수화 시스템, 변수화 제약 조건 기반 시스템, 전체 특징 형상 기반과 부품군 CAD 시스템들 간의 비교

장치, 기계적인 액츄에이터가 추가됨에 따라 동시공학은 점점 더 어려워지고 있다. 이는 명백히 여러 분야에 걸친 설계팀의 구성을 필요로 하며, 이러한 추세에 부응하기 위해 다음 예와 같은 환경의 구성이 요구될 것이다.

- 제6장에서는 기계부품과 전자부품용 CAD 도구들을 통합하여, 소비자 가전제품에 대해 다분야 동시공학이 가능한 DUCADE가 소개된다.
- 인터넷 기반 설계를 위한 지능형 에이전트의 생성의 한 예로 플라스틱 사출용 몰드를 설계하기 위한 에이전트가 예가 될 수 있다(Urabe & Wright, 1997). 인터넷 기반 설계 환경은 원본 파트의 설계자가 특정한 하부(downstream) 공정으로부터 정보를 받아들일 수 있도록 해 준다. 이 경우 어떻게 반대쪽 몰드가 만들어지는가가 전달된다. 또한 수축 요소, 몰드 및 스냅핏에 적합한 구배각 등이 이러한 정보에 포함될 수 있다(Brock, 2000).

3.13 용어 해설

경계 모서리 표현법(boundary edge representation) 경계 표현법, 또는 b-rep은 점, 모서리, 면으로 이루어진 표면 경계로 객체를 묘사한다.

기계식 가공(machining) 선반이나 밀로 절삭하는 전형적인 제조 방법. 단조나 성형, 용접과 달리 솔리드 블록으로부터 칩이 형성된다.

변수기반 설계(parametric design) 특정 치수의 정의가 필요하지 않으며, 일반적인 관계(예 : 높이-너비)를 표현하는 CAD 기술

사출성형(injection molding) 내부가 빈 금형에 점성 폴리머를 주입하여 제품을 만든다.

삼각화(tessellation) 모델 주변을 메시로 덮어 표현하듯이 많은 수의 삼각형들로 모델의 외면을 보여 준다. 이 점과 삼각형의 수직 벡터가 '.STL' 파일을 이룬다.

상세 설계(detail design) 설계 과정의 후반부로 CAD 시스템으로 세부 형태와 치수, 공차 등을 정한다.

솔리드 모델링(solid modeling) CAD 가시화는 점, 모서리, 면으로 실세계의 물리적 모델을 보여 준다. 솔리드 모델에서의 CAD 작업은 물리적 세계에서 발생할 수 있는 동작이나 변형을 평가할 수 있다. 와이어 프레임 CAD 모델링은 이러한 물리적 특징을 보장하지 않는다.

시작품(prototyping) 복제나 모방, 가시화, later 시편이나 향상된 형태와 관련된 원형 모델(웹스터 사전 인용)

와이어 프레임 모델링(wire frame modeling) 추상화된 선과 점으로 CAD 모델을 표현한다. 모델을 그리거나 렌더링할 수 있으나, 컴퓨터에서 물리적인 특징을 '이해할 수 있을' 정도로 모델을 저장

하지는 못한다.

인베스트먼트 주조(investment casting) '인베스트먼트'란 단어는 시간이나 돈이 순차적으로 분리되거나 깨질 세라믹에 투자되는 것을 의미한다. 네거티브 인베스트먼트를 만들기 위한 원형 포지티브 마스터는 다양한 공정들로 만들어질 수 있다. 로스트 왁스와 세라믹 금형이 가장 많이 사용된다.

입체 형상 가공(Solid Freeform Fabrication, SFF) CAD 모델을 삼각화하고 슬라이싱하여, 층별로 시작품을 신속히 쌓을 수 있는 장비로 가공하는 공정이다.

조립/제조/환경 고려설계(Design for Assembly, Manufacturability, and the Environment) 설계자들이 그들의 설계 활동에서 조립, 제조, 환경 관련 문제들을 용이하게 조절할 수 있도록 돕기 위한 용어들의 모음. 종종 DFX는 모든 '설계 고려' 활동들을 요약하기 위해 사용된다.

컨셉 디자인(creative design) 제품 모양을 결정하는 설계 과정 중 초기 단계로 시장 분석, 컨셉이 연구된다.

쾌속 조형(Rapid Prototyping, RP) 새로운 형식의 시작품 제작 방법으로 SFF 그룹의 가공 방법과 연관되어 있다. CAD 모델에 대한 정확도보다 가공 속도를 더 중요시한다.

플라스틱 사출성형(plastic injection molding) 위에서 설명된 사출성형의 하나. 참고 : 아연 다이캐스팅도 금형에 '사출'하는 것을 포함한다.

형상 기반 설계(feature-based design) 특정한 '하향식' 제조 공정에 적합한 원시 형태들을 이용하여 설계를 한다.

CSG(constructive solid geometry) 간단한 블록 형식의 원시 모형을 더하기, 빼기, 교차시켜 보다 복잡한 형태를 생성

DSG(destructive solid geometry) CSG의 특별한 경우로 '하향식' 가공 장비를 이용한 이후 공정을 만족시키기 위해 설계자는 가상의 피삭재로부터 빼기와 교차 작업만으로 그 형태를 변경한다.

PDA(Personal Digital Assistant) 최신 휴대형 컴퓨팅 장치들을 일컫는 말로 e-mail 관리, 휴대폰 기능, 디스플레이가 포함된다.

3차원 잉크젯 프린팅(Ink-Jet printing in 3-D) 분말 층을 깔고, 분말 층 위에 결합재를 프린트하여 선택된 영역을 경화시키는 쾌속 조형

3.14 참고문헌

ACIS Geometric Modeler. 1993. Version 1.5, *Technical Overview*. Boulder, CO. Spatial Technology, Inc.

Baumgart, B. G. 1972. *Winged edge polyhedron representation*. Technical Report STAN-CS-320, Computer Science Department, Stanford University.

Baumgart, B. G. 1975. *A polyhedron representation for computer vision*. NCC 75: 589-596.

Berners-Lee, T. 1989. Information management: A proposal. CERN internal proposal.

Boothroyd, G., and P. Dewhurst. 1999. *DFMA software.* On CD from the company, or contact ⟨www.dfma.com⟩.

Braid, I. C. 1979. *Notes on a geometric modeler.* CAD Group Document, 101, Computer Laboratory, University of Cambridge.

Brock, J. M. 2000. Snap-fit geometries for injection molding. Master's thesis, University of California, Berkeley.

Compton, W. D. 1997. *Engineering management,* "Creating and managing world class operations." Upper Saddle River, N.J.: Prentice-Hall.

Cutkosky, M. R., and J. M. Tenenbaum. 1990. A methodology and computational framework for concurrent product and process design. *Mechanism and Machine Theory* 25, no. 3: 365-381.

Finin, T., D. McKay, R. Fritzson, and R. McEntire. 1994. KQML: An information and knowledge exchange protocol. In *Knowledge building and knowledge sharing.* Edited by Kazuhiro Fuchi and Toshio Yokoi. Amsterdam, Washington D.C., and Tokyo: Ohmsha and IOS Press.

Foley, J. D., A. van Dam, S. K. Feiner, and J. F. Hughes. 1992. *Computer graphics: Principles and practice,* 2nd ed., Reading, Mass.: Addison Wesley.

Frost, R., and M. Cutkosky. 1996. An agent-based approach to making rapid prototyping processes manifest to designers. Paper presented at the ASME Symposium on Virtual Design and Manufacturing.

Grayer, A. R. 1976. A computer link between design and manufacture, Ph.D. diss., University of Cambridge.

Greenfeld, I., F.B. Hansen, and P. K. Wright. 1989. Self-sustaining, open-system machine tools. In *Proceedings of the 17th North American Manufacturing Research Institution* 17: 281-292.

Hauser, J. R., and D. Clausing. 1988. The house of quality. *Harvard Business Review* (May-June): 63-73.

Hazelrigg, G. 1996. *Systems engineering: An approach to information-based design.* Upper Saddle River, N.J.: Prentice-Hall.

Hoffmann, C. M. 1989. *Geometric and solid modeling.* San Mateo, CA: Morgan Kaufmann.

ISO. 1989. External representation of product definition data (STEP). ISO DP 10303-0.

ISO. 1993. Product data representation and exchange—Part I: Overview and fundamental principles. ISO DIS 10303-1, TC184/SC4/WG4 N193. Also see the following papers on PDES/STEP:

Wilson, P. 1989. PDES STEP forward. *IEEE Computer Graphics and Application* 79-80. Eastman, C. 1994. Out of STEP? *Computer-Aided Design* 26, no. 5.

Kamath, R. R., and J.K. Liker. 1994. A second look at Japanese product development. *Harvard Business Review,* reprint number 94605.

Kim, J. H., F. C. Wang, C. Sequin, and P.K. Wright. 1999. Design for machining over Internet. *Design Engineering Technical Conference (DETC) on Computer Integrated Engineering,* Paper Number DETC'999/CIE-9082, Las Vegas.

Mead, C., and L. Conway. 1980. The CalTech intermediate form for LSI layout description. In *Introduction to VLSI Systems,* 115-127. Addison Wesley.

MOSIS. 2000. *University of Southern California's Information Sciences Institute—The MOSIS VLSI Fabrication Service,* http://www.isi.edu/mosis/.

Pratt, M. J., and P. R. Wilson. 1987. *Conceptual design of a feature-oriented solid modeler.* Draft Document 3B, General Electric Corporate R&D.

Puttre, M. 1992. Sculpting parts from stored patterns. *Mechanical Engineering,* 66-70.

Regli, W. C., S. K. Gupta, and D. S. Nau. 1995. Extracting alternative machining features: An algorithmic approach. *Research in Engineering Design* 7: 173-192.

Requicha, A. A. G. 1977. *Mathematical models of rigid solids.* Technical memo 28. Production Automation Project. New York: University of Rochester.

Requicha, A. A. G. 1980. Representations for rigid solids: Theory, methods, and systems. ACM *Computing Surveys,* 437-464.

Requicha, A. A. G., and H. B. Voelcker. 1977. *Constructive solid geometry.* Technical memo 25. Production Automation Project. New York: University of Rochester.

Richards, B., and R. Brodersen. 1995. InfoPad: The design of a portable multimedia terminal. In *Proceedings of the Mobile Multimedia Conference-2,* Bristol, England.

Riesenfeld, R. 1993. Modeling with NURBS curves and surfaces. In *Fundamental Developments of Computer-Aided Geometric Modeling,* 77-97. San Diego, CA: Academic Press.

Roberts, L. G. 1963. *Machine perception three-dimensional solids.* Technical report no. 315. Lincoln Laboratory, MIT.

SDRC. 1996. *The Open-IDEAS Programming Course Manual IMS 5282-5.* Milford, OH: Structural Dynamics Research Corporation.

Sequin, C. S. 1997. Virtual prototyping of Scherk-Collins saddle rings. *Leonardo* 30, no. 2: 89-96.

Shah, J. J., and M. Mantyla. 1995. *Parametric and feature based CAD/CAM.* Wiley. NY. (Also see Shah, J. J., M. Mantyla, and D. S. Nau. 1994. *Advances in feature based manufacturing.* New York: Elsevier.)

Sidall, J. N. 1970. *Analytical decision-making in engineering design.* Upper Saddle River, N.J.: Prentice-Hall.

Smith, C., and P. K. Wright. 1996. CyberCut: A World Wide Web based design to fabrication tool. *Journal of Manufacturing Systems* 15, no. 6: 432-442.

Stori, J. A., and P. K. Wright. 1996. A knowledge based system for machining operation planning in feature based, open architecture manufacturing. In *Proceedings (on Compact Disc) of the 1996 Design for Manufacturing Conference,* University of California, Irvine.

Suh, N. P. 1990. *The principles of design.* New York and Oxford: Oxford University Press.

Sungertekin, U. A., and H. B. Voelcker. 1986. Graphic simulation and automatic verification of machining programs. In *Proceedings of the IEEE Conference on Robotics and Automation.*

Sutherland, I. E. 1963. Sketchpad: A man-machine graphical communication system. In *Proceedings of Spring Joint Computer Conference,* 23.

Urabe, K., and P. K. Wright. 1997. Parting planes and parting directions in a CAD/CAM system for plastic injection molding. Paper presented at the ASME Design for Manufacturing Symposium, the Design Engineering Technical Conferences. Sacramento, CA.

Urban, S. D., K. Ayyaswamy, L. Fu, J. J. Shah, and J. Liang. 1999. Integrated product data environment: Data sharing across diverse engineering applications. *International Journal of Computer Integrated Manufacturing* 12, no. 6: 525-540.

Woo, T. 1992. Rapid prototyping in CAD. *Computer Aided Design* 24: 403-404.

Wright, P. K., and D. A. Bourne. 1988. *Manufacturing intelligence.* Reading, MA: Addison Wesley.

Wright, P. K., and D. A. Dornfeld. 1996. Agent based manufacturing systems. In *Transactions of the 24th North American Manufacturing and Research Institution,* 241-246.

3.15 인용문헌

Bartels, R. H., J. C. Beatty, and B. Barsky. 1987. *An introduction to splines for use in computer graphics and geometric modeling.* San Mateo, CA: M. Kaufmann Publishers.

Hyman, B. 1998. *Fundamentals of engineering design.* Upper Saddle River, N.J.: Prentice-Hall.

Proceedings of the Institute of Mechanical Engineers. 1993. *Effective technologies for engineering success—Making CAD/CAM pay.* No. 1993-12.

Regli, W. C., and D. M. Gaines. 1997. A repository for design, process planning and assembly. *Computer Aided Design* 29, no. 12: 895-905.

Sequin, C. H., and Y. Kalay. 1998. A suite of prototype CAD tools to support early phases of architectural design. *Automation in Construction* 7: 449-464.

3.16 참고 URL 주소 : 상용 CAD/CAM 시스템과 설계 어드바이저

Parametric Technology Corp, Pro/ENGINEER, http://www.ptc.com

Autodesk, AutoCAD, http://www.autodesk.com

SolidWorks, http://www.solidworks.com

Spatial Technologies, ACIS, http://www.spatial.com

3D/EYE Inc, TriSpectives, http://www.eye.com

SDRC, I-DEAS, http://www.sdrc.com

EDS, Unigraphics, http://www.edsug.com

MSC, ARIES, http://www.macsch.com

DesignSuite by Inpart, Saratoga, California, http://www.inpart.com

Cambridge process selector, http://www.granta.co.uk/products.html

21ST
CENTURY
MANUFACTURING

04

입체 형상 가공과 쾌속 조형

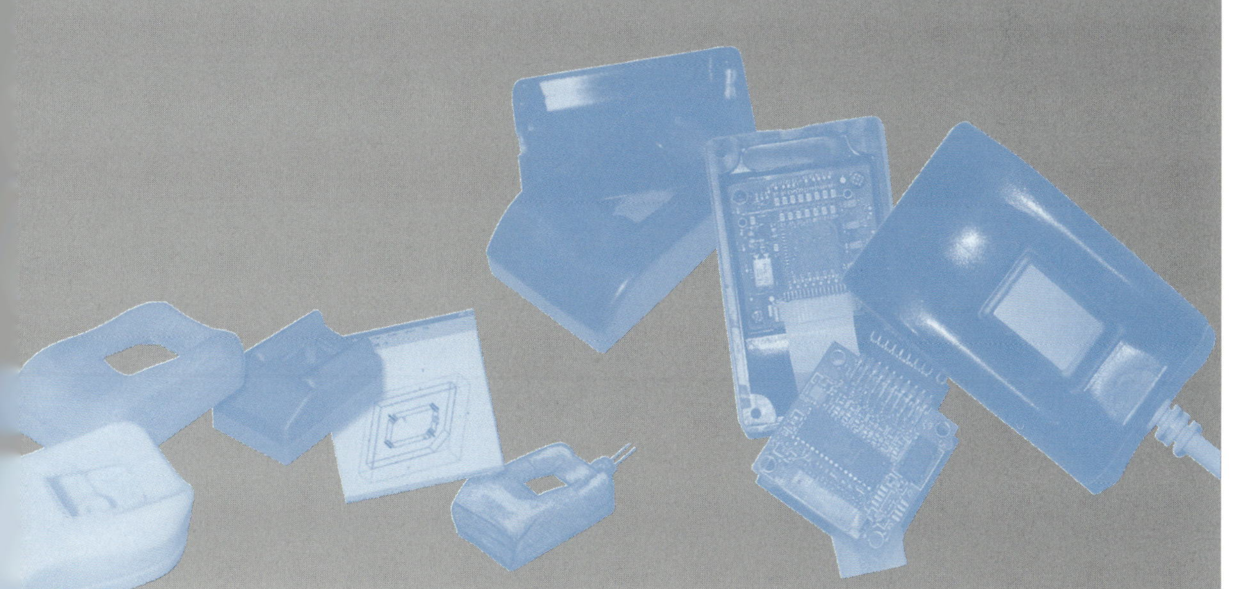

4.1 입체 형상 가공 방법

CAD 모델에서 시작 부품으로의 중대한 전환을 위해 다양한 제조 공정들이 사용될 수 있다. 대부분의 새로운 기술들은 1987년 이후 등장하기 시작했다. 이 시기에 3D 시스템즈사(3D Systems Inc.)에서 스테레오리소그래피(Stereolithography, SLA)가 처음으로 소개되었으며, 이후 5년간 다양한 경쟁 방법들이 등장하였다. 이러한 기술들은 통칭하여 입체 형상 가공(Solid Freeform Fabrication, SFF)으로 알려져 있다. SFF 도메인은 제2장에서 소개된 '시장 수용 S 곡선(market adoption S-shaped curves)'의 초반부에 나타나는 대부분의 기술들과 함께, 상당한 양의 '과대(hype)' 광고를 포함하고 있다. SFF 공정들은 종종 다음과 같이 기술된다.

- 수요 대응 부품(parts on demand)
- 예술에서 부품까지(from art to part)
- 데스크톱 제조(desktop manufacturing)
- 쾌속 조형(rapid prototyping)

최근에는 스테레오리소그래피, 선택적 레이저 소결(selective laser sintering, SLS), 용융 적층 조형(fused deposition modeling, FDM), 박판 재료 적층 조형(layered object modeling, LOM)들이 쾌속 조형 업체들에서 상시(day-to-day-basis) 사용되고 있다. 또한 옥수수 녹말(cornstarch), 플라스틱, 세라믹과 같은 다양한 재료를 이용한 3차원 인쇄(three dimensional printing, 3DP) 공정도 사용될 수 있다. 4.1.1절의 목록에서 아래에 위치한 방법들은 유망해 보이지만, 하루 수입을 중요하게 생각하는 서드 파티(third party) 업체들에게는 크게 유용하지 않을 것 같다. 이 중 주조(casting)는 특별한 경우로 여전히 단일한(one-of-a-kind) 시작품의 제작에 사용되고 있다. 더욱이 10~500여 개 정도의 배치를 운영하기 위해서는 스테레오리소그래피와 같은 공정으로 한 번에 만들어진 원형 틀을 사용하는 주조 방법이 비용적인 측면에서 더욱 효율적이다. 절삭 가공 또한 다양한 시작품을 만드는 데 사용될 수 있다.

4.1.1 입체 형상 가공과 쾌속 조형 공정들의 개요

상용 기술 분야

- 스테레오리소그래피
- 선택적 레이저 소결
- 박판 재료 적층 조형
- 용융 적층 조형

연구 및 개발 분야

- 옥수수 녹말, 플라스틱, 세라믹을 이용한 3차원 인쇄
- 절삭 가공에 의한 평탄화(planarization)를 이용한 플라스틱 기반 3차원 인쇄
- 입체 표면 경화(solid ground curing, SGC, SLA와 유사)
- 형상 적층 조형(shape deposition modeling, SDM, 적층과 절삭 공정의 조합)

SFF 이외의 분야(전통적인 방법)

- 절삭 가공
- 주조

1990년도 크라이슬러사(Chrysler Corporation)의 비교 연구를 통해 SLA 공정이 다른 새로운 쾌속 조형 방법들에 비해 비용과 치수정확도 측면에서 가장 앞서고 있는 것으로 나타났다(이 조사에서 절삭 가공과 주조는 고려되지 않았다). 이와 같은 비용 및 치수정확도 측면에서의 비교를 위하여, 이후에 진행될 기술적인 설명에서는 추가적인 그림과 표들이 포함되었다. 지난 10여 년 동안 SLA는 가장 많이 사용되고 있는 입체 형상 가공 공정으로 널리 알려졌으며, 특히 주조와 사출성형에 사용되는 마스터 패턴 제작에 많이 사용되었다. 최근에는 SLS, FDM, LOM 또한 SLA 다음으로 탁월한 결과들을 보이고 있다.

4.1.2 SFF 방법의 역사

1970년대 후반 미드(Mead)와 콘웨이(Conway)는 보다 빠른 VLSI 회로의 시작품 제작

을 위한 발판을 마련하였다(1980). 설계자들은 다섯 가지 2차원(two-dimensional, 2-D) 패턴 정도만 고려하는 것으로도 충분하게 되었다. 이러한 패턴은 금속-산화물-반도체(metal-oxide-semiconductor, MOS) 위에 적층된 3개의 내부 연결층과 구멍을 통한 이들 간의 연결로 이루어져 있다. 또한 이 패턴들은 칩을 구현하는 데 사용되는 정확한 공정과 다수의 마스킹(masking) 단계들에 상관하지 않고, 누군가 회로 칩을 자세히 보았을 때 볼 수 있는 연결 통로와 경유 구멍으로 기술되었다(MOSIS, 2000 참조).

이와 같은 성공에 힘입어 1980년대 초에는 여러 기업에서 기계 부품을 위한 계층적 제조 방법을 계발하고자 많은 연구가 진행되었다. 또한, 1980년대 중반에 접어들면서 미국에서는 정부 차원의 다양한 연구를 통해 '기계 MOSIS'의 개발에 대한 가능성을 분석하였다[Manufacturing Studies Board, 1990; Bouldin, 1994; 미국 NSF(National Science Foundation) Workshop I, 1994; NSF Workshop II, 1995].

기계 MOSIS에 대한 전망은 주로 다음에 나열되어 있는 가공 공정들과 연계되어 있다(Ashley, 1991, 1998; Heller, 1991; Kruth, 1991; Woo, 1992, 1993; Au & Wright, 1993; Kochan, 1993; Kai, 1994; UCLA, 1994; Weiss & Prinz, 1995; Cohen et al., 1995; Dutta, 1995; Jacobs, 1992, 1996; Beaman et al., 1997; Kumar et al., 1998; Sachs et al., 2000).

최초의 상용 SFF 기술인 스테레오리소그래피의 소개는 캐드 모델을 STereoLithography(STL)로 표현하는 방법의 등장과 함께하였다. 'STL'은 연속적인 슬라이스(slice) 조작과 실제의 SLA, FDM, SLS 장비에서의 '하향식' 레이저-스캐닝 경로에 적합하게 수정된 일종의 CAD 형식이다.

축구공이 둥근가? 그 답은 얼마나 공을 주의 깊게 측정했는가에 달려 있다. 명목상 축구공은 완전한 구이다. 하지만, 보다 가까이에서 정밀하게 검사를 해 보면, 축구공의 가죽은 20여 개의 육각 조각들과 몇 개의 오각 조각들이 곡면을 형성하기 위해 함께 바늘질되어 있는 것을 확인할 수 있다. 실제로 이는 구에 대한 근사(approximation)이다.

이와 유사하게 'STL' 형식은 분할 공정을 통해 CAD 모델의 경계 곡면들을 서로 연결된 작은 삼각형들로 근사한다. 각각의 삼각형들에 포함되는 세 점은 x/y/z 좌표로 표현되며, 이 점들은 오른손 법칙에 따라 배치된다. 즉, 모델의 밖에서 봤을 때 각각의

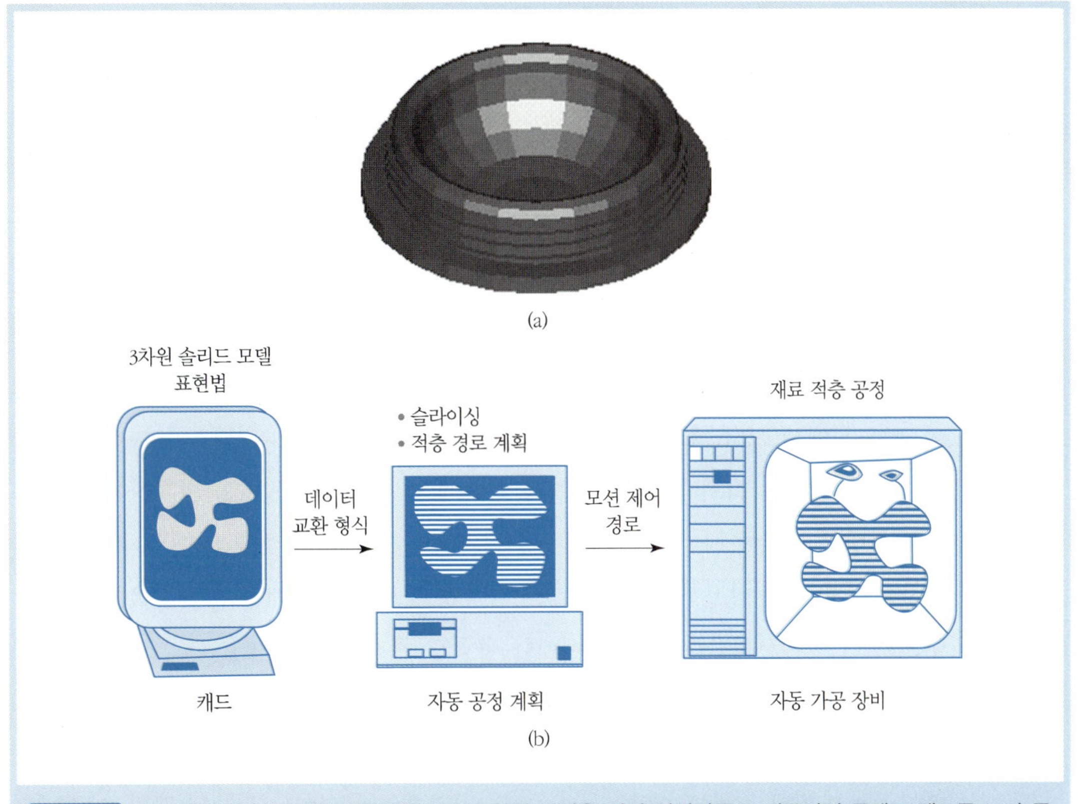

그림 4.1 STL 파일은 삼각화된 객체이다. 가장 위의 그림은 여러 삼각망들로 이루어진 콘텍트 렌즈를 보여 준다. 그리고 이 STL 파일을 슬라이스한다. 마지막으로 레이저 모션을 통해 부품을 경화시킨다.

점들은 반시계 방향을 따라 배열되고, 또한 삼각형에 수직한 벡터가 정의된다. 이렇게 분할된 곡면은 'STL 파일(*.STL)'에 저장된다. 200,000여 개 정도의 삼각망을 가질 수 있는 이 파일은 인터넷을 통해 시작품 제작을 위한 공장으로 보내진다.

그림 4.1에 나온 것과 같이 분할된 CAD 모델은 게임 카드 더미(stack)처럼 슬라이스된다. 3D 시스템즈사의 장비에서는 이것이 SLI 또는 슬라이스된 파일로 알려져 있다. 다른 쾌속 조형 장비들도 유사한 슬라이스 기술을 사용하나, 나름의 고유한 파일 생성 원리와 명칭을 가지고 있다. 상상 속의 공에서 슬라이스된 각각의 면은 원일 것이지만, 실제로는 분할 과정으로 인해 이들은 정확한 원으로 구성되지 않는다. 슬라이싱 작업은 경계에 접하는 삼각형을 자르기 때문에, 슬라이스된 원형 면은 실제로 '외부 원'내에 속하는 다면 다각형(multisided polygon)일 것이다. 이러한 내부 다각형의 변의

수는 당연히 원래의 모델이 얼마나 세밀하게 분할되었는가에 달려 있다.

SLA 장비 내에서 레이저는 우선 각 슬라이스된 면의 외부 경계를 생성하고, 다음으로 해칭 패턴을 따라가며 레이어를 생성한다. 이때 슬라이스된 면의 수와 위빙(weaving) 패턴은 쾌속 조형 업체에 따라 다르게 선택된다. 이와 같은 과정에서, 특히 SLA와 SLS에 대해서는 어느 정도의 시행착오 또는 담당자의 숙련됨이 그 결과에 영향을 미친다. 이에 대해서는 이후 몇 장에 걸쳐서 논할 것이다.

'STL'은 현재 SFF 공정에 있어서 표준 교환 형식이다. 그러나 'STL'은 그 사용의 측면에 있어서 여러 부적절한 이유들도 가지고 있다. 첫째, 분할 방법으로 인해 파일의 크기가 매우 크다. 둘째, STL 형식에는 부적절한 정보들이 있다. 이러한 부적절한 정보의 한 예는 다음과 같다. 삼각형은 외부 곡면에 수직한 방향을 명확하게 해 주는 반시계 방향 규칙에 따라 표현되지만, 이는 또한 곡면에 수직한 벡터를 정의하기 위한 통상적인 방법이 되고 있다. 이러한 부가적인 정보들로 인해 모순된 조건이 나타날 수 있으나, 이를 해결하기 위한 어떠한 규칙도 존재하지 않는다.

맥메인스(McMains, 1996)는 'STL' 형식이 위상(topology)이나 연결성(connectivity)을 갖지 않음으로 인해 설계자의 고유한 의도를 추측해 보지 않고, 분열, 파일에서 공통적으로 발견될 수 있는 관통(penentration), 관계없는 면이나 모순된 곡면 수직 벡터와 같은 일부 에러들을 고치도록 하는 것이 얼마나 어려운가에 대해서 정리하였다. 또한, ACIS, IGES(Heller, 1991)를 포함하는 보다 일반적인 디지털 교환 형식들이 SFF에 사용되었다. 하지만 1995년 NSF 워크숍에서 논의된 바와 같이, 이와 같은 형식에도 여러 문제점들이 존재한다. 최근 진행되고 있는 연구 중에는 이와 같은 표현 언어를 향상시키기 위한 연구도 포함되어 있다(McMains et al., 1998).

4.2 스테레오리소그래피 : 일반적인 개요

4.2.1 배경

스테레오리소그래피는 1987년 3D 시스템즈사에서 상용 제품으로 출시되었다(Jacobs, 1992, 1996, 참조). 그림 4.2는 그 공정을 보여 준다.

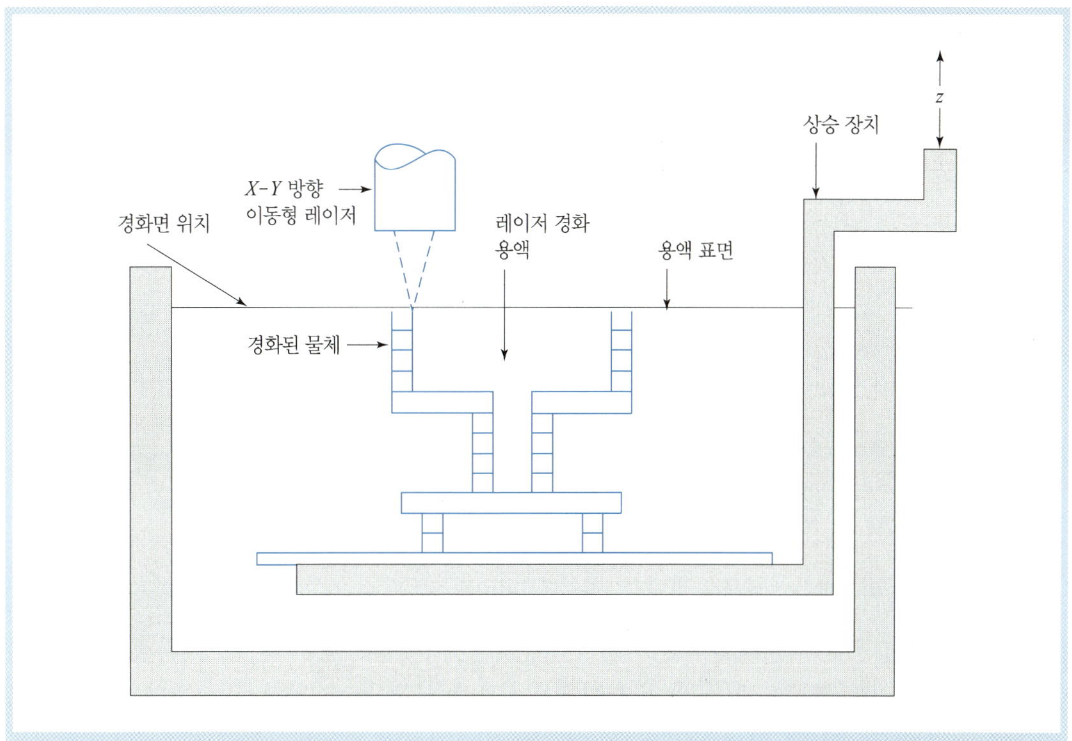

그림 4.2 3D시스템즈에서 출판된 안내서의 상업용 SLA 장비 구성도. SLA-250 장비는 헬륨-카드뮴 레이저로 수지를 연속적으로 경화 및 접착시킨다. 이 작업은 엘리베이터 형식 스테이지에서 전체 부품이 만들어져 액체용기로부터 들어 올려질 때까지 매 층마다 계속된다.

그리고 감광성 수지(photopolymer)에 대한 개별적인 연구로부터 다양한 상용 제품들이 잇따라 출시되었다. 표 4.1에는 이들 중 일부가 정리되어 있다.

또한, 이와 같은 역사적 관심으로부터 인쇄 산업과 가구의 도료 및 밀폐제로 사용하기 위한 최초의 광경화 액체(photocurable liquid)가 개발되었다. 이후 가구용 밀폐제에 대해서 발암성 용매의 사용을 피하기 위한 자외선 경화 공정이 개발되었다.

이와 같은 개발들로부터 SLA가 어떻게 성장해 왔는가를 생각해 볼 수 있다. SLA 발명가들은 광경화 액체가 스테이지 위에서 경화되는 과정을 보았을 것이다. 그리고 간단한 자외선 아크 램프보다 더 강한 에너지를 이용하여 집중된 경화 패턴을 만들 수 있는 헬륨-카드뮴(helium-cadmium) 레이저를 사용하였다. 마지막으로, 1980년대 마이크로프로세서의 급격한 가격 하락으로 인해 CAD 도구에서의 분할 조작과 실제

표 4.1 SLA의 개발 역사

시기	개발자/연구자	회사명과 위치	주요 활동
1970년대	A. Herbert	3M, 미니애폴리스	연구개발
1970년대	H. Kodama	나고야 현 연구소, 일본	연구개발
1970년대	C. Hull	울트라 바이올렛 프로덕츠, 캘리포니아	연구개발
1986년	C. Hull and R. Freed	3D 시스템사, 울트라 바이올렛 프로덕츠에서 시작됨, 캘리포니아	특허 보호
1987년 11월	3D Systems	3D 시스템사	디트로이트에서 개최된 Autofact 쇼에서 SLA-1의 시연(이후 SLA-250으로 변경됨)

SLA 장비에서 레이저 제어가 손쉽게 되었다.

이들 다섯 발명가들이 처음으로 저장조의 수지 표면에 SLA 재료를 경화시켜 만든 레이어를 보았을 때, 그들이 느꼈을 흥분을 상상해 볼 수 있다. 비스듬히 보면 그것은 초겨울 연못에 첫얼음이 얼어 있는 것과 유사하게 보인다.

가공 과정에서는 일단 첫 층이 경화되면, 엘리베이터 형식 스테이지가 50~200μm 정도 내려가고, 그다음 레이어는 경화(curing)와 자체 결합(self-fusing)에 의해 이전 층에 접합된다. 공정의 마지막에는 스테이지가 처음 위치로 올려지고 적층된 구조가 전체적으로 경화된다. 시작품이 실제로 사용되기 위해서는 하룻밤 정도의 추가 경화 과정이 소요되며, 이후에 소개될 계단 효과(stair-stepping effect)를 줄이기 위해 사포질(hand sanding)과 같은 후처리가 필요한 경우도 있다.

그림 4.2의 모델은 그 높이의 절반 정도가 돌출되어 있는 영역(overhanging area)임을 유의하라. 이러한 형상은 실제 공정에서 작은 기둥들로 지지되어야 한다. 그렇지 않으면, 이 구성요소의 수평 부분이 아래로 처질 것이다. 또한, 손다듬질(hand finishing)로 추가된 이 작은 기둥들을 제거하고, 표면에 작게 남아 있는 잘린 흔적들을 부드럽게 만들어야 한다.

4.2.2 스테레오리소그래피 세부 : 'STL' 파일 형식

1987년 3D 시스템즈사에서 소개된 'STL' 파일 형식은 이후 다른 여러 '직접 슬라이스(direct slice)' 방법들이 연구되었음에도 불구하고 사실상의 표준이 되었다. 'STL' 방법은 마치 축구공의 오각, 육각 조각들과 유사하게 CAD 모델을 작은 삼각형들로 분할한다.

'STL' 파일은 (a) 헤더(header), (b) 삼각형의 개수, (c) 3개의 점과 수직 벡터로 정의된 삼각형 리스트로 이루어진다. 표 4.2는 'STL' 파일의 기본적인 구성을 보여 준다. 'STL' 파일의 크기는 (50×삼각형의 개수)+84 바이트(byte)로 계산된다. 예를 들어, 10,000개의 삼각형으로 이루어진 모델은 500,084 바이트의 크기를 갖게 된다.

'STL' 파일 내의 삼각형은 다음 2개의 규칙으로 정의된다(그림 4.3과 4.4).

1. 삼각형을 정의하는 점들과 수직 벡터를 정렬하기 위해, 오른손 반시계 방향 법칙(counterclockwise rule, '*ccw* rule')이 축구공의 외부로 나선(corkscrew) 형태

표 4.2 'STL' 파일 형식

요소	자료형
헤더	80바이트
삼각형의 수	부호 없는 배정도 정수형(4바이트)
삼각화된 각각의 삼각형들(50바이트의 정보)	아래 참고
수직 벡터 I	부동 소수점 정수형(4바이트)
수직 벡터 J	부동 소수점 정수형(4바이트)
수직 벡터 K	부동 소수점 정수형(4바이트)
첫 번째 점의 X값	부동 소수점 정수형(4바이트)
첫 번째 점의 Y값	부동 소수점 정수형(4바이트)
첫 번째 점의 Z값	부동 소수점 정수형(4바이트)
두 번째 점의 X값	부동 소수점 정수형(4바이트)
두 번째 점의 Y값	부동 소수점 정수형(4바이트)
두 번째 점의 Z값	부동 소수점 정수형(4바이트)
세 번째 점의 X값	부동 소수점 정수형(4바이트)
세 번째 점의 Y값	부동 소수점 정수형(4바이트)
세 번째 점의 Z값	부동 소수점 정수형(4바이트)
추가 정보	부호 없는 정수형(2바이트)

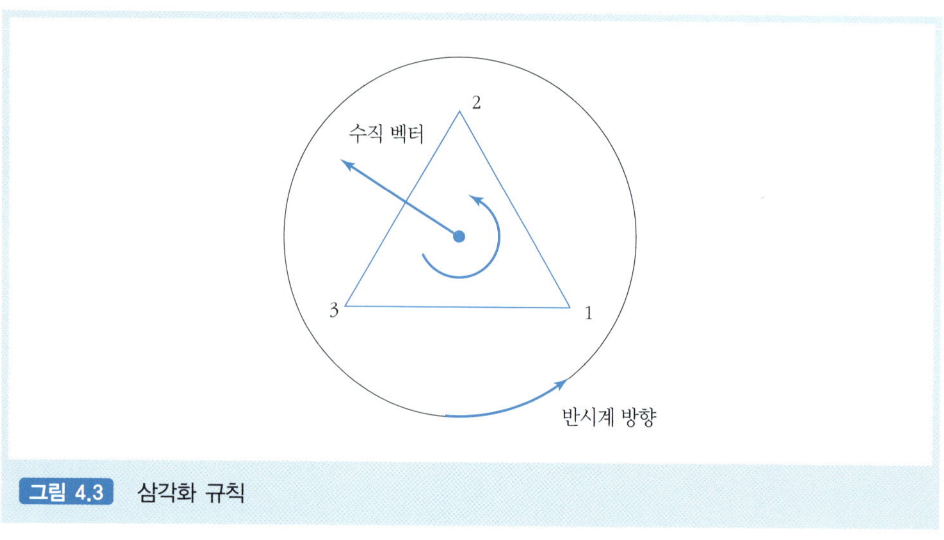

그림 4.3 삼각화 규칙

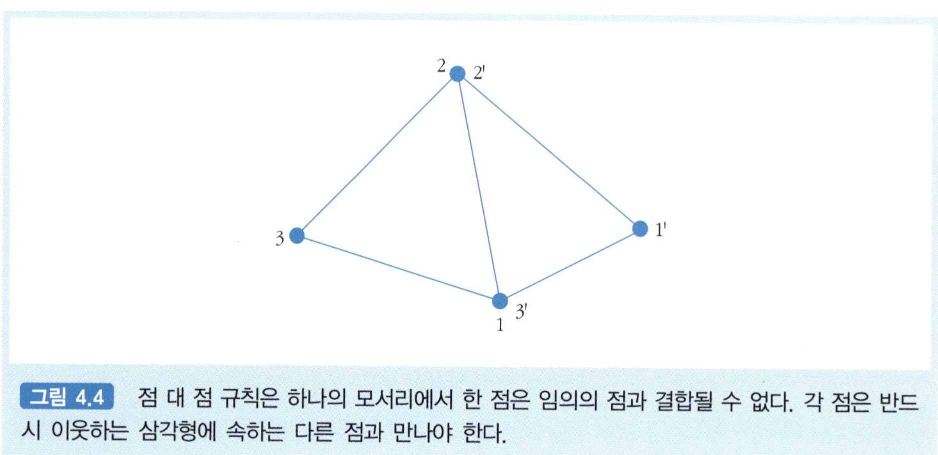

그림 4.4 점 대 점 규칙은 하나의 모서리에서 한 점은 임의의 점과 결합될 수 없다. 각 점은 반드시 이웃하는 삼각형에 속하는 다른 점과 만나야 한다.

를 취한다.

2. 점 대 점(vertex-to-vertex) 규칙에 따라 이웃하는 삼각형들의 점을 서로 연결시키고, 어떠한 점도 이웃하는 모서리와 만나지 않도록 한다.

4.2.3 스테레오리소그래피 세부 : C-Slice 공정

쾌속 조형의 대행 업체에서는 'STL' 파일이 전달되면 다음과 같은 과정을 따라 슬라이싱을 한다.

- 'STL' 삼각형들을 높이(*z*-value)에 따라 정렬한다(층을 구성).
- 경계 선분들을 찾는다(인접한 내부와 외부의 포켓/형상 윤곽을 찾음).
- 경계 다각형을 생성한다.
- 모서리 보정을 적용한다(작업자의 레이저 물리에 대한 지식에 기초).
- 경사진 면에서의 계단 현상을 최소화하기 위해, 서로 이웃하는 층을 비교한다.
- 경계 선분을 부드럽게 연결한다.
- 경계 데이터를 출력한다.
- 교차되는 다음 면을 처리한다.

4.2.4 스테레오리소그래피 세부 : 수지

광경화 용액은 인쇄와 가구의 도료/마감재로 사용되기 위해 개발되었다. 또한 발암성 용매의 사용을 피하기 위해 자외선 경화 공정이 개발되었다. 일단 컴퓨터가 분할 모델을 생성하기에 충분한 성능만 갖추고 나면, 레이저는 보다 직접적인 에너지를 제공하고 SLA의 개발을 가능하게 해 준다. SLA는 CO_2 레이저를 사용하는 SLS에 비해서 상대적으로 적은 에너지를 사용하는 경화 공정이다.

광중합(photopolymerization)은 작은 분자[단량체(monomer)]를 다양한 단량체를 포함하는 큰 분자로 연결하는 것으로 정의된다. 비닐 폴리머는 'R'로 표기되는 복잡한 그룹에 붙여진 탄소-탄소 이중 결합을 갖는다. 고유의 수지 내에서 단량체 그룹은 단지 반데르발스 결합(van der Waals bond)에 의한 약한 결합으로 서로 연결되어 있다. 하지만, 레이저가 가해짐에 따라 이러한 탄소-탄소 결합은 끊어지게 되고, 끊어진 단량체 그룹은 서로 긴 사슬을 형성한다(표 4.3 참조).

표 4.3 중합

이웃하는 사슬 사이의 약한 반데르발스 결합	사슬을 따라 형성된 강한 공유 결합
$H_2C=CH$ $H_2C=CH$ │ R	$-CH_2-CH-CH_2-CH-$ │ R

이와 같은 사슬은 다음의 세 가지 중요한 효과를 나타낸다.

- 액체 젤들의 경화
- 밀도의 증가
- 전단력의 증가

비록 고유의 비닐 단량체들이 이미 교차 결합되어 있지만, 긴 사슬에서의 공유결합의 형성을 통해 보다 강한 결합을 갖게 된다.

4.2.5 스테레오리소그래피 세부 : SLA 제조 공정

개개의 층을 생성하기 위해서는 우선 해당 층의 외부 경계를 레이저로 그려야 한다. 이것을 테 두르기(bordering)라고 하며, 층의 표면에 올려진 큰 신축성 밴드나 고리를 생각하면 된다. 다음으로 해칭이나 위빙 패턴이 전체 영역을 그린다. 마지막으로 해칭된 영역이 모두 채워지고 젤화(gelling)와 경화(solidification)가 이루어진다(그림 4.5).

각 층이 형성되고 나면 레이저는 다음 층으로 이동된다. 하지만 약 0.025mm 수준의 정밀도로 형상을 생성하기 위해서는 몇 가지 주의 깊은 공정계획이 필요하다. 치수정확도를 제어하기 위한 방법에 대해서는 그림 4.5 이후에 자세하게 소개된다.

여기에 소개된 단계들은 3D 시스템즈사에서 개발된 SLA-500 장비의 작동 순서에 따른 것이다. 세세한 부분은 SLA-250과 약간 다를 수 있으며, 세부적인 구성들은 꾸준히 개선되고 있다.

4.2.5.1 단계 1. 스크립트의 준비

요구되는 치수정확도를 충족하는 부품을 만들기 위해 여러 가지 지식을 필요로 한다. 일반적으로 한 층의 두께는 평균 100μm 정도이다. 그러나 이는 요구되는 치수정확도에 따라 50~200μm 사이에서 결정될 수 있다. 또한 제퍼 날개(Zephyr blade)의 정돈시간(sweeping time)과 'z-대기(z-wait)' 시간이 프로그램되어야 한다. 이들에 대해서는 이후에 다시 다룰 것이다.

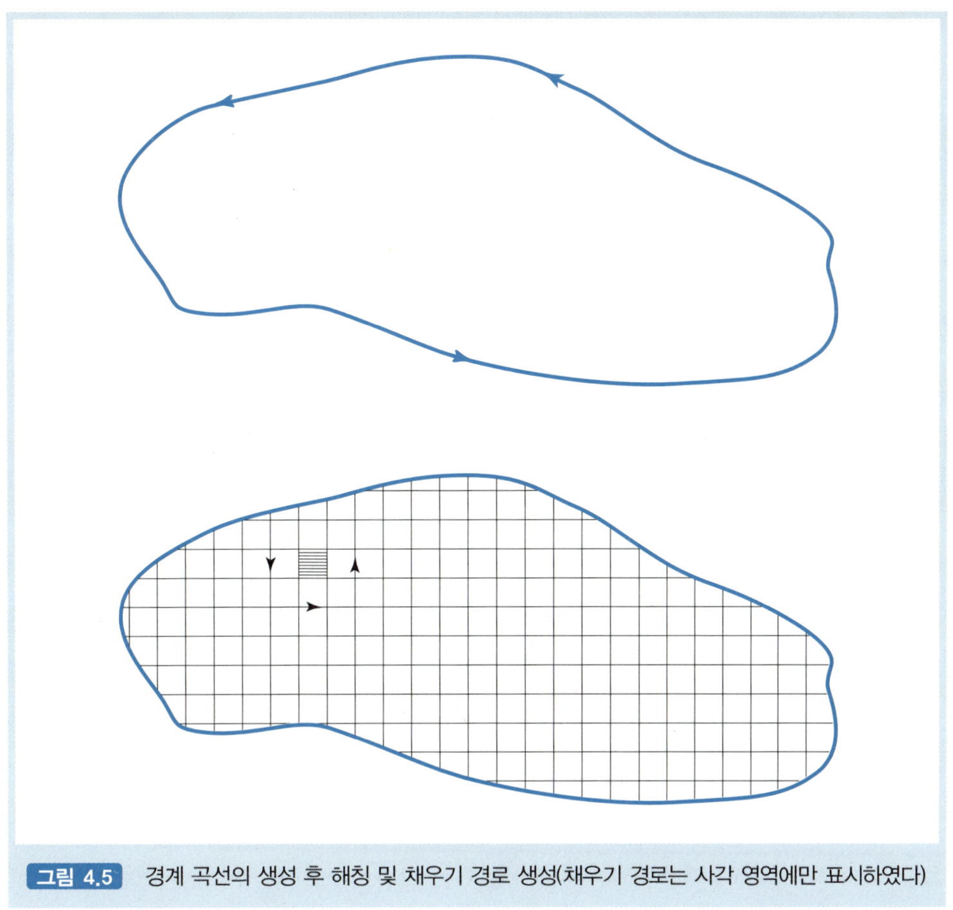

그림 4.5 경계 곡선의 생성 후 해칭 및 채우기 경로 생성(채우기 경로는 사각 영역에만 표시하였다)

4.2.5.2 단계 2. 높이 측정과 레이저 보정

SLA 수지들은 전체 부피의 약 5~7% 정도의 수축률을 가지며, 이 중 50~70% 정도는 중합(polymerization) 과정 중 액체 용기에서 발생한다(Jacobs, 1992). 이로 인해 항상 용액의 높이가 낮아지기 때문에, 용액 높이의 변화를 측정하기 위한 센서가 반드시 설치되어야 한다. 만약, 액체 용기의 높이가 레이저 동작이 시작되기에 적당하지 않을 경우, 플런저(plunger) 원리에 따른 액체 이동을 통해 그 높이를 조절한다. 또한 이러한 조절은 장비 스테이지의 모서리에 있는 반사식 '눈들(eyes)'과 함께 레이저의 위치를 조정하는 데 있어서 매우 중요하다. 이러한 레이저 위치의 확인은 각 층이 구성되기 바로 직전에 이루어진다.

4.2.5.3 단계 3. 초기 보조재의 구성

레이저를 이용한 처음 몇 동작은 부품 자체를 구성하는 것이 아니라, 실제 부품이 놓일 보조재의 구성을 위한 것이다. 보조재는 큰 소파나 피아노의 다리와 비슷한 작은 기둥으로 여겨질 수 있다. 이들은 엘리베이터 플랫폼의 바닥으로부터 부품의 아랫부분을 분리해 놓기 위해 필요하다. 특히 다음과 같은 이유로 보조재가 사용되어야 한다.

- 제퍼 날개와 플랫폼이 부딪히지 않도록 하기 위해
- 플랫폼의 왜곡을 보정을 보정하기 위해
- 가공이 끝난 부품의 제거를 용이하게 하기 위해
- 돌출된 구조들에 대해서 내부 보조재를 사용하기 위해

SLA-500 장비에서 보조재를 적층할 때는 첫 층이 구성된 후 약 12mm만큼 스테이지가 아래로 내려져야 한다(Jacobs, 1992). 이러한 깊은 담금(deep dip)은 구성된 첫 보조재 층의 표면에 꿀과 같은 점성의 액체가 손쉽게 흐를 수 있도록 해 준다. 그리고 엘리베이터는 가공하고자 하는 표면의 100μm 아래로 올려진다. 이 과정에서 약 5초간 기다리게 되며, 그다음 다시 레이저 경화 과정을 진행한다. 이는 두 번째 층을 형성하지만, 부품 자체가 아닌 보조재에 한정된 것이다. 이러한 순서는 보조재의 돌출 부분이 충분히 적층될 때까지 반복된다. 일반적으로 조작자가 이러한 보조재의 적층 정도를 결정한다.

4.2.5.4 단계 4. 실제 부품의 생성

실제 부품을 만드는 과정은 보조재를 만드는 것과는 조금 다르다. 일단 보조재의 적층이 끝나면 부품의 첫 바닥면은 앞서 언급되었던 '테 두르기+해칭+채우기'로 생성된다.

엘리베이터는 100μm씩 낮아지고, 일반적으로 45초 정도씩 멈춰 있게 된다. 부품의 완전한 경화를 위한 이러한 시간은 조작자에 의해 프로그램되며, 보통 SLA 용액의 제공자로부터 추천된다. 이는 레이저가 중합 공정을 시작하고 다음 층이 쌓일 수 있을 때까지 해당 층이 중합되는데 45초 정도의 시간이 필요하다는 것을 의미한다. 45초를 대기한 후, 해당 층은 제퍼 날개로 표면이 정돈되고 다음 중합을 위해 정확히 100μm 만큼 용액에 담가진다.

4.2.5.5 단계 5. 제퍼 날개를 이용한 정돈

제퍼 날개는 마치 자동차의 유리를 닦는 '단단하고 얇은 스퀴지(squeegee)'처럼 생겼다. 실제로 제퍼 날개는 길고 텅빈 구멍을 양쪽 날개 사이에 가지고 있으며, 이러한 구멍은 가는 진공 펌프의 영향을 받는다. 이것은 SLA 용액을 날개의 아래로 긁어 준다. 따라서 날개가 표면을 쓸고 지나감에 따라 이러한 구멍은 용액으로 채워지며 앞서 쌓인 층의 위에 다음 용액 층이 보다 쉽고 균등하게 쌓일 수 있게 해 준다. 이와 동시에 날개를 이용한 정돈이 SLA 용액을 평평하게 분배시켜 준다. 꿀과 비슷한 SLA 용액은 매우 큰 점성을 갖기 때문에, 진공으로 된 제퍼 날개를 이용한 분배를 통해 평평한 표면을 만드는 것이 필요하다.

제퍼 날개가 전체 용기를 지날 때, 일부 영역에서 초과된 수지들이 제거되고 이렇게 제거된 수지들은 수지가 부족한 다른 영역에 분배되어 채워진다. 만약 구멍 안에 점성 용액이 있는 부품을 만드는 중이라면, 날개를 따라서 제거하는 데 오랜 시간이 걸리겠지만, 그렇지 않다면 이러한 정돈 시간은 약 5초 정도면 충분하다(Jacobs, 1992). 정돈은 균일하고 얇은 층을 제공하지만, 주어진 용액의 점성으로 인해 수지가 날개에 달라붙고 부품의 주요 모서리로부터 아래 방향으로 분리와 '부풀어 오름(bulge)'이 나타나는 경향이 있다.

4.2.5.6 단계 6. 15초 간의 'z 대기'

비록 모든 조정과 정돈이 끝났다 하더라도, 고체-액체 계면의 모서리 주변에는 '주름(crease)'이 존재할 수 있다. 'z 대기'는 이러한 주름을 보다 평평하고 부드럽게 이완되도록 하는 효과를 갖는다.

4.2.5.7 단계 7. 추가적인 표면 채우기

공정의 거의 마지막에는 부품의 가장 높은 표면에 대해 보다 조밀한 해칭이 필요하다. 매우 세밀하게 간격을 둔 선 벡터들은 위로 향한 평면들에 보다 조밀한 경화 구조를 만들어 준다. 이는 단계 4에서 아래로 향하는 외부 표면에 적용되었던 패턴들과 유사하다.

4.2.5.8 단계 7. 마무리 단계

마지막 단계는 다음과 같다.

- 내부와 우묵한 구멍에서 초과된 수지를 제거한다.
- 용매를 이용하여 크리닝과 불순물 제거(rinsing)를 한다.
- 가교(bridgework)들을 떼어 낸다.
- 사포질과 연마를 한다.
- 밝은 자외선 광원의 스펙트럼을 이용하여 부품의 형태를 확인한다.

4.2.6 스테레오리소그래피 세부 : 레이저 기반 제조 및 시작품 제작

스테레오리소그래피, 선택적 레이저 소결 또는 다른 레이저 기반 공정들을 사용하는 과정에서, 수지 경화와 정밀도의 제어에 관련된 '**레이저 에너지 전달**(laser energy delivered)'에 대해서 다양한 세부 사항들을 정리하였다. 첫째로, 관통 깊이가 고려되어야 한다. 각 SLA 층의 바닥은 이전 층과 이웃하기 때문에, 이때 주요 관심사는 '깊이 z 에서의 (레이저의) 에너지'가 된다. 레이저는 일반적인 아크등(arc lamp)보다 더 많은 에너지(즉, 조사에 의한 광중합을 일으킬 정도의 에너지)를 전달한다. 그러나 레이저는 수지 또는 분말을 통해 전달됨에 따라 비어-람베르트(Beer-Lambert)의 흡수의 지수 법칙에 따라 기하급수적으로 감소한다.

$$H(x,\ y,\ z) = H(x,\ y,\ 0)\ \exp\left(-\frac{z}{D_p}\right) \tag{4.1}$$

수지를 '젤화'시키기 위해서 임계 노출(critical exposure) $H_{(c)}$가 필요하다. D_p는 특정 수지에 대해서 표면에서부터 $H_{(c)}$의 $1/e\,(=1/2.718)$ 정도의 조사 수준의 감소를 보이는 깊이에서의 수지 상수이다(그림 4.6). 즉 z 깊이가 D_p일 때, 조사 수준은 H_0의 약 37% 정도이다. SLA-250에 대해, 제이콥스(1992)에 의해 제시된 기본적인 설정값은 다음과 같으며, 이는 레이저 작용과 수지의 경화 사이의 관계에 중점을 두고 있다.

공칭 레이저 출력$=(P_L)=15$mW

중심 스폿(spot) 크기$=(2W_0)=0.25$mm

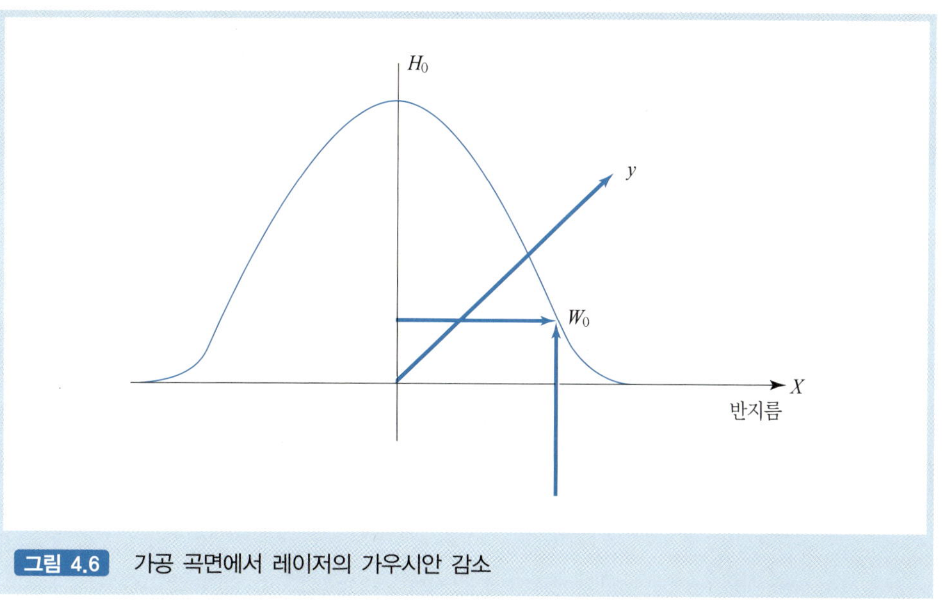

그림 4.6 가공 곡면에서 레이저의 가우시안 감소

전체 스폿에 대해 가우시안(Gaussian) 조사 곡선에 따라 기본적인 물리 현상이 제어되며, 다른 점 형태의 광원들과 유사하게 노출 정도는 중심으로부터 바깥쪽으로 감소해 간다.

표면을 가로질러 반대편까지 이어지는 곡선을 따라 레이저는 다음과 같이 감소한다.

$$H_{(x,\ y,\ 0)} = H_{(r,0)} = H_0 \exp\left(-\frac{(2)r^2}{W_0^2}\right) \tag{4.2}$$

여기서, W_0는 $1/e^2$인 가우시안 절반 너비이다(그림 4.6). 그러므로 $r = W_0$일 때,

$$H = H_0 e^{-2} = 0.135 H_0$$

또한 다음과 같이 전개될 수 있다.

$$H_{\text{average}} = \left(\frac{P_L}{\pi W_0^2}\right) \tag{4.3}$$

$$= 30.56 \text{W/cm}^2 \tag{4.4}$$

만약, 스캔 속도가 200mm/s라면, 스캐닝 레이저의 노출 시간은 다음과 같다.

$$t_e = \left(\frac{2W_0}{V}\right) = 1.25\text{ms} \tag{4.5}$$

그리고 레이저 노출의 평균 에너지 밀도는 다음과 같다.

$$E_{(\text{average})} = H_{\text{average}} \times t_e = 38.2\text{mJ/cm}^2 \tag{4.6}$$

여기의 분석은 레이저에서 방출되는 광자속으로부터 광중합 능력을 계산한다. 우선 광자 에너지를 찾기 위해 플랑크 식을 사용할 필요가 있다.

$$E_{(\text{photons})} = \frac{hc}{\lambda} = \frac{(6.62\times10^{-34}\text{J}\cdot\text{s})\times(3\times10^{10}\text{cm/s})}{3.25\times10^{-5}\text{cm}} \tag{4.7}$$

$$E_{(\text{photons})} = 6.1\times10^{-19}\text{Joules/photon} \tag{4.8}$$

λ는 빛의 파장

c는 빛의 속도

h는 플랑크 상수

단위 수지 표면(1cm^2)당 가해지는 광자의 수는 다음과 같이 표시된다.

$$N_{\text{ph}} = \frac{E_{\text{average}}}{E_{\text{photons}}} = 6.3\times10^{16}\text{photons/cm}^2 \tag{4.9}$$

광속이 수지를 통과하여 폴리머 사슬에 대해 중합 반응을 일으킨다. 심지어 50% 정도의 광화학 효율만으로도 {C=C} 결합이 {C−C−C} 결합으로 중합된다.

4.2.7 선택적 레이저 소결(SLS)

또 다른 유명한 방법으로는 DTM사에서 상용화시킨 선택적 레이저 소결이 있다. SLS는 레이저로 중합 용액을 광경화시키지 않고, 폴리머 분말을 소결과 용융시킨다는 점을 제외하면 대부분의 측면에서 SLA와 유사하다.

앞서 소개된 다른 공정들과 유사하게 첫 번째 단계는 'STL/SLI' 파일을 준비하는

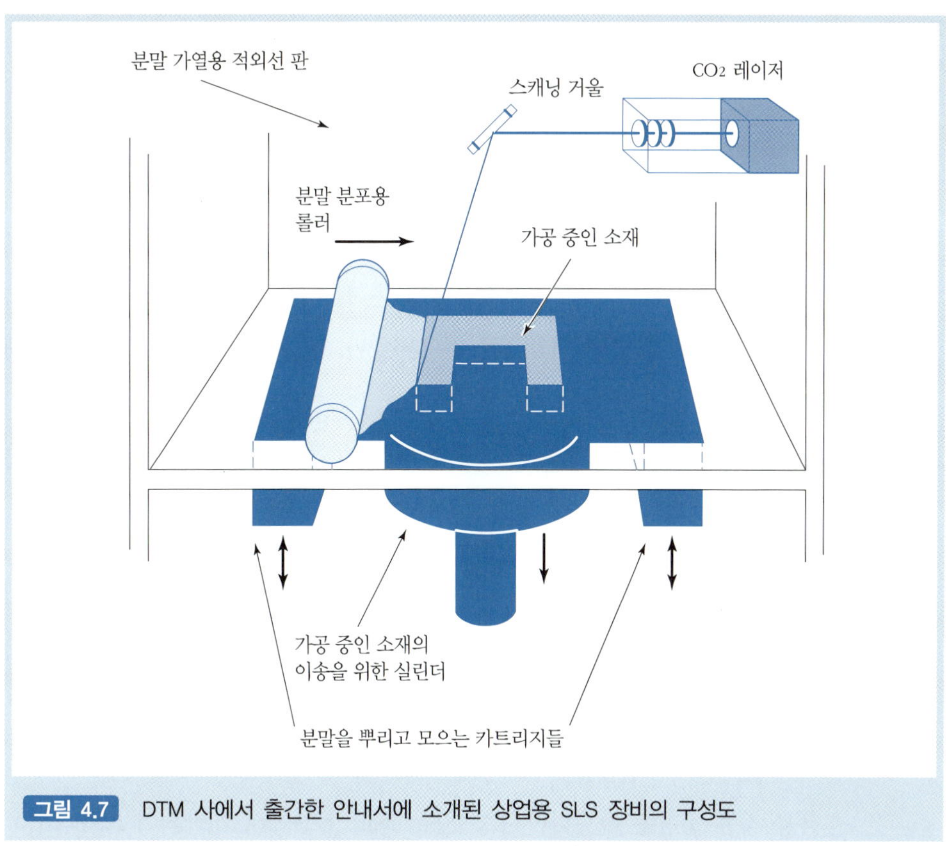

그림 4.7 DTM 사에서 출간한 안내서에 소개된 상업용 SLS 장비의 구성도

것이다. SLS 장비 내에는 얇은 층의 가용성 분말(fusible powder)이 위치하고, 체임버 쪽의 적외선 가열판(infrared heating panel)에 의해 녹는 점보다 조금 낮은 온도로 가열된다. 그리고 모델의 첫 번째 슬라이스에서 요구되는 패턴에 따라 레이저로 분말을 소결하고 용융한다. 다음으로 이 첫 번째 용융된 슬라이스를 아래로 내린 다음, 롤러가 또 다른 층을 위한 분말을 뿌리고, 앞서 설명된 공정들이 반복된다(그림 4.7).

SLA와 비교하여, 이 공정은 부분적으로 용융된 영역 주변의 용융되지 않은 분말들의 지지력을 사용할 수 있다. 그러므로 구성요소에서 돌출된 부품들에 대한 보조재 기둥들이 필요하지 않다. 이러한 특징은 자수 모양과 같이 보다 섬세한 형상을 만들 수 있도록 해 준다. 그럼에도 불구하고 필연적인 계단 형상을 개선하기 위해 여전히 손다듬질이 필요하다. 또한 SLS 부품은 소결 과정으로 인해 거친 외형을 갖기 때문에, 때때로 사포질로 곡면을 다듬는 것이 필요하기도 하다. 또 다른 어려운 점으로는 녹는 점보다 다소 낮은 온도로 분말을 가열하여 유지하는 것이다. 적외선 판을 이용하여 가열이 진행되지만, 레이저를 이용한 소결이 시작되기 이전에 다량의 분말을 동일한 온도로 유지하는 데는 긴 안정화(stabilization) 시간이 필요하다.

4.2.8 박판 재료 적층 조형(LOM)

SLS, SLA와 유사한 박판 재료 적층 조형은 헬리시스사(Helisys Inc.)에서 개발되어 1987년에서 1990년 사이에 처음으로 판매되었다. LOM에서 종이 더미의 가장 위쪽 슬라이스를 레이저를 이용하여 자르고, 이렇게 만들어진 슬라이스는 연속으로 접착된다. 매번 윤곽을 레이저로 자른 다음(그림 4.8의 오른쪽 아래 참고), 종이 뭉치는 앞으로 이동하고 새로운 층이 이미 쌓인 종이 더미 위에 붙이는 과정이 반복된다. 가공 후에는 약간의 정돈과 손다듬질, 경화 과정이 필요하다. 비교적 큰 구성요소들의 제작이 필요한 경우, 특히 자동ck 산업dpsms 때때로 LOM이 SLA나 SLS보다 선호되기도 한다(참고 : 헬리시스사는 1999년 일본의 키라사에 합병되었다).

4.2.9 용융 적층 조형(FDM)

용융 적층 조형은 스트라타시스사(Stratasys Inc.)에서 개발되어 FDM 1650, 2000, 8000 시리즈 등에 적용되었다. 그림 4.9는 스풀(spool)에서 재료가 필라멘트(filament) 형태로 공급되는 것을 보여 준다. 전체적인 외형과 시스템은 케이크에 장식을 하는 것과 유사하다. 필라멘트는 가열된 이송 헤드를 지나면서 녹고 노즐 끝을 통해서 얇은 리본 형태로 빠져나온다. 노즐은 CNC 코드를 따라 움직이며, 점성이 있는 폴리머 리본은 고정구(fixture)가 없는 기본판으로부터 점차적으로 쌓여 간다. 동작 제어의 측면에서 FDM은 SLA나 SLS보다 CNC 절삭 가공에 더 가깝다. 간단한 부품에 대해서는 고정구가 필요 없으며, 재료가 층층이 쌓이는 형태로 구성될 수 있다. 내부 구멍, 평범하지 않은 조각 곡면, 돌출 형상 등을 포함하는 보다 복잡한 부품을 구성하기 위해서는 보조재가 필요하다. 하지만 사용된 보조재는 손으로 쉽게 제거될 수 있기 때문에, 최소한의 마무리 작업만이 요구된다. 이와 같은 특징으로 인해 제어의 측면에서는 CNC 장비와 유사하지만, 만들어진 결과 부품의 대부분은 SFF군에 속하게 된다.

이와 유사한 적층 장비인 Model-Maker 3차원 플로터(plotter)가 샌더스사(Sanders

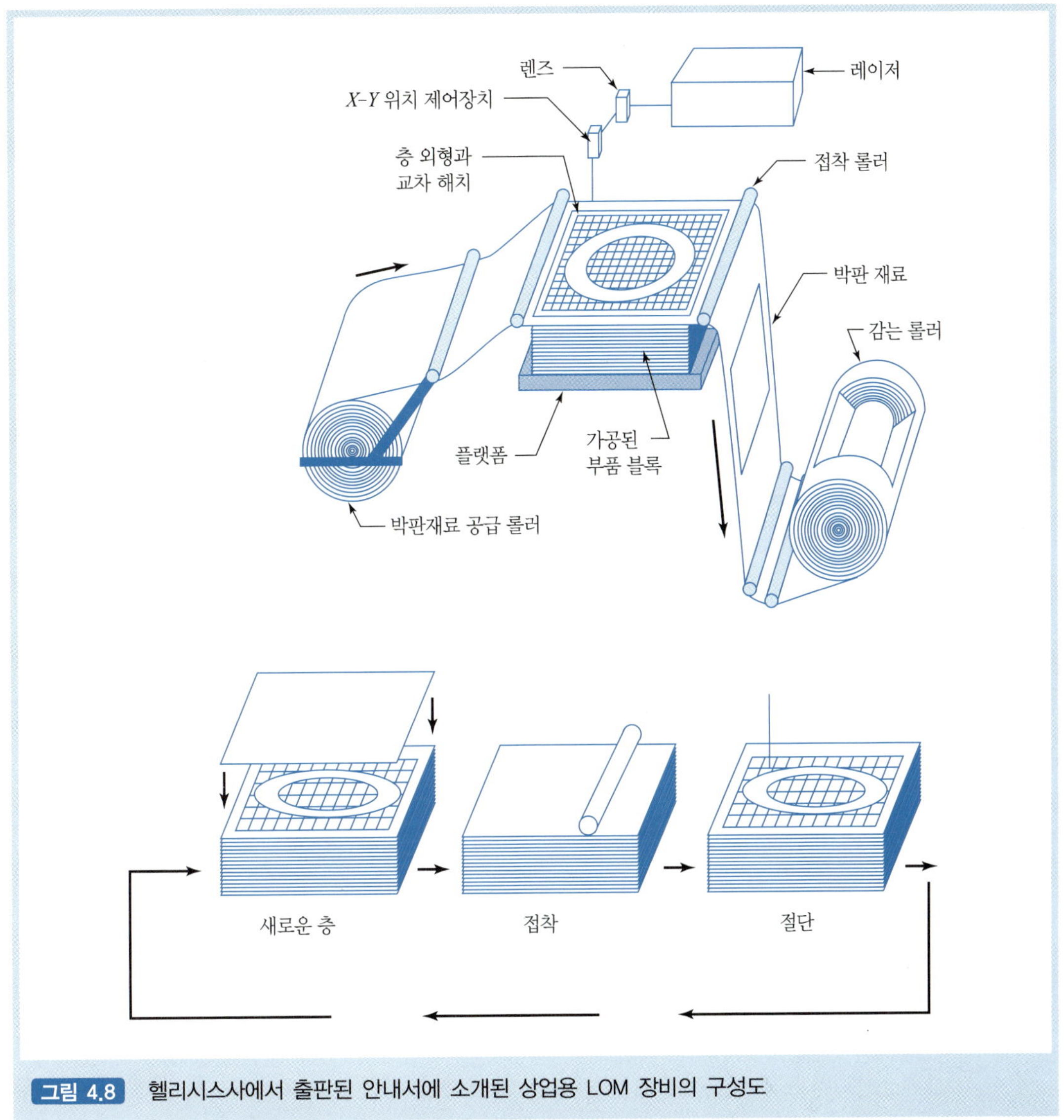

그림 4.8 헬리시스사에서 출판된 안내서에 소개된 상업용 LOM 장비의 구성도

Inc.)에서 개발되었다. 샌더스사의 장비에서는 노즐을 점성 폴리머를 적층하는 데 사용한다. 점성 폴리머의 흐름을 제어하고 균일하게 분포된 층을 얻는 것은 단순히 균일한 두께의 층을 얻기 위해 평평한 표면 위에 치약을 짜는 것과 비슷하게 보일 수 있으나, 결코 쉬운 일은 아니다. 형성된 각각의 표면층은 다음 층의 적층에 앞서 절삭 공구(milling cutter)를 이용하여 가공된다.

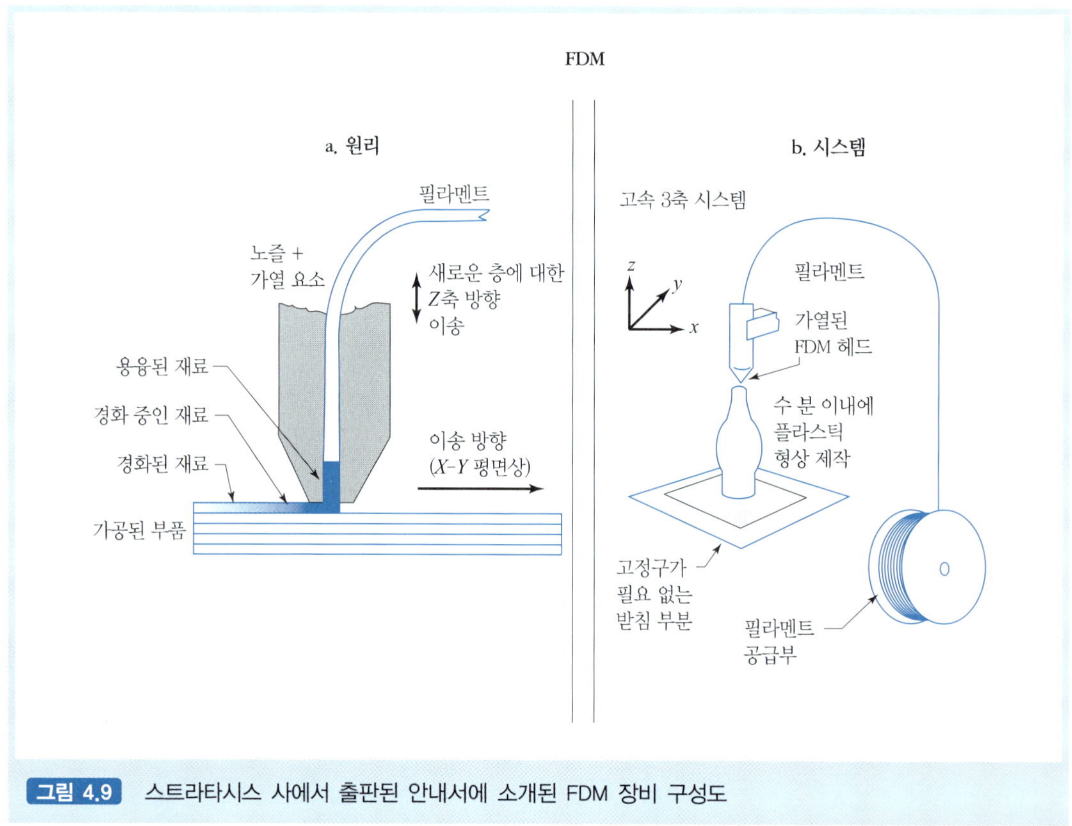

그림 4.9 스트라타시스 사에서 출판된 안내서에 소개된 FDM 장비 구성도

4.2.10 3차원 플로팅과 3차원 인쇄 공정(3DP)

지난 수년간 다양한 3차원 인쇄 공정들이 개발되었으며, 이 글을 쓰고 있는 지금도 꾸준히 업데이트되고 있다. 이 중의 일부는 학생들에게 새로운 형태의 설계(emerging design)를 빠르게 얻을 수 있는 방법을 소개하기 위한 CAD/CAM 교육 시장에 목적을 두고 있다. 이와 동시에 이 장비들은 산업 디자인 스튜디오에서 새로운 설계 형태의 '외관과 느낌(look and feel)'을 평가하기 위해 연속되는 시작품을 빠르게 생성 및 수정하고자 하는 예술가들에게 유용할 것이다. 예를 들면,

- 접착제를 이용하여 녹말 가루를 층별로 경화시키는 3차원 인쇄 방법이 Z-Corporation사 장비에 사용된 기본 원리이다. 그림 4.10a는 받침대 위에 사용하고자 하는 재료의 분말을 얇은 층으로 뿌리는 것을 보여 준다. 다음 과정에서

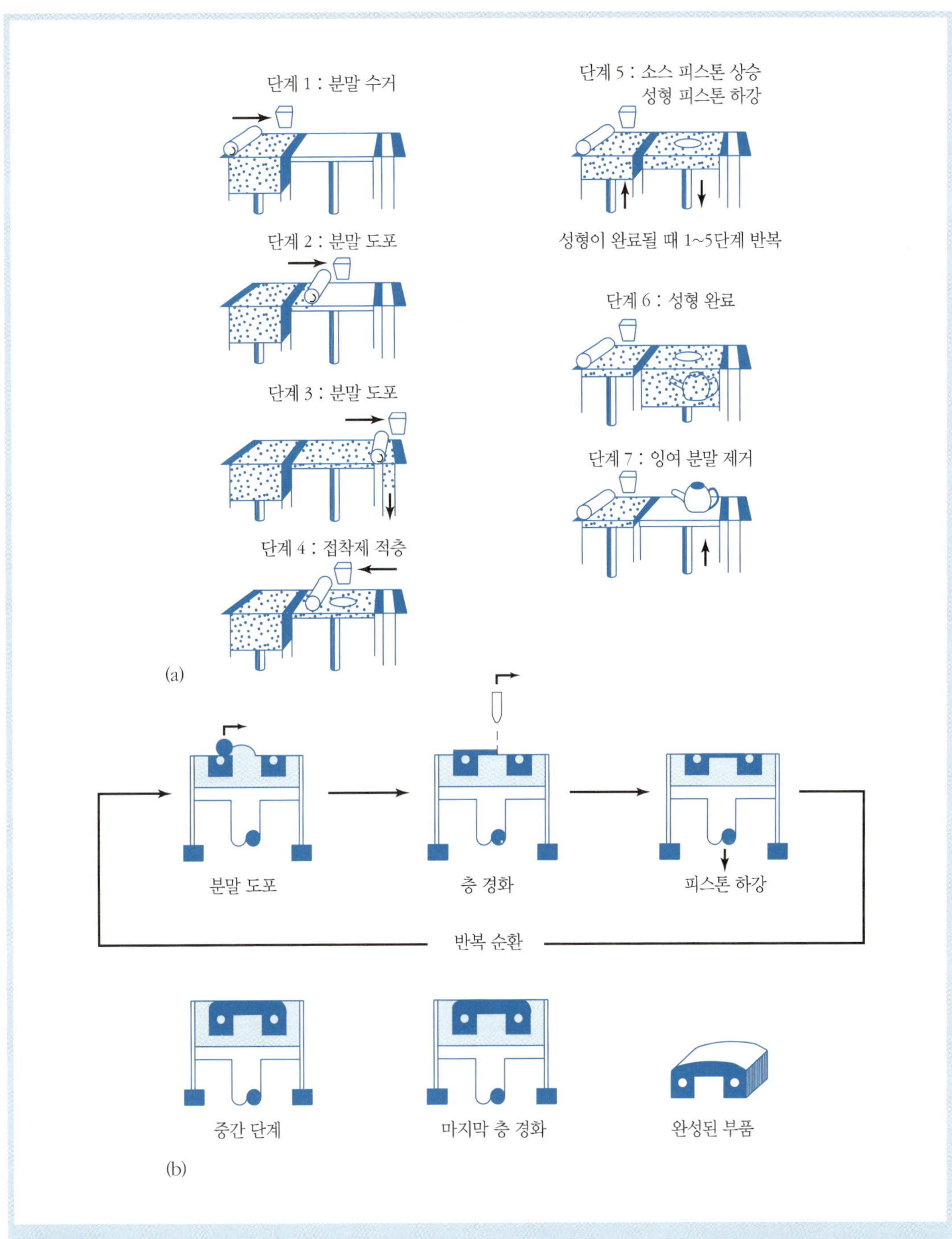

그림 4.10 (a) Z-Corporation사에서 출판된 안내서에 소개된 3차원 인쇄, (b) 색스와 동료들이 제안한 방법 (2000)

는 얇게 쌓인 분말층은 원하는 형상으로 굳게 된다. 굳히는 과정은 (SLS와 같은) 레이저가 아닌 접착제의 상변화를 이용한다. 제트-노즐(jet-nozzle)을 통해 접착제의 미세한 방울(droplet)들이 프린트 헤드로부터 연속적으로 인쇄된다. 재료들이 *x/y* 평면의 층으로 쌓이기 때문에, 이 공정은 전형적인 사무용 잉크젯 프린터의 헤드와 그 동작이 유사하다.

- MIT의 색스(Sachs)와 동료들에 의해 개발된 보다 정밀한 3차원 인쇄 공정은 이 기술의 선구자였다(그림 4.10b). 이 공정은 금속 주조를 위한 세라믹 성형과 사출 주조 금형을 위한 분말-금속 성형에 사용되고 있으며, 이러한 상용 애플리케이션들은 계속 증가하고 있다(Smith, 2000; Sachs et al., 1992, 2000).

4.2.11 입체 표면 경화(SGC)

입체 표면 경화는 큐비탈사(Cubital Inc.)에 의해서 소개되었다. 이 공정의 개념도는 그림 4.11과 같다. 이 다이어그램을 가장 빨리 이해하는 방법은 마스크(mask)를 이용

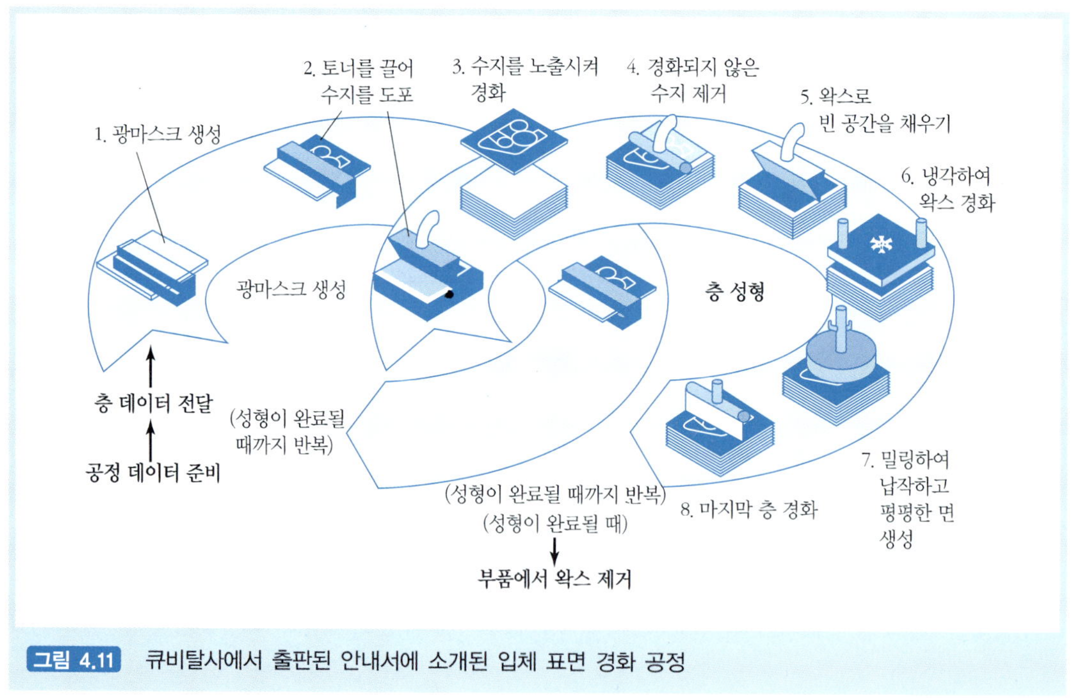

그림 4.11 큐비탈사에서 출판된 안내서에 소개된 입체 표면 경화 공정

하여 용액 틀의 최상위 층을 광경화시키는 '교차로(cross-road)'에서의 조작으로부터 시작하는 것이다. SGC는 SLA에서 폴리머 용액을 광경화시키는 것과 동일한 물리적 공정을 사용한다. 이들의 주요한 차이점은 SLA는 점광원(point source) 형태의 레이저를 사용하지만, SGC는 마스크를 통해 단 한 번에 전체 판을 노출시킨다는 것이다. 왼쪽의 개념도에서는 다음의 공정들이 나타나 있다. CAD 모델이 슬라이싱되고 단일층을 위한 마스크가 준비된다. 그리고 완성된 마스크는 노출 영역으로 순환한다. 오른쪽 개념도에서는 광경화 폴리머의 얇은 층이 블록의 표면에 뿌려진다. 이는 굳혀지기 위해 노출 영역으로 이동한다. 오른쪽의 후처리(postprocessing) 단계에서는 다시 첫 위치로 이동하기 전에 잔여 감광성 수지를 쓸어 내고 비어 있는 영역을 메우기 위해 보조용 왁스를 사용하여 채우고 냉각시킨 다음 평편하게 한다. 다른 한편으로, 왼쪽에서 보이는 것과 같이 마스크 판 위의 첫 패턴은 지워지고 다음 패턴이 적용된다.

4.2.12 형상 적층 조형(SDM)

앞서 언급된 두 공정의 일부분(예 : 샌더스사의 3차원 인쇄와 큐비탈사의 SGC)에서는 추가와 제거의 조합된 공정이 존재한다. 형상 적층 조형 또한 이러한 패러다임(paradigm)을 활용한다(Weiss et al., 1990; Weiss & Prinz, 1995; Weiss et al., 1997; Weiss & Prinz, 1998). SDM은 SFF의 장점들[손쉬운 계획, 특별한 고정구의 불필요, 복잡한 형상의 성형성, 불균일 구조(heterogeneous structure)]과 절삭 가공의 장점들(높은 정밀도, 좋은 표면 마감, 기존 CNC 장비 및 인프라를 이용한 다양한 크기의 가공 능력)을 조합하는 것을 목표로 한다.

SDM에서 CAD 모델은 3차원 층 구조로 한 번 더 슬라이스 된다. 층으로 구분된 조각들은 근사 형태(near-net shape)로 적층되고, 이후 추가적인 재료가 적층되기 전에 정확한 형태로 가공된다. 주 재료와 보조 재료들의 적층과 성형 순서는 국부 형상의 특징에 따라 결정된다(그림 4.12). 주요 아이디어는 가공을 하지 않고 이전에 형성된 조각들로부터 직접 형성될 수 있는 언더컷(undercut)과 같은 계층 조각으로 나누는 것이다. SDM의 적층원(deposition source)으로는 용접에서부터 압출까지 다양한 대안이 사용될 수 있다. 그러나 층간에 축적될 수 있는 잔류 응력(residual stress)으로 인해 층을 연결하는 부드러운 곡면을 가공하는 일은 여전히 문제점으로 남아 있다.

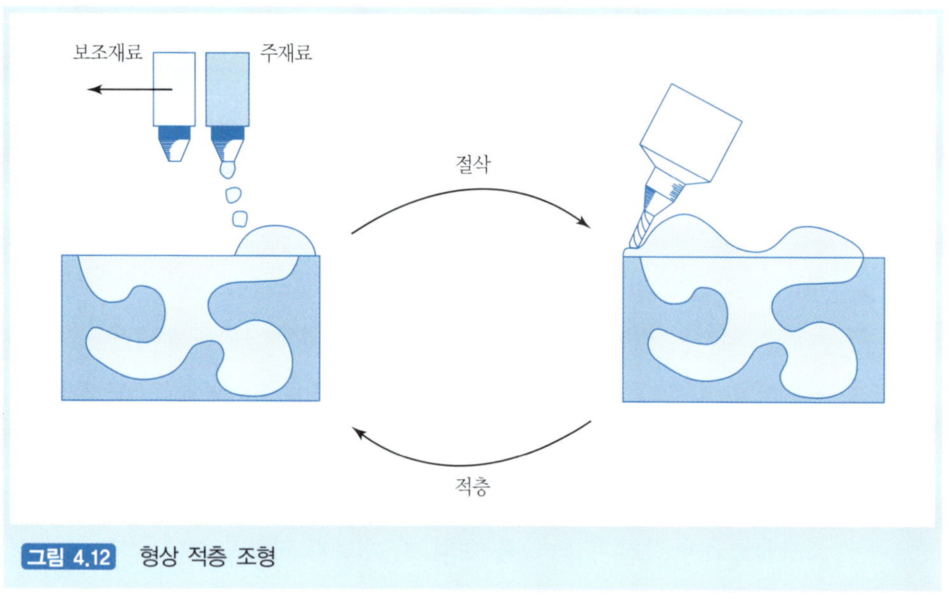

그림 4.12 형상 적층 조형

이와 같은 특징에 의해 SDM은 복잡한 곡면과 높은 치수정확도를 조합할 수 있다. 향후에는 이 기술을 이용하여 다양한 재료와 심지어, 내장형 전자기기(embedded electronics)를 포함하는 '입을 수 있는 컴퓨터(wearable computer)' 제품들을 만들기 위한 틈새시장을 채울 수 있을 것으로 기대된다(Smailagic & Siewiorek, 1993).

4.3 시작품 제조 공정의 비교

4.3.1 다양한 공정들로 가공될 수 있는 재료

SLA 공정에서 사용되는 광경화(photocured) 폴리머의 물성은 강도(strength)나 인성(toughness) 면에서 일반적인 산업용 재료들에 비해서 크게 뛰어나지 않다. 이러한 단점에도 불구하고, SFF군 중에서 가장 정확한 공정인 SLA는 주조나 사출성형의 주형으로 사용하기 위한 마스터 패턴을 만드는 산업 표준으로 자리 잡고 있다. 반면에, 사용기간이 짧거나 단일한 시작품의 제작이 필요한 경우에는 금속이나 ABS와 같은 구조적인 플라스틱이 사용되어야 한다. 만약 단지 몇 개의 시작품만 필요하다면 FDM 공정이 가장 이상적인 선택이다. FDM은 ABS 폴리머를 사용하여 일반적인 ABS에 비해 50~

80% 수준의 강도를 갖는 시작품의 제작이 가능하다. 플라스틱 또는 금속을 이용하여 충분한 강도를 갖는 시작품을 제작하기 위해서는, 절삭 가공이 다소 가공 가능한 형상이 제한적이기는 하나 적절한 선택이 될 수 있다. 또한 2~10여 개 정도의 구성요소를 위한 **소규모 배치 제조** 측면에서는 CNC 절삭 가공이 시작품 제작 공정과 매우 유사하다. 만약, 형상의 복잡함으로 인해 CNC 절삭 가공이 사용되지 못한다면, SLS를 이용한 금속-분말 부품이 적절한 대안이 될 수 있다. 10개 이상의 작업량에 대해서는 작은 배치 주조 방법을 사용하는 것에 대해 고려해 볼 수 있다. 일반적으로 주조 공정에 비해 절삭 가공이 더 높은 치수정확도를 갖기 때문에, 이와 같은 결정은 요구되는 치수정확도에 따라 달라질 수 있다. 또한 일부 형상 적층 조형이나 3차원 인쇄 분야에서의 기술 발전으로 최근에는 직접 주형을 제작할 수 있도록 해 주고 있다(Weiss, 1990; Sachs et al., 2000).

4.3.2 치수정확도

다양한 시작품 제작 공정을 구별하기 위한 또 다른 중요한 기준으로 치수정확도를 꼽을 수 있다. 다음의 목록은 소량의 구성요소들을 만들기 위해 사용될 수 있는 다양한 SFF 및 전통적인 공정들의 일반적인 치수정확도에 대해서 보여 준다.

- 열간, 자유단조 : +/−1,250μm
- 박판 재료 적층 조형 : +/−250μm
- 인베스트먼트(로스트-왁스) 주조 : +/−75μm
- 선택적 레이저 소결 : +/−75~125μm−부품 형상에 따라 다르다.
- 스테레오리소그래피 : +/−25~125μm−부품 형상에 따라 다르다.
- 절삭 가공된 주형을 이용한 플라스틱 사출성형(시작품용) : +/−50~100μm
- 황삭 : +/−50μm
- 정삭 : +/−12.5μm
- 방전가공 : +/−2.5μm
- 래핑과 연마 : +/−0.25μm

일반적인 시작품 제작 방법 중, 가장 정확한 방법으로는 손쉽게 +/−25μm 정도의 치수정확도를 얻을 수 있는 절삭 가공이 꼽히며, 숙련된 기술자의 추가 작업을 통해 이의 절반에 해당하는 치수정확도를 얻을 수도 있다. 다음으로 정확한 방법은 절삭 가공된 주형을 이용하여 +/−50μm 정도의 치수정확도를 얻을 수 있는 플라스틱 성형 방법이다.

이들 공정들 다음에는 SLA와 SLS가 위치한다. 선택적 레이저 소결이나 스테레오리소그래피는 일반적인 구성요소에 대해서 평균 +/−50~125μm 정도의 치수정확도를 갖는다. 이러한 치수정확도는 공급자가 SLA 장비를 사용하여 얻을 수 있다고 하는 25μm의 치수정확도와는 차이를 보일 수 있으며, 실제로 이렇게 광고된 25μm 정도의 치수정확도는 간단한 물체를 제작하는 경우에만 해당된다. 하지만 일부 사용자들은 예를 들어, '전체적으로 휘거나 수축하기 쉬운' 개방된 셸 구조(open shell structure)를 가진 복잡한 컴퓨터 주형이나 의료용 모니터를 만들어야 한다. 경우에 따라 이렇게 둘러싸인 재료의 수축이 SLA의 치수정확도를 +/−375μm 정도 저하시킬 수 있다.

SFF에 있어 치수정확도와 관련된 또 다른 고려사항은 계단 형상이다. 한번 더 축구공에 대해서 생각해 보자. 이번에는 완전히 부드러운 표면을 갖는다고 가정하고, 얇은 슬라이스들이 쌓여 있는 더미로 근사하여 표현해 보자. 이때 가장 큰 지름은 축구공을 절반으로 나누는 중간에 위치하고, 가장 작은 슬라이스는 양극단에 위치한다. 그림 4.13(Jacobs, 1996)은 축구공의 양극단으로 갈수록 경계 곡선의 근사가 정확하지 못함을 보여 주고 있다. 또한 이와 같은 치수정확도와 충실도의 상실은 층의 두께와 관련이 있다. SLA 공정이 계속 향상됨에 따라, 25~50μm 정도의 층을 적층함으로써 보다 나은 치수정확도를 제공할 수 있게 되었다. 하지만 이는 다른 모든 제조 공정과

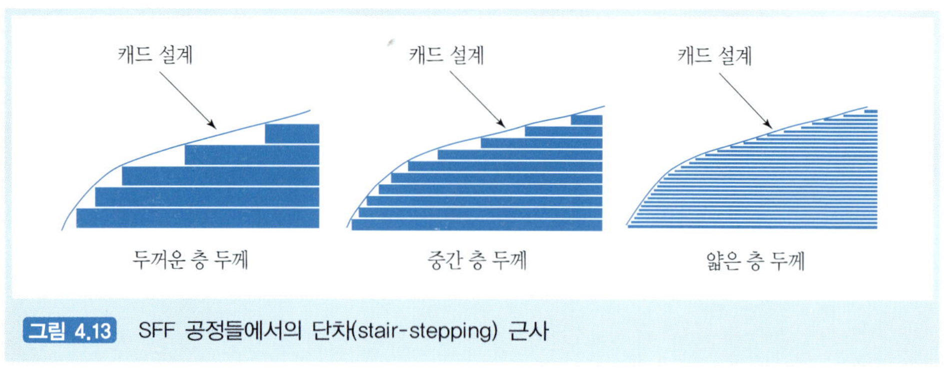

그림 4.13 SFF 공정들에서의 단차(stair-stepping) 근사

같이 제작 시간과 비용을 증가시킨다.

인베스트먼트 주조 또는 로스트-왁스(탈랍) 주조의 치수정확도는 +/−75μm 정도이다. 따라서 주조 공정으로 단기간 사용을 위한 시작품 주형을 만들고 플라스틱 사출을 통해 부품을 제작할 경우, +/−125μm 정도의 치수정확도를 제공할 수 있다. 또한 약간의 손다듬질과 주형의 외형에 대한 보정(cosmetic work)을 통해, 주조된 주형을 이용한 플라스틱 부품 수준의 치수정확도를 얻을 수 있다.

4.3.3 시작품 제작에 걸리는 시간

사내 전용(in-house dedicated) FDM 장비를 이용할 경우 하나의 부품을 24시간 이내에 제조할 수 있다. 진행 중인 설계 업무에서 외형을 확인하거나 하위 구성요소 또는 하위 조립체와의 결합을 평가하기 위한 일련의 시작품들을 제조하고자 하는 설계팀에게 있어서는 FDM이 적합하다.

사내 통합 CAD/CAM 시스템을 이용하여 절삭 가공을 할 경우, '아침 업무(morning work)' 정도로 간단한 부품을 제작할 수 있으며, 보다 복잡한 부품을 제작하는 데는 2~3일 정도가 소요된다. 사내 스테레오리소그래피 장비도 이와 같은 부품들의 'STL'을 전달받는 것으로부터 경화가 끝나는 시점까지 2~3일 정도가 걸린다. 덧붙여 말하면, 경화 시간은 추가적인 요소로서 종종 경쟁업체가 그들의 광고 문구를 만들거나 실제 공정을 다른 장비들과 비교할 때 간과되곤 한다.

만약, 사내 장비로 가공이 어렵다면 SLA 서비스 대행업체를 이용하여 부품을 제작할 수 있다. 대행업체와 특별한 소비자 관계를 맺고 있지 않다면, 작업 시간은 1~3주 정도가 걸릴 것이다. 고객과의 몇 가지 협의 사항과 CAD 파일이 전달되는 시간을 고려하면, 실제 작업 시간은 다소 길어질 수 있다. 그렇지만 쾌속 조형 업체들은 '충실도'보다는 '서비스와 속도'를 더 중요시하고 있다.

작은 작업량(10~500개)의 플라스틱 사출성형을 위해서는 작업 시간이 3~6주 정도 예상되며, 작업 순서는 다음과 같다. (a) 인터넷을 통해, 3차원 CAD 파일이 전달된다. (b) 파일을 검토한다. (c) SLA 원형을 제작한다. (d) 알루미늄 주형을 주조한다. (e) ABS 플라스틱을 이용하여 10~100여 개의 부품을 사출성형한다.

4.3.4 작업량

제2장에서 작업량의 영향에 대해서 논하였다. 하나의 구성요소에 대해서는, 스테레오리소그래피, 용융 적층 조형, 선택적 레이저 소결과 같은 SFF 공정이나 절삭 가공 중 선택이 가능하다. 50~500여 개의 배치를 운영하기 위해서는, 금속을 이용한 소량의 주조나 플라스틱 사출성형이 사용될 수 있다.

4.3.5 비용

모든 쾌속 조형 공정들에 있어서, 충실도와 치수정확도에 대한 요구는 비용 증가로 연결된다. 그림 4.14는 그 이유를 보여 준다. 특히, 설계자가 보다 높은 치수정확도를 원한다면, 'STL' 파일은 더 높은 해상도로 저장되어야 하고, 슬라이싱은 보다 얇게 되어야 하며, 레이저는 더 많은 경로를 가공해야 하고, 마지막으로 보다 많은 시간과 비용이 필요하게 된다. 또한 모든 시작품 제작 공정들은 약간의 손다듬질과 사포질, 귀따기(deburring) 작업이 필요하다. 설계자가 보다 부드러운 표면 마감 상태를 원할 경우에도 비용은 증가하게 된다. 모든 시작품 제작 공정들은 복잡도와 표면 마감, 치수정확도 그리고 비용 간에 일정한 관계를 갖고 있다. 그림 4.14는 SLA를 비롯한 모든 SFF에 있어서 돌출된 형상에 대해 보조재가 필요함을 잘 보여 준다. 그림 4.14의 오른

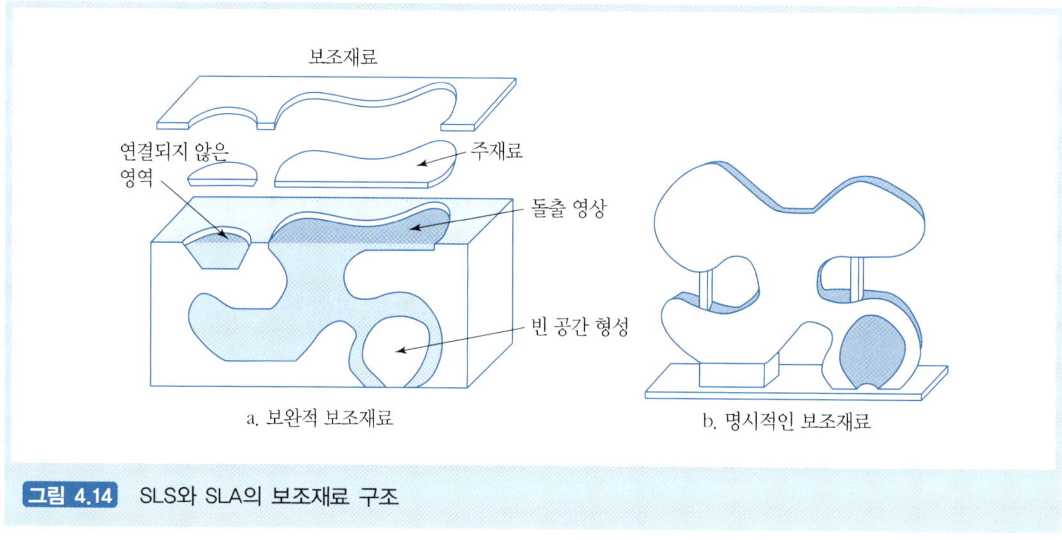

그림 4.14 SLS와 SLA의 보조재료 구조

쪽 부분에 대한 정리를 위해서는 가공 후 보조재 기둥들을 손으로 부서야 한다. 이는 대부분 작은 잘린 흔적들을 남기며, 이후 반드시 사포질을 통해 제거되어야 한다.

4.3.6 추가 비용

표 4.4에 나온 비용은 장비의 기본적인 가격을 보여 준다. 하지만, 실제 비용은 품질보증, 설치비 등의 추가적인 비용을 포함하고 있음을 유의해야 한다. 예를 들어, 헬리시스 2030H LOM 장비의 가격은 1년 품질보증을 포함하여 275,500달러이다(2000년 3월 기준). 여기에 추가적인 비용으로 설치비는 3,000달러, 교육비는 5,995달러가 소요된다. 또한 추가 옵션으로 체임버 가열 모듈은 4,499달러, 초기 공급 패키지는 5,995 달러이다. 따라서 이를 합한 전체 패키지의 구입비용은 292,494달러(약 3억 원 이상)가 된다. 이러한 예는 LOM 장비를 선전하거나 비판하는 것이 아니라, 업계 비지니스상의 실제 가격을 보여 주기 위해 제시되었다. 표의 모든 장비들은 일종의 설치비용으로 기본 가격의 10~20% 정도를 추가로 포함하고 있다. SLS와 같은 일부 공정들은 분말을 준비하거나, 환기를 위한 추가적인 공간을 필요로 한다. 표 4.4의 비용에 대한 비교 외에도 표 4.5, 표 4.6, 표 4.7에서는 각각 재료, 부품 크기, 전체 제작비용을 비교하여 보여 준다. 그림 4.15는 여러 RP 공정들의 치수정확도를 비교하여 보여 준다.

표 4.4 쾌속 조형 장비 가격. 설치 및 관련 비용은 4.3.6절 참고

쾌속 조형 장비(RP 공정)	장비 가격
SAL-250(SLA)	$210,000
SAL-350(SLA)	400,000
SAL-500(SLA)	500,000
FDM 2000(FDM)	120,000
LOM-2030H(LOM)	275,000
SGC 4600(SGC)	275,000
SGC 5600(SGC)	450,000
Sinterstation 2500(SLS)	200,000
Sinterstation 2500^{plue} (위 모델보다 적층 속도가 빠름)(SLS)	310,000

4.3.7 비용과 가공허용치에 관한 상업적 비교

표 4.5 성형 재료 비교

쾌속 조형	광경화성 폴리머 용액	소결된 금속분말과 왁스	박판 재료	폴리머 스풀	점성 경화 폴리머
스테레오리소그래피	X				
선택적 레이저 소결		X			
박판 재료 적층 조형			X		
용융 적층 조형				X	
입체 표면 경화	X				
형상 적층 조형					X

표 4.6 최대 가공 크기 비교

장비	회사	부품 크기 허용치
SAL-250	3D Systems, Inc.	10×10×10
SAL-350	3D Systems, Inc.	13.8×13.8×15.7
SAL-500	3D Systems, Inc.	20×20×23
FDM 2000	Stratasys, Inc.	10×10×10
LOM-2030H	Helisys, Inc.	32×22×20
SGC 5600(SGC)	Cubital America, Inc.	20×14×20
Sinterstation 2000	DTM Corp.	12×15
Sinterstation 2500	DTM Corp.	15×13×16.7

표 4.7 쾌속 조형 공정, 속도, 비용 비교–"Rapid Prototyping Report", Vol. 1, No. 6에 1992년 6월에 게재된 크라이슬러 벤치마킹 테스트 결과. 이 비교는 1992년 스트라타시스사의 3D modeler와 같은 장비들로 진행되었다. 대부분의 장비들이 이후에 보다 빨라졌다.

쾌속 조형 공정	장비	총가공 시간 (시 : 분)	총가공비용
스테레오리소그래피	SAL-250	7 : 25	$133.94
스테레오리소그래피	SAL-500	7 : 03	187.95
용융 적층 조형	3-D Modeler	12 : 39	344.94
박판 재료 적층 조형	LOM-1015	11 : 02	109.40
입체 표면 경화	Solider 5600	11 : 21	88.70*
선택적 레이저 소결	Sinterstation 2000	4 : 55	199.23

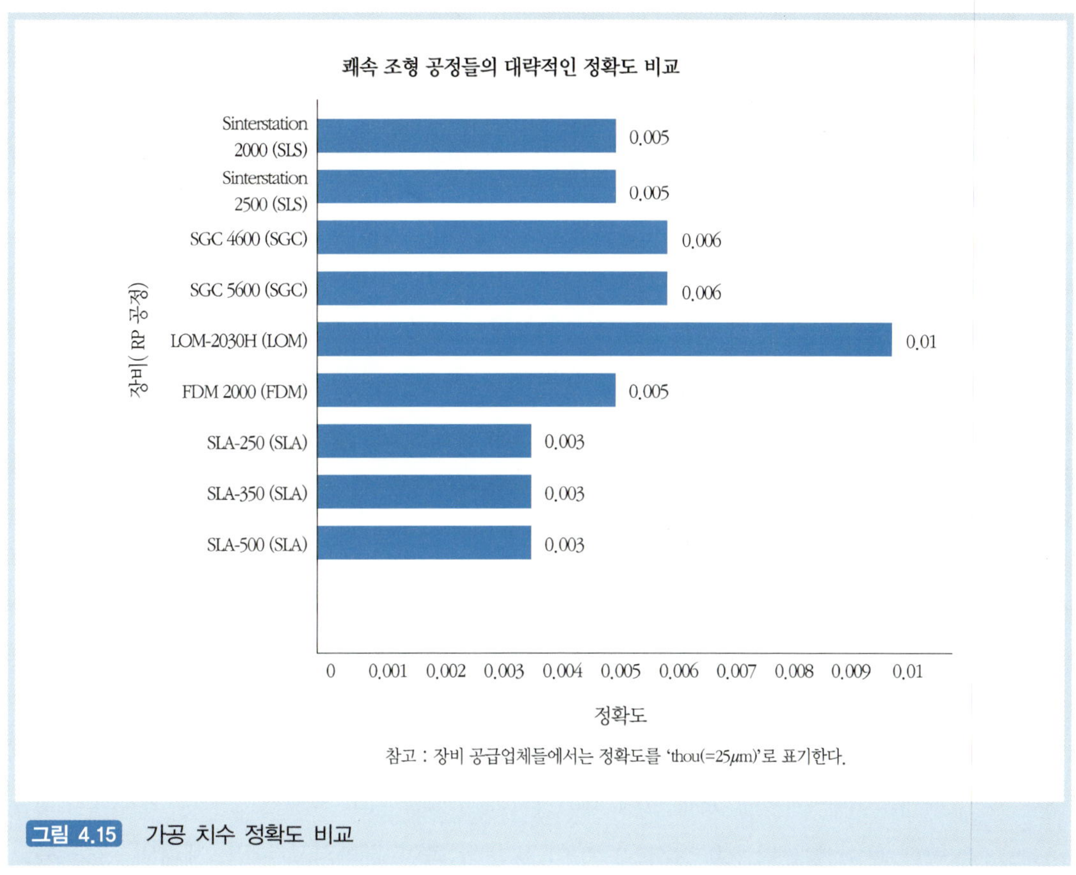

그림 4.15 가공 치수 정확도 비교

4.4 쾌속 조형용 주조 방법

4.4.1 소개

드가르모(DeGarmo)와 동료들(1997), 칼팍지안(Kalpakjian, 1997), 샤이(Schey, 1999), 그루버(Groover, 1999) 등에 의해 저술된 대표적인 제조 관련 교재들은 많은 부분을 주조 공정에 대한 내용에 할애하였다. 대표적인 주조 방법은 다음과 같다.

- 로스트-왁스 인베스트먼트 주조
- 세라믹-주형 인베스트먼트 주조
- 셸 성형

- 전통적인 사형 주조
- 다이캐스팅

이 절에서는 다른 책의 내용을 그대로 인용하기보다 쾌속 조형 회사에서 이용된 주조 방법에 초점을 맞추고자 했다. 주조 공정의 일반적인 작업량는 50~500여 개 정도이며, 주요 시장 전략으로 싸고 빠르다는 점을 내세운다. 그러나 자체적인 공차 문제로 최종 제품의 가공을 위한 선택으로는 적절하지 못하다. 주조 방법의 종류에 따라 공차는 로스트-왁스 공정의 +/−75μm로부터 표준 사형 주조의 +/−375μm까지 다양하다(제2장 참고).

4.4.2 로스트-왁스 인베스트먼트 주조

제1장에서 이미 언급했듯이 주조의 기반은 수십 세기 전에 한국과 이집트의 예술가들에 의해서 발명되었다. 그림 4.16은 **로스트-왁스 인베스트먼트 주조** 공정의 진행 단계를 보여 준다. (a~c) 공학 또는 예술 모델의 마스터 패턴을 왁스에 조각한다. (d~f) 왁스 주변을 세라믹 슬러리(slurry)로 채우고 경화시킨다. (g) 왁스를 녹여 바닥의 구멍으로 빼내고 내부는 비어 있게 한다. (h) 바닥의 구멍을 막고 용융된 금속을 위쪽의 구멍을 통해 부어 넣는다. (i) 잠시 후 부어 넣은 금속이 경화되고 나면, 세라믹 셸을 깨고 부품을 꺼낸다. (j) 최종 부품을 얻기 위해서는 약간의 세척, 귀따기 작업, 연마가 필요하다. 이러한 주조 공정은 제2차 세계대전 중 항공기 엔진 구성요소의 가공을 위해 획기적으로 향상되고 보다 정확해졌다. 그림 4.16의 윗부분은 사출 주형들로부터 왁스 패턴을 만들고, 나무(tree)로 불리는 주형 틀에 조립하여 슬러리와 함께 처리하는 것을 보여 준다.

다음 층에는 세밀한 내화재[refractory slip, 지르콘(zircon) 분말 30sieve 또는 mesh size]를 가한 다음, 두꺼운 스투코 층[규선석(sillimanite) 30sieve 또는 mesh size]을 덮는다. 이와 같은 층으로 덮힌 구성요소를 이소프로필 실리케이트(isopropyl silicate)와 산성 경화액이 담긴 유동층(fluidized bed)에 담근 후 꺼내어 암모니아 가스로 건조시킨다. 다음으로 오토클레이브(autoclave)에서 150℃로 가열하여 왁스를 제거하고, 950℃로 2시간 정도 불에 굽는다. 마지막으로 용융된 철이나 알루미늄을 부어 넣는다.

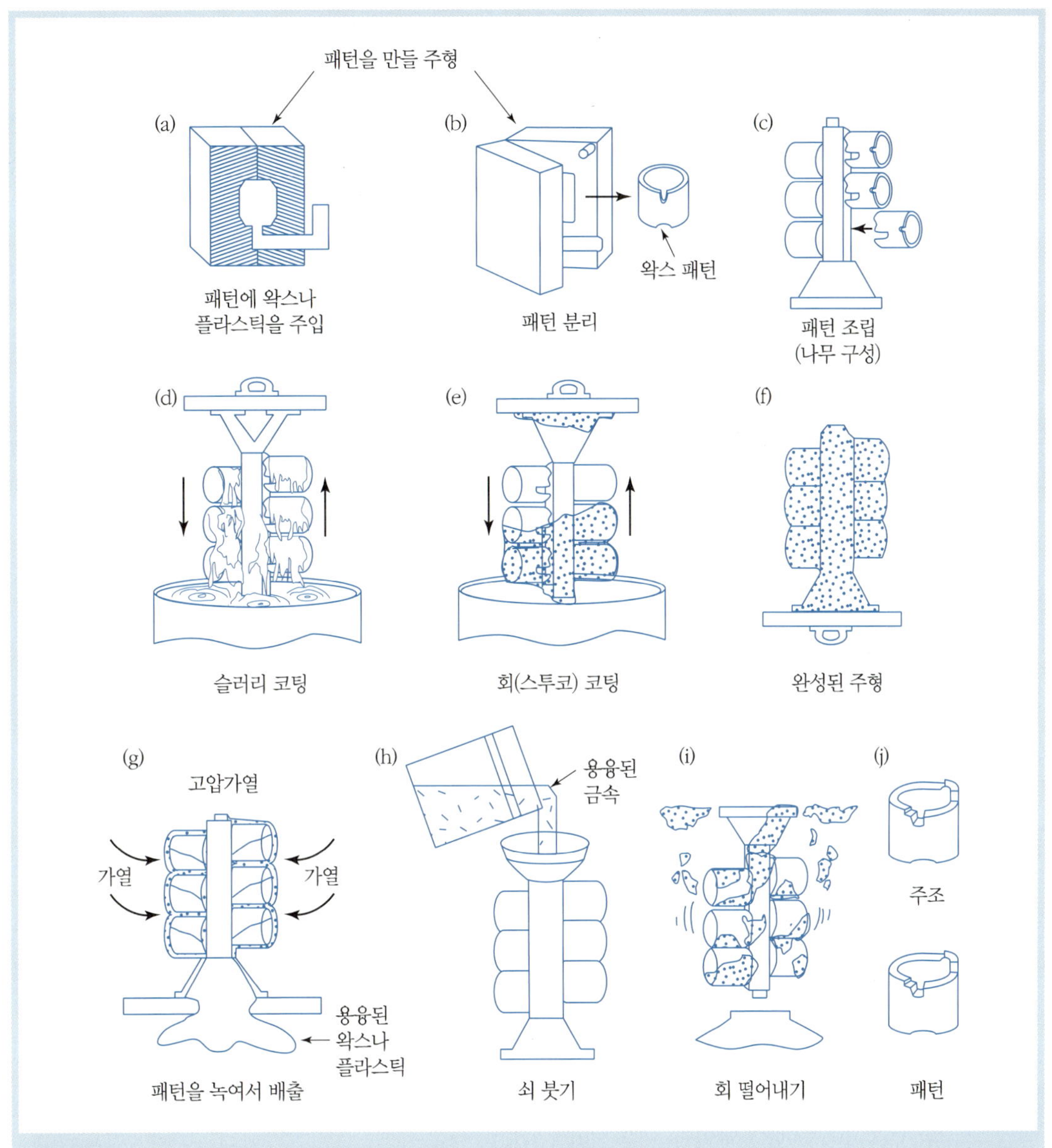

그림 4.16 로스트 왁스 인베스트먼트 주조 공정. 위쪽의 (a)~(c) 과정은 왁스 마스터 패턴 구조를 만든다. 중간 다이어그램에서는 슬러리와 회가 적용되는 것을 보여 준다. 아래 다이어그램에서는 주조를 보여 준다.

간단히 정리하면, 최근의 로스트-왁스 방법은 매우 잘 절삭 가공된 주형을 이용하여 원형 왁스 패턴을 만들기 때문에, 주조 방법 중에서 가장 우수한 공차를 갖는다. 최근에는 $+/-75\mu m$ 정도의 공차를 쉽게 얻을 수 있다. 또한 같은 이유로 주조된 표면이 보다 부드럽고 사용하기에 적당하다.

- 왁스 패턴에 손다듬질을 할 경우, 분리선(parting line)을 없앨 수 있다.
- 표면 무늬를 가진 왁스 패턴을 이용하여 골프 클럽의 작은 물결 무늬와 같은 형상을 직접 만들 수 있다.
- 로봇을 이용하여 슬러리에 담그는 작업을 자동화함으로써 제작비용을 절감할 수 있다.
- 터빈 블레이드와 같은 제품을 일정한 방향으로 경화시킴으로써, 해당 방향에서 우수한 기계적 물성이 나타나도록 할 수 있다.

4.4.3 세라믹-주형 인베스트먼트 주조

앞서 소개된 로스트-왁스 주형 방법은 부품을 꺼내기 위해 왁스 패턴을 부수기 때문에, 재사용이 불가능하다는 단점이 있다. 이에 세라믹-주형 인베스트먼트 주조 기술은 소모성 왁스 패턴을 대신해서 재사용이 가능한 영구적인 서브마스터 패턴을 사용한다. 이러한 인베스트먼트 주조 방법은 가능한 세심한 주의와 1단계 원형 마스터 포지티브를 만드는 것에 드는 비용을 효과적으로 유지하기 위해 이론상의 다섯 단계로 이루어져 있으며, 그 세부 내용은 다음과 같다.

- 단계 1. 포지티브 : 스테레오리소그래피나 절삭 가공으로 원형 마스터 패턴을 만든다.
- 단계 2. 네거티브 : 매우 안정한 수지를 이용하여 마스터 주변에 셸 형상을 만들어, 원형 포지티브 마스터 패턴 주변에 네거티브 공간을 구성한다. 이 셸은 분리선을 부여하기 위해 분리될 수 있다.
- 단계 3. 포지티브 : 셸로부터 재사용이 가능한 보조마스터(고무 주형)를 생성한다.
- 단계 4. 네거티브 : 부서질 수 있는 슬러리와 세라믹 주형을 만든다.
- 단계 5. 포지티브 : 용융된 금속을 세라믹 주형에 붓고, 경화가 끝나면 주형을 부수고 구성요소를 꺼낸다. 마지막으로 게이트와 거친 부분을 제거한다.

원형 마스터 패턴을 만들기 위해 SLA 또는 황동(brass)이나 청동(bronze)을 가공하는 CNC 장비를 사용할 수 있다. 물론, 단계 3부터 시작할 수도 있으나, 이는 원형 마스터를, 특히 SLA로 만들어졌을 경우 손상시킬 수 있다. 또한 공장에서는 높은 생산성을 얻기 위해 단계 3에서 단계 2의 안정한 수지 네거티브로 만든 많은 수의 주형들을 사용하는 것이 유용할 수 있다.

쾌속 조형 회사들은 단계 2에서 치수안정성(dimensional stability)이 우수한 경질의 수지를 사용하여 네거티브를 만드는 것을 선호한다. 또한 두 종류의 수지를 이용하여 분리선으로 분리가 가능한 주형들을 사용하는 것이 일반적임을 유념할 필요가 있다.

일단 경질의 수지를 이용한 셸이 형성되면, 셸은 단계 3에서 사용되기 위한 경질의 '고무 포지티브'로 경화되기 위한 슬러리 겔로 채워진다. 이러한 중간 단계의 보조마스터 주형들은 고무와 같은 연질의 상태에서 수지 셸로부터 분리될 수 있다. 보조마스터 주형에 사용되는 재료는 주조 작업의 거친 작업 환경에 적합하며, 연질한 물성은 수지 셸로부터 분리할 때 인출경사각이 필요 없는 것을 의미한다.

단계 4의 네거티브 주형은 잘 분포된 알루미늄 규산염(aluminosilicate)과 접합액(규산에틸, ethyl silicate), 이소프로필렌 알코올로 만들어진다. 일단 슬러리가 자리를 잡으면, 2개의 세라믹 주형을 결합하여 내부 공간을 만들고 슬러리를 950℃로 구워 강도를 부여한다. 그리고 용융 알루미늄을 이용하여 주조 공정을 시작한다.

경화 과정이 끝나면 세라믹을 깨고 구성요소를 꺼낸 다음 세척하고 거친 부분을 제거한다. 종종 분리선이 문제가 될 수 있으나, 대부분의 경우 훌륭한 치수정확도를 얻을 수 있다. +/−125~375μm.

4.4.4 셸 성형

높은 치수정확도를 주조 방법의 또 다른 대안으로 셸 성형이 있다. 우선 금속 패턴 평판을 200~240℃ 정도로 가열한다. 그리고 전체적으로 5~15mm 정도의 두께로 얇은 모래층을 덮는다. 이때 사용되는 모래는 금속 평판에 달라붙기 위해 수지가 덮인 것을 사용한다. 또한 뿌려진 모래의 견고한 열경화성을 확실하게 하기 위해 헥사메틸린-테트라민(hexamethylene-tetramine) 첨가제를 포함하는 페놀 수지(phenolic resin)를 실리카와 혼합한다. 다음으로 모래 주형을 경화하고 분리하여 건조시킨다. 이렇게 만들어진 주형들은 상대적으로 매우 정확하다. 일단 초과된 모래가 제거되고 나면 주조가 끝나게 되며, 치수정확도는 대략 +/−75μm 정도로 우수하다.

4.4.5 전형적인 사형 주조

나무 또는 석고 패턴을 이용하는 보다 거칠고 저렴한 주조 방법으로 사형 주조가 있다. 모래 형이 용융 금속을 위한 게이트 및 라이저(riser)와 함께 패턴 주변에 만들어진다. 이 공정은 +/−375μm의 치수정확도를 보인다. 최근 추가된 개발된 사항들로는 다음과 같은 것들이 있다.

1. 높은 압력의 진동-압축 방법 : 여기서는 플런저들이 주형 속으로 2.76MPa (400psi)의 압력하에 모래를 밀어 넣는다. 이를 통해 주형에 조밀하게 모래를 채움으로써 주조 후 보다 향상된 공차를 얻을 수 있다.
2. 탄산가스 성형 방법 : 이 방법에서는 모래와 주형 사이의 경계면이 약 12mm 정도 두께의 특수한 재료로 이루어진다. 이 재료는 6%의 소듐 실리케이트가 결합된 지르콘 또는 매우 미세한 실리카의 내화성 혼합물이다.

4.4.6 다이캐스팅

다이캐스팅은 대체적으로 뜨거운 아연(zinc)을 영구적인 금속 다이에 고압으로 사출하는 방식으로 이루어진다. 최근에는 이와 같은 주조를 위한 다이나 주형은 대부분 3축 또는 5축 절삭 가공 장비로 만들어진다.

다이 비용이 상대적으로 고가이기는 하나 부드러운 곡면을 가진 구성요소를 +/−75μm 정도의 치수정확도로 생산할 수 있다. 그러나 이러한 고가의 영구적 주형을 사용하는 다이캐스팅은 쾌속 조형 군으로 분류하기에는 적합하지 못하다. 이러한 이유로 다이캐스팅은 주로 자동차나 소비자 제품에 사용되는 작은 부품을 대량으로 생산하는 데 사용된다. 그리고 아연 합금과 같은 녹는 점이 낮은 재료들을 사용하기 때문에, 구성요소의 강도는 다른 주조 방법에 비해 상대적으로 낮은 편이다.

근래에는 아연 다이캐스팅보다 플라스틱을 이용한 사출성형이 더 선호되기도 한다.

4.5 절삭 가공을 사용한 쾌속 조형(신속 제작)

4.5.1 개관

일반적인 절삭 가공의 공정 및 원리에 대해서는 제7장에서 다룬다. 그리고 이 절에서는 CNC 절삭 가공을 이용하여 '완성품(turnkey)의 신속 제작'이 가능하게 해 주는 CAD/CAM 소프트웨어의 발전에 초점을 맞추었다. 이러한 CAD/CAM 소프트웨어는 완전한 자동화를 통해 CAD와 가공 도메인 간을 연결하고, 숙련된 기계공의 서비스가 요구되는 현장의 정교한 공정들(예 : 공정계획과 고정구 설계)을 크게 최소화시키는 것을 목표로 한다.

사이버컷(CyberCut™)은 CNC 절삭 가공을 위한 인터넷 기반의 실험적 가공 테스트 베드이다. 이 서비스는 인터넷상에서 설계자가 기계 부품을 직접 생성하고, 공정계획 수립 및 오픈-아키텍처(open-architecture) 기반의 CNC 가공 장비를 이용하는 데 사용되는 적절한 파일을 원격지의 서버에 전달할 수 있도록 해 준다. 또한 빠른 공구 경로의 생성과 새로운 고정장치, 센서 기반의 정밀 가공 기술을 통해 설계자가 짧은 시간에 높은 강도와 만족스러운 공차를 가진 부품을 얻을 수 있도록 해 준다(Smith & Wright, 1996).

4.5.2 웹캐드(WebCAD) : 고객 측에서 사용 가능한 인터넷상의 제조고려설계 소프트웨어

부품을 설계하는 과정에서 '공정을 인식하는(process aware)' CAD 도구를 사용하는 것이 주요 아이디어이며, 그 시작(prototype) 시스템이 웹캐드이다(Kim et al., 1999). 이동성, 객체지향, C++와 같은 강건한 프로그래밍이 가능한 자바(Java™)가 이러한 소형 애플리케이션을 제공하기 위한 프레임 워크로 사용된다. 그래픽 사용자 인터페이스(Graphic User Interface, GUI)는 앞 장에서 소개된 DSG 아이디어를 사용하여 2.5차원 형상을 기반으로 하는 설계 시스템으로 구성되었다(Cutkosky & Tenenbaum, 1990; Sarma & Wright, 1996). 사용자는 다면체 재료 형상을 이용하여 모델링을 시작하여, 기본 요소나 '재료의 큰 부분(chunk)'들을 제거한다. 이와는 달리 전형적인 CSG는 '아무것도 없는 상태'에서 점차적으로 형상을 구성해 가는 방식으로 부품을 구체화하는 것을 의미한다. '소거적(destructive)' 패러다임에서는 사용자가 임의로 형상을 제거하기보다는 사전에 정의된 특정한 재료 형태를 제거하도록 제한된다. 이러한 형상에는 포켓, 한쪽이 막힌 구멍(blind hole), 관통 구멍 형태 등이 포함된다.

웹캐드 시스템은 또한 가공 가능성(machinability)에 대한 규칙을 수집하기 위한 전문가 시스템(expert system)을 포함하고 있다. 그림 4.17의 상단에서는 설계자가 설계 과정에서 이러한 규칙들에 의해서 안내되는 것을 보여 준다. 예를 들어, 관통 구멍 주위로 '금지된 영역'을 부여하여 구멍이 주변 모서리에 너무 가깝지 않게 설계되도록 한다. 설계자가 이러한 규칙에 어긋나는 설계를 했을 경우, '팝업' 창을 띄워 구멍의 위치를 블록의 안쪽으로 이동할 만큼의 반지름으로 수정하는 대안을 제시해 준다. 또한 웹캐드는 화면에 보이는 모양과 똑같이 제작된다는 뜻으로 '위지위그(WYSIWYG)'를 따르는 설계 환경을 제공함으로써, 공구나 포켓의 모서리 반지름을 직관적으로 선정할 수 있도록 돕는다.

설계자가 소거된 형상들을 부가할 수 있는 것은 이러한 형상들이 이미 표준 CNC 절삭 공정에 손쉽게 반영될 수 있도록 되어 있기 때문이다. 이러한 스키마(schema)는 문서의 '인쇄 가능성(printability)'과 관련하여 워드프로세서와 프린터 간의 상호작용과 매우 유사하다. 부품 설계자에게 사용 가능한 DSG 형상이 제한적이라는 점은 분명 문제점으로 지적될 수 있다. 하지만 이러한 설계 환경의 중요한 이점은 기존 설계-제조 방법들과 같이 자유로운 설계(unconstrained design)나 설계, 계획, 가공 간의 단절된 관계에 의존하지 않고, 보다 결정론적인 설계를 진행한다는 점이다. 이러한 환경을 처음 사용하는 입장에서 설계자들은 자유로움이 구속되어 있음에 다소 신경을 쓰는 것으로 나타났지만, 빠르고 정확하게 설계된 부품을 가공하여 제공할 수 있다는 것을 통해 이러한 시스템이 매력적인 것으로 증명되었다.

4.5.3 서버 측에서의 계획

인터넷상에서 고객의 설계가 끝나면, 원격지의 서버에서 공정계획을 세울 수 있도록 최종 형상이 인터넷을 통해 해당 서버로 전달된다. 그리고 자동화된 소프트웨어 파이프라인은 공작기계를 이용하여 전달받은 형상을 가공하기 위한 정확한 공구 경로(tool

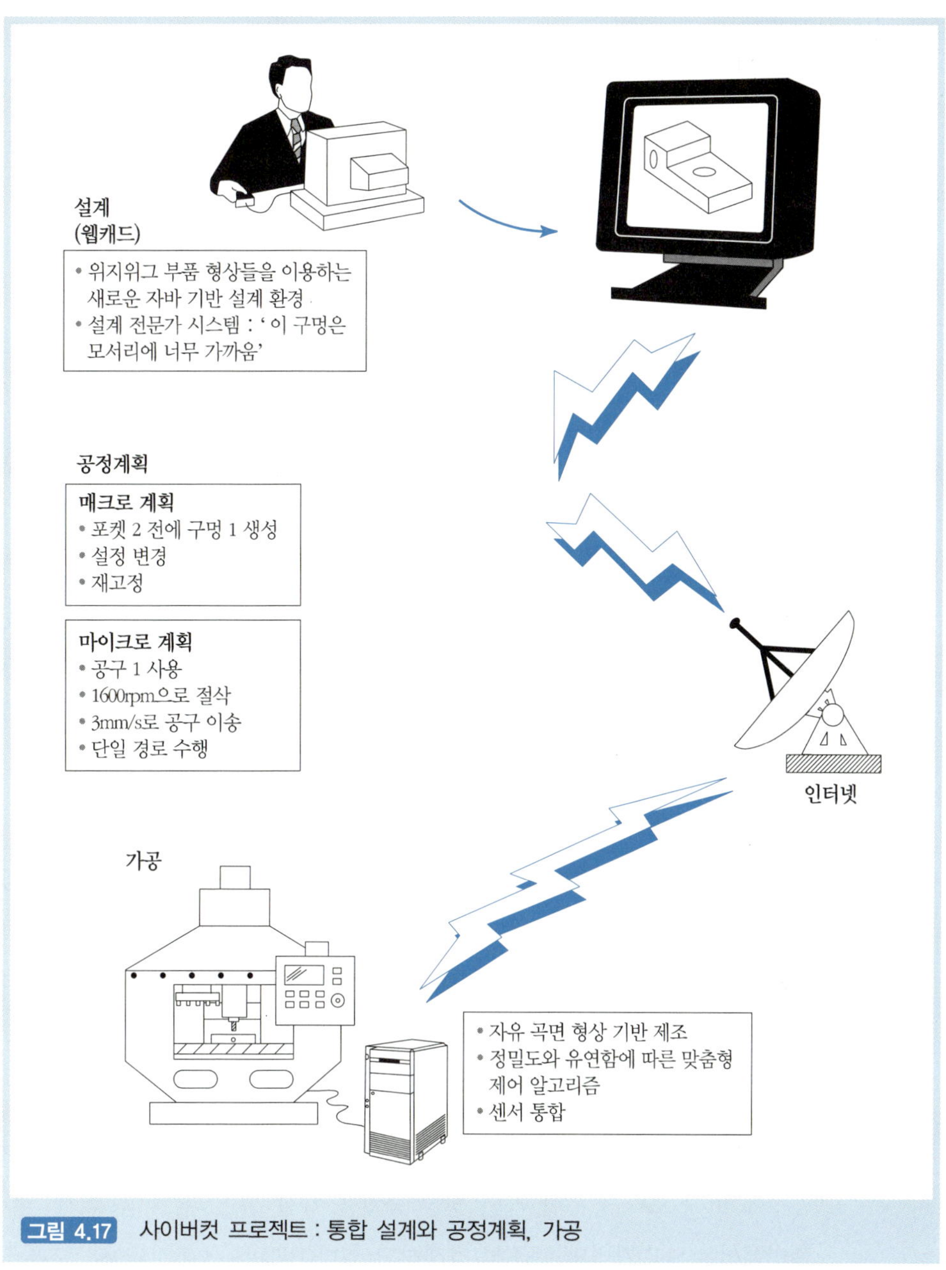

그림 4.17 사이버컷 프로젝트 : 통합 설계와 공정계획, 가공

path), 절삭 속도(feed rate), 주축 회전 속도(spindle speed)를 결정한다.

매크로플래닝(macroplanning)은 가공하기 위한 형상들을 정렬하고 이를 고정하기 위한 특별한 가공 설정을 생성한다. 사이버컷에 사용된 매크로플래너는 형상 인식이 가능한 모듈로서, 2.5차원 부품으로부터 3차원 특징 형상들을 신뢰할 만한 수준에서 추출해 낼 수 있다. 이를 통해 얻어지는 형상들은 가공 형상의 집합일 뿐만 아니라, 형상 간의 관계에 대한 중요한 연결 정보를 제공할 수 있는 풍성한(rich) 자료구조이다. 최근에는 매크로플래너의 기능이 자유 곡면을 포함하는 형상들을 인식하고 처리할 수 있는 수준으로 발전하고 있다(Sundararajan & Wright, 2000).

마이크로플래닝(microplanning)과 **공구 경로 계획**은 DSG 형상을 특정한 가공 동작들로 분해한다. 다시 말해, 이 과정은 잔디 깎기와 유사하다. 각각의 형상은 특정한 공구 지름에 따라 조각되고, 각 열(strip)의 겹침은 부품의 공차와 표면 거칠기에 따라 고려된다. 포켓의 모서리는 (잔디와 같이) 특별한 기법이 요구된다. 자유 곡면들은 반드시 평평한 부분과 경사진 부분으로 나누어져야 한다. 평평한 부분은 투영된 나선형 공구 경로 패턴으로 가공되며, 경사진 부분은 슬라이싱 공구 경로 패턴으로 절삭 가공된다. 분해기법은 가공 시간을 최소화하기 위해 특정한 표면 거칠기와 공차, 가공 공구의 안정성의 범위를 고려하여 사용된다. 또한, 설계자들이 사전에 가공비용을 평가해 볼 수 있도록 각 공정들 간의 가공 시간을 예측하여 제공할 수 있다.

4.5.4 절삭을 이용한 서버 측에서의 가공

마지막으로 오픈-아키텍처 절삭 장비에서 일련의 NC 명령어들을 이용하여 가공이 수행된다. (이와 달리, 만약 고객이 사전에 SFF 기술을 이용하여 보다 좋은 결과를 얻었다면, 사이버컷은 FDM 장비와도 연결될 수 있다.) 사용되는 특정한 절삭 가공 장비는 오픈-아키텍처 장비로서 보다 향상된 공구 경로들을 가공할 수 있다. 예를 들면, NURBS(Non Uniform Rational Basis, or Bézier Spline)로 표현된 복잡한 자유 경로들을 따라 움직일 수 있는 공구 경로 삽입기(interpolator)이다. 이는 명백히 전통적인 가공 공정에 비해 보다 풍부한 곡면 생성 능력을 가질 수 있다. 이와 함께, 형상의 복잡성 측면에서는 SFF 기법과 꾸준히 경쟁하고 있다(Hillaire et al., 1998). 오픈-아키텍처 장비에 대한 자세한 설명은 제7장에서 논의한다.

4.6 기술 경영

4.6.1 요약

SFF 기술 및 절삭 가공이나 주조와 같은 전형적인 쾌속 조형 방법들은 제품 실현 주기(product realization cycle)의 향상과 시장적기대응(time-to-market) 시간의 단축을 위해 중요한 기술들이다. 인터넷 기반의 소프트웨어 도구들의 이용 가능성(Berners-Lee, 1989; Java, 1995)은 CAD와 시작품 제작 간의 연결들을 이전보다 촉진시켜 주었다. 또한 인터넷은 다양한 나라들에서 제조 사이트에 접근할 수 있도록 해 주었다(Smith & Wright, 1996; DeMeter et al., 1995; Mitsuishi et al., 1992; Frost & Cutkosky, 1996; Finin et al., 1994). 이를 요약하면 다음과 같다.

- SLA는 새로운 SFF 조형 기법들 중 가장 상업적인 선택안으로 부상하고 있다.
- SLS는 보조재를 필요로 하는 돌출된 형상과 광경화보다 소결을 통해 만들어질 수 있는 강한 재료 때문에 SLA의 대안으로 매우 유용한 상업적인 선택안으로 받아들여지고 있다.
- FDM은 산업 디자인팀의 반복적인 시작품 제작에 사용되는 회사 내부의 장비로서 최상의 선택이다.
- 이 글을 쓰고 있는 지금, 저가의 Z-Corporation사의 장비들을 이용한 3차원 프린팅이 상업적인 선택을 얻고 있다. 소형화된 절삭 장비와 함께 꾸며진 3차원 디지타이저 또한 시장에 진입하고 있다(롤랜드 디지털 그룹 참조).
- LOM은 큰 부품에 있어서 훌륭한 선택이다.
- 절삭 가공과 주조는 쾌속 조형 영역에서, 특히 높은 강인함이 필요한 시작품이나 다수의 시작품을 생산하기 위해 상대적으로 긴 배치의 운영이 필요할 경우, 주요 방법으로 남아 있다.

4.6.2 향후 동향

시간이 지남에 따라 스테레오리소그래피나 SLS와 같은 공정들의 정밀도는 향상되고 있다. 그리고 이러한 공정들은 보다 많이 원형, 즉 주조나 플라스틱 사출성형의 첫 마스터의 생성에 활용되고 있다. 오디오, 휴대전화, 개인 휴대용 정보 단말기(personal digital assistant, PDA), 핸드헬드 컴퓨터와 같은 소비 제품들이 공기역학적인 형상을 가짐에 따라(Richards & Brodersen, 1995), 특이한 곡선이나 오목한 모양(reentrant)을 가진 주형이 필요하게 되었다 이러한 형상들은 절삭 가공보다는 SLA나 SLS를 이용하여 손쉽게 제작할 수 있다.

그럼에도 불구하고 절삭 가공과 비교하여 SFF의 치수정확도가 낮음이 강조되어 왔다. 돌출된 구조들은 가공하는 동안 받쳐지기가 쉽지 않으며, 경화하는 동안 구성품에 휘어짐(warping)이 발생하는 문제점이 있다. 간단한 형상이 +/−25~75μm의 치수정확도를 갖는 반면, 복잡한 형상의 경우에는 비교적 높은 +/−125~375μm 정도의 치수정확도를 갖는다.

SFF 부품이 절삭 가공된 부품에 비해 낮은 강도를 갖기는 하지만, 오늘날 이러한 차이는 점점 줄어들고 있다. 스트라타시스 장비를 이용하여 만들어진 FDM 부품들은 ABS나 이와 유사한 폴리머에 가까운 수준의 강도를 보여 준다. 예를 들어, 청(Cheung)과 오갤(Ogale)은 섬유 강화 방법(fiber reinforcement)을 이용하여 광경화 폴리머의 강도를 향상시켰다(1998). 또한 샌디아 연구소(Sandia National Laboratories)에서는 LENS (Laser Engineered Net Shaping)를 이용하여 고강도의 금속 주형을 직접 가공할 수 있도록 하였다. 이와 유사한 연구로 DTM Inc.사의 SLS 공정이 있다.

이와 함께 절삭 가공용 CAD/CAM 기술이 급속히 발전하고 있다. 예로서, 오픈-아키텍처 절삭 장비와 연결된 사이버컷의 자유 곡면 설계 도구들은 절삭 가공의 가능 범위를 계속 넓혀갈 것이다(Greenfeld et al., 1989; Schofield et al., 1998; Hillaire et al., 1998). 여기서 다소 민감한 문제가 하나 나타난다. SFF 조형 기법의 대부분의 연구들은 CAD와 CNC 절삭 공작기계 간의 커뮤니케이션 부족으로 인해서 촉진되었다. 1980년대 후반, 절삭 가공을 넘어서는 스테레오리소그래피의 경쟁적인 우위는 캐드 모델이 간단히 슬라이스되고, 빠른 부품 가공을 위한 레이저 스캐닝 경로로 변환되는 것이 가능해짐에 따라 시작되었다. 하지만 사이버컷 방법론과 오픈-아키텍처 제어를 통해 전형적인 절삭 가공 공정은 모델로부터 부품을 제작하는 데까지 속도 측면에서 동등한 경쟁력을 가질 수 있게 되었으며, 지금까지 그랬듯이 꾸준히 높은 치수정확도와 제품의 완전한 품질을 제공하고 있다.

절삭 가공과 SFF 영역의 가공 허용치가 꾸준히 성장할 것이라는 증거는 명백하다. 이는 또한 평탄화를 동반한 3차원 프린팅, SGC, '양쪽 특징 모두를 사용하기 위한' 적층과 절삭 가공이 조합된 SDM이 주목을 받았다. 이와 유사하게 3D 시스템즈사의 퀵캐스트(QuickCast) 기법은 '최상의 인베스트먼트 주조 방법과 결합된 최상의 SLA'를 사용한다. 퀵캐스트에서는 분해가 가능한 SLA 패턴들이 내부가 명확한 중공 구조들과 함께 가공된다. 주조용 세라믹 셸들이 이러한 중공 SLA 패턴들 주위에 생성되고 나면, 이후에 만들어진 것은 내부에서 부서지고 주조용 주형은 원형 그대로 곧바로 사용이 가능한 상태로 남는다. 제이콥스(1996, pp.183-252)에 의해 기술된 이 공정은 빠르게 상업화되어 가고 있다.

앞서 다루어진 문제들은 주로 기술적인 것들이다. 이 장의 끝에 다가감에 따라, 제2장의 'prototypes structure the design process'(Kamath & Liker, 1994 참조)에 대해서 기억할 필요가 있다. 물리적인 시작품은 분산된 디자인팀, 특히 하부 위탁이 전체 공정에서 큰 부분을 차지하는 시도에 중점을 둔다.

가장 중요한 결론은 다음과 같다. 각각의 제조 공정들은 제품 개발 주기에서 서로 다른 분야의 고유의 주요한 역할을 수행할 것이다. 예를 들면, SFF 기술은 시작 부분에서, 절삭 가공은 매우 정확한 주형을 생성하는 것에서, 플라스틱 사출성형은 소비자 제품을 위한 대단위 생산 기법에서 확실히 사용될 것이다. 보다 큰 규모의 제조는 다양한 소프트웨어와 물리적 공정, 마케팅 전략들이 통합된 것임을 다시 한 번 짚고 넘어간다.

간단히 말하자면, 쾌속 조형은 시장적기대응을 극적으로 촉진시켰다.

- 심리학적으로 이는 학습 조직(learning organization)에서 설계팀에 구성원의 관심을 중점적으로 다룬다.
- 물리적으로 이는 단조에서 대량 생산까지의 대량 생산용 주형을 만드는 데 필요한 시간을 줄여 준다.

4.7 용어 설명

근사 형태(Near-Net Shape) 최종 형태를 만들기 위해 성형, 단조, 소결 작업으로 만든 약간의 후가공이 필요한 근사 모델.

기계식 가공(machining) 선반이나 밀로 절삭하는 전형적인 제조 방법. 단조나 성형, 용접과 달리 솔리드 블록으로부터 칩을 제거하여 형상을 만든다.

다이캐스팅(Die Casting) 저압 주조로 주로 용융된 아연을 가공된 금형에 주입한다.

랩핑과 폴리싱(lapping and polishing) 이미 가공된 부품의 표면을 후처리하는 것. 표면 래핑 공정은 0.2μm 이하 반지름의 다이아몬드 입자를 바른 평평한 래핑판을 사용한다.

박판 재료 적층 조형(laminated object modeling, LOM) 종이 더미의 최상층을 레이저로 절단하고, 각 층을 접합하는 쾌속 조형

방전가공(electro-discharge machining, EDM) 단단한 금속의 표면을 녹이고 증발시키기 위해 전극을 이용. 보통 매우 단단한 금속에 대해 금속 절삭률이 매우 낮게 제한된다.

사출성형(Injection Molding) 내부가 빈 금형에 점성 폴리머를 주입하여 제품을 만든다.

삼각화(tessellation) 모델 주변을 메시로 덮어 표현하듯이 많은 수의 삼각형들로 모델의 외면을 보여 준다. 이 점과 삼각형의 수직 벡터가 '.STL' 파일을 이룬다.

선택적 레이저 소결(selective laser sintering, SLS) 폴리머나 세라믹 분말을 레이저로 소결시키는 쾌속 조형. 레이저가 분말의 표면에 점 소스 형식으로 이동하며 처음에는 요구되는 모델의 맨 아래층을 경화시킨다. 그리고 롤러가 추가적인 분말을 뿌리고 두 번째 레이어가 소결시키고 아래층과 결합시킨다.

스테레오리소그래피(Stereolithography, SLA) 광경화 용액을 레이저로 경화시키는 쾌속 조형. 레이저가 분말의 표면에 점 소스 형식으로 이동하며 처음에는 요구되는 모델의 맨 아래층을 경화시킨다. 경화된 층은 승강장치를 이용하여 요구되는 정밀도에 따라 50~375μm씩 내려지며, 다음 층이 광경화되고 아래층과 결합된다.

시작품(Prototyping) 복제나 모방, 가시화, 시편이나 향상된 형태와 관련된 원형 모델(윈스터 사전 인용).

인베스트먼트 주조(investment casting) '인베스트먼트'란 단어는 시간이나 돈이 순차적으로 분리되거나 깨질 세라믹 셸에 투자되는 것을 의미한다. 네거티브 인베스트먼트 셸을 만들기 위한 원형 포지티브 마스터는 다양한 공정들로 만들어지며, 로스트 왁스와 세라믹 금형이 가장 많이 사용된다.

입체 표면 경화(solid ground curing, SGC) 광경화 폴리머를 레이저를 경화시키는 쾌속 조형으로 레이저 소스가 아닌 광마스크를 층별로 사용.

입체 형상 가공(solid freeform fabrication, SFF) CAD 모델을 삼각화하고 슬라이싱하여, 층별로 시작품을 신속히 쌓을 수 있는 장비로 가공하는 공정.

쾌속 조형(rapid prototyping, RP) 새로운 형식의 시작품 제작 방법으로 SFF 그룹의 가공 방법과 연관되어 있다. CAD 모델에 대한 정확도보다 가공 속도를 더 중요시한다.

플라스틱 사출성형(Plastic Injection Molding) 위에

서 설명된 사출성형의 하나. 참고 : 아연 다이캐스팅도 금형에 '사출'하는 것을 포함한다.

형상 적층 조형(shape deposition modeling, SDM) 가공과 적층을 번갈아 가면서 수행하여 복잡한 모델을 만드는 쾌속 조형.

G-코드(G-code) 표준 가공 장비의 동작 제어를 위한 명령. 예) G1=선형 이송

M-코드(M-Code) 표준 가공 장비에서 *x, y, z*축 이송과 관련이 없는 작업들을 수행하기 위한 명령. 예) M6=공구를 스핀들에 장착

3차원 인쇄/플로팅(3-D Printing/Plotting) 고정부가 없는 밑판 위에 얇은 폴리머 젯을 프린팅/플로팅하고 간단한 기계식 가공이나 평탄화가 따르는 쾌속 조형.

3차원 잉크젯 프린팅(Ink-Jet Printing in 3-D) 분말 층을 깔고, 분말 층 위에 결합재를 프린트하여 선택된 영역을 경화시키는 쾌속 조형

4.8 참고문헌

ACIS Geometric Modeler. 1993. *Technical Overview.* Spatial Technology, Inc., Version 1.5.

Ashley, S. 1991. "Rapid prototyping systems." *Mechanical Engineering* 34-43.

Ashley, S. 1998. "RP industry's growing pains." *Mechanical Engineering* 64-67.

Au, S., and P. K. Wright. 1993. A comparative study of rapid prototyping technology. In *Intelligent concurrent design: Fundamentals, methodology, modeling, and practice.* ASME Winter Annual Meeting, New Orleans, Louisiana. 73-82.

Beaman, J. J., J. W. Barlow, D. L. Bourell, R. H. Crawford, H. L. Marcus, and K. P. McAlea. 1997. *Solid freeform fabrication. A new direction in manufacturing: With research and applications in thermal laser processing.* Norwell, MA: Kluwer Academic Publishers.

Berners-Lee, T. 1989. Information management: A proposal. CERN Internal Proposal.

Bouldin, D., ed. 1994. Report of the 1993 workshop on rapid prototyping of microelectronic systems for universities. National Science Foundation Workshop.

Cheung, T. S., and A. A. Ogale. 1998. Processing of multilayer fiber reinforced composites by 3D photolithography. In *Proceedings of the 1998 NSF Grantees Design and Manufacturing Conference, Monterrey, Mexico,* 557-559. Arlington, VA: National Science Foundation.

Cohen, E., S. Drake, L. Gursoz, and R. Riesenfeld. 1995. Modeling issues in solid freeform fabrication. NSF Solid Freeform Fabrication Workshop II, Design Methodologies for Solid Freeform Fabrication, June 5-6, Pittsburgh, PA.

Cutkosky, M. R., and J. M.Tenenbaum. 1990. A methodology and computational framework for concurrent product and process design. *Mechanism and Machine Theory* 25 (3): 365-381.

DeGarmo, E. P., J. T. Black, and R. A. Kohser. 1997. *Materials and processes in manufacturing,* 8th ed. New York: Prentice-Hall.

DeMeter, E. C., Q. Sayeed, R. E. DeVor, and S. G. Kapoor. 1995. An Internet model for technology integration and access part 2: Application to process modeling and fixture design. MTAMRI Report 1995. University of Illinois.

Dutta, D. 1995. Layered manufacturing in Project Maxwell. NSF Solid Freeform Fabrication Workshop II, Design Methodologies for Solid Freeform Fabrication, June 5-6, Pittsburgh, PA.

Finin, T., D. McKay, R. Fritzson, and R. McEntire. 1994. KQML: An information and knowledge exchange protocol. In *Knowledge building and knowledge sharing,* edited by Kazuhiro Fuchi and Toshio Yokoi. Tokyo, Japan: Ohmsha and IOS Press.

Frost, R., and M. Cutkosky. 1996. An agent-based approach to making rapid prototyping processes manifest to designers. ASME Symposium on Virtual Design and Manufacturing.

Greenfeld, I., F. B. Hansen, and P. K. Wright. 1989. Self-sustaining, open-system machine tools. In *Proceedings of the 17th North American Manufacturing Research Institution* 17: 281-292.

Groover, M. P. 1999. *Fundamentals of modern manufacturing.* Upper Saddle River, NJ: Prentice-Hall.

Heller, T. B. 1991. Rapid modeling—What is the goal? In *The Second International Conference on Rapid Prototyping,* 242-244. Dayton, OH: Rapid Prototype Development Laboratory (RPDL), 242-244.

Hillaire, R., L. Marchetti, and P. K. Wright. 1998. Geometry for precision manufacturing on an open architecture machine tool (MOSAIC-PC). In *Proceedings of the ASME International Mechanical Engineering Congress and Exposition,* 8: 605-610. Anaheim, CA: MED.

Jacobs, P. F. 1992. *Rapid prototyping and manufacturing: Fundamentals of stereolithography.* Dearborn, MI: Society of Manufacturing Engineers.

Jacobs, P. F. 1996. *Stereolithography and other rapid prototyping and manufacturing technologies.* Dearborn, MI: Society of Manufacturing Engineers.

Java, 1995, is a trademark of Sun Microsystems, Incorporated. Documentation can be found at **http://www.javasoft.com.** (Also refer to J. Gosling and H. McGilton. "The Java Language Environment: A White Paper," Technical Report, Sun Microsystems, 1995.)

Kai, C. C. 1994. Three-dimensional rapid prototyping technologies and key development areas. *Computing & Control Engineering Journal* 5 (4): 200-206.

Kalpakjian, S. 1997. *Manufacturing processes for engineering materials,* 3d ed. Menlo Park, CA: Addison Wesley Longman.

Kamath, R. R., and J. K. Liker. 1994. A second look at Japanese product development. *Harvard Business Review.* (Reprint Number 94605).

Kim, J. H., F. C. Wang, C. Sequin, and P. K. Wright. 1999. Design for machining over Internet. Paper presented at the Design Engineering Technical Conference (DETC) on Computer Integrated Engineering, Las Vegas, NV. Paper Number DETC'99/CIE-9082.

Kim, J. H. 2000. WebCAD 2000: Distributed CAD tool for machining. Master of Science Thesis, Department of Computer Science, University of California, Berkeley.

Kochan, D. 1993. *Solid freeform manufacturing: Advanced rapid prototyping.* New York and Amsterdam: Elsevier.

Kruth, J. P. 1991. Manufacturing by rapid prototyping techniques. *Annals of the CIRP* 40 (2): 603-614.

Kumar, V., P. Kulkarni, and D. Dutta. 1998. Adaptive slicing of heterogeneous solid models for layered manufacturing. University of Michigan Technical Report, UM-MEAM-98-02.

Manufacturing Studies Board (National Research Council). 1990. Rapid prototyping facilities in the U.S. manufacturing research community. Edited by T. C. Mahoney.

McMains, S. 1996. Rapid prototyping of solid three dimensional parts. Master of Science Thesis, Computer Science, University of California, Berkeley.

McMains, S., C.S. Sequin, and J. Smith. 1998. SIF: A solid interchange format for rapid prototyping. Paper presented at the 31st CIRP International Seminar on Manufacturing Systems. University of California, Berkeley.

Mead, C., and L. Conway. 1980. The Caltech intermediate form for LSI layout description. In *Introduction to VLSI Systems,* 115-127. Addison Wesley.

Mitsuishi, M., S. Warisawa, Y. Hatamura, T. Nagao, and B. Kramer. 1992. A user friendly manufacturing system for hyper-environments. In *Proceedings of the 1992 IEEE International Conference on Robotics and Automation,* 25-31.

MOSIS. 2000. University of Southern California's Information Sciences Institute—The MOSIS VLSI Fabrication Service. http://www.isi.edu/mosis/.

NSF. 1994. Solid Freeform Fabrication Workshop I. New Paradigms for Manufacturing, Arlington VA.

NSF. 1995. Solid Freeform Fabrication Workshop II. Design Methodologies for Solid Freeform Fabrication, June 5-6, Pittsburgh, PA.

Richards, B., and R. Brodersen. 1995. InfoPad: The design of a portable multimedia terminal. In *Proceedings of the Mobile Multimedia Conference,* 2. Bristol, England.

Sachs, E., M. Cima, J. Bredt, A. Curodeau, T. Fan, and D. Brancazio. 1992. CAD-casting: Direct fabrication of ceramic shells and cores by three dimensional printing. *Manufacturing Review* 5 (2): 117-126.

Sachs, E., N. Patrikalakis, D. Boning, M. Cima, T. Jackson, and R. Resnick. 2000. The distributed design and fabrication of metal parts and tooling by three dimensional printing. In *Proceedings of the 2000 NSF Grantees Design and Manufacturing Conference.* Arlington, VA: University of British Columbia and National Science Foundation.

Sarma, S., and P. K. Wright. 1996. Algorithms for the minimization of setups and tool changes in "simply fixturable" components in milling. *Journal of Manufacturing Systems* 15, (2): 95-112. (Also see S. Sarma, S. Gandhi, and P. K. Wright. 1995. Reference free part encapsulation: A universal fixturing technology for rapid prototyping by machining. In *Concurrent Product and Process Engineering.* 1:339-351. Anaheim, CA: MED.).

Schey, J. A. 1999. *Introduction to manufacturing processes.* New York: McGraw-Hill.

Schofield, S., F. C. Wang, and P. K. Wright. 1998. Open architecture controllers for machine tools part 1: Design principles, part 2: A real-time, Quintic spline interpolator. *Journal of Manufacturing Science and Engineering* 120: 417-432.

Smailagic, A., and D. P. Siewiorek. 1993. A case-study in embedded system design: The VuMan 2 Wearable Computer. *IEEE Design and Test of Computers,* 56-67.

Smith, C., and P. K. Wright. 1996. CyberCut: A World Wide Web based design to fabrication tool. *Journal of Manufacturing Systems* 15 (6): 432-442.

Smith, D. 2000. 3DP prototyping at Motorola. Personal communication.

Sundararajan, V., and P. K. Wright. 2000. Identification of multiple feature representation by volume decomposition for 2.5 D components. *Transactions of the ASME. Journal of Manufacturing Science and Engineering* 122 (1): 280-290.

University of California, Los Angeles (UCLA). 1994. University Extension, Department of Engineering, Information Systems, and Technical Management, Short Course Program, Rapid Prototyping: Technologies and Applications.

Weiss, L. E., E. L. Gursoz, F. B. Prinz, P. S. Fussell, S. Mahalingam, and E. P. Patrick. 1990. A rapid tool manufacturing system based on stereolithography and thermal spraying.

Manufacturing Review 3 (1): 40-48.

Weiss, L. E., and F. B. Prinz. 1995. Shape deposition processing. NSF Workshop II. Design Methodologies for Solid Freeform Fabrication, June 5-6, Pittsburgh, PA.

Weiss, L. E., R. Merz, F. B. Prinz, G. Neplotnik, P. Padmanabhan, L. Schultz, and K. Ramaswami. 1997. Shape deposition manufacturing of heterogeneous structures. *SME Journal of Manufacturing Systems* 16: 239-248.

Weiss, L. E., and F. B. Prinz. 1998. Novel applications and implementations of shape deposition manufacturing. Paper presented at the Naval Research Conference.

Woo, T. 1992. Rapid prototyping in CAD. *Computer Aided Design* 24: 403-404.

Woo, T. 1993. *Rapid automated prototyping: An introduction.* Industrial Press.

Wright, P. K., D. A. Bourne, J. A. E. Isasi, G. C. Schatz, and J. G. Colyer. 1982. A flexible manufacturing cell for swaging. *Mechanical Engineering* 104 (10): 76-83.

4.9 인용문헌

Benett, G., ed. 1996. *Developments in rapid prototyping and tooling.* Mechanical Design Publication Ltd. London: Bury-Saint Edmunds.

Koenig, D. T. 1987. *Manufacturing engineering: Principles for optimization.* Washington, New York, and London: Hemisphere Publishing Corporation.

4.10 참고 URL 주소

4.10.1 쾌속 조형

1. http://www.biba.uni-bremen.de
2. http://www.metalcast.com
3. http://www.motorola.com
4. http://cybercut.berkeley.edu
5. http://www.cs.hut.fi/~ado/rp/rp.html
6. http://www.cubital.com/cubital/
7. http://www.helisys.com

8. http://www.stratasys.com
9. http://www.3dsystems.com/
10. http://www.dtm-corp.com
11. http://www.rolanddga.com(see products Modela and Picza)
12. http://www.cs.berkeley.edu/~sequin/CAFFE/cyberbuild.html

21ST
CENTURY
MANUFACTURING

05

반도체 생산

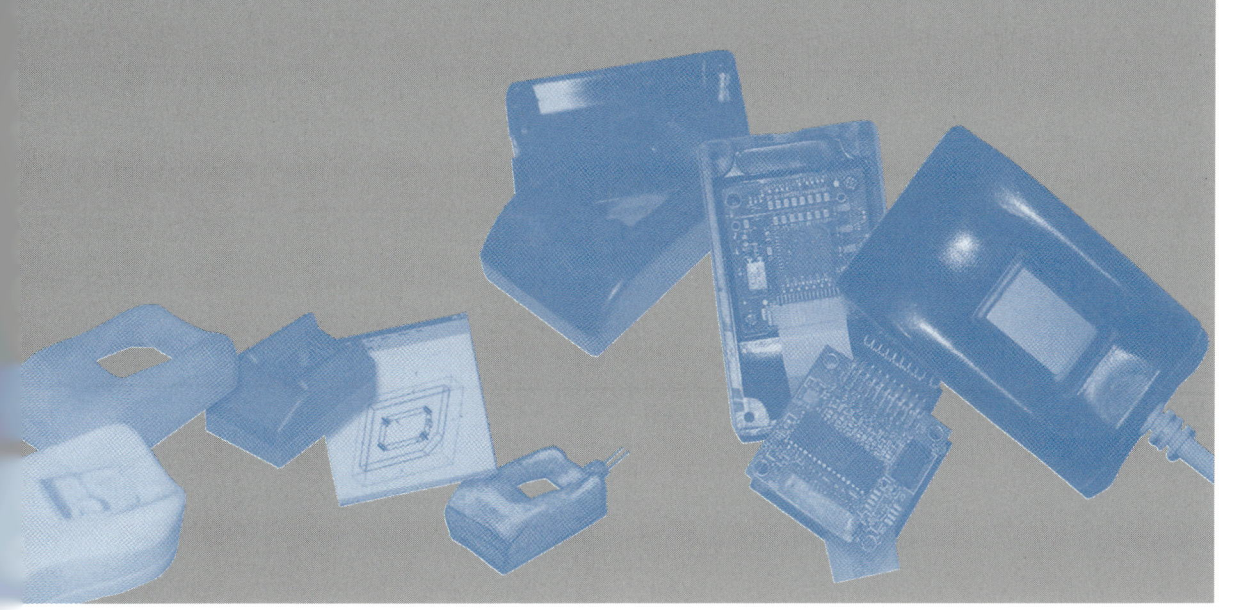

5.1 서론

이미 앞에서 언급한 대로 이 책에서 소개하는 내용들은 '제품의 제작기술에 초점을 맞추면서 제품이 개발되는 과정을 살펴보는 여정'으로 구성되어 있다. 제2장에서 제4장까지는 고객의 요구, 개념 설계, 상세 설계, 쾌속 조형(RP)에 초점을 맞추었다. 특히 전자장치보다는 주로 기계적인 컴퓨터 이용 설계 및 생산(CAD/CAM)에 대해 강조하였다. 그러나 오늘날 거의 모든 제품에는 집적회로(IC)가 들어 있다. 더군다나 '고도의 기술'로 만들어진 제품일수록 제품 내부의 전자장치는 더 정교해진다. 따라서 이 책의 다음 장들에서 이야기하고 있는 것과 같이 오늘날 제품의 내부에서 작동하는 장치들에 대해 살펴보는 것은 당연한 일이다. 흔히 말해서 집적회로 그리고 이와 연관된 전자장치들은 제4장에서 다루었던 용융 적층 조형(Fused Deposition Modeling, FDM) 또는 제8장의 대량 생산에서 다룰 사출성형과 같은 방법으로 제작된 제품의 형상 또는 '몸체'에 들어맞는 '두뇌'와 같다.

5.2 반도체

오늘날의 자동차 산업 및 항공우주산업에서 '자동차는 바퀴 달린 컴퓨터이다.' 또는 '비행기는 날으는 컴퓨터이다.'라는 말은 그렇게 과장된 말이 아니다. 매우 전통적인 철강산업에서조차도 정확한 품질보장을 얻기 위한 컴퓨터 컨트롤과 센서의 사용이 생존을 위해 불가피한 것이 되었다. 오늘날과 같은 '정보화 시대의 혁명' 속에서 모든 생산산업은 그들의 핵심에 집적회로와 마이크로프로세서를 장착하게 되었다. 이는 200년 전의 산업혁명시대에 모든 산업에서 그들의 핵심에 증기기관을 장착한 것과 같은 것이다.

다음의 두 개의 장에서는 생산에 있어서 중요한 두 가지 분야의 기술과 경영에 대해 살펴볼 것이다. 제5장은 반도체의 제작에 초점을 맞추었다. 반도체는 집적회로(줄여서 IC 또는 마이크로 칩 또는 그냥 칩)를 구성하는 기본적인 구성 단위이다. 전세계에 걸친 반도체 제조 시장은 연간 18%씩 성장하고 있으며, 오늘날의 반도체 시장은 연간 1500억 달러 규모이다. 이러한 규모는 반도체 장비 산업을 포함하면 2,000억 달러에 이른다. 예측에 따르면 10년 후에는 시장 규모가 1조 달러에 이를 것이라고 한다(역자 주 : 2009년의 세계 반도체 시장 규모는 약 2,260억 달러였다. 참고 : www.gartner.com). 반도체와 집적회로는 슈퍼컴퓨터에서부터 주방 가전 및 개인용 컴퓨터에 이르기까지 오늘날 생산되는 모든 계산 장치의 '두뇌'이다. 제6장에서는 집적회로의 조립, 회로기판 그리고 장치의 주요 구성요소들의 생산을 모두 포괄하는 컴퓨터 생산에 대해 살펴볼 것이다. 어떻게 모든 것들이 서로 들어맞게 되는지를 보기 위해 제6장을 잠깐 훑어보는 것도 도움이 될 것이다.

5.3 시장 적응

지난 수십 년 동안에 이루어진 컴퓨터 과학과 전기 공학 기술의 엄청난 발전은 오늘날 광범위한 분야에서 컴퓨터를 사용하는 것이 가능하도록 만들었다. 이러한 발전은 1947년 발명된 트랜지스터, 1958년에 만들어진 최초의 IC, 1971년에 최초로 상업화된 마이크로프로세서를 훨씬 뛰어넘는 것이다. 예를 들어, 최초의 마이크로프로세서인 인텔 4004(Intel 4004)를 현재의 마이크로프로세서 중 하나와 비교해 본다면 비약적인 발전을 실감할 수 있을 것이다(그림 5.1a는 3×4mm 칩에 2,300개의 트랜지스터를 가지고 있고, 그림 5.1b는 11×15mm 칩에 130만 개의 트랜지스터가 들어 있다).

그럼에도 불구하고 점점 새로운 기초적인 지식이 아닌, 시장이 컴퓨터 산업을 이끌어 가는 원동력이 되고 있다. 컴퓨터 사용자들은 더욱 세련되고 그 어느 때보다 더 많은 것을 요구하고 있다. 사용자들은 경쟁력 있는 가격에 더 우수한 성능, 더 많은 기능, 더 작은 크기 그리고 다른 제품들과의 호환성을 가진 제품을 원하고 있다.

따라서 반도체와 컴퓨터 생산에 대해 다루고 있는 제5장과 제6장은 제품 개발 과정을 따라가는 여정인 것 이외에 다른 이유에 의해서 이러한 순서로 배치되어 있다. 이미 반도체와 개인용 컴퓨터의 생산 분야가 가진 많은 측면들이 제2장에서 소개된 시장 적응의 S형 커브를 잘 따르는 것으로 보인다. 반도체 산업 또는 컴퓨터 산업이 오직 혁신적인 설계에만 의지하여 제작과 효과적인 생산 공정과의 통합을 고려하지

그림 5.1 (a) 최초의 마이크로프로세서인 인텔 4004(Intel 4004). 3×4mm 크기에 2,300개의 트랜지스터가 집적됨. (b) 밉스 테크놀로지사(MIPS Technology Inc.)의 R400 프로세서. 11×15mm 크기에 130만개의 트랜지스터가 집적됨. 프로세서의 오른쪽 부분에는 정수연산에 대한 데이터 패스가 존재한다. 왼쪽 부분에는 부동소수점 연산에 대한 데이터 패스가 존재하며 중앙에는 컨트롤러가 위치한다. 상단에 위치한 2개의 큰 블록에는 속도가 빠른 단기 캐시 메모리가 들어 있다[MIPS Technology Inc. 소유. D. A. 패터슨(D. A. Patterson)과 J. L. 헤네시(J. L. Hennessy)의 *Computer Organization and Design: The Hardware/Software Interface*, Morgan Kaufmann Publisher, 1994, 24로부터 재인쇄됨].

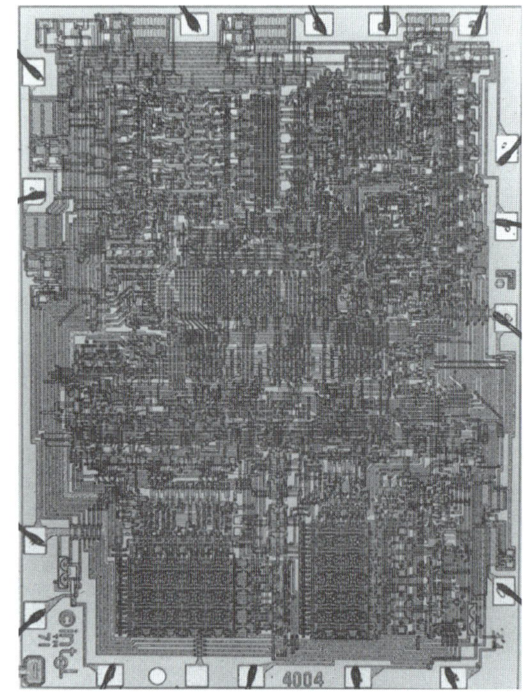

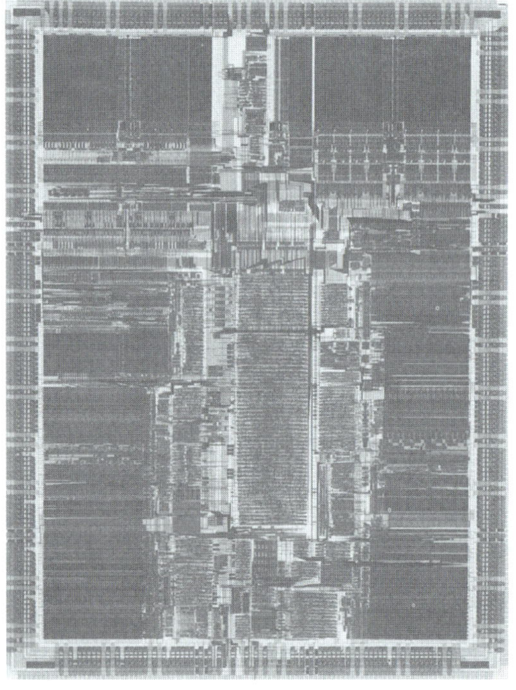

않았던 시대는 이미 지나갔다. 예를 들어, 1980년대에는 소비자들이 도스(DOS)의 비직관적인 명령에 비해 사용자에게 친근한 애플(Apple)사의 컴퓨터에 사용된 아이콘에 경탄하였다. 이러한 친근한 그래픽 기능을 활용한 인터페이스는 애플사가 1980년대 후반까지 고객을 계속 확보할 수 있는 브랜드 로열티를 만들어 주었다. 그러나 오늘날 반도체와 컴퓨터 시장은 책의 후반부에서 다룰 자동차와 철강산업과 같이 성숙한 단계로 향하고 있다. 따라서 오늘날 경쟁에서 살아남기 위해서는 반도체와 컴퓨터 제작사 및 부품 제조사들은 낮은 가격에 더 품질 좋은 제품을 생산해야만 한다. 오늘날 반도체 제작사들은 반드시 고수율 생산시스템에 초점을 맞추어야 하고, 컴퓨터 제조사들은 소비자 중심의 제품을 설계하는 것이 필요하다. 이는 민첩하게 부품을 조립할 수 있는 공장들에게 외주를 주거나 신속한 부품 공급망을 편성하는 것 등을 의미한다. 이 책이 쓰이는 2000년 전후에 인텔(Intel), 컴팩(Compaq), 델(Dell), 게이트웨이(Gateway)와 같은 몇몇 회사들은 최근의 이러한 경향을 이해하고 활용하는 것이 분명한 반면에 애플(Apple)과 같은 회사들은 최근에 더 복합적인 성공을 거두었다.

5.4 미소전자공학 혁명

더 빠르고, 더 싸고, 더 작으면서 성능이 더 뛰어난 컴퓨터를 만들기 위한 열쇠는 전자회로 요소들을 소형화하는 것이다. 작은 크기의 장치는 더 우수한 성능 특성을 나타낸다. 작은 면적에 더 많은 요소들이 존재하므로 이는 회로의 에너지 효율과 처리 속도를 증가시킨다. 소형화(집적화)는 일반적으로 트랜지스터의 소스(source)와 드레인(drain)을 연결하는 폴리실리콘 게이트의 길이 L_G로 측정한다. 이는 그림 5.2에 나타나 있다.

집적회로의 핵심 부품은 트랜지스터이며, 트랜지스터는 '반도체'라 불리는 솔리드 스테이트 장치(solid-state device) 중에서 가장 많은 부분을 차지하고 있는 제품이다. 반도체는 도체와 부도체의 중간 정도의 전기적 성질을 가지는 특별한 물질로 만들어진다. 순수한 반도체 물질은 매우 높은 저항값을 갖는데, 여기에 소량의 도펀트(dopant)라 불리는 불순물을 첨가하면 저항값을 낮출 수 있다.

집적회로를 제작할 때, 트랜지스터, 저항, 축전기 그리고 그들을 연결해 주는 부분 모두는 반도체 물질로 된 연속적인 기판 위에 모두 '통합되어' 만들어진다. 회로의 능동적 구성요소들은 기판 재료의 선택적인 부분을 도핑하여 형성된다. 실리콘은 가격과, 성능, 공정상의 장점으로 인해 가장 일반적으로 사용되는 반도체용 기판 물질이다.

새로운 세대의 IC가 나타날 때마다 장치의 크기는 점점 작아지면서 성능은 더욱 강력해진다. 1965년 고든 E. 무어(Gordon E. Moore, 당시에 페어차일드 코퍼레이션에 있었으나 후에 인텔의 공동설립자가 된)는 후에 유명한 전자관련 출판물에서 '법칙'으로 불리게 된 중요한 경향을 발견하였다. 그는 하나의 칩 속에 집적될 수 있는 트랜지스터의 개수가 대략 18~24개월마다 두 배로 되는 지수적 증가를 이룬다는 사실을 예측하였다. 무어는 수백만 개의 트랜지스터를 하나의 칩 속에 담을 수 있으며 더 많은 기능을 갖춘 오늘날의 IC를 정확하게 예측하였다(그림 5.2 참조).

이와는 역으로 같은 기능을 갖는 IC에 대한 비용은 확연히 감소하였다. 1달러당 기능의 수를 연도별로 표시한 로그 스케일 그래프를 살펴보면 선형으로 감소하고 있

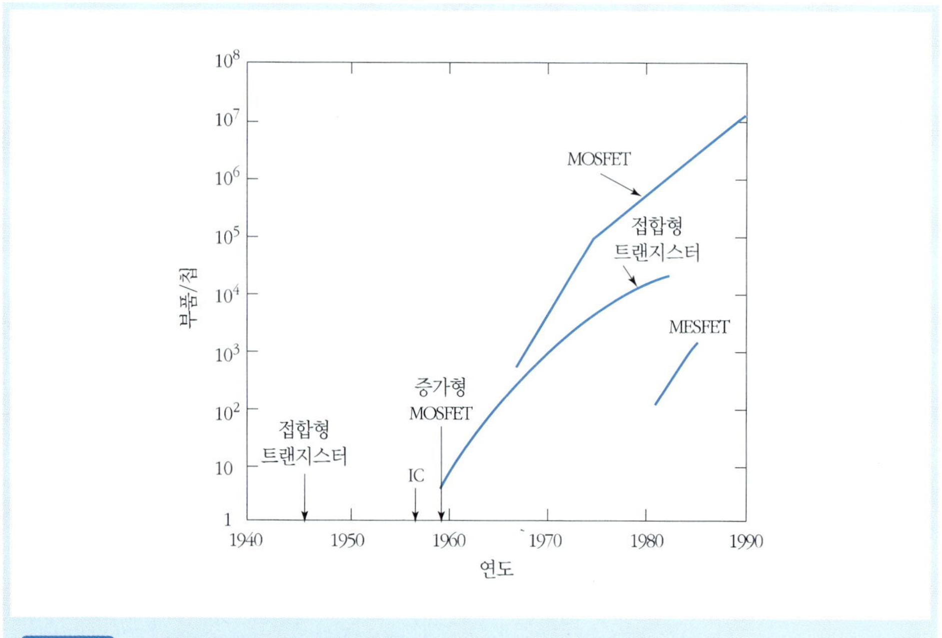

그림 5.2 집적회로의 밀도 변화 추이[라베이(Rabaey)의 *Digital Integrated Circuit* 로부터 Prentice-Hall, Inc.의 동의하에 재인쇄됨]

음을 알 수 있다. 이를 단순히 표현하면 같은 기능을 수행할 수 있는 칩의 가격이 18~24개월마다 반으로 줄어들고 있다는 것이다.

소형화된 장치를 생산하기 위해서는 정밀하고 정교한 설계와 마이크로 단위의 생산기술이 요구되는데, 컴퓨터 이용 설계도구들은 그 정밀도와 회로의 배치계획에서 구현할 수 있는 복잡성의 수준을 놀라울 정도로 향상시켰다. 자동화 공정기술, 진보된 청정실 시스템과 테스트 장비들은 마이크로미터 이하의 크기로 칩을 제작하는 것을 가능하게 만들었다. IC를 적용하는 제품들이 폭발적으로 늘어난 것도 진보된 생산 장비 분야의 붐을 조성하는 데 도움을 주었다.

향상된 리소그래피(Lithography) 장비, 특수화된 이온 빔(Ion-beam) 장비, 극도로 평평한 표면을 가공하기 위한 화학 · 기계적 폴리싱(CMP) 장비, 레이저, 고진공 시스템들이 이러한 진보된 생산 장비들에 속한다.

반도체 제조사들은 현재 더 큰 웨이퍼에 더 작은 크기의 공정을 형성하는 데 노력을 기울이고 있다. 넓은 웨이퍼는 원재료의 가격을 줄이고 칩의 성능을 향상시키는데, 현재 최첨단 반도체 생산 시스템에서는 200mm(8인치) 웨이퍼에 0.25~0.35μm 크기의 도선을 제작할 수 있다. 이 책을 쓰고 있는 순간에도 주요 제작사들은 0.13~0.18μm 공정을 개발하여 사용하기 시작했다. 이러한 현상은 그림 5.2에 나타난 경향을 더 가속화시킬 것이다.

2001년 최초의 300mm(12인치) 웨이퍼가 생산되었고, 1997년 반도체 산업협회(SIA)는 2010년에는 450mm(18인치) 웨이퍼에 0.03μm의 폭을 가진 제품이 생산될 것이라고 예측하였다(역자 주 : 2010년 현재 0.028μm 제품이 생산되고 있으나 450mm가 상용화되지는 않음. 참조 : 인텔, AMD, 삼성).

단순하게 말해서 큰 웨이퍼는 한 번의 공정으로부터 더 많은 칩을 얻을 수 있다는 것을 의미하는데, 이는 칩 1개당 더 적은 공정비용이 든다는 것을 의미한다. 실제로 이는 전혀 새로운 뉴스가 아니다. 헨리 포드(Henry Ford)는 이와 유사한 원리를 자동차 생산에 적용하였다. 예를 들어, 미시간의 디어본에서는 특수화된 도구와 더 효율적인 이송라인을 설치하여 시간당 더 많은 자동차를 생산하였고 자동차 한 대를 생산하기 위한 비용을 낮출 수 있었다. 이러한 비교가 웨이퍼 생산과 완전히 일치하는 것은 아니지만 두 가지 경우 모두 공장, 노동력 그리고 생산설비와 같은 고정된 비용을 더

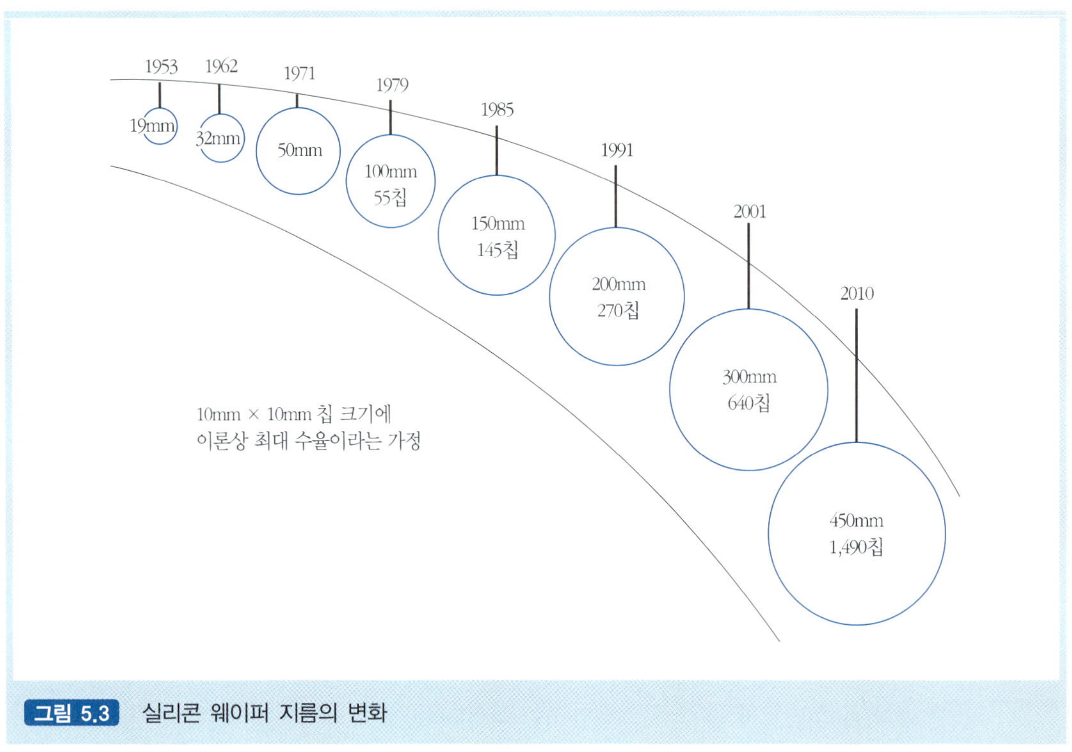

그림 5.3 실리콘 웨이퍼 지름의 변화

많은 각각의 제품이 부담하게 한다는 단순한 경제 논리에서 비롯된 것이라고 할 수 있다(그림 5.3).

5.5 트랜지스터

5.5.1 역사적 배경

초창기 전자계산기(electronic computer)는 이진계산과 논리적 기능을 수행하기 위해 필수적인 빠른 전기적 온/오프 스위칭을 만들기 위해 짧은 네온등과 같이 생긴 커다란 진공관을 사용하였다. 1940년대에는 유명한 컴퓨터를 만들기 위해서 방 몇 개를 가득 채울 만큼 많은 수천 개의 진공관이 필요하게 되었다. 이처럼 계산기를 제작하는 것은 비용이 많이 들고 시간과 노력이 많이 드는 일이었다. 1947년 진공관 컴퓨터는 **트랜지스터**에 의해서 하룻밤 사이에 무용지물이 되어 버렸다. 트랜지스터를 개발하고 개량하여 시장에 내어놓을 수 있었던 일련의 발명들은 벨 연구소(Bell Labs)의 과학자였던 윌리엄 쇼클리(William Shockley), 월터 브래튼(Walter Brattain), 존 바딘(John Bardeen)에 의해서 이루어졌다.[1] 그들의 발명은 더 작고, 더 빠르고, 더 싸면서 더 복잡한 기능을 수행할 수 있고 이전의 진공관보다 발열도 적었다. 트랜지스터는 고체 반도체 물질의 한 조각 속에 내장된 회로 속을 이동해 다니는 전기 신호를 증폭시킨다. 전류가 진공관이 아닌 솔리드 스테이트의 반도체 물질 속으로 흐르기 때문에 트랜지스터는 '솔리드 스테이트' 장치로 불린다.

트랜지스터 기술은 고성능의 값싼 전자제품을 가능하게 함으로써 마이크로 전자 혁명을 일으켰다. 1950년대 동안 트랜지스터는 다양한 전자제품들의－로켓에서 휴대용 라디오까지－발전을 이끌었다. 또한 소비전력과 열 발생이 적고, 크기의 제약도 덜하기 때문에 컴퓨터 디자이너들은 더 빠르고, 믿을 수 있으면서 공간은 더 적게 차지하는 컴퓨터를 설계할 수 있게 되었다. 그러나 수백 개의 트랜지스터와 수천 개의 다른 전자회로 구성요소들을 적절히 연결하는 것은 설계와 생산 그리고 성능에 있어서 엄청난 문제였다.

컴퓨터 내의 별개의 장치들을 연결하는 것에 대한 문제점은 1958년 텍사스 인스트루먼트(Texas Instrument)의 잭 킬비(Jack Kilby)가 발명한 집적회로에 의해 극복되었다. 집적회로는 회로의 구성요소 제작과 그들 간의 연결을 하나의 칩 위에서 이루어질 수 있게 하였다.

집적회로는 아날로그(analog)와 디지털(digital)로 구분된다. 아날로그 집적회로는 전력 전자제품, 음악기기, 통신기기, 광학기기들에 사용되는 넓은 범위의 회로들을 포함한 반면, 디지털 집적회로는 일반적으로 메모리와 논리회로의 두 분야로 나뉜다.

- **메모리 칩**(memory chip)은 메모리 셀과 주소 선택 및 증폭을 위한 회로로 구성된다. 공정기술은 16메가바이트와 64메가바이트 동적 임의접근 기억장치(Dynamic Random Access Memory, DRAM)를 위해 잘 발달되었다. DRAM은 속도, 전력소

1) 벨 연구소의 연구 책임자였던 M. 켈리(M. Kelly)의 비전의 중요성은 또다시 강조된다. 그는 진공관이 전자산업의 발전을 지체시키고 있었으며, 동시에 대안을 찾기 위한 혁신적인 연구 분위기를 촉진시켰다고 생각했다. 만약 오늘날과 같은 휴대전화가 진공관으로 만들어졌다면, 아마도 미국 워싱턴 D.C.에 있는 워싱턴 기념탑 정도의 크기였을 것이라는 유명한 일화가 있다.

표 5.1 IC 집적 수준의 동향

집적도	약어	칩 당 제품 수
소규모 집적도	SSI(small scale integration)	2~50
중간 규모의 집적도	MSI(middle scale integration)	50~5,000
대규모의 집적도	LSI(large scale integration)	5,000~100,000
매우 큰 규모의 집적도	VLSI(very large scale integration)	100,000~1,000,000
가장 큰 규모의 집적도	ULSI(ultra large scale integration)	>1,000,000
미래의 가능성	?	>1,000,000,000

비량, 환경, 패키지 타입에 따라서 구별되는 규격화된 비교적 값싼 제품이다. 집약적인 설계와 제작의 관점에서 DRAM과 비디오 램(Video RAM)은 새롭게 주목받고 있는 기술이다.

- **논리 칩**(logic chip)은 마이크로프로세서에서 핵심이 되는 산술적, 논리적, 제어기능들을 수행하기 위해 필요한 회로들을 포함한다. 주문형 반도체(Application Specific Integrated Circuit, ASIC)는 표준화된 '인텔인사이드(Intel-inside)' 마이크로프로세서와는 반대로 고객의 특수한 요구에 맞게 주문 제작된다.

집적회로 설계와 제작기술이 급속히 발전하면서 1960년대 초에 칩은 상업적으로 이용할 수 있을 만큼 작게 제작될 수 있었다. 소형화 기술의 발달로 더 작은 칩에 더 많은 부품을 담을 수 있게 되었다(표 5.1).

1971년에 마이크로프로세서라 불리는 논리기능과 산술계산기능, 메모리 레지스터 및 데이터 송수신 기능을 모두 담은 단일 집적회로가 만들어졌다. 마이크로프로세서는 다양한 분야에 적용되었고, 1970년대 후반 산업용 로봇의 혁명에 박차를 가하였다(그림 1.2 참조). 로봇산업에서 마이크로프로세서 주위에 만들어진 마이크로 컨트롤러는 값싸고, 적절하게 강력한 특수 제어 시스템이었다. 또한 마이크로프로세서는 마이크로컴퓨터—또는 개인용 컴퓨터(Personal Computer, PC)—의 개발을 가능하게 하였다.

5.5.2 반도체 : p형과 n형

반도체는 전기적 성질이 알루미늄이나 구리와 같은 도체와 고무나 유리와 같은 부도체의 중간 정도의 결정구조 물질(일반적으로 실리콘과 같은)이다. 실리콘은 하나의 원자가 다른 4개의 원자에 둘러싸여 사면체를 이루는 다이아몬드 형태의 격자구조로 결정화하며, 원자들은 원자가(valence) 전자를 공유하여 완전한 원자가 껍질을 형성한다. 이러한 순수한 상태에서 반도체 물질은 상대적으로 높은 전기 저항을 지닌다. 통제된 양의 특정한 화학적 불순물(**도펀트**)을 반도체의 결정구조에 첨가하면 저항이 낮아지고 반도체 물질에 전류가 흐르게 된다. 도펀트의 원자구조에 따라 반도체는 'n형' 또는 'p형'으로 결정된다.

- n형 실리콘은 보통 실리콘에 외각 껍질에 5개의 전자를 가지고 있는 인(phosphorus)을 첨가하여 만든다. 4개의 전자를 가진 실리콘과 비교하여 물질 내에 추가된 자유전자를 형성하므로 전압에 반응하여 쉽게 움직일 수 있다. 대부분의 전기 전도가 음(negative)으로 대전된 전자에 의해서 이루어지므로 n형으로 불린다.
- p형 실리콘은 보통 실리콘에 외각 껍질에 3개의 전자를 가지는 붕소(boron)를 첨가하여 만든다. 모든 실리콘 원자는 4개의[2] 외각 전자들로 균형을 유지하고 있기 때문에 붕소의 존재는 전자의 공백 또는 '구멍(Hole)'을 야기하며, 이러한 구멍은 양으로 대전된 것으로 생각할 수 있다. 주위 전자들은 이러한 구멍으로 이동하여 구멍을 메우게 되며, 따라서 전자가 이동하게 되면 그 자리에는 다른 구멍이 생성된다. 그러므로 구멍은 전자가 흐르는 방향의 반대 방향으로 흐르는 것처럼 보이게 된다. 대부분의 전기 전도가 양(positive)으로 대전된 정공에 의해서 이루어지므로 p형으로 불린다.

도펀트의 농도를 조절하여 반도체의 전도성을 변화시킬 수 있다. 반도체 물질을 도핑하여 선택적으로 전도성을 증가시키는 공정은 반도체 장치의 발전에 필수적인데, 왜냐하면 그러한 공정이 기본적인 회로구조들의 제작을 가능하게 하기 때문이다.

실리콘은 많은 장점을 지니고 있어서 마이크로 전자장치를 위한 재료로 사용된다. 실리콘은 지구상에 존재하는 원소들 중에서 가장 풍부한 원소 중 하나이기 때문에

2) 엄밀히 말해서 각각의 실리콘 원자는 4개의 전자를 그 이웃의 원자들과 공유하여 외각 껍질에 8개의 전자를 만든다.

값이 싸고, 손쉽게 이용이 가능하며, 실리콘 다음으로 널리 사용되는 반도체 재료인 게르마늄보다 더 높은 온도에서도 작동할 수 있다. 또한 실리콘은 프로세싱에서 중요한 장점을 가지고 있고, 산화가 용이하게 일어나므로 회로의 구성요소 중에서 우수한 절연체로 사용되는 산화실리콘을 형성한다. 산화실리콘은 다중 도핑 작업에서 효과적인 차단층으로 사용되므로 반도체 제작 공정에서 매우 유용하다. 갈륨비소는 광전자공학 분야와 고주파 통신 장치 분야에서 실리콘보다 사용량이 증가하고 있다.

5.5.3 트랜지스터

p형 그리고 n형 반도체가 만나는 지점은 pn 접합부(pn junction)로 알려져 있는 중요한 구조를 형성한다(그림 5.4). pn 접합부는 대부분 전자장치를 작동시키기 위한 기본적인 요소이다. 예를 들어, 다이오드는 pn 접합부로 전류가 한 방향으로 흐르게 하고, 반대 방향으로는 흐르지 못하게 한다. 양극을 가지는 접합형 트랜지스터(Bipolar Junction Transistor, BJT)는 세 가지의 다른 반도체 조각이 샌드위치 형태로 접합되어 하나의 고체 블록 형태로 제작된 것으로, 가운데 위치한 반도체와 양 끝에 위치한 반도체의 종류가 서로 반대이다. 실제로 이러한 접합형 트랜지스터는 2개의 pn 접합부를 생성하는데, 접합부가 어떻게 조합되었는지에 따라서 트랜지스터는 'npn' 또는 'pnp' 형이 된다(그림 5.5 참조). npn 트랜지스터에서는 전자가 이미터(emitter, n형)로

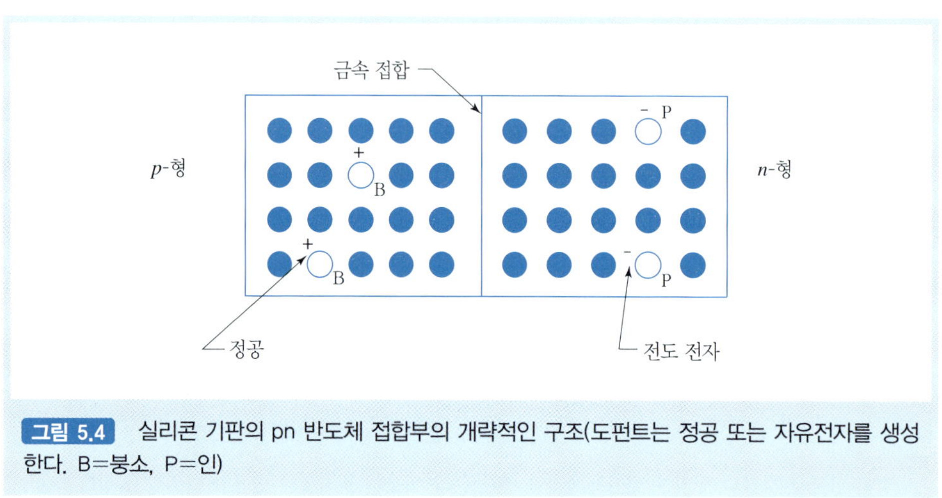

그림 5.4 실리콘 기판의 pn 반도체 접합부의 개략적인 구조(도펀트는 정공 또는 자유전자를 생성한다. B=붕소, P=인)

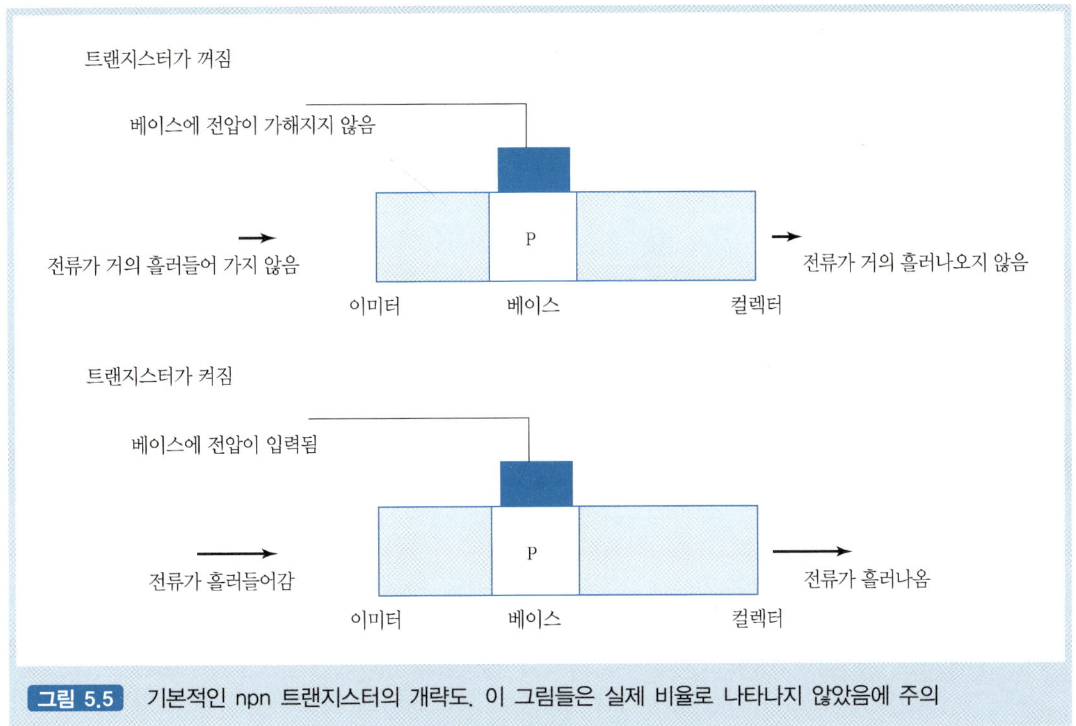

그림 5.5 기본적인 npn 트랜지스터의 개략도. 이 그림들은 실제 비율로 나타나지 않았음에 주의

부터 베이스(base, p형)를 지나 컬렉터(collector, n형)로 흐를 수 있다. 특히 베이스에 전압이 작용하면 전자가 이미터로부터 격렬히 튀어 나가서 베이스를 통과하여 컬렉터로 들어가게 되는데, 이러한 효과로 인해 베이스에 입력되는 전류가 증폭된다. 베이스에 작용하는 전압이 높을수록 트랜지스터를 통과하는 전류가 증가하게 되며, 이러한 증폭효과는 전자 기타와 같은 아날로그 장치에 이용된다. 컴퓨터에 장착된 집적회로의 주된 기능은 논리연산을 위한 초고속 스위칭 능력이다.

그림 5.5에는 단순한 샌드위치 구조의 npn 배열이 나타나 있고, 이와는 대조적으로 그림 5.6에는 전계효과 트랜지스터(Field Effect Transistor, FET)의 수평적 레이아웃이 나타나 있다. 전계효과 트랜지스터에서는 npn 트랜지스터에서 사용했던 용어인 이미터, 베이스, 컬렉터를 각각 소스(source), 게이트(gate), 드레인(drain)으로 부른다. 트랜지스터를 작동시키기 위해서는 폴리실리콘 조절 게이트에 전압이 작용하여야 한다(그림 5.6의 중앙). 전자는 소스 영역(n^+으로 표시된)에서 빠져나와서 채널(p형 기판의 일부분)을 거쳐서 드레인(또한 n^+으로 표시된)으로 들어간다. 흐르는 전류의 양은

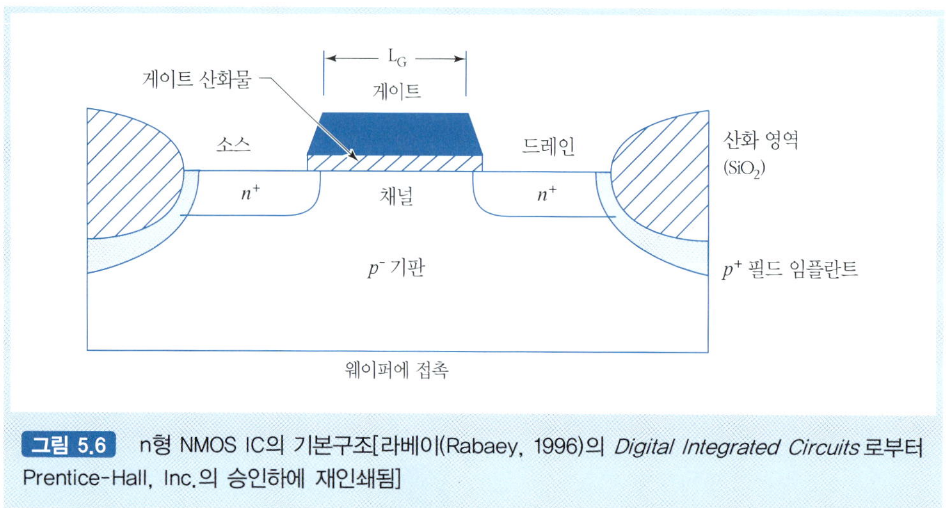

그림 5.6 n형 NMOS IC의 기본구조[라베이(Rabaey, 1996)의 *Digital Integrated Circuits* 로부터 Prentice-Hall, Inc.의 승인하에 재인쇄됨]

게이트에 입력되는 전압에 의하여 세밀하게 조절되며, n형 장치(n-channel metal oxide semiconductor, NMOS)에는 폴리실리콘 게이트에 양의 전압이 인가된다. 게이트와 p형 기판은 축전지의 두 판을 형성하고, 게이트 산화물(SiO_2)은 축전지의 유전체가 된다. 게이트에 인가되는 전압과 전류의 관계에 대해서는 라베이(Rabaey, 1996)의 문헌을 참조하기 바란다.

5.5.4 집적회로의 기본 구성요소로서의 MOSFET

금속 산화물 반도체(MOSFET)는 전계효과 트랜지스터의 한 종류이고, 전계효과 트랜지스터는 집적회로의 필수적인 기본 구성요소이다. MOSFET는 p형 또는 n형으로 제작될 수 있고, n형(NMOS)은 p형(PMOS)보다 더 빠르다. 실제로 가장 일반적인 형태는 상보형 금속 산화막 반도체(Complementary MOS, CMOS) 회로이다. 이 경우 하나의 회로는 동시에 여러 쌍의 n형과 p형 트랜지스터를 컨트롤한다. CMOS 회로는 집적밀도(Integration-density)와 전력소비효율 때문에 가장 널리 보급되어 있다(1996년 Rabaey의 리뷰 4페이지 참조). MOSFET 장치의 정교하고 빠른 스위칭은 트랜지스터가 오늘날 컴퓨터 계산의 근간이 되는 신속한 이진 데이터 처리를 수행할 수 있게 한다.

5.5.5 NMOS 트랜지스터

주요 용어는 다음과 같다.

- 기판, NMOS에서는 p형
- 활성 트랜지스터 영역, NMOS에서는 n^+
- 폴리실리콘 층(Polysilicon layers), 게이트 전극
- 영역 선택 또는 필드 임플란트 영역(Field implant region), NMOS에서는 p^+
- 이산화규소(SiO_2)로 이루어진 필드 산화 영역(field oxide region)
- 상호연결층, 일반적으로 알루미늄
- 접촉층, 서로 다른 층들의 상호연결을 위한
- 우물(well), CMOS 트랜지스터에서 p형 기판 내에 존재하는 n형 반도체

IC의 기본구조는 사용된 특정 트랜지스터 기술에 따른다. MOS 근간의 칩에서는 소스와 드레인 지역은 p형(또는 n형) 기판 표면의 일부분을 반대되는 형태의 물질로 선택적 도핑을 함으로써 형성된다. NMOS 장치는 n^+소스/드레인으로 만들어지는데, 이 n^+ 지역은 p형 기판에 요구되는 지역의 선택적 도핑으로부터 발생한다. 전도성 게이트는 다결정 실리콘(polycrystalline silicon, 주로 폴리실리콘이라 일컬어짐)의 얇은 필름으로 만들어진다. 필드 산화로 불리는 이산화규소의 비교적 두꺼운 층과 고도로 도핑된 필드 임플란트(NMOS에서 p^+ 영역을 선택)는 주변 n^+ 영역을 절연시키고, 알루미늄층은 회로 사이의 내부 연결을 제공한다. 구리는 점차 이러한 용도로 많이 쓰이게 될 것이다.

5.5.6 CMOS 회로

보완적 MOS 공정은 칩에 더 많은 회로를 만들 수 있기 때문에 기본적인 NMOS보다 선호된다(그림 5.7 참조). 이 과정은 p^- 기판으로 시작되며, 이것은 결국 n^+형 트랜지스터(왼쪽)를 위한 특정 영역에 도핑된다. 마스크는 많은 부가적인 n^-우물(오른쪽)을 정의하기 위해서 이 과정의 전반부에 사용되고, 이 우물은 곧 p^+트랜지스터를 포함할 것이다.

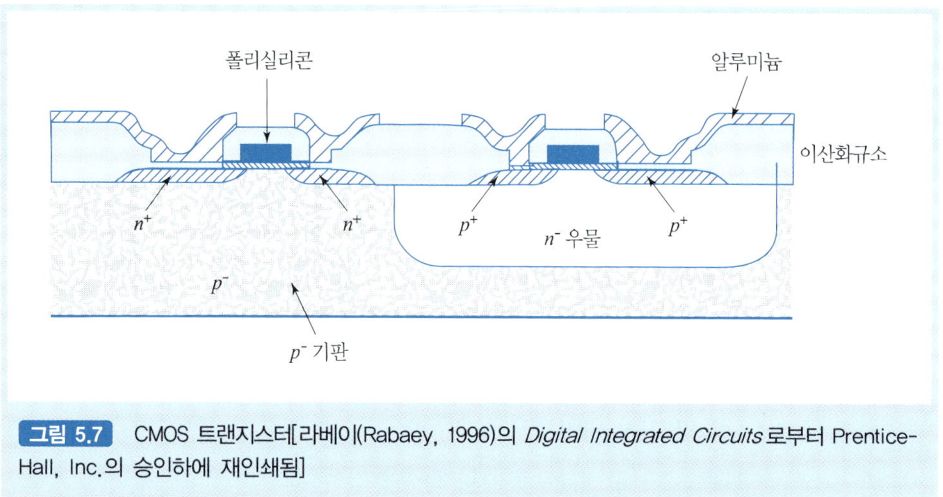

그림 5.7 CMOS 트랜지스터[라베이(Rabaey, 1996)의 *Digital Integrated Circuits* 로부터 Prentice-Hall, Inc.의 승인하에 재인쇄됨]

5.6 집적회로의 설계

집적회로의 설계–휴대전화, PDA, 카메라에 내장된 시스템을 위한–는 이 책의 범위를 벗어난다. 그러나 이런 장치들을 위한 전형적인 설계 수준은 그림 5.8과 그림 5.9에 나타나 있다. 그림 5.8에는 간단한 IC에 대하여 묘사한 몇몇 추상적인 수준으로 나눈 수직적 체계가 나타나 있는데 이것은 다음을 포함한다.

- 장치의 정의된 범용의 기능
- 범용의 목적과 조화되어야 하는 보조기능. 그러므로 반복적인 고차원 시뮬레이션을 필요로 한다. 이러한 반복 작업은 다이어그램의 가장 위에 위치하는 피드백 루프에 의해서 나타난다.
- 이 보조기능의 셀 또는 기능적 블록으로의 조합
- 요구되는 기능적 블록의 성능을 가지면서도 표준 팹(fab)에서 생산 가능한 특정 트랜지스터와 회로 레이아웃의 제작

그림 5.9도 이와 비슷하지만, 무선 네트워크 컴퓨터나 무선 PDA같이 좀 더 복잡한 장치를 위한 것이다. 이런 장치는 3개의 주요한 설계개념(3개의 행으로 나타난다)

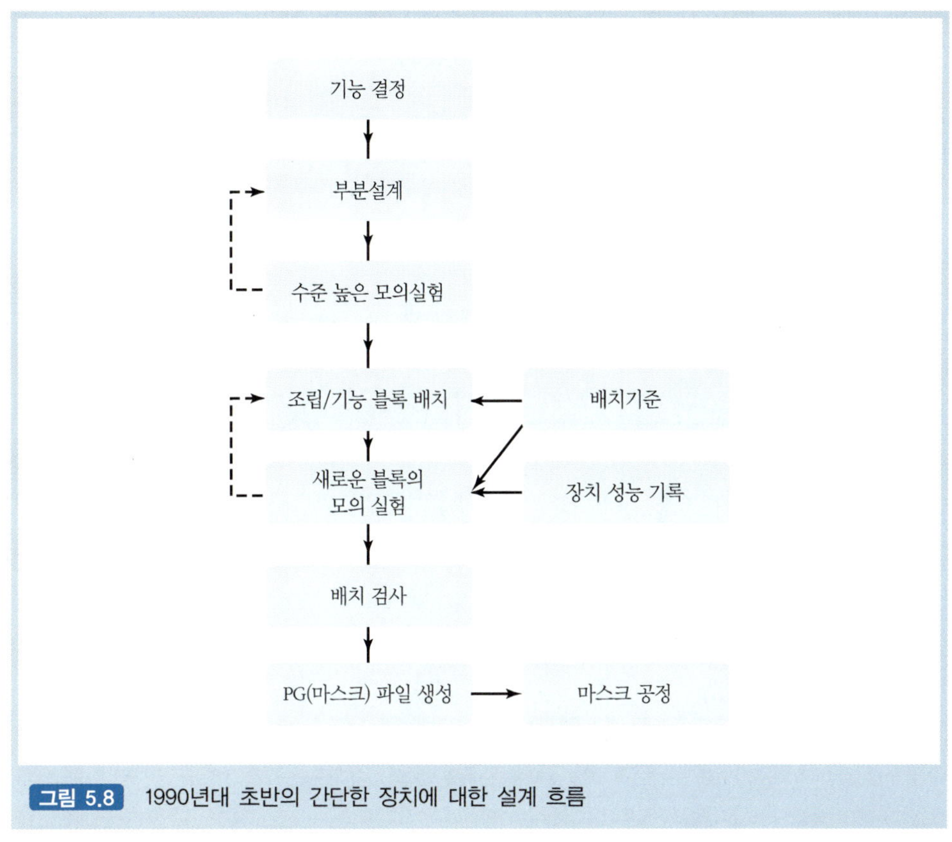

그림 5.8 1990년대 초반의 간단한 장치에 대한 설계 흐름

으로 나눌 수 있다. 이는 (a)아날로그 데이터 처리, (b) 디지털 데이터 처리, (c) 프로토콜과 컨트롤(http://bwrc.eecs.berkeley.edu 참조) 등이다. 그림 5.9에 나타난 몇몇 일반적인 개발 도구들을 표 5.2에 나열하였다. 100만 개 이상의 트랜지스터로 이루어진 이러한 복잡한 장치 중 하나를 위해서 오늘날 IC 디자이너들은 표의 다섯 번째 줄에 묘사된 게이트 레벨 네트리스트(Gate level netlist)를 목표로 하고 있다. 대조적으로 그림 5.8은 더 단순한 장치에 대한 1990년대 초반의 전형적인 디자인 흐름이다. 여기서 특정한 트랜지스터의 레이아웃은 다이어그램의 가장 아래에 위치한다.

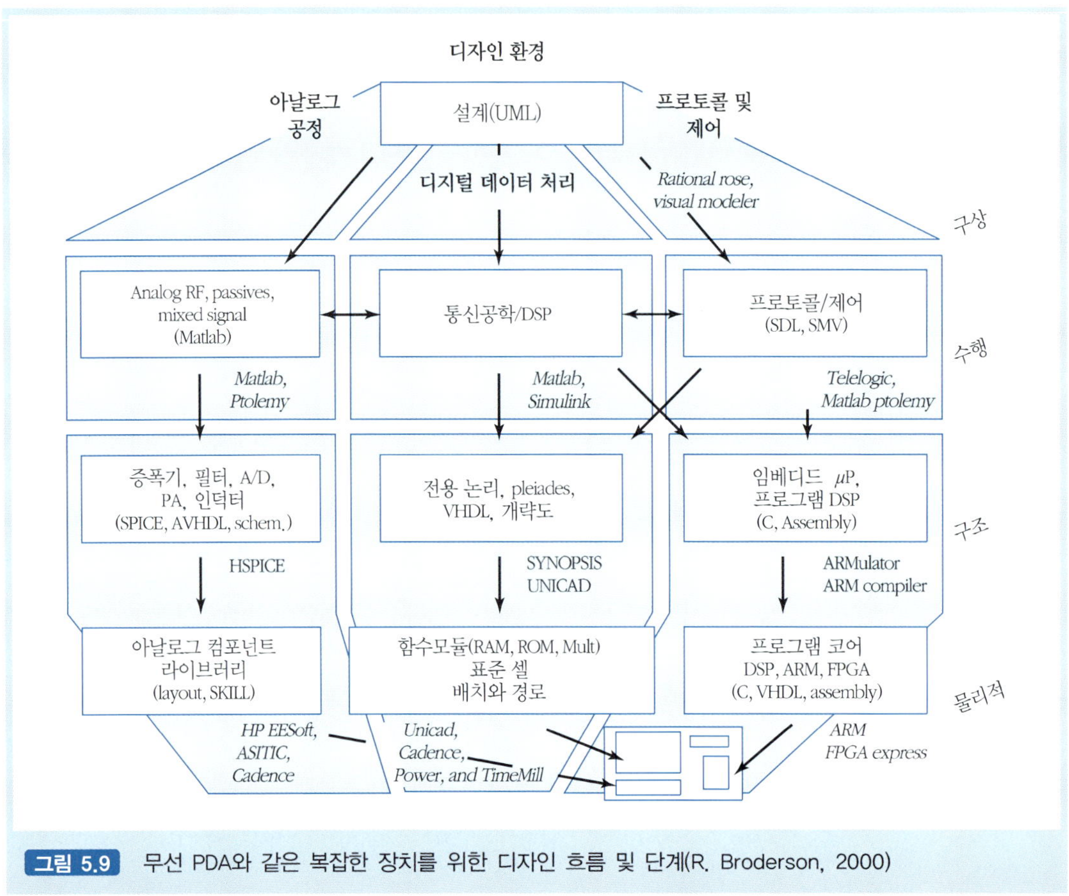

그림 5.9 무선 PDA와 같은 복잡한 장치를 위한 디자인 흐름 및 단계(R. Broderson, 2000)

표 5.2 그림 5.9에 나타난 오늘날의 복잡한 장치에 대한 전형적인 디자인 흐름. 이 표는 렛 데이비스(Rhett Davis)의 도움으로 작성

디자인 수준	회사(도구)
기능 사양	Mathworks(Matlab, Simulink), Cadence(SPW,VCC)
레지스터 전송 레벨 (RTL) 코딩과 작동 시뮬레이션	Synopsys(VSS), Cadence(Verilog-XL), Mentor Graphics(VHDL simulator)
논리 합성	Synopsys(Design Compiler, Module Compiler, Behavior Compiler)
테스트 도입과 자동 테스트 패턴 생성	Synopsys
게이트 레벨 네트리스트 시뮬레이션	Synopsys(VSS), Cadence(Verilog-XL), Mentor Graphics(VHDL)
플로어플래닝	Cadence(Design Planner, Pillar), Avant!(Apollo)
배치 및 경로	Cadence(Silicon Ensemble, IC Craftsman)

5.7 반도체 생산 I : 요약

집적회로는 다단계의 공정을 통해 제작된다. 칩의 능동적 구성요소들은 점진적으로 패턴이 형성된 층들을 얇은 원형의 실리콘 웨이퍼에 쌓아 올려서 제작한다. 하나에 $1cm^2$보다 작은 면적을 갖는 수백 개의 개별 집적회로들이 200mm 또는 300mm 지름을 갖는 하나의 웨이퍼에 동시에 제작될 수 있으며, 이는 그림 5.3에 나타나 있다. 칩의 배열은 보통 동일하지만 몇 가지 다른 디자인을 하나의 웨이퍼에 제작하는 것도 가능하다.

실리콘 웨이퍼의 형성과 다양한 리소그래피, 그리고 에칭 단계들은 시작 단계 또는 전단처리 공정으로 알려져 있다. 웨이퍼 제작기술은 매우 다양하지만 기본적인 제작 공정은 다음과 같은 일련의 작업을 포함한다.

- 결정의 성장과 웨이퍼의 생산 : 순수한 실리콘으로 된 원형의 주괴(ingot)를 성장시킨 후 얇게 잘라서 200mm 또는 300mm 크기의 웨이퍼를 만든다.
- 산화 : 이산화규소(SiO_2)는 산소가 있는 상태에서 웨이퍼를 고온으로 가열하여 제작한다.
- 포토리소그래피 : 마스킹과 에칭 공정에 의해서 회로 패턴이 형성된다.
- 도핑 : 에칭이 끝난 후에 드러난 표면은 도핑이 될 수 있다. n^+ 또는 p^+ 도펀트가 이온 주입과 그 이후의 확산 공정에 의해서 도핑된다.
- 화학적 기상 증착 : 다양한 물질의 박막이 여러 공정을 거쳐서 웨이퍼 위에 증착된다[예 : 화학적 기상 증착(CVD)]
- 상호연결층의 생성 : 각각의 독립적인 트랜지스터와 장치 사이를 연결하는 전도성 회로를 생성하기 위해서 스퍼터링(sputtering)이나 증발(evaporation)이 사용된다.
- 테스트와 패키징 : 품질을 위해서 각각의 집적회로들을 테스트하고, 이후에 인쇄된 회로판에 연결할 수 있도록 보호 패키지 내에 위치시킨다.

반도체 제작 공정은 항상 먼지, 온도, 습도가 세밀하게 조절될 수 있는 청정실 환경에서 이루어진다. 청정실의 클래스는 1세제곱 피트(ft^3)의 공간에 존재하는 입자의 최대 개수로 정의된다(표 5.3 참조). 먼지와 다른 변수들을 줄이는 것은 칩의 회로 내 오염과 칩의 생산량 감소를 막기 위해 필수적이다.

표 5.3 청정실에 대한 클래스 등급

청정실에 대한 클래스 등급	ft^3당 0.5μm 입자의 수	m^3당 0.5μm 입자의 수
등급 10,000	10,000	350,000
등급 1,000	1,000	35,000
등급 100	100	3,500
등급 10	10	350
등급 1	1	35

그림 5.10은 생산 과정의 흐름과 제작순서를 보여 주고 있다. 다시 보이지만, 다이어그램의 중앙에 있는 리소그래피, 에칭, 레이어링 과정은 그림 5.6과 그림 5.7의 개략도에 나타난 몇몇 층을 이루기 위해 여러 번 반복된다.

일단 모든 능동소자와 회로가 완벽히 형성되면, 웨이퍼는 절연하는 유전막의 층으로 보호된다. 끝으로 패턴이 형성된 패시베이션(passivation) 층에 본딩 와이어가 붙을 수 있는 본딩 패드가 더해진다. 이러한 본딩 와이어는 후위처리 과정으로 알려진 과정을 통해 집적회로 패키지와 연결되고, 결국 그 칩은 인쇄된 회로판 위로 조립된다(제6장 참조).

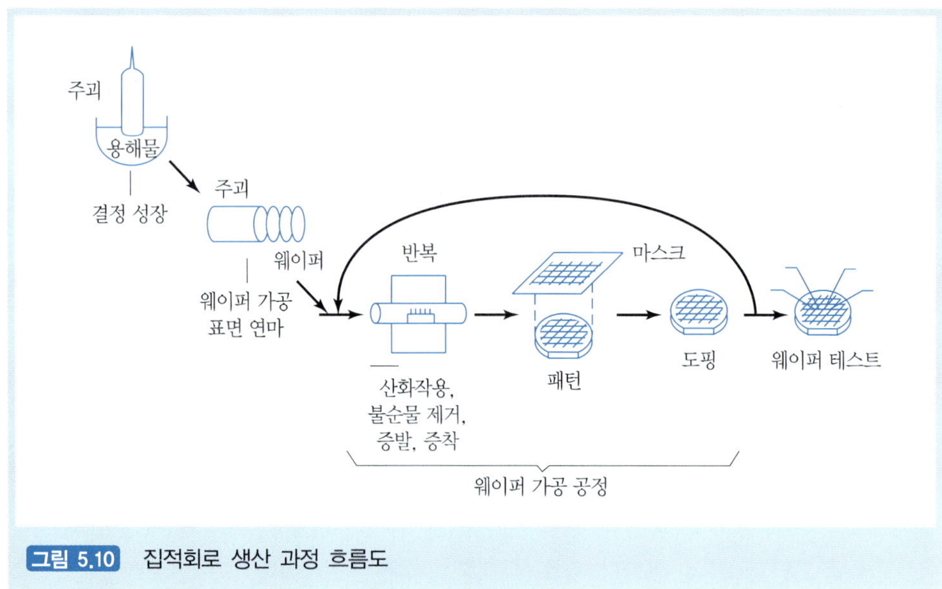

그림 5.10 집적회로 생산 과정 흐름도

5.8 반도체 생산 II : NMOS[3)]

그림 5.11은 NMOS 회로의 다중 레이어 구조를 보여 준다. 5.10절에서 다룰 리소그래피와 같은 각각의 과정을 자세히 살펴보기에 앞서, 생산과정을 단계적으로 요약하는 것은 유용하다. 이 분야를 처음 접하는 학생들에게는 과정 3부터 과정 6까지에 해당하는, 즉 트랜지스터 그 자체를 제작하는 것에 대해 고려하는 것이 아니라, 그림 5.6의 가장자리에 위치한 p^+ 임플란트와 필드 산화물을 포함할 부분을 정의한다는 것을 강조해야 한다. 이와는 대조적으로 마지막에 {n^+pn^+소스-게이트-드레인} 트랜지스터 영역이 될 내부 채널들은 불활성이고 딱딱해진 포토레지스트(photoresist)로 덮이고 보호될 수 있도록 남겨진다. 과정 8까지는 이 영역에 대한 작업이 시작되지 않는다.

1단계 : 특정 저항값을 갖는 표준화된 p형 실리콘 웨이퍼가 꼼꼼하게 세척되고, 이산화규소(SiO_2)을 제작하기 위해 산소가 채워진 노 안에서 가열된다. 이러한 방법으로 박막—때때로 패드 산화물이라 불린다—이 기판 물질의 위에 형성된다.

2단계 : 화학적 기상 증착(CVD)을 사용하여 질화규소 막을 첨가한다.

3단계 : 자외선에 감응하는 포토레지스트가 웨이퍼 위에 적용된다. 그림 5.11a의 오른쪽 위에 바깥쪽 p^+ 영역 임플란트와 산화물 영역을 위한 마스크의 패턴이 나타나 있는데, 단순한 4개의 선으로 구성된 사각형으로 표현되어 있다. 이러한 선들은 자외선이 투과할 수 있지만, 사각형의 중심부를 포함한 마스크의 다른 모든 영역은 자외선이 투과하지 못한다. 자외선은 오직 마스크의 선 부분을 통해 투과하게 되고, 조심스럽게 패턴 내부의 포토레지스트를 손상시킨다. 손상된 포토레지스트는 화학약품에 의해 벗겨져 사라진다. 이 과정에 의해서 바닥에 깔린 4개의 연결된 도랑으로 이루어진 사각형 패턴과 질화규소가 남게 된다. 4단계와 5단계에서는 도랑의 질화규소와 이산화규소가 에칭되어 제거된다.

3) 중요 : 오늘날 가장 일반적인 생산방법은 CMOS이다. CMOS에서 NMOS와 PMOS 트랜지스터 모두가 직렬로 생산된다. 최초의 산화와 질화 단계 이후에 n 우물이 형성되고 따라서 고배율에서 웨이퍼는 바둑판과 같은 모습을 보일 것이다. 이후에 그림 5.7에 나타난 것과 같이 p 기판과 n 우물이 앞뒤로 나열되면서 제작된다. 생산 과정을 처음 접하는 이에게는 n형과 p형 트랜지스터가 교대로 나열된 것이 복잡하게 생각될 수 있다. 따라서 복잡함을 피하기 위해 본문에서는 '단형' NMOS에 대해서만 다루기로 한다.

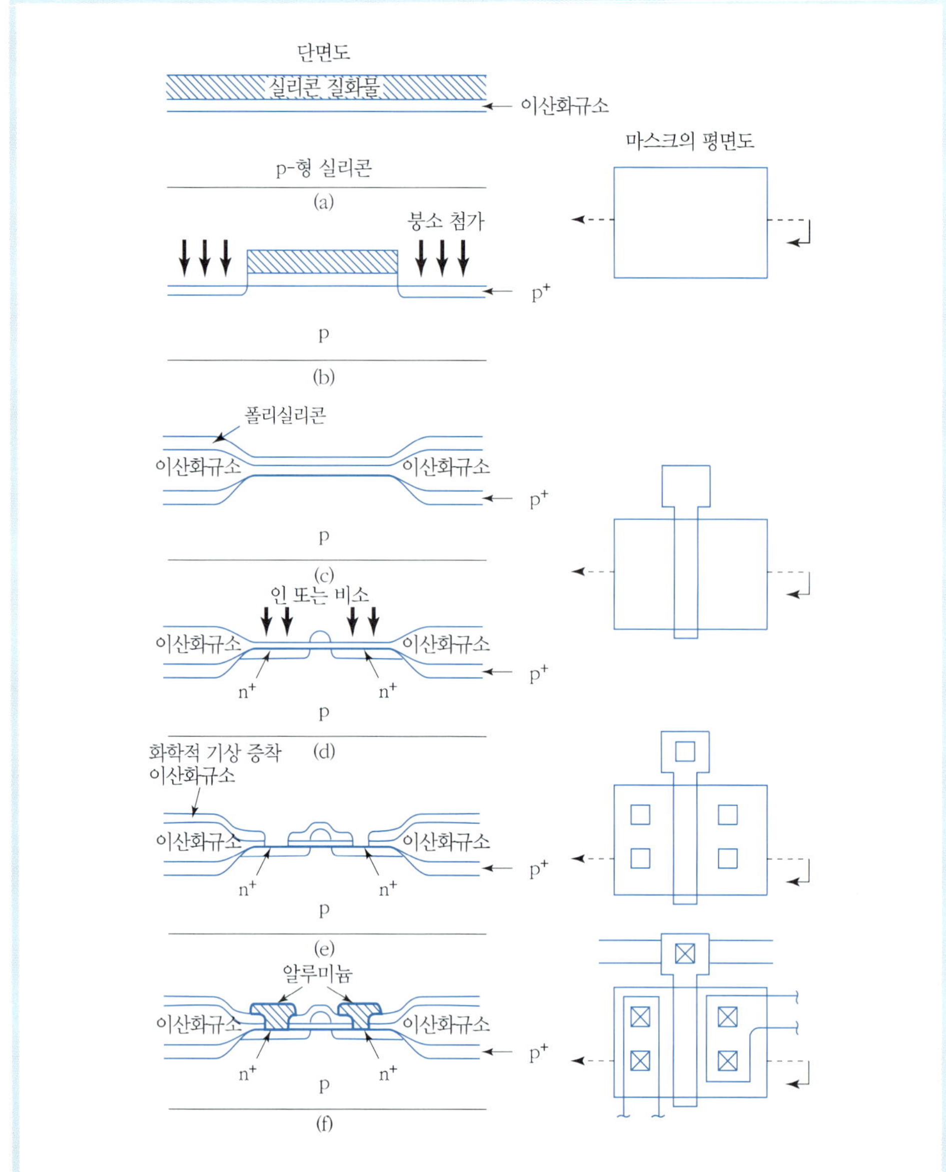

그림 5.11 NMOS : 웨이퍼(왼쪽)와 그에 따른 마스크(오른쪽)[재거(Jaeger, 1988)의 *Introduction to Microdlectric Fabrication* 로부터. Prentice-Hall, Inc.의 승인하에 재인쇄됨]

4단계 : 웨이퍼에 수직벽 도랑을 만들기 위해서 플라스마 공정을 사용한 드라이 에칭이 이루어진다. NMOS 웨이퍼를 현미경으로 관찰한다면 아마도 맨해튼처럼 보일 것이다. 비유적으로 표현하면 커다란 빌딩들은 여전히 산화/질화막에 의해 보호되고 있으며, p형 기판에 도달할 때까지 깊숙이 에칭되어 제거된 넓은 도로 옆에 서 있다. 에칭 공정 이후에 이러한 넓은 도로들은 선택된 p^+형 영역을 형성하기 위해 붕소로 도핑된다(그림 5.11b).

5단계 : P형 도펀트인 붕소는 이러한 에칭된 넓은 도로 위에 이온 임플란트 되고, 이후에 도펀트는 추가적으로 이루어지는 확산에 의해 더 깊숙이 이동한다. 이러한 이온 임플란트와 확산의 조합은 그림 5.6과 5.11b의 좌측과 우측에 나타난 임플란트 p^+ 영역을 형성한다. 이러한 과정이 왜 필요한가? 이는 트랜지스터—그림의 중심부분—가 '상자에 담겼다'는 것을 의미한다. 전자는 손실되거나 다른 회로로 끌려가기보다는 소스에서 드레인으로 흘러가도록 제한될 것이다. 또한 p^+ 영역은 **채널 스톱 임플란트**(channel stop implant)라고도 불린다.

6단계 : 이 p^+ 영역은 열산화 처리를 통해 그림 5.11c의 좌측과 우측에 나타난 것과 같이 두터운 이산화규소 층으로 덮인다.

7단계 : 여기서 잠깐 멈추도록 하자! 두꺼운 이산화규소 층으로 덮인 p^+ 영역은 트랜지스터의 경계를 형성하는 '건물의 측벽'과 같다. 이제부터 소스, 게이트, 드레인이 만들어질 중심부분에서의 작업이 진행될 수 있다.

8단계 : 3단계를 떠올려 보면 중심부분은 포토레지스트에 의해서 보호되어 남겨졌고, 1단계와 2단계에서 형성된 산화/질화막 샌드위치가 여전히 그 위에 존재하고 있다. 이러한 산화/질화막 샌드위치는 게이트를 만들기 위해서 에칭을 통해 제거되어야 한다.

9단계 : 게이트의 기초를 마련하기 위하여 매우 얇은 이산화규소(SiO_2) 층이 전 웨이퍼 위에 형성된다. 이러한 얇은 산화막은 그림 5.6의 중앙부분에서 폴리실리콘 게이트 영역의 바로 아래에 나타나 있다. 5.5.3절로부터 위의 이산화규소 층은 게이트와 p형 기판 사이에서 유전체 역할을 한다는 것을 알 수 있다. 이산화규소 층의 치수를 정밀하게 맞추기 위해 층의 성장을 조절하는 장치의 성능특성이 매우 중요하다.

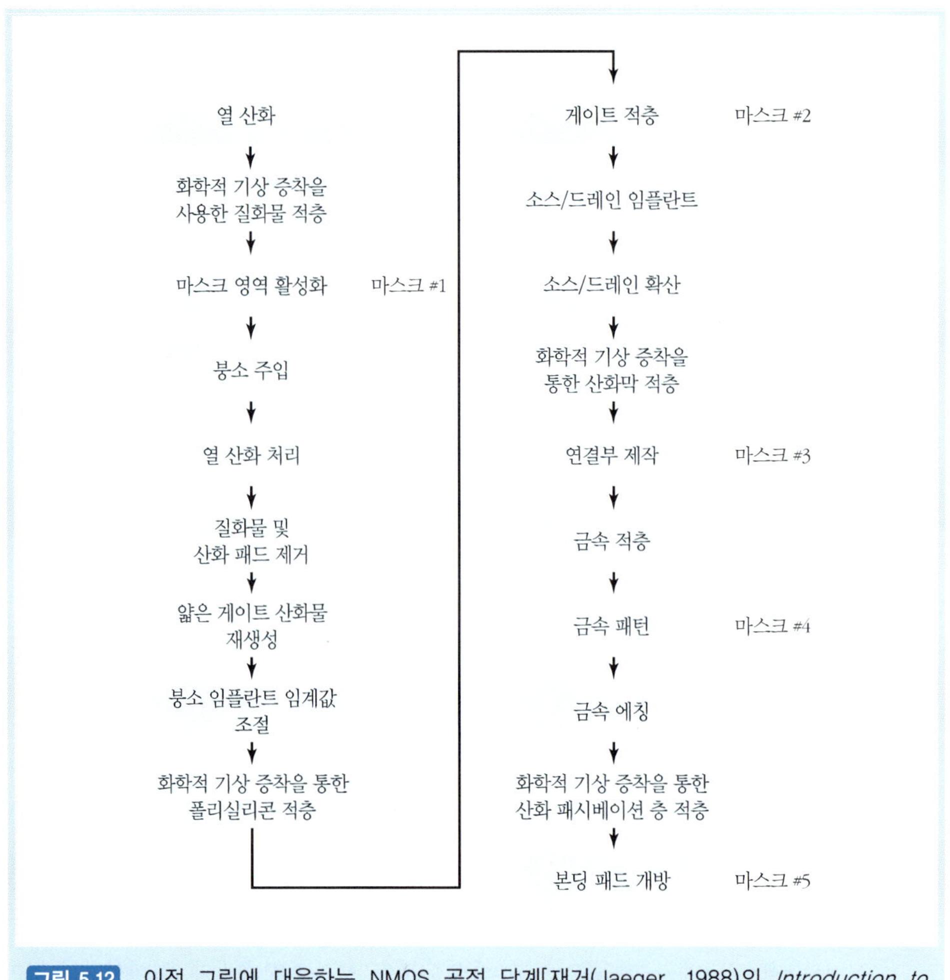

그림 5.12 이전 그림에 대응하는 NMOS 공정 단계[재거(Jaeger, 1988)의 *Introduction to Microdlectric Fabrication*로부터. Prentice-Hall, Inc.의 승인하에 재인쇄됨]

10단계 : 게이트 영역의 필요 역치 전압을 조절하기 위해, 얇은 이산화규소 층을 통과할 수 있는 추가적인 붕소 도핑이 실시된다.

11단계 : 게이트 자신을 위한 접촉부를 형성하기 위해 CVD를 통해 폴리실리콘을 적층한다. 그림 5.11c는 전체적인 진행 과정 중에서 이 시점의 웨이퍼를 나타낸다. 또한 이 공정은 그림 5.12의 다이어그램에서 좌측 하단에 위치한다.

12단계 : 트랜지스터의 중심부분에 정밀하고 섬세한 부분들을 제작하기 위해 두 번째 포토리소그래피 마스크가 사용된다. 이는 그림 5.11d의 중심부분에 위치한 2

개의 트랙에 나타나 있다. 결국 폴리실리콘 게이트가 형성될 영역은 포토리소그래피 공정 동안에 마스크의 불투과 영역으로 덮이게 된다. 그러나 소스와 드레인에 해당하는 가느다란 채널들은 노출되고, 따라서 그 영역에서 포토레지스트는 선택적으로 손상을 입게 되어 제거된다. 이러한 '노출된' 영역은 에칭에 의해 가장 윗부분의 폴리실리콘부터 제거된다. 그림 5.11d는 작은 중심부분의 게이트 영역을 제외한 폴리실리콘이 에칭으로 제거된 단계의 웨이퍼를 나타낸다.

13단계 : 현 단계는 중요한 단계이다. n형 물질인 인 또는 비소가 원래는 p형 웨이퍼/기판인 '노출된' 영역에 이온 임플란트 되고, 그 후에 고도로 도핑된 n^+ 영역 형성을 위해 확산 공정을 사용하여 인을 내부로 이동시킨다. 트랜지스터는 이제 뚜렷해졌다. 그림 5.11d에 나타난 2개의 n^+채널은 소스와 드레인이다. 이들은 폴리실리콘 게이트에 의해 연결되어 있다.

14단계 : 여기서 다시 한 번 멈추도록 하자. 순수하게 트랜지스터 자체를 만드는 관점에서의 중요한 작업은 이제 마무리되었다. 이후에 진행되는 남은 단계들은 상호연결 부분과 표면보호에 보다 중점을 두고 있다.

15단계 : 그림 5.11e의 좌측 상단에 나타난 것과 같이 추가적인 CVD 산화층이 웨이퍼 위에 형성된다. 그런 이후에 소스, 게이트, 드레인으로의 접촉부분을 노출시키기 위해 세 번째 마스크가 사용된다. n^+ 영역을 위해 노출된 접촉부분들은 각 게이트의 옆 부분에 위치한 4개의 작은 사각형이다.

16단계 : 웨이퍼의 표면이 알루미늄으로 금속화(metallized)되며, 금속화를 위해 스퍼터링법이나 증발법이 사용된다.

17단계 : 다른 트랜지스터 회로들과의 연결을 위한 상호연결부의 패턴을 생성하기 위해 그림 5.11의 우측 하단에 나타난 것과 같은 네 번째 마스크가 사용된다. 그림 5.11f의 빗금친 영역은 알루미늄 접촉부분의 단면을 나타낸다.

18단계 : 상호연결 부분을 위해 필요한 부분이 아닌 금속부분은 에칭으로 제거된다.

19단계 : CVD 산화에 의한 패시베이션 층이 웨이퍼의 위에 적층된다.

20단계 : IC의 표면에 결합 패드를 위한 작은 창문들이 개방되고, 가느다란 선들로 이러한 결합 패드들이 연결된다. 추후의 공정 단계인 후위처리 공정(back-end processing, 5.11절) 동안에 이러한 와이어들은 패키지의 리드 프레임(lead frame)으로 연결되고, 마지막 세정과 패시베이션에 의해 후위처리 패키징을 위해 준비된 최종의 IC가 완성된다.

5.9 레이아웃 규칙

제3장과 제4장에서와 같이 기계를 주로 다룬 세계에서처럼 트랜지스터 레이아웃의 설계는 생산 과정에서의 물리 법칙에 의해서 제한된다. 설계 규칙은 마스크의 정렬, 리소그래피 시의 초점 깊이 문제, 식각, 측면으로의 확산 등의 조건을 만족해야 한다. 주요한 제약은 기능을 충실하게 수행할 수 있으면서 웨이퍼에 회로를 전달할 수 있는 마스크의 최소 크기이다. 설계 규칙은 동일한 층에 있는 각 요소 사이의 수평방향 최소 층 내부 간격을 지정하고, 다른 설계 규칙은 층과 층 사이에 존재하는 층간 트랜지스터의 레이아웃을 지정한다. 접촉, 바이어스, 우물의 크기 역시 이 규칙을 따른다.

위 규칙을 따르는 그림 속의 거리는 크기를 변화시킬 수 있는 설계 길이 λ로 측정되고, 이는 미드(Mead, 1980)와 콘웨이(Conway, 1980)가 제안한 일반적 과정[4]을 따른다. 실제로 이 크기를 변화시킬 수 있는 설계 길이는 완전히 선형으로 변화하지 않고, 변화하더라도 기존의 변화 형태와 유사하다. 결과적으로 오늘날 산업에서는 직접적으로 선호하는 크기를 규정하는 마이크로미터 규칙을 이용하는 추세이다. 그럼에도 불구하고, 이 책과 같은 기초 교재에서는 확장 및 축소하여도 문제가 없는 미드와 콘웨이의 방법을 제시한다.

5.9.1 층 내부의 설계 규칙

그림 5.13을 보면 활성화된 트랜지스터 영역은 3λ 차원이고, 3λ만큼 떨어져 있다. 폴리실리콘 게이트 지역은 2λ이고, 금속 지역은 전형적으로 3λ이다. 활성화된 트랜지스터와 정공을 통한 금속과 금속의 접촉은 2λ이다. CMOS 우물은 10λ로 더 크다.

4) 현재의 MOSIS 시스템에서는 최소 선폭이 2λ로 설정된다. 예를 들어, 1.2μm 공정에서(다시 말해 최소 선폭의 넓이가 1.2μm인 공정에서), $\lambda=0.6\mu$m이다.

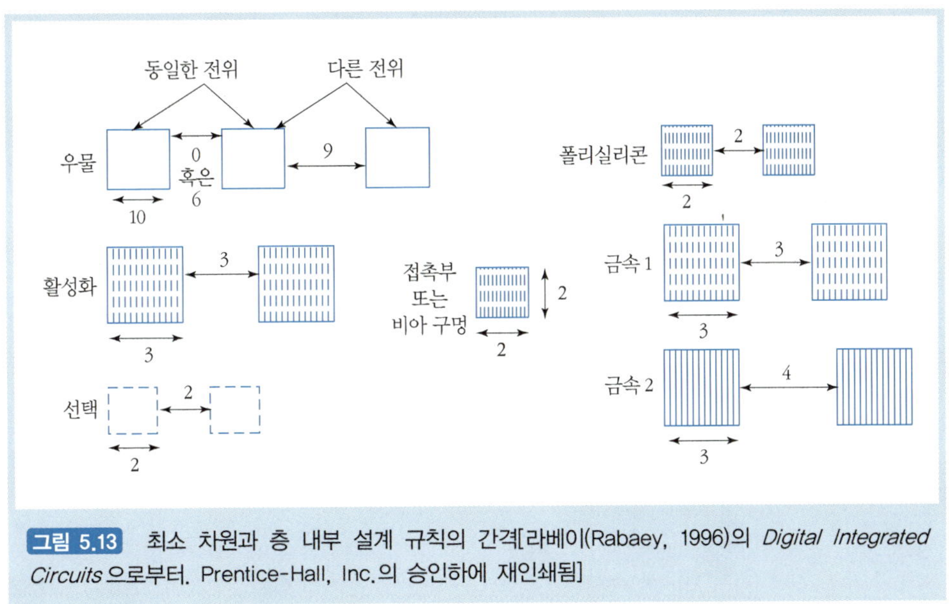

그림 5.13 최소 차원과 층 내부 설계 규칙의 간격[라베이(Rabaey, 1996)의 *Digital Integrated Circuits* 으로부터. Prentice-Hall, Inc.의 승인하에 재인쇄됨]

5.9.2 층간 설계 규칙

그림 5.14(a)는 n^+ 확산 영역에서의 채널을 지정하고 겹쳐진 폴리실리콘 층(po)을 보여 주고 있다. 이것은 그림 5.13에서 폴리실리콘의 최소 폭이 정해진 것처럼, 활성화된 트랜지스터의 최소 길이는 2λ가 된다는 것을 의미한다. 활성화된 지역을 만들기 위해 확산의 최소 폭을 지정한 것과 같이 최소 폭은 3λ가 될 것이다. 활성화 지역으로부터 우물 경계까지의 치수는 5λ이다. 이런 설계 규칙은 '요소로부터 가장자리까지'에 의해 최단 거리를 규정짓는다. 이것은 그림 4.17에서 쓰인 개념과 같다. 그림 4.17은 기계적 CAD/CAM 시스템에서 '요소에서 가장자리까지'에 의해 최단 거리가 정해지는 것을 보여 주었다.

그림 5.14(b)에서는 알루미늄을 활성화 트랜지스터를 통과하도록 하는 수직적 오프닝의 설계 규칙이, 서로 다른 금속층을 연결하는 수직 바이어스의 차원과 함께 열거되어 있다. 예를 들어, 도표 왼쪽의 '금속에서 액티브 영역으로'라는 표식은 m1 알루미늄과 n^+ 활성화 트랜지스터 영역의 연결을 가능하게 하는 수직 오프닝을 나타내는 어둡게 표시된 2×2 사각형 옆에 있다. 그림 5.15는 간단한 장치를 바라보는 복합적 시각을 보여 준다. 이것은 (a) 배치, (b) 단면도, (c) 회로 도표 등을 포함한다.

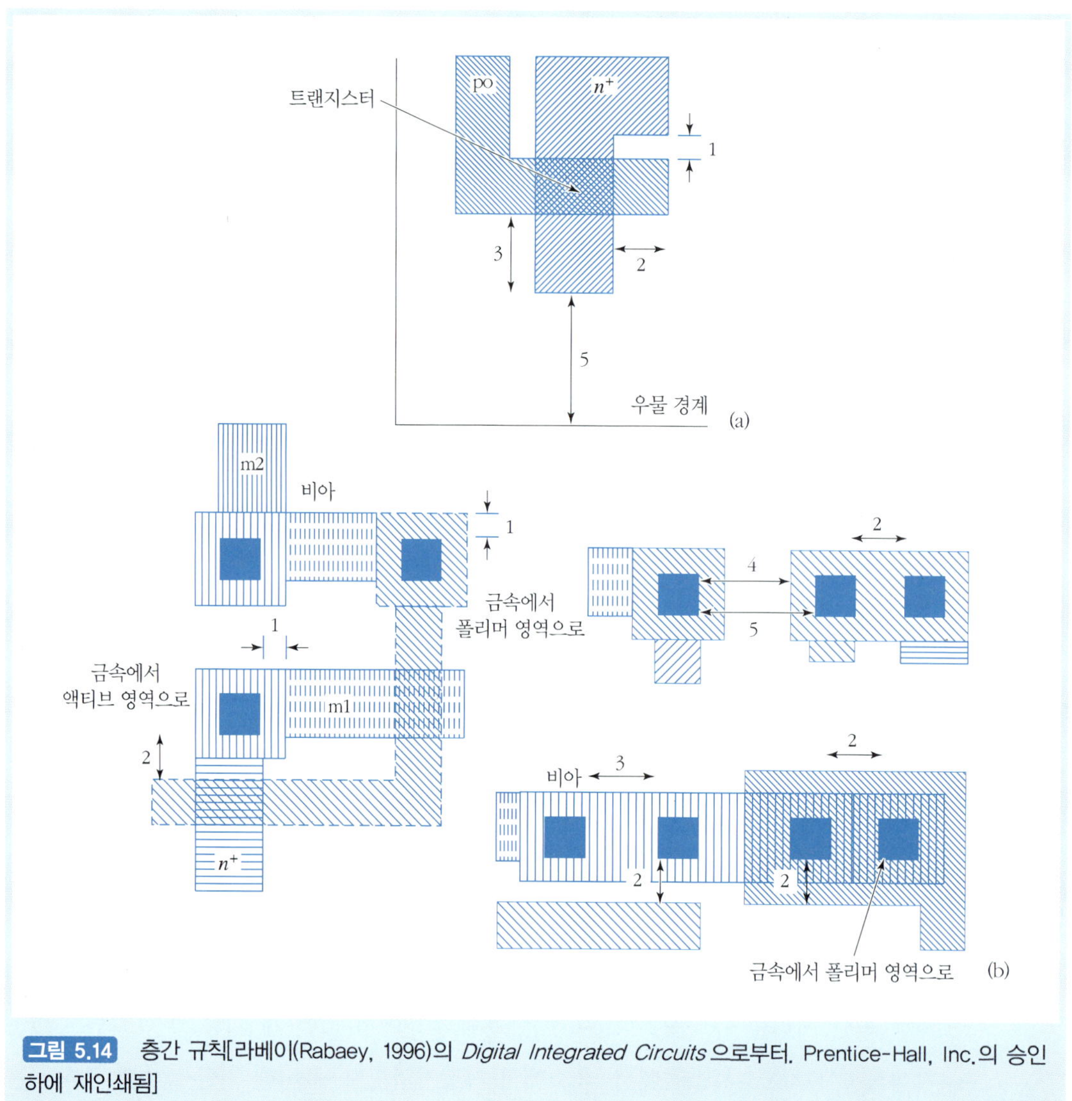

그림 5.14 층간 규칙[라베이(Rabaey, 1996)의 *Digital Integrated Circuits* 으로부터. Prentice-Hall, Inc.의 승인 하에 재인쇄됨]

5.10 전단처리(Front-end) 과정의 심화

뮬러(Mueller)와 카민스(Kamins, 1986), 재거(Jaeger, 1988), 피에르트(Pierret, 1996), 캠벨(Campbell, 1996) 등이 집필한 많은 우수한 교재들에 전단처리 과정의 종합적이고 자세한 설명이 나타나 있다. 다음의 여러 페이지에 걸쳐 몇 가지 중요한 점이 요약되어 있다.

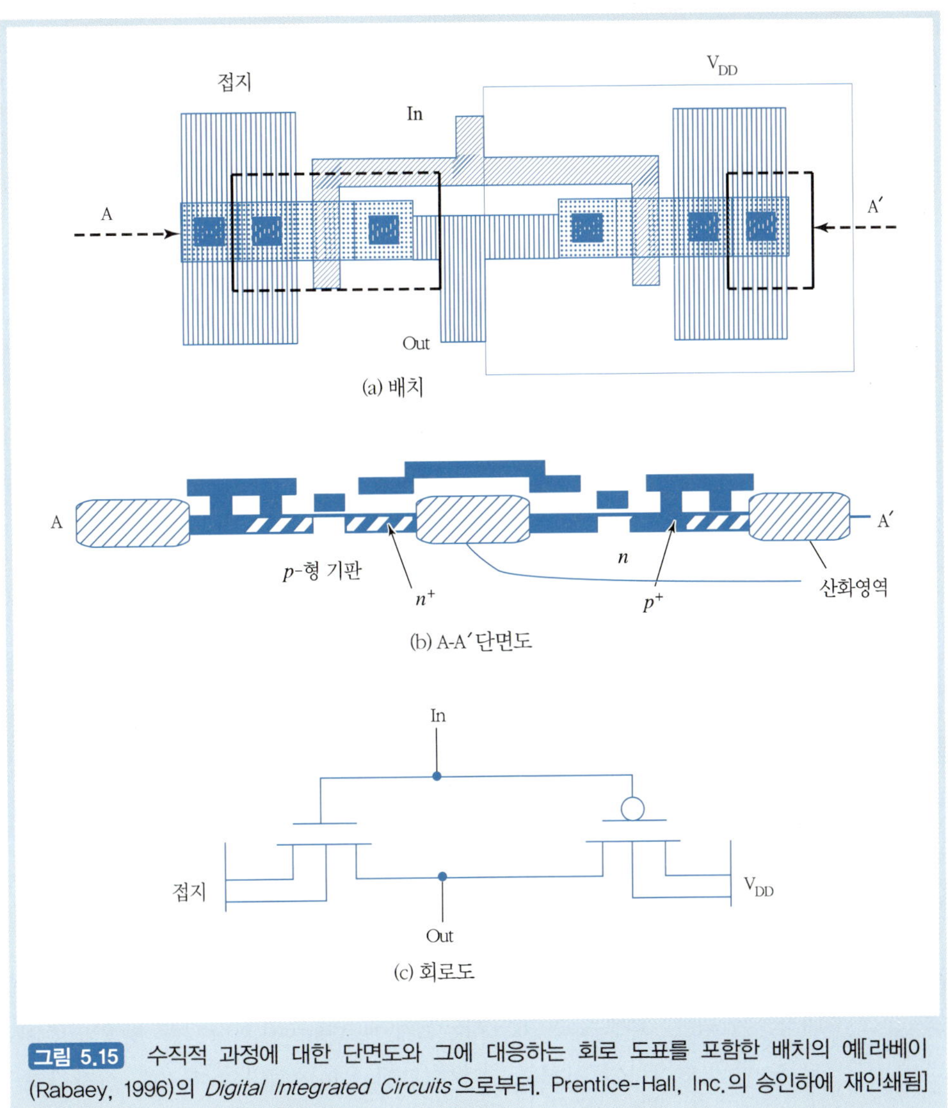

그림 5.15 수직적 과정에 대한 단면도와 그에 대응하는 회로 도표를 포함한 배치의 예[라베이(Rabaey, 1996)의 *Digital Integrated Circuits*으로부터, Prentice-Hall, Inc.의 승인하에 재인쇄됨]

5.10.1 실리콘 주괴와 웨이퍼의 준비

이 과정은 비교적 낮은 등급의 실리콘이나 페로실리콘(ferrosilicon)을 탄소와 함께 전기 용광로에서 가열되는 것으로 시작된다. 일련의 감소 과정은 불순물이 섞인 실리콘을 만든다. 액화 실리콘 클로라이드(Silicone chloride)로의 전환에 의해 순도가 높아지는데 이는 증류 작용에 의한 것이다. 수소 환경하에서 $SiCl_4$를 가열하게 되면, 초고순

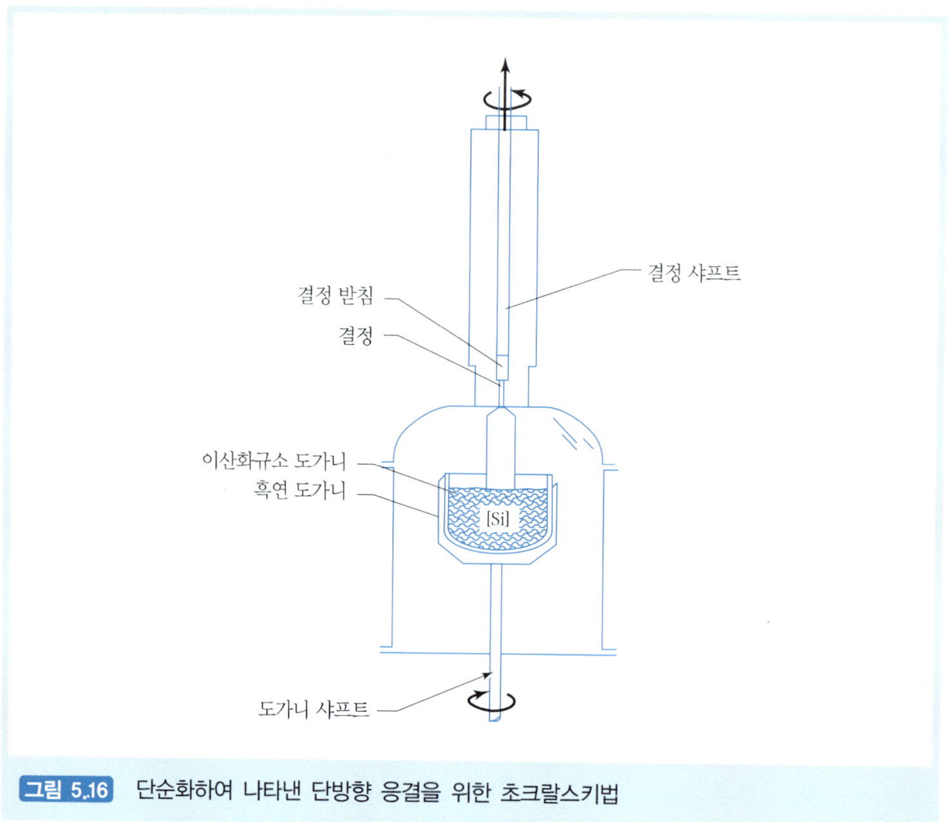

그림 5.16 단순화하여 나타낸 단방향 응결을 위한 초크랄스키법

도의 다결정 실리콘(Polycrystalline silicon)을 만들 수 있다.

다음으로 초크랄스키(Czochralski)의 단방향 주조 방법을 통해 단결정 실리콘 주괴가 생산된다. 고체의 실리콘 시드 핑거(Silicon seed finger)를 용융된 초고순도의 실리콘 통 안에 담갔다가 천천히 꺼낸다(그림 5.16). 하나의 결정을 성장시킬 때, 응고 방향은 대체로 〈111〉이나 〈100〉 쪽으로 정렬된다. 이로 인해 핑거 주변의 단결정과 같이 용융된 실리콘은 식게 되고, 식은 실리콘은 원하는 지름의 긴 실린더 형태로 당겨져 올라가게 된다.

이 다결정 실리콘 주괴는 매끈해질 때까지 일정하게 연마된다. 그 후 다이아몬드 톱으로 지름 200mm 또는 300mm, 두께 0.5mm의 원형 웨이퍼 형태로 가공된다.

웨이퍼 표면 역시 연마 및 폴리싱된다. 웨이퍼는 모든 입자와 박테리아, 다른 불순물의 모든 흔적이 없어지도록 화학적으로 세척된다. 세척 과정에는 웨이퍼 랙을 계속해서 끓고 있는 화학적으로 처리되고 이온이 제거된 물에 담그는 과정도 포함된다. 이 작업은 엄격한 안전과 환경 보호 수단을 요구하는 극도로 유독하며 위험한 과정이다.

5.10.2 열산화 과정

이미 설명한 것처럼 전형적인 MOS 과정은 이산화규소의 얇은 패딩(padding)을 웨이퍼 위에 성장시키는 것으로 시작된다. 웨이퍼는 주의 깊게 관리된 조건하에 그림 5.17a에서와 같이 용광로 안에서 가열되고 정제된 산소에 노출된다.

좀 더 두꺼운 영역의 산화물을 제작하기 위해서 웨이퍼는 수증기 환경 속에서 가열될 수 있다. 그림 5.17b에 나타난 이 수증기 방법은 건조한 산소 가열 방법보다 더 빨리 층을 형성시킨다.

그러나 건조한 산소 가열법은 규소(Si)와 이산화규소(SiO_2) 사이의 더 나은 경계면을 제공하기 때문에, 게이트 산화물의 SiO_2를 형성하기 위해 선호되는 방법이다. 반복되는 열산화(RTO)는 적당하게 높은 온도에서 단시간 내에 산화되는 것을 가능하게 한

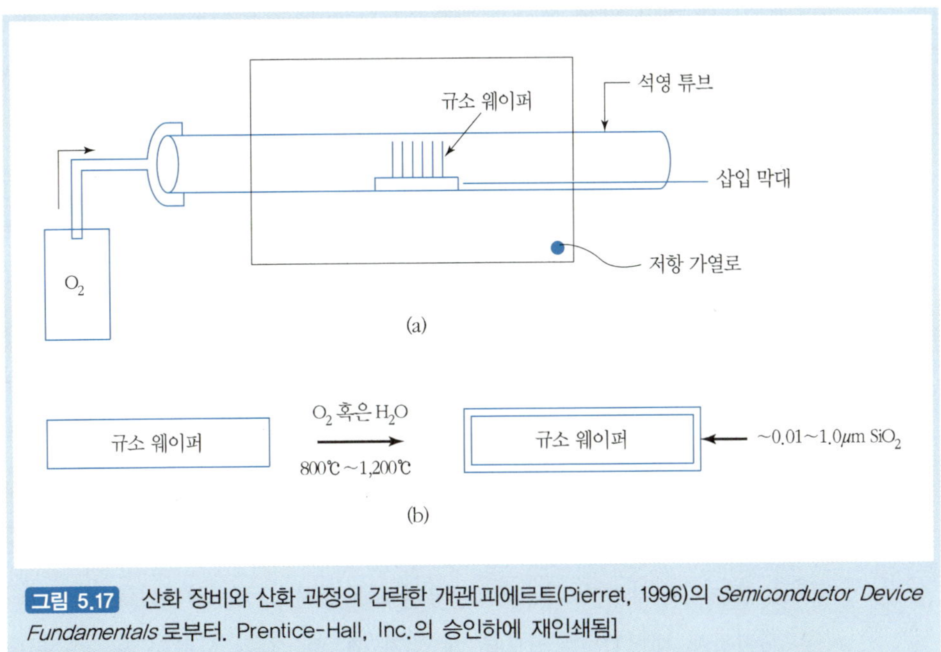

그림 5.17 산화 장비와 산화 과정의 간략한 개관[피에르트(Pierret, 1996)의 *Semiconductor Device Fundamentals* 로부터. Prentice-Hall, Inc.의 승인하에 재인쇄됨]

다(Campbell, 1996).

5.10.3 포토마스크의 제작

원하는 회로 패턴을 포함한 CAD 파일은 포토그래픽 플레이트 또는 포토마스크로 전달된다. 이를 위해 CAD 파일은 먼저 컴퓨터로 제어되는 노광 기계인 패턴 생성기에 공급된다. 이 생성기는 IC 패턴을 빛의 감도가 예민하며 마스크라고 알려진 판으로 전달하기 위해 플레이트 플래시 노광을 이용한다. 이 과정은 사진 인화 과정과 비슷하다.

생성기는 회로 다이어그램에 해당하는 많은 수의 일련의 사각형들을 판 위로 빠르게 조사한다. 판은 감광제/포토레지스트(emulsion/photoresist) 물질로 덮여 있고 이 물질은 노광하에서 천천히 분해된다. 그리고 한 번 노광된 포토레지스트가 벗겨지면, 그 판의 회로에 해당하는 영역이 투명해진다.

5.10.4 포토리소그래피 : 웨이퍼 위로 투사되는 마스크 패턴

각 포토마스크 안의 패턴을 웨이퍼로 전달하기 위해 많은 과정이 요구된다. 웨이퍼의 표면은 빛의 감도가 예민한 포토레지스트 물질로 코팅되어 있다. 주로 포토레지스트 용액은 균일하고 얇은 유착을 위해 1,000rpm에서 5,000rpm의 속도로 회전하는 둥근 웨이퍼의 중앙부분에 도포된다. 막의 두께는 용액의 점도와 회전 속도를 변화시켜 조절이 가능하다. 포토레지스트는 따뜻한 질소 혹은 순수 공기 오븐 안에서 건조된다.

포토리소그래피는 그림 5.18부터 그림 5.20에 나타난다. IC 생산 초창기에는 접촉 인쇄와 근접 인쇄가 사용되었고(Wolf & Tauber, 1986), 이런 방법하에서 포토마스크는 웨이퍼와 접촉하고 있거나 아주 가까이에 있었다.

그림 5.18은 근접 형태 포토마스크와 더 유사하다. 이것은 (a) 상부에 있는 마스크, (b) 웨이퍼 위의 포토레지스트 위에 위치한 마스크, (c) 이산화규소 층 꼭대기에 있는 선택적으로 손상된 포토레지스트 등을 보여 준다.

포토리소그래피 동안 포토레지스트는 규정된 방법에 따라 자외선(UV)에 노출되고 이것은 양성의 포토레지스트가 사용되고 있는지, 혹은 음성의 포토레지스트가 사용되고 있는지에 따라 달라진다. 양성의 포토레지스트는 작은 트랜지스터의 특징을 더욱 용이하게 제어할 수 있도록 해 주기 때문에 최근 산업의 표준이 되었다. 양성의

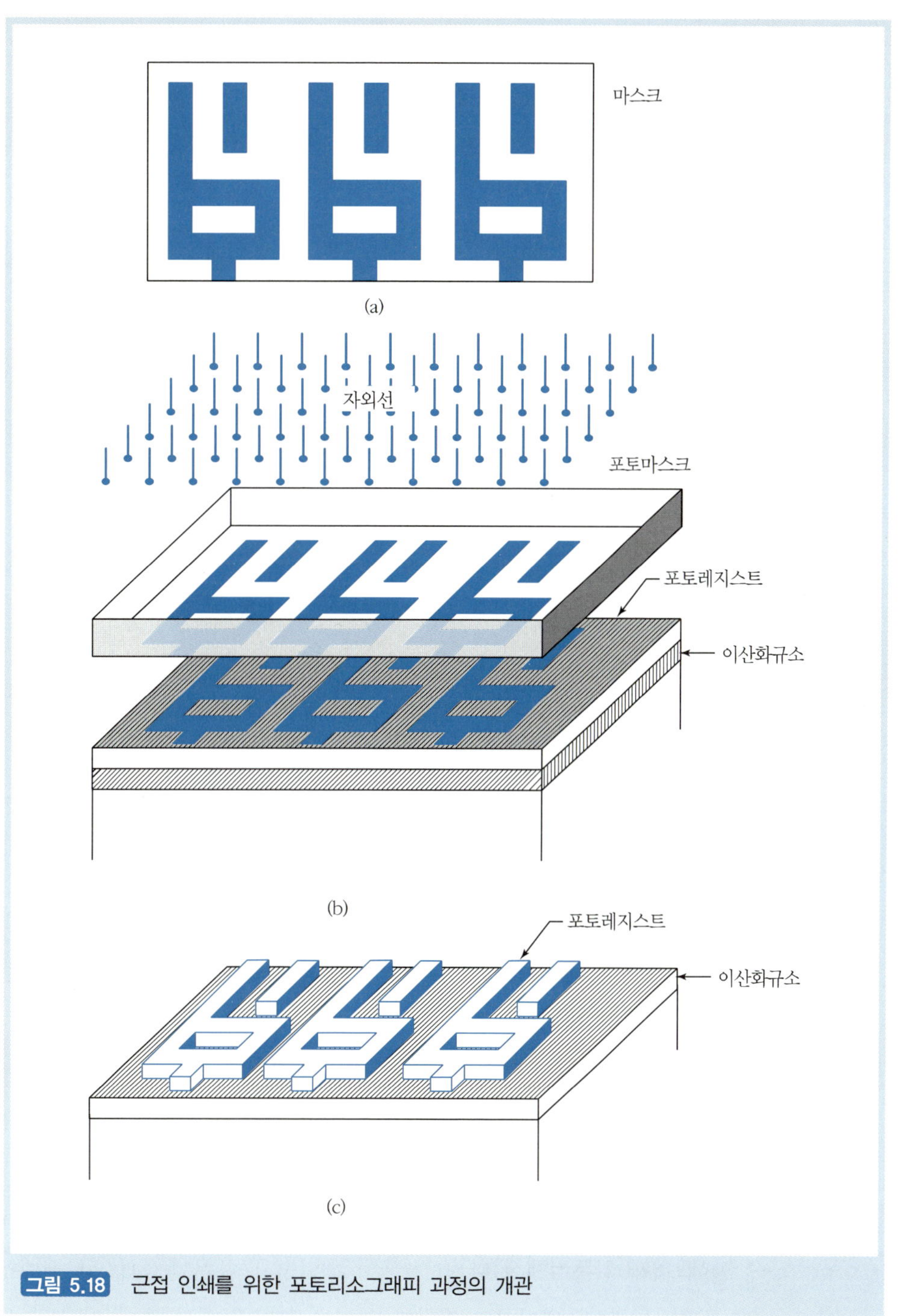

그림 5.18 근접 인쇄를 위한 포토리소그래피 과정의 개관

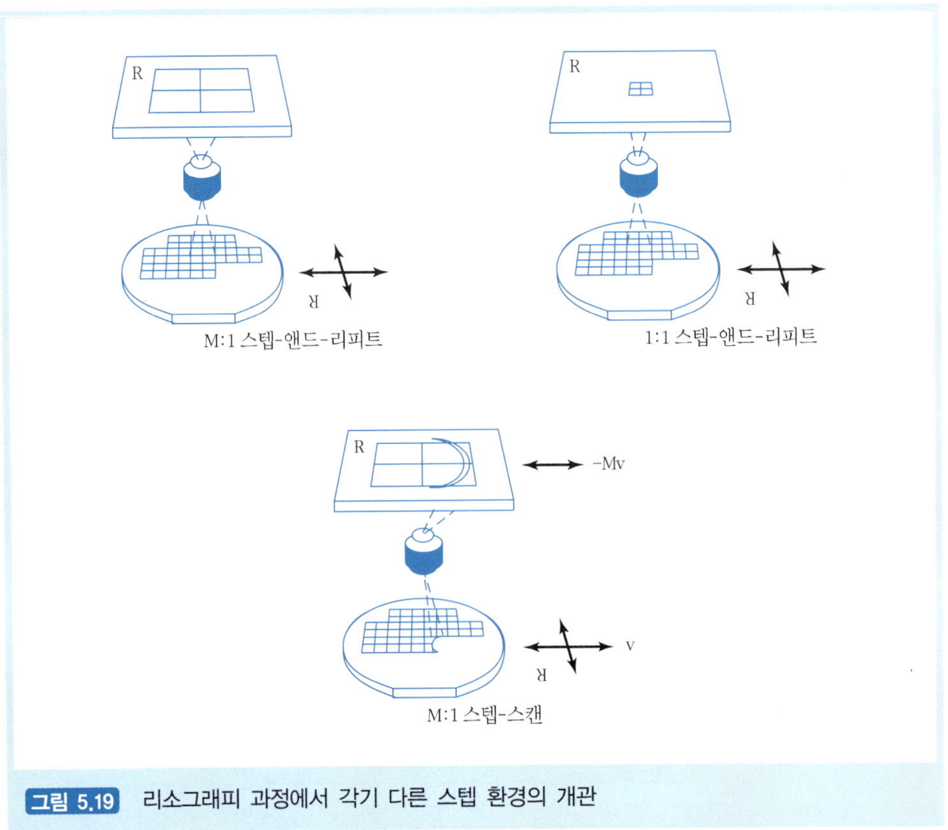

그림 5.19 리소그래피 과정에서 각기 다른 스텝 환경의 개관

포토레지스트는 보통 알칼리성 현상(Alkaline developer) 용액 내에서 용해되는 것을 방지해 주는 감광제를 포함한다. 그러나 만약 양성의 포토레지스트가 마스크 안의 패턴을 통해 도달한 자외선에 노출되면 감광제는 분해된다. 알칼리성 용액에 놓일 때 이 영역에는 도시의 블록 같은 구조가 남고 선택적으로 제거된다.

IC 생산 초기에도 많은 다이(die)들을 한 번에 노출시키는 것이 가능했다. 같은 패턴을 여러 번 반복함으로써 한 번에 노광을 시킬 수 있었다. 그러나 IC를 구성하는 요소가 작아질수록 한 포토마스크에서 다음 포토마스크로의 위치 정렬을 확보하는 것은 매우 어렵다는 것이 발견되었다. 또한 웨이퍼는 CVD 또는 도핑/확산 과정의 중간에 열에 의해 뒤틀리게 된다.

물론 마스크와 웨이퍼의 정확한 정렬은 이어지는 각 층이 이전의 층과 잘 맞을 수 있도록 하기 위해 절대적으로 중요하다. 이러한 이유로 오늘날 과정들은 주로 완벽

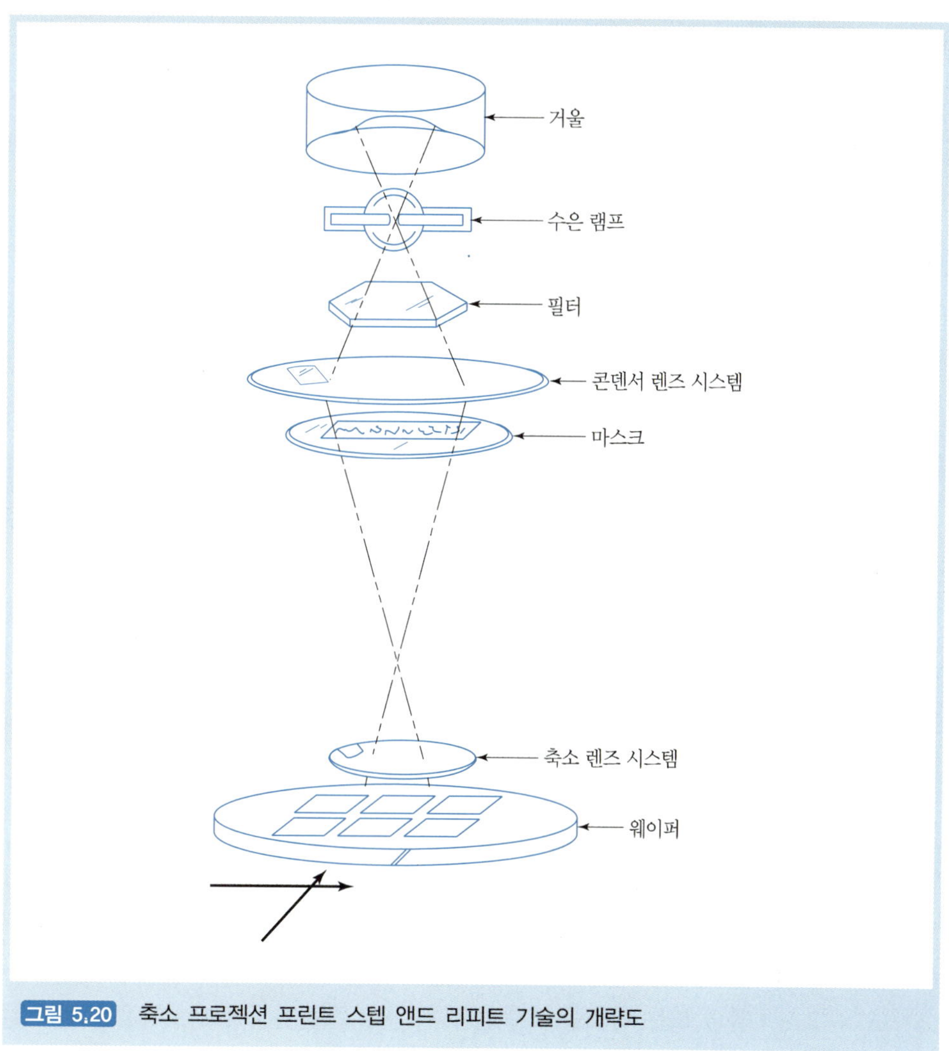

그림 5.20 축소 프로젝션 프린트 스텝 앤드 리피트 기술의 개략도

하게 자동화되어 있고 한 번에 하나의 다이만 노출시키거나, 웨이퍼 위 하나의 지역에만 노출시키게 된다.

이 방법을 웨이퍼 표면으로부터 먼 곳에 잘 고정되어 있는 렌즈 시스템을 이용한 **투영 인쇄**(projection printing)라고 한다. 포토마스크는 **스텝 앤드 리피트**(Step-and-repeat) 카메라 또는 **광 웨이퍼 스텝퍼**(optical wafer stepper)에 삽입된다. 이것은 렌즈 시스템을 통해 빛을 비춤으로써 패턴을 포토레지스트로 전달한다. 이미지는 렌즈를 통해 웨이퍼 위로 축소된다(그림 5.19, 그림 5.20).

5.10.5 에칭 : 트랜지스터 채널의 제작

패턴이 입혀지고 나면 포토레지스트의 빛에 노출된 영역은 현상작업에 의해 제거된다. 그리고 남은 부분은 그림 5.11b에 나타난 것처럼 그것을 강하게 하고 원하는 하부의 패턴을 보호할 수 있도록 구워진다. 습식의 화학 용액 또는 건조한 플라스마 가스는 보호되지 않고 남겨진 질화/산화 울타리로 된 영역들을 선택적으로 에칭하여 제거하기 위해 사용된다. 반대로 노출되지 않은 포토레지스트 영역은 일시적으로 보관된 패턴의 아래에 있는 영역을 보호한다.

불화수소산(HF)을 포함한 용액을 이용한 습식 에칭은 질화/산화층 안에 골이나 격자를 만든다. 회로 기판 위의 질화/산화층은 빠르게 에칭되고, 반면에 다른 쪽 표면 위의 포토레지스트는 손상을 입지 않도록 온도, 시간, 용액의 강도 등을 주의 깊게 관찰한다.

습식 에칭은 그림 5.21의 왼쪽에서처럼 포토레지스트 아래쪽에 있는 벽으로의 언더컷을 일으킨다. 이러한 이유로 습식 에칭은 작은 프로토타입 실험실에서 시행되고, 건식 에칭은 언더컷을 일으키지 않으므로 오늘날 상업적인 공정에 사용된다. 이것은 여러 플라스마 빔에 의해 수행된다. 예를 들어, 리액티브 이온 에칭(Reactive ion etching, RIE)은 화학적, 물리적인 효과에 의해 동시에 표면을 공격한다. 그 플라스마는 무선주파수 전기장(Radio-frequency electric field) 안에서 활성화되고, 리액티브 이온들은 규소 표면에 대한 다음의 몇 가지 사항을 달성하기 위해 표면에 충돌하게 된다.

- 불소 또는 염소를 포함한 기체는 규소 혼합물과 상호작용을 하고, 본래의 구조

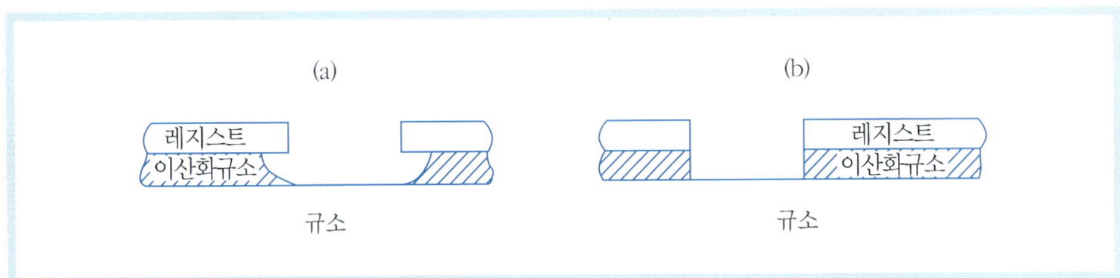

그림 5.21 습식 에칭(왼쪽)은 건식 에칭과 반대로 언더컷을 생성한다. 오른쪽은 리액티브 이온 에칭(Reactive ion etching)[재거(Jaeger, 1998)의 *Introduction to Microelectric Fabrication*으로부터. Prentice-Hall, Inc.의 동의하에 재인쇄됨]

그림 5.22 폴리실리콘으로 덮인 0.5μm 넓이의 채널을 보호하기 위해 포토레지스트를 사용한 결과(리처드 S. 뮬러와 시어도어 I. 카민스의 *Device electronics for integrated circuits* 로부터. John Wiley & Sons의 동의하에 재인쇄됨).

를 약화시킨다.

- 플라스마 안의 이온은 노출되고 약해진 원자들을 파괴시키기에 충분한 에너지를 가지고 있어서 표면을 부식시킨다.

또한 건식 에칭은 다음 단계에서 알루미늄 연결층 안에 패턴을 에칭시키기 위해 사용된다.

그림 5.22는 몇 가지 공정 단계의 진행 결과를 보여 주고 있다.

- 포토레지스트는 규소 웨이퍼(짙은 회색)의 맨 위에 있는 폴리실리콘 층 위에 있는 규소 화합물(Silicide) 층을 보호하고 있다.
- 보호되는 영역은 0.5μm 정도의 넓이이다.
- 보호되지 않는 영역은 1.5μm 정도의 넓이이다.
- 건식의 에칭은 언더컷을 막아 주지만, 여전히 몇몇 수직벽이 뾰족해지는 원하지 않는 현상을 유발한다.
- 규소 화합물(TiS_2)의 두께는 0.18μm이며, 폴리실리콘의 두께는 0.26μm이다.

5.10.6 도핑 : 활성화된 트랜지스터와 선별된 영역의 선택적 고립

도핑은 드라이브인(drive-in) 발산이 뒤따르는 입자 가속기(이온 주입)에서 나온 도펀트 원자로 규소에 충격을 가해 이루어진다.

이온 주입은 도펀트 원자를 웨이퍼 표면 안으로 유도하기 위해 고전압 가속기를 이용한다. 이온 주입은 일반적인 확산보다 다루기 용이하고, 더욱 정밀하게 조절할 수 있으며, 더 넓은 영역의 장애물 층 물질들을 허용한다. 그림 5.23은 요구되는 도펀트 원자들이 이온화되어(우측 하단) 전기장 내에서 일반적으로 25~200keV로 가속되는(중앙부분) 과정이 나타나 있다. 이 빔이 노출된 영역에 부딪히면 도펀트 원자들은 표면층으로부터 1~2μm 깊이까지 침투한다. 이러한 고에너지의 충격은 사실상 규소의 결정구조에 손상을 입히기도 한다. 따라서 구조물은 풀림(anneal) 처리되고, 이는 또한 n^+ 또는 p^+ 영역을 생성하기 위해 도펀트가 치환적이기보다는 침입적인 장소에 위치하도록 영향을 미친다.

이온 주입 방법은 도펀트의 농도—도펀트의 농도는 표면의 단위 센티미터당 원자의 수로 나타낸다—를 조절하는 데 유리하다. 질량 분석기(그림 5.23에서 분석기 자석으로 표시된)가 도펀트 공급부 근처에서 분류 장치의 역할을 하여 오직 원하는 종류의

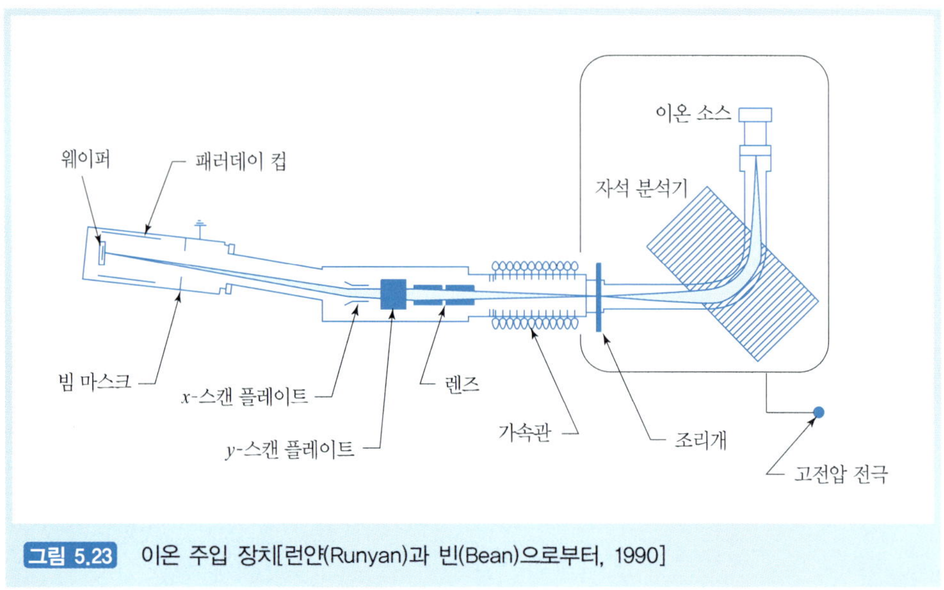

그림 5.23 이온 주입 장치[런얀(Runyan)과 빈(Bean)으로부터, 1990]

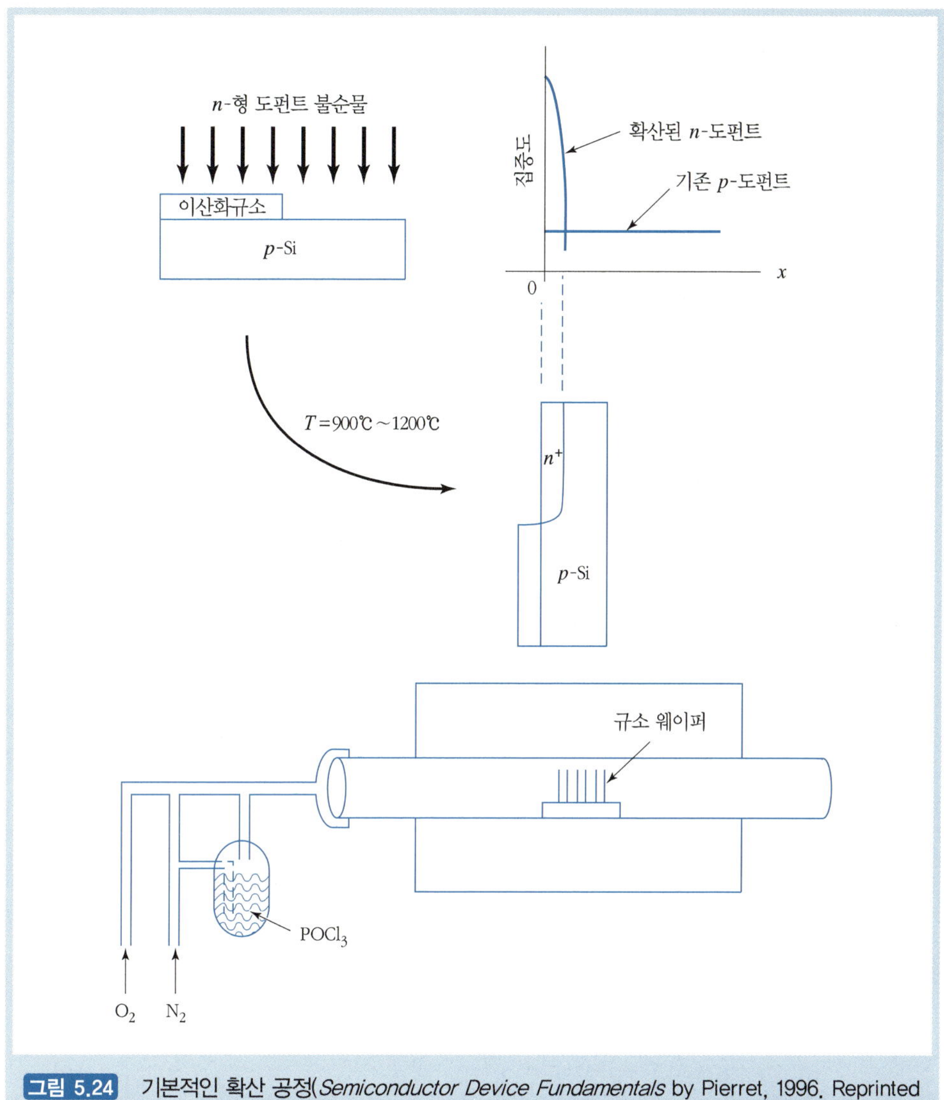

그림 5.24 기본적인 확산 공정(*Semiconductor Device Fundamentals* by Pierret, 1996. Reprinted by permission of Prentice-Hall, Inc, Upper Saddle river, NJ)[피에르트(Pierret, 1996)의 *Semiconductor Device Fundamentals* 로부터. Prentice-Hall의 동의하에 재인쇄됨)

도펀트만 웨이퍼의 목표지점에 도달하도록 하기 때문에 도펀트 순도를 높이는 것이 가능하다.

또한 이온 주입는 그림 5.6과 5.11에 나타난 얇은 산화층과 같이 이미 존재하는 층을 통과하여 내부로 침투할 수 있다는 사실에 주목해야 한다. 따라서 SiO_2를 형성하는 고온의 사이클 이후에도 추가적인 도핑이 이루어질 수 있다. 뮬러와 카민스(Muller and Kamins, 1986) 그리고 캠벨(Campbell, 1996)은 이온 에너지에 따른 깊이 그래프를 제시하였다.

이온 주입에 이어서 이온이 더 깊이 침투하기 위해 드라이브인(drive-in) 확산이 이루어진다. 그림 5.24에는 p형으로 도핑된 기판 내부로 약 1,000℃의 n형 도펀트가 확산되는 과정을 나타내었다. 도펀트의 농도는 픽(Fick)의 확산 법칙을 따른다(예 : 뮬러와 카민스(Muler and Kamins)의 1986년 저서 참조).

5.10.7 화학적 기상 증착 : 보호와 회로를 위한 층의 생성

얇은 층들과 다른 물질들은 화학적 기상 증착법(Chemical Vapor Deposition, CVD)을 사용하여 순차적으로 웨이퍼 위에 적층될 수 있다. 흥미롭게도 CVD는 절삭 공구 표면에 단단한 내마모 코팅을 형성하기 위해서도 사용된다(제7장 참조). CVD 공정은 열에 의한 화학반응 또는 기체화합물의 분해를 이용하여 기판을 코팅한다. 이는 보호층을 적층하기 위해 널리 사용되는 방법이다. 폴리실리콘, 이산화규소, 질화규소는 일반적으로 CVD를 사용하여 적층한다. 그림 5.25와 5.26에는 두 종류의 CVD 공정이 나타나 있다. 대용량의 저압 CVD 공정(Low Pressure CVD, LPCVD)은 보통 이산화규소(SiO_2), 질화규소(Si_3N_4), 폴리실리콘의 적층에 사용된다.

표면반응과 확산이 일어나는 수직으로 배열된 웨이퍼 주위에 기체가 흘러가는 모습이 그림에 나타나 있다. 플라스마 강화 CVD 공정(Plasma Enhanced CVD, PECVD)은 상대적으로 저온에서도 적층이 가능하며 몇몇의 특정 작업에 매우 적합하다. 예를 들어, 알루미늄 상호연결부 위의 패시베이션 층을 적층하기 위해 공정의 온도는 알루미늄이 녹지 않도록 500℃ 이하로 유지되어야 한다.

CVD 방법에 의해 생성된 막들의 금속학적 단면으로부터 적층된 막들이 순수한 기판으로부터 성장한 비결정질 또는 다결정 전이층들이라는 것을 확인할 수 있다. 이와는 대조적으로 결정의 표면상에서 성장한 에피택시(epitaxy)는 앞에서 언급한 CVD 방법들과는 다르다. 이는 하부에 위치한 기판의 결정구조의 연장이기 때문이다. 에피택시는 실리콘 웨이퍼 위에 얇은 단결정 실리콘 층을 성장시키기 위해 사용되는 가장 일반적인 방법이다. 기상의 사염화규소($SiCl_4$) 또는 실란(SiH_4)은 기존에 존재하는 구

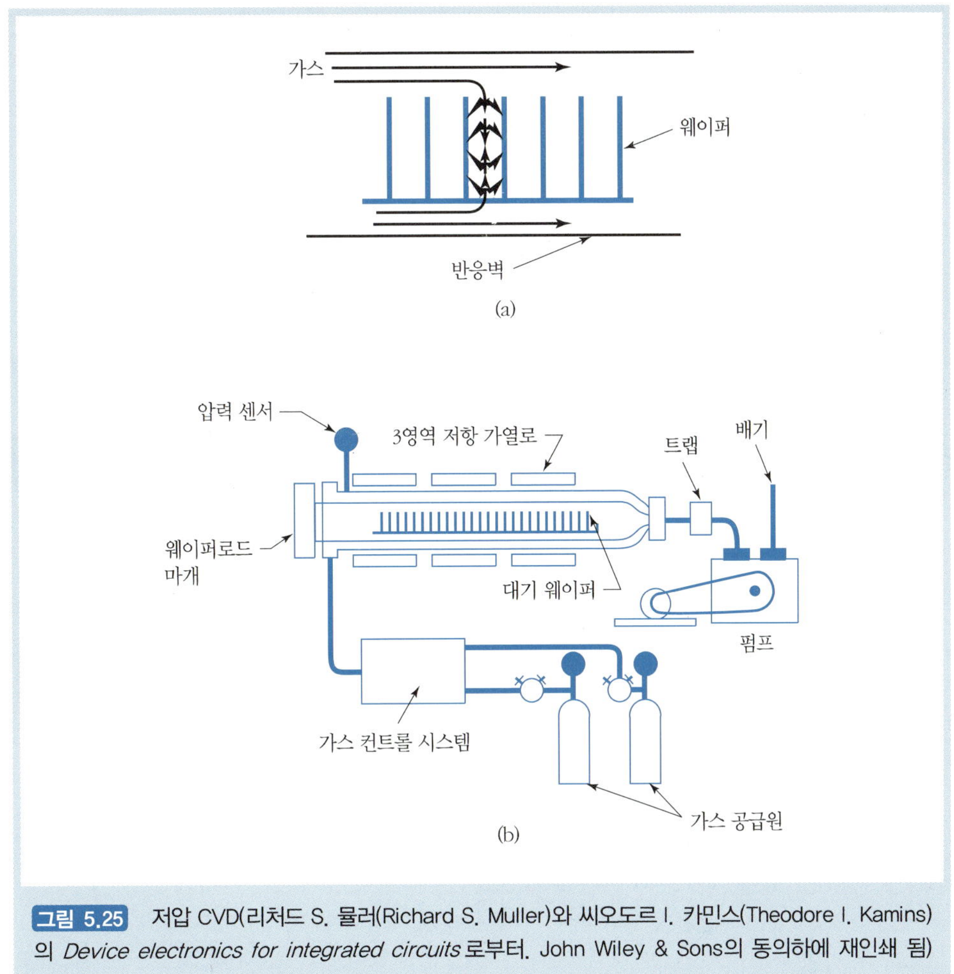

그림 5.25 저압 CVD(리처드 S. 뮬러(Richard S. Muller)와 씨오도르 I. 카민스(Theodore I. Kamins)의 *Device electronics for integrated circuits* 로부터. John Wiley & Sons의 동의하에 재인쇄 됨)

조 위에 추가로 실리콘 층을 적층시키기 위해 사용된다. 특히 이 방법은 양극 트랜지스터에서 두껍게 도핑된 기판의 표면에 가볍게 도핑된 실리콘 층을 성장시킬 필요가 있을 때 유용하며 또한 CMOS 제작과정에서 이미 존재하는 두껍게 도핑된 기판 위에 가볍게 도핑된 우물을 성장시키는 데에도 유용하다. 기상 에피택시 방법은 캠벨(Campbell, 1996의 제14장 참조)의 저서에 자세히 나타나 있다.

5.10.8 상호연결부와 접촉부

포토리소그래피-에칭-도핑-적층의 사이클이 반복되어 제작된 수백만 개의 트랜지스

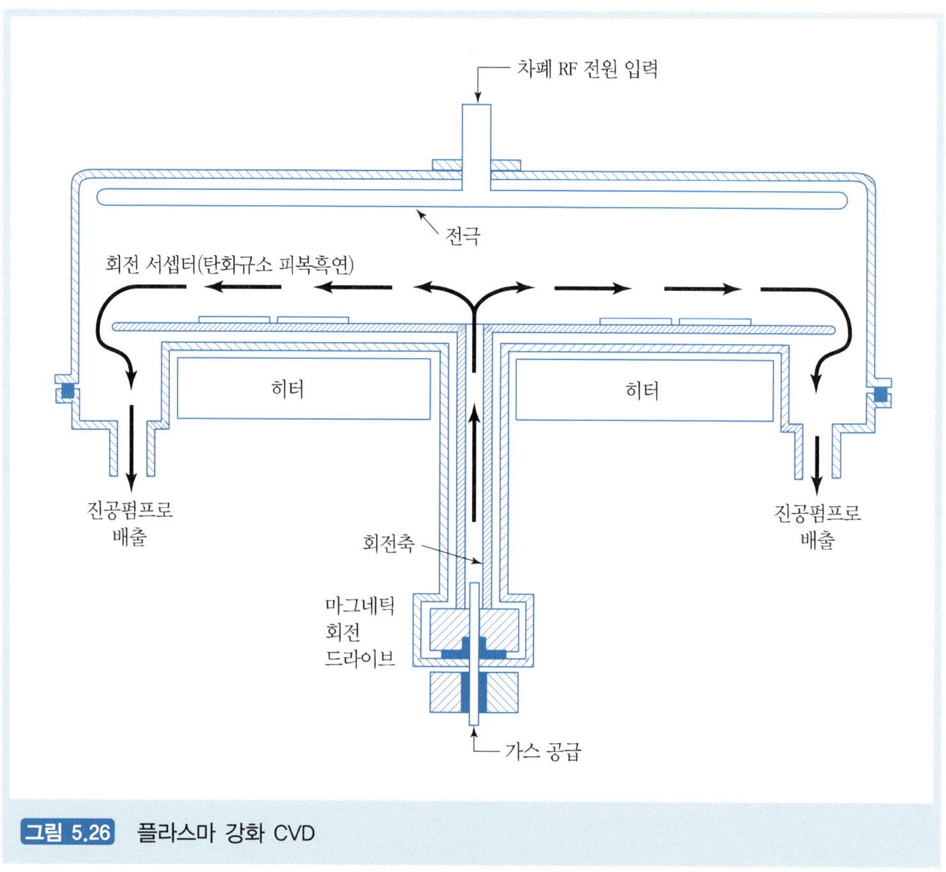

그림 5.26 플라스마 강화 CVD

터와 장치들이 집적회로의 기능을 수행하기 위해서는 최종적으로 반드시 서로 연결되어야 한다. 상호연결부는 기판에 잘 부착되는 금속으로 이루어지는데, 알루미늄 또는 알루미늄-규소-구리 합금이 주로 사용된다. 마이크로미터 이하 크기의 회로에는 점점 더 구리의 사용이 증가할 것이다(Singer, 1997; Braun, 1999). 그림 5.27에 나타난 것과 같이 각각의 층이 절연체에 의해서 절연된 웨이퍼의 표면 전체에, 두 층에서 여섯 층 사이의 금속층이 적층된다. 그림 5.27의 좌측에 나타난 것처럼 금속은 n^+ 영역과의 상호연결을 형성하기 위해서 활성 트랜지스터 영역까지 침투한다. 두 번째 층과 다른 층들은 서로 다른 트랜지스터와 장치들 사이에서 회로를 형성한다. 서로 다른 금속층들은 비아(Via)라 불리는 수직의 통로로 서로 연결되는데, 이는 그림의 중앙에 나타나 있다.

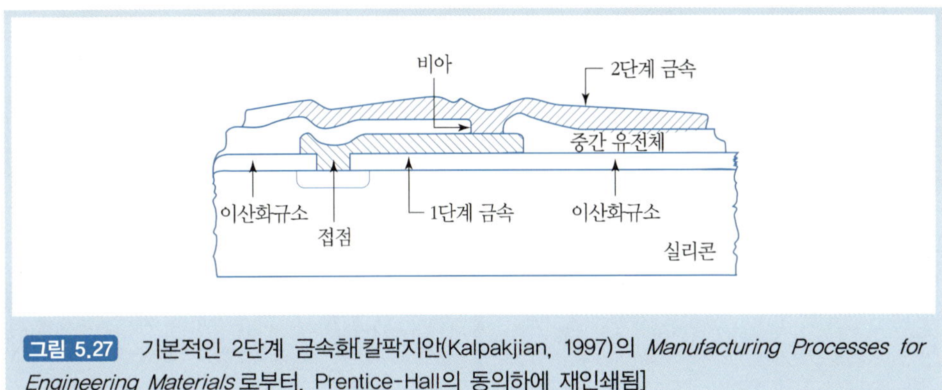

그림 5.27 기본적인 2단계 금속화[칼팍지안(Kalpakjian, 1997)의 *Manufacturing Processes for Engineering Materials* 로부터. Prentice-Hall의 동의하에 재인쇄됨]

스퍼터링은 진공상태에서 박막을 웨이퍼 위에 적층한다. 적층하고자 하는 물질인 소스(source)에 이온－보통 아르곤(Ar+) 이온－이 격렬하게 충돌한다. 이러한 충격에 의해 소스의 원자들이 튀어나오고, 이 원자들이 웨이퍼 위에 적층되어 박막이 형성된다. 알루미늄과 같이 전도체에 대한 일반적인 스퍼터링 공정이 그림 5.28에 나타나 있다. 체임버(chamber)의 상단에 위치한 대상이 양극(cathode)이고, 웨이퍼는 그림의 하단에 위치한 음극(anode)에 장착되어 있다.

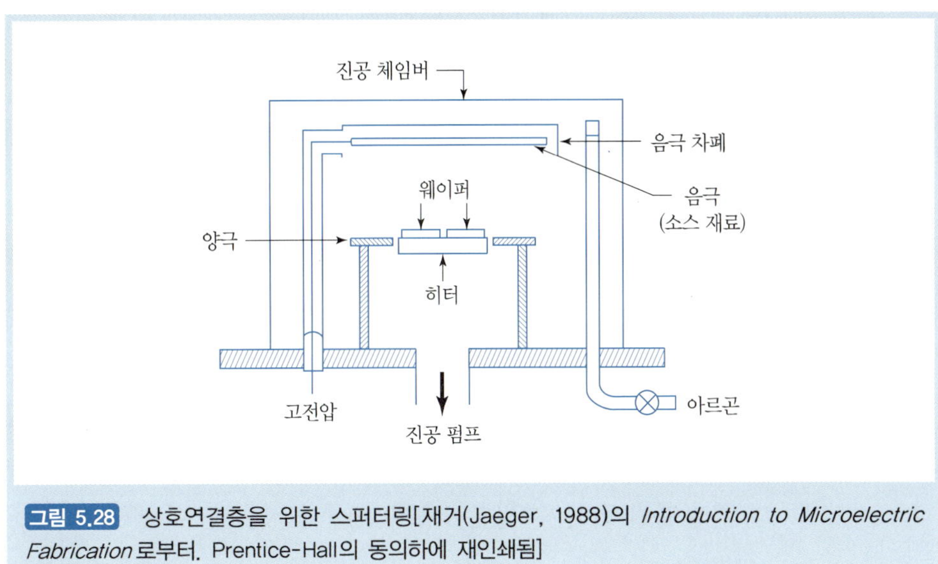

그림 5.28 상호연결층을 위한 스퍼터링[재거(Jaeger, 1988)의 *Introduction to Microelectric Fabrication* 로부터. Prentice-Hall의 동의하에 재인쇄됨]

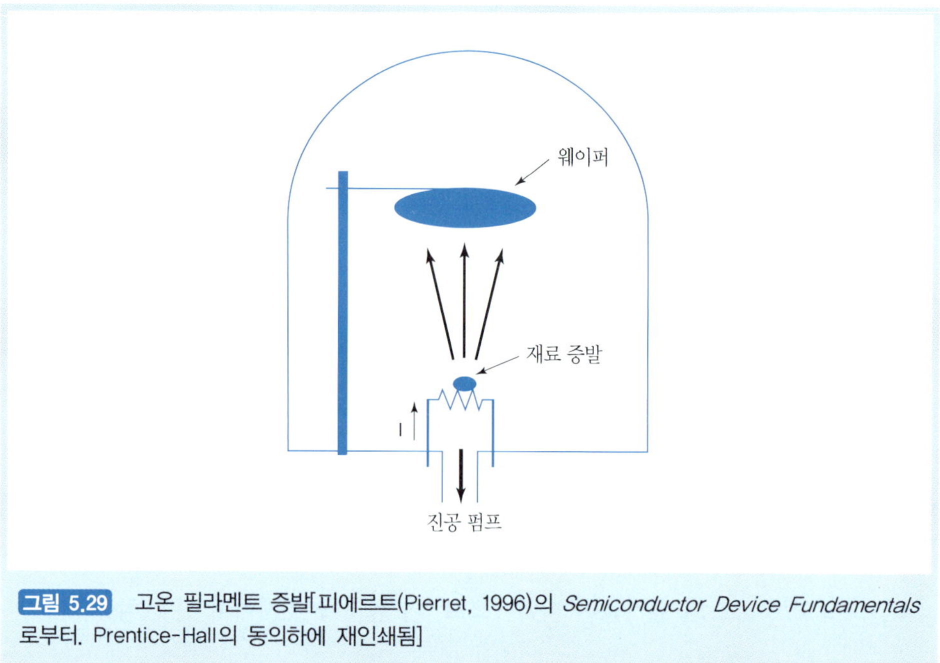

그림 5.29 고온 필라멘트 증발[피에르트(Pierret, 1996)의 *Semiconductor Device Fundamentals* 로부터. Prentice-Hall의 동의하에 재인쇄됨]

증발 공정은 웨이퍼 위에 알루미늄 상호연결부를 위한 박막을 적층시키기 위해 대신 사용될 수 있다. 그림 5.29에 나타난 것처럼 알루미늄 소스는 진공 체임버 내부에서 가열되어 기화한다. 웨이퍼는 대상처럼 기화되는 소스의 반대편에 위치하고, 압력 감소와 함께 알루미늄 기체가 체임버를 통해 이동하여 웨이퍼 위에 증착된다. 두꺼운 층을 쌓기 위해서는 온도, 압력, 위치를 주의 깊게 조절할 필요가 있다. 소스를 가열하여 기화하기 위한 몇 개의 유용한 방법들이 있다.

- 필라멘트 증발에서는 짧은 알루미늄 와이어 샘플이 텅스텐 보트 내에서 가열되거나 또는 저항 가열 텅스텐 필라멘트의 루프에 걸리게 된다. 저항의 열이 알루미늄 소스를 기화시킨다.
- 플래시 증발에서는 알루미늄 와이어가 감긴 스풀(spool)이 계속 진공 체임버 내로 공급된다. 가열된 세라믹 구조물이 공급되는 와이어를 기화시킨다.
- 전자빔 증발에서는 고정된 소스가 15keV의 '전자빔'에 의해 가열되어 증발한다. 필라멘트와 플래시 가열법이 높은 순도의 소스를 얻기에 유리하다.

전자빔 방법은 웨이퍼에 손상을 주는 엑스레이를 발생시킬 수 있으므로 실질적으로 위의 세 가지 증발법은 오늘날 상업적인 제조공정에서는 선호되지 않는다. 우수한 토폴로지컬 커버리지와 상대적으로 낮은 압력이 필요한 스퍼터링이 사용된다.

마지막 금속층이 성형된 후에 IC를 오염과 손상으로부터 보호하기 위해 마지막 패시베이션 층이 적층된다. 이후에 사각형의 알루미늄 접착 패드를 노출시키기 위해, 층을 지나 작은 통로가 에칭되어 형성되는데, 와이어가 이곳으로부터 패키지에 부착될 것이다.

5.11 후위처리 과정 방법

5.11.1 요약

웨이퍼는 기능성을 위해 전자적으로 테스트되고, 개개의 다이로 분리된다. 각 다이는 선택된 패키지에 부착되고, 패키지의 외부 영역과 와이어로 연결된다. 그리고 마지막으로 인쇄 회로 기판(Printed circuit board, PCB)에 조립할 준비가 되었는지를 테스트한다. 이러한 반도체 생산의 과정을 후위처리 과정(Back-end processing)이라고 한다. 그림 5.30에 가장 일반적인 패키지 유형 중 하나인 듀얼 인 라인(Dual-in-line) 패키지를 위한 후위처리 스텝의 개요를 나타내었다. 우측 전방에 IC가 나타나 있고, 이 IC는 베이스 위에 에폭시 또는 합금에 의해 부착되어 있다. IC 위의 접착 패드에서 패키지의 리드 프레임(Lead frame)을 연결해 주는 접착 와이어는 그림에서 어둡게 나타나 있다. 리드 프레임 연결부는 PCB에 부착된 제이 리드(J-lead) 또는 갈매기 날개 같은 걸-윙(gull wing)으로 이어져 있다. 그림에서 몰딩 컴파운드로 표시된 외부 커버에 의해 패키지가 완성된다.

5.11.2 검사와 분리

IC 디자이너들은 산화, 에칭, 적층, 도핑 등 IC가 되기 위한 모든 공정들이 똑같이 적용된 특수한 테스트 다이를 웨이퍼상에 포함시킨다. 이러한 특수한 테스트 다이들은 이전에 언급한 각 공정 단계가 완료될 때마다 가능한 많이 관찰된다. 웨이퍼 생산의

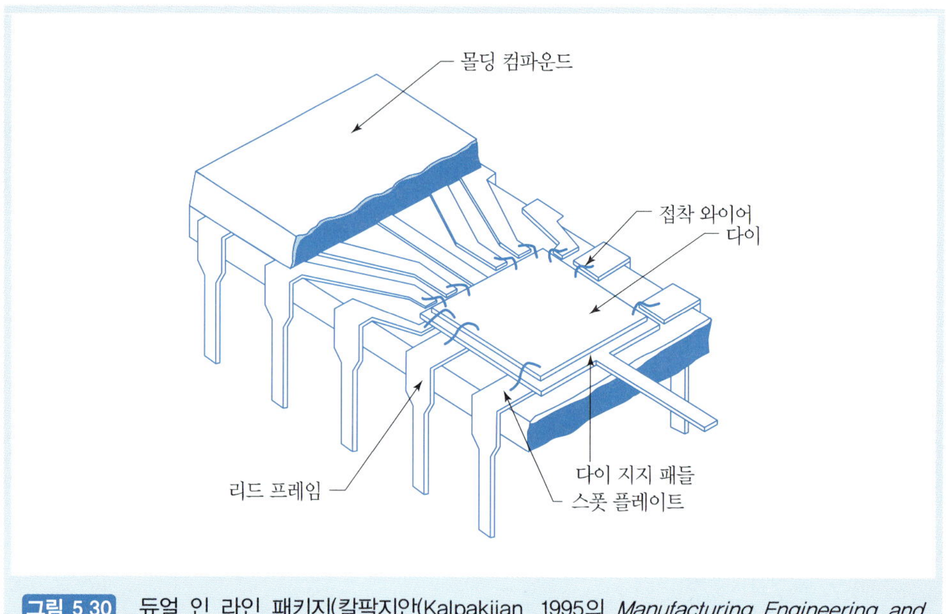

그림 5.30 듀얼 인 라인 패키지[칼팍지안(Kalpakjian, 1995의 *Manufacturing Engineering and Technology* 3/e로부터. Prentice-Hall의 동의하에 재인쇄됨]

가장 마지막 단계에서 이러한 테스트 다이는 바늘과 같이 가느다란 프로브를 테스트 다이의 알루미늄 접착 패드에 접촉하는 추가적인 일련의 컴퓨터로 제어되는 검사를 통과하게 된다. 만약 최초의 검사에서 공정 파라미터가 적절한 한계치 이내에 존재한다면 각 다이에 대해 기능성 검사를 수행하고, 불합격된 다이는 잉크를 찍어 점으로 표시한다.

예비검사가 완료된 이후에 각 다이는 보통 다이아몬드 톱을 사용하여 웨이퍼로부터 분리된다. 이러한 공정에서 웨이퍼는 끈끈한 마일러(mylar) 시트에 고정되고, 다이아몬드 톱은 다이들 사이를 완전히 절단하기 위해 또는 웨이퍼 위에 선을 긋고 연속적인 노치를 제공하기 위해 사용된다. 후자의 경우 웨이퍼는 부드러운 패드 위에서 반대로 뒤집힐 수 있다. 살짝 압력이 가해진 롤러로 웨이퍼의 뒷면을 문지르면 계획된 방향으로 발생하는 크랙이 다이들을 분리시킨다. 이러한 방법은 〈100〉 웨이퍼 성장 방향과 연관되어 있다. 이러한 방향에서 자연적인 균열 면은 두께 방향과 웨이퍼 표면 위 다이의 분리선과 수직을 이룬다. 일단 다이가 분리되면 잉크로 표시된 것들은 폐기된다. 반면 남겨진 다이들은 현미경을 사용하여 육안으로 결점을 검사한다. 기본적인 웨이퍼의 생산, 웨이퍼의 검사, 다이 분리 그리고 재검사를 거친 다이의 수율은 다음 장에서 설명한다.

5.11.3 결합, 와이어 본딩 그리고 패키징

양호한 다이는 다이 패키지에 장착된다. 다이를 표면에 고정시키기 위해서 다이의 바닥부분에 390~420℃ 범위에서 녹아서 굳어지는 금속으로 채워진 에폭시 또는 96% 금과 4% 규소 공융 합금이 사용된다.

와이어 본딩은 다이의 윗부분과 다이 주위 패키지의 리드 프레임을 전기적으로 연결시켜 준다. 그림 5.31에 본딩 패드(일반적으로 100~125μm 크기의)에서 보호패키지의 프레임으로 연결된 섬세한 와이어가 나타나 있다. 가느다란 와이어를 본딩 패드에 부착시키기 위한 방법 중에서 **열초음파**(thermosonic) 본딩이 가장 효과적인 부착방법으로 새롭게 주목받고 있다. 열초음파 와이어 본딩은 25μm의 섬세한 금 또는 알루미늄 와이어를 뭉툭한 인덴터를 사용하여 압력 용접으로 패드 위에 부착하는 것이다. 기판을 150℃로 가열하고 초음파로 이음부를 진동시키는 과정이 부착과 동시에 이루어짐으로써 본딩이 강화된다. 따라서 압력, 진동 그리고 금과 알루미늄의 약간의 소성변형이 복합적으로 작용하여 고상용접이 이루어진다. 열초음파 본딩 장치는 생산 속도를 높이기 위해 자동화된다.

5.11.4 듀얼 인 라인 패키지

칩을 위해 선택된 패키지와 패키지를 구성하는 물질은 IC의 크기, 외부 리드의 개수, 소비전력과 방열 요구량, 작동환경에 따라 달라진다. 듀얼 인 라인 패키지(Dual-in-line packages, DIPs)는 일반적인 패키징 형식이다.

DIP는 가격이 저렴하고, 조작이 용이하며, 에폭시, 플라스틱, 금속 또는 세라믹과 같이 용도에 적합한 다양한 종류의 물질로 제작이 가능하다. 또한 DIP는 계속해서 프로토타입 회로 설계를 위해 꾸준한 성능을 낼 수 있다. 일반적인 DIP는 플라스틱 사각형의 측면에 I/O 리드가 약 2.54mm 간격으로 배열되어 있는 형태이다(그림 5.31).

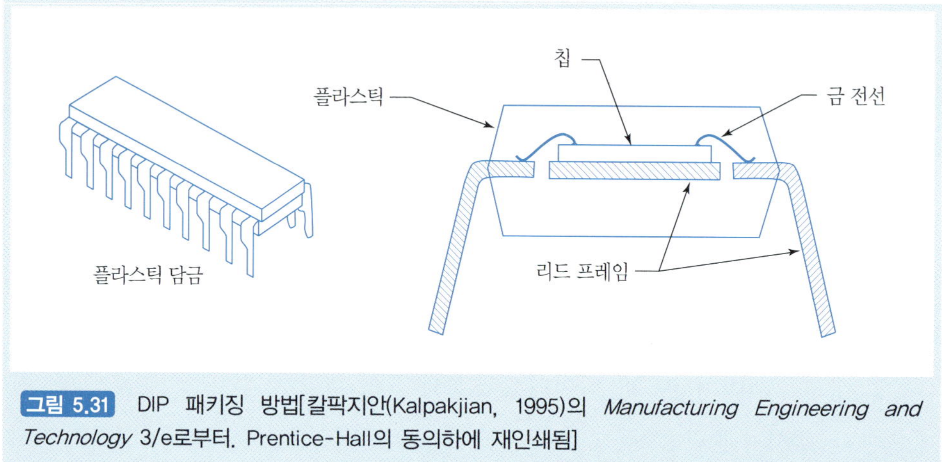

그림 5.31 DIP 패키징 방법[칼팍지안(Kalpakjian, 1995)의 *Manufacturing Engineering and Technology* 3/e로부터. Prentice-Hall의 동의하에 재인쇄됨]

5.11.5 쿼드 플랫 패키지

플라스틱 또는 세라믹으로 된 쿼드 플랫 패키지(Quad flat package, QFP)는 오늘날 게이트 어레이, 표준 논리 셀, 마이크로프로세서를 위한 가장 흔히 볼 수 있는 상업용 패키지이다. 이러한 플랫 팩은 특히 몇 개의 층으로 구성된 인쇄 회로 기판(PCB)으로 된 컴퓨터 시스템에서 선호되는데, 이는 수직 방향으로의 패킹 공간을 줄이기 위해서는 로우 프로파일의 칩이 요구되기 때문이다. 그림 5.32에 일반적인 레이아웃이 나타나 있다. 그림의 상단에는 세라믹 또는 플라스틱 패키지의 가장자리에 위치한 외부 리드와 본딩 패드를 연결할 와이어 본드가 나타나 있고, 그림의 하단에는 중앙의 다이어그램 또는 좌측 하단의 제이 리드(J-lead)에 나타난 갈매기 날개를 포함한 가장자리의 배치가 나타나 있다. QFP의 인기에도 불구하고 이러한 다이어그램에 대한 근접 검사는 미래의 기술 동향을 반영한다. 만약 리드 간 간격이 너무 좁으면 각각의 리드가 핸딩 또는 이후의 공정 중에 구부러져서 PCB 위의 인접한 다리 사이에서 납땜 쇼트가 일어날 수 있다. 이러한 문제에 대한 논의는 제6장에서 다룰 것이다.

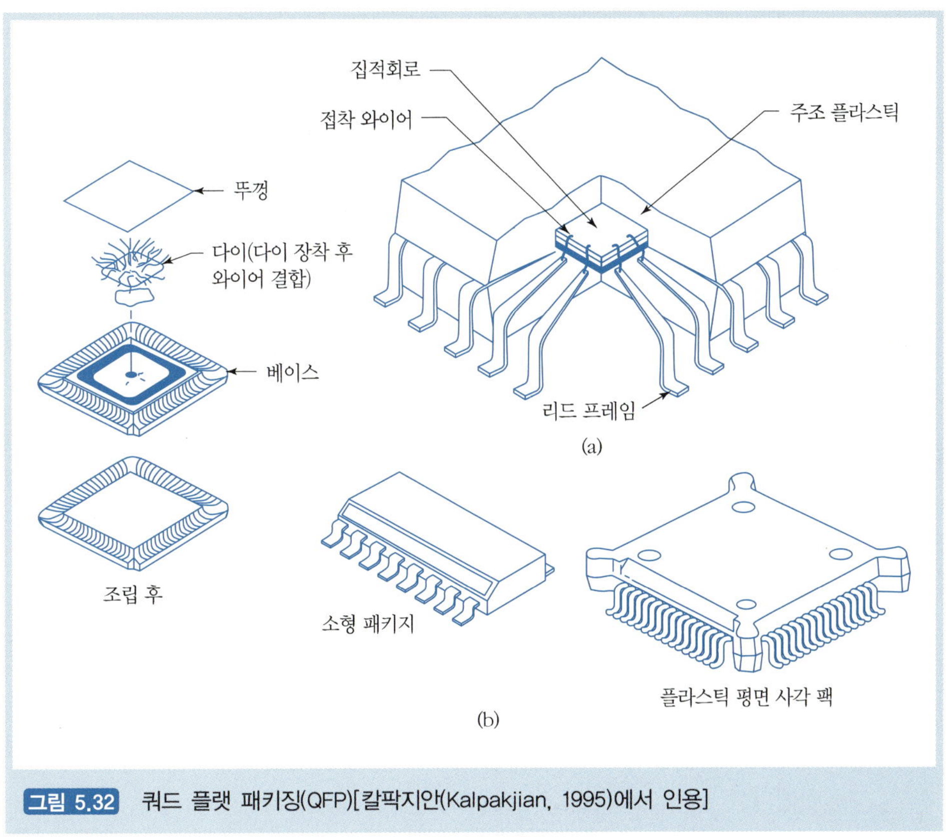

그림 5.32 쿼드 플랫 패키징(QFP)[칼팍지안(Kalpakjian, 1995)에서 인용]

5.12 칩의 생산비용[5)]

5.12.1 개요

반도체 생산은 많은 공정 단계를 포함하고 있으며, 각 공정이 진행될수록 웨이퍼의 가격이 상승한다. 따라서 가공되지 않은 200mm 웨이퍼의 가격은 15달러이지만, 모든

5) 중요 : 이번 절에 사용되는 데이터는 1990년대 중반의 가격에 근거하고 있다. 시간이 경과할수록 가격은 변화할 것이고 또한 수율도 이상적으로는 100%에 접근해 갈 것이다. 동시에 새로운 칩 디자인은 더 낮은 수율을 보이는(아마도 약 50% 정도) 반면, 생산의 시작 단계에서 문제가 해결되거나 개선될 것이다. 이후에 나타날 수율에 관한 예들은 패터슨과 헤네시(Patterson & Hennessy, 1996b)를 참고한 것이다. 그러나 새로운 생산방식이 적용되는 시험 공장에서는 여전히 이와 같은 낮은 수율이 발생할 것이다. 데이터 퀘스트(Dataquest)의 독자적인 가격 모델을 포함한 연간 세계 반도체 공급과 가격에 대한 시장 분석은 현재 데이터를 위한 우수한 소스 중 하나이다.

표 5.4 생산 공정들의 상대적 비용

생산공정단계	cm^2당 웨이퍼 처리비용의 비율(%)
리소그래피	35
다층 재료와 에칭	25
가열로/임플란트	15
세척/제거	20
계측	5

공정이 진행된 웨이퍼의 가격은 수천 달러에 달한다. 웨이퍼의 가격은 얼마나 많은 수의 마스크를 사용하였는지, 회로가 얼마나 복잡한지, 공정에 얼마나 높은 수준의 청정실이 필요한지에 따라 달라진다. 층의 수가 증가함에 따라서 웨이퍼의 가격은 비선형적으로 증가하는데, 이는 추가되는 각각의 층에 의해서 더 많은 결함이 발생하고 따라서 수율이 감소하기 때문이다. 또한 웨이퍼 위의 장치들의 크기가 작아질수록 리소그래피와 프로세스의 컨트롤이 정교해져야 하기 때문에 웨이퍼의 가격이 상승한다. 그러나 많은 수의 칩들이 '땅 위에 빼곡히 들어서' 있기 때문에 칩당 가격은 더 낮을 것이다.

표 5.4는 리소그래피가 공정 중에서 가장 비용이 높다는 것을 보여 준다. 게다가 선폭을 줄이기 위해서 리소그래피는 가장 집중적인 연구의 노력이 요구되는 영역이기도 하다. 따라서 리소그래피 공정과 그 비용은 앞으로도 기술운영 측면에서 계속적으로 가장 중점적인 사안이 될 것이다.

5.12.2 IC 하나의 가격

IC 하나의 가격 계산에는 식 (5.1)의 세 가지 주 비용이 포함된다. 그런데 세 가지 비용은 **최종 집적 수율**, 다시 말해서 마지막 검사를 통과하는 양호한 다이의 개수에 의해 조정된다.

$$\text{웨이퍼 위의 각 다이의 비용} + \text{검사비용} + \text{패키징 비용} \qquad (5.1)$$

다음에 소개되는 절들은 패터슨과 헤네시(Patterson & Hennesy, 1996b)의 저서에 근간을 두고 있다. 우리가 항상 명심해야 할 점은 집적회로 생산의 각 단계를 거쳐가는 '좋은 다이'가 생산 과정에서 발견돼 제거되는 '불량 다이'의 제작비용까지도 모두 떠안아야 한다는 것이다. 물론 이러한 불량 다이를 가능한 빨리 발견하려고 노력을 기울이지만, 그럼에도 어느 정도의 시간과 노력 그리고 비용은 불량품을 만드는 데 사용될 것이다. 예를 들어,

- 아마도 하나의 완전한 웨이퍼가 빼내어져야 한다. 제대로 조정되지 않은 스텝퍼, 진공 시스템에서의 오류, CVD 시스템에서 발생하는 화학적 불순물, 기압 조절의 문제 등이 불량이 발생할 수 있는 이유가 될 것이다. 이러한 보다 큰 규모의 불량을 찾아내는 것은 웨이퍼 위의 테스트 다이의 기능이다. 이미 오염되었을지도 모르는 웨이퍼에 들이는 시간과 원료의 소비를 막기 위해서, 각 공정의 단계가 끝나자마자 검사가 수행된다.
- 또는 더 좁은 범위에서 아마도 다른 조건들은 모두 만족하는 웨이퍼가 먼지에 의해서 불량이 발생할 수 있다.
- 또는 훌륭한 다이가 후위처리 공정 동안 조정불량으로 손상을 입기도 한다.

각 단계에서 이러한 불량 다이를 생산하는 데 시간과 비용이 소모된다. 따라서 이러한 비용 부담은 좋은 다이가 떠맡아야 한다. 그러므로 하나의 집적회로를 제작하기 위한 최종 비용은 식 (5.1)을 마지막 검사로부터 얻은 최종 다이 수율로 나눔으로써 구할 수 있다.

각 공정 단계별로 **중간 다이 수율**이 계산된다. 이는 보통 퍼센트 또는 0~1 사이의 값으로 나타난다. 따라서 식 (5.2)에서 만약 웨이퍼 위의 다이 중 90%가 양호할 경우 '웨이퍼당 다이'에 0.9를 곱하면 다이 하나의 가격이 수율이 100% 또는 1일 때보다 높아진다는 것을 알 수 있다.

5.12.3 웨이퍼 위의 개별 다이의 제작비용

하나의 웨이퍼 위의 다이 하나의 생산비용은 다음 세 가지 사항을 고려하여 결정된다.

- 웨이퍼 한 장에 얼마나 많은 다이가 포함되는가.

- 몇 퍼센트의 다이가 실제로 동작하는지—주로 공정 다이 수율
- 웨이퍼 위의 몇 개의 테스트 다이를 위한 여유분—단순화하기 위해서 다음의 식에는 포함하지 않음.

$$\text{다이의 비용} = \frac{\text{웨이퍼의 비용}}{\text{웨이퍼당 다이의 수} \times \text{다이 수용}} \tag{5.2}$$

1단계 : 웨이퍼당 다이의 수 계산

$$= \left[\frac{\pi \times \left(\frac{\text{웨이퍼 지름}}{2}\right)^2}{\text{다이 면적}}\right] - \left[\frac{\pi \times \text{웨이퍼 지름}}{\text{다이 대각선 길이}}\right] \tag{5.3}$$

두 번째 항은 웨이퍼의 가장자리에 있는 다이를 고려하기 위한 것이다. 바깥쪽에 위치한 다이의 링은 '둥근 구멍 속의 사각말뚝' 문제 때문에 바깥쪽 귀퉁이의 끝단을 잃게 된다. 엄밀히 말해서 이 바깥쪽 링은 리소그래피 공정 동안에는 노출되지 않으므로 시간을 아낄 수 있지만, 여전히 CVD 또는 확산과 같은 공정이 진행되는 동안에는 비용이 발생할 것이다.

위에 기술한 식들은 웨이퍼 크기와 밀접한 관계가 있으므로 새로운 팹에서는 300mm 웨이퍼로의 전환이 이루어지고 있다.

웨이퍼당 다이의 수는 다음과 같다.

- 150mm(6인치) 웨이퍼 위의 1cm^2 다이=138다이
- 200mm(8인치) 웨이퍼 위의 1cm^2 다이=269다이
- 300mm(12인치) 웨이퍼 위의 1cm^2 다이=635다이

또는 더 큰 IC에 대해서는

- 150mm 웨이퍼 위의 2.25cm^2 다이=56다이
- 200mm 웨이퍼 위의 2.25cm^2 다이=107다이
- 300mm 웨이퍼 위의 2.25cm^2 다이=269다이

그러나 위와 같은 계산 결과는 팹에서 100%의 수율을 달성했을 때 얻을 수 있는 다이

의 최대 개수이다. 다음 질문은 이 중에서 양품의 개수가 얼마인가 하는 것이다.

2단계 : 다이 수율의 계산

$$= [\text{웨이퍼 수율}]\left[1 + \frac{\text{단위 면적당 결함의 수} \times \text{다이 면적}}{\alpha}\right]^{-\alpha} \tag{5.4}$$

웨이퍼 수율은 검사가 필요 없을 만큼 상태가 나쁜 웨이퍼와 관계가 있다. 다음으로 α는 마스킹 레벨의 수와 사용되는 생산 공정의 복잡함 정도에 따라 결정되는 실험적 상수이다. 일반적으로 오늘날의 멀티 레벨 CMOS 공정의 경우 $\alpha=3$이다.

공장에서의 측정 결과에 따르면 단위 면적당 결함의 수는 개별 공정들의 성숙 정도에 따라 0.6에서 1.2 사이의 값을 갖는다. 비록 이러한 데이터가 분석적이지 않고 실험적이지만, 이 방법은 (a) 결함은 웨이퍼 전체에 걸쳐 무작위로 분포되어 있고, (b) 수율은 CMOS 생산업계로부터 수집된 제작 공정의 복잡함을 나타내는 상수 α에 반비례한다는 가정에 기반하고 있다.

예를 들어, 패터슨과 헤네시(Patterson & Hennesy, 1996b)의 자료에 따르면, 만약

- 웨이퍼의 수율이 100% 또는 1(단순함을 위하여)
- 단위 면적당 결함이 0.8/cm^2
- 다이 면적이 1cm^{2}라면,

$$= \text{다이 수율} = 1\times(1+[0.8\times1]/3)^{-3} = 0.49$$

이러한 계산으로부터 200mm 웨이퍼 위의 1cm^2 면적 내에 있는 양호한 다이의 개수는 가능한 최대 개수인 269개에서 (269×0.49)=132개로 줄어든다.

다시 패터슨과 헤네시(Patterson & Hennesy, 1996b)의 자료에 따르면, CMOS 생산을 위한 200mm 웨이퍼 한 장의 비용은 공정의 복잡함 정도와 마이크로프로세서의 브랜드에 따라서 3,000~4,000달러 정도이다. 그러므로 평균비용을 3,500달러라고 한다면, 1cm^{2}당 0.8개의 결함을 갖는 200mm 웨이퍼의 1cm^2 다이에서의 다이 하나의 비용은 3,500/(269×0.49)=26.55달러이다.

칩이 컴퓨터에 사용되기 전에 검사, 패키징, 재검사, 운송과정을 거치게 되므로 이러한 비용이 고려되어야 한다. 그리고 물론 이러한 비용은 단지 유동적인 비용이다[식

(2.1) 참조]. 연구 및 개발(R&D), 설비투자, 인력, 마케팅에 요구되는 고정된 비용 또한 포함되어야 한다.

만약 다이 크기가 2.25cm^2으로 늘어난다면 200mm 웨이퍼에서 생산되는 양호한 다이의 수는 단지 107×0.24=25개가 된다. 이러한 개수의 감소는 개별 다이 가격을 거의 5배나 높은 140달러로 상승시킨다. 다이 설계자는 자신들이 공장을 가동시키고, 각각의 CMOS 생산 작업에서 수율을 통제하는 데 필요한 비용에 영향을 미치는 것이 용이하지 않다는 것을 안다. 그러나 그들은 다이 면적에 영향을 줄 수 있고, 또한 다이 위에 내재된 기능을 기능과 I/O 핀의 개수를 고려하여 다이 면적을 줄이려는 노력을 할 수 있을 것이다.

5.12.4 프로세싱과 슬라이싱 후 다이 검사에 대한 추가 비용

다이를 생산하는 것은 비용의 한 부분이다. 그러나 다이는 CMOS 프로세싱과 그 후에 이루어지는 슬라이싱 업 공정 이후에 고객의 만족을 보장하기 위해 반드시 검사를 통과해야 한다. 소량의 다이는 검사 과정에서 손상을 입을 것이다. 따라서 또 다시 불량 다이는 불량을 판정하기 위해 검사를 받아야 하고, 이러한 비용은 양호한 다이의 부담이 된다.

$$\text{다이 하나를 검사하는 비용} = \frac{\text{시간당 검사비용} \times \text{평균 검사 시간}}{\text{검사 이후의 다이 수율}} \tag{5.5}$$

패터슨과 헤네시의 1996년 예를 살펴보면, 검사비용이 필요한 검사의 종류에 따라서 시간당 50달러에서 150달러까지 변하는 것을 알 수 있다. 검사 시간 또한 다이의 복잡한 정도에 따라 짧게는 5초에서 길게는 90초까지 걸린다. 많은 핀이 달린 값비싼 마이크로프로세서는 비싼 장비를 사용하는 상대적으로 긴 시간이 필요한 검사가 필요하다.

5.12.5 패키징 비용

다음에 살펴볼 비용은 제작이 완료된 다이의 후위처리 패키징 비용이다. 이 비용은 패키징 재료와 설계, 핀의 개수, 다이의 크기에 의해 결정된다. 패키징 재료는 컴퓨터 내에서 IC가 작동할 때 요구되는 열 방산율과 상당 부분 관계가 있다. 예를 들어, 1996년의 데이터를 살펴보면,

- 1W 이하의 열을 발생시키는 208개의 핀을 갖는 $1cm^2$ 면적의 플라스틱 쿼드 플랫 팩(PQFP)의 비용은 약 2달러 정도일 것이다.
- 한편, 300~600개의 핀을 갖는 더 많은 열을 발생시키는 $2cm^2$ 면적의 세라믹 핀 그리드 어레이(PGA)의 비용은 패키지당 30달러에서 70달러 정도일 것이다.

표 5.5에 여러 가지 예가 나타나 있다.

최근의 제품에 적용된 다이 면적과 여러 종류의 패키지에 대한 데이터는 표 5.6에 나타나 있다.

마지막으로 조립에 필요한 인건비, 패드와 핀의 연결, 번인 테스트(Burn-in test), 불량 분석을 수행하기 위한 비용이 있다.

표 5.5 패키지와 검사 비용

패키지 유형	핀 수	패키지 비용($)	측정 시간(초)	시간당 측정 비용($)
PQFT	<220	12	10	300
PQFT	<300	20	10	320
세라믹 PGA	<300	30	10	320
세라믹 PGA	<400	40	12	340
세라믹 PGA	<450	50	13	360
세라믹 PGA	<500	60	14	380
세라믹 PGA	>500	70	15	400

표 5.6 몇몇 마이크로프로세서와 그 특성 및 웨이퍼 비용

마이크로프로세서	다이 면적(mm^2)	핀	예상 웨이퍼 비용($)	패키지
MIPS 4600	77	208	3,200	PQFT
PowerPC 603	85	240	3,400	PQFT
HP 71×0	196	504	2,800	세라믹 PGA
Digital 21064A	166	431	4,000	세라믹 PGA
SuperSPARC/60	256	293	4,000	세라믹 PGA

표 5.7 몇몇 마이크로프로세서의 최종 비용(1995년)

유형	다이 수율	웨이퍼당 다이 수	정상 칩	정상 칩당 비용($)	검사와 패키지를 포함한 최종 비용($)
MIPS 4600	0.4787	357	171	18.71	32.45
PowerPC 603	0.4495	321	144	23.53	45.51
HP 71×0	0.2102	128	27	103.62	181.55
Digital 21064A	0.2535	154	39	101.95	157.08
SuperSPARC/60	0.1492	94	14	282.35	318.31

따라서 수율이 95%이고, $\alpha=3$인 200mm 웨이퍼의 최종 비용은 표 5.7과 같다. 하나의 예를 자세히 살펴보면, MIPS 4600의 다이 면적은 77mm^{2}이다.

- 웨이퍼 수율이 95%이고 α가 3이라면, 다이 수율은 0.4787이 된다.
- 200mm 웨이퍼라고 가정할 때, 웨이퍼당 다이의 수는 357개이다. 따라서 웨이퍼 한 장당 양호한 칩의 수는 171개이다.
- 표 5.6에서 MIPS 4600 웨이퍼의 가격은 장당 3,200달러로 나타나 있다.
- 따라서 각각의 웨이퍼에서 양호한 칩의 가격은 18.71달러가 된다.
- 칩의 패키징 비용은 12달러이다.
- 양호한 칩 1개당 평균적인 검사 시간이 소요될 때의 검사에 대한 인건비는 0.833달러이고, 평균적인 패키징 시간이 소요될 때의 패키징에 대한 인건비는 0.907달러이다. 따라서 검사와 패키징 비용은 총 1.74달러가 된다.

이를 종합하면 총비용은 (18.71+12.00+1.74)=32.45달러이다. 다른 프로세서들에 대한 비용은 이보다 훨씬 높다. Sun SPARC/60은 318.31달러이다. 또한 이것은 생산 비용이지, 판매 가격은 아니다.

미래에는 비용이 낮아질−매우 낮아질−것이다. 그러나 불량품의 발생이 양호한 칩의 가격을 상승시키고, 다이의 크기가 증가할수록 비용이 상승한다는 기본적인 개념은 여전히 유효할 것이다.

5.12.6 결론 : 집적된 CAD/CAM과의 관계

위의 계산으로부터 핵심적인 결론을 도출하는 것은 중요한 의미를 갖는다.

5.12.6.1 설계

- $\alpha=2$일 때, 다이의 비용은 다이 면적의 4제곱에 비례한다. 따라서 회로 설계자들이 다이의 면적을 어떻게 결정하는가는 다이의 비용에 매우 중요한 요인이 된다.
- 다이의 면적은 사용되고 있는 특정 기술, 칩이 수행하는 기능의 개수와 칩 위에 존재하는 트랜지스터의 개수, 다이의 경계에 놓이는 핀의 개수와 같이 다양한 요인에 의하여 결정된다.

5.12.6.2 생산

생산 공정은 웨이퍼 비용, 웨이퍼 수율, α 값, 단위 면적당 불량품의 개수, 패키징과 검사를 거친 최종 집적 수율에 직접적으로 영향을 미친다. 다음 절에서는 반도체 산업의 역사를 통해 '최상의 성과'를 이루기 위해서는 설계와 생산이 동등하게 중요하다는 사실에 대해 살펴볼 것이다.

5.13 기술 경영

5.13.1 반도체 산업에서의 역사적 경향

반도체 산업은 1970년에 인텔(Intel)이 생산한 최초의 1K DRAM인 1103칩을 시작으로 엄청난 구조적, 기술적 변화를 통해 발전해 왔다. 한때는 보스턴, 텍사스, 캘리포니아에 위치한 소수의 회사들이 작은 시장을 지배하였지만, 1980년대에 일본의 회사들이 꾸준히 시장의 주도권을 획득하면서 반도체는 매우 경쟁이 심한 국제적 산업이 되었다.

1980년대 후반 미국의 반도체 산업의 경쟁적인 하락은 지속적인 생산의 약화에 의한 것이었다. 이러한 하락은 초반에는 일본에 의한 불공정한 무역의 결과였다. 그러나 일본의 경쟁자들은 집중적으로 칩의 수율을 향상시켜 제작비용을 낮추기 위한 공정의 개선에 초점을 맞춘 데 반해, 미국의 회사들은 칩의 크기를 줄이고, 기능의 향상을 높이기 위한 노력만을 기울였을 뿐 생산 공정의 효율은 무시하였다. 뒤떨어진 생산성과 품질은 미국의 반도체 경쟁력을 심각하게 약화시켰다.

특히 1985년에 미국의 반도체 산업은 매우 어려운 상황에 처하였다. 수요를 초과하는 과잉 생산은 커다란 산업의 손실을 일으켰고, 많은 반도체 신생 기업들이 강제로 퇴출되었다. 이후 반도체 생산은 미국에서 일본, 말레이시아, 한국, 타이완으로 옮겨갔는데, 이는 이들 국가의 저임금이 장점으로 작용한 것뿐만 아니라, 생산 기술 또한 뛰어났기 때문이기도 했다. 시장 지배력의 상실과 누적된 생산 경험은 미국의 반도체 산업의 운명을 결정짓는 것처럼 보였다.

미국의 반도체 산업에 대한 경쟁적인 양상은 오늘날 매우 달라졌다. 매처(Macher)와 동료들(1998)은 다음에 나타난 것과 같은 '변화된' 문제들을 확인하였다.

- 미국의 반도체 제작에 관한 모든 측면에서의 품질보장 개선
- 리소그래피, 에칭, 도핑에서의 많은 혁신적인 제작기술
- 반도체에 대한 세계적인 수요의 중대한 변화
- 1980년대 중반에 몇몇 IC 제품들에 대해 미국이 철수하게 된 사실－몇몇 메모리 제품들이 그 예이다. 이러한 제품들에 있어서는 다른 나라들이 제작기술을 향상시키기 위해 투자했던 우월한 자본에 대하여 혁신적인 설계기술만으로는 대응할 수 없었다.

일본과 한국에서 생산된 제품과 비교하여 측정하였을 때, 미국 반도체 품질의 변화는 1993년 5월과 11월 사이의 기간에 분명하게 나타났다(그림 5.33) 이 그래프에는 0.7~0.9μm CMOS 메모리의 집적 수율(Integrated yield)이 나타나 있다. 리치먼과 하지스(Leachman & Hodges)(1996)는 로직과 메모리 주 부분에서의 모든 종류의 칩들에 대해 비슷한 경향이 나타난다고 하였다.

새롭게 반도체가 적용되는 분야의 엄청난 성장은 IC의 수요를 폭발적으로 증가시켰다. 메모리와 PC 기반의 마이크로 컴포넌트는 여전히 시장의 대부분을 차지하고 있는데, 이는 컴퓨터 산업이 가장 중요한 IC 소비자로 남아 있다는 것을 의미한다.

또한 IC는 고화질 TV(HDTV), 쌍방향 멀티미디어, 종합정보통신망(Integrated Service Digital Networks, ISDNs), 휴대폰, 무선통신 시스템, 자동차 전자장치, 휴대용 컴퓨터와 같이 성장하고 있는 새로운 제품들의 심장 역할을 한다. 아시아, 라틴아메리카, 인

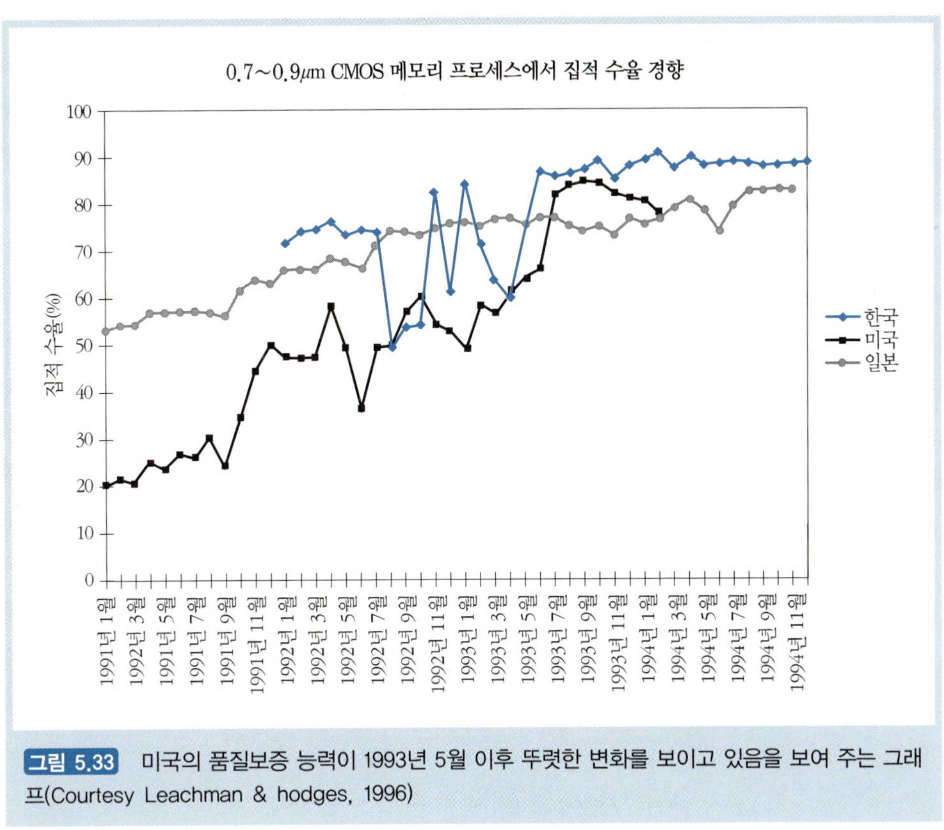

그림 5.33 미국의 품질보증 능력이 1993년 5월 이후 뚜렷한 변화를 보이고 있음을 보여 주는 그래프(Courtesy Leachman & hodges, 1996)

도, 동유럽을 비롯한 다른 지역들은 전자제품, 컴퓨터, 통신제품의 거대한 신흥시장이 되었다. 동시에 IC 사용자들은 그들의 특수한 요구에 맞는 주문제작 제품을 요구하고 있는데, 이는 특별한 제품 및 틈새시장을 탄생시킨다. 이러한 모든 경향은 세계적으로 거의 모든 형태의 반도체 생산에 상당한 변화를 가져왔다.

요약하면 미국의 반도체 기업들은 상당한 시장 점유율을 회복하고 또 유지하고 있다. 그들은 대량 생산되는 칩에서부터 고부가가치 제품, 특히 마이크로프로세서와 같은 제품을 개량하는 데 많은 노력을 기울였다. 1980년대에는 이러한 제품에 대한 시장 규모가 상대적으로 작았지만, 지금은 그 수요가 엄청나다. 그럼에도 불구하고 여전히 생산품질과 효율은 핵심요소라 여겨진다. 1980년대 중반의 침체기를 벗고 계속적으로 성장하기 위해서는 생산품질과 효율이 핵심요소라는 것이 자동차와 반도체 산업 모두에 분명한 사실이다.

5.13.2 25억 달러의 팹(Fab)

오늘날 반도체 시장에서 계속 생존하기 위해서는 막대한 비용이 든다. 계속적인 제품 혁신을 이루기 위해서 회사는 제품 디자인과 계획에 많은 투자를 할 수밖에 없고, 동시에 새로운 생산설비를 갖추는 데 드는 비용도 10년 전에 비해 두 배가 되었다. 예를 들어, 대규모의 DRAM 제작공장을 짓는데 1990년에는 400만 달러가 필요하였으나, 2000년에는 대략 10억 달러 정도가 필요했다. 반도체 제작 과정에서 매우 유독한 물질이 발생하기 때문에 환경 및 작업자 관련 법규에 의해 엄격하게 규제되고 있는 점도 이러한 고비용의 원인 중 하나이다(Siddhaye, 1999) 마이크로미터 이하의 크기를 달성하고 더 큰 웨이퍼를 사용할 수 있도록 하는 공정기술의 발달은 비용을 더욱 상승시킬 것이다. 2000년대에 걸친 반도체 제작공장에서 나타날 시나리오는 다음과 같다(2010년 기준).

- 0.04~0.045μm 크기의 요소를 생산할 수 있는 공정
- 300mm 웨이퍼
- 한 달 동안 35,000장의 웨이퍼 생산
- 80억 달러 규모의 추정 비용

무어(Moore)는 반도체 장비 생산 분야의 다른 관찰자들이 생산의 관점에서 그의 '법칙'을 발전시켰다고 지적했다(Leyden, 1997 참조) 예측에 따르면 공장의 건립 및 설비를 갖추기 위한 비용이 기하급수적으로 증가할 것이며, 이는 지난 10년간의 증가보다도 훨씬 더 큰 증가가 될 것이다. 비록 이런저런 예상들이 존재하지만 이 '새로운 법칙'에 따르면 반도체 제작공장을 세우기 위한 비용은 2년마다 약 두 배 정도 증가할 것이다.

5.13.3 진보된 리소그래피에서의 경향과 '제휴'

위에서 언급한 막대한 투자는 재정적으로 막강한 인텔(Intel), 루센트(Lucent), IBM 같은 회사들마저 곤란하게 만든다. 300mm 웨이퍼 제작공장을 넘어서는 미래에는 더욱 더 곤란해질 것이다. 따라서 이러한 거대 기업들 간의 합작 또는 '제휴'가 이루어지고

있다. 이는 특히 표 5.4에서 볼 수 있듯이 개발 착수 단계에서 가장 큰 비용이 발생하는 발전된 리소그래피 기술의 경우에 많이 나타난다.

5.13.3.1 UV와 DUV 리소그래피

1990년대 후반의 0.35μm 크기의 선들은 365nm 파장의 UV 소스에 의해 탄생하였다. 오늘날 0.25μm 크기의 선들은 245nm 파장의 원자외선(Deep-ultraviolet, DUV)에 의해 제작된다. 비록 최근의 경향에 대한 보고서에서 AAPSM(alternating aperture phase shift masks) 기술을 사용하면 0.08μm 두께의 선도 생산이 가능하다고 나타나 있지만, 일반적으로 고순도의 유리 렌즈를 사용한 상업용 DUV의 한계는 193nm의 파장으로 보고되어 있다. 이를 사용하면 0.13μm 폭의 선을 생산할 수 있다(Semiconductor International, 1998 참조).

5.13.3.2 EUV 리소그래피

인텔(Intel), 모토로라(Motorola), 어드밴스드 마이크로 디바이스(Advanced Micro Devices)와 같은 세 국립연구소와 일곱 곳의 반도체 장비 제작자들은 미래의 소형화를 위한 제휴를 맺었다. 그들의 프로젝트는 보통의 UV 리소그래피 대신에 더 짧은 파장을 사용하는 극자외선(Extreme Ultraviolet, EUV) 리소그래피에 대한 것이다. 그들의 목표는 0.03~0.1μm 정도의 요소 크기이다.

EUV 공정에서는 레이저에 의해 생성된 플라스마를 이용하여 13nm의 파장을 갖는 소스를 생성할 수 있다. 13nm의 파장은 유리렌즈에 비해 매우 높은 반사 성능을 갖는 몰리브덴/실리콘 거울을 통해 마스크를 통과 및 축소되어 초점이 형성되고, 이를 이용하여 웨이퍼 위의 요소들을 생성한다(그림 5.34). 베타 버전의 생산 장비가 달성할 목표는 300mm 웨이퍼, 26×52mm 다이, 0.1μm의 요소 크기, 그리고 시간당 40장의 웨이퍼 가공능력이다.

5.13.3.3 엑스레이 리소그래피

엑스레이 리소그래피는 0.01~1nm 파장의 소스를 사용하여, 0.02~0.1μm 범위의 장치를 제작하는 데 성공적으로 사용되어 왔다. 엑스레이 리소그래피 공정에서는 소스를 얻기 위해 고에너지 전자를 가속시켜야 하므로 싱크로트론(Synchrotron)을 사용한다.

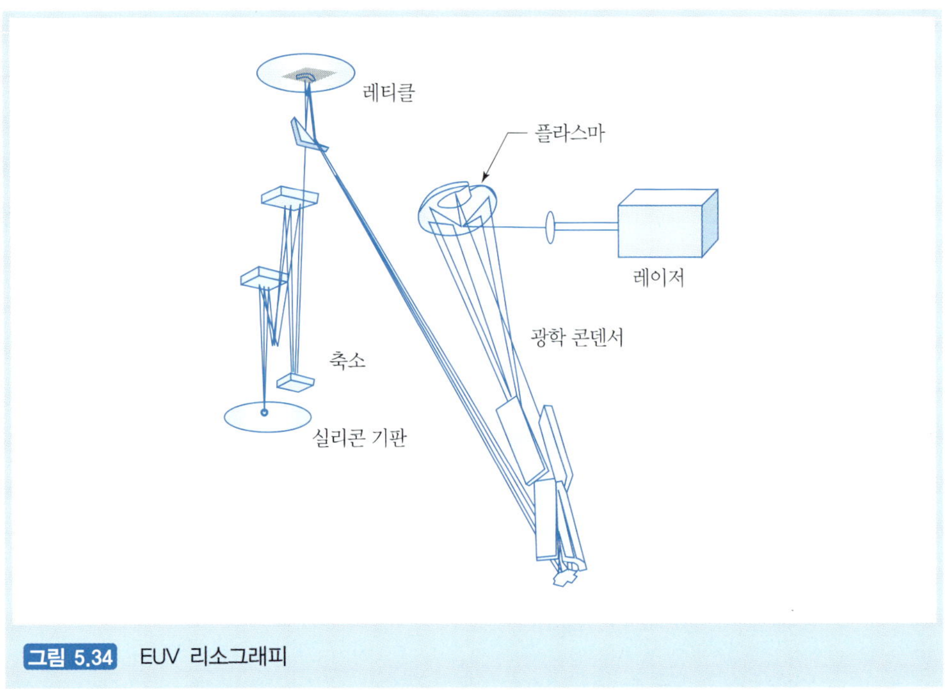

그림 5.34 EUV 리소그래피

이 공정은 IBM과 샌더스(Sanders)에서 개발되었다(DeJule, 1999 참조). 비록 기술적인 실현 가능성이 충분히 증명되었지만, 몇몇 이들은 DUV 리소그래피에 익숙한 상업적인 팹(Fab)에서는 싱크로트론의 설치 및 사용을 서두를 필요는 없다고 말한다(Peterson, 1997 참조).

5.13.3.4 산란된 전자를 이용한 리소그래피 기술

이 방법에서는 고에너지의 그리고 세밀하게 초점이 맞추어진 '연필 소스'를 기판 위로 유도하기 위해서 전자빔이 사용된다. 포토마스크를 사용하는 대신에 CAD 파일의 데이터에 의해 전자빔이 직접적으로 유도된다. 루센트 테크놀로지(Lucent Technologies)의 벨 연구소(Bell Labs)에서는 산란된 전자를 이용한 리소그래피 기술(Scattering with Angular Limitation Projection Electron Beam Lithography, SCALPEL)이라 불리는 일련의 공정을 개발하였다.

표 5.8에는 이전에 논의되었던 여러 가지 리소그래피 공정에서의 수치들이 요약되어 있고, 그림 5.35에는 EUV의 한계를 끌어올리기 위한 첨단기술들이 나타나 있다.

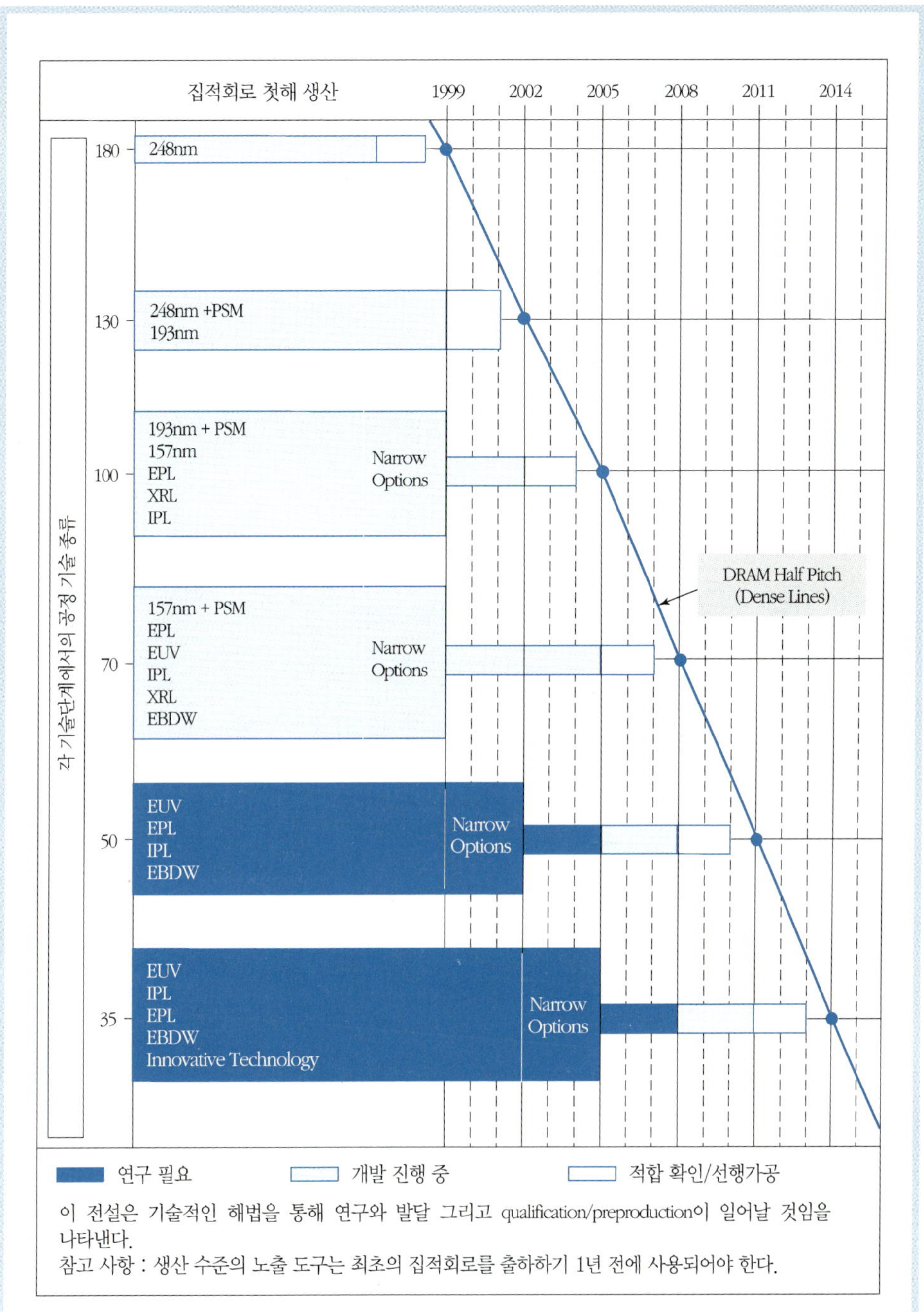

그림 5.35 중요한 레벨 노출 기술에서의 잠재적인 해결책(Courtesy of Semiconductor Industry Association, 1998).

표 5.8 리소그래피 공정에 대한 요약

방식	파장(nm)	피처 크기(nm, μm)
자외선	365	350(0.35μm)
원자외선	248	250(0.25μm)
정제된 원자외선	193	130~180(0.13~0.18μm)
극자외선	10~20	30~100(0.03~0.1μm)
X-레이	0.01~1	20~100(0.02~0.1μm)
SCALPEL(전자 빔)	–	80(0.08μm)

이러한 '깊숙한 서브마이크로미터' 단계에 도달하기 위해서는 포토레지스트와 마스크 기술의 발전 또한 요구된다.

5.13.4 진보된 재료와 프로세싱의 경향

실리콘을 기반으로 한 총체적인 기술에서의 '확대 및 축소 가능성'에 대한 자연적인 한계가 존재하기 때문에 리소그래피에서와 같이 재료과학 분야의 발달이 필요하다. 재료 분야의 몇몇 경향을 그림 5.36에 요약하였다.

종종 논의되는 예는 다음과 같다(Bohr, 1998과 Semiconductor Industry Association, 1997 참조).

- 기판에 관한, 특히 절연체 위의 실리콘(SOI)에 대한 새로운 기술의 개발. 이 새로운 기술은 부피가 큰 실리콘 기판을 대체한다. 대신에 얇은 실리콘 층이 절연 표면 뒤에 생성된다. 1960년대에는 사파이어를 실리콘 층을 위한 배킹 기판으로 사용하려는 시도가 있었으나 이후에 '본드 앤드 에치-백(Bond and etch-back)' 방법이 개발되었다. 이 방법에서는 두 장의 실리콘 웨이퍼—한 장에는 미리 성장시킨 산화층이 존재하는—를 우선 접합시킨다. 그런 후에 두 장 중 한 장의 실리콘 웨이퍼를 점차 에칭하여 산화층 위에 수천 옹스트롬(Å) 두께의 실리콘을 남긴다. 적절한 도핑을 수행한 후에 실리콘은 트랜지스터가 설치될 준비를 마치게 된다. 표준 CMOS와 비교했을 때, 이 방법은 논리회로 구성 속도가 더 빠르고, 전력은 더 적게 소비하는 장점을 갖는다(Bohr, 1998; DeJule, 1996b).

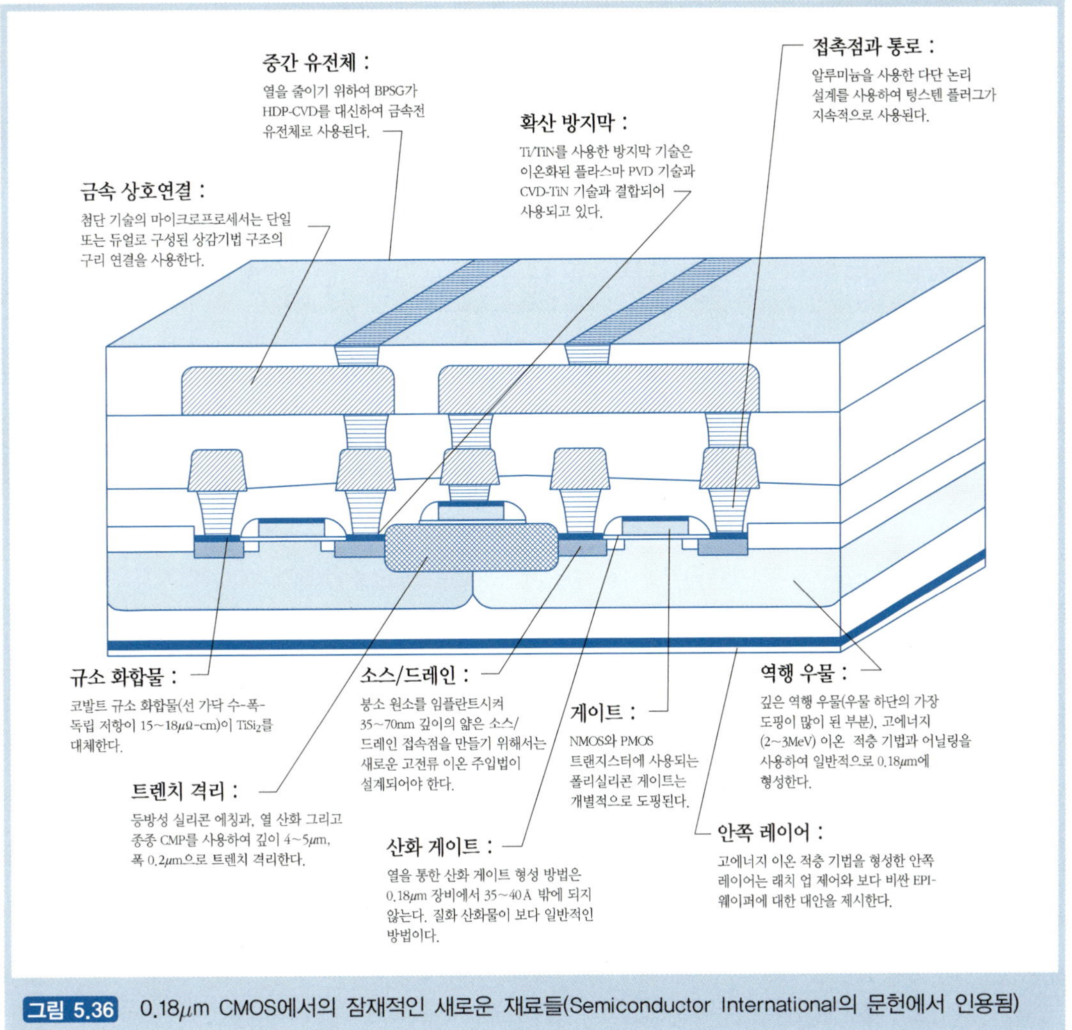

그림 5.36 0.18μm CMOS에서의 잠재적인 새로운 재료들(Semiconductor International의 문헌에서 인용됨)

- 게이트 아래에 위치한 이산화규소를 더 나은 절연 성질을 갖는 다른 물질로 대체하는 것. 좀 더 상세히 말하면 오늘날의 0.25~0.35μm보다 작은 구성요소들 중에서 폴리실리콘 게이트 아래에 위치한 이산화규소 층의 두께는 단지 2nm—즉, 4~5개의 원자들 정도의 두께—이다. 이런 두께의 이산화규소라면 전자의 터널링이 발생할 수 있다. 문헌에서는 산화 탄탈륨과 같은 물질이 대안으로 보고되고 있다.
- 게이트 지연을 감소시키는 물질로 폴리실리콘 게이트를 대체하는 것.

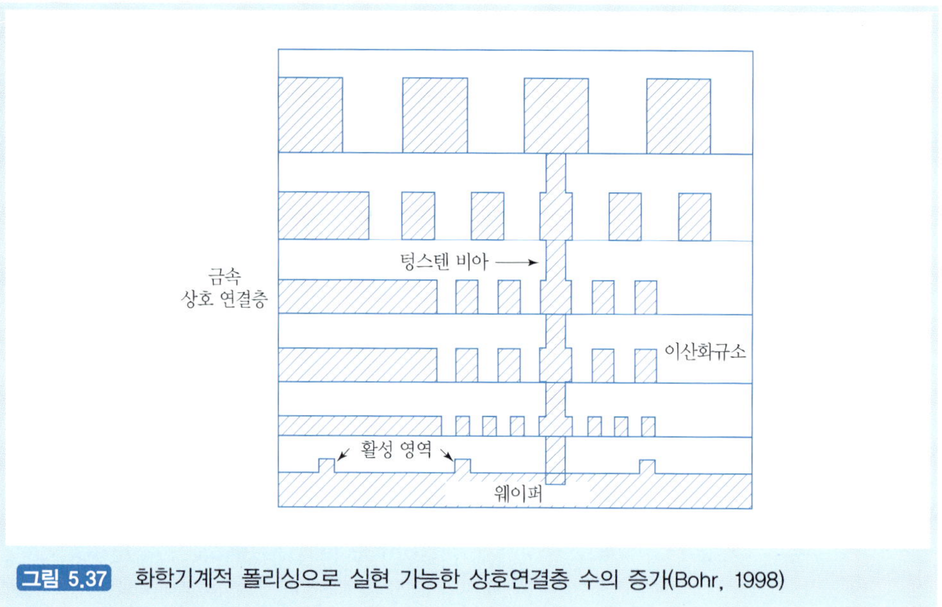

그림 5.37 화학기계적 폴리싱으로 실현 가능한 상호연결층 수의 증가(Bohr, 1998)

- 상호연결에 주로 사용되는 알루미늄을 점진적으로 전기 전도성이 더 우수한 구리와 같은 다른 금속으로 대체하는 것(Braun, 1999). 구리의 전기 전도성은 알루미늄의 두 배이다. 만약 실리콘 기판의 오염과 관련된 문제들이 해결될 수 있다면 구리는 앞으로 수년간 사용될 수 있을 것이다. 그러나 만약 2012년 즈음에 구성요소들의 크기가 실제로 0.05μm에 근접하게 된다면(Semiconductor Industry Association, 1997 참조), 구리 합금으로는 필요한 게이트 속도에 도달하기 어려울 것이다. 구리는 아마도 “단지 한 세대 또는 두 세대 정도의 제품에 사용할 수 있는” 재료일 것이다(Spencer 1998).
- 기판 위에 더 높은 구성요소를 생성하기 위해 다층의 레지스트 기술을 발전시키는 것.
- 화학기계적 폴리싱(Chemical Mechanical Polishing, CMP)과 같은 생산 공정에서 해결책을 개발하는 것. 이는 상호연결층의 개수를 증가시킴으로써 진보된 IC와 마이크로프로세서에서 회로의 밀도를 증가시킬 수 있는 대단한 잠재력을 갖는 방법이다. 만약 연속적인 각 층들을 적층하는 단계 사이사이에 평탄화 작업을 수행할 수 있다면, 아마도 그림 5.37에 나타난 것처럼 상호연결층의 수를 12층

까지 늘릴 수 있을 것이다.

5.13.5 반도체 산업의 경향

1987년 미국 반도체 제조기술협회(SEmiconductor MAnufacturing TECHnology consortium, SEMATECH)라는 기구가 창설되었다. 연방정부와 기업들의 투자가 합쳐져서 시작된 SEMATECH은 이후에 비록 연방정부의 투자가 1996년에 종료되었지만, 이 기구는 계속해서 반도체 산업 전체를 대표하고 있다. 특히 이 기구는 미국의 IC 제조사들과 이들을 지원하는 생산장비 공급사 사이에 효과적인 협력관계를 이끌어 냈다(Macher et al., 1998).

SEMATECH의 이른 성공은 '협력의 문화'를 위한 전조가 되는 것으로 여겨진다. 1990년대가 시작되면서 R&D 비용이 천문학적으로 증가하자 기업들이 혼자서는 투자할 수 없다는 것을 인식한 것은 분명한 사실이었다. 따라서 이미 논의된 바와 같이, EUV 리소그래피 연합은 대중에게 상당히 돋보였다. 그러나 라이선스 협약, 팹/어셈블리/테스팅 협약, 새로운 IC 설계를 위한 공동 투자 그리고 공동 생산 공정 벤처와 같은 다양한 형태의 새로운 협력들이 부상하고 있다.

또 다른 협력의 예는 미국, 유럽, 한국 그리고 타이완의 반도체 제작사들이 참여하고 있는 국제적 300mm 계획(International 300mm Initiative, I300I)이다(Ham, 1998 참조). 이 협력은 더 큰 300mm 웨이퍼를 생산하기 위한 연구 및 개발에 특히 중점을 두고 있다. 300mm 웨이퍼를 생산하기 위해서는 큰 지름을 갖는 실리콘 주괴의 내부에 빈 공간이 발생하지 않아야 하고, 슬라이싱 과정에서 뒤틀림이 발생하지 않아야 하며, 폴리싱 과정에서 평평도를 유지하고 또한 에칭과 배킹 사이클 동안에 뒤틀림이 발생하지 않아야 하는 등의 어려움을 극복해야 한다.

'팹(Fab)이 없는' 칩 디자인 스튜디오—종종 지적재산권을 위한 IP 모델로 불리기도 한다—의 등장은 또 하나의 새로운 경향이다. 이러한 회사들은 특수한 디자인을 고안하지만 제작은 외부의 '주문 생산 공장'에 의뢰한다. 최근에 이러한 파트너십에 대한 장기적 경쟁력과 제품 디자인과 생산의 분리에 대한 많은 논쟁이 벌어지고 있다. 언뜻 보기에 이러한 경향은 이 책에서 지지하고 있는 동시공학의 철학에 반하는 것으로 보인다. 그러나 이는 미국에서의 반도체 생산이 (a) 한편으로는 인텔과 같은 거대

자본이 집약된 회사에 의해서 이루어지거나, (b) 다른 한편으로는 유연하고 네트워크의 변화가 가능한 작은 기업체들의 연구개발 협력에 의해서 이루어진다는 것을 나타낸다. 그리고 이러한 협력 속에서 집적된 설계와 제작은 'IP에서 팹(Fab)으로'의 스펙트럼을 포괄하는 다수의 기업들에 의해서 계속 유지될 것이다. 마허(Macher, 1998)와 동료들에 의해 요약된 바에 따르면, 팹이 없는 디자인 스튜디오는 주로 1998년 미국에서만 대략 500개 정도가 존재하는 북아메키라 지역의 모델인 반면, 이들을 지원하는 최첨단 주문 생산 공장들은 주로 아시아에 위치해 있다. 타이완 반도체 제작 회사(Taiwan Semiconductor Manufacturing Company, TSMC)는 아마도 이러한 '주문 생산 공장' 중에서 가장 눈에 띄는 회사일 것이다(〈www.tsmc.com〉 참조).

규모가 크고, 기술적으로 공격적이며, 재정적으로 탄탄한 인텔과 같은 반도체 회사는 자체적인 연구개발에 집중 투자를 하고, 다른 회사들과의 협력에도 참여하며, 생산능력을 늘리고, 자신의 시장 주도 기업으로서의 장점을 이용하여 타 회사들과 경쟁할 수 있다. 따라서 새로운 회사들이 반도체 산업에 참여할 가능성은 더욱 줄어들었지만, 몇몇의 새로운 반도체 벤처 회사들은 기술적으로 진보된 제품을 설계하고 이에 대한 마케팅을 실시하여 시장의 틈새를 잘 공략하고 있다. 중소기업이 틈새 시장을 발견하여 활용하기 위해서는 특별한 디자인 장점, 손쉬운 팹 생산능력으로의 접근 그리고 튼튼한 마케팅 능력을 갖추어야 한다.

5.13.6 모범 경영 사례

1980년대의 교훈－기술적인 능력만으로는 충분하지 않다－은 미래에도 계속해서 반도체 산업에 적용될 것이다. 1980년대 중반의 '암흑기' 동안에 미국의 반도체 산업의 대부분이 도산하지 않고 살아남았는데, 그 이유는 반도체 산업이 기술적인 돌파구와 상업적인 적용으로 이어지는 꾸준한 흐름을 만들어 낼 수 있는 유례 없는 연구개발 인프라에 접근할 수 있었기 때문이다. 간단히 말해서 새로운 디자인은 1980년대의 미국 반도체 기업들이 다 같이 겪었던 어려움을 이겨 낼 수 있게 해 주었지만, 1990년대의 반도체 산업은 반도체 제작 분야에서 극적인 발전을 이루어 지속된 성장을 다시 이끌어 내었다(Macher et al., 1998).

미국의 반도체 회사들은 여전히 경쟁사보다 앞선 새로운 칩 또는 트랜지스터를 개발하여 이를 자랑하려고 하는 태도에 의해 운영되는 경향이 있다. 새로운 디자인[6]의 개발은 종종 일간 신문의 비즈니스 난이나 **이코노미스트**(Economist) 잡지에서 소개되기도 한다. 아마도 이러한 전략은 월스트리트의 애널리스트들에게 강한 인상을 남겨 주가를 상승시킬 것이다.

그러나 여전히 장기간에 걸친 수익성은 회사가 고품질의 제품을 높은 생산성을 바탕으로 제작하고, 새로 디자인한 제품을 최소한의 시간에 시장에 출시하는 능력에 달려 있다. 이와 관련해 몇몇 반도체 제조사들의 우수한 모범 경영 사례가 슬로언 재단(Sloan Foundation)의 지원을 받은 한 연구에 의해 발견되었다(Leachman & Hodges, 1996). 우수한 경영 사례들은 다음과 같다.

- '6 시그마' 품질보증 기법을 통한 품질 관리
- 디자인과 공정계획 그리고 생산의 통합
- 상업적 응용이 가능한 고품질 디자인 혁신제품을 가능한 빨리 시장에 내놓는 것
- 빠르게 소비자의 요구에 부응하는 것–다시 말해서 유연성
- 타 회사들과의 협력을 통해 반도체 장비 공급회사들과 튼튼한 관계를 구축
- 재고 관리의 시행과 적기 공급 시스템을 통한 간접비용 절감
- 인간의 노동력 대신 기계 사용의 비중을 늘리는 것

다른 업계 관계자들(Spencer, 1998)은 반도체 산업의 18%에 달하는 복합적인 성장률이 지난 30년간 이루어진 새로운 기술의 발전과 우수한 경영 사례들이 복합적으로 작용한 것을 그 원인으로 꼽았다. 예를 들어,

- 반도체 구성요소의 크기 축소
- 리소그래피 공정의 발전–프로젝션 프린팅에서 스텝퍼로의 전환
- 습식 에칭에서 건식 에칭으로 공정이 변화하면서 나타난 해상도의 증가
- 일반 가열 노(Furnace) 확산법 대비 이온 빔 주입법을 사용하면서 나타난 개선사항

6) 이 책을 쓰던 당시인 2000년 전후에는 다음과 같은 새로운 기술들이 나타났다. (a) 절연체 위의 실리콘, (b) 프로세서 칩의 분리된 도랑(Trench) 내부에 DRAM을 형성시키는 것, (c) 통신 칩에 실리콘 게르마늄을 사용한 것, (d) 길이가 매우 작은 게이트를 갖는 수직 트랜지스터

- 1980년대 후반에 나타난 품질보장에 대한 요구

그러나 스펜서는 이러한 기술발전과 우수 경영 사례들이 일정 범위 내에서는 이미 모두 다 '사용된 것'이라고 주장한다. 18%의 성장률을 유지하기 위해서 아직 사용 가능한 남아 있는 중요한 방법은 바로 리치먼과 호지스의 제안 중에서 제일 마지막에 언급된 공정의 진행에서 기계의 사용 비중 및 기계를 통한 처리량을 늘리는 것이다(Leachman et al., 1999). 25억 달러 규모의 펩(Fab)에서 무엇보다도 가장 중요하게 고려해야 할 것은 디자인과 생산의 통합−디자인에만 국한 되지 않은−이 하나의 회사 또는 협력 관계에 있는 다수의 회사들에게 전략적인 가치를 증가시킬 수 있을 것이라는 사실을 확실하게 인식하는 것이다.

5.14 용어 설명

게이트 어레이(gate array) 수천 개의 게이트 상호연결에 의해 특정 사양에 맞게 주문제작되는 ASIC.

게이트(gate) FET에서의 조절 전극. 게이트에 인가된 전압은 게이트의 바로 하부에 위치한 반도체 채널 영역의 전도 성질을 조절한다. MOSFET에서 게이트는 매우 얇은 산화막에 의해 반도체와 분리된다.

공핍층(depletion layer) 기판을 가로지르는 인가 전압에 의해 정공(hole)의 이동이 나타나는 실리콘 상의 영역. MOS 트랜지스터에서는 게이트에 인가되는 초기 전압이 공핍층을 생성한다. 그러나 일단 인가 전압이 충분히 커지면, 공핍층은 반전되고 따라서 트랜지스터가 작동된다.

금속 산화물 반도체(MOSFET) 금속 산화물 반도체는 전계효과 트랜지스터의 한 종류. 폴리실리콘 게이트가 게이트 산화막에 의해 기판과 분리된 특수한 형태의 FET.

기판(substrate) 다양한 전단처리 공정기술들이 적용되는 근간이 되는 실리콘. 어떤 종류의 도펀트가 사용되었는지에 따라 p형과 n형으로 나뉜다.

다이(die) 웨이퍼상에 존재하는 개개의 칩

다이오드(diode) 인가 전압의 극성에 따라 전자의 흐름의 방향을 조절하는 pn 접합 장치 중 하나

도핑(doping) 반도체의 저항성을 낮추기 위해 실리콘 기판에 도너(donor) 또는 억셉터(acceptor)를 확산시키는 것.

동적 임의접근 기억장치(Dynamic Random Access Memory, DRAM) 축전 전하의 존재 유무가 이진 저장 요소(1 또는 0)의 상태를 나타내는 읽기/쓰기가 가능한 메모리 칩 반도체 중 가장 널리 사용되는 형태로 비트당 비용이 가장 낮다.

듀얼 인 라인 패키징(Dual-in-Line Packaging, DIP) 칩을 패키징하는 상대적으로 저렴한 방법(그림 5.30 참조).

드레인(drain) 전계효과 트랜지스터(Field-effect transistor)를 구성하는 3개의 영역 중 하나. 하나의 완전한 전류의 흐름을 형성하기 위해서 캐리어는 소스에서 생성되어 게이트 하부의 채널을 가로질러 드레인으로 모인다. 소스와 드레인 사이의 전류는 게이트에 인가되는 전압에 의해서 조절된다.

마이크로 컨트롤러(microcontroller) 마이크로프로세서를 사용하는 값싸고 상당히 강력한 특수 조절 장치. 마이크로 컨트롤러는 시스템에 내장되어 프린터의 종이 공급을 향상시키는 것과 같은 특수한 기능을 수행한다.

마이크로프로세서(microprocessor) 논리기능, 산술기능, 메모리 레지스터, 데이터 송수신 기능이 조합된 단일 집적회로(IC).

반도체 장치(semiconductor device) 반도체 물질로 만들어진 전기적 장치들을 나타냄.

반도체(semiconductor) 실리콘과 게르마늄과 같이 전기적 특성이 도체(구리와 알루미늄과 같은)와 부도체(유리와 고무와 같은)의 중간에 해당하는 물질들을 통칭함. 순수한 상태의 반도체는 소량의 불순물이나 도펀트가 첨가된 반도체에 비해 상대적으로 높은 저항성을 갖는다.

비아(Via) 서로 다른 금속층을 연결하기 위한 수직의 통로.

상보형 금속 산화막 반도체(Complementary Metal-Oxide Semiconductor, CMOS) p-채널과 n-채널 요소들을 동시에 동일한 다이에 형성하여 집적회로를 구성하는 MOS 기술 중 하나. 다른 MOS나 양극형 공정에 비해 상대적으로 높은 밀도와 소비 전력이 적은 특성을 가지는 주요한 반도체 제작 공정이다.

상호연결(interconnect) 다양한 트랜지스터와 구성요소들을 서로 연결하는 금속 와이어링. 특정 부분에서는 구리도 사용되지만, 대부분의 경우에 주로 알루미늄이 사용된다.

선택(Select) 도펀트(dopant)가 트랜지스터의 외부 방어막을 형성하는 전단처리 공정 중에서의 한 단계.

소스(source) 전계효과 트랜지스터를 구성하는 3개의 영역 중 하나. n형 MOSFET에서 전자는 소스로부터 출발하여 p-채널이나 드레인으로 흘러간다.

솔리드 스테이트(solid state) 결정물질의 전자적 특성과 관련해 이온화된 가스를 통해 전자가 흐름으로써 작동하는 진공관에 대응하여 일반적인 반도체를 지칭하는 말.

수율(yield) 웨이퍼, 다이 또는 패키지된 요소들이 요구되는 사양을 만족시키는 비율(0에서 1까지). 반도체 제작 공정에서의 수율 측정기준은 다음과 같다.

- 웨이퍼 수율–웨이퍼 공정을 만족시키는 웨이퍼의 비율
- 다이 수율–사양을 만족시키는 웨이퍼상의 다이의 비율
- 조립 수율–바르게 조립된 요소의 비율
- 최종 검사 수율–모든 장치 사양을 만족시키는 패키지 요소의 비율

스퍼터링(sputtering) 소스 또는 타깃에 충돌을 일으켜 원자들이 튀어나와 웨이퍼 위에 조사됨으로써 웨이퍼 위에 박막을 적층하는 방법.

양극형(bipolar) 전력과 공간의 소모가 상대적으로 큰 속도가 빠른 반도체 장치. 특정한 고성능 애플리케이션을 제외하고 양극형은 대부분 CMOS 기술로 대체되었다.

에칭(Etching) 층에 패턴을 형성하기 위해 재료를 제거하는 것.

와이어 접합(wire bonding) 패키지의 칩과 리드 프레임을 얇은 와이어를 부착하여 연결하는 것.

우물(well) 가장 일반적으로 우물은 CMOS에 사용된다. p형 기판상에 존재하는 다량의 n형 물질은 국소적인 PMOS 트랜지스터를 형성한다(그림 5.7 참조).

웨이퍼(wafer) 지름이 4에서 12인치에 이르는 원기둥 형상의 반도체 물질(주로 실리콘)로 이루어진 주괴를 얇은 판의 형태로 잘라낸 것. 반도체 제작 공정 중에서 IC 어레이가 웨이퍼의 내부 또는 표면에 형성된다.

인쇄 회로 기판(Printed Circuit Board, PCB) 개개의 다이(die)가 조립 및 연결되어 하나의 기능을 수행하는 제품이 되는 표면.

전계효과 트랜지스터(Field-Effect Transistor, FET) 게이트 터미널에 인가된 전압에 의해 소스 터미널과 드레인 터미널 사이의 전류가 조절되는 평판의 솔리드 스테이트 장치.

전단처리(front end) 구성요소 생성과 관련된 제작 공정. 포토리소그래피, 도핑, 산화와 같은 공정을 포함한다.

접촉층(contact) 서로 다른 층 사이의 상호연결을 제공하는 층

접합 패드(bonding pads) 최종적으로 IC 패키지와의 연결을 위한 접합 와이어가 부착되는 부분

주문형 반도체(Application Specific Integrated Circuit, ASIC) ASIC는 범용으로 생산되는 DRAM 또는 마이크로 컨트롤러와는 달리 고객의 특정한 요구에 맞게 디자인된다. 프로그래밍이 가능한 어레이 로직 장치(Programmablr array logic device), 전기적으로 프로그래밍이 가능한 로직 장치(Electrically programmable logic device), 필드 프로그래밍이 가능한 게이트 에레이(Field Programmable Gate Array, FPGA), 완전히 주문제작된 IC 디자인 등이 이에 속한다.

중앙처리장치(Central Processing Unit, CPU) 컴퓨터 시스템의 중심이 되는 마이크로프로세서

집적회로(Integrated Circuit, IC) 트랜지스터, 저항, 축전기, 다이오드와 같은 다수의 활성 요소들이 연속적인 기판 위에 형성되어 서로 연결되어 있는 전자회로.

채널(channel) 전계효과 트랜지스터의 소스와 드레인을 분리하기 위한 영역

쿼드 플랫 패키지(Quad Flat Package, QFP) 주로 대부분의 마이크로프로세서의 패키지에 사용되는 IC 패키지의 한 형태.

트랜지스터(transistor) 다양한 집적회로들을 구성하기 위한 기초가 되는 기본적인 회로 블록. 양극형(Bipolar) 트랜지스터는 2개의 pn 접합부가 npn형 또는 pnp형 트랜지스터를 구성하기 위해 조합된 것이다.

팹(Fab) 또는 웨이퍼 성형(wafer fabrication) 반도체가 제작(또는 성형)되는 공장.

포토레지스트(Photoresist) 조사되는 자외선에 반응하여 화학반응이 일어나는 물질. 이러한 반응의 결과에 의하여 포토레지스트는 분해되며, 기판을 에칭 가능한 상태가 되도록 만든다.

포토리소그래피(photolithography) 마스킹과 에칭에 의해 형성되는 회로 패턴.

포토마스크(Photomask) 건식 에칭이나 도핑과 같은 공정을 수행하기 위해 기판의 특정 부분을 보호하고 또 다른 부분은 노출시키는 마스크. 마스

크는 레이아웃 패턴과 그에 의해 형성되는 회로의 핵심이 된다.

폴리실리콘(Polysilicon) 다결정 실리콘(polycristalline silicon)의 줄임말. MOS 장치의 게이트를 형성하는 데 사용된다.

필드 프로그래밍 가능한 게이트 어레이(Field Programmable Gate Array, FPGA) 고객의 특수한 사양에 따라 구성된 프로그래밍이 가능한 복합 논리 장치. 이 장치는 시스템 제작사들이 마이크로프로세서 이후에 가치를 추가할 수 있도록 한다.

화학적 기상 증착법(Chemical Vapor Deposition, CVD) 열적 화학반응이나 기체의 분해를 이용하여 기판을 코팅하는 공정

활성 트랜지스터 영역(active) MOSFET의 영역 중에서 트랜지스터의 구성요소들을 형성하기 위해 도핑된 표면

후위처리(back end) 개개의 칩을 검사하고 패키징하기 위한 제작 공정

***n* 형 반도체(n-Type semiconductor)** n형은 비소 또는 인과 같은 도너 불순물의 첨가에 의해 동작한다.

N형 MOS(NMOS) NMOS는 n형 MOSFET 트랜지스터이다. NMOS는 대응하는 PMOS에 비해 속도가 빠르다.

***p* 형 반도체(p-Type semiconductor)** p형은 실리콘의 결정구조에 붕소와 같은 억셉터 불순물이 첨가되어 동작한다.

P형 MOS(PMOS) PMOS는 p형 MOSFET 트랜지스터이다. 대응하는 NMOS에 비해 속도가 느리지만, CMOS 트랜지스터에서 NMOS를 보완하기 위해 필요하다.

5.15 참고문헌

Bohr, M. 1998. Silicon trends and limits for advanced microprocessors. *Communications of the ACM* 41 (3):80-87.

Braun, A. E. 1999. Aluminum persists as copper age dawns. *Semiconductor International,* August, 58-66.

Brodersen, R. W. 2000. 〈www.bwrc.eecs.berkeley.edu〉.

Campbell, S. A. 1996. *The science and engineering of microelectronic fabrication.* Oxford and New York: Oxford University Press.

Colclasser, R. A. 1980. *Microelectronics: Processing & device design.* New York: Wiley.

DeJule, R. 1999a. Next generation lithography tools. *Semiconductor International,* March, 48-52.

DeJule, R. 1999b. SOI comes of age. Semiconductor International, November, 67-74.

Einspruch, N. G. 1985. *VLSI handbook.* Orlando, FL: Academic Press.

Ham, R. M., G. Linden, and M. M. Appleyard. 1998. The evolving role of semiconductor consortia in the U.S. and Japan. *California Management Review* 41 (1):137-163.

Jaeger, R. C. 1988. *Introduction to microelectronic fabrication.* Reading, MA: Addison Wesley.

Kalpakjian, K. M. 1995. Fabrication of microelectronic devices. In *Manufacturing Engineering and Technology,* edited by Serope Kalpakjian. Reading, MA: Addison Wesley.

Leachman, R. C., and D. A. Hodges. 1996. Benchmarking semiconductor manufacturing. *IEEE Transactions on Semiconductor Manufacturing* 9 (2):158-169.

Leachman, R. C., and D. A. Hodges. 1998. Benchmarking semiconductor manufacturing. Third Report, Engineering Systems Research Center Report No. CSM-31, University of California, Berkeley.

Leachman, R. C., and C. H. Leachman. 1999. Trends in worldwide semiconductor fabrication capacity. Engineering Systems Research Center Report No. CSM-48, University of California, Berkeley.

Leachman, R. C., J. Plummer and N. Sato-Misawa. 1999. Understanding fab economics. Engineering Systems Research Center Report No. CSM-47, University of California, Berkeley.

Leyden, P. 1997. Interview with Gordon Moore. *Wired Magazine,* May, 164-166.

Macher, T. J., D. C. Mowery, and D. A. Hodges. 1998. Reversal of fortune? The recovery of the U.S. semiconductor industry. *California Management Review* 41 (1):107-136.

Mahajan, S., and L. C. Kimerling. 1992. *Concise Encyclopedia of Semiconducting Materials and Related Technologies.* Oxford and New York: Pergamon Press.

Mead, C., and L. Conway. 1980. *Introduction to VLSI systems.* Reading, MA: Addison Wesley.

Muller R. S., and T. I. Kamins. 1986. *Device electronics for integrated circuits.* New York: Wiley and Sons.

Patterson, D. A., and J. L. Hennessy. 1996a. *Computer architecture: A quantitative approach.* San Francisco, CA: Morgan Kaufman Publishers.

Patterson, D. A., and J. L. Hennessy. 1996b. *Computer organization and design: The hardware/software interface.* San Francisco, CA: Morgan Kaufman Publishers.

Peterson, I. 1997. Fine lines for chips. *Science News* 152: 302-303.

Pierret, R. F. 1996. *Semiconductor device fundamentals.* Reading, MA: Addison Wesley.

Rabaey, J. M. 1996. *Digital integrated circuits.* Upper Saddle River, NJ: Prentice-Hall Electronics and VLSI Series.

Red Herring. 1995. Special issue on semiconductors, September.

Rosler, R. S., W. C. Benzing, and J. Baldo. 1976. Plasma enhanced CVD. *Solid State Technology* 19: 45-53.

Runyan, W. R., and K. E. Bean. 1990. *Semiconductor integrated circuit processing technology.* Reading, MA: Addison Wesley.

Semiconductor Industry Association. 1997. *The national technology roadmap for semiconductors: Technology needs.*

Semiconductor International. 1998. Sub-100 nm features with single layer 193 nm resist. April, 20.

Siddhaye, S. V. 1999. Design for the environment in electronics manufacturing: Product optimization for waste stream minimization. Ph.D. Dissertation, University of California, Berkeley.

Singer, P. 1997. Copper goes mainstream: Low k to follow. *Semiconductor International,* 67-70.

Spanos, C. 1999. *Processing and design of integrated circuits.* Course Reader for EECS 143 at University of California, Berkeley.

Spencer, W. J. 1998. *Regents' Lecture Series, University of California,* Berkeley (available on videotape at Haas School of Business).

Wolf, S., and R. N. Tauber. 1986. *Silicon processing for the VLSI era.* Vol. 1, Process technology. Sunset Beach, CA: Lattice Press.

Zuhlehner, W., and D. Huber. 1982. *Czochralski grown silicon crystals,* Vol. 8. New York: Springer Verlag.

5.16 인용문헌

5.16.1 기술 자료

Angel, D. P. 1994. *Restructuring for innovation: The remaking of the U.S. semiconductor industry.* New York: Guilford Press.

Augarten, S. 1983. *State of the art: A photographic history of integrated circuits.* New Haven and New York: Ticknor and Fields Press.

Beadle, W. E., J. C. C. Tsai, and R. D. Plummer, eds. 1985. *Quick reference manual for silicon integrated circuit technology.* New York: Wiley.

Hodges, D., and H. Jackson. 1988. *Analysis and design of digital integrated circuits,* 2d ed. New York: McGraw-Hill.

U.S. Industrial Outlook. 1994. *Chapter 15: Electronic components, equipment, and superconductors.*

Van Sant, P. 1985. *Microchip fabrication: A practical guide to semiconductor processing.* San Jose, CA: Semiconductor Services.

Wolf, W. *Modern VLSI design: A systems approach.* Upper Saddle River, NJ: Prentice-Hall.

5.16.2 인문 자료

Kaplan, D. A. 1999. *The silicon boys and their valley of dreams,* San Francisco: William Morrow.

Reid, T. R. 1984. *The chip: How two Americans invented the microchip and launched a revolution.* New York: Simon & Schuster.

5.16.3 추천 학술지

Embedded Systems Programming, Miller Freeman, 1601 West 23rd St., Lawrence, KS, 66046, ⟨www.embedded.com⟩.

IEEE Transactions on Semiconductor Manufacturing, 3 Park Avenue, New York, NY, 10016, ⟨www.ieee.org⟩.

Semiconductor International, 8773 S. Ridgeline Blvd., Highlands Ranch, CO., 80126, ⟨www.semiconductor.net⟩.

5.17 참고 URL 주소

For design tools: ⟨http://bwrc.eecs.berkeley.edu.⟩

21ST
CENTURY
MANUFACTURING

06

컴퓨터 제조

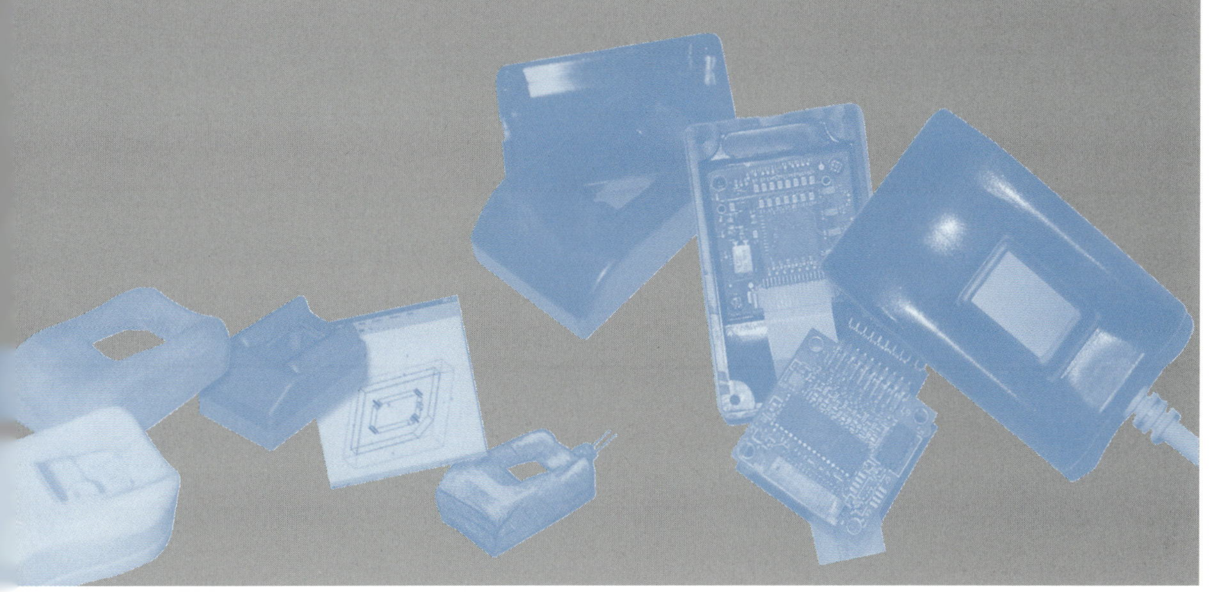

6.1 서론

제5장에서는 트랜지스터(transistor), 집적회로(Integrated Circuit, IC), 프론트 엔드(front-end) 반도체 제조 기술에 대해서 살펴보았다.

이제 '제조 기술을 강조하는 제품 개발 길로의 여정'은 패키지화된 IC에서 완제품 컴퓨터의 제조까지 이어진다. 이 장 마지막의 사례연구는 판매가격 300달러 선을 겨냥한 휴대용 무선 컴퓨터 특정 디자인과 제조를 고려한다.

제6장에서는 구성품들이 인쇄 회로 기판(Printed Circuit Board, PCB) 위에 부착되고 디스크 드라이브와 다른 하드웨어 부품들과 조립되어 완전히 연결된 컴퓨터 시스템을 이루는 것을 보여 준다. 구성품들은 고정되고 보호받기 위하여 반드시 물리적 구조물 속에 위치하여야 한다. 물리적 구조물은 시작품 형태(제4장)이거나 기계 가공된 주형(제7장)으로 폴리머(polymer)를 사출(제8장)하여 대량 생산한 형태일 수 있다. 표 6.1과 그림 6.1에 이들에 대한 주요 특징이 포함되어 있다.

- 마이크로프로세서를 포함한 마더보드(motherboard), 정수와 부동 소수점 계산을 위한 데이터 경로(data path), 캐시 메모리(cashe memory)
- 마더보드 기판 위의 주기억장치(main memory board)
- 플로피나 하드 디스크 형태의 보조기억장치
- 입력, 출력 장비

표 6.1 컴퓨터 시스템의 주요 기능의 개념

컴포넌트	기능
1. Porcessor(CPU) data path	산술 연산 수행
2. Porcessor(CPU) control	데이터 경로, 메모리, 입출력 장치의 사용 순서와 동작을 결정하는 신호 송출
3. Memory	(a) 주기억장치 : 프로그램의 휘발성 메모리 또는 처리 장치에 의해 사용되는 데이터 (b) 보조기억장치(플로피 또는 하드 드라이브) : 비휘발성 메모리 또는 프로그램의 저장소
4. Input	키보드, 마우스, 음성 작동, 디지털 카메라, 이메일 착신, 팩스 등
5. Output	스크린, 프린터, 이메일 발신, 팩스 등

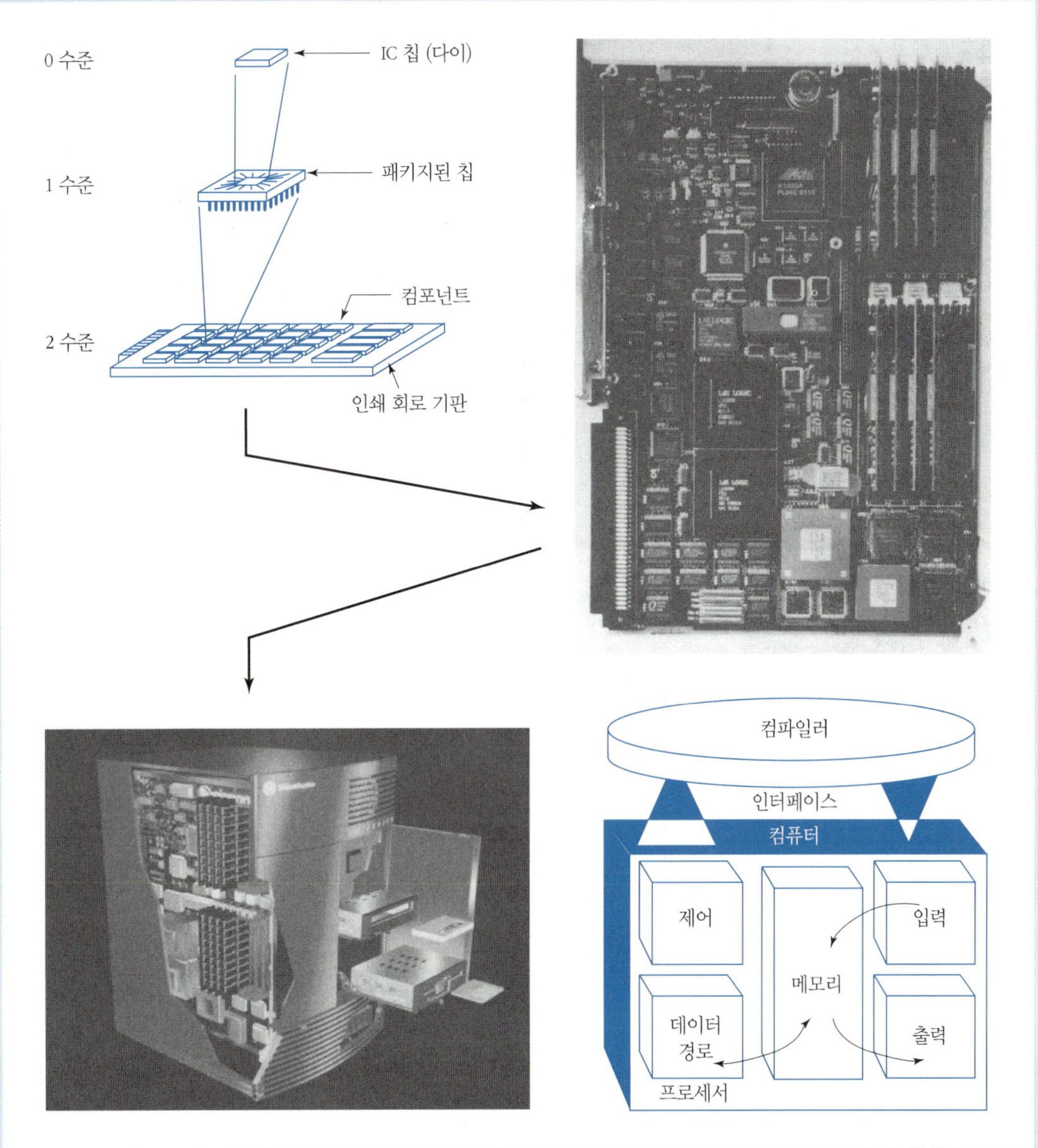

그림 6.1 컴퓨터 포장 수준(*Computer Organization and Design*, 2nd ed. by David Patterson and John Hennessy, © 1996. Morgan Kaufmann Publishers). 좌측 상단의 그림은 이전 장에서 나왔던 것으로, IC(예 : 중앙처리장치와 메모리 칩)들이 PCB(마더보드 위에 수직방향으로 조립된 마더보드와 8개의 주기억장치 블록) 위에 먼저 조립된다. 좌측 하단의 시스템 단계에서의 포장은 보조기억장치(플로피, 하드 드라이브)를 또한 나타낸다. 개략도는 실제 장치들의 주요 기능의 개념을 보여 준다.

6.2 인쇄 회로 기판 제작

6.2.1 서론

PCB는 서브 컴포넌트의 상호연결(interconnection)을 토대로 구성된다. 구리 트랙(track)으로 된 상호연결은 회로판에 더하고 빼는 일련의 공정 스텝을 거쳐서 적용되었으며, 이는 IC를 제작하는 과정과 유사하다. 각각의 IC와 구성요소를 연결하기 위해 구리 랜드(land) 또한 적용되었다. 쉬운 말로 바꾸어 말하면 PCB는 역마다 위치한 IC와 다른 장치들을 연결하는 회로의 '지하철 노선도'이다.

보드는 또한 그 자신이 칩(chip)과 다른 부서지기 쉬운 시스템 구성요소들을 붙들고 있으면서 하드 드라이브, 모니터, 키보드, 마우스 등의 입력, 출력 장치 등 외부의 물리적 연결을 해 주는 단단한 구조를 제공한다. 최초의 회로를 쌓는 방법으로는 인쇄 회로 기판(printed circuit board)이나 인쇄 와이어 기판(printed wiring board)이라는 용어를 만든 스크린 인쇄 기술을 사용하였다. 최근에는 포토리소그래피(photolithography) 회로를 만드는 방법이 선호되고 있다. PCB에는 세 가지 일반적인 종류가 있으며, 그림 6.2에 묘사되어 있다.

- 절연 기판 위에 한쪽 면에만 구리 트랙을 가진 단면 보드
- 절연층 양쪽 면에 구리 트랙을 가진 양면 보드
- 구리와 절연층을 교차함으로써 제작된 다층 보드

6.2.2 '스타팅 보드' 구조

스타팅 보드(starting board)는 아직 회로 패턴이 적용되지 않았기 때문에 붙여진 이름이다. 양면 PCB는 얇은 판 모양의 '샌드위치'이다. 절연 재료의 얇은 기판(substrate, 0.25~3mm 두께)이 동박(foil, 0.02~0.04mm 두께) 사이에 끼워진다. 에폭시 수지는 안쪽의 절연 폴리머로 가장 흔하게 사용되는 재료로, 보통 E-glass라 불리는 유리 섬유로 강화된다. 절연 기질은 불완전하게 경화된 에폭시가 스며든 여러 장의 얇은 유리 섬유로 이루어진다. 보드는 그 후에 가열판(hot plate)이나 롤(roll)로 같이 눌린다. 열과 압력이 적층물을 경화하고 강화하여 열과 휨에 강하고 견고한 보드를 만든다.

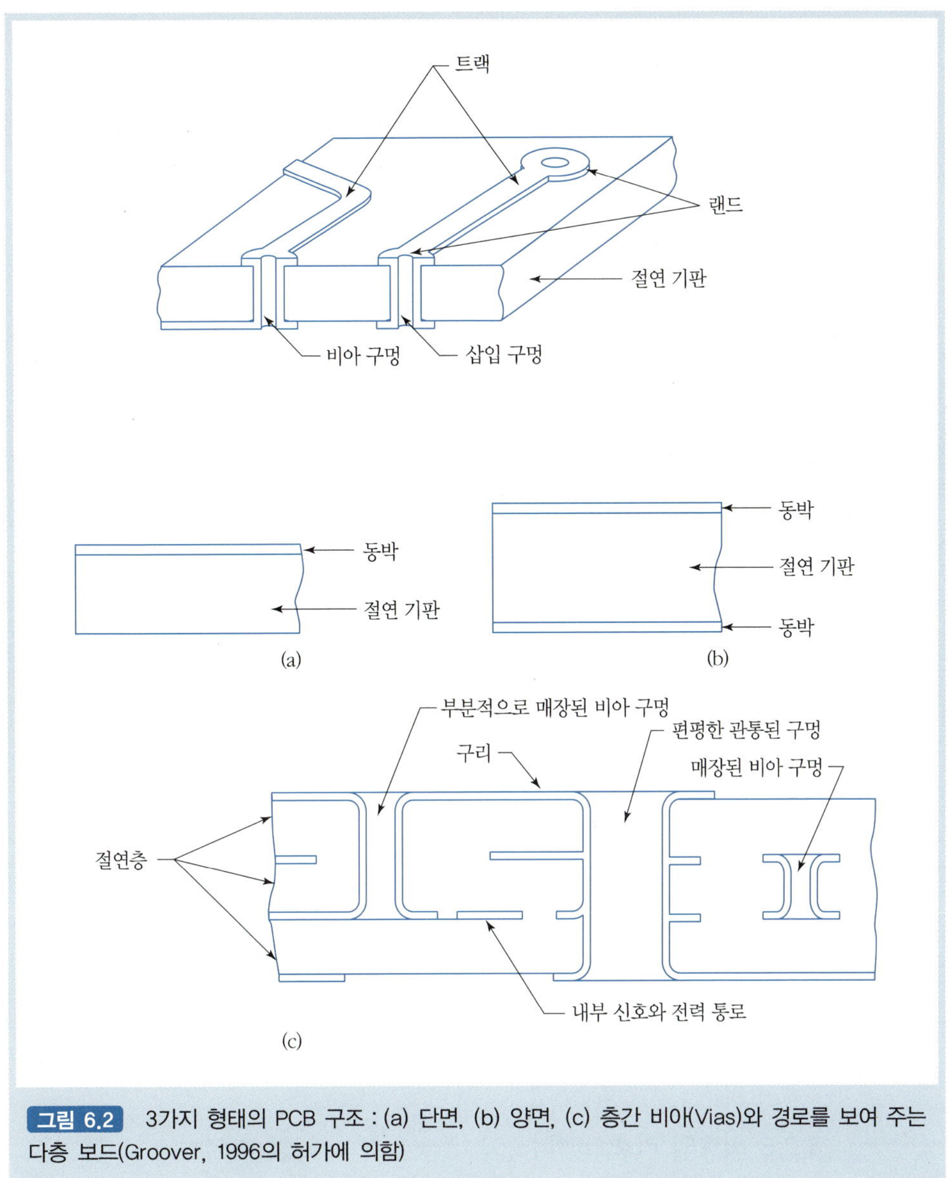

그림 6.2 3가지 형태의 PCB 구조 : (a) 단면, (b) 양면, (c) 층간 비아(Vias)와 경로를 보여 주는 다층 보드(Groover, 1996의 허가에 의함)

6.2.3 준비 단계

스타팅 보드는 향후 공정을 위해서 다양한 형상 가공 절차를 거쳐야 한다. 첫째, 원하는 최종 컴퓨터/전자 장치의 크기를 얻기 위한 절단 공정이 이루어져야 한다. 둘째, 보드에 툴링(tooling)용 구멍이나 보통 지름 3mm의 정렬용 구멍이 드릴 가공이나 펀치 가공되어야 한다. 툴링 구멍은 제조 단계에 따라 보드들이 한 기계에서 다른 기계로 이동할 때 정밀하게 정렬시키기 위해 사용된다. 이 시점에서 보드에 바코드를 붙여서 식별을 용이하게 할 수 있다. 마지막 단계는 표면을 조심스럽게 닦고 그리스를 제거하는 것이다. 보드 제작에는 칩 제작에 대한 것같이 엄격한 기준은 없으나, 결함을 최소화하기 위해서 상당히 높은 수준의 청결도가 필수적이다.

6.2.4 구멍 드릴 가공, 펀칭, 도금 공정

이후에 추가적인 구멍들이 보드에 생성된다. 자동 구멍 펀처나 CNC 드릴 기계가 사용된다. 많은 구멍을 가공하기에는 펀칭이 가장 효율적이나, CNC 드릴은 여러 층을 쌓은 것을 가공, 생산성을 높일 수 있다. 구멍들은 양면 보드의 양쪽 면에 비아(via)라 불리는 전도체로 이루어진 통로(conducting path)가 된다. 다른 삽입(insertion)용 구멍들은 PIH(Pin-In-Hole) 구성품들을 위해서 생성된다. 추가적인 구멍은 히트 싱크(heat sink)와 연결부의 위치를 고정하는 용도이다.

절연층을 통과해서 생성된 구멍 또는 비아들은 전기가 통하지 않는다. 그러므로 전도성이 있는 경로가 양면 보드의 양쪽 면의 사이에 추가되어야 한다. 이 경로들은 주로 비전착성 도금(electroless plating)을 사용하여 형성된다. 공정은 구멍을 통해 에폭시/유리 섬유 표면에 구리를 적층함으로써 이루어진다. 이 경우에 표면이 부전도성을 띠기 때문에 일반적인 전기 도금을 사용할 수는 없다. 비전착성 도금은 양극/음극이 없이 구리 이온을 함유한 수성 용액의 화학적 작용으로 이루어진다. 이 반응의 자세한 내용은 나카하라(Nakahara, 1996)와 듀펙(Duffek, 1996)을 참조하라.

6.2.5 회로의 리소그래피

이 중요한 단계에서 회로 패턴은 선택적 포토리소그래피와 에칭(etching)을 사용하여 보드의 구리 표면에 새겨진다. PCB 산업에서는 감법 공정(subtractive process)을 사용한다. 그림 6.3의 보드의 표면은 이미 얇은 동박으로 덮여 있다. 이 위에 우선 폴리머 레지스트를 액체 형태로 뿌리거나 마른 필름 형태로 제작하여 그 위를 굴림으로 덮게 한다(Clark, 1985, p.175). 회로가 없게 될 부분에 있는 레지스트를 자외선(UltraViolet,

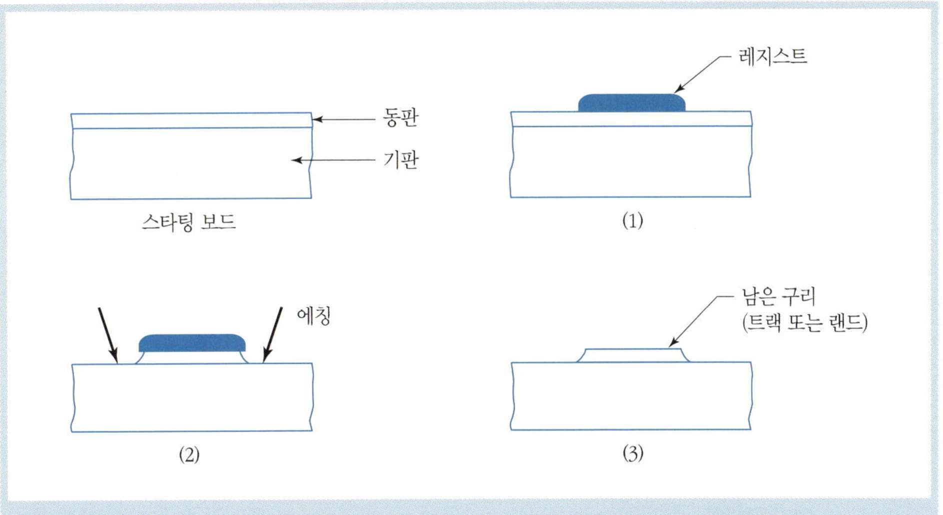

그림 6.3 감법 공정에 의한 회로 제작(Groover, 1996의 허가에 의함). 감법 공정 사용 중, 회로와 랜드에 필요한 동박은 보호된다. 리소그래피는 궁극적으로 필요한 부분이 아닌 부분의 레지스트 영역을 노출시키고, 노출된 레지스트 영역이 제거되고 나면 구리 부분이 에칭된다. 최종 스케치는 원하는 레이아웃을 보여 준다.

UV) 리소그래피에 노출시킨다. 노출된 레지스트는 이후에 벗기고 씻는다. 다음으로 비보호된 구리 영역을 과황산암모늄(ammonium persulphate), 수산화암모늄(ammonium hydroxide), 염화제2구리(cupric chloride), 염화제2철(ferric chloride) 중 하나로 화학적으로 에칭한다. 남아 있는 구리 영역은 보드의 회로 소자나 랜드를 구성한다. 이 방식의 대안으로 아무것도 씌워져 있지 않은, 즉 동박 없이 절연 재료로만 구성된 보드로부터 시작하여 PCB 회로를 설계하는 **가법 공정**(additive process)이 있다. 감광성이 있는 재료를 보드에 뿌린 후 원하는 트랙의 형상에 노출시키고 노출된 감광성 재료는 벗기고 씻는다. 이 단계에서 보드에는 구리가 아직 씌워지지 않았지만 원하는 트랙의 '계곡'을 보인다. 전기 도금 과정에서 감광성 재료에 의해 보드의 '언덕'은 보호된다. 그동안 노출된 '계곡'에 구리가 전기 도금되고, 원하는 회로와 랜드가 생성된다(그림 6.4).

6.2.6 다층 보드 제작

다층 보드 제작에 있어서 회로 형상은 각각의 보드에 가장 먼저 적용된다. 각각의 층들이 통합된 이후에 다층 보드는 바깥쪽 면에서 봤을 때에는 쌍방향 보드와 비슷하지

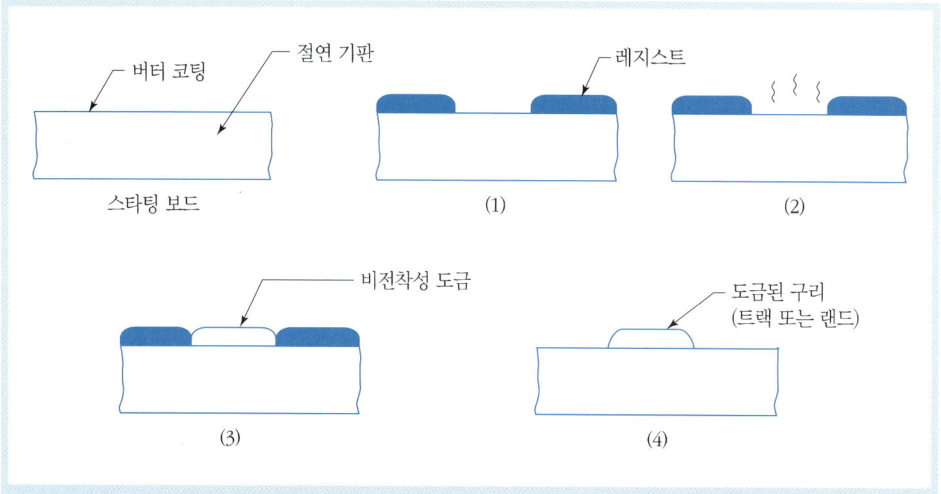

그림 6.4 가법 공정에 의한 회로 제작(Groover, 1996의 허가에 의함). 감광성 재료가 동박 없이 절연 재료로만 구성된 보드에 뿌려지고 원하는 트랙의 형상에 노출된다. 이 노출된 감광성 재료는 벗기고 씻긴다. 전기 도금 과정에서 노출된 '계곡'에 구리가 전기 도금되어 원하는 회로와 랜드가 생성된다.

만 내부에 양면에 구리 패턴이 씌워진 판들이 통합되어 있다. 층간 정밀한 정렬이 매우 중요하기 때문에, 이는 툴링 구멍에 꽉 끼는 정렬 핀을 사용한다.

비아와 내부 보드 간의 연결부를 제작하는 데에는 도전적인 특수 공정이 사용되는데, 특히 가려지거나 잘 안 보이는 비아에는 특별한 주의가 필요하다. 표면 판형 회로(Surface Laminar Circuit, SLC)는 내부 보드에 리소그래피를 사용하여 제작한다(그림 6.5). 내부 층의 접지와 전력 공급을 위한 패턴이 먼저 내부 보드에 생성되고, 보드가 산화된다. 그다음으로 절연 감광성의 수지가 패널 전체에 씌워진다. 비아를 위치시키고 싶은 곳은 빛에 노출시키고, 현상하고, 벗기고 씻는다. 이 비아 구멍의 표면은 직접 금속화(direct metallization)나 비전착성 도금 방법을 사용하여 구리로 코팅한다. 이 후에 더 두꺼운 구리층으로 연결하는 것이 이루어진다. 소형화, 더 빠른 제작 속도, 보드 바깥쪽 양면에 부착되는 구성품들에 대한 요구가 증가함에 따라 상기 기술들의 수요는 늘어날 것이다.

PCB 제조의 마지막 단계는 검사와 회로 소자의 완성이다. 구리 와이어의 기능성을 확인하기 위해서 외형의 검사와 전자기적 검사 방법이 모두 사용된다. 검사에 대한

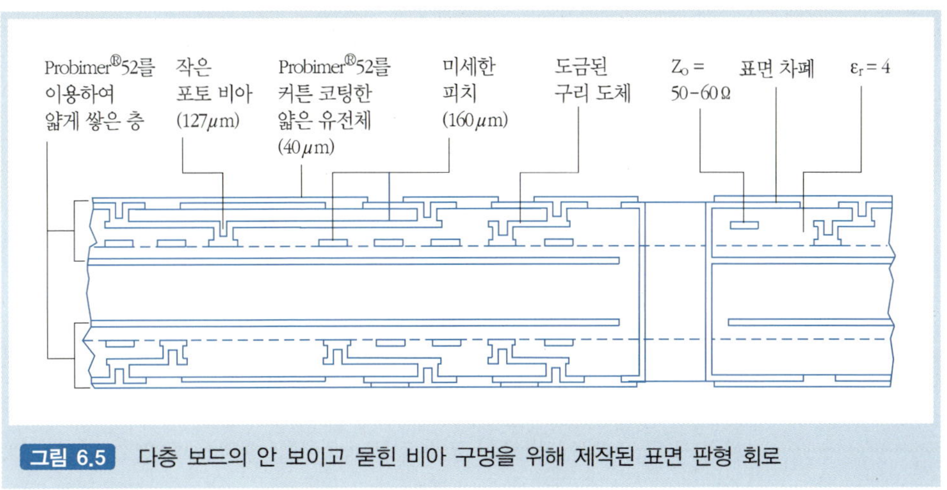

그림 6.5 다층 보드의 안 보이고 묻힌 비아 구멍을 위해 제작된 표면 판형 회로

자세한 내용은 안드라데(Andrade, 1996)에 의해 기술되어 있다. 최종 단계는 바코드와 마찬가지로 구성품의 보드에서의 위치를 안내하는 범례(legend)를 스크린 인쇄하는 것이다. 완성된 보드에 전자, 기계 구성품들을 부착하여 최종 PCB 어셈블리를 형성하면 된다.

6.3 PCB 조립

6.3.1 개요

다층 PCB는 대체로 복잡한 IC부터 단순한 히트 싱크와 주변의 연결부까지 수백 개의 개별 부품을 포함한다. 그 결과로 어떠한 보드에도, 다음에 기술하는 몇몇의 모든 어셈블리 스타일이 사용될 것이다. 다음에 기술하는 리스트는 그림 6.6~6.13까지 내용의 요약이다.

- PIH(Pin-In-Hole)은 고전적인 방법이다. 이 방법은 보드에 드릴로 뚫은 구멍에 표준품의 납[1)]을 삽입하는 것과, 납을 깎고 보드 반대 면에 납땜질하는 것을 포함한다.

1) 역자 주 : 현재 납을 사용하는 것은 환경적으로 문제가 있어 납(Pb)이 없는 무연납이 사용된다.

- 표면 실장 기술(Surface Mount Technology, SMT)은 높은 실장 밀도 때문에 선호하는 방식이다. SMT 방식은 부품의 납을 보드의 같은 구리 면에 직접 납땜한다. 이 방식은 부품을 끼우는 데 필요한 표면적을 크게 줄여서(PIH보다 40~80% 적은 공간 필요) 더 작고 고성능의 회로 보드를 제작하는 것을 가능하게 한다. 표면의 테두리에 사용된 납에는 제5장 마지막에 언급된 '걸 윙(gull wing)'이나 'J-리드' 형상의 IC를 보통 끼워 넣는다.
- 다중 칩 모듈(MultiChip Module, MCM)은 큰 바깥 포장 안에 나란히 끼워 넣은 여러 개의 SMT 칩으로 이루어진다. 이는 다음의 장점들을 가진다. 더욱 높은 실장 밀도, PCB에 필요한 라우팅(routing)을 줄임으로 인한 다층 보드의 층수 감소, 적은 전력 소모, 보다 좁은 잡음 마진, 작은 출력 드라이버, 작은 금형 크기로 인한 고성능 그리고 적은 총포장 비용. 이에 대한 뛰어난 리뷰는 그린(Green, 1996)에서 찾을 수 있다.
- 볼 그리드 어레이(Ball Grid Array, BGA)는 경계선 대신 칩 밑에서 연결이 이루어지는 개별 SMT 부품의 확장이다. 작은 구체의 땜납이 칩의 아랫면과 PCB 사이의 연결을 이룬다.
- 플립 칩 기술(Flip Chip Technology, FCT)은 보다 높은 실장 밀도를 위해 SMT/BGA를 확장한다. 이 경우 IC는 뒤집어져서 보드에 부착된다. 처음에는 구형의 땜납과 환형의 경계선 땜납이 회로와 보드를 연결하고, 이후에는 수지를 사용한 추가적인 기계적 결합이 필요하다.

실장 밀도를 높이기 위해서 여러 응용분야에서 SMT가 PIH를 점진적으로 대체하였듯이, BGA와 FCT가 기존의 SMT에 비해 주목받고 있다. 물론 새로운 방식이 가격은 높지만, 휴대전화와 같이 소형화가 시장 지배 성공의 열쇠인 장비들의 경우 이를 정당화할 수 있다. 그림 6.6이 이러한 경향을 잘 보여 준다.

이 모든 조립 방식들은 유사한 공통의 기본 공정 단계를 포함한다. 구성품들은 먼저 보드의 각 위치에 납땜되고, 전체 조립품이 청소되고, 검사되고, 필요하다면 재가공된다. 방식들 간의 주요 차이점은 구성품들을 보드에 위치시키는 방식과 납땜하는 방식이다 또한 검사 단계와 재가공 단계에서도 차이가 있다. 대부분의 SMT 구성품

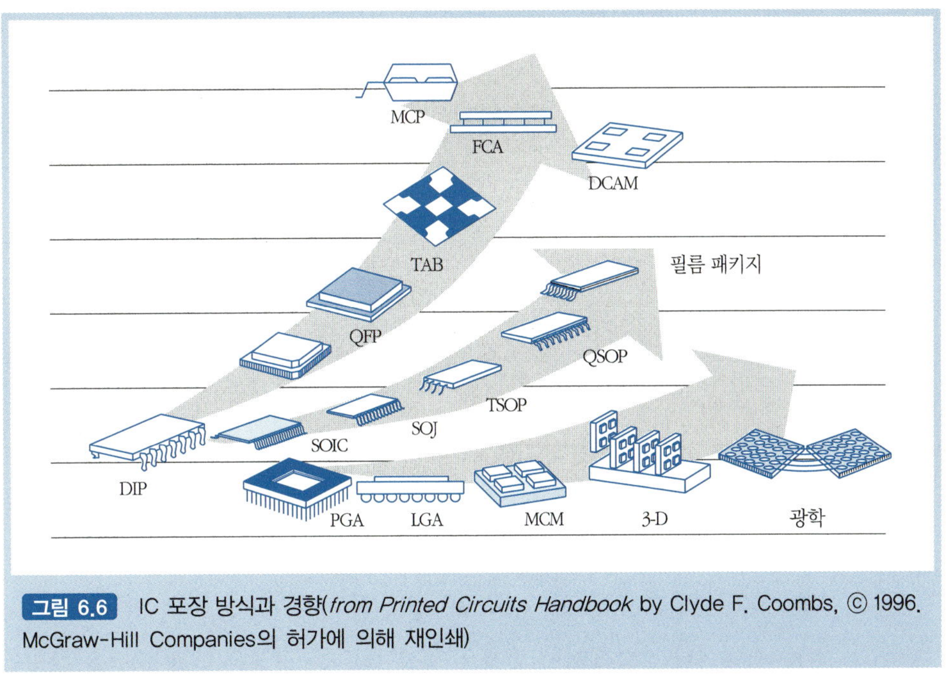

그림 6.6 IC 포장 방식과 경향(*from Printed Circuits Handbook* by Clyde F. Coombs, © 1996. McGraw-Hill Companies의 허가에 의해 재인쇄)

들은 다층 보드 위의 '영역'도 PIH 구성품들과 공유한다. 이것이 조립 순서를 복잡하게 하지만, 기본 공정 단계에는 영향을 끼치지 않는다.

6.3.2 PIH(Pin-in-Hole Technology) 제조

삽입(Insertion)은 '고전적인' PIH 공정의 첫 단계이다. 이는 제조 중에 보드에 미리 가공된 구멍에 각 구성품의 다리 부분을 삽입하는 것을 포함한다. 삽입 방법은 구성품의 종류에 따라 다르다. 예를 들어, 일반적인 레지스트, 커패시터, 다이오드 등의 축방향 구성품들은 원통형이며, 다리는 각 끝단에서 돌출되어 있다. 보드에 삽입되기 위해서는 다리 부분은 반드시 직각으로 휘어야 한다. 그러므로 일직선의 구성품들의 다리 부분을 U자 형상(그림 6.7)으로 휘는 선처리 공정이 필요하다. 발광 다이오드와 퓨즈통(fuse holder)은 평행한 다리 부분들이 구성품 본체에서부터 방사상으로 퍼지는 방사형의 다리 구성품으로 다른 방식의 선처리 공정이 필요하다.

웨이브 납땜(Wave soldering)은 공정의 다음 주요 단계이다. 예를 들어, PIH 구성품이 삽입된 PCB가 용해된 땜납의 정상파가 보드 아랫면에서 휜 다리 부분을 건드리는

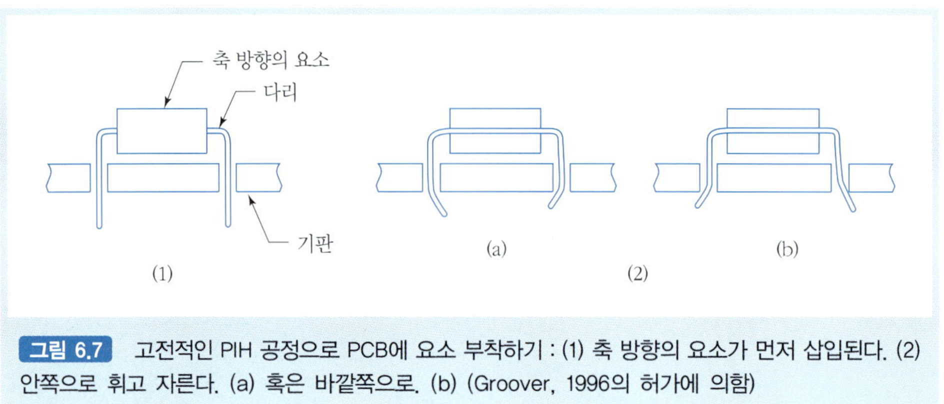

그림 6.7 고전적인 PIH 공정으로 PCB에 요소 부착하기 : (1) 축 방향의 요소가 먼저 삽입된다. (2) 안쪽으로 휘고 자른다. (a) 혹은 바깥쪽으로. (b) (Groover, 1996의 허가에 의함)

정도로 지나간다. 그림 6.8a는 컨베이어 시작 부분에서 보드 아랫면에 용제(flux)가 발라지는 것을 보여 준다. 예열 후에 보드와 구성품의 다리 부분은 표면을 '젖게 하고', 청소하는 교반류(agitation wave)와 접촉한다. 마지막으로 층류(laminar wave)가 그림 6.8b에 나타난 온도에서 접합점을 생성한다. 이 공정은 액체 땜납을 다리와 구멍 사이의 틈에 부어 줌으로써 납땜 접합점을 생성한다. 그림 6.8c는 올바른 납땜의 흐름과 채움, '그림자 현상(shadowing)' 방지를 위해 이 공정에서 반드시 따라야 하는 설계의 기준을 보여 준다.

청소와 검사는 그다음 단계이다. PCB의 조립이나 회로의 전기적 기능에 영향을 미치는 용제, 기름, 먼지 등을 청소한다. 사람이나 컴퓨터 영상 시스템을 사용하여 시각적 보드 검사를 통해 기판의 손상이나 빠지거나 손상된 구성품, 납땜 실수 등의 질적 결함의 가능성을 검토한다.

회로마다 검사할 부분들은 CAD 단계에서 미리 설계되었다. 접촉 탐침은 각각의 구성품, 각각의 회로, 총회로를 검사한다. 조립된 PCB는 또한 실제로 작동하는 시스템에 연결, 구동하여 기능성을 검사한다. 대부분의 PCB는 약한 어셈블리 부분의 조기 파손을 판단하기 위한 통전(通電) 검사 또한 이루어진다. 검사는 1~3일 정도 이루어지며, 때로는 고온 조건하에서 이루어진다.

재가공(rework)은 보드를 조립하는 하청 업체에서 흔하게 볼 수 있는 어셈블리의 마지막 단계이다. 전자기 부품의 높은 가치, 보드 제조와 조립에 드는 비용 때문에 보드 전체를 버리는 것보다 고치는 것이 경제적으로 더 알맞은 선택이다. 재가공은 납땜

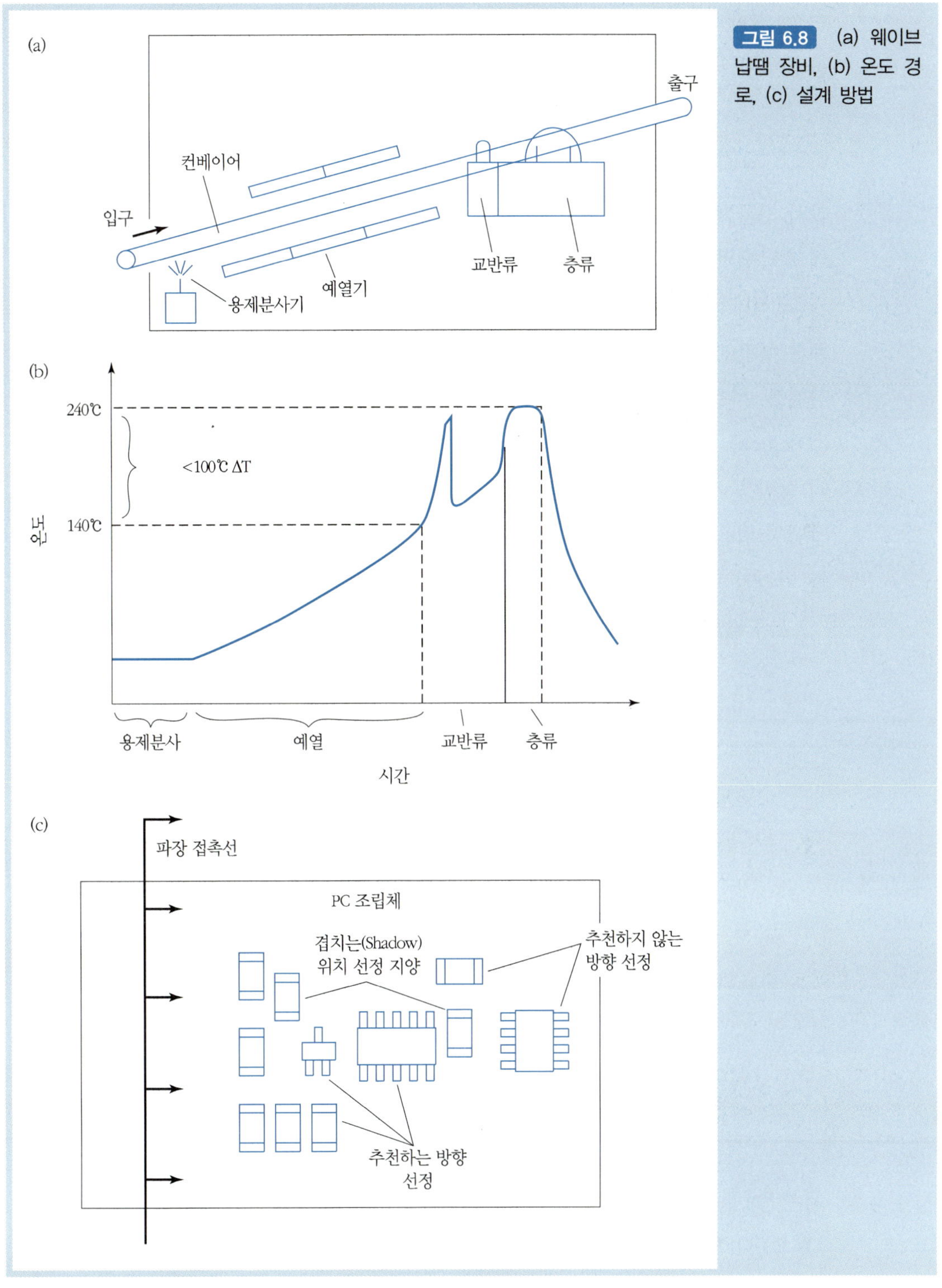

그림 6.8 (a) 웨이브 납땜 장비, (b) 온도 경로, (c) 설계 방법

수정, 결함이 있거나 빠진 구성품 교체, 구리 기판 수리 등 숙련된 수작업을 요하는 공정이다.

6.3.3 표면 실장 기술(SMT) 제조

앞서 언급했듯이 SMT는 구성품의 다리 부분을 보드의 구멍에 꽂는 대신, 보드 표면에 대고 납땜하는 조립 방법이다. 그림 6.9와 6.10은 SMT의 주된 두 가지 방법을 보인다.

접착제 접합(Adhesive bonding)과 **웨이브 납땜 방법**은 우선 에폭시 수지나 아크릴 도료를 형판(stencil)을 통과하여 보드 위의 원하는 위치에 분사한다. 컴퓨터로 제어되는 기계를 사용하여 구성품들을 초당 몇 개씩 보드 표면에 자동적으로 이동시킨다(onsertion). 구성품과 PCB 표면을 결합하기 위해 열, UV 그리고/또는 적외선 방사 등의 방법을 사용하여 접착제를 경화한다. 이후에는 앞서 PIH 방법에서 기술한 웨이브 납땜 방법을 사용하여 보드에 납땜한다. 이 경우에 PIH와의 차이점은 용해된 땜납파를 거치기 전에 구성품들을 차폐시키는 것이다.

환류 방법(reflow method)은 더 흔한 방법으로 우선 땜납 접착제와 플럭스 바인더

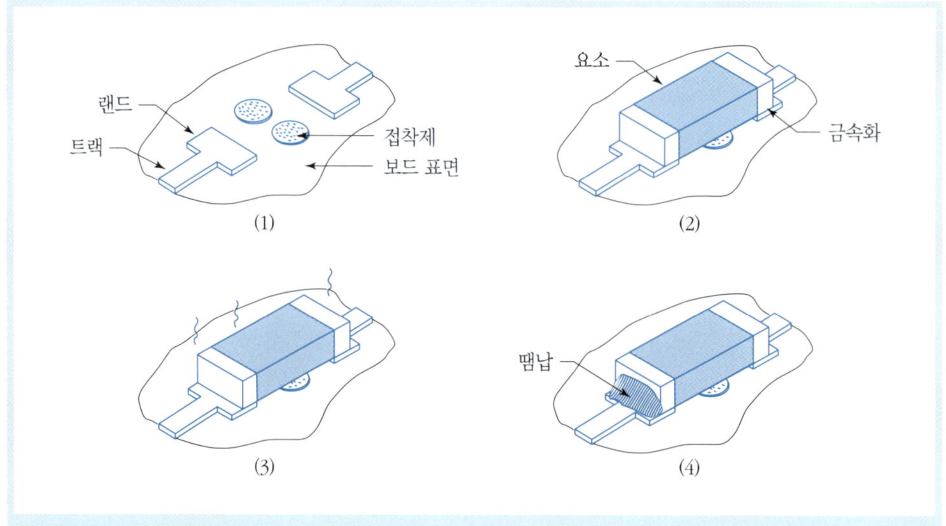

그림 6.9 접착제 접합과 웨이브 납땜 방법 : (1) 요소가 부착될 부분에 접착제를 바른다. (2) 접착제가 발라진 부분에 요소를 놓는다. (3) 접착제를 경화한다. (4) 웨이브 납땜 방법으로 땜납 연결 부를 만든다. (Groover, 1996의 허가에 의함)

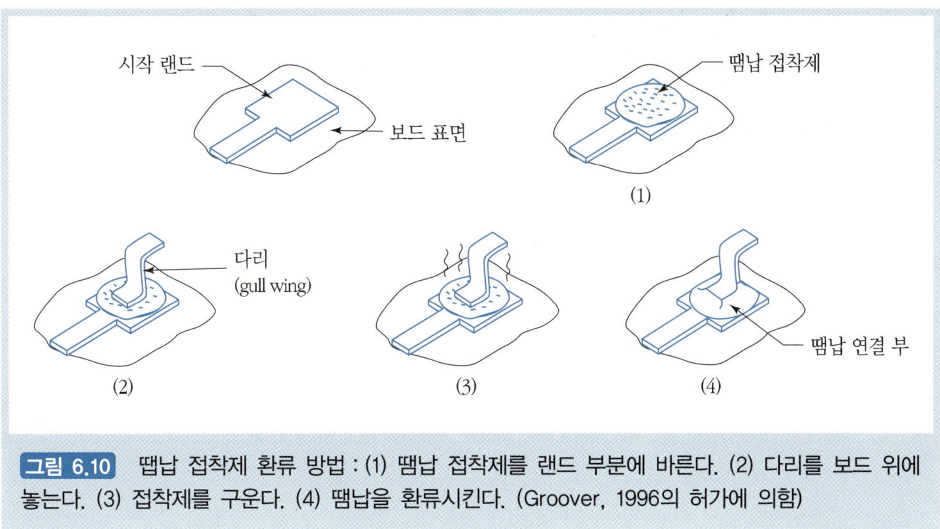

그림 6.10 땜납 접착제 환류 방법 : (1) 땜납 접착제를 랜드 부분에 바른다. (2) 다리를 보드 위에 놓는다. (3) 접착제를 구운다. (4) 땜납을 환류시킨다. (Groover, 1996의 허가에 의함)

(flux binder)를 PCB 위에 본을 뜬다. 다음으로 구성품들을 표면에 위치시킨다(onserted). 플럭스 바인더는 이후에 저온에서 구워진다. 강력한 접착력을 위한 마지막 단계는 땜납 환류 오븐에서 땜납 접착제를 가열하는 것이다. 보드는 컨베이어 위에서 통제된 조건하에 가열된 방(chamber)을 지나간다. 이 단계에서 땜납이 충분히 다시 녹아서 구성품의 납 부분과 보드의 회로 영역 사이에서 강한 기계적, 전기적 접합점이 생성된다. 어떠한 접합 공정이 사용되었든지 간에 최종적으로 보드는 앞서 기술한 표준의 시험, 검사, 재가공 공정을 거친다.

6.3.4 볼 그리드 어레이(BGA)

회로의 기능별 영역(functional block) 사이에서 입/출력 카운트(I/O count)가 더 많이 필요함에 따라, 빠르고 다목적 계산을 하는 소형화 장비에 대한 수요가 높아지고 있다. 이는 다리 부분들 간의 공간이 적은 제품을 필요로 한다는 것이다. 이 문제는 표준 크기의 쿼드 플랫 팩(Quad Flat Pack, QFP) IC를 '걸 윙'이나 'J-리드' 방식을 사용하여 PCB 표면에 고정시키는 등의 미세 피치 기술(Fine Pitch Technology, FTP)에 의존할 수 있다. 하지만 불행히도 땜납 간의 쇼트가 나지 않으면서 정교하게 다리를 가깝게 배열하는 데에는 한계가 있다. 또한 정교하고 가는 다리들은 굽힘 변형에 민감하다.

볼 그리드 어레이(Ball Grid Array, BGA)와 플립 칩 기술은 이 문제를 극복할 수 있다(그림 6.11, 6.12). 이 방법을 사용하면, 기존의 QFP 주위에 돌출되어 있는 납 부분을 IC 표면 아래쪽의 구형 땜납들로 대체할 수 있다. 이 땜납들은 실크 스크린 인쇄 방법을 사용하여 만든 후 땜납을 환류하여 구형으로 제작된다. 라이히트(Leicht, 1995)는 BGA IC가 주위에 납들이 돌출되는 QFP IC를 대체할 것으로 예상하였다. 미트(Mitt, 1995) 등은 21×21mm 크기의 패키지에 125μm 높이의 핀이 576개밖에 들어갈 수 없다는 예를 들며, 미래의 마이크로-BGA의 필요성을 언급하였다. 아무래도 이 문제를 해결하기 위해서, 수많은 경쟁 기술이 계속 나타날 것으로 예상된다.

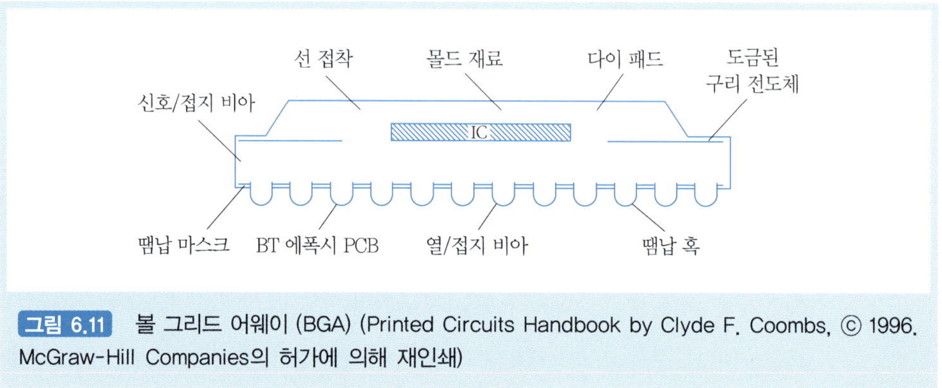

그림 6.11 볼 그리드 어웨이 (BGA) (Printed Circuits Handbook by Clyde F. Coombs, © 1996. McGraw-Hill Companies의 허가에 의해 재인쇄)

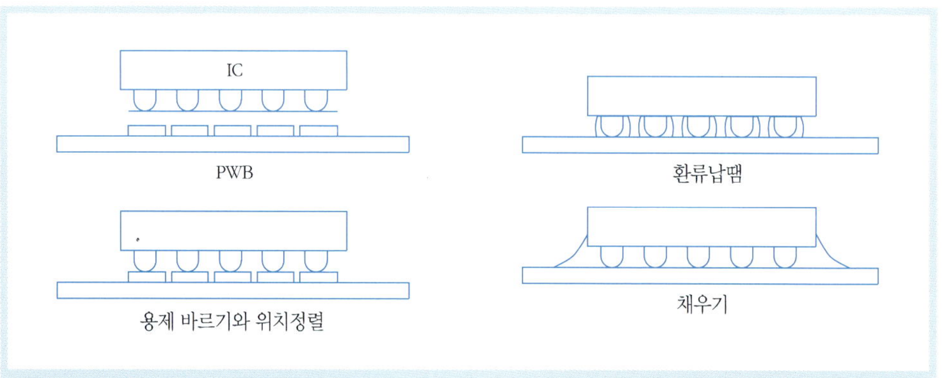

그림 6.12 플립 칩 기술에서, IC 가 보드 위에 'flipped' 되었을 때, 구형의 땜납은 PC(W)B와 직접적으로 접촉하게 된다. (위 그림) 용제/땜납 혼합물은 (두 번째 그림) 땜납이 PCB로 환류될 때까지 IC를 고정한다. (세 번째 그림)뿐만 아니라, 실리콘 IC 와 보드의 서로 다른 열 팽창을 막기 위하여 에폭시 채우기가 응력 분산 층으로 필요하다.

6.3.5 플립 칩 기술(FCT)을 포함한 직접 접합 기술

오늘날의 휴대폰, PDA, 박형 노트북 등은 더 작은 칩과 더 작고 효과적인 PCB의 개발을 필요로 한다. 이 결과 BGA에서 한 단계 발전한 직접 칩 온 보드(Chip-On-Board, COB) 방법론이 개발되었다. 다음의 세 가지 방법들은 칩을 PCB 위에 직접 설치하는 데 널리 사용된다.

- **직접 와이어 본딩**은 칩을 보드 위의 랜드에 붙인다. 이 방법은 더 많은 조립 비용이 필요하지만, 제조 공정이 안정된 후에는 신뢰도가 높다.
- **테이프 자동 본딩**(Tape Automated Bonding, TAB) 또한 칩을 보드의 랜드에 직접 붙인다. 칩은 먼저 납으로 제작된 틀에 의해 고정되어 있다가 사진 필름과 같이 양 끝에 스프로킷(sprocket)이 있는 폴리아미드 필름 위에 인쇄된다. 와이어들은 IC의 I/O에 위치한 주석에 금을 입힌 '혹(bump)'에 열압착(thermocompressed)된다. 이후 조립 단계에서 앞서 제작된 테이프 색인들은 목표 위치를 알려 주고, 바깥쪽의 TAB 공정으로 틀 외곽에 부착된 납이 열패드(thermode)와 함께 PCB 상호연결 부분의 주석이 입혀진 패드에 열압착된다. 열패드는 그림 6.13f에 나타내었다.
- **플립 칩 기술**(FCT)은 오늘날의 IC를 제작, PCB에 연결하는 방법 중 최고의 방법이다. 칩 위의 패드(pad)가 칩을 뒤집고 패드 어레이(pad array)를 아래로 향하게 함으로써 기판에 직접 부착된다. IBM은 칩과 보드 사이에 몇 개의 주변 장치를 접합하는 방법과 더불어 이 방법을 1960년대에 시도하였다(Gilleo et al., 1996). FCT 공정은 그림 6.12에 나타내었다. 네 번째 스케치의 에폭시 수지가 아래쪽 면에 채워진 것은 칩을 좀 더 견고하게 고정하기 위한 것만이 아니라, 열 응력을 좀 더 고르게 분배하기 위함이다. 응력을 분배하는 이러한 층이 없다면, 실리콘 칩과 구리가 입혀진 PCB 간의 열팽창 계수 차이가 위쪽 스케치에서 나타난 개별 접촉 부분을 손상시킬 수 있다. 레바이(Rabaey, 1996)는 PCB 기판을 상호연결하는 재료로 구리나 금을 사용하는 것이 알루미늄보다 더 낫기 때문에, FCT 공정을 적용함에 따라 전력 소비량과 클록 속도(clock speed) 또한 개선될 수 있다고 지적하였다.

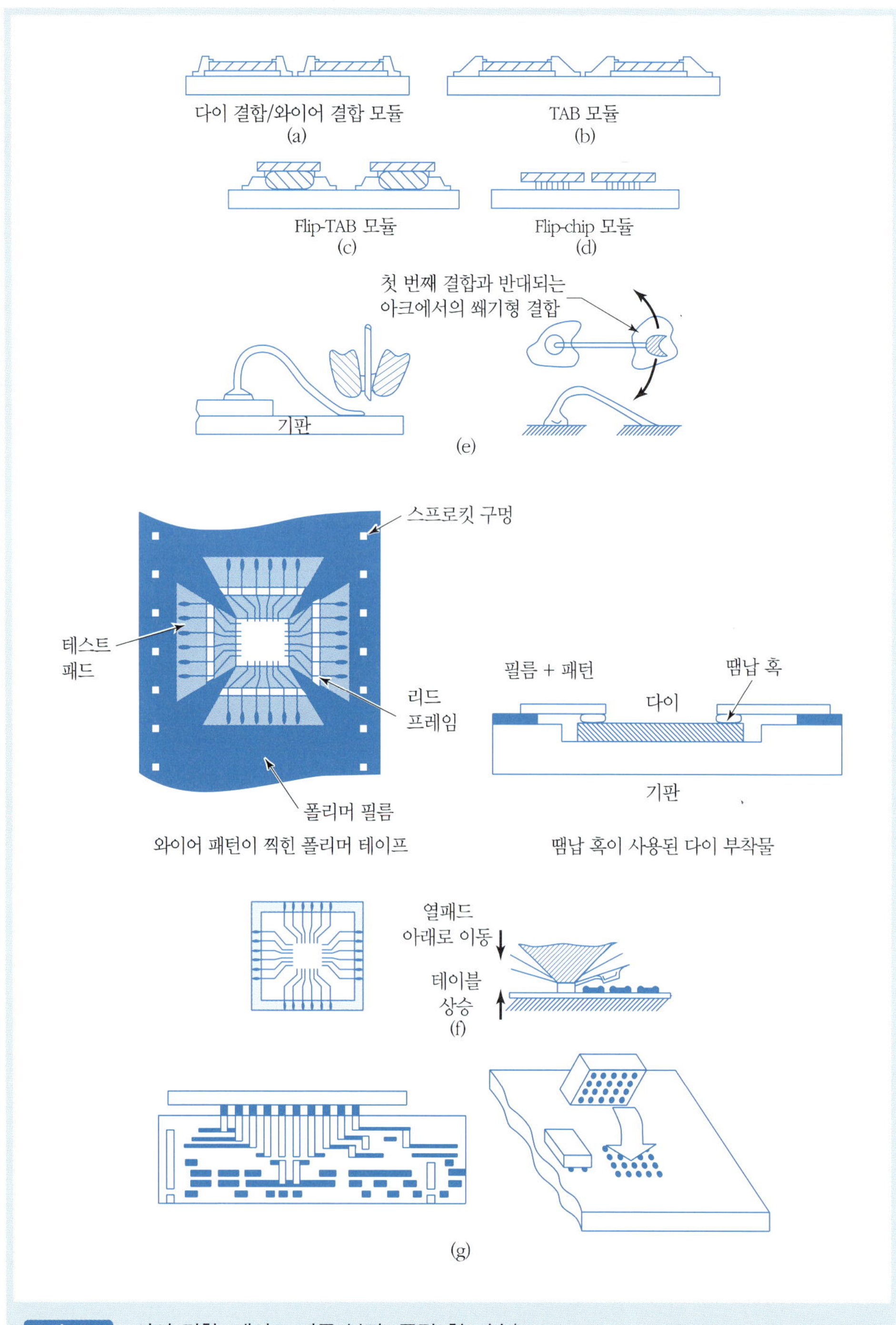

그림 6.13 다이 결합, 테이프 자동 본딩, 플립 칩 기술(*Printed Circuits Handbook* by Clyde F. Coombs, © 1996, McGraw-Hill Companies의 허가에 의해 재인쇄)

6.3.6 요약

그림 6.13은 주요 공정들을 요약하였다. SMP부터 BGA까지 공정들은 기초가 튼튼하게 발전하여 왔으며, 이 중 몇몇은 앞으로 수년간 주로 사용될 공정으로 여겨진다(Leicht, 1995). FCT는 BGA의 다음 세대 공정이며, 실로 빠르게 성장하는 부문이다. 메스너(Messner, 1996)는 아직 이 공정이 경제적인 이유로 큰 입출력 카운트나 작은 피치가 필요한 경우에만 IC 전체에서 작은 비율로만 사용된다고 진술하였다. 메스너는 2000년도 전후에는 FCT 공정을 사용하는 100개 이상의 I/O를 가진 IC는 전 세계 총 IC 소비량 중에서 10% 정도에 이를 것으로 예상하였다. 물론 FCT 공정의 발달을 위해서 사용하기 쉽고 저렴하게 만들기 위한 다양한 기술들이 연구될 것이다. 그중 한 예로, 새로운 부착 방법은 신뢰도와 회로의 효율성을 향상시킬 것이다. 새로운 부착 방법에는 적층 재료, 기계적 부착 방법, 전도성의 이방성(anisotropic) 접착제 등을 포함한다(Palmer et al., 1997).

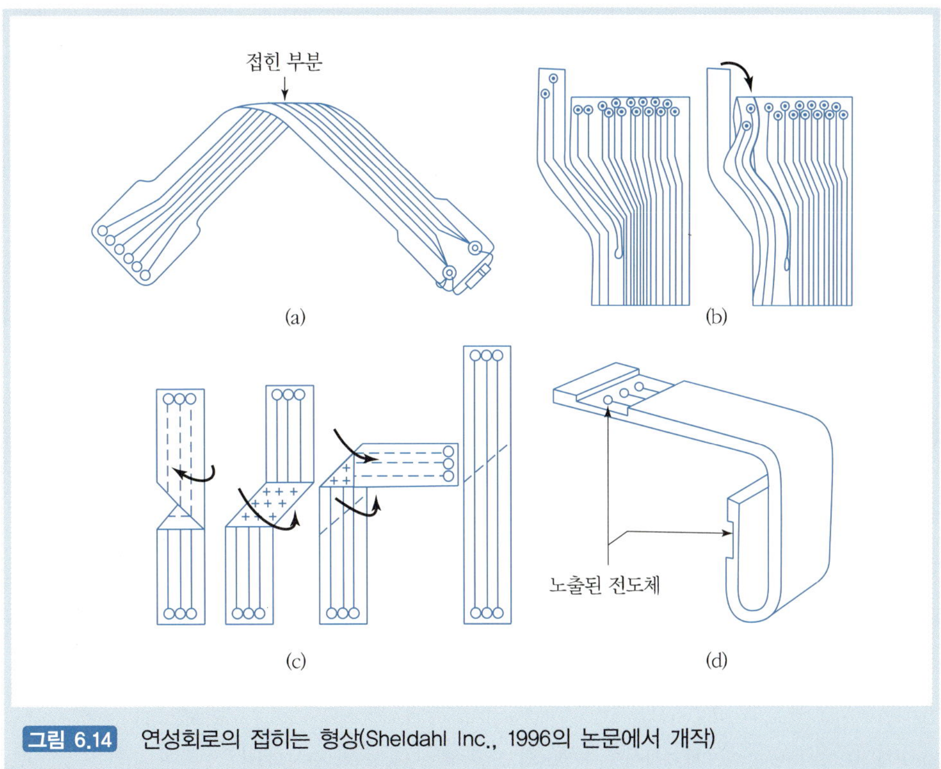

그림 6.14 연성회로의 접히는 형상(Sheldahl Inc., 1996의 논문에서 개작)

설명의 완성도를 위하여 두루마리 형태의 구리, 폴리아미드, 폴리에스테르 필름으로 제작된 연성회로(flexible circuit)에 대한 언급 또한 추가하였다. 그림 6.14는 셸달 사(Sheldahl Inc., 1996)에 의해 자세히 정리된 네 가지 전형적인 접히는 형상을 나타낸다.

6.4 하드 드라이브 제조

6.4.1 서론

제5장 IC 시작부에 중앙처리장치는 구어적 표현으로 시스템의 '뇌'로 설명하였다. 유사하게 주기억장치(cashe memory, Dynamic random Access Memory, DRAM)는 단기 기억장치로 생각할 수 있다. 반대로, 보조기억장치(플로피 디스크, 하드 디스크)는 영구 기억장치 또는 장기 기억장치로 생각할 수 있다. 여하튼 간에 장기 기억장치는 컴퓨터가 꺼짐에도 안전하게 보관되어야 하므로 비휘발성의 형태로 유지되어야 한다.

1965년 이후, 오디오 테이프처럼 자기적으로 반복해서 기록할 수 있는 자기 디스크가 영구 기억장치로 사용되었다. 게다가 1980년대 이후에는 컴퓨터 제조업자들이 박막형 코일(thin-film coil)을 하드 디스크 드라이브에 녹화 헤드(recording head)로 도입하였다. 이 극도로 작은 전자석 코일은 컴퓨터 하드 디스크에 자료를 쓰고 읽을 수 있는 표준 기술 중 하나이다. 이들은 컴퓨터의 가상공간과 하드 디스크에 영구히 저장되어 있는 파일 간의 결정적인 연결부이다. 사용자가 파일을 열고, 닫고, 저장하고, 옮길 때마다 조용하게 윙윙 도는 소리가 바로 이 헤드와 디스크 간에 일이 진행되는 소리이다.

이와 같은 소형화된 헤드와 디스크들의 시장은 개인용 컴퓨터(personal computer, PC)나 워크스테이션, 파일 서버 등에서 사용되는 소형 고성능 저장 장치의 시장과 결합되어 있다. 2010년에 평균적인 PC는 한두 개의 3.5인치(88.9mm) 크기의 320기가 바이트를 저장할 수 있는 액세스 타임(access time)이 12ms인 디스크를 사용하고 있다.[2] 참고로 DRAM의 액세스 타임의 경우에는 50~150ns이다.

이 숫자들과 그림 6.15, 6.16의 자료들은 향후 몇 년간 작은 디스크 드라이브, 헤

2) 역자 주 : 2010년 현재 2테라바이트, 8.5ms의 상용 하드 디스크가 출시되었다.

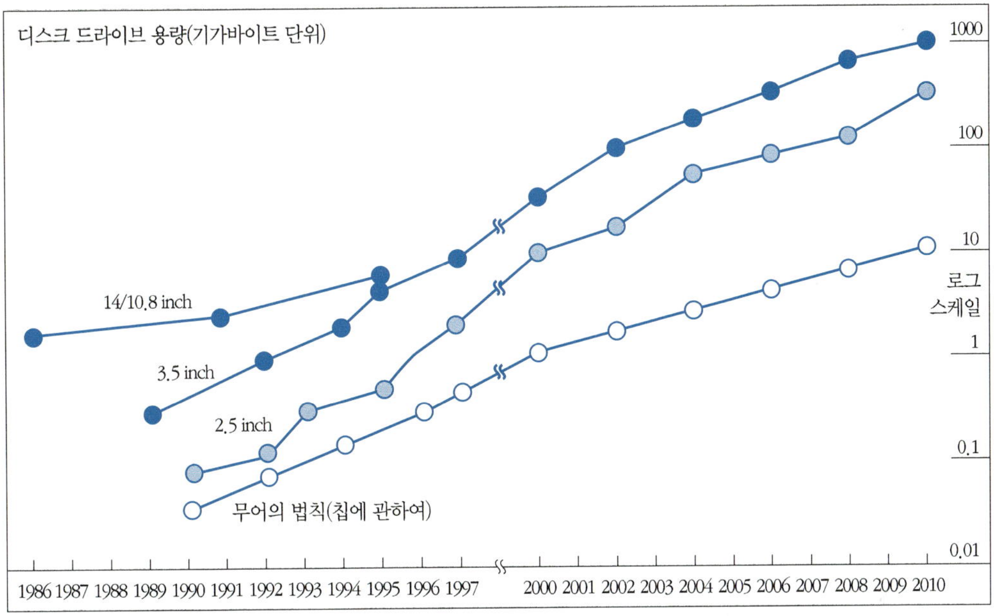

디스크 드라이브 용량(기가바이트 단위)
14/10.8 inch
3.5 inch
2.5 inch
무어의 법칙(칩에 관하여)
1000
100
10
로그 스케일
1
0.1
0.01
1986 1987 1988 1989 1990 1991 1992 1993 1994 1995 1996 1997 2000 2001 2002 2003 2004 2005 2006 2007 2008 2009 2010

그림 6.15 디스크 드라이브 용량의 변화

메가바이트당 가격(달러)
12 11 10 9 8 7 6 5 4 3 2 1 0.5
1988 1989 1990 1991 1992 1993 1994 1995 1996 1997 1998 1999 2000 2001 2002 2003 2004 2005 2006 2007 2008 2009 2010
연도

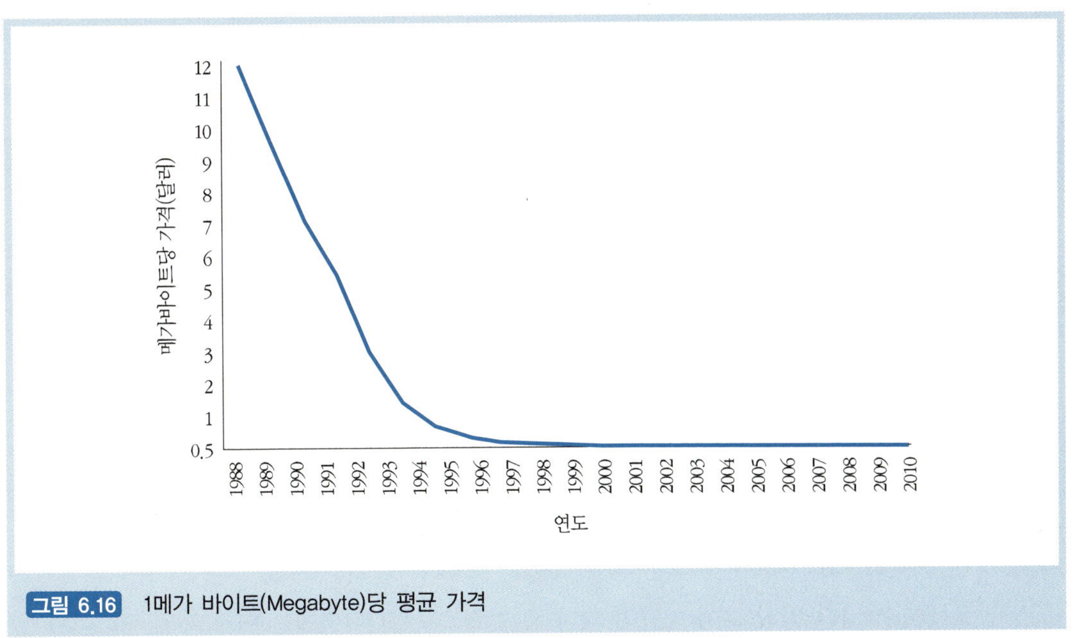

그림 6.16 1메가 바이트(Megabyte)당 평균 가격

의 수요가 급격하게 증가할 것을 암시한다. 이는 주어진 자료들이 몇 년이 지난 후에는 우스꽝스러울 정도로 구식으로 보일 것이다.

가장 긴 변의 길이가 1.7mm인 나노 슬라이더(nanoslider)라 불리는 소형 헤드의 제작과 조립은 극도로 도전적인 과제이다. 몇몇 업체에서는 입체 현미경(stereomicroscope)을 사용하여 작업자가 직접 보면서 이 작업을 수행한다. 슬라이더와 암(arm)의 조립은 개발도상국의 저렴한 노동력을 사용하면서 동시에 굉장한 민첩성을 필요로 하는 힘들고 주의를 요하는 공정이다. 하지만 입체 현미경을 통해 보면서 헤드를 맞춤형 지그(jig)와 고정구(fixture), 족집게(tweezers)를 사용하여 조립하는 것은 상당한 민첩성을 가진 숙련된 작업자라 할지라도 구성품을 손상시킬 수 있다. 게다가 많은 해외 제조 공장을 실시간으로 모니터하기 어렵고, 제품에 대한 상세한 설명이 외국 조립 공장에 효과적으로 전달되기 어렵다.

이러한 이유 때문에 제조업체들은 작은 단위 생산량, 고정밀도, 유연한 조립 업무 셀(cell)의 방향으로 움직이고 있다. 이를 위해서는 대규모 투자가 필요한데, 이는 대체적으로 가장 큰 기업들에서만 가능한 일이다. '6개월 내에' 기계를 재정비하고 설치하는 것이 가능하면서 '기민한' 로봇 조립 시스템 또한 요구된다. 이 산업에서의 중압감은 IC와 PCB 산업에서 직면한 것과 유사하다.

- 소형화 확대
- 단위 생산량 감소
- 더 높은 품질

가정이나 항공기 좌석에서의 주문형 비디오(Video-On-Demand, VOD)와 같은 소비자의 경향이 가장 큰 성장 동력이다. 다시 한 번 이러한 의견이 제2장에서 기술된, 소비자가 끌고 기술이 미는 성장의 곡선을 설명한다.

6.4.2 설계와 제조

하드 드라이브 내부의 구성품들은 레코드 음반 대신 메모리 디스크를 가지는 구식 자동 전축(juke box)의 축소 모형을 닮았다. 그림 6.17의 좌측에 보이는 자석 코일이나 헤드는 작은 암의 끝에 매달려 있다. 일반적으로 한 더미에는 여러 개의 디스크가 있

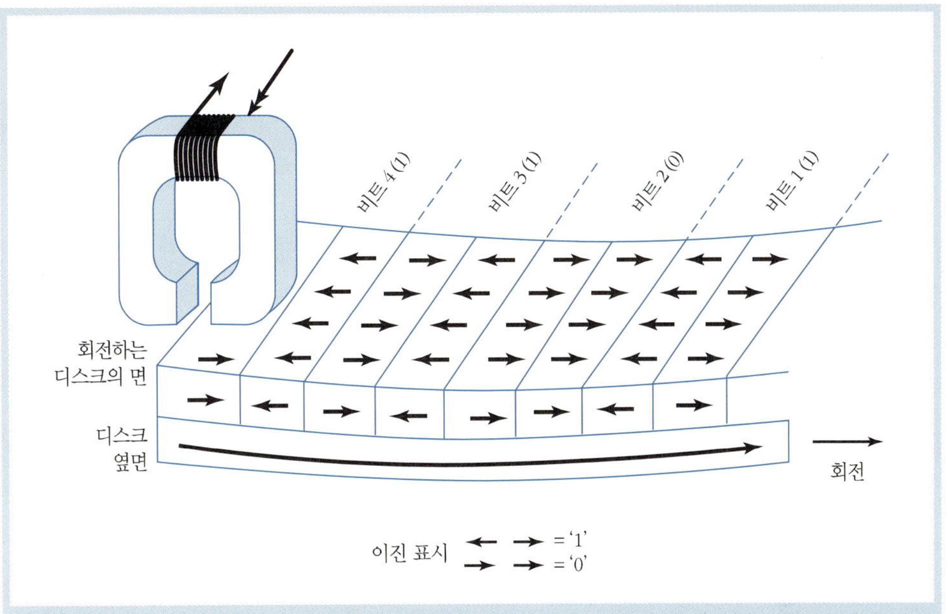

그림 6.17 '1' 비트는 반대의 극성을 가지고 있고, '0' 비트는 같은 극성을 가진다는 법칙으로 디스크로 정보를 읽어들이는 코일. 첫 번째 비트는 '1'이고 (← →)로 표기하였다. 두 번째 비트는 반대의 극성(→)으로 첫 번째 비트와 구분되었다. 이 비트는 '0'이 되어야 하기 때문에 (→ →)로 표기된다. 세 번째 비트는 '1'이 된다. 이 비트는 두 번째 비트와 구분되기 위하여 (←) 로 시작되고 '1' 비트는 반대의 극성을, '0' 비트는 같은 극성을 가져야 한다는 법칙에서 (→ ←) 로 표기된다. 네 번째 비트는 (→ ←)가 됨으로써 '1'이 된다.

고, 따라서 여러 개의 암과 헤드가 있다. 암과 헤드는 전축판의 노래를 틀듯이 디스크를 따라 움직인다. 여기서 차이점은 '픽업 니들(pickup needle)'이 없다는 것이다. 암/헤드 어셈블리는 디스크 표면을 미끄러져 간다. 그림에서 첫 번째 비트는 '1'이고 (← →)로 표기하였다. 두 번째 비트는 첫 번째와 반대의 극성으로 구별지었다(→). '0'이 되기 위해서는 비트가 (→ →)로 표기되었다.

디스크 드라이브를 만드는 공장에서는 이러한 헤드를 박막 헤드(thin-film head), 읽고-쓰는 헤드(read-write head) 또는 슬라이더라고 부른다. 실제로 디스크 드라이브가 작동하는 속도에서는 헤드가 말 그대로 표면 위를 날아다닌다. 이 읽고, 쓰는 기술에 익숙한 대부분의 현업에 종사하는 엔지니어들은 여태까지 달성된 소형화의 수준과 앞으로 더 발전할 것에 대해서 경외심을 느낀다. 그들은 읽고-쓰는 메커니즘을 747 여객기가 나무 숲 위를 완벽한 정밀도를 가지고 미끄러져 가는 것에 비유한다. 더 두

드러지게 말하자면 사람들이 그들의 노트북 컴퓨터를 바닥에 떨어뜨리거나, 먼지가 껴도 디스크 드라이브는 대개 작동을 계속한다.

6.4.3 일반적인 헤드 제조 단계

그림 6.18은 리드-라이트(Read-Rite, 1997)에 의해 사용된 헤드 제조의 기본 단계를 나타낸 것이다.

- **웨이퍼 제작**(wafer fabrication) : 웨이퍼는 실리콘보다는 알루미나/티타늄 원료를 사용하여 평평하게 제작되고 닦아진다. 초반부의 제조 공정은 반도체 웨이퍼를 제작하는 방법과 유사하다. 포토리소그래피, 전해 석출(electrodeposition, plating), 박막 적층(thin-film deposition), 이온빔(ion beam) 등의 공정이 웨이퍼 헤드의 행렬을 만드는 데 사용된다.
- **코일/회로 제작**(coil/circuit fabrication) : 알루미나/티타늄 원료에 전기 도금(electroplating)과 스퍼터링(sputtering) 공정을 가함으로써 헤드의 회로 소자가 생성된다. 그림 6.18에 나타냈듯이 전기 도금은 구리 코일과 팁을 생성하고, 스퍼터링은 금전도 패드를 생성한다. 자세한 단계는 다음과 같다.
  - (a) 전기 도금을 통해 코일의 폴 끝부분(pole tip)과 요크(yoke)를 쌓을 위치의 본을 뜨는 데 리소그래피가 사용된다. 그림 6.17에 나타난 코일의 형상을 제작하기 위해서 그림 5.22와 비슷한 공정이 사용되지만 적어도 20개 이상의 구리 층이 쌓여야 요구되는 두께를 채울 수 있다. 코일 벽의 수직성을 유지하기 위해서 0.2μm의 정확도를 가지는 스테퍼(stepper)가 필요하다.
  - (b) 산 도금 용액(wet acid plating bath)에서 자기 웨이퍼 위에 본이 떠진 위치에 강력한 전류가 구리를 움직여서 전기 도금이 이루어진다.
  - (c) 스퍼터링은 아르곤으로 가득 찬 진공 체임버에서 행해진다. 강한 전기장이 아르곤을 이온화하고, 무거운 이온은 흘러서 목표 재료에 퍼부어져 대전된(charged) 웨이퍼 위에 적층될 금 이온을 생성한다. 자기 저항성을 가진(magnetoresistive) 헤드를 제작하기 위해서 얇은 니켈-아연 층이 또한 읽기 요소(read element) 위에 스퍼터링으로 적층된다.

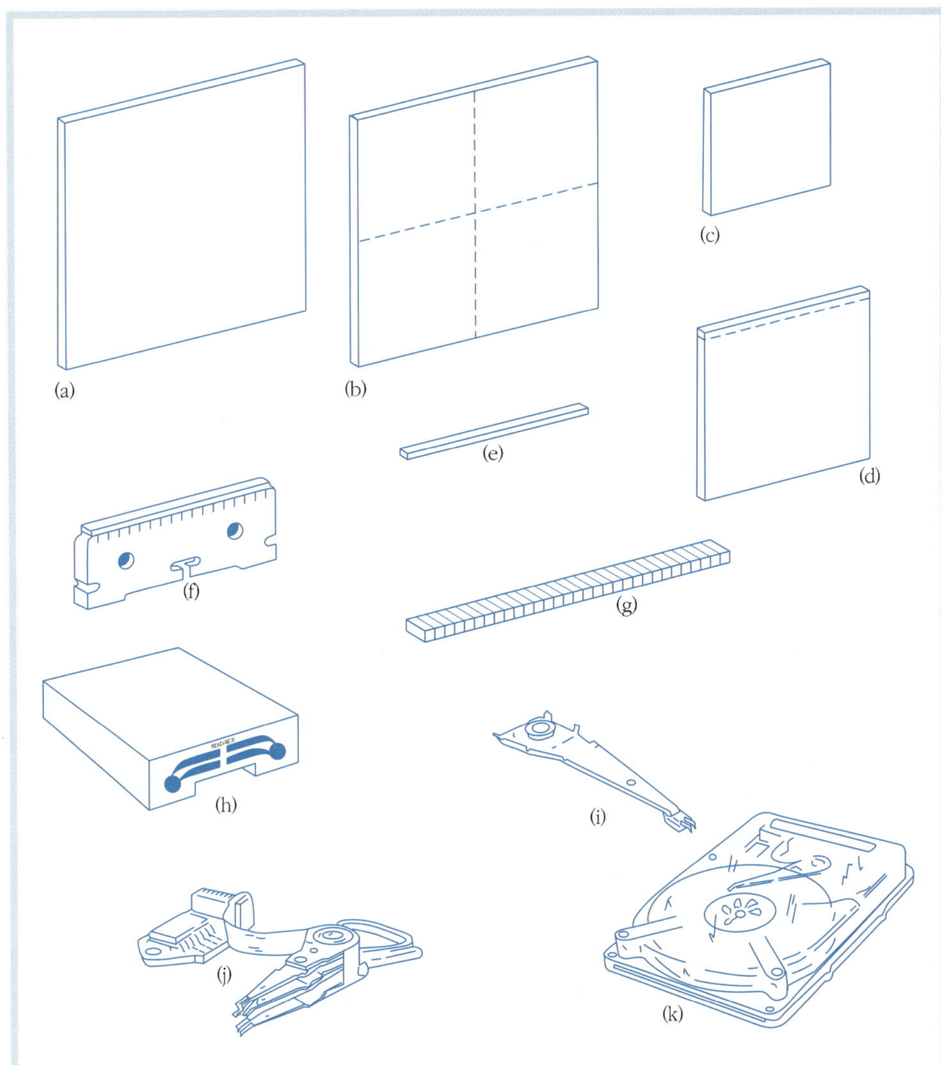

4인치 정방의 웨이퍼는 (a) 각각의 헤드 레이저를 위한 일련 번호를 한쪽에 쓰고, 박막 요소는 다른 쪽에 붙인다. 웨이퍼는 다음의 공정을 위해 4분의 1조각으로 표시되어 4개로 잘라진다. (b와 c) 각각의 4분의 1 조각은 (d) 슬라이더의 열로 잘라지는데 (e), 그것들은 다음의 공정을 위해 공구 바에 장착된다. 가공이 끝나면 헤드는 개별의 슬라이더이고 (g와 h) 공구 바로부터 제거된다. 슬라이더들은 헤드 짐벌 조립체(HGAs)로 조립되고 (i), HGAs는 헤드 스택 조립체(HSAs)로 조립된다. (j) HSAs는 고객의 디스크 드라이브로 설치될 준비가 된다.

그림 6.18 자기 읽기/쓰기 헤드의 제작과정(Read-Rite 법인의 허가)

웨이퍼는 각각의 헤드가 요구 조건을 충족시켰는지 확인하기 위해 검사된다. 나노 슬라이더 웨이퍼 제작에 있어서는 웨이퍼 위의 12,000개의 개별 구성요소의 검사를 요구한다.

- **슬라이더 제작**(sider fabrication) : 웨이퍼는 극도로 작은 오차를 가지도록 얇게 썰리고 닦였다(각각의 판은 하나의 헤드를 위한 회로 소자를 가지고 있다). 이 공정의 한 단계로 웨이퍼로부터 헤드의 조각 또는 '열(row)'들이 절단되어 취급과 기계적 공정을 위하여 세공용 막대기(tooling bar)에 부착된다. 막대기에 부착된 열들은 추가적인 가공, 시험, 조립을 수행할 수 있도록 개별의 헤드로 떨어지고 축소된다.
- **헤드 짐벌 조립체**(Head Gimbal Assembly, HGA) : 헤드는 회전하는 디스크 위에서 헤드를 고정할 수 있도록 암 고정부 또는 '플렉셔(flexure)'에 부착된다. 이는 공정 사이클의 측면에서 보면 가장 고생스러운 부분이다. 꼬인 한 쌍의 와이어와 튜브, 접촉 패드로 구성된 작은 전기적 와이어 어셈블리가 슬라이더에 부착되고, 슬라이더는 암에 접착되고, 보호용 포장과 일반적인 배선이 이루어진다.
- **헤드 스택 조립체**(Head Stack Assembly, HSA) : HAS는 30여 개에 이르는 파트로 이루어져 있다. HGA와 액츄에이터 코일, 연성 인쇄 회로 케이블은 'E-블록'에 설치된다. HAS는 또한 디스크 드라이브의 디자인에 따라 읽기/쓰기용 프리 앰프, 헤드 선택 회로(head selection circuit) 그리고 베어링, 헤드 회수 코일, 커넥터와 같은 잡다한 부품들을 포함한다.

6.4.4 자기 저항 헤드 제작

저장 장치의 밀도에서 주목할 만한 도약은 1991년 IBM이 자기 저항(MagnetoResistive, MR) 헤드를 상업용으로 소개함으로써 이루어졌다.

그림 6.19는 MR 헤드가 어떻게 다른지 보여 준다. 비록 구리 코일이 여전히 '쓰기' 기능으로 사용되었지만, '읽기' 기능은 그림 가운데의 MR 센서로 이루어진다. '병합 MR 헤드(merged MR head)'는 크기도 훨씬 작고, 디스크의 자기 영역도 마찬가지로 작아서, 면밀도(areal density)를 높일 수 있다.

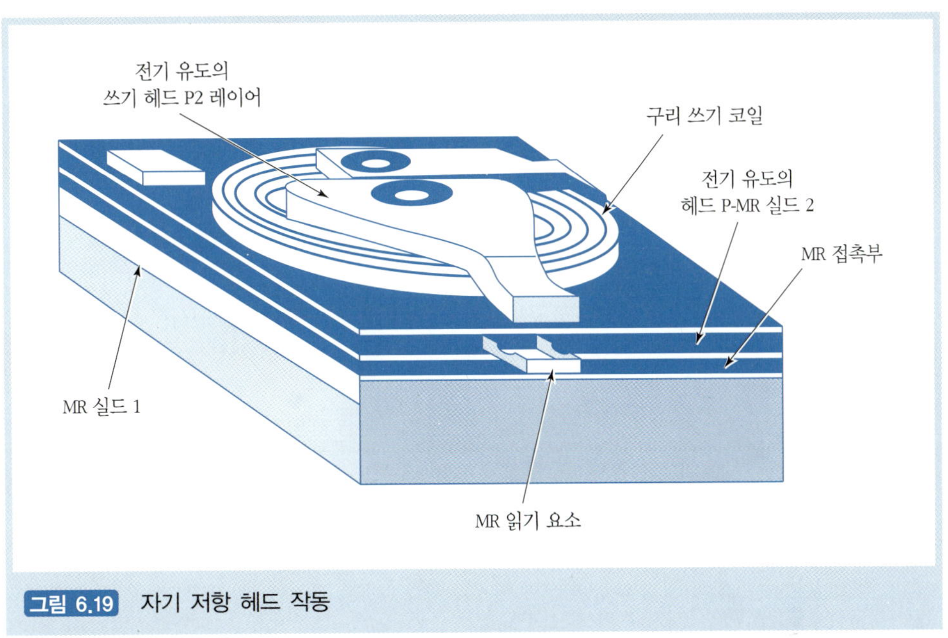

그림 6.19 자기 저항 헤드 작동

비록 제조 공정은 여전히 유사하지만 MR 헤드를 설계하는 데에는 분리된 읽기와 쓰기 기능 요소를 포함하며 같은 재료 층을 공유한다.

이러한 다층 샌드위치 배열은 그림 6.19에 나타나 있다. 쓰기 기능 요소인 구리 코일은 그림의 맨 위에 있고 MR 읽기 기능 요소는 더 아래에 있다.

- 쓰기 기능 요소 코일은 구리로 제작된다. 이는 앞서 설명한 포토리소그래피와 전해 석출 공정을 통해서 제작된다. 쓰기와 읽기, 두 가지 기능을 수행해야 했던 헤드와는 다르게 오로지 읽기 기능만 수행하기 때문에 훨씬 얇고, 제작하기 쉽다. 이 경우, 구리 코일의 양, 재료 층수, 포토리소그래피 단계가 줄어들고, 오차 조절이 더 쉬워졌다. 또한 이 자체로 공정상의 복잡함을 줄일 수 있다.
- 읽기 기능 요소는 니켈/철(NiFe) 합금으로 제작되며 스퍼터링 공정을 사용한다. NiFe 합금은 통과하는 자장에 따라 저항의 변화를 보인다. 이것이 바로 MR 효과(MR effect)이다. 차폐층은 요소를 다른 자장으로부터 보호한다. 하나의 차폐층이 그림 6.20의 MR 센서 좌측에 나타나 있고, 다른 차폐층은 쓰기 코일과 합쳐져 있다. 사용 재료 측면에서의 발전에 따라 '거대한 MR 효과(giant MR effect)'

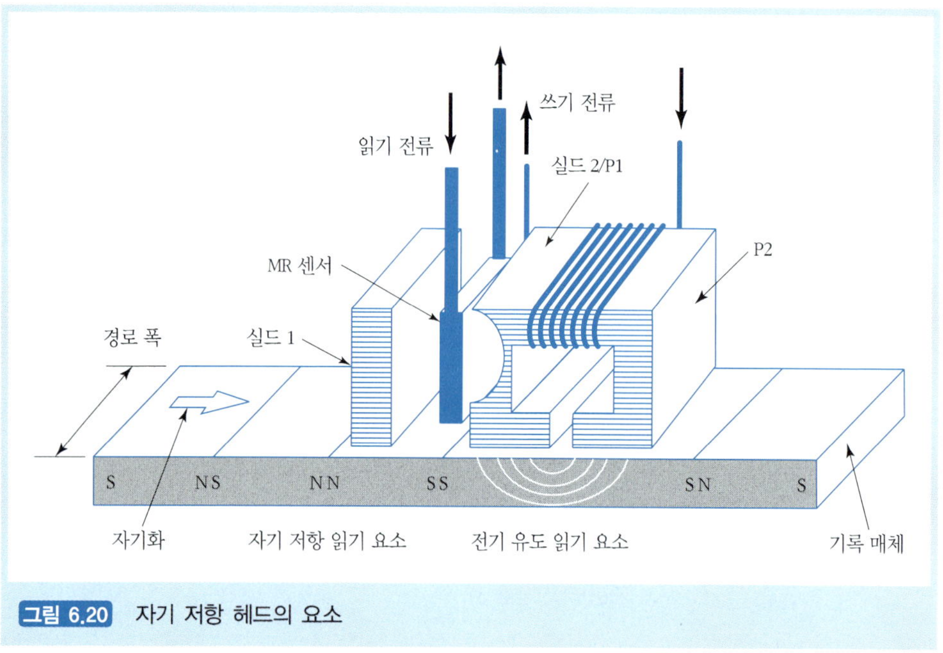

그림 6.20 자기 저항 헤드의 요소

가 가능하게 하였다. 픽업 센서(pickup sensor)는 얇은 금속층을 사이에 끼워 넣은 다층 샌드위치 구조로 더 작은 자장에도 반응할 수 있다.

이전과 마찬가지로 유도 방식(inductive)의 쓰기 기능 요소는 비트 단위의 정보를 디스크 방사상 트랙의 자성을 띤 부분에 기록한다. 정보를 읽기 위해서는 유도 방식의 헤드보다는 MR 센서가 사용된다. MR 센서는 비트 간의 자성의 변화나 플럭스(flux)의 반전 등을 포착, 센서 자신을 자기화(magnetization)하여 회전한다. 이는 그림 6.20에 나타나 있다. 정밀 앰프는 이 회전을 통한 저항의 변화를 측정하고 더 큰 신호로 증폭하여 디스크 드라이브 출력부에 전달한다.

6.5 기술 경영

6.5.1 컴퓨터 산업의 문화와 역사

지난 60년간 드물고 매우 전문적인 장비에서 필수품으로 발달한 전자 컴퓨터는 여러

표 6.2 전자 컴퓨터 발전의 이정표

연대	원형	설명	개발자/회사
1940s	ENIAC ENIAC ENIAC Transistor	전자적 계산 능력이 있는 적분기와 계산기의 진공관 전자적인 불연속 가변적 자동 컴퓨터의 저장된 프로그램 전자적인 지연 저장 자동 계산기의 저장된 프로그램 반도체 : 결국 진공관을 대체	에커트, 모클리 폰 노이만 윌크스 쇼클리, 브래튼, 바딘
1950s	UNIVAC1 650 and 701 IC	첫 번째 상업적 전자 컴퓨터로서 일반적인 자동 컴퓨터의 출현 IBM에 의해 시장에 나온 첫 번째 시스템 하나의 칩에 결합된 기능	에커트, 모클리 IBM 킬비
1960s	/360 Series PDP8 CDC 6600	폭넓게 다른 기능과 가격의 첫 번째 제품군 2만 달러 이하로 팔린 미니컴퓨터 첫 번째 슈퍼컴퓨터	IBM DEC Cray
1970s	4004 Apple II Internet	첫 번째 마이크로프로세서 첫 번째 PC 학문적 공동체를 위한 내부 연결망	호프, 인텔 잡스, 워즈니악 DARPA
1980s	IBM PC The Web	가장 많이 판매된 개인 컴퓨터+멀티미디어 기기 통신망으로 연결된 컴퓨팅 환경	IBM, 인텔, 마이크로소프트 CERN/버너스-리
1990s	Compaq Mosaic Java PDAs	상품으로서의 PC 대량 소비의 내부 연결망 '한번 저장, 어디서든 실행'의 컴퓨팅 손에 들고 다닐 수 있는 기구와 네트워크 컴퓨터	파이퍼 NCSA/앤드리슨(넷스케이프) Sun Palm Pilot
~2000	Wireless	컴퓨팅/무선/정보 기기가 소비재의 거대한 배열로 결합된 것(때로 'post-pc'라는 말로도 불린다.)	노키아, 모토로라

차례 컴퓨터 산업의 새 국면을 개척하였다(Stern, 1980; Bell, 1984). 표 6.2는 주요 사건을 정리한 것이다.

한 예로, IBM은 1953년에 트랜지스터와 여러 개별 구성품들을 조립하여 Type 650 자기 드럼 계산기의 시제품을 개발하기로 결정하고 시장 조사를 하였다. Type 650의 전산 능력은 대략 오늘날의 VCR과 동등했으며, 한 달에 3,250달러, 오늘날의 20,000달러의 가격으로 대여하였다. 그 당시 IBM은 크고 천천히 움직이는 적절히 보수적인 마케팅 그룹이었다. 상용 컴퓨터 시장은 작을 것으로 예측되었다. 하지만 1962년에 시장에서 물러날 때까지 스톨워트(stalwart) Type 650은 수천 대가 팔렸다. 이러한 상황에서 IBM은 제2장에서 설명한 깊게 갈라진 틈, 캐즘을 성공적으로 넘었고(cross the chasm), 독특하고 생존이 가능한 제품을 제작하였다. 이것이 세계 최초의 대량 생산 컴퓨터 중 하나이다. IBM은 다양한 사람들이 광범위한 용도로 사용할 수 있는 /360 시리즈의 제품들을 출시하였다. 그 당시에 컴퓨터 분야의 사용자들은 학문적인 또는 과학적인 일을 하는 사람이거나, 영리적인 또는 상업적인 회사의 일원이었다. 일반적인 소비자와 가족들은 저녁에 컴퓨터 앞에 앉아서 편지를 쓰거나, 혼자서 이메일을 읽거나 웹서핑을 하지는 않았다.

이러한 일반적인 소비자에게는 마이크로프로세서(microprocessor)의 개발이 컴퓨터 분야에서의 가장 중요한 돌파구가 되었다(이러한 평균적인 소비자에게는 마이크로프로세서의 개발 이전에는 중요한 돌파구가 생기지 않았다). 1960년대에 IC 설계와 제조 방법에서의 기술적 진보가 첫 번째 마이크로프로세서의 개발을 위한 만반의 태세를 갖추었음에도 불구하고, 인텔의 테드 호프(Ted Hoff)에 의해서 제5장 시작부에 언급된 4004가 개발되었다. 이것은 두 가지 새로운 기술에 기반하고 있다.

- 모든 로직(logic)이 칩 위에 위치함
- 장치는 소프트웨어를 사용하여 프로그램이 가능함

마이크로프로세서는 개인용 컴퓨터(Personal Computer, PC)와 고성능 워크스테이션(workstation) 등의 범용 컴퓨터를 위한 거대한 기반을 가능하게 하였다. 강력한 네트워크 PC가 워크스테이션의 성능에 필적함에 따라 둘 간의 차이가 흐려지고 있다.

1977년에 잡스(Jobs)와 워즈니악(Wozniak)이 Apple II를 상용 제품으로 제작, 판매하였으며, 1981년에는 Intel 80×86 마이크로프로세서를 사용한 IBM-PC가 공표되었다. 비록 개인용 컴퓨터가 엄청난 성공을 이루었으나, IBM은 그들의 훌륭한 신제품을 충분히 팔지 못하였다. 그 당시에는 중앙 집중 메인프레임의 더 큰 전산 능력보다 개인 PC의 적당한 전산 능력이 더 매력적인 것을 인식하지 못하였다. 그 결과, IBM은 2개의 역사적인 결정을 하였다.

- PC 운영체제(OS)를 마이크로소프트에 하청을 주었다.
- IC 제조를 인텔에 하청을 주었다.

오늘날 많은 전문, 비전문 분석가들은 이 두 가지 결정을 돌아보고, 근시안적 결정이라고 비난하지만 그 당시에는 IBM의 강점이 아닌 분야에서의 연구개발(Research & Development) 투자비용을 최소화할 수 있는 하청 협정이 이치에 맞는 행동이라 여겨졌다. 그리고 시간이 지나감에 따라 하청 협정을 하는 것이 전체적인 산업의 경향이 되었다. 첫 번째 PC로부터 최대의 이익을 이끌어 내지 못한 IBM을 돌아보고 비난하는 것은 쉬운 일이나, 결국 그 당시의 결정은 당사의 핵심 능력과 주력 시장에 집중하고, 나머지 작업은 아웃소싱을 해야 한다는 오늘날의 통설과 일치한다. 오늘날 대부분의 상표명이 잘 알려진 컴퓨터 기업(Dell, Hewlett-Packard)은 전문화된 제조 서비스를 제공하는 기업(Flextronics)에게 더욱더 아웃소싱을 강화하는 추세이다.

그럼에도 불구하고, 컴퓨터 운영 체제와 주 마이크로프로세서의 상업적인 중요성은 사실상 표준이 된 'Wintel'[3]을 사용하는 사용자 그 누구에게나 명확하다. IC 기술과 보조를 맞추는 것의 중요성은 지난 30년간 IC의 복잡성과 능력의 엄청난 성장을 보여 주는 그림 6.21에 나타나 있다.

6.5.2 현재

기술을 경영하는 시점에서 보면 컴퓨터 산업은 변화에 대처하는 또는 대처에 실패하는 산업이다. 항상 새로운 기술과 응용이 나타남에 따라 한 혁명 이후 다음 혁명이 진행 중이기 때문에 먼지가 앉지 못할 정도이다. 이렇게 지속적으로 변화하는 환경 속에서 살아남는다는 것은 연구개발부터 디자인, 제조, 마케팅까지 모든 기술 경영 측면에서 숙달되어야 한다는 뜻이다. 컴퓨터 산업의 근대 역사와 현재의 몇몇 상황들은 최고의 기업들에게도 이것이 어렵다는 것을 보여 준다.

- 메인 프레임에 대한 편견을 가진 큰 보수적인 기업이었던 IBM과 DEC는 1990년대 초에 큰 손해를 입었다.

3) 역자 주 : Windows와 Intel

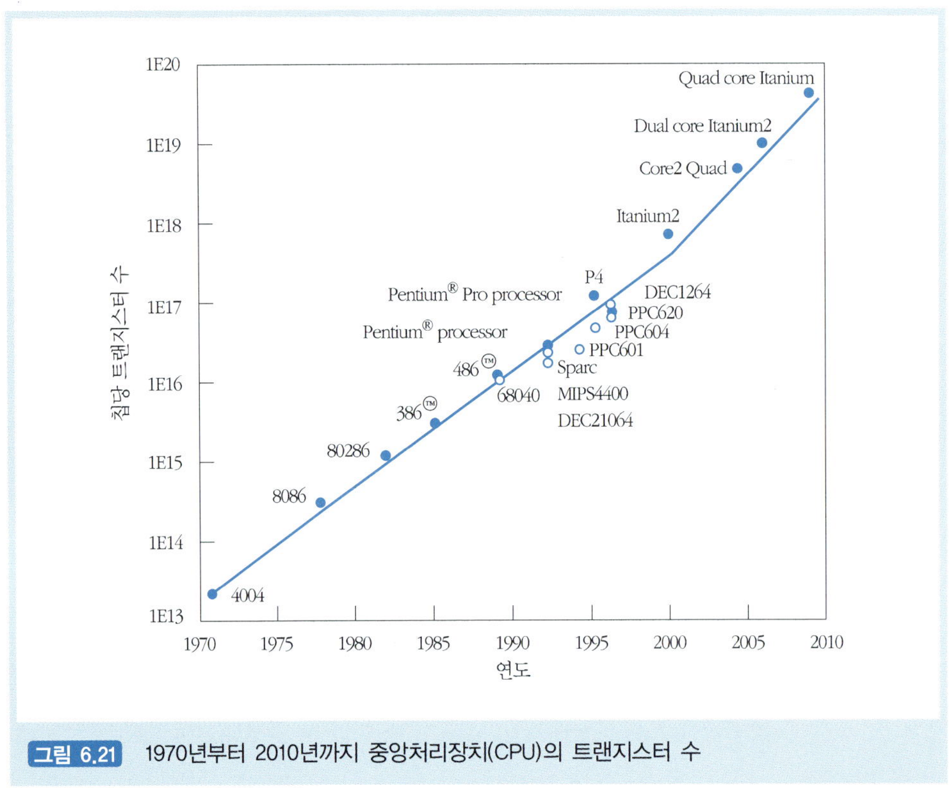

그림 6.21 1970년부터 2010년까지 중앙처리장치(CPU)의 트랜지스터 수

- Apple은 1990년대에 시장 점유율을 잃었다. 분석가들과 경제학자들은 그 이유를 제3자 소프트웨어 개발자들에게 폐쇄적인 독점의 운영 체제(서문의 VHS 대 Betamax 참조), 연중 가장 팔기 좋은 시점에서 적정 가격의 제품의 낮은 공급, 조립/제조고려설계(Design For Assembly/Manufacturing, DFA/M)의 부족에서 찾았다. 이 책이 쓰여진 2000년에 바라본 Apple의 미래는 최근 제품의 매력적인 심미적 디자인에도 불구하고 불확실하다.[4)]

이와 반대로 Dell, Compaq, Gateway는 (a) 그들의 제품을 재디자인함으로써 가격을 적극적으로 깎고, (b) DFA/M을 통한 제품 생산성 개선을 통해 이익을 올리고 시장 선점성을 확보하였다. 또한 그들은 시장 선점성을 유지하기 위해서 공급 체인(supply

4) 역자 주 : 폐쇄적인 운영체제에도 불구하고 2000년대 들어 애플은 아이폰(iPhone), 아이패드(iPad) 등의 기기를 성공하고 있는데, 오픈 소스의 안드로이드(구글) 기반의 기기들과의 경쟁에서 어느 편이 우세할지가 관심의 대상이다.

chain)에 주요 신기술을 도입하였다.

Dell은 '직접 판매(direct sales)' 모델로 특히 유명하다. Dell은 PC를 각각 주문할 수 있는 체계적인 웹사이트를 이용하였다. 이 직접 판매 방법은 마지막 순간까지 최종 제품의 구성에 대한 결정을 미룰 수 있었다. 이러한 방식으로 불필요한 재고가 생기지 않았으며, 가장 인기 있는 제품 구성의 부품들을 선택적으로 저장할 수 있었다. 이 방식의 다른 예로는 다양한 언어의 유럽 시장에 컴퓨터를 판매하는 네덜란드의 조립 공장을 들 수 있다. 마찬가지로 최종 제품 구성의 결정을 마지막 순간까지 미룰 수 있기 때문에 다양한 언어의 키보드와 소프트웨어의 재고를 많이 쌓아 놓지 않아도 되었다.

Dell은 또한 **음의 현금 전환 주기**(negative cash conversion cycle)라는 기술을 사용하여 유동 자본을 최소화하고 수익을 최대화하였다. Dell이 하청 업체에게 부품 비용을 지불하기 훨씬 이전에 소비자가 Dell에게 컴퓨터 조립 비용을, FedEx에게 운송 비용을 지불한다. 부속품의 가격이 지속적으로 떨어짐에 따라 이 방법은 두 배의 이익을 가져다준다. 카레와 케니(Curry & Kenney, 1999)는 PC 산업의 부속품 가격의 폭락에 대해서 설명하였다. 그들은 Dell의 경쟁사들이 지속적으로 시장 점유율을 잃고 있는데, 이는 그들이 시간을 효과적으로 관리하지 못하고, 따라서 부속품을 최종적으로 그들이 판매하는 제품보다 더 높은 가격에 구입하기 때문이다. 그러나 Dell은 PC가 판매될 때까지 부속품 비용의 지불을 늦춤에 따라 부속품을 최종 시점(실제로 판매되는 시점)의 시장 가격에 효과적으로 살 수 있었다.

6.5.3 미래

요약하면, 다재다능함과 영향력은 PC를 정보화 시대의 짐말(work horse)로 만들었다. 모든 전문가들은 문서 작성, 이메일, 웹기반 정보와 서비스 접속을 위하여 데스크톱, 노트북, 포켓 컴퓨터에 의존한다.

가능성에도 불구하고, 점점 더 적은 수의 사람들이 컴퓨터에 압도당한다. 만약 압도당한다면, 우리는 (일부러) 그렇게 보이지 않으려고 한다. 실제로 컴퓨터는 작고 빠르기만 한 것은 아니고 매우 싸다. 특히 필수품이 된 PC의 형태를 가진 기본 컴퓨터는 제2장에서 나타난 시장 채택 곡선(market adoption curve)보다 훨씬 높이 있다. '1,000달러 이하의 기계'가 오늘날 소비자 시장의 핵심이 되었고, 가격 경쟁력이 제조업자들이 가장 집중하는 문제이다. 포켓용 무선 네트워크 장비들은 최근 시장에 나타난 장비들로, 이들은 WAP(Wireless Application Protocol)의 장점을 가지고 PDA가 인터넷에 더 쉽게 접속할 수 있게 해 준다.

많은 분석가들의 눈에는 이러한 것들이 단지 인터넷에 접속하기 위해서 아이콘 사이를 더듬거리는 PC 데스크톱보다, 특정 애플리케이션으로 직접 부팅되는 편리한 장비의 'PC 다음 시대(post-PC age)'를 예고하는 것으로 보인다.

그 결과 멀티미디어와 통신 기술이 컴퓨터와 융합되고 있으며, 산업 간의 경계선이 사라지고 있다. 때때로 '가상 기업(virtual corporation)'으로 불리는 새롭게 형성된 회사 간 동맹은 기술과 시장의 지도권을 놓고 충돌한다. 이러한 새로운 동맹은 통상적으로 다음 2개 이상의 구성요소로 이루어져 있다.

- 실리콘 밸리와 다른 하이테크 지역의 PC와 PDA 제조사들
- 인텔이라는 거대한 회사로 대표되는 칩 제조사
- 마이크로소프트가 주도하는 운영 체제와 소프트웨어 개발자
- TV, 케이블 TV 업체
- 특수 효과 업체들이 뒷받침해 주는 할리우드 스튜디오

얼핏 보기에 이들 중 어떤 동맹이 가장 성공할지, 컴퓨터의 미래가 어떤 모습일지, 어떤 역할을 할지를 예측하기 어렵다. 하지만 IC, 마이크로프로세서, PCB, 특히 컴퓨터의 역사를 바탕으로 예측하건대 빠르고 극적인 변화가 닥쳐오고 있다.

예를 들어, 다음의 예제를 고려해 보고, 다음 중 향후 몇 년간의 시나리오로 가장 그럴듯한 것을 골라라.

대안 1 : '쌍방향화(interactivation)'를 위하여 '웹 TV(WebTV)'가 더 강력한 셋톱박스(set-top box)와 지능형 키보드를 제공할 것이다. TV는 보다 많은 쌍방향성과 양방향성 통신을 제공하여 기존의 데스크톱 PC를 쓸모없게 만들 것이다.

대안 2 : 웹기반 PC는 고해상도 '정보화 난로(information furnace)'[이 전문 용어는 인텔의 에이브럼 밀러(Avram Miller)의 허가에 의함]가 될 것이다. 음성 변복조 시스템, 화상 전화, 음악가의 라이브 콘서트, MP3, 고화질 영상 이미지 등은 기존의 TV를

구식으로 보이게 할 것이다.

대안 3 : TV와 PC 모두 인기가 줄어들지 않을 것이다. 오히려 고화질 TV 엔터테인먼트를 거실에서 즐기고, 고성능 정보처리를 가정의 사무실에서 즐길 것이다.

대안 4 : 현재 인스턴스화(instantiation) 단계에 있는 PC는 사라지고, 중앙 마이크로프로세서가 **정보화 기기**(information appliance) 내부의 **정보 모터**(information motor)로서 내부에 본질적으로 흡수될 것이다. 노먼(Norman, 1998)과 몇몇 평자들은 1920년대 한때에는 독립된 **전기 모터**(electric motor)가 그 자체로 소비자 제품이었던 사실을 비유하였다. 당시에는 시어스(Sears)[5] 카탈로그에 '모든 가정이 가져야 하는', 세탁기, 냉장고, 헤어드라이어에 연결이 가능한 것으로 광고될 정도였다. 현재까지도 물론 전기 모터가 중요하지만, 더 이상 외부의 독립된 장치로 인식되지는 않는다. 오히려 소비자 제품의 내부에 깊이 박혀 있는 것을 당연히 여긴다. 이것이 오늘날 PC의 미래일지 모른다. 이는 '강력한 마이크로프로세서로 역할이 축소'되고 TV, PDA, 통신 장비, 정보화 기기 등의 중앙 '정보 모터'가 될 것이다. 이러한 아이디어는 「와이어드(Wired)」, 「PC 컴퓨팅」, 「레드 헤링(Red Herring)」(1998) 등 컴퓨터 산업의 인기 있는 간행물에서 되풀이하여 나타나는 테마이다.

6.5.4 철학

고고학자들과 역사학자들은 전통적으로 문명의 발전을 특정 시대의 두드러진 기술을 기준으로 본다. 제1장에서는 석기시대, 청동기시대, 철기시대 그리고 산업혁명의 시대에 대해서 언급하였다. 컴퓨팅 시대의 관찰자들 또한 초창기 기계 컴퓨터부터 진공관 시대, IC, 마이크로프로세서로 컴퓨터의 부흥에 대해서 연대순으로 '시대'를 정리하려고 노력한다(Stern, 1980; Bell, 1984; Patterson & Hennessy, 1996a; *Economist,* 1996 참조).

다른 저서들을 부분적으로 참조하여, 이 글에서는 네 가지 단계로 구분되는 상용 컴퓨터의 역사와 예상되는 미래를 가정하였다. 이러한 발달은 1947년부터 개발된 트랜지스터와 평면 트랜지스터와 같은 진정한 혁명적인 과학적 발견 없이는 이루어질

5) 역자 주 : 미국의 백화점 체인, 우편 판매의 효시

수 없었다. 대개 발전 단계는 과학적 발견 단계와 학문 집단에서 시제품이 사용된 지 5년에서 10년 정도 지나서 나타난다. 이는 월드 와이드 웹(Berners-Lee, 1989)의 경우 틀림없이 사실이다. 실제로 이 특정한 격차는 만약 2000년대 초 '닷컴 열풍(dot-com-fever)'을 DARPAnet의 시작과 학문 집단에서의 사용 때부터 측정한다면 25년이다.

6.5.4.1 철기시대(1953~1980)

이 시대는 메인 프레임 컴퓨터의 시대이다.

6.5.4.2 데스크톱 PC 시대(1981~1991)

이 시대는 CD-ROM에 의해 확대된 독립 데스크톱 PC의 시대이다.

6.5.4.3 월드 와이드 웹 시대(1992~2001)

개별 사용자의 데스크톱 PC의 한계를 넘어선 국제 통신 단계에서 이루어지는 멀티미디어 응용의 시대이다. 여기에는 월드 와이드 웹, CD-ROM, TV, 전화기, 워크스테이션, 무선 통신 기술 등의 병합이 포함된다.

6.5.4.4 인간-기계의 통합 시대(2002~2020, 그 이후)

1999년 이코노미스트는 미국의 소비자들이 가정의 52%에 이를 정도인 1,690만 대의 PC(1998년보다 17% 증가한)를 구입하였다고 한다. 하지만 다른 관찰자들은 향후 몇 년간 (a) 과잉 생산, (b) 많은 사용자들이 '충분한 성능'의 PC를 소지하여 업그레이드에 대한 욕구 약화, (c) PDA, 스마트폰, 네트워크 컴퓨터 발전 등의 요인으로 인한 구입 감소를 지적하였다(Red Herring, 1998).

확실히 PC는 데스크톱 시대(1981~1991년)를 '지배'하였으며 월드 와이드 웹 시대(1992~2001년)의 중요한 짐말이었다. 하지만 인간-기계 장비의 새로운 시대에서는 인류와 통신 장비의 구별과 경계면이 흐려지고 있다. 그 결과, 단일 메인 프레임이 사라졌듯이, 단일 PC 또한 사라질 것이다.

오늘날의 휴대전화와 PDA의 무선-휴대용 조합은 새로운 인간-기계 시대의 시작에 불과하다. 입는 컴퓨터(wearable computer)는 벌써 진보된 적용 분야에서 개발되었다. 웨이스(Weiss, 1999)는 이에 대한 대중적인 평론을 하였다. 아켈라(Akella)와 동료들(1992), 스메일레직(Smailagic)과 시비오렉(Siewiorek, 1993), 핑거(Finger)와 동료들(1996)은 과학적인 자료를 정리하였다. 현존하는 시작품들로부터 외삽법에 의해 추정해 보면 다음의 기술들의 발전은 미래의 제품에 얼마나 영향을 미칠까?

- 제5장에서 언급한 X-선 리소그래피(X-ray lithography) 등의 개발이 성공한다고 가정했을 때, 수십억 개의 트랜지스터가 하나의 로직 칩(logic chip) 위에 채워지면서, 가까운 미래에 이전에는 불가능했던 완전히 새로운 규모의 컴퓨팅 능력을 가능케 할 것이다.
- 수십억 트랜지스터 칩을 사용하여 월드 와이드 웹 시대의 모든 기술들은 음성 기동 가능한 보청기 크기의 장비들로 제작되어 상시 입고 다닐 수 있다.
- 2020년을 지나서는 공학적, 생물학적으로 양립할 수 있는 재료를 사용하여 작지만 강력한 전자 장비를 머리 가죽에 심을 수 있을 것이다. 또한 피하의 무선 측정 시스템이 더 현실적인 대안이 될 것이다.

철학자이자 물리학자인 하이젠베르크(Heisenberg)는 수십 년 전 처음으로 이러한 가능성을 토대로 미래를 예측한 사람 중 하나이다. 그는 다음의 은유를 사용하여 우리의 미래를 추측하였다. 달팽이, 게 그리고 비슷한 생명체들은 그들의 보호 헬멧(껍데기) 없이도 존재하고 살 수는 있으나 효과적이지 않다. 인류가 인류 자신의 모든 잠재력을 끌어내는 것이 가능한가? 라고 하이젠베르크는 물었다. 우리가 만약 인간-기계 시대의 기술인 '정보 헬멧(information helmet)'이라는 장비를 갖추고 있다면 우리는 정보에 대한 접근성을 극적으로 높이고 우리 삶을 매우 효과적으로 살 수 있을 것이다.

이러한 아이디어가 수업에서 논의되었을 때, 많은 사람들은 마이크로프로세서나 무선 측정 시스템을 그들의 피부에 삽입한다는 생각에 머뭇거렸다. 사람들은 보청기나 심장 박동 조절 장치 등의 외부 장비를 삽입하는 것을 용인하고 환영하지만, 내부 장비로의 '도약'은 위협으로 느끼는 것 같다. 하지만 다른 철학자들은 만약 바퀴와 같은 장비를 볼 수 없던 자연 환경에서 살았기 때문에 그로 인해 생각의 패턴이 막히지 않았다면, 바퀴를 더 빨리 발명했을 것이라 주장하였다.

어쩌면 우리는 같은 이유, 즉 어디서도 이러한 장비를 보지 못했기 때문에 내부에 심는 전자 장비에 대한 생각을 막고 있는 것일 수도 있다. 만약 우리가 도약하여 이 위협을 넘어서서 우리의 개인 통신 네트워크, 상처 치유 능력, 건강과 면역 능력 보조 기능을 개선하는 장비를 심는다면, IC와 마이크로프로세서는 지금보다 더 많은 넓은 범위의 일을 할 수 있을 것이다.[6)]

6.6 용어 해설

기판(Substrate) PCB 위의 기반 재료로 회로 패턴을 에칭하는데 지지하는, 구성품들을 부착하는 표면이다.

다중 칩 모듈(MultiChip Modules, MCM) MCM은 기판 위에 2개 이상의 패키지 IC가 장착되고 서로 연결된 장치를 의미한다.

랜드(Lands) 랜드는 개별 IC와 구성품들의 연결을 위해 PCB 위에 위치한 작은 땜납 부분을 의미한다.

버스(Bus) 버스는 마이크로프로세서, 디스크 드라이브 제어부, 메모리, 입/출력 포트 등을 시스템의 다른 부분들과 연결해 준다.

볼 그리드 어레이(Ball Grid Array, BGA) BGA는 연결부가 칩 주변에 위치하는 대신 아랫면에 위치한, 개별 SMT 부품의 발전된 형태이다. Ball grid라는 용어는 작은 구형의 땜납이 연결을 위해서 사용되었기 때문에 사용되었다.

상호연결(Interconnection) 전기 회로를 완성하기 위해 기계적으로 장비를 연결하는 공정을 의미한다. 또한 전도 통로(conductive path)는 한 회로를 다른 회로나 나머지 회로 시스템에 연결할 필요가 있다. 상호연결은 납이나 땜납 이음매, 와이어 또는 다른 연결 방법으로 이루어진다.

슬라이더(Sliders) 슬라이더는 디스크의 읽기/쓰기 장치의 헤드나 전자 코일을 의미한다.

시편(Test Coupon) 제조 중에 검사를 위해서 미리 제작한 구리 패드와 구멍을 의미한다.

웨이브 납땜(Wave Soldering) 웨이브 납땜은 보드를 용해된 땜납의 정상파를 지나가게 하여 구성품의 납 부분을 고정함으로써 구성품을 PCB에 총체적으로 납땜하는 기술을 의미한다.

인쇄 회로 기판(Printed Circuit board, PCB) Printed Wiring Board(PWB)라고도 불리는 이것은 단단한 절연 기판의 내/외부 층에 전도체가 에칭되어 있는 판을 의미한다. PCB는 단면, 양면, 다층 보드를 포함한다. '스타팅 보드'는 구성품들이 부착되지 않은 PCB를 의미한다.

조립/제조고려설계(Design For Assembly and Manufacturing(DFA/DFM) 조립 시간 단축과 서브 컴포넌트의 개수를 줄임으로써 가격을 낮추는 전략을 의미한다. 서브 컴포넌트의 개수 줄이기, 서브 컴포넌트의 품질 향상, 서브 컴포넌트 간의 조립 공정 단순화가 그것이다.

중앙처리장치(Central Processing Unit, CPU) CPU는 주 계산, 제어 단위에 기억 장치를 더한 것이다.

6) 역자 주 : 인간과 기계의 결합은 발전 정도에 따라 인간과 기계의 구분을 모호하게 할 수 있고 윤리적인 문제도 중요한 이슈이다.

컴파일러(Compiler) 컴파일러는 고등 수준의 문제 위주로 작성된 컴퓨터 언어를, 기계 위주의 지시어로 번역하는 프로그램을 의미한다.

테이프 자동 본딩(Tape Automated Bonding, TAB) 플렉시블 테이프나 플라스틱 캐리어로 지지된, 정밀하게 에칭된 납들이 칩이나 기판에 가열 압착 방식을 사용하여 서로 연결되는 공정이다.

트랙(Tracks) 트랙은 구성품들과 다양한 IC들 사이에 서로 연결해 주는 PCB의 요소를 의미한다.

표면 실장 기술(Surface Mount Technology, SMT) SMT는 구성품들을 PCB 표면 위에 직접 부착하는 공정이다. 점차 PIH 기술을 대체하고 있는 기술이다.

플립 칩 기술(Flip Chip Technology, FCT) SMT/BGA의 확장으로 더 높은 실장 밀도를 제공하는 방법이다. 이 방법은 IC가 회로에 연결되기 이전에 뒤집혀져서 아래로 향하게 한다.

헤드 스택 조립체(Head Stack Assembly, HSA) HSA는 앞서 언급한 HGA와 액츄에이터 코일, 연성 인쇄 회로 케이블의 조립체를 의미한다. HSA는 읽기/쓰기용 프리 앰프, 헤드 선택 회로 그리고 잡다한 부품들을 포함한다.

헤드 짐벌 조립체(Head Gimbal Assembly, HGA) HGA는 암의 읽기/쓰기 헤드 조립체를 의미한다. 이는 회전하는 디스크 위에 헤드를 고정한다.

Known Good Die(KGD) KGD는 검사되어 설계 사항에 따라 완전하게 작동하는 것이 확인된 반도체 금형(die)을 뜻한다.

PIH(Pin-In-Hole) PIH는 보드의 구멍에 구성품들의 다리의 삽입, 다리의 절단, 납땜질을 하여 PCB를 조립하는 방법 중 하나이다.

Printed Circuit Board Assembly(또는 Printed Wiring Assembly, PWA) 모든 구성품들이 장착되어 있고 서로 연결되어 있는 PCB를 의미한다.

6.7 참고문헌

ACIS Technical Overview. 1999. *ACIS geometric modeler.* Programming manual. Boulder, CO: Spatial Technology Inc.

Akella, J., A. Dutoit, and D. P. Seiwiorek. 1992. A prototyping case study. In *Proceedings of the 3rd IEEE International Workshop on Rapid System Prototyping.* Research Triangle Park, NC: IEEE.

Allen, W., D. Rosenthal, and K. Fiduk. 1991. The MCC CAD framework methodology management system. In *Proceedings of the 28th ACM/IEEE Design Automation Conference,* 694-698.

Amir E., H. Balakrishnan, S. Seshan, and R. Katz. 1995. Efficient TCP over networks with wireless links. In *Proceedings of the Fifth Workshop on Hot Topics in Operating Systems.* Orcas Island, WA.

Andrade, A. D. 1996. Acceptability of fabricated circuits. In *Printed circuits handbook,* 4th ed., edited by C. F. Coombs Jr., 35.3-35.41. New York: McGraw-Hill.

Barnes, T., D. Harrison, A. Newton, and R. Spickelmier. 1992. Electronic CAD frameworks. Kluwer Academic Publishers.

Bell, C. G. 1984. The mini and micro industries. *IEEE Computer* 17 (10): 14-30.

Berners-Lee, T. 1989. Information management: A proposal. CERN Internal Proposal, March.

Bohr, M. 1998. Silicon trends and limits for advanced microprocessors. *Communications of the ACM* 41 (3): 80-87.

Brodersen, R. W. 1997. The network computer and its future. In *Proceedings of the IEEE International Solid-State Circuits Conference.* San Francisco, CA.

Burstein, A., A. C. Long, S. Narayanaswamy, et al. 1995. The InfoPad user interface. In *COMPCON '95,* 159-162.

Cho, T., G. Chien, F. Brianti, and P. R. Gray. 1996. A power-optimized CMOS baseband channel filter and ADC for cordless applications. *VLSI Circuit Conference Digest 96,* June.

Clark, R. H. 1985. *Handbook of printed circuit manufacturing.* New York: Van Nostrand Reinhold.

Cole, R. E. 1999. *Managing quality fads: How American business learned to play the quality game.* New York and Oxford: Oxford University Press.

Curry, J., and M. Kenney. 1999. Beating the clock: Corporate responses to rapid changes in the PC industry. *California Management Review* 42 (1): 8-36.

Duffek, E. F. 1996. Plating. In *Printed circuits handbook,* 4th ed, edited by C. F. Coombs Jr., 19.1-19.55. New York: McGraw-Hill.

Economist. 1994. A survey of the computer industry, 17 (suppl.): 1-22.

Economist. 1999. A bad business, July, 53-54.

Finger, S., J. Stivoric, and C. Amon, et al. 1996. Reflection on a concurrent design methodology: A case study in wearable computer design. *Computer Aided Design* 28 (5): 393-404.

Fulton, R. E. 1987. A framework for innovation. *Computers in Mechanical Engineering,* March.

Gilleo, K., T. Cinque, and A. Silva. 1996. Flip chip 1, 2, 3: Bump bond and fill. Circuits Assembly, June, 32-34.

Green, H. D. 1996. Multichip modules. In *Printed circuits handbook,* 4th ed., edited by C. F. Coombs Jr., 6.1-6.31. New York: McGraw-Hill.

Groover, M. P. 1996. *Fundamentals of modern manufacturing,* 878-906. Prentice-Hall.

Guerra, M., M. Potkonjak, and J. Rabaey. 1994. System-level design guidance using algorithm properties. In *VLSI Signal Processing VII,* 73-82: IEEE Press.

Gupta, R., et. al. 1989. An object-oriented VLSI CAD framework: A case study in rapid prototyping. *IEEE Computer* 22 (5): 28-37.

Guy, E. T. 1992. An introduction to the CAD framework initiative. In Electro 1992 *Conference Record.* Boston, MA.

Inside Read-Rite Corporation. 1993. (Informational brochure. Milpitas, CA: Read-Rite Corporation.

Keller, K. H. 1984. An electronic circuit CAD framework. Ph.D Thesis, Department of Electrical Engineering and Computer Science, University of California, Berkeley.

Lao, A., J. Reason, and D. Messerschmitt. 1994. Asynchronous video coding for wireless transport. *IEEE Workshop on Mobile Computing,* December, Santa Cruz, CA.

Le, M. T., F. Burghardt, S. Seshan, and J. Rabaey. 1995. InfoNet: The networking infrastructure of InfoPad. In *Proceedings of Compcon '95.*

Leicht, H. W. 1995. Reflow soldering and repair of BGAs. In *10th European Microelectronics Conference,* 508-520.

Long, A. C., S. Narayanaswamy, A. Burstein, R. Han, K. Lutz, B. Richards, S. Sheng, R. W. Brodersen, and J. Rabaey. 1995. A prototype user interface for a mobile multimedia terminal. In *Proceedings of the 1995 Computer Human Interface Conference.*

Mead, C., and L. Conway. 1980. Introduction to VLSI systems. Reading, MA: Addison Wesley.

Messner, G. 1996. Electronic packaging and interconnectivity. In *Printed circuits handbook,* 4th ed. edited by C. F. Coombs Jr., 1.3-1.22. New York: McGraw-Hill.

Mitt, M., G. Murakami, T. Kumakura, and N. Okabe. 1995. Advanced interconnect and low cost micro stud BGA. In *The 1995 IEEE/CPMT Electronics Manufacturing Symposium,* 428-521.

Nakahara, H. 1996. Types of printed wiring boards. In *Printed circuits handbook,* 4th ed., edited by C. F. Coombs Jr., 3.1-3.14. New York: McGraw-Hill.

Narayanaswamy, S., S. Seshan, E. Brewer, R. Brodersen, F. Burghardt, A. Burstein, Y.-C. Chang, A. Fox, J. Gilbert, R. Han, R. Katz, A. C. Long, D. Messerschmitt, J. Rabaey. 1996. Application and network support for InfoPad. *IEEE Personal Communications Magazine,* March.

Norman, D. A. 1998. *The invisible computer.* Cambridge, MA: MIT Press.

Palmer, P. J., D. J. Williams, and C.Hughes. 1996. Assembly and packaging of conventional electronics. *Process Group Technical Report No. 96/13.1.* England: Loughborough

University.

Patterson, D. A., and J. L. Hennessy. 1996a. *Computer architecture: A quantitative approach.* San Francisco, CA: Morgan Kaufmann Publishers.

Patterson, D. A., and J. L. Hennessy. 1996b. *Computer organization and design: The hardware/software interface.* San Francisco, CA: Morgan Kaufmann Publishers.

Rabaey, J., L. Guerra, and R. Mehra. 1995. Design guidance in the power dimension. Paper presented at the International Conference on Acoustic, Speech and Signal Processing.

Read-Rite Corporation. 1997. Technical literature available from 345 Los Coches St., Milpitas, CA.

Red Herring. 1998. The post-PC world, December, 50-66.

Sarma S. E., S. Schofield, J. A. Stori, J. MacFarlane and P. K. Wright. 1996. Rapid product realization from detail design. *Computer-Aided Design* 28, (5): 383-392.

Sheldahl Technical Staff. 1996. In *Printed circuits handbook,* 4th ed. edited by C. F. Coombs Jr., 40.1-40.31. New York: McGraw-Hill.

Sheng, S., R. Allmon, L. Lynn, I. O'Donnell, K. Stone, and R. W. Brodersen. 1994. A monolithic CMOS radio system for wideband CDMA communications. In Wireless *'94 Conference Proceedings.* Calgary, Canada.

Smailagic, A., and D. P. Siewiorek. 1993. A case study in embedded-system design: The VuMan 2 Wearable Computer. *IEEE Design and Test of Computers,* September, 56-67.

Stafford, J. W. 1996. Semiconductor packaging technology. In *Printed circuits handbook,* 4th ed., edited by C. F. Coombs Jr., 2.1-2.16. New York: McGraw-Hill.

Stern, N. 1980. Who invented the first electronic judicial computer? *Annals of the History of Computing* 2 (4): 375-376.

Sturges, R. H., and P. K. Wright. 1989. A quantification of dexterity. *Journal of Robotics and Computer Aided Manufacturing* 6 (1): 3-14.

Wang, F.-C., B. Richards, and P. K. Wright. 1996. A multidisciplinary concurrent design environment for consumer electronic product design. *Concurrent Engineering: Research and Applications* 4 (4): 347-359.

Wang, F.-C., P. K. Wright, B. A. Barsky, and D. C. H. Yang. 1999. Approximately arc-length parametrized C3 quintic interpolatory splines. *Transactions of the ASME, Journal of Mechanical Design* 121 (3): 430-439.

Weiss, P. 1999. Smart outfit. *Science News* 156 (21): 330-332.

Yeh, C. P. 1992. An integrated information framework for multidisciplinary PWB design. Ph.D

Thesis, Georgia Institute of Technology.

Yeh, C. P., R. E. Fulton, and R. S. Peak. 1991. A prototype information integration framework for electronic packaging. Paper presented at the ASME 1991 Winter Annual Meeting. Atlanta, GA.

6.8 컴퓨터 제작의 사례연구

6.8.1 개관

이 사례 연구는 그림 6.22에 나타난 InfoPad의 제품 개발 과정을 보여 준다. InfoPad는 1990년대 말 300달러의 판매 가격을 목표로 한 휴대용 무선 컴퓨터이다. 이는 텍스트와 그래픽, 펜 입력, 음성 입력, 음성 출력, 전화면 컬러 영상 등을 제공한다. 또한 제한된 교실이나 집에서는 휴대용 통신 장비와 스케치북으로 사용할 수 있다(Brodersen,

그림 6.22 InfoPad－무선의 '정보 장치'(www.eecs.bwrc.berkeley.edu 참조)

1997). 대학교 수업의 프로젝트로 20개의 시작품이 제작되었다.[7)]

6.8.2 사례연구의 목표

이 사례 연구에서 배울 수 있는 몇 가지 중요한 점들은 다음과 같다.

- InfoPad와 같이 복잡한 시스템을 설계하고 제조하는 것은 다양한 공학 분야 간의 협력이 필요하다. 특히 대부분의 소비재 전자 기기는 전자-기계(electromechanical) 시스템이다. 구조물, 외장, 기구부 등의 기계 구성품들은 PCB, 전원부, 와이어(하네스), 스위치 등의 전기 구성품들과 결합되어 있다. 그림 5.9의 전기 CAD(Electrical CAD, ECAD)와 표 3.2의 기계 CAD(Mechanical CAD, MCAD)는 각각의 분야 내에서의 장점이 있지만 ECAD와 MCAD 사이의 완전한 커뮤니케이션에는 아직도 틈이 존재한다. 그림 6.23의 그림은 이러한 문제를 보여 주고 있다.
- DUCADE(Domain Unified Computer Aided Design Environment)라는 환경은 이러한 문제를 다루기 위해서 개발되었다. 이는 ECAD/MCAD를 동시에 진행하는

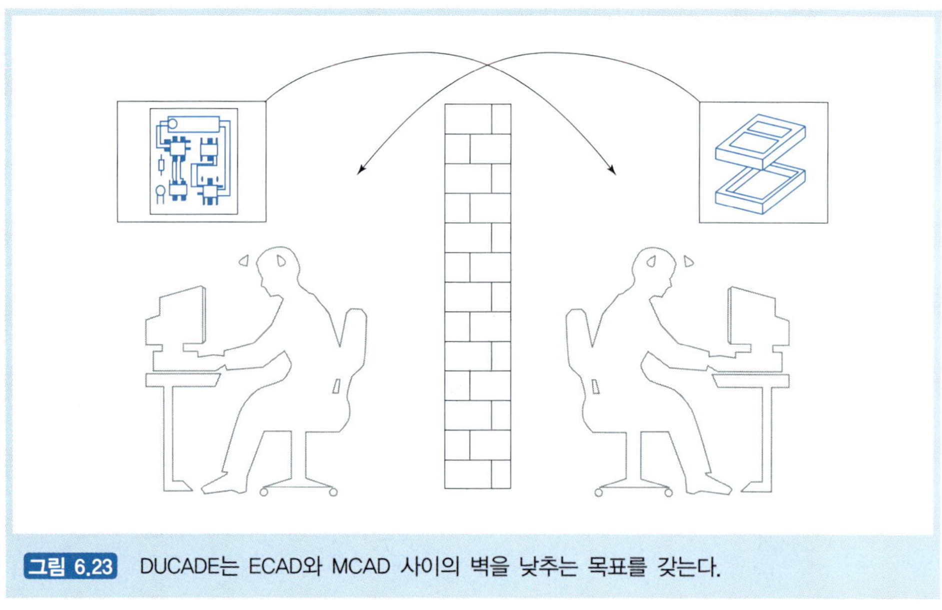

그림 6.23 DUCADE는 ECAD와 MCAD 사이의 벽을 낮추는 목표를 갖는다.

7) 역자 주 : 애플사의 아이패드가 출시되기 13년 전의 일이다!

공학 시스템이다. (a) 개념 설계(conceptual design)로부터, (b) 상세 설계(detail design)를 거쳐, (c) 제조까지 이르는 링크는 매끄럽고 결정론적이어서 초기 설계에서 제품의 제조까지 빠른 링크를 제공해 준다. 이러한 통합은 제품의 품질과 시작적기대응(time-to-market)을 개선해 준다.

- 전기와 기계의 문제점 간의 **제약 요소 해결**(constraint resolution)에 특별히 초점이 모이고 있다. 설계 과정에서 **서로 결합된 설계 문제점**(coupled design issue)에 대해서 공유하고 의사소통할 수 있도록 중앙에 가상의 화이트보드 환경이 제작되었다.
- 다양한 전기, 기계 하부 시스템들은 다음 설계 시에도 연속적으로 사용될 수 있도록 모듈성과 재사용을 고려하여 설계될 수 있다. 이것은 나아가 설계에서 제작까지의 시간을 단축할 수 있다.

6.8.3 개념 설계

InfoPad의 개념 설계 단계는 기능 요구 구조(functional requirement tree)를 포함한다. 그림 6.24는 제품 설계 공간에 대한 전반적인 개관이다. 기능상의 요구사항에 대한 강하거나(변할 수 없는) 약한(변할 수 있는) 설계 제한들은 일일이 열거되었다. 강한 설계 제한의 한 예로, 기능상의 요구사항인 '휴대용(portable)'이라는 항목 아래에 희망 무게가 0.9kg 이하라는 것이다.

6.8.4 DUCADE를 사용한 동시공학적 상세설계

InfoPad의 하부 시스템들의 상세 설계는 다양한 설계팀에서 이루어진다. 여기에는 패드 그룹, 무선 통신(라디오) 그룹, 멀티미디어 네트워크 그룹, 유저 인터페이스 그룹, 기계 설계 그룹 등이 있다.

각각의 그룹은 그들만의 설계 영역에서 고유의 설계 도구를 사용하여 특정 설계 업무를 수행한다. 하지만 특정 시점에 각 팀의 설계 영역에서 이미 결정된 설계 자료들은 공동 제작을 위해 공유된다. 예를 들어, 그림 6.25는 '패드 그룹'과 '기계 설계 그룹' 간의 협력을 보여 준다. 패드의 PCB는 Racqal PCB 레이아웃 도구를 사용하여 설

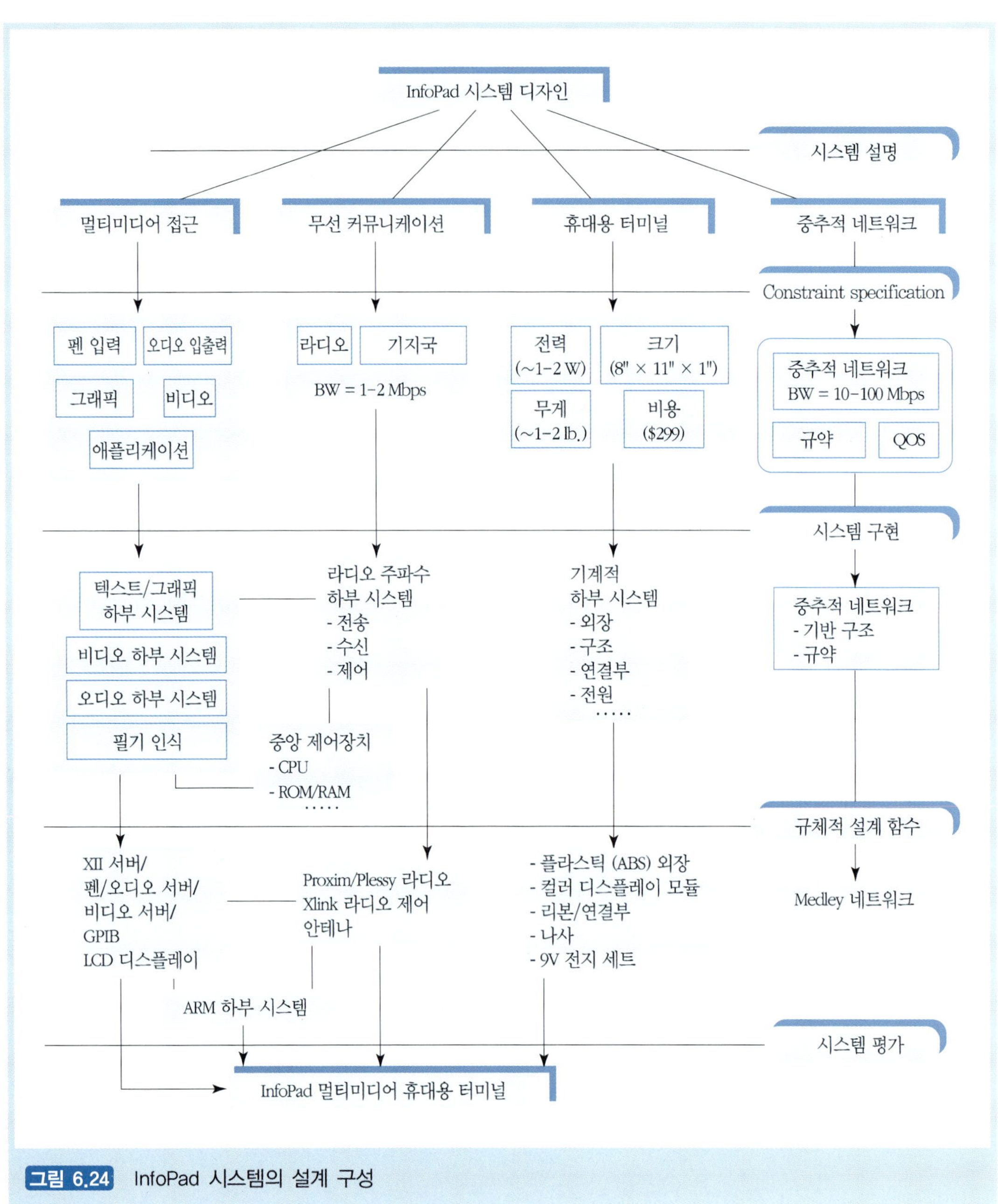

그림 6.24 InfoPad 시스템의 설계 구성

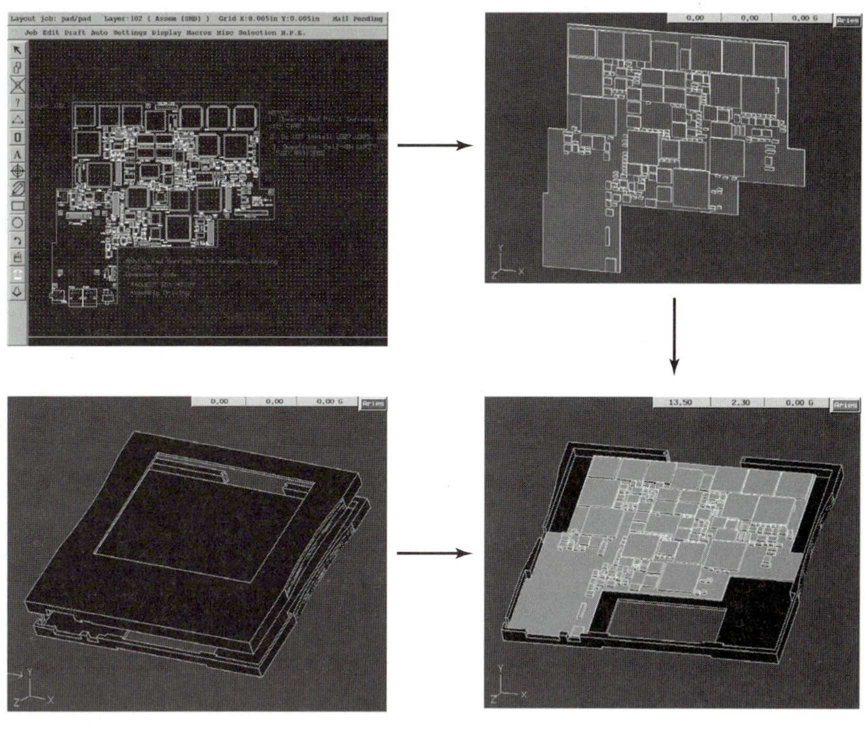

그림 6.25 PCB와 기계적 케이스의 상세 설계

계되었으며, InfoPad의 케이스는 MSC/ARIES 기계 설계 패키지를 사용하여 설계되었다.

DUCADE는 각 팀의 설계 도구에 대한 동시 다발적인 접속을 가능하게 한다. 특히 DUCADE는 특정 시점에서 팀 간에 이미 결정된 점들에 대해서 온라인으로 점검 및 조회가 가능하도록 해 준다.

DUCADE에 포함된 상용 CAD 패키지에는 4개의 MCAD 패키지와 2개의 ECAD 패키지가 있다. MSC/ARIES, AutoCAD, ProEngineer, ACIS, Finesse, Racal/Visula가 이들이다. ARIES와 AutoCAD/ProEngineer는 이전부터 기계 설계와 간섭, 열해석과 같은 기계 해석용으로 사용되었다. ACIS는 솔리드 모델링을 위한 커널(kernel)과 패키지이고, Racal/Visula는 PCB 레이아웃 디자인에서 사용되는 주요 전기 설계 도구이다.

전기 시스템 설계에 관심이 있다면, 무선 통신 개발의 라디오(Sheng et al., 1994; Cho et al., 1996), 휴대용 멀티미디어 네트워크와 응용 프로그램(Le et al., 1995; Amir et al., 1995, Narayanaswamy et al., 1996), 비디오, 그래픽 전송(Lao et al., 1994), 유저

인터페이스(Long et al., 1995), 설계 도구와 프레임워크(Guerra et al., 1994; Rabaey et al., 1995; Wang et al., 1996) 등을 참조하라. 표 6.3은 이 항목들을 정리하였다.

표 6.3 주요 전자 하부 시스템과 InfoPad의 구성요소

주 하부 시스템	기능	주요 부분	출처/부품 번호
팔 하부 시스템	중앙 제어	PAL EPROM Octal buffer SRAM ARM60 ARM interface chip	기성 부품/ATV 2500L 기성 부품/AM27C010 기성 부품/HCT574 기성 부품/TC551001 BFL-85 기성 부품/GPS-P60ARMPR 주문 설계 및 제작
라디오 하부 시스템	무선 통신	Plessey downlink Proxim uplink Xilinix RX chip TX SRAM Antenna(×2)	기성 부품/GEC-DE6003 기성 부품/RDA-100/200 기성 부품/XC-4008 주문 설계 및 제작 기성 부품/TC551001 BFL-85 기성 부품/EXC-VHF 902 SM/EXC-UHF 2400
멀티미디어 하부 시스템	멀티미디어 입출력	텍스트/그래픽 LCD 디스플레이 컬러 비디오 LCD 디스플레이 텍스트/그래픽 칩셋(×5) 컬러 비디오 칩셋(×5) 오디오 제어 칩셋(×5)	기성 부품/Sharp LM64k83 기성 부품/Sharp LQ4RA01 주문 설계 및 제작 주문 설계 및 제작 주문 설계 및 제작
입출력 하부 시스템		Gazelle pen board 코덱 스피커	기성 부품 기성 부품/MC145554 기성 부품
전력 하부 시스템	전원	9V 전지 5개	기성 부품

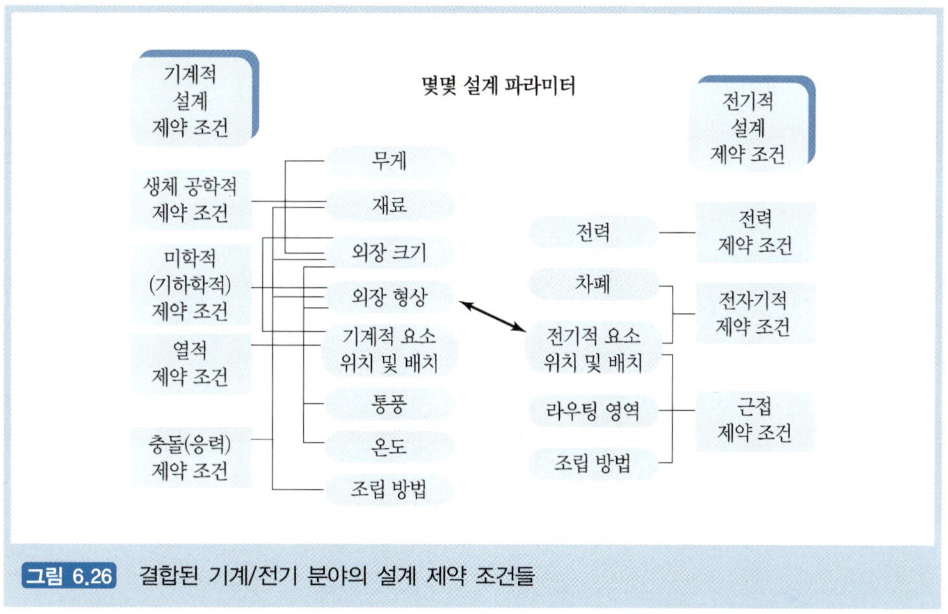

그림 6.26 결합된 기계/전기 분야의 설계 제약 조건들

6.8.5 서로 결합된 설계의 제약

그림 6.26은 기계와 전기 분야 간에 결합된 문제점들을 정리하였다. 깨끗하게 정리하기 위해서 전자 부품(electronic component)과 케이스(enclosure) 사이에만 결합된 관계들을 나타내는 하나의 화살표를 사용하였다. 이 결합된 관계는 조밀한 제품 설계를 위해 대개 전기 설계자와 기계 설계자 간의 긴밀한 의사소통을 토대로 한 반복적인 설계 작업을 필요로 한다. InfoPad가 저전력 장비로 설계되었기 때문에 IC, 디스플레이 등의 설계에 많은 제한을 가하였다.

6.8.6 기계적인 분야에서 발생되는 결합된 제약 조건($C_{m>e}$)

몇몇 제약 조건들은 '기계 분야'에서 발생하여 '전기 분야'의 입장을 감안해야 한다. 이들을 $C_{m>e}$로 표기하였고, 다음과 같다.

- 유사한 공학 클립보드에서 흉내 내기 위해서 신중히 고른 8×11×1의 포맷을 사용할 경우, 터미널 케이스 안의 사용 가능한 공간이 한정적이다. 이는 사용 가능 공간뿐만 아니라 디스플레이와 PCB 구성품들의 높이에도 영향을 미친다.

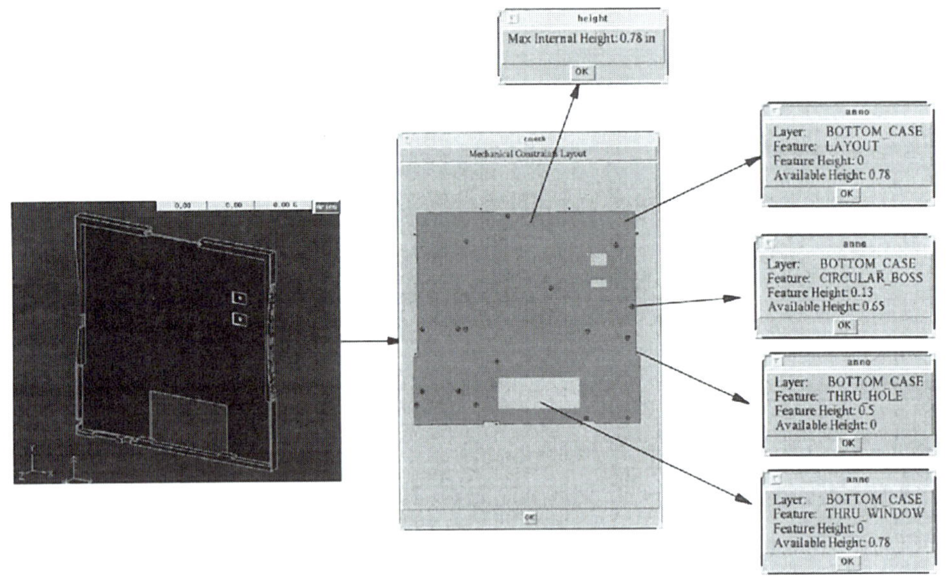

그림 6.27 기계적 제약 조건들의 레이아웃

- 터미널 케이스에 케이스 맨 위의 LCD 디스플레이를 위한 창, 전원부의 접근을 위한 창과 같은 표준 기계/사용자 인터페이스의 특징을 적용할 경우 또다시 PCB 구성품들의 형상, 치수, 위치가 특정 값으로 제한을 받는다.
- 기계적 지지부, 환기망, 사용자 신체를 고려한 안테나 위치 등을 위해서 포장에는 IC의 위치에 대해서 제약을 가하는 것이 불가피하다.

DUCADE는 이러한 사항을 전기 설계자에게 알려 주기 위해 기계적 구속조건에 대한 간단한 '층을 이룬' 뷰($C_{m>e}$)를 제공한다. 이는 전기 설계팀이 IC와 PCB 설계를 위한 3D 도구보다는 2.5D 도구가 익숙하기 때문이다. 그림 6.27은 밑면 케이스의 내부 레이아웃을 보여 준다. 전기 하위 시스템의 최대 내부 높이는 19.8mm이다. 밑면 케이스의 주요 특징들은 PCB 장착을 위한 원형 돌기, 전원부를 위한 관통된 틀, 다양한 크기와 형상의 전기 스위치 등이다. 이러한 특징들은 전기 설계팀의 작업과 양립하여야 한다.

6.8.7 전기적 분야에서 발생되는 결합된 제약 조건($C_{e>m}$)

다른 제약 조건들은 '전기 분야'에서 발생하여 '기계 분야'의 입장을 감안해야 한다. 이들을 $C_{e>m}$으로 표기하였고, 다음과 같다.

- PCB 위의 큰 장비들의 '수직 방향 높이'는 기계 설계자들이 고려할 수 있도록 표시되고 전달된다. 가끔 이러한 변경은 포장과 공간 절약에 더 유리한 결과를 낼 때도 있다.
- 다양한 스위치, 체적 조절 노브(knob), I/O 장비들은 당연히 PCB 위에 장착되어 있으며, 이들의 치수는 기계 설계팀에게 전달된다. 궁극적으로 이들은 사용자가 사용하기 편리한 크기로 플라스틱 케이스를 통해서 튀어나온다. 이들의 구성품들은 전원 연결부, 전원 스위치, 시리얼/병렬 포트, 오디오 I/O 잭, 키보드 잭, 2개의 체적 조절 노브, 컬러 디스플레이 연결부이다.
- 전원 공급부와 같은 장비는 전자기 보호막을 필요로 한다. 이러한 장비는 위치할 곳이 정해지면, 이 장비들의 크기가 다른 팀에게 공유된다.
- PCB를 밀면 케이스에 부착하는 데 사용하는 구멍의 위치와 크기 또한 전기와 기계 설계자 간의 토론에 의한 결과이다.

그림 6.28은 이러한 전기적 특징들을 강조한 InfoPad의 PCB 레이아웃이다. DUCADE 환경에서 이러한 전기적 제약 조건을 기계 설계자들에게 알리기 위해서, 전기적 제약 조건이 기계적 표현(3D 솔리드 모델)으로 변환되었다. 이러한 접근 방식은 전기 설계의 제약 조건의 기하학적인 면만을 포착한 것이다.

6.8.8 서로 결합된 설계 제약의 절충($C_{e<>m}$)

몇 차례 기계와 전기 설계팀 간의 반복 작업 끝에 만족스러운 절충안이 얻어졌다. 이들은 $C_{e<>m}$로 표기하였다. 휴렛패커드나 소니와 같은 기업들에서는 많은 개정 끝에 제품들이 더 정교해지고 효율적이며 조밀해졌다(Cole, 1999). 사실 학생들에게 흥미로운 경험은 실제로 몇 세대의 유사한 소니 워크맨들을 '해부'하여 설계자들이 어떻게 문제($C_{e<>m}$)를 해결하는 새로운 방법을 찾았는지를 보는 것이다. 첫 번째 시작품에는

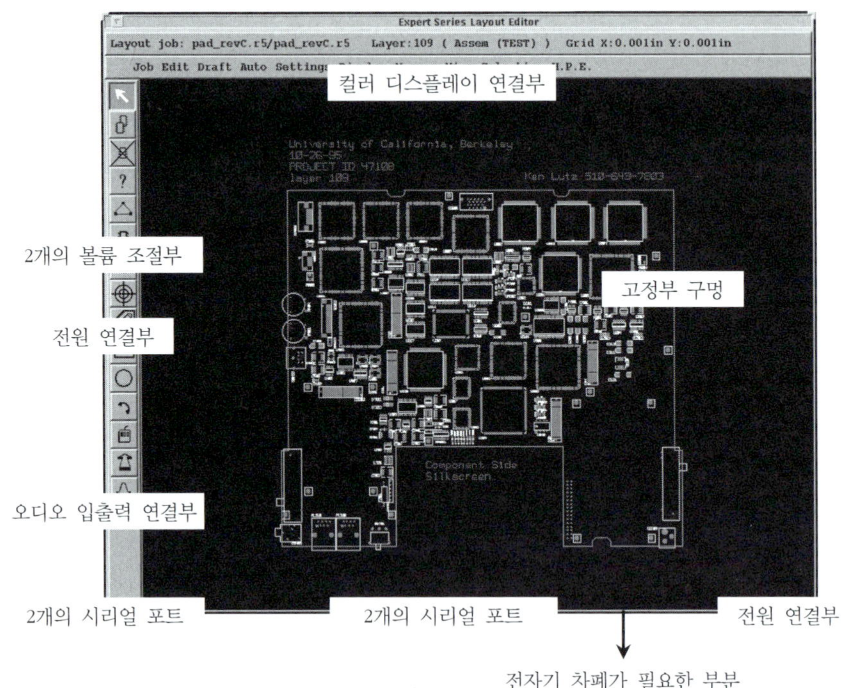

그림 6.28 PCB 레이아웃과 전기적 분야의 일부 제약 조건

처음 몇 번의 반복 작업뿐이므로 한계가 있다. 그럼에도 불구하고 일단 InfoPad의 주요 제약 조건들이 분석되어 다음의 '최종' 설계의 새로운 면모에 이르렀다.

- PCB 형상을 커스텀화된 'U 형상'으로 바꾸었다. 이는 더 작은 폼 팩터(form factor)를 제공하고 선택된 전원부에 액세스하는 것을 가능하게 한다.
- 몇몇 중요한 전기 구성품은 다른 IC 포장과 장착 기술을 사용하여 재설계되었고, 이는 장비의 크기를 줄여서 케이스 내부의 더 작은 공간에 들어갈 수 있게 하였다.
- 오디오, 키보드잭, 2개의 시리얼 포트, 컬러 비디오 유닛 등의 추가로 케이스의 형상이 바뀌었다.
- 새로운 PCB의 형상에 따라 케이스의 내부 윤곽이 바뀌었다. 새롭게 설계된 PCB를 밑면 케이스에 장착하기 위해서 원형 지지부가 추가되었다.
- 인간 공학적이고 심미적인 디자인을 위해서 곡선의 형상이 케이스 양면에 추가되었다(그림 6.29).

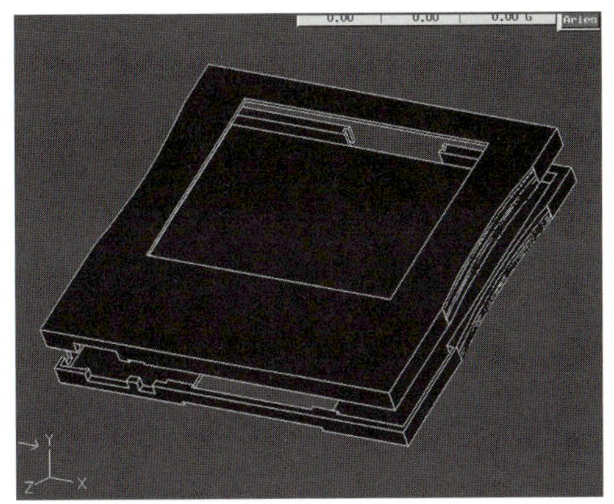

그림 6.29 InfoPad의 CAD 솔리드 모델

6.8.9 제작

다양한 IC를 위해서 MOSIS 서비스 ⟨www.mosis.org⟩가 사용되었고, PCB는 ⟨http://sierraprotoexpress.com⟩에서 '가공'되었으며, 금형은 CyberCut 서비스 ⟨cybercut.berkeley.edu⟩를 사용하여 제작하였다. 플라스틱 사출을 위한 금형 설계는 몰드 분리를 위한 정밀한 테이퍼 앵글, 이종 재료에 따른 수축 인수, 코어 설계, 러닝 게이트 설계, 분리면 설계 등을 포함한다. 시작품 금형과 케이스는 그림 6.30에 나타나 있다.

그림 6.30 위 : 알루미늄 금형의 반쪽들
아래 : 사출 성형된 플라스틱 케이스

21ST
CENTURY
MANUFACTURING

07 금속제품의 제조

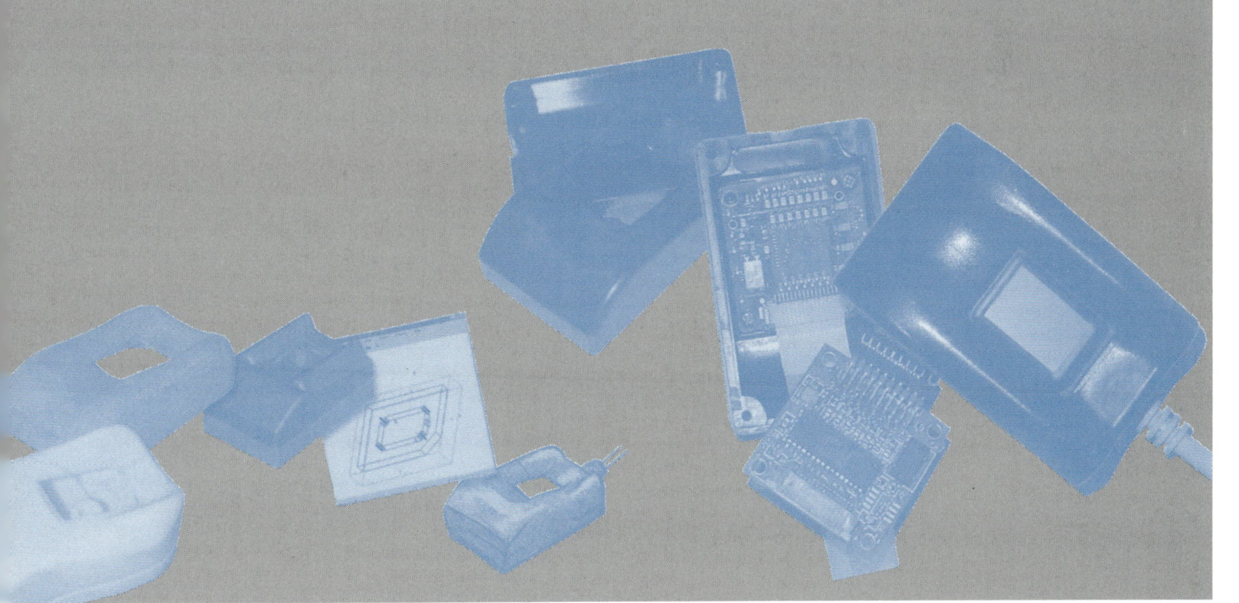

7.1 서론

7.1.1 WWW.start-up-company.com에서의 '차고' 업체

위의 사진에 나오는 분은 비행기 기술자였던 나의 외할아버지인 윌리엄 우드랜드(William Woodland)로 1917년 그가 비커스 비미(Vickers Vimmy) 복엽비행기의 조정석에 앉아 찍은 사진이다. 나의 할아버지인 브로웨트 라이트(Browett Wright)는 기차 기술자로 좀 더 세부적인 업무로 구분하면 '노커(knocker)'였다. 그는 작은 망치를 들고 런던의 변두리에 있는 왓퍼드 교차로(Watford Junction)의 가축사육장 주변에서 일하였다. 그의 능숙한 귀는 4륜마차의 바퀴와 축을 가볍게 두드려 발생하는 소리를 듣고 잠재적인 위험인 피로 균열(fatigue crack)의 유무를 탐지할 수 있었다.

두 할아버지와 그들의 친구들은 종종 취미로 간단한 물건을 만들 수 있는 작은 공작실을 차고나 지하실에 차렸다. 그리고 크리스마스의 선물 시즌에는 지역 공급자들/도매업자들에게 공급할 수 있는 작은 수량의 기념품을 제작하기도 하였다.

이 차고 업체는 자율적이었고, 고객 맞춤 가공과 적당한 기간 내에 납품이 가능하였다. 잘 구성된 주머니들과 단 2대의 기계, 작은 선반과 중간 크기의 3축 밀링 기계로 다양한 프로젝트들을 진행하였다. 드릴 기계는 별로 비싸지 않으면서도 구멍 하나를 뚫기 위해 밀링 장비 전체를 조정하는 수고를 덜게 하였다. 여기에 탁상용 연삭기, 판금용 프레스, 용접 장비와 같은 몇 개의 장치들이 더해지면 그들은 '사업'을 할 수 있었다.

오늘날 실리콘 밸리와 다른 지역의 여러 유명한 업체들 또한 처음에는 보잘것없는 차고에서 그들의 사업을 시작하였다. 그것이 가능했던 이유는 이런 차고의 대부분에는 사업 초기에 사용할 만한 기본적인 도구들이 구비되어 있었기 때문이다.

여기서 가장 중요한 점은 다음과 같다. 이러한 단순한 금속 절삭 기계들로 다양한 부품들을 가공할 수 있고, 동일한 절삭 공구들로 꽤나 복잡한 형상을 갖는 다양한 부품들도 만들 수 있었다. 이러한 이유로 더 매력적인 FDM이나 SFF 공정들이 소개되었음에도, 절삭 가공은 여전히 중요한 금속 가공 공정이다. 지난 수십 년간 절삭 가공은 재료의 소모가 많고 다소 시간이 오래 걸린다는 것으로 평판이 좋지 않았지만, 이와 같은 유연함과 좋은 정밀도로 인해 계속 사용되고 있다.

7.1.2 기본적인 공작실의 기원

이들의 허름한 시작은 실제로 큰 규모의 생산 공장이나 가공 업체가 되었고, 보다 크고 특수화된 장비와 다수의 기술자들이 추가되었다. 결국 이 모든 확장들로 인해 유연성과 빠른 납기가 가능한 특화된 서비스들이 제공되었다.

절삭 가공은 제품 개발의 초기나 시장에 진입하려는 시기에 독특한 시작품의 외형을 만드는 데 매우 효과적인 방법이다. 그림 2.3에서 제품은 왼쪽 아래에 위치한다. 또한 대학이나 연구소 공작실의 기술자들은 기발한 개발자의 구현하기 어려운 설계들을 만들어 낸다.

전 세계적으로 유래가 없는 많은 수의 신생 기업—컴퓨터, 생명 공학 기업, 신제품 개발 기업—들이 형성되고 있다. 이 기업들은 은행에서 대출을 받거나 잠재적인 투자자들에게 강한 인상을 주기 위한 시점에서 시작품이 필요할 것이다. 대부분의 기업은 시작품을 제작하기 위해 가공업체를 찾아가야 한다. 예를 들어, 제6장에서 소개되었던 Infopad의 초기 몇 개의 케이스들은 $+/-50\mu m$ 정도의 훌륭한 공차를 갖는 장비로 손쉽게 가공되었다. 설계가 확정되고 밀링으로 최종 케이스의 가공이 끝나기까지는 3일 정도가 걸렸다.

7.1.3 공구와 금형 업체 – 절삭 가공과 EDM

산업 사회에서 금속 절삭은 앞서 다룬 전통적인 가공 업체의 묘사에서 소개된 것보다 다양하게 사용된다. 차량이나 트럭에 사용되는 모든 단조(forging)와 금속 가구나 보관함에 사용되는 금속 박판 제품들은 절삭 가공된 금형으로 성형된다. 특히 최근에 사용되는 휴대전화, 컴퓨터, 음향기기, MP3/기기와 같은 대부분의 가전기기들이 금형을 이용하여 사출성형된 플라스틱 케이스를 사용하며, 절삭용 공구와 금형의 제작에 영향을 받는다. 휴대전화의 초기 시작품은 1987년 이후 사용되기 시작한 SLA, SLS, FDM 등의 새로운 쾌속 조형기술 중 하나로 만들어진 반면, 최종 제품은 우수한 정밀도와 표면 마감 조건을 갖는 금속 절삭으로 만들어 낸 금형에 플라스틱을 사출성형하여 수천에서 수백만 개를 생산한다(제8장 참조).

주로 고강도 합금을 사용하는 금형 가공은 금속 절삭 기술에서 매우 높은 정밀도와 표면 수준이 요구된다. 이를 위해서는 새로운 절삭 공구의 설계와 공구 및 불필요한 버(burr)의 예측이 가능한 새로운 제조 소프트웨어, 부품의 기본적인 형상 설계에 가공의 지식 정보와 물리적인 특성을 반영할 수 있는 새로운 CAD/CAM 절차가 요구된다. 그리고 만약 금형이 복잡한 형상일 경우 두 단계의 가공이 필요할 수도 있다는 것을 명심해야 한다. 우선 7.2.4절에서 보이는 전형적인 엔드 밀링을 이용하여 '황삭(roughing cut)'을 한다. 그리고 마감 가공(finishing operation)은 방전가공(Electro-Discharge Machining, EDM) 공정으로 이루어진다. 방전가공 공정에서는 탄소 전극을 천천히 금속 몰드로 '내려앉게(sink)'하고, 유전체 용액(dielectric bath)에서는 전극과 금형 표면 사이에 전기적 아크가 발생한다. 또한 금형 표면에서의 용융으로 재료가 제거되고, 유전체 용액으로 잔해를 씻어 낸다.

7.1.4 절삭 가공 공정을 이용한 실제 생산

앞 절에서는 몇 개의 부품을 만들거나 단 하나의 금형을 만드는 작은 규모의 제조 공정에 대해서 다루었다. 하지만 다른 산업의 영역에서는 **대규모 생산**이 보다 일반적으로 사용되고 있다. 그러므로 터닝, 밀링, 드릴링과 같은 모든 형태의 절삭 가공들이 대규모 생산 공정에 사용될 수 있다. 이는 그림 2.2의 시장 수용 곡선을 따라 성장된 상태의 자동차나 금속산업의 대량 생산에 잘 적용된다.

이러한 경제적 중요성은 모든 산업화된 국가들에서 생산제품의 15% 이상이 가공비용인 것으로 대변된다. 미국 오하이오 주의 신시내티 시에 있는 Metcut Research Associate에서는 미국에서 노동비와 (재료와 공구를 포함하는)가공비용이 연간 3,000억 달러에 이르는 것으로 추산하였다. 신규 장비(CNC 선반, 밀링 장비 등)의 구입은 연간 약 75억 달러, 소모성 절삭 공구의 매출은 연간 약 20~25억 달러였다. 나아가 3,000억 달러와 75억, 25억 달러의 각각 고정 기계 투자비와 처분이 가능한 절삭 공구에 대해 노동비의 비율을 비교해 보는 것은 흥미로울 것이다.

7.1.5 다른 금속 가공 공정을 이용한 대량 생산

평평한 스트립의 코일을 계속 만드는 박판 롤링(rolling) 또한 대규모 생산 공정이다. 이러한 스트립들은 일반적인 국그릇이나 서류 보관함을 만들기 위해 이를 더 작은 판으로 굽히고 압착하는 2차 생산자에게 판매된다. 다수의 유사한 형상들이 하나의 고가 금형으로부터 연속적으로 만들어지기 때문에, 금속 박판 성형으로 자동차의 후드와 같은 단일한 품목을 만드는 것 또한 대규모 생산 공정이다. 이 장에서는 단조 공정 예 중에서 금속 박판 성형을 주로 다룬다.

이 공정들의 금형과 장비는 매우 고가이기 때문에, 금형과 장비에 작용하는 힘의 분석은 매우 중요하다. 기술 관리자로서 장비가 불필요한 힘의 손실과 허용 능력이나 투자비용의 손실 없이 적당한 힘으로 일반적인 재료를 변형하고 회사에서 제품을 만들 수 있는지를 판단하는 힘의 예측을 장비 구입에 현명하게 사용할 수 있다면 매우 가치 있는 서비스를 제공할 수 있다. 또한 어떠한 요소가 품질보증과 변형된 재료의 속성에 영향을 미치는지를 이해하는 것 또한 매우 중요하다.

7.2 기본적인 절삭 가공 공정

7.2.1 면 가공 또는 형상 가공

절삭 공구가 금속 블록을 가로지르며 그 윗면을 제거한다(그림 7.1). 이때 잘려나가는

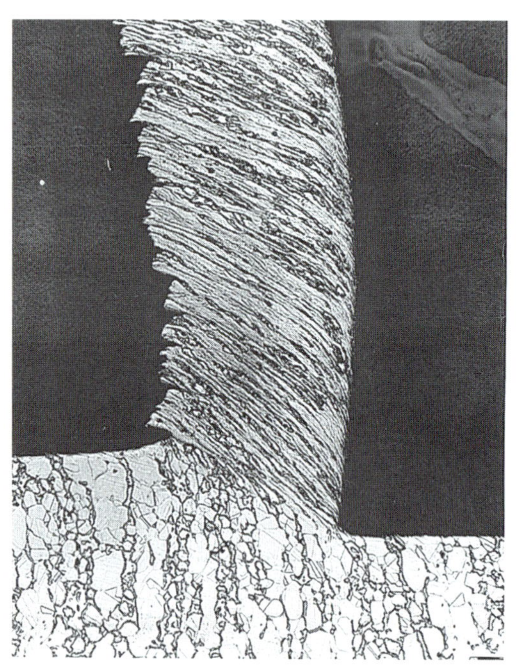

그림 7.1 칩 형성의 현미경 사진

층을 칩(chip)이라 부른다. 눈으로 덮인 인도를 소형 눈삽으로 누르며 밀고 가는 것으로 생각하면 이해하기 쉬울 것이다. 눈삽은 공구와 유사하고, 공구의 면, 실제로 **경사면**(rake face)으로 올라오는 칩은 눈의 층과 유사하다.

다음으로 칩은 칩-공구 접촉 거리만큼 공구 표면을 따라서 말려 올라간 후 가공된 표면이나 한쪽으로 떨어진다. 만약 눈삽의 면이 인도와 정확히 수직하면 **경사각**(rake angle)은 0이 된다. 일반적으로 눈삽은 주로 20~30° 정도의 경사각만큼 뒤로 살짝 젖혀진 상태로 사용된다. 금속 가공에서 최근의 공구에 적용되는 경사각은 주로 6° 정도이며, 때로는 −6° 정도의 부족각(negative angle)이 사용되기도 하는데, 깨지기 쉬운 공구의 날을 강하게 할 수 있다.

나무의 평면 가공은 금속 절삭과 유사하다. 그러나 나무에 대한 절삭 공정의 물리적인 특징이 금속에 대한 경우와 다르기 때문에, 세부적으로는 다른 점이 많다. 날카로운 절삭날 앞의 나무는 갈라지고, 긴 균열이 공구의 앞에 진행되어 절삭에 필요한 힘을 줄여 준다.

금속 절삭 가공에서 미세한 연성 균열(ductile crack)이 공구 끝의 아랫부분에 명백

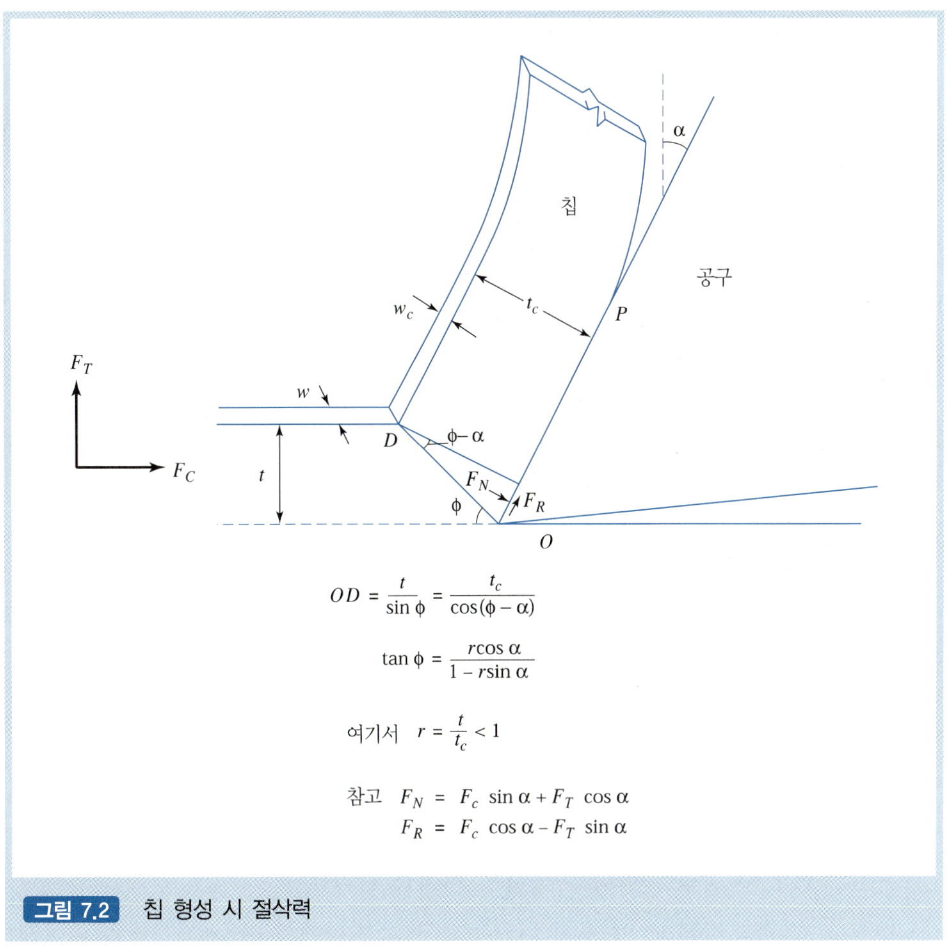

그림 7.2 칩 형성 시 절삭력

히 생기지만(만약 그렇지 않다면 모재와 칩이 분리될 수 없다), 대부분의 절삭은 전단면(shear plane)에서의 금속 전단과 관련이 있다. 전단면은 그림 7.2의 *OD*를 연결한 면과 같이 나타난다.

그림 7.2와 동반되는 공식에서 전단면은 변형되지 않은 칩의 두께 t와 변형된 칩의 두께 t_c와 관련이 있고, 이는 일반적으로 칩 두께 비($r = t/t_c$)로 정의된다. 칩이 공구에서의 마찰 긁힘에 의해 줄어들기 때문에 t_c는 항상 t보다 크다. 따라서 r은 항상 1(unity)보다 작다.

경사각 α가 0에 가까운 경우, 전단각의 탄젠트는 변형되지 않은 칩 두께를 변형된 칩 두께로 나누는 것과 같다. 만약 주 절삭력(F_C와 F_T)들이 동력계(dynamometer)

로 측정될 수 있다면, 이들은 공구의 절삭 모서리 상에서 모든 주요 힘으로 분해될 수 있다. F_N과 F_R 또한 중요한데 이들은 공구 수명을 좌우하기 때문이다. 큰 값의 F_R은 이 주변에 높은 전단 응력과 온도를 발생할 수 있다. 높은 F_N은 깨지기 쉬운 절삭 날에서 발생하는 높은 수직 압력과 연관이 있고, 이러한 높은 힘은 큰 마찰과 마모를 경사면에 발생시킨다. 또한 높은 F_R은 가공면으로부터 공구를 들어 올리는 경향이 있으며, 표면 마감을 불규칙하게 한다. 그러므로 윤활유와 다이아몬드 코팅이 된 공구를 사용하여 이 힘을 줄이는 것이 중요하다.

7.2.2 터닝

터닝의 기본 공정은 [연구실에서는 반직교절삭(semi-orthogonal cutting)이라 불리는] 금속 절삭에 대한 실험에 있어서 가장 많이 사용되며, 피삭재를 척(chuck)에 물려 회전한다. 공구는 절삭 공구대에 고정되어 피삭재의 축을 따라 일정한 속도로 움직이며, 실린더 또는 더 복잡한 형태의 윤곽을 만들기 위해 금속의 층을 제거한다. 이는 그림 7.3에 나타나 있다.

절삭 속도(cutting speed, V)는피삭재의 미가공 표면이 공구의 절삭 모서리를 시간에 따라 지나는 비율이며 주로 m/min로 표기된다. **이송 속도**(feed, f)는 매 회전 시 공구가 축 방향을 따라 이동하는 거리를 나타낸다.

절삭 깊이(depth-of-cut, w)는 반지름 방향에서 바(bar) 형태의 피삭재로부터 금속이 제거되는 두께를 나타낸다. 터닝 중에 이송 속도(f)는 미변형 칩 두께(t)로도 불리고, 또한 절삭 깊이(w)는 미변형 칩 너비로 사용된다. 가공자의 관점에서 절삭 가공이 개발되었기 때문에 용어들은 공정별로 일정하지 않다. 예를 들어, 엔드 밀링의 개략도에서 절삭 깊이는 다른 의미로 사용된다. 안타깝게도 이는 해당 분야의 신입생에게 혼란을 일으킬 수 있다. 아마도 이러한 불일치를 해결하는 가장 적절한 방법은 항상 재료가 제거되는 층(slice)을 미변형 칩 두께(t)로, 절삭의 수직 방향을 미변형 칩 너비(w)로 보는 것이다. 이 세 값의 곱은 금속 절삭비(rate of removal)로 계산되며, 주로 절삭 작업의 효율을 측정하는 데 사용된다.

$$\text{절삭비} = Vfw \tag{7.1}$$

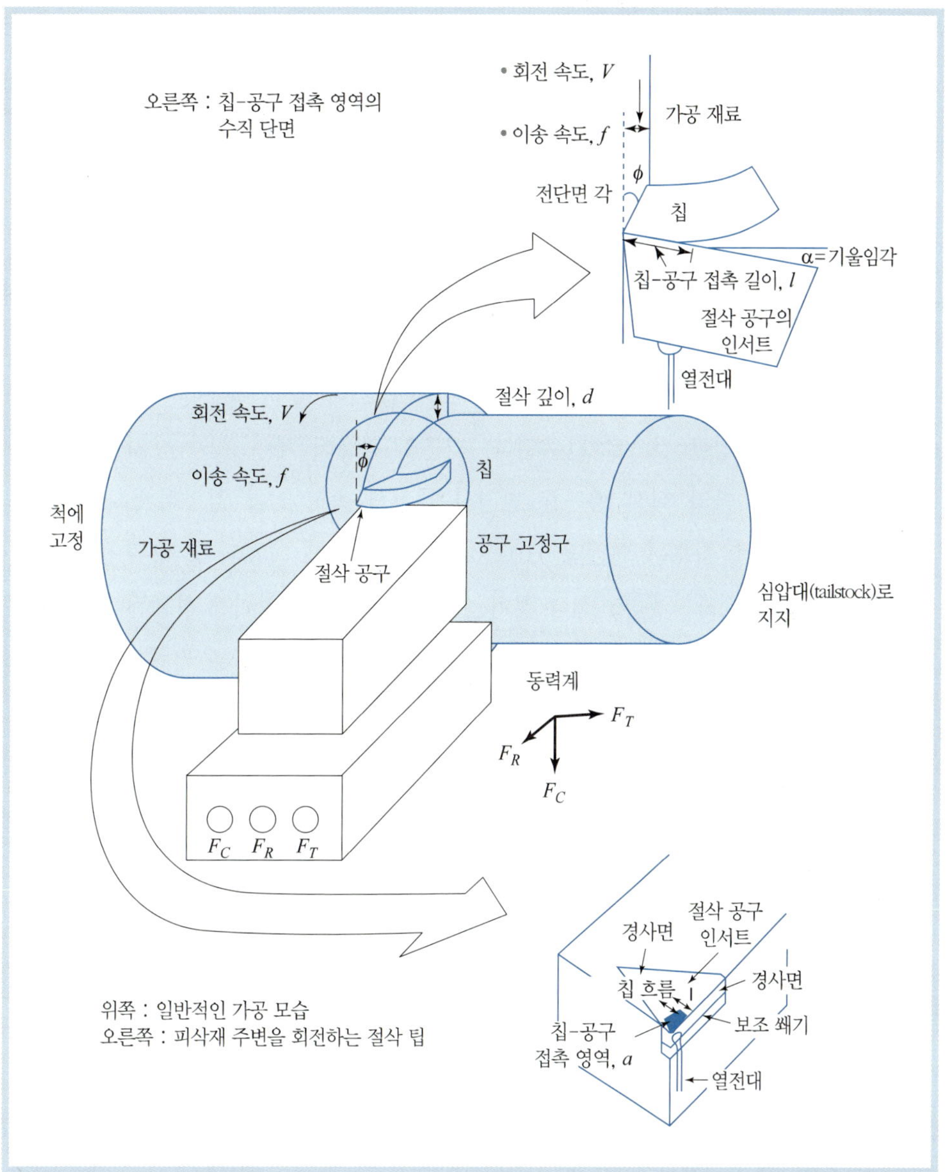

그림 7.3 상단 오른쪽에는 선반 터닝의 수직 절단면, 하단 오른쪽에는 인서트의 상세 형상. 인서트의 아래 있는 동력계 플랫폼과 원거리 열전대는 오늘날 제품 절삭 가공에서는 사용되지 않고 있다. 그러나 이들은 절삭 시 발생하는 힘과 전반적인 온도를 측정하기 위한 연구에는 유용하다.

절삭 속도와 이송 속도는 작업자나 프로그래머에 의해 최적의 절삭 조건을 얻기 위해 조절될 수 있는 매우 중요한 두 가지 변수들이다. 절삭 깊이는 주로 모재의 초기 크기와 제품의 요구되는 크기에 따라 고정될 수 있다.

절삭 속도는 일반적으로 3~200m/min 정도이다. 그러나 최근의 고속 가공에서는 알루미늄을 가공할 때 3,500m/min까지 사용하기도 한다. 단일 공정에서는 일반적으로 일정한 스핀들 회전 속도(rpm)가 사용되고, 복잡한 형상을 가공할 때는 각 대상의 지름에 따라 다양한 절삭 속도가 사용된다. 공구의 날 끝 부분에서 속도는 항상 바의 바깥쪽에 비해 낮지만 그 차이는 크지 않으며, 절삭 속도는 터닝에서 공구의 모서리를 따라 일정한 것으로 간주된다. 최근의 컴퓨터 제어 가공 장치들은 피삭재의 지름이 변함에 따라 회전 속도를 변경하여 절삭 속도 V를 일정하게 유지할 수 있다.

이송 속도는 회전당 0.0125mm 정도로 낮게 사용되며, 매우 큰 절삭에서는 회전당 2.5mm 정도가 된다. 절삭 깊이는 0~25mm까지 다양하게 사용된다. 이는 분당 1,600cm^3 만큼의 금속을 제거하는 것이 가능하나 일반적이지는 않고 주로 80~160cm^3/min 정도의 속도가 빠르다고 간주된다.

앞의 설명에서처럼 칩의 흐름이 지나가는 공구의 표면을 경사면이라 한다. 절삭날은 공구의 경사면과 **여유면**(clearance plane) 또는 **나사산 면**(flank)의 교차에 의해 형성된다. 공구는 여유면이 새롭게 가공된 금속면을 문지르지 않도록 설계되고 위치되어야 한다. 여유각은 다양할 수 있으나, 주로 6~10° 정도가 사용된다. 경사면은 피삭재의 축 쪽으로 기울어지며 이 각은 특정 공구 재료, 피삭재의 재료, 절삭 조건에 따라 최적의 절삭 성능을 얻을 수 있도록 조절될 수 있다. 경사각은 회전축과 평행한 선으로부터 측정한다(그림 7.2와 7.3). 공구의 끝 부분은 모든 세 면의 교차점에 위치하고 날카로워야 하나, 주로 두 여유면 사이에 **끝 부분 반지름**이 있는 경우가 더 흔하다.

7.2.3 드릴링

선반이나 드릴링 장비로 이루어지는 드릴링은 주로 익숙한 트위스트 드릴이 사용된다. 절삭이 일어나는 트위스트 드릴의 '끝 부분'은 2개의 절삭날을 갖는다. 드릴의 경사면은 각 **나선 홈**(flute) 부분으로 형성되며, 경사각은 드릴의 **나선**(helix)각에 의해 제어된다. 칩이 나선 홈을 타고 올라갈 때, 끝 부분의 면은 여유면을 형성하기 위해 바닥

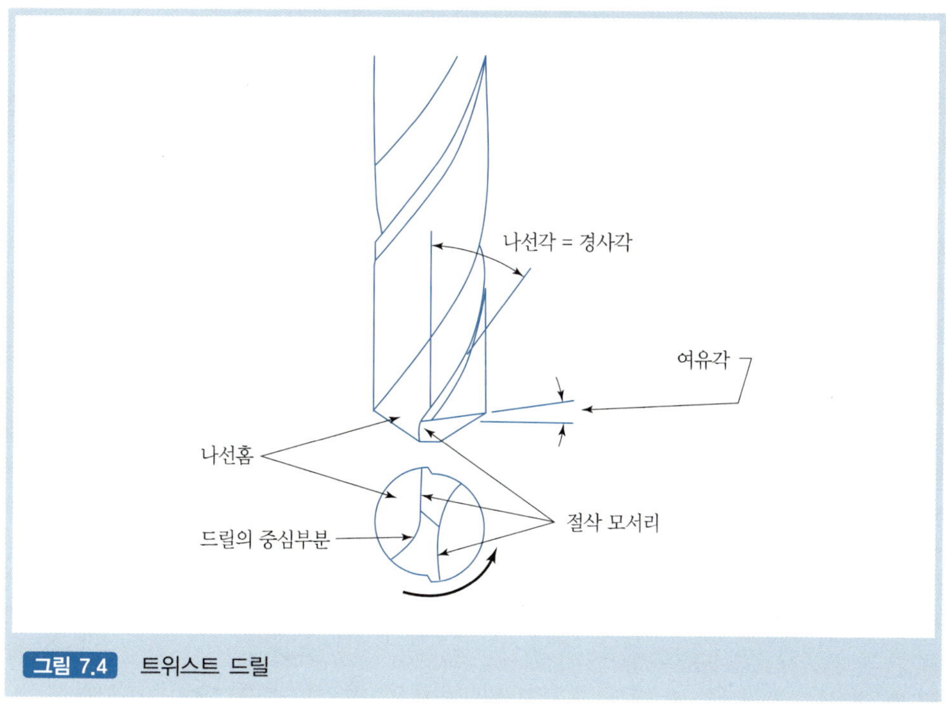

그림 7.4 트위스트 드릴

에 정확한 각도로 위치해야 한다.

드릴링의 가장 큰 특징은 절삭날을 따라 절삭 속도가 다양하게 나타나는 것이다. 속도는 주변부분에서 가장 크며, 원통형 면을 생성하고 드릴의 중심선을 따라 0에 가까워지며, **드릴의 중심부분**(web, 그림 7.4)에서 절삭날이 조각칼 형상으로 섞인다. 경사각 또한 둘레로부터 감소하며, 조각칼 형상의 모서리에서는 매우 큰 음의 경사각으로 절삭된다.

7.2.4 밀링

자동차 실린더 블록의 곡면과 평면은 보통 밀링으로 가공된다. 이 공정에서 절삭 작업은 재료를 테이블에 고정시키고, 공구를 회전시키면서 절삭날에 상대적으로 테이블에 고정된 재료를 이동시키며 이루어진다(그림 7.5).

밀링은 또한 곡선이 포함된 형상을 가공하는 데 사용되며, 엔드밀(end mill)은 치과의사의 드릴보다 크고 견고한 형태로 금형 공극과 같이 속이 빈 형상을 가공하는

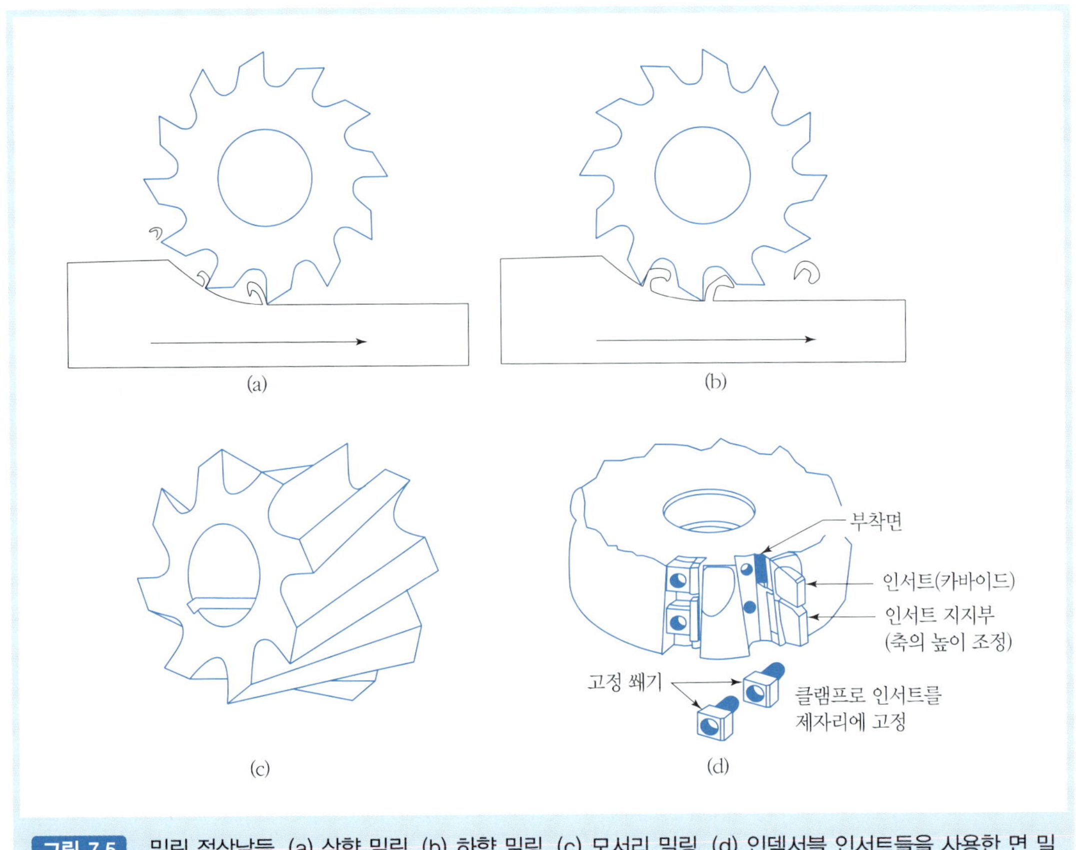

그림 7.5 밀링 절삭날들, (a) 상향 밀링, (b) 하향 밀링, (c) 모서리 밀링, (d) 인덱서블 인서트들을 사용한 면 밀링 상세–인서트는 공구 고정구 아래에서 튀어나옴.

데 사용된다(그림 7.6). 엔드밀은 (이상적으로) 수직한 벽을 갖는 사각 포켓과 같은 형상을 가공할 수 있다.

밀링 절삭날은 서로 다른 응용분야에 대해 다양한 형태를 갖는다. 단일한 절삭날을 갖는 것도 가능하나, 일반적으로 2~100여 개 정도의 절삭날을 갖는다. 부채꼴 모양의 조각들이 각 날에 의해 잘려나가면서 가공되며 그 두께는 이송 속도나 이 부하(tooth load)에 영향을 받는다. 이송 속도는 비교적 느리며 0.25mm를 넘지 않도록 하며 주로 날당 0.025mm보다 작은 값이 사용된다. 그러나 날이 많기 때문에 대부분 금속 제거비가 높다. 이송 속도는 주로 가공되는 절삭부분에 대해서 다양하다.

그림 7.5a에서 보이는 전형적인(orthodox) 측면 밀링 공정에서 처음 접촉하는 이

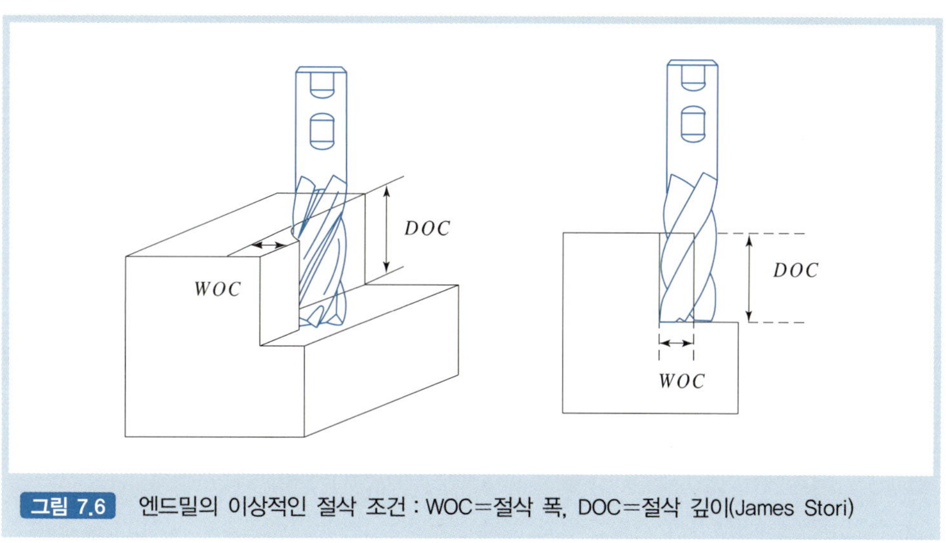

그림 7.6 엔드밀의 이상적인 절삭 조건 : WOC=절삭 폭, DOC=절삭 깊이(James Stori)

(tooth) 각 날의 이송 속도는 작으나 피삭재를 가공하고 멀어지는 날 쪽에서는 가장 크다. 만약 절삭날이 '하향 밀링'용으로 설계되었고 반대 방향으로 회전한다면(그림 7.5b) 이송 속도는 초기 접촉부에서 가장 크다.

실제로 커터의 옆면에서 작용하는 압력에 의해 수직면으로부터 절삭날이 변형될 수 있다(그림 7.7). 가는(slender) 엔드밀은 외팔보와 유사하기 때문에, 그 팁에서 변형이 크게 나타난다. 수직이 되어야 할 포켓의 벽에서 '스키 슬로프(ski slope)'와 같은 경사진 절단면이 나타나는데, 이는 포켓의 가장 윗부분에서는 어느 정도 수직이 유지되지만 공구의 변형이 큰 바닥에서는 커진다.

그림 7.8에서는 수직이 되지 않는 형상 오차(form error)가 벽의 최상위에서부터 S 형태의 파형(undulation)을 나타내는 것을 비교적 간단하게 보여 준다. 스토리(Stori, 1998)는 그림 7.6에서 포켓의 깊이와 절삭에 사용된 날의 비와 이 형상이 관련이 있다는 것을 보였다.

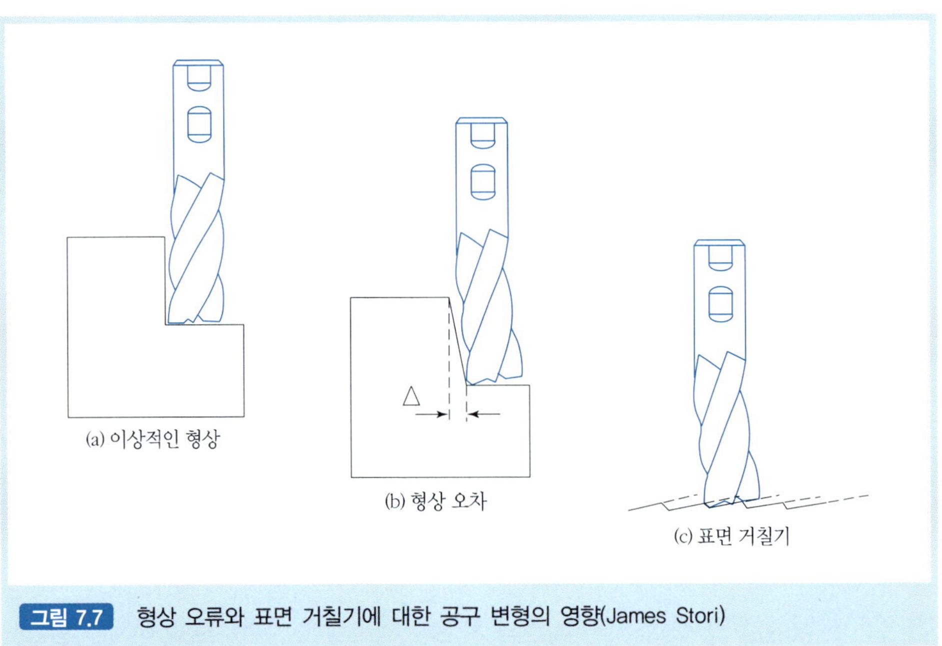

그림 7.7 형상 오류와 표면 거칠기에 대한 공구 변형의 영향(James Stori)

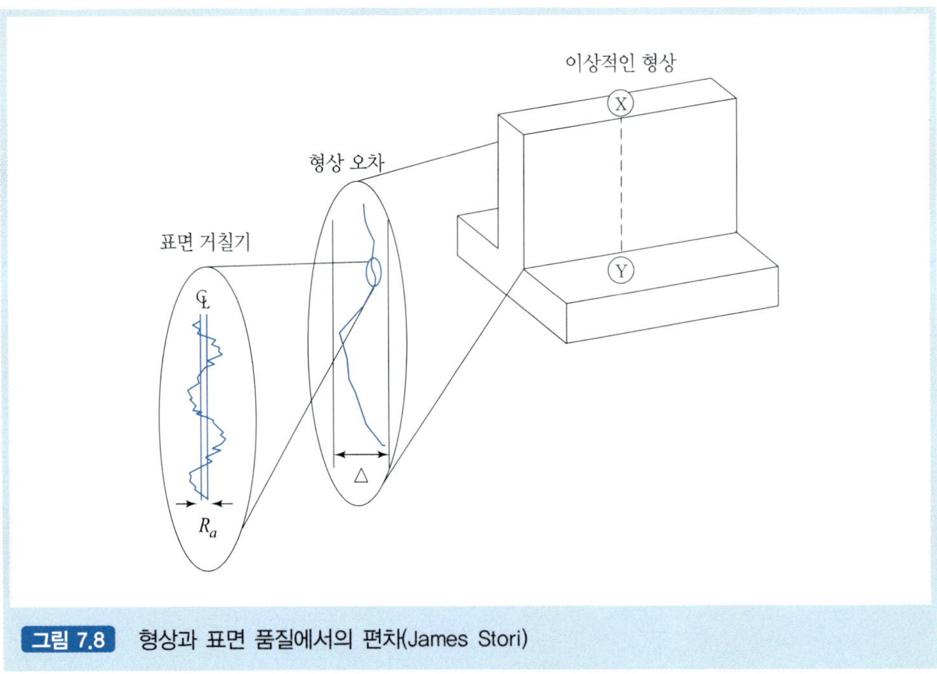

그림 7.8 형상과 표면 품질에서의 편차(James Stori)

7.2.5 'G와 M 코드'를 이용하여 밀링을 통해 형상 가공

제3장에서 소개되었던 와이어 프레임, CSG 또는 DSG 등의 가시화 방법 중 어느 것을 물리적 구성요소로 연결하는 것은 고품질 부품을 빠르게 만들 수 있는 중요한 열쇠가 된다. 이상적으로 설계 형식을 제조 형식으로 바꾸는 것은 모든 설계 정보를 유지하면서 제조자의 입장에서 손쉽게 이해될 수 있어야 한다. 이러한 해석 작업을 공정계획이라고 부른다. 공정계획은 고정구의 선택, 공구의 선택, 공구 경로의 생성을 포함한다.

T1 셸 밀(지름 76.2mm)

T2 엔드밀(지름 38.1mm)

T3 스폿 드릴

예제는 CNC(Computer Numerical Control) 가공 장비를 이용하여 CAD로 설계된 형상을 알루미늄 조각에 구체화시켜 준다. 이러한 표준 가공 장비는 G와 M 코드로 작동된다(그림 7.9). 이 절삭 공구의 이동에 대한 연구는 1950년대에 제안되었다. 'G'

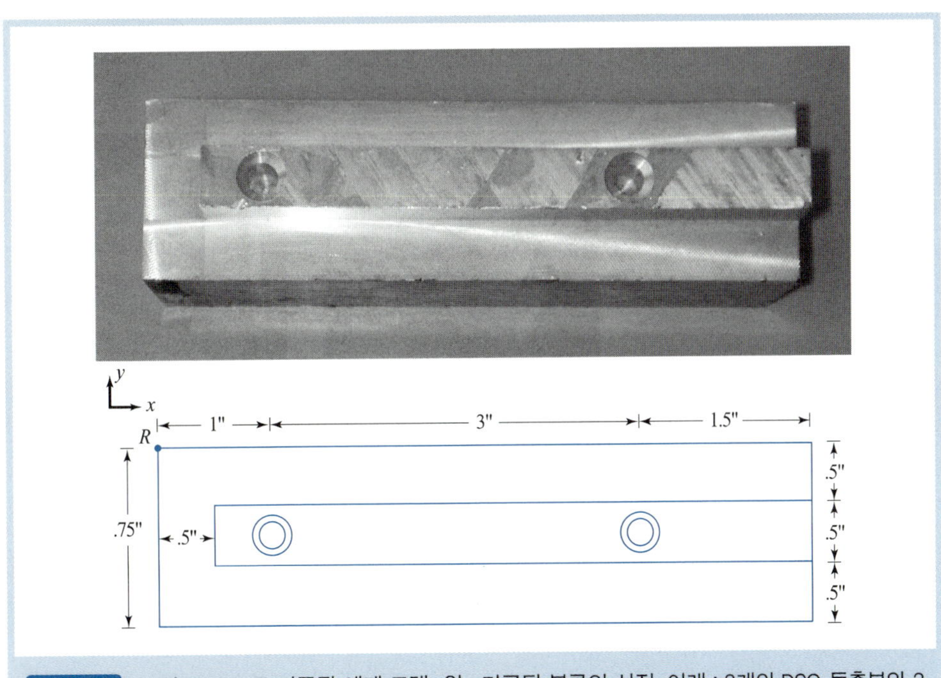

그림 7.9 G와 M 코드로 가공될 예제 모델. 위 : 가공된 블록의 사진. 아래 : 3개의 DSG 돌출부와 2개의 구멍 치수. 숨은 구멍을 드릴 가공하기 전에 스폿 드릴로 스크류 헤드에 경사를 부여하였다(표 7.1).

표 7.1 그림 7.9에 나온 형상을 가공하기 위한 G와 M 프로그램

'O' 블록들은 장비가 시작되도록 하기 위한 정렬 블록이다. 또한, 가공 중 에러가 있을 경우에도, 장비의 재시작을 시도한다. 장비는 'N' 블록들로부터 시작될 수 없다. 길이 단위는 inch.

O1	G0 T1 M6	G0=고속 이송 M6=T1 공구를 스핀들에 장착
O5	*x*-2.00 *y*-.75 *z*0 s3000 M3	s=스핀들 회전속도(rpm), M3=시계 방향으로 공구회전 시작
N10	G1 *x*7.50 F50	G1=선형 이송, x=새 좌표, F=이송 속도(mm/min)
O15	G0 T2 M6	T2 공구를 스핀들에 장착
O20	*x*-1.0 *y*-.26 *z*.49 s1700 M3	−1" off clearance y=0.26 그리고 z=−.49, 황삭 가공
N25	G1 *x*6.26 F50	x=6.26 위치까지 직선 가공 첫 숄더를 생성
N30	*y*-1.76	
N35	*x*-.26	선형 이송으로 계속 가공(G1)
N40	*y*-.26	
O45	G0 *x*1.0 *y*-.25 *z*.50 s2000	정삭 가공을 위해 시작점으로 고속 이동
N50	G1 *x*6.25 F70	정삭 가공
N55	*y*-1.75	
N60	*x*-.25	
N65	*y*-.25	
O70	G0 T3 M6	공구 T3으로 스폿 드릴 가공
N75	G8 *x*1.0 *y*-.75 [*z*-.156 R0] F10 s4000 M3	G81은 canned 형태의 드릴 코드−깊이 방향으로 이동 후 금속 후퇴
N80	*x*4.0	다른 구멍도 가공
O85	G0 T4 M6	공구 T4로 드릴 가공
N90	G81 *x*1.0 *y*-.75 [*z*-.575 R0] F15 s3000 M3	R0는 보조 데이텀, 부품 위의 .1"에 위치
N95	*x*4.0	
N100	M2	프로그램 종료

코드는 장치의 이동을 만드는 명령으로, G1은 선형 이송을 뜻한다. M3가 시계 방향 공구의 회전을 의미하는 것과 같이 'M' 명령은 장치의 동작을 다룬다. 이러한 방법이 자동화되더라도 G와 M 코드는 여전히 오늘날 CNC 장치의 하위 수준 통신 절차로 사용된다. G와 M 코드는 최근에 RS274 표준에 통합되었다.

1955~1960년 초반 G와 M 코드는 APT(Automatically Programmed Tool)로 개선되었다. APT는 그림 7.9와 같이 G와 M 코드가 각 라인을 다루는 것과 다른 상위 수준의 언어이다. APT를 이용한 가공 장치 프로그래밍이 오늘날의 공장에서 여전히 사용되고

있으며, 이는 다시 G와 M 코드로 변환된다. 그러나 다른 여러 상위 수준 프로그램 시스템에서는 CAD 형상을 개개의 공구 경로로 분할하는 것도 가능하다. 이러한 상위 수준의 프로그래밍 환경이 없더라도 모든 세부 내역들이 공구 오프셋이나 황삭/정삭의 순서에 따라 상세히 정의되어야 한다.

제3장에서는 3차원 상위 수준의 CAD 시스템의 URL들이 나와 있다. 이러한 시스템들은 대부분 고정구 계획, 공구의 선택, G와 M 코드로 후처리될 수 있는 공구 경로 생성을 위한 제조계획 환경을 제공한다.

7.3 절삭 가공 공정의 제어

현업에 종사하는 기술자의 관점에서 이상적인 제조 조건은 NC 선반이나 밀링 장비를 구입하여 실험실과 같이 훌륭하고 청결한 환경에서 새로운 절삭 공구로 높은 정밀도와 거울면과 같은 마감처리로 가공한 후 안정적이고 빨리 배송하는 것이다.

이와 관련하여 다음과 같은 의문이 생길 수 있다. 어떤 공구가 사용되어야 하는가? 얼마나 빨리 가공이 되어야 하는가? 가공 중에 볼록한 형상이 어떻게 고정되어야 하는가? 어떤 절삭유가 사용되어야 하는가?

이 외에 다음과 같이 좀 더 직접적인 질문이 생길 수 있다. 왜 드릴은 비싼 주조에서 쉽게 회전하다가 박혀서 멈추는가? 왜 칩은 리본과 같이 연속적이 되어서 계속적으로 스핀들 주변에서 꼬이고, 공구를 멈추게 하는가? 왜 가공 후 표면은 화성 탐사차에서 보내온 사진과 같이 울퉁불퉁한가? 작업자가 작업장 주변에 넘치는 절삭유로 인해 몸이 아플 수 있는가?

보다 심각하게는 이러한 가공이 쓸모 있게 사용되기 위해서는 현장 기술자나 연구 개발자들이 다음의 사항을 다루어야 한다.

- 가공되는 부품의 정밀도 예측
- 가공되는 부품의 표면 마감 예측
- 공구 수명 예측
- 칩 제어 예측

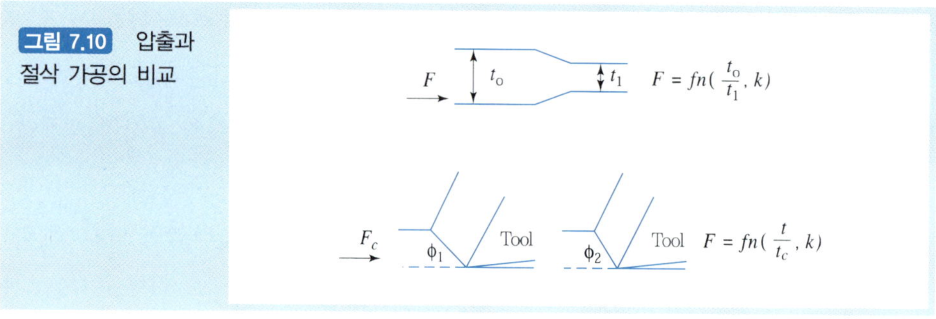

그림 7.10 압출과 절삭 가공의 비교

- 공구와 피삭재, 고정구에 작용하는 하중 예측

물론 절삭 가공은 예측하기 쉽지 않은 공정이다. 그림 7.10의 위쪽 그림은 치약을 짜는 것과 유사한 금속 압출 공정을 보여 준다. 왼쪽의 변형되지 않은 재료의 지름은 t_0, 오른쪽의 변형된 재료의 지름 t_1은 금형을 통해 흐르는 재료를 미리 정해진 지름으로 제한해 준다. 그러나 그림 7.10의 아래 그림에서는 칩의 형태가 고정되어 있지 않다. 왼쪽의 변형되지 않은 재료의 두께는 사전에 정해져 있으나, 앞서의 금형에서처럼 칩의 형상을 제한하기 위한 아무런 구속 장치가 없기 때문에 칩의 두께는 알 수 없다. 결과적으로 각도 ϕ는 압출 공정에서와 같은 제한이 없기 때문에 미리 알 수는 없다.

ϕ값은 다음의 요소들에 영향을 준다.

- 구성부품의 표면 후처리
- 공구 표면의 응력 σ, 고정구와 가공 공구의 힘
- 공구 날과 공구 경사면, 부품의 온도 T
- 가공기가 가공을 위해 필요한 동력

7.3.1 전단각의 예측

언스트(Ernst)와 머천트(Merchant)는 전단면의 물리적인 원리에 대해 상당한 연구를 수행하였다(1940~1945). 그림 7.1의 현미경 사진은 '정의된 각도에서 발생하는 강화 전단의 띠'를 명확히 보여 준다. 그들의 관찰은 전단각의 예측을 위한 기반을 제공했고, 1940년에서 1945년 사이에 그들의 전통적인 '최소 에너지' 접근법이 개발되었다.

이 절은 전단각의 예측에 대해서 다룬다. 칩의 두께는 공구에 의해 제한되지 않기 때문에, 무엇이 작은 전단각과 높은 절삭력으로 두꺼운 칩을 생기게 하고, 큰 전단각과 최소 절삭력으로 얇은 칩을 발생시키는가를 아는 것이 중요하다.

지난 60여 년간 이러한 질문에 대한 답을 구하기 위해 재료의 특성에 대한 지식을 기반으로 절삭 동안 피삭재의 거동을 정량적으로 예측하기 위한 많은 시도가 행해졌다. 말하자면, 전단각의 예측은 절삭 가공을 연구하는 사람들 사이에서는 일종의 '성배'를 찾는 것과 같이 여겨졌다.

언스트와 머천트는 전단면으로 정의되는 칩 형성에서의 전단면과, 평균 마찰각 λ로 정의되는 고전적인 미끄럼 마찰에 의해 발생하는 공구에 대한 칩의 이동을 포함하는 절삭 공정의 모델을 사용하였다.

하지만 이러한 접근은 절삭 가공 시 재료의 거동에 대한 절삭 속도와 같은 변수들의 영향을 충분히 예측할 수 있는 방정식을 만들지는 못하였다. 오직 미끄럼 조건에만 국한된 마찰의 관계를 사용한 것이 이 분석의 가장 큰 약점일 것이다. 이 모델에서 공구와 재료 사이의 접촉에 대한 영역이 중요하게 다루어지지 않았으며, 이를 측정하거나 계산하는 시도도 없었다.

그럼에도 그림 7.11에 나온 머천트의 힘-원은 금속 절삭 이론에서 중요한 초석으로 자리 잡고 있다.

그림 7.11로부터 힘은 다음의 두 방정식으로 얻을 수 있다.

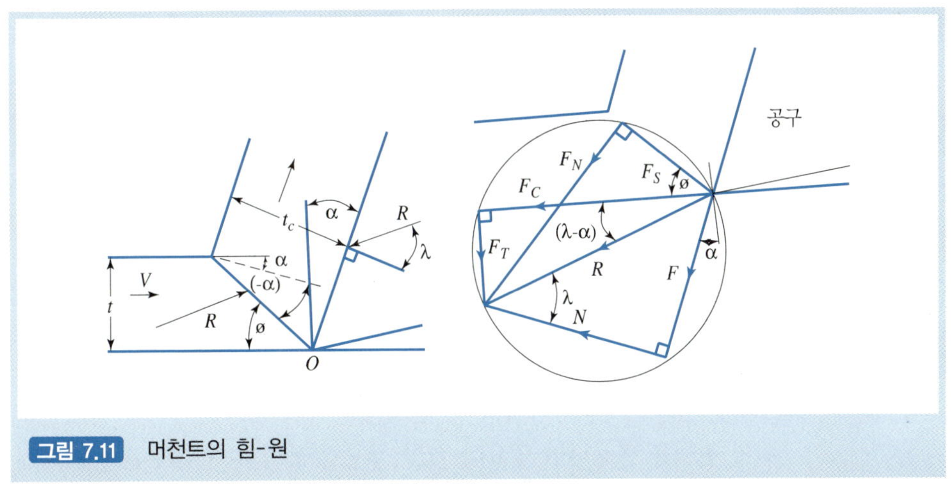

그림 7.11 머천트의 힘-원

$$F_c = \frac{twk\cos(\lambda-\alpha)}{\sin\phi\cos(\phi+\lambda-\alpha)} \tag{7.2}$$

$$F_T = \frac{twk\sin(\lambda-\alpha)}{\sin\phi\cos(\phi+\lambda-\alpha)} \tag{7.3}$$

여기서

t = 변형되지 않은 칩의 두께

w = 변형되지 않은 칩의 폭

k = 가공되는 금속의 전단 항복 강도

λ = 공구의 경사면에 대한 마찰각

전단각에 대해서 첫 번째 방정식을 미분하면 다음과 같으며,

$$\frac{dF_C}{d\phi} = \frac{twk\cos(\lambda-\alpha)\cos(2\phi+\lambda-\alpha)}{\sin^2\phi\cos^2(\phi+\lambda-\alpha)} = 0 \tag{7.4}$$

이때 머천트 방정식은 식 (7.5)이다.

$$\phi = \frac{\pi}{4} - \frac{1}{2}(\lambda-\alpha) \tag{7.5}$$

위의 식을 정리하면 절삭력은 다음과 같이 정리된다. 공구/피삭재 방향으로 주 절삭력의 작용은 다음과 같으며

$$F_c = \frac{wtk\cos(\lambda-\alpha)}{\sin[(\pi/4)-\frac{1}{2}(\lambda-\alpha)]\cos[(\pi/4)+\frac{1}{2}(\lambda-\alpha)]} \tag{7.6}$$

$$F_c = 2wtk\cot\phi \tag{7.7}$$

주 절삭력에 대해서 이송력(접선 방향)의 작용은 다음과 같다.

$$F_T = \frac{wtk\sin(\lambda-\alpha)}{\sin[(\pi/4)-\frac{1}{2}(\lambda-\alpha)]\cos[(\pi/4)+\frac{1}{2}(\lambda-\alpha)]} \tag{7.8}$$

와

$$F_T = wtk(\cot^2\phi-1) \tag{7.9}$$

위의 힘들을 이용하여 필요한 가공 공구의 동력과 공구의 온도를 계산할 수 있다.

7.3.2 요구 동력 중요성

경제적인 관점에서 이 분석의 첫 단계는 기계 장치에 필요한 동력을 계산하는 것이다. 3.75kW(5마력) 급의 작은 선반과 스핀들이 사용되는 밀링 장비는 40,000달러 정도로, 적은 수량의 사출용 알루미늄 몰드를 신속하게 가공할 필요가 있는 업체에 적당하다(제8장 참조).

이와 달리 장기간 사출성형을 위한 금속 금형을 생산하는 보다 큰 공구 및 금형 가공 업체는 22.5kW(30마력) 정도의 스핀들이 필요하다. 이러한 장비는 큰 가공 면적과 공구 교환기를 갖추며 가격은 약 250,000달러 정도이다.

산업계에서는 이러한 장비의 구입 결정을 위해 예측하는 방법이 있는데, 여기서는 일반적으로 추천되는 방법을 소개한다.

일반적인 절삭에 대해 예측된 F_c와 재료의 강성에 대해 동력은 다음과 같이 정리할 수 있다.

$$P = VF_c \text{ watts} \tag{7.10}$$

F_c는 뉴톤(N)으로, V는 m/sec로 측정된다.

7.3.3 온도, 공구 선택, 공구 마모의 중요성

그림 7.12에 표시된 온도 분포를 보면 생성된 열은 세 영역으로 구분된다. 여기의 온도 분포는 유한요소 프로그램으로 계산하였으며, 공구의 템퍼링을 적용한 실험결과에 대해 확인하였다(Steverson et al., 1983).

이 온도에 대한 계산은 언스트와 머천트의 분석을 이용하여 간단히 이루어질 수 있다. 주 전단 영역에서 열 상승(ΔT_P)은 다음과 같다.

$$\Delta T_P = \frac{(F_c \cos\phi - F_T \cos\phi)\cos\alpha}{\rho c w t \cos(\phi - \alpha)} \tag{7.11}$$

이 식에는 밀도 ρ와 비열 c가 포함되어 있다. 또한 이 해석은 미세한 절삭날과 경사면의 공구 온도를 계산하기 위해 확장될 수 있다. 표준 조건에서 금속을 절단할 경우 그림 7.2의 접촉 길이의 끝인 P 위치에서 온도가 1,000℃ 정도가 된다(Trent &

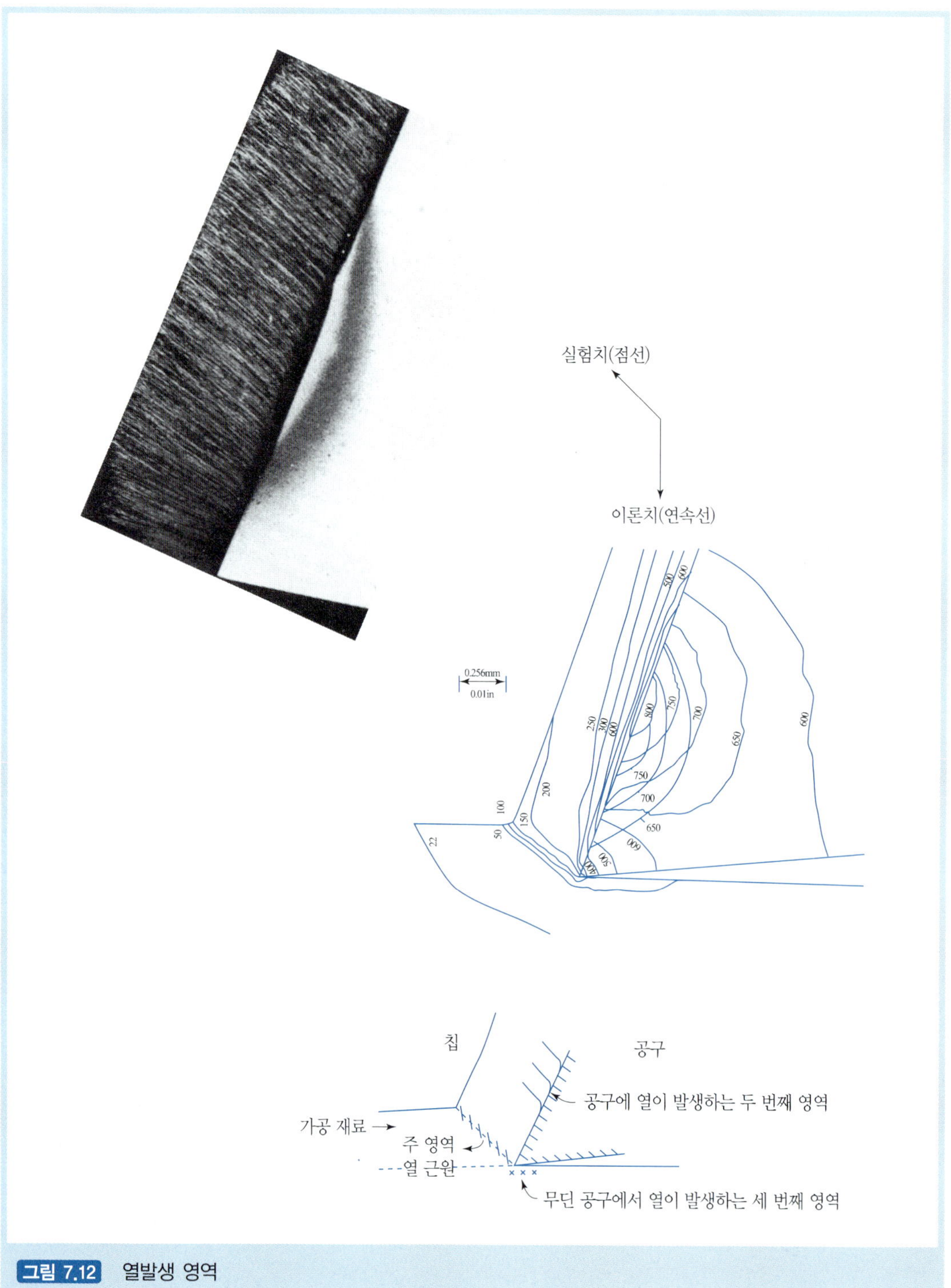
실험치(점선)
이론치(연속선)
0.256mm
0.01in
칩
공구
공구에 열이 발생하는 두 번째 영역
가공 재료
주 영역
열 근원
무딘 공구에서 열이 발생하는 세 번째 영역

그림 7.12 열발생 영역

Wright, 2000 참조).

최근의 절삭 공구에는 고속도강, 초경합금(cemented carbide), PCA(polycrystalline alumina) 기반의 재료들이 주로 사용된다. 앞의 두 가지 재료는 경사면의 마찰을 줄이기 위해 TiN(Titanium Nitride)와 같은 다른 비활성 재료를 얇게 코팅할 수 있다. 트렌트와 라이트(2000)는 이러한 절삭 공구 재료들의 속성에 대해서 상세히 기술하였다.

고속도강은 가장 높은 인성과 충격 저항을 가지기 때문에 작은 규모의 가공 업체의 드릴이나 여러 밀링 공구의 재료로 사용된다. 그러나 보다 빠른 생산을 위해서는 높은 온도에서 더 잘 견디는 초경합금이 공구의 표준 재료로 사용된다. 초경합금 공구는 소결로 제작된다. 따라서 이 공구들은 공구 홀더의 끝 부분에 장착될 수 있는 인서트로 만들어진다. 인서트는 6~8개의 절삭날을 가지며 모서리가 닳아지면 작업자에 의해 빠르게 교체될 수 있어서 초경합금 인서트들은 높은 가공 효율을 제공한다.

다이아몬드 코팅된 초경합금 인서트 또한 알루미늄-실리콘 합금의 고속 터닝에 사용되고 있으며, 계면에서의 비활성 재료에 의해 칩과 공구 사이의 달라붙음이 최소화될 수 있기 때문에 뛰어난 표면 마감을 제공한다. 이러한 코팅은 CVD(Chemical Vapor Deposition) 공정을 통해서 만들 수 있다.

하지만 고온에서 다이아몬드는 높은 강도와 경도에도 불구하고 공구 마모가 매우 빠르기 때문에 강철의 가공에는 잘 사용되지 않는다. 공구는 다이아몬드에서 흑연 형태로의 변환과 다이아몬드와 철 및 주변 환경과의 상호작용으로 인해 점점 닳아진다. 다이아몬드는 대기압하에서 탄소의 형태로 안정적이지 못하지만 다행히도 1,500℃까지의 온도에서는 공기와 접촉하지 않으면 흑연 형태로 되돌아가지 않는다. 그러나 철과 닿으면 730℃ 정도에서도 흑연화가 시작되고, 830℃부터는 산소가 다이아몬드의 표면을 에칭한다.

또한 다이아몬드 공구는 니켈이나 항공기용 합금을 절삭할 때 급격히 마모된다. 일반적으로 이러한 다이아몬드 공구는 계면에서 높은 온도가 발생하는 높은 용융점 금속과 합금의 가공에서는 사용되지 않았다.

최고의 고온 경도를 갖는 알루미나(Al_2O_3, 산화알루미늄으로도 불림)군의 재료들이 주철을 고속으로 면 가공하는 공구에 주로 사용된다. 주철은 고속 절삭에서 짧은 칩이 샤워기를 통해 쏟아지듯이 잘 가공된다. 그러나 산화알루미늄 기반 재료는 취성

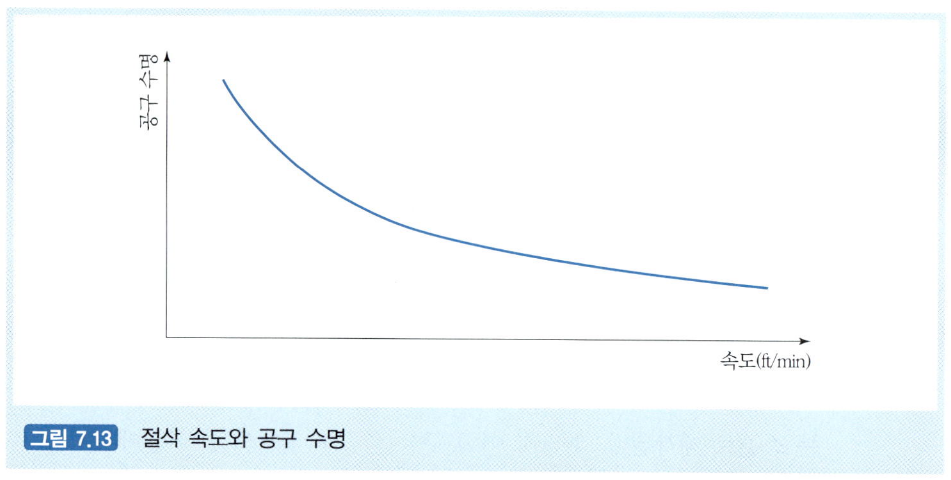

그림 7.13 절삭 속도와 공구 수명

이 커서 깨지기 쉽기 때문에 금속을 절삭하는 데는 제한적으로 사용된다.

경험적으로 그림 7.13에서와 같이 공구 수명은 절삭 속도가 증가함에 따라 감소한다.

다양한 연구를 수행했던 테일러(F. W. Taylor)는 이 주제에 대해 많은 관심을 가졌는데, 그는 과학적인 관리의 원리에 관심이 많았기 때문에 절삭 속도의 최적화는 자연스럽게 이루어졌다. 시간이 지남에 따라 **테일러 공식**의 결과는 Midvale 금속 가공 회사에 적용되었고, 가공기에 대해 200~300%의 생산성 향상이 이루어졌다. 이는 또한 가공자의 임금을 25~100%가량 상승시켰다. 테일러는 로그-로그 축들로 이 결과들을 다시 그린다면, 대부분의 공구 작업의 경우에 대해 직선이 얻어지는 것을 발견하였다.

그림 7.14에서는 다양한 가공 조건들에 대한 관계에 대해서 보여 준다. 유명한 테일러 공식은 절삭 속도 V, 공구 수명 T, 상수 n과 C로 이루어진다.

$$VT^n = C \tag{7.12}$$

$$\log T = \frac{1}{n}\log V + \frac{1}{n}\log C \tag{7.13}$$

$$T = \left(\frac{C}{V}\right)^{1/n}_{f\text{와 } d\text{는 상수}} \tag{7.14}$$

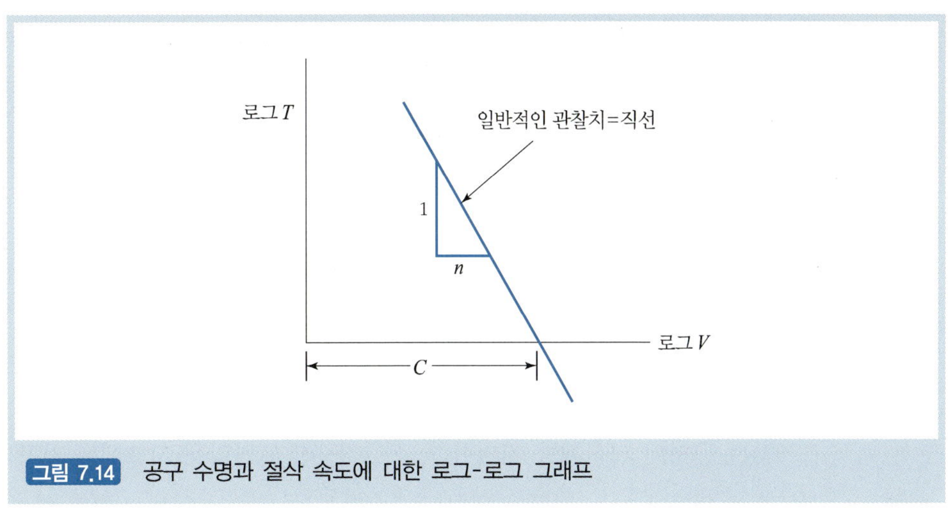

그림 7.14 공구 수명과 절삭 속도에 대한 로그-로그 그래프

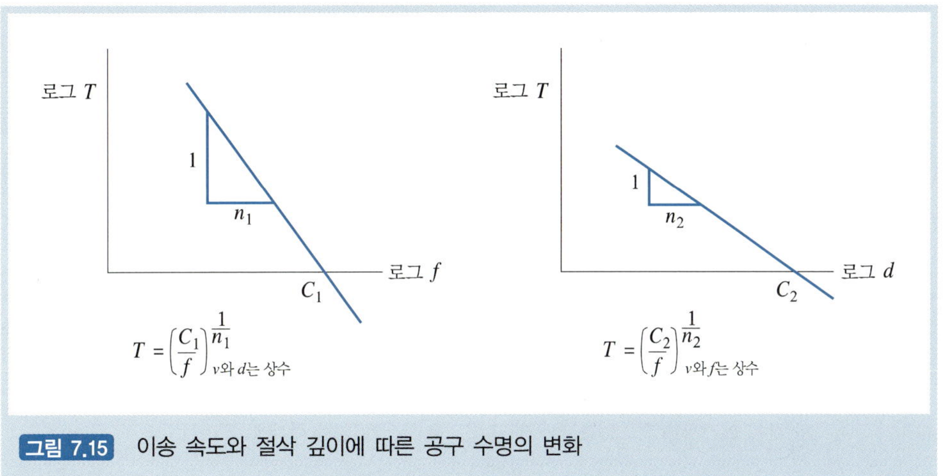

그림 7.15 이송 속도와 절삭 깊이에 따른 공구 수명의 변화

또한 공구 수명 T는 이송 속도 f(V와 d가 상수)와 절삭 깊이(V와 f가 상수)에 민감하다(그림 7.15).

여기서 다음과 같은 정리가 가능하다

$$\frac{1}{n_2} < \frac{1}{n_1} < \frac{1}{n} \tag{7.15}$$

이는 $n_2 > n_1 > n$일 때, 물리적으로 이송 속도와 절삭 깊이에 비해 절삭 속도의 변화가 공구 마모를 더 크게 일으킨다는 뜻이다.

7.3.4 모재 고정의 중요성

밀링이나 터닝 가공 중 발생하는 힘 F_C와 F_T는 사용환경이나 특정 밀링 공정에 따라 픽스처, 지그, 클램프, 바이스, 척으로 불리는 **모재 고정**(work-holding) 장치군에 의해 고정된다. 각각의 가공 공정에서 얻을 수 있는 정밀도는 해당 부품의 가공에 사용되는 표준 가공 장치, 고정장치의 신뢰도에 달려 있다. 고정구는 모재 고정장치의 하나로 특정 형상을 가진 부품의 준비와 고정을 담당하며, 6개의 모든 방향의 자유도를 안정적으로 구속하기 위해 부품 위의 특정 표면과 반드시 일치해야 한다. 가공 공정 중에 전달되는 힘과 진동은 고정구가 견뎌야 하며, 지그는 피삭재에 공구가 잘 위치하도록 보조하는 동시에 피삭재를 지지한다. 예를 들어, 드릴링용 지그에는 가공되는 부품에서 드릴링되어야 하는 정확한 위치로 드릴을 가이드하기 위해 경화된 부싱(bushing)이 있는 경우가 있다.

이러한 고정구와 지그는 일반적으로 가공된 부품에만 맞게 제작된다. 가공 기술자는 이들 장치가 다양한 부품 모양에도 사용되기를 바라며 유연화와 모듈화를 시도하였다. 특히 이러한 유연성은 작은 규모의 생산으로 제조의 흐름이 변하면서 오늘날 더욱 중요해지고 있다(Miller, 1885). 소규모 생산은 전체 생산의 50~75% 정도를 차지하며, 이 중 85%가량은 50개 이하의 부품이다(Grippo et al., 1988). 특정 부품의 **배치** 크기가 감소함에 따라 고정구와 지그의 모듈화는 생산 단위당 고정장치 비용을 최소화하는 데 도움을 준다. 지난 10여 년간 마이크로프로세서 기반의 제어기, 센서, 고정장치들의 개발은 이러한 목표를 보다 가능하게 해 주었다.

오늘날 고정구 설계자들은 부품이 6개의 점으로 단단히 접할 경우, 움직이지 않게 고정된다는 3-2-1 규칙과 같은 경험적 공식을 사용한다. 3개의 점들은 주 기준(datum)을 정의하고 2개의 추가점들은 두 번째 기준을 생성한다. 세 번째 기준은 1개의 점 접촉으로 이루어진다. 이들 6개의 위치들은 절삭날의 움직임에 대해 부품의 위치를 고정시켜 준다(그림 7.16).

만약 마찰이 고려되고, 또 작용하는 절삭력이 과도하지 않다면 보다 적은 수의 접촉이 사용될 수 있다. 보통 이러한 기준점의 선택은 고정구 설계자들에게 맡겨진다. 그러나 중요한 부품의 경우 부품 설계도에 기준이 표시되는 경우도 있다. 또한 이러한 기준은 부품 형상 간에 수직도, 평편도, 동심도 등의 기하학적인 관계를 정의하는 데

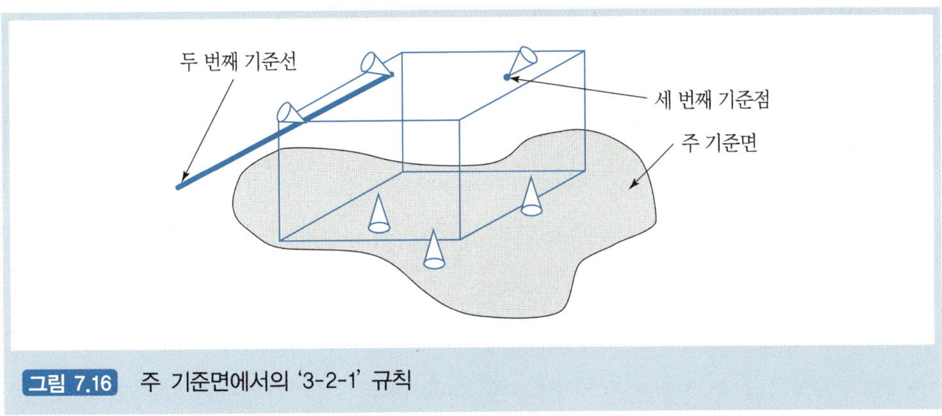

그림 7.16 주 기준면에서의 '3-2-1' 규칙

사용된다. 호프만(Hoffman, 1985)의 자료에서 공차에 대한 정보를 찾을 수 있다.

해당 부품에 적절한 접촉 위치가 결정되고 나면 공간상에서 이들 접촉을 고정시켜 줄 단단한 구조가 갖추어져야 하며, 접촉 형태가 선택되어야 한다. 마지막으로 부품이 안정적으로 고정될 수 있도록 힘을 주기 위한 클램프의 구성이 선택되어야 한다. 복잡한 부품들의 경우, 최종 고정구는 그 부품에 대해서만 사용이 가능하고 약간의 수정만 할 수 있는 맞춤형 설계가 될 것이다.

고정구는 클램핑 힘이 작용하는 **능동 요소**와 부품을 위치시키거나 보조하는 **수동 요소**들로 구성된다. 단순한 부품에 대해서는 맞춤형 고정구가 필요하지 않고 1개 이상의 능동 요소와 추가적인 기계적 정지 장치만 있으면 된다. 정지 장치가 없을 경우 부품은 수조작으로 배치된다. 같은 종류의 부품들이 올려질 위치는 반드시 측정되어야 하기 때문에 특수한 고정구를 구성하는 비용과 단순한 셋업을 사용하는 시간 비용 중 어느 것이 낮은지 고려되어야 한다.

그림 7.17은 몇 가지 일반적인 **수동 고정 요소**를 보여 준다. 주 기준은 공작기계에 고정된 하부 평판으로 정의될 수 있다. 부품 도면에 경사진 형상이 사용될 경우 **사인 평행면**(sine plate)이 사용되는데, 주 기준을 0~90°까지 수동으로 조정할 수 있다. 경사 블록이나 평판이 같은 기능을 할 수 있으나 각도를 조절할 수는 없다. 평행(parallel)이나 들어 올림 블록(riser block)은 정확한 치수만큼 부품을 높일 수 있다. 평행 고정 바는 평면에서 부품이 움직이지 않도록 하는 '벽(fence)'으로 사용된다.

비(vee) **블록**은 원통형 형상을 고정할 수 있도록 2개의 선 접촉을 부여한다. 구형과 숄더(shoulder) 고정구들은 수직과 수평에서의 위치를 고정하는 데 사용된다. 구형 고정구는 고정물과 거의 점 접촉을 하는데, 이는 고정되는 표면이 곡면이거나 부품의 도면에서 기준이 명시적으로 정의되었을 경우 필요하다.

평행-측면 **가공 바이스**(machining vise)는 각주 형태 피삭재의 능동 고정을 위한 다목적 공구이다(그림 7.18). 불규칙한 형식 부품을 고정하기 위해 특별한 고정용 턱(jaw)이 삽입될 수 있다. 바이스는 2개의 이등분된 면으로 이루어지며, 하나는 고정되어 있고 나머지 하나는 고정된 나머지 편으로 이동할 수 있다. 바이스의 고정용 턱이 숄더나 추가적인 정지 장치를 가질 경우 모든 자유도가 구속되게 고정한다. 가벼운

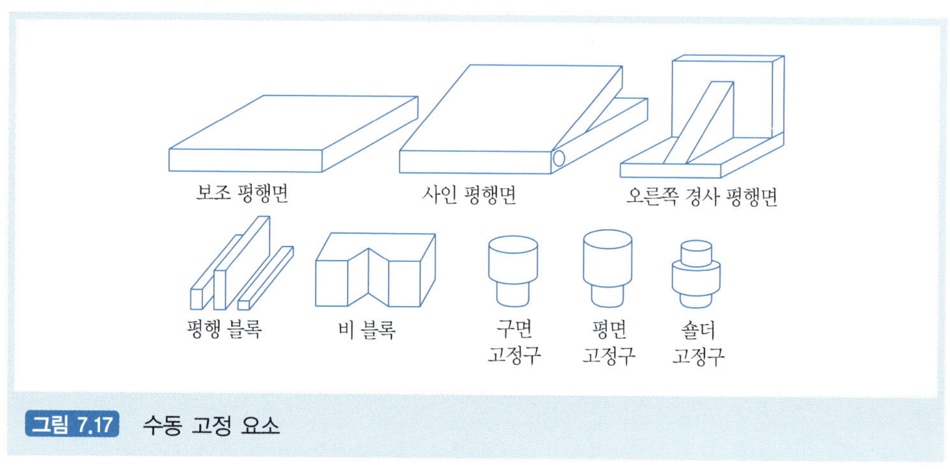

그림 7.17 수동 고정 요소

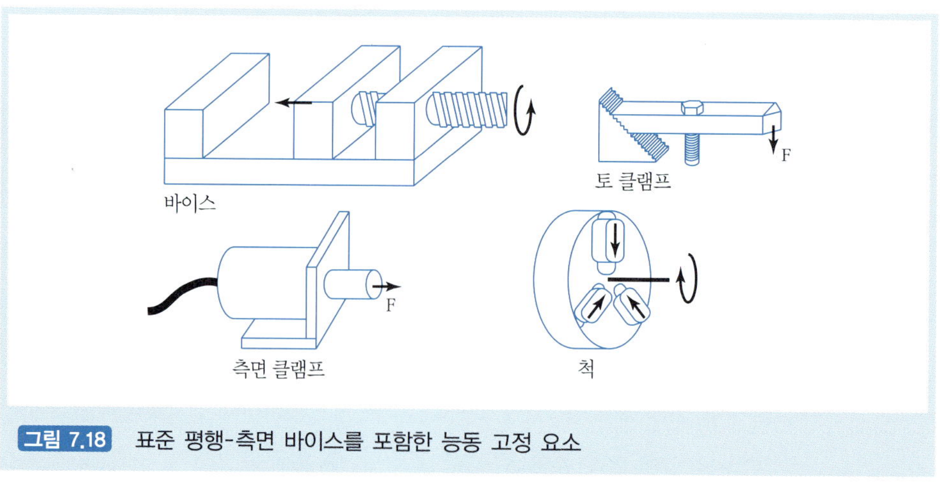

그림 7.18 표준 평행-측면 바이스를 포함한 능동 고정 요소

하중의 가공에서는 이 추가적인 고정구가 필요하지 않을 수 있다.

척(chuck)은 회전축을 중심으로 대칭구조인 부품을 위해 유사한 기능을 제공한다. 이 척은 반지름 방향으로 움직이는 복수의 고정용 턱을 가지며, 경우에 따라 이들은 개별적으로 움직이기도 한다. 척은 그림 7.3에서와 같이 부품을 위치시키고 고정시켜 준다. 비록 3개의 고정용 턱을 갖는 척은 바이스와 비슷하게 일정한 강성과 여유로 인해 정확도가 아주 높지는 않지만, 사용하기에 자유로워서 선반 가공에 표준으로 사용된다.

토 클램프(toe clamp)와 측면 클램프는 작은 접촉 면적을 가지며 부품의 위치를 정해 주지는 않는다. 토 클램프는 피삭재에 수직력을 부여하며 주형이나 평판과 같이 종종 크거나 불규칙적인 부품을 가공할 때 사용된다. 측면 클램프는 부품이 정지부에 맞대어 멈춰 있을 수 있도록 추가적인 수평 방향의 힘을 제공한다. 부품이 어긋날 수 있기 때문에 안전을 이유로 이들은 단독으로 사용되지 않는다.

부품과 고정구 또는 척 사이의 접촉 특성은 부품에 눌림이 없이 최대 구속력을 부여하고 자유도를 효과적으로 줄여 준다. 접촉 면적의 증가는 구속력의 감소를 의미한다. 이와 관련된 연구 분야 중 하나는 불규칙한 피삭재 형상에 대해서 접촉 면적을 증가시킬 수 있게 변형 가능한 고정구를 개발하는 것이다. 선 접촉과 점 접촉은 재료에 더 큰 응력을 주지만, 보다 정밀하게 피삭재의 위치를 고정한다. 넓은 고정 면적은 부품을 가공할 공구의 접근을 방해할 수 있다. 접근성은 주어진 셋업에서 얼마나 많은 면들이 노출되어 있고, 공작기계에 얼마나 쉽게 피삭재를 적재할 수 있는가를 측정하는 것으로 판단되며, 고정구가 서로 다른 형태의 부품을 다룰 수 있는지는 재구성성으로 판단한다. 고정구의 또 다른 중요한 품질은 신뢰성, 정확성, 강성이다.

새로운 피삭재 고정장치의 개발은 중요한 연구 분야의 하나이다. 첫 예로 산업계에서는 모듈화된 **공구 조합**(그림 7.19)이 폭넓게 사용되고 있으며, 공장에서 사용되는 고정구의 최근 동향을 대변해 준다. 이 조합들은 1940년대에 독일에서 처음 발명되었다.

'모듈화'의 기본 개념은 다음과 같이 알려져 있다. 이들 시스템은 보통 색인된 사각 격자와 0.005mm 정도의 공차를 갖는 맞춤 구멍, 정밀한 위치 지정과 고정을 위한 여러 종류의 기본 요소들로 구성되며, 이 요소들은 맞춤 구멍용 핀이나 심축(mandrel)의 확장을 사용하여 격자에 단단히 고정된다. 이 장치의 기저부는 머시닝 센터에 빠르

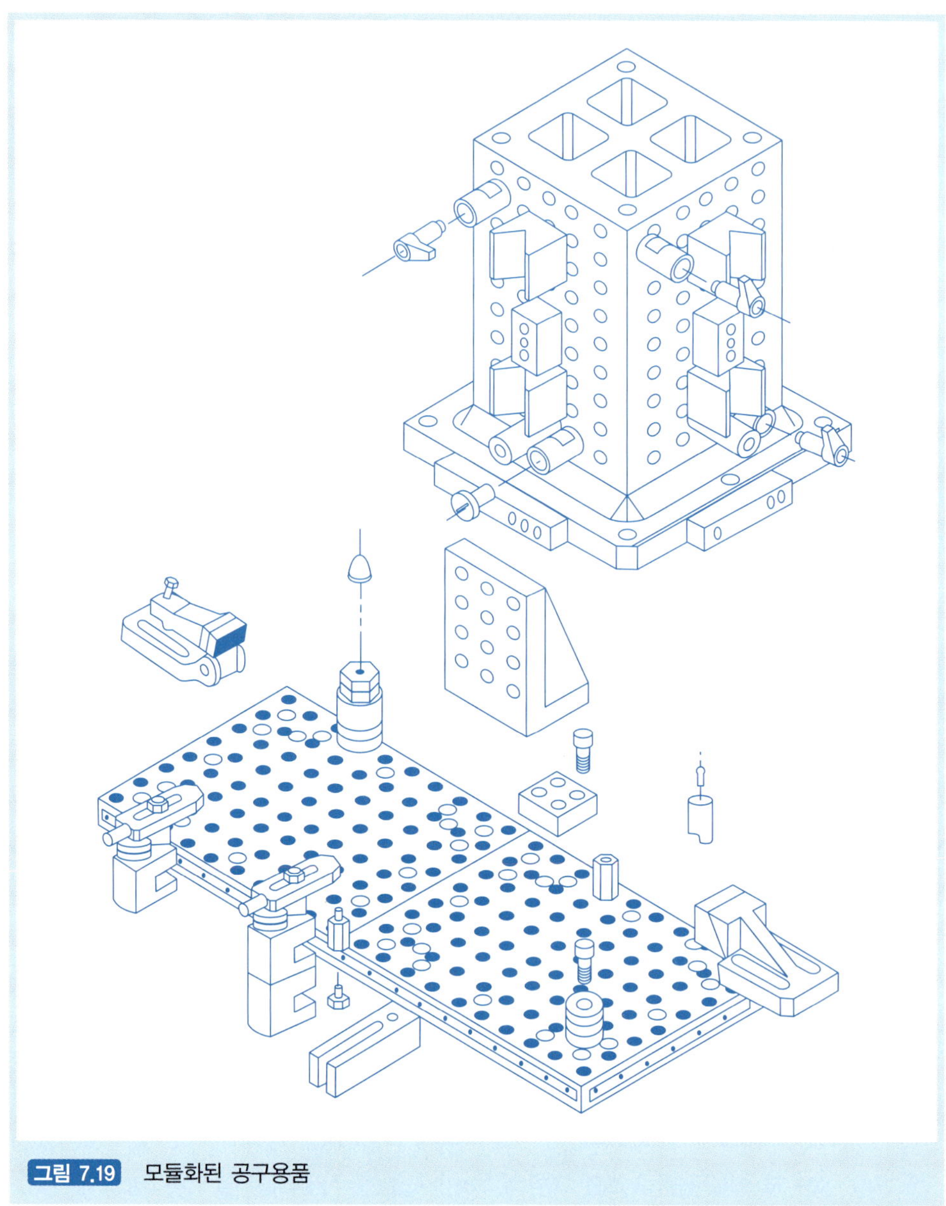

그림 7.19 모듈화된 공구용품

게 설치될 수 있고, 능동/수동 요소와 조임쇠가 추가로 부착된다.

모듈의 표준 부품을 사용하여 'Erector Set(완구 브랜드)' 형식으로 고정구 요소들이 조립된다. 일반적이지 않은 부품을 가공하기 위해서는 특수한 고정 요소가 필요한데, 이러한 고정 방식은 소규모 생산량에 필요한 고정구의 설계와 구성을 빠르게 한다. 또 이들은 분해되어 재사용될 수 있기 때문에 사용된 고정구를 보관하기 위한 비용을 줄일 수 있다. 이러한 조합은 사진과 노트에 기록하여 빠르게 복제할 수 있다. 조립된 고정구에 충분한 정밀도로 부여하기 위해 모든 구성요소는 경화시키고 연삭으로 제작된다.

모듈화된 고정구를 사용할 경우 CAD의 부품 모델을 기초로 자동적으로 고정구를 설계하기 위한 알고리즘이 요구된다. 비록 격자와 모듈의 조합이 자동적으로 고정구를 제시해 주지만, 알맞은 고정구의 설계를 위해서는 아직도 사람의 직관과 시행착오가 필요하다. 더구나 만약 고정구 설계의 대안들이 체계적으로 검토되지 못하면 설계자는 설계의 차선안에 그치거나 적정한 설계를 찾는 데 실패할 수 있다.

그래서 골드버그(Goldberg)와 동료들은 평면에서 부품의 이동과 회전을 막기 위한 모듈화된 고정구의 집합을 고려했다(Wagner et al., 1997). 이 집합은 격자점의 중심에 위치하는 3개의 둥근 고정자와 이동 클램프로 구성되며, 이동 클램프는 격자의 주축을 따라 다양한 거리에서 접촉할 수 있는 단위 간격 구멍의 쌍을 통과하여 격자에 설치된다. 인터넷 사용자는 다면체 부품을 '설계'하기 위해 웹 브라우저를 사용할 수 있다. 골드버그의 FixtureNet은 품질 순서에 의해 정렬된 각 고정구의 답안과 부품을 고정시켜 줄 고정구의 그림을 함께 제공한다.

웹 사이트(http://goldberg.berkeley.edu.fixturing)의 링크들은 온라인 매뉴얼과 문서들을 포함한다. 초기 서비스는 부품의 형상을 입력으로 받고, 주어진 부품을 가장 적절히 고정할 수 있는 모든 고정구 설계안들을 합성해 주는 알고리즘을 제공한다. 이는 최초의 고정구 통합 알고리즘 중에 만약 유일한 해결안이 존재한다면 사용 가능한 고정구를 찾는 것을 보장해 준다는 점에서 완벽하다. 공정계획 에이전트는 FixtureNet을 직접 부를 수 있고 3차원까지 확장이 가능한 해결안의 존재와 고정구에 작용하는 외력들에 대해 검토할 수 있다.

두 번째 예로 자동화된 재료 운용을 많이 사용하는 공장에서는 **신속 공구 교환**(quick change tooling)이 유용하다. 이는 공작기계에서 설정 시간을 줄여 준다. 예를 들어, 자동화된 팰릿 교환기는 부품 형상에 대해 다양한 배열을 제공하기 위해 표준화된 크기의 팰릿과 연결부를 사용한다. 이는 모듈화된 재료-고정 시스템에서 공구 베이스처럼 사용될 수 있어서 부품은 동일하게 연결되는 리시버를 사용해 선반에서 밀링 장비로 재고정 시간이 없이 이동할 수 있다. 이러한 장비의 표준화된 연결부는 수 초만에 구성될 수 있다. 유연생산 시스템(Flexible Manufacturing System, FMS)에서 이 팰릿이 구성되고 적재되는 것은 매뉴얼 워크스테이션이다.

세 번째 예로 **유압식 고정 시스템**(hydraulic clamping systems)은 수작업으로 작동되는 능동 요소들을 대체하기 위해 개발되었다. 기름을 사용하는 실린더는 훨씬 작은 크기로 만들 수 있고, 정밀하게 구속력을 제어할 수 있다. 유압 회로는 자체 보정 지원, 순차적인 구속 순서, 정확한 구속력을 만들 수 있다. 축적기(accumulator)가 사용되면 유압 동력원은 구속력의 감소 없이 분리될 수 있다.

네 번째 예로 금속 박판 드릴링 공정을 위해 아사다(Asada)와 동료들이 **자동 재구성 고정구 시스템**(automatically reconfiguring fixture system)을 개발하였다(1985). 공구 베이스는 직교 조립 로봇이 수직 보조재를 넣을 수 있는 여러 개의 티(tee) 슬롯을 가진다. 보조재들은 한 손으로 조립될 수 있는 잠금장치를 가지고 있는데, 클램프를 쥐면 잠금이 풀리고 티 슬롯을 따라 적당한 위치로 미끄러진다. 고정구의 높이 또한 로봇이 정할 수 있다. 조작자는 3차원 부품의 와이어 프레임 모델 위에 접촉점을 선택하고 시스템은 이 선택된 점을 일련의 조작 작업들로 나눈다.

마지막 예로 **무기준 부품 채움**(Referece Free Part Encapsulation, RFPE) 시스템이 설계 공간을 자유롭게 하고 부품이 설계되고 가공될 수 있는 가용 영역을 크게 확대시켜 주기 위해 제안되었다(Sarma & Wright, 1997). RFPE는 얇은 막대 형상이나 좁은 단면을 가공할 수 있게 해 준다. RFPE는 피삭재를 완전히 감싸기 위해 상변이 재료(Rigidax)를 사용하고 가공 공정 중에 지지대 역할을 제공한다(그림 7.20).

부품의 첫 면이 가공되고 나면 가공된 형상 주변에 Rigidax 재료를 붓고 재료를 다시 감싸면, 각진 기둥이나 직육면체와 같은 전체 형상으로 쉽게 고정된다. 그리고 가공은 다른 면들에 계속해서 진행된다. 가상 제조의 추상 수준(level of abstraction)에서 이 반복적인 공정은 설계자에게 극적인 '유연(deconstraining)' 효과를 제공한다(감싸기/면 1 가공/재감싸기를 위한 채움/재위치/면 2 가공 등). RFPE 고정구의 규칙은 전형적인 고정구보다 적은 수로 이루어지고, RFPE의 사용은 가공 가능한 공차를 약간 감소시킨다. RFPE 없이 가공 공구는 일반적으로 +/−0.025mm 정도의 정확도를 제공한다. 참고로 뮬러(Mueller)와 동료들은 +/−0.005mm 수준의 공차를 얻을 수 있도록

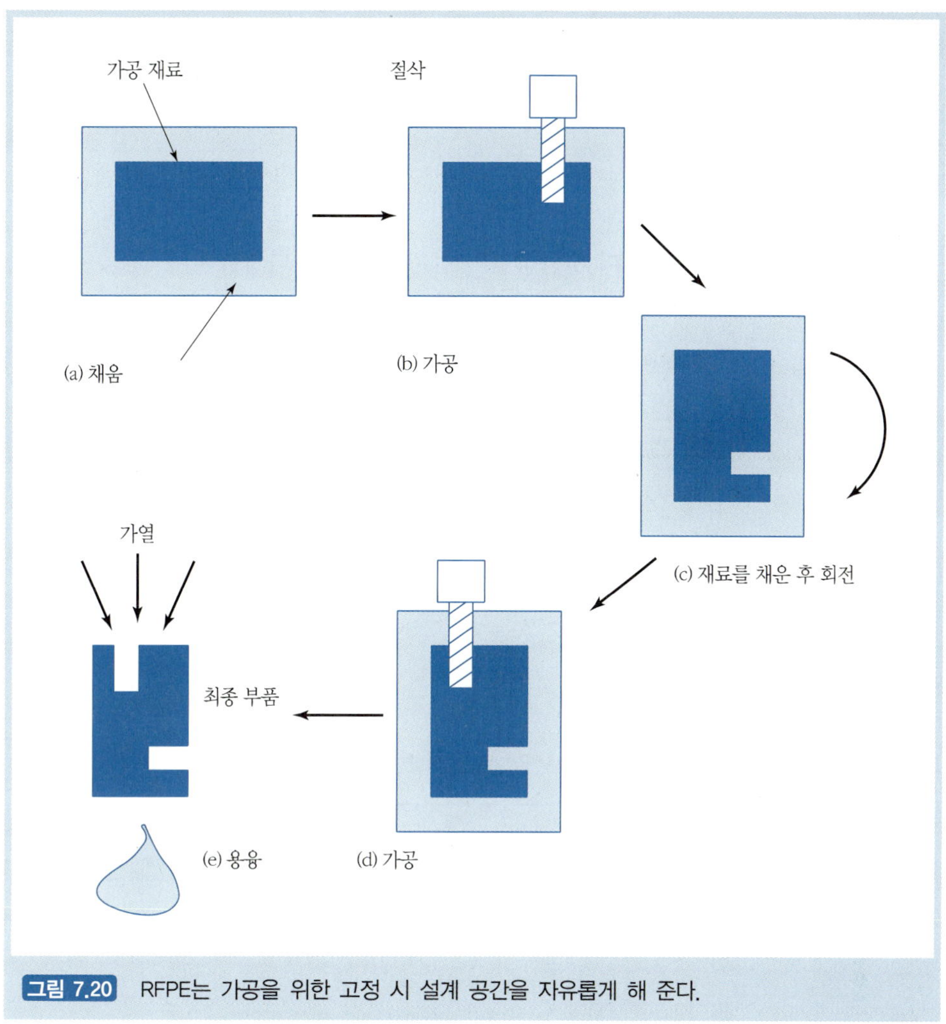

그림 7.20 RFPE는 가공을 위한 고정 시 설계 공간을 자유롭게 해 준다.

절삭 전에는 시뮬레이션 패키지를, 가공 공정에서는 센서를 사용하였다. RFPE를 이용하여 가공하는 동안 공차는 +/−0.075mm 정도이며, RFPE 기술을 이용하여 가공 정확도를 향상시키기 위한 연구가 계속 진행되고 있다.

7.4 절삭 가공비용

7.4.1 개요

여기서는 생산 업체에서 가공 장비를 작동시키는 비용을 최적화시키는 방법에 대해 소개한다. 실제로 이 일반적인 방법은 가공에서 다양한 비용 분석에 사용된다. 따라서 이 주제에 대한 자세한 계산은 일반적으로 공장의 미시경제와 관련이 있으며, 비용 분석의 일반적인 목적은 다음 중 하나를 달성하는 것이다.

- 부품당 생산비용의 최소화
- 부품당 생산 시간의 최소화
- 이익의 최대화

이 분석에 필요한 기호는 표 7.2에 나와 있다.

표 7.2 가공비용에 대한 분석을 위한 기호와 설명

기호	설명	일반적인 단위(영국)	일반적인 단위(SI)
V	절삭 속도	ft/min	m/min
f	터닝 공정의 이송속도에 대해서는 그림 7.3에 나와 있다. 이송 속도나 절삭 깊이보다 회전 속도가 공구의 파손에 더 영향을 미친다고 경험적으로 발견되었다. 이로 인해, f나 d보다 V가 해석에서 더 많이 나타난다.	inches/rev	mm/rev
d	터닝 공정에 사용되는 절삭 깊이	inches	millimeters
T	공구 수명	minutes	minutes
T_M	금속 절삭 시간	minutes	minutes
T_R	낡은 공구의 교체에 걸리는 시간	minutes	minutes
T_L	부품 적재에 걸리는 시간, 여기에는 적재+고정+상승+초과 이동+공구 후퇴+부품 해제	minutes	minutes
W	작업자의 임금을 포함한 장비의 분당 평균 사용 비용	$/minutes	$/minutes
y	공구의 절삭 모서리의 가격, 초경합금 인덱서블 인서트의 단일 모서리 가격은 전체 모서리의 가격을 모서리의 수로 나눈 것을 사용한다(일반적으로 3, 4, 6 또는 8).	$	$

7.4.2 부품당 생산비용

소규모 생산에서 개개의 부품을 생산하는 비용은 다음과 같다.

$$C_{\text{PER PART}} = WT_L + WT_M + WT_R\left[\frac{T_M}{T}\right] + y\left[\frac{T_M}{T}\right] \quad (7.16)$$

이 식에서 기호는 다음과 같다.

W = 장비 작업자의 임금과 장비 부대 비용(overhead)의 합

WT_L = 적재나 고정구에 의해 다양하게 영향을 받는 '비생산비용'

WT_M = 금속 절삭의 실제 비용

WT_R = 가공되는 모든 부품들에 공유되는 공구 교체 비용. 이 비용은 각 부품에서 총공구 수명 T의 T_m 분만큼 사용되기 때문에 모든 구성요소로 나누어지고 WT_R의 T_M/T이 할당된다.

동일한 방법을 적용하면 모든 부품들은 공구 가격 y의 T_M/T 만큼을 사용한다.

오늘날 터닝 공구는 일반적으로 초경합금 인덱서블 인서트를 사용하며 각각의 인서트에 3, 4, 6 또는 8개의 날을 사용할 수 있다. 가공 날의 개수는 인서트가 삼각형이거나 사각형인지, 경사각이 양의 값인지 음의 값인지에 달려 있다. 양의 경사각을 갖는 공구들은 4개의 모서리 중에 3개가 날로 사용된다. 음의 경사각을 사용하는 경제적인 이유는 양면을 사용하면 6개나 8개의 가용 모서리를 사용할 수 있기 때문이다. 일반적으로 공구 비용 y=인서트의 비용을 사용 가능한 모서리의 수(3, 4, 6 또는 8)로 나눈 것이다.

7.4.3 부품당 생산 시간

소규모 생산에서 각 부품을 생산하는 시간은 다음과 같이 계산한다.

$$\text{총시간} = T_L + T_M + T_R + \left(\frac{T_M}{T}\right)$$

중요한 고객에게 납품하는 경우와 같이 비용보다 시간이 중요할 때는 앞선 비용에 대

한 식보다 이 식이 최적화되어야 한다.

7.4.4 이익률

세 번째로 고려되는 요소는 이익률이며 다음과 같이 계산한다.

$$\text{이익률} = \frac{\text{부품당 수입} - \text{부품당 비용}}{\text{부품당 생산 시간}}$$

7.4.5 최소 비용 대 최소 시간

우리는 최소 비용을 얻을 수 있는 가공 속도 V_{opt1}를 구하거나 최소 시간을 위한 가공 속도 V_{opt2}를 계산할 수 있다. 이 계산들은 시간 위주의 분석이 (공구 교체 시간이 아닌) 공구 비용을 무시하는 것을 제외하면 근본적으로 같다. 공구 비용을 포기한다면, 그림 7.21의 x축에서 더 빠른 최적 가공 속도로 중요한 고객을 기쁘게 할 수도 있다. 두 경우 모두 절삭 속도 V, 이송 속도 f, 절삭 깊이 d가 증가하면 공구가 더 많이 손상된다.

- 그러므로 V가 매우 느리면 가공 시간 T_M이 매우 크다.
- 한편으로 V가 매우 빠르면, T는 너무 낮아지거나 T_R과 y가 너무 커진다.

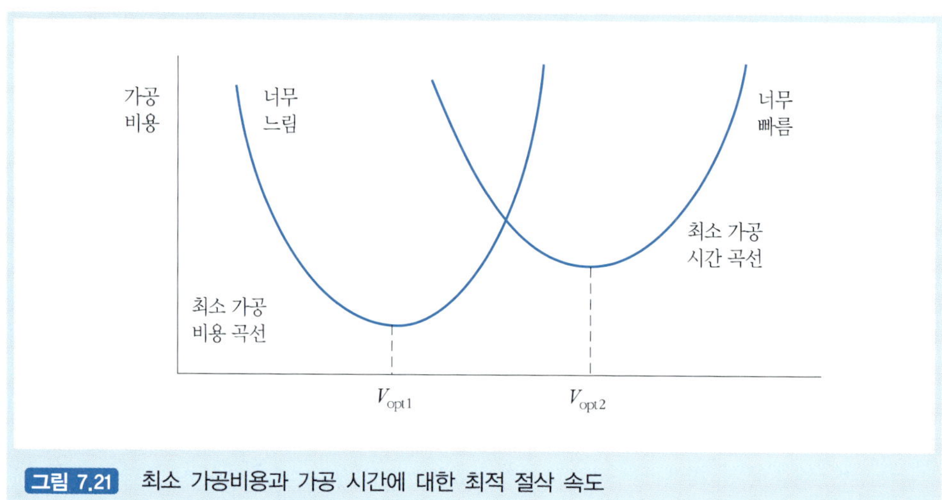

그림 7.21 최소 가공비용과 가공 시간에 대한 최적 절삭 속도

가공 시간과 공구 수명의 이와 같은 상충 관계가 그림 7.21에서와 같은 최소 또는 최적 가공 속도를 보여 준다.

7.4.6 최소 비용에 대한 분석

밀링보다는 터닝에 한정하면 그림 7.3과 같은 원통을 가공하는 데 필요한 시간은 다음과 같다.

$$T_M = (\pi d l)/1000 f V \tag{7.17}$$

이 식은 그림 7.3과 같이 길이 l, 지름 d인 둥근 바를 이송 속도 f, 절삭 속도 V일 때 가공하는 데 필요한 시간을 보여 준다.

단위는 산업 표준을 따라 속도 m/min을, 이송 속도는 mm를 사용한다. 길이와 지름 또한 mm이다. 모든 단위들을 통일하기 위해 속도 m/min에 1,000을 곱한다.

절삭 속도에 대한 부품당 최적 가공비용은 식 (7.16)의 곡선을 속도 V에 대해 미분하여 그림 7.21의 최솟값을 찾아서 구할 수 있다. 자세한 순서는 다음과 같다.

단계 1 : 요구되는 표면 마감을 고려하고 이송 속도 f를 최대화한다. 7.7절에서는 표면 기복의 산술 평균으로 표면 거칠기(R_a)를 구하는 방법을 소개하고 있다. 식 (7.18)에서 (R)은 선반 공구의 끝 부분 반지름이다.

$$R_a = 0.0321(f^2/R) \tag{7.18}$$

단계 2 : 변수 V를 독립시키기 위해 테일러 식[식 (7.12)]과 가공 시간[식 (7.17)]을 이용하여 식 (7.16)을 미분한다. 이에 대한 표현은 다소 복잡하다. 자세한 설명은 쿡(Cook, 1966) 또는 아르마레고(Armarego)와 브라운(Brown, 1969)의 가공 서적들에 나와 있고, 여기서는 최종 식만을 다룬다. 다음 식에서 나오는 T의 값이 다양한 V에 대해 최소 비용을 얻을 수 있는 공구 수명이다. 최소 비용에서 절삭 속도 V는 이 식과 그림 7.21에 V_{opt}로 표시되고, 이러한 최적값들에서 f, V, T 등 모든 매개 변수들은 별표(*)를 사용하여 표시된다.

단계 3 : 테일러 상수 n, n_1과 K를 생성한다. 또한 식 (7.19)의 $\Re$을 계산한다.

- 첫째, (T 대 V)와 (T 대 f) 데이터의 테일러 식이 필요하다. 여기서 이송 속도를 증가시키는 것은 절삭 속도를 증가시키는 것보다 공구 수명을 적게 훼손한다는 것을 기억하라. N과 n_1 값은 이어지는 식들에서 얻어진다.
- 둘째, 테일러 식이 V와 f의 함수이기 때문에, 상수(C)는 이송 속도와 속도 상수를 포함하는 상수 K로 교체된다. 이 또한 식 (7.21)에 나와 있다.
- 셋째, 식 (7.16)에서 속도 변화에 직접적으로 관계가 없는 변수들을 고려하기 위해 별도의 비용과 관계된 상수($\Re$)를 사용한다. $\Re$은 공구 비용 y와 (작업자 비용+장비 비용)$=W$, 공구 교체 시간 T_R을 아우른다. 여기서 y/W는 단위가 없는 상수이며, T_R에 min 단위로 더해진다.

다음의 식에서 모든 시간은 분으로 측정되었고, 모든 비용은 센트(100분의 1달러)로 계산되었으며, N, n_1, K, $\Re$의 값은 일정하다.

$$\Re = T_R + (\mathrm{y}/(W)) \tag{7.19}$$

$$T^* = \Re\left(\frac{1}{n} - 1\right) \tag{7.20}$$

$$T^* = K(V^*)^{-1/n}(f)^{*-\frac{1}{n_1}} \tag{7.21}$$

$$V^* = \left(\frac{K}{T^*(f)^{*\frac{1}{n_1}}}\right)^n \tag{7.22}$$

$$\left(C^* = W\left(T_L + \frac{T_M^*}{1-n}\right)\right) \text{ 또는 } \left(C^* = W\left(T_L + T_M^*\left(1 + \frac{\Re}{T^*}\right)\right)\right) \tag{7.23}$$

종합하면 이 식들은 그림 7.21의 포물선 그래프에서 최솟값을 구하기 위한 최적 공구 수명 T^*, 최적 절삭 속도 V^*, 추천 이송 속도 f^*와 연관이 있다. 식 (7.17)은 T_M^*을 제공한다.

7.5 박판 성형

7.5.1 박판 성형에서의 변형 모드

자동차와 가전제품 산업에서 다양한 박판 부품들이 '박판 성형'으로 분류될 수 있는 수많은 성형 공정들로 생산된다. 박판 성형(스탬핑 또는 프레싱이라고도 불린다)은 종종 수백 미터 길이의 설비를 이용하여 이루어진다.

자동차 공장을 방문하여 거대한 장비 옆에 서 보고, 바닥의 진동을 느껴 보고, 장비들 사이에서 부품을 옮기는 거대한 규모의 로봇 장치를 보지 않고서는 이러한 설비의 규모나 비용을 상상하기가 쉽지 않다. 교육용 비디오나 텔레비전 프로그램은 오늘날의 자동차 스태핑 패널 라인의 규모를 제대로 전달하지 못한다. 이런 가공에서 볼 수 있는 또 다른 요소는 다수의 서로 다른 박판들이 성형 작업을 거친다는 것이다. 블랭크(가공 전의 박판)는 간단한 전단(shearing)으로 형성되지만 다양한 굽힘 가공(bending), 드로잉 가공(drawing), 늘이기 가공(stretching), 크로핑(cropping), 트리밍(trimming)은 각각에서 요구되는 맞춤형 금형으로 이루어진다.

이와 같은 다양한 하위 공정들이 있는데 각각의 경우에서 요구되는 형상을 드로잉 가공, 늘이기 가공, 굽힘 가공으로 알려진 변형 모드들을 사용하여 얻는다. 이 세 모드들은 다양한 상태의 응력들이 박판의 면에 작용하는 미소 박판 요소의 변형을 고려함으로써 설명할 수 있다. 그림 7.22는 원형 블랭크로부터 실린더 형태의 컵이 생산되는 간단한 성형 공정을 보여 준다.

1. 드로잉 가공(drawing)은 펀치가 아래로 누르는 힘에 의해 블랭크의 테두리가 금형을 따라 수평하게 늘어나는 곳에서 관찰된다. 테두리의 박판 요소는 반지름 방향으로 늘려지고 원주 방향으로 수축하며, 박판 두께는 대략적으로 일정하게 유지된다(그림 7.23의 위쪽 오른편).
2. 늘이기 가공(stretching)은 일반적으로 박판면에서 박판 재료의 요소가 2개의 수직 방향으로 늘려질 때 발생하는 변형으로 설명된다. 대부분의 성형 작업에서 나타나는 인장의 특수한 형태가 **평면 변형률 늘이기 가공**이다. 이러한 경우 박판 재료가 한 방향으로만 늘어나고 늘려지는 방향의 수직 방향으로는 치수 변화

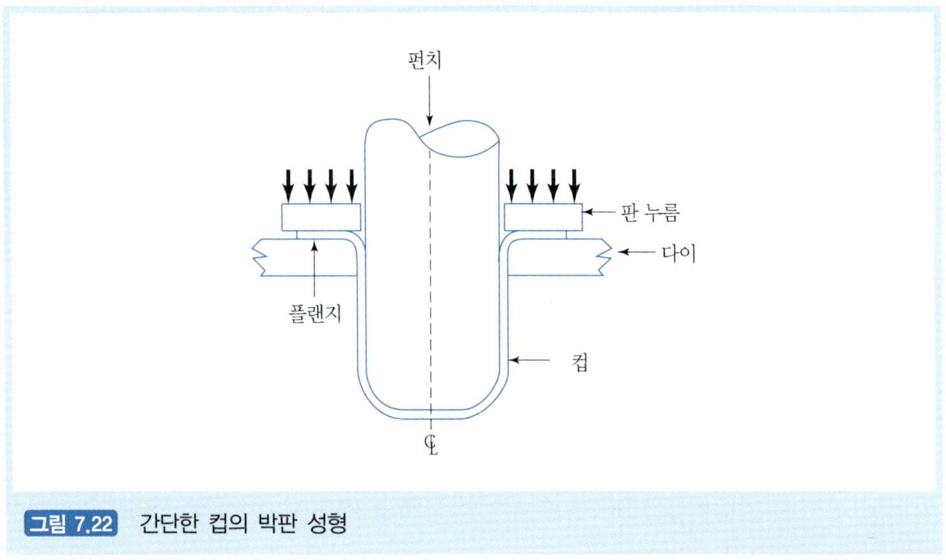

그림 7.22 간단한 컵의 박판 성형

가 없지만 두께는 일정하게 얇아진다.

3. 굽힘 가공(bending)은 박판 재료가 금형이나 펀치의 둥근부분을 지날 때 관찰되는 변형 모드로, 재료의 방향이 크게 변한다. 이러한 변형은 **평면 변형률 인장과 수축**의 한 예이다.

7.5.2 늘이기 가공 중 파손을 방지하기 위한 재료 선정

그림 7.23의 아래와 같은 늘이기 가공 작업은 박판의 모서리 중 한 곳에서 국소적인 얇아짐[또는 네킹(necking)이라고 함]으로 인한 균열을 발생시킬 수 있다. 펀치의 돔 주변에서의 늘이기 가공과 모서리 주변에서의 굽힘이 함께 작용하여 변형되는 금속에서는 높은 변형률이 발생한다. 그리고 늘이기 가공 공정 중 국소적인 얇아짐이 없어야 한다면, 변형 중에 강도가 증가할 수 있는 재료가 선택되어야 한다.

공정의 처음에 변형된 영역에서 금속은 강해지고 변형은 다른 위치로 전달된다. 이렇게 주위의 **약한 재료 쪽으로 변형률이 전달되는 과정**이 계속된다. 그러나 결국에는 국소 영역에서의 변형경화(strain-hardening) 허용치의 단계를 넘기면 네킹이 시작된다. 이러한 변형경화의 특징은 박판 재료에서의 일반적으로 진응력-진변형률(true stress-true strain) 관계에서 지수 n으로 표현된다.

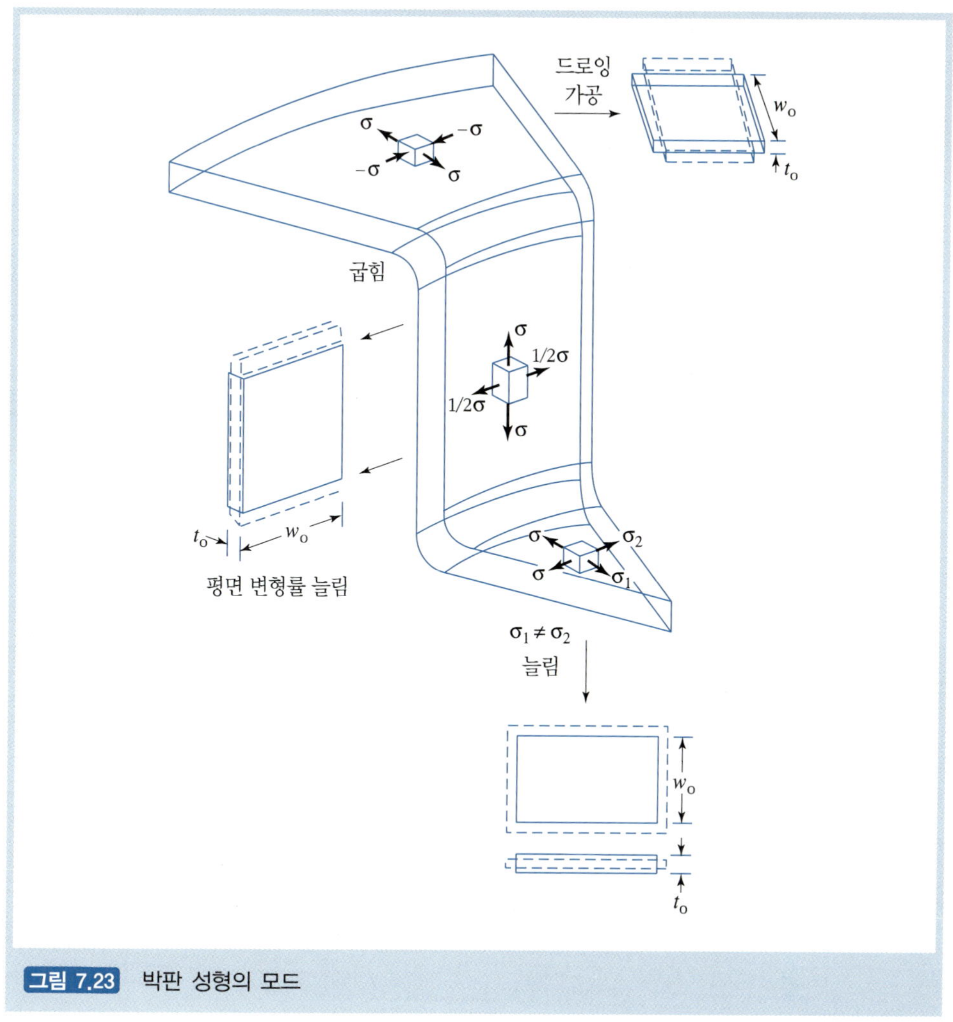

그림 7.23 박판 성형의 모드

$$\sigma = K\varepsilon^n$$

여기서, σ = 응력

K = 재료 상수

ε = 진변형률

n = 가공경화 지수 또는 변형경화 지수

그림 7.24는 진응력과 진변형률 간의 표준 그림을 보여 준다(Rowe, 1977 참조). 로그-로그 그림에서 이들의 관계는 일반적으로 n 값에 대한 직선으로 표시된다. 높은

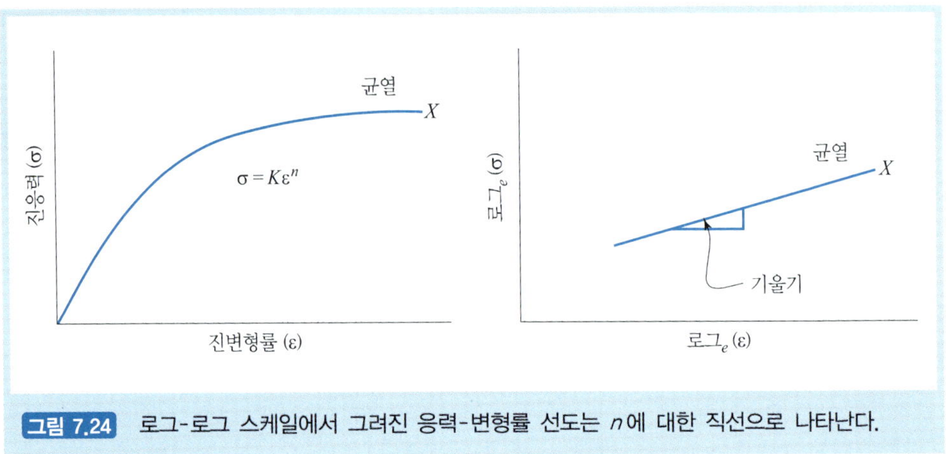

그림 7.24 로그-로그 스케일에서 그려진 응력-변형률 선도는 n에 대한 직선으로 나타난다.

n 값은 보다 균일한 분포의 변형, 즉 적은 국소 변형을 이끌기 때문에 늘이기 가공 작업에 사용될 재료에서 요구된다.

그림 7.25는 팽창(bulging) 실험의 조합에서 n 값의 영향을 보여 준다. 이 데이터는 메이어(Meyer)와 뉴바이(Newby, 1968)가 반구 펀치를 이용하여 79mm의 높이로 세 가지 서로 다른 재료의 원형 블랭크를 잡아당겨 얻은 것이다. 높은 n 값은 대부분의 변형이 가장자리 영역으로 전달되기 때문에 돔의 상단 중심에서는 상대적으로 매우 낮은 변형률이 나타난다.

몇 가지 재료들의 일반적인 n 값들은 다음과 같다.

연강(mild steel, capped, Al-killed, rimmed), $n = 0.22 \sim 0.23$

오스테나이트계 스테인리스강(austenitic stainless steels), $n = 0.48 \sim 0.54$

페라이트계 스테인리스강(ferritic stainless steel), $n = 0.18 \sim 0.20$

70/30 황동(brass, annealed), $n = 0.48 \sim 0.50$

알루미늄 합금(aluminum alloys), $n = 0.15 \sim 0.24$

7.5.3 드로잉 가공 작업에서 균열을 방지하기 위한 재료의 선택

앞서의 늘이기 가공 모드에서는 좋은 변형경화 특성을 갖는 연성 재료가 요구되었으나, 드로잉 가공 작업에서는 박판면보다 두께 방향으로 더 강한 수직 이방성 재료가

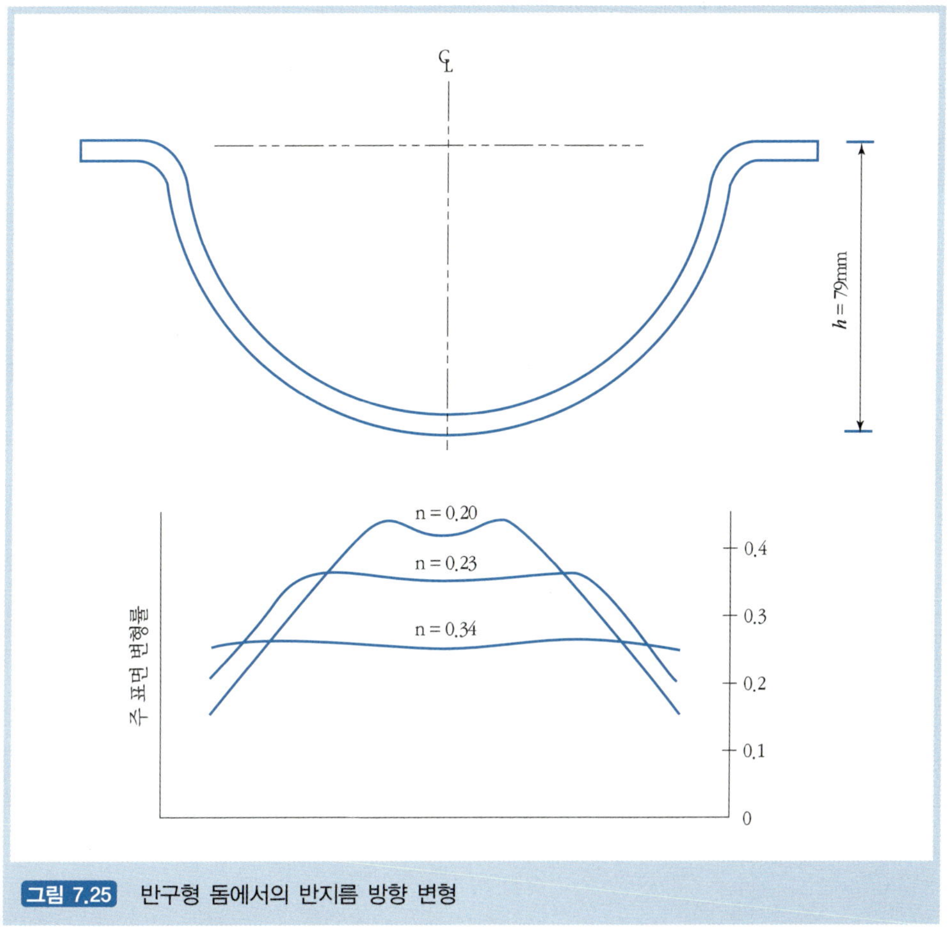

그림 7.25 반구형 돔에서의 반지름 방향 변형

요구된다(두께 방향에 대해서는 낮은 변형률을, 면 방향으로는 높은 변형률을 갖고자 하기 때문에 높은 R 값을 갖는 재료가 필요하다). 두께 방향으로 얇아짐에 대한 저항은, 두께 방향 소성 변형률에 대한 평면 방향에서의 소성 변형의 비로 정의되는 소성 이방성 변수 R로 측정된다(그림 7.26).

높은 R 값은 ε_t보다 ε_w가 크기 때문에 우수한 드로잉 가공 성형성을 갖는다. 실제로 박판 재료는 항상 상당한 결정 이방성을 보이며 압연으로 제작된 스트립은 '압연 방향', '압연의 수직 방향'과 '기타 각도'에서 다른 속성들을 갖는다.

그림 7.27에 나온 것과 같이 R의 평균값은 압연 방향에 대해 0, +/− 45°, 90°의 네 가지 방향으로 잘린 인장 시편으로부터 결정된다. 다음으로 평균값들을 이용하여

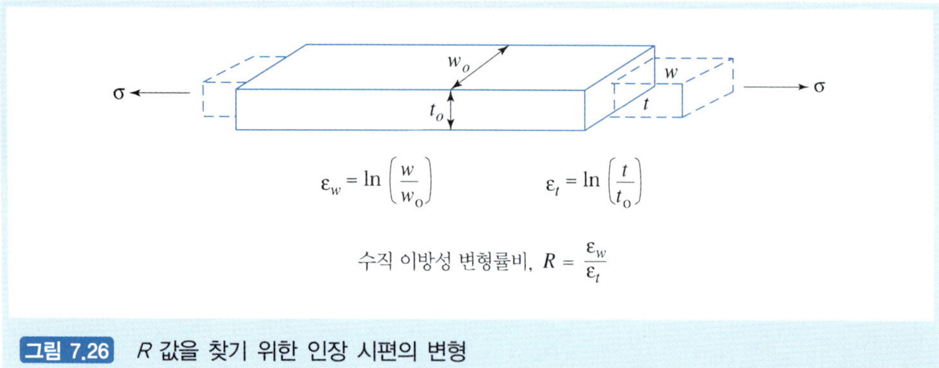

그림 7.26 R 값을 찾기 위한 인장 시편의 변형

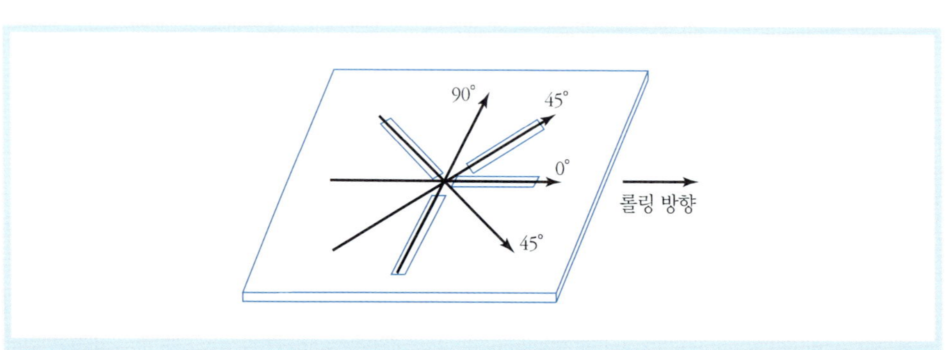

그림 7.27 4개의 개별 시편에서 얻어진 평균 R값

R_m을 계산한다.

몇 가지 일반적인 R 값들은 다음과 같다.

연강, R_0 =0.90~1.60, R_{45} =0.95~1.20, R_{90} =0.98~1.90, R_m =0.98~1.50

알루미늄 합금, R_m =0.6~0.8

오스테나이트계 스테인리스강, R_m =0.90~1.00

페라이트계 스테인리스강, R_m =1.00~1.20

70/30 황동(annealed), R_m =0.80~0.92

티타늄(Titanium), $R_m \cong 3.8$

알파-티타늄 합금, R_m =3.0~5.0

지르코늄 합금 : 2장(냉간 압연), $R_m \cong 7.5$

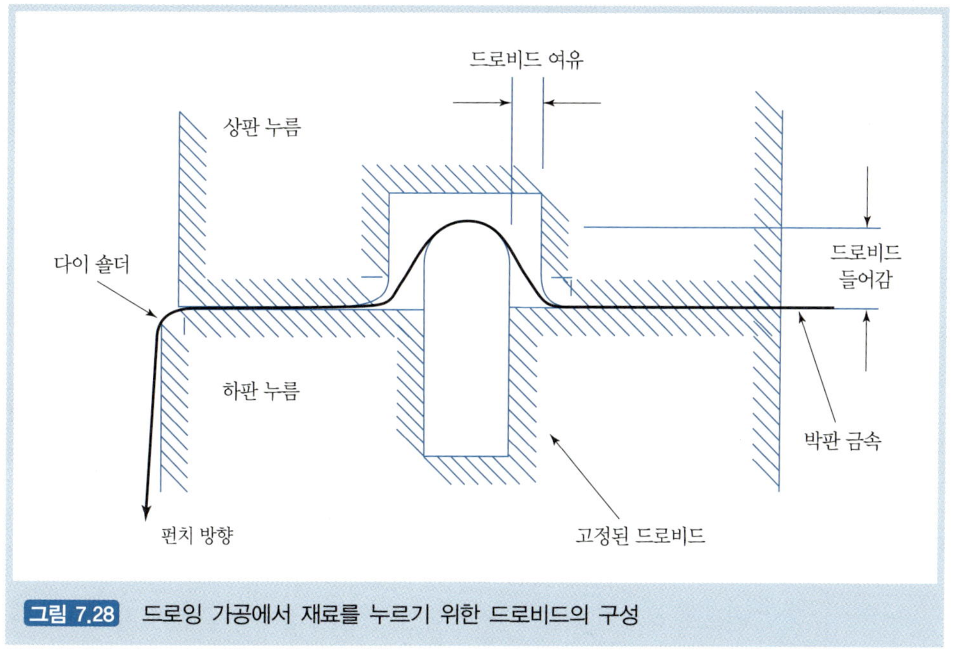

그림 7.28 드로잉 가공에서 재료를 누르기 위한 드로비드의 구성

현업에서 드로비드(drawbeads)는 박판이 금형 벽으로 지날 때 박판 윗부분 주변에서 발생할 수 있는 파손을 피하기 위해 사용된다. 이 드로비드는 금형의 표면에 가공되거나 넣어진 '융기(bump)'와 유사하다. 이들은 그림 7.28과 같이 박판이 금형 영역으로 들어갈 때 박판을 붙들어 준다.

7.5.4 실험 방법

성형의 다양한 특성들을 시뮬레이션하기 위해 다양한 평가 방법들이 개발되었다. 여기서는 이들 평가 방법들 중 두 가지 예를 다룬다. 첫 번째 방법은 장출성(stretchability)을 측정하는 것이고, 두 번째 방법은 성형성을 측정하는 것을 다룬다.

에릭슨(Erichsen) 평가 이 평가에서 박판 재료의 장출성 한계는 등이축인장(balanced biaxial tension) 상태에서 수립된다. 27mm 지름의 금형에 90mm 너비의 시편을 단단히 고정하고 20mm 지름의 구형 펀치로 시편에 균열이 발생할 때까지 누른다. 형성된 팽창(bulge)은 대부분 장출성에 의한 것이고 균열에서의 팽창의 깊이는 재료의 늘어남의 한계이다. 그러나 이 평가는 장출성을 측정할 수 있으나 드로잉성을 알지는 못한다.

스위프트(Swift) 평가 이 방법에서는 서로 다른 지름을 갖는 일련의 블랭크로 평편한 바닥을 갖는 컵들을 성형하고 균열이 발생하기 시작하는 블랭크의 크기를 결정한다. 이 블랭크의 지름을 펀치의 지름으로 나누면 한계 드로잉비(limiting drawing ratio, LDR)가 얻어진다. 이 스위프트 평가는 드로잉 가공 공정에 대해서는 매우 유용하나, 장출성과는 별 관계가 없다.

7.5.5 성형 한계선도

에릭슨과 스위프트 평가들은 현업의 금형 조작자에게는 유용한 몇 가지 지침을 제공할 수 있다. 그러나 이들의 제한된 특성으로 인해 드로잉 가공과 늘이기 가공 모드의 변형이 동시에 발생하는 복잡한 공정에 대한 성형 관계를 수립하는 데는 사용될 수 없다.

그러므로 **성형 한계선도**는 일반적인 성형 공정에서 균열이 발생하는 다양한 표면-변형률 조합에 대해서 보다 편리한 시각적 묘사를 제공한다. 바크오펜(Backofen)과 동료들(1972) 그리고 굿윈(Goodwin, 1968)에 의해 소개된 첫 번째 선도는 앞서 묘사된 두 방법과 유사한 다양한 수의 가상 평가 방법이 포함된 경험적인 방법들로 결정되었다. 이와 같은 성형 한계선도는 박판 평면에 최대(e_1)와 최소(e_2) 변형률 요소의 다양한 조합으로 주어진 재료에 대한 파단 변형률(즉, 네킹과 파손)을 보여 준다.

예를 들어, 항상 크기와 방향이 같은 두 평면-변형률 요소들로 늘려지는 박판에 대해서 생각해 보자(즉, $e_1 = e_2$). 이는 등이축인장 시험의 경우를 나타내며, 에릭슨의 시험에서 얻은 정보와 대응된다. 이 경우 그림 7.29의 오른쪽 부분에 위치한 선들로 표현된다. 다양한 추가 시험들이 예를 들어 $e_1 = 2e_2$, $e_2 = 0$, $e_1 = -e_2$ 등이 동일한 재료에 행해질 수 있으며, 파단이 일어날 때의 변형률 값이 결정된다. 점 x에서의 모든 이러한 균열 조건들의 궤적은 그림 7.29와 같이 그려진다. 이 궤적을 **성형 한계선도**라 부른다.

그림 7.29에서 e_2가 음의 값(즉, 압축)일 경우 드로잉 가공 공정에서의 변형 조건을 보이며, e_2가 양의 값(즉, 인장)일 경우 늘이기 가공일 경우의 변형 조건을 나타낸다. $e_2 = 0$인 특이 경우는 평면 변형률 늘이기 가공 모드의 변형을 보인다.

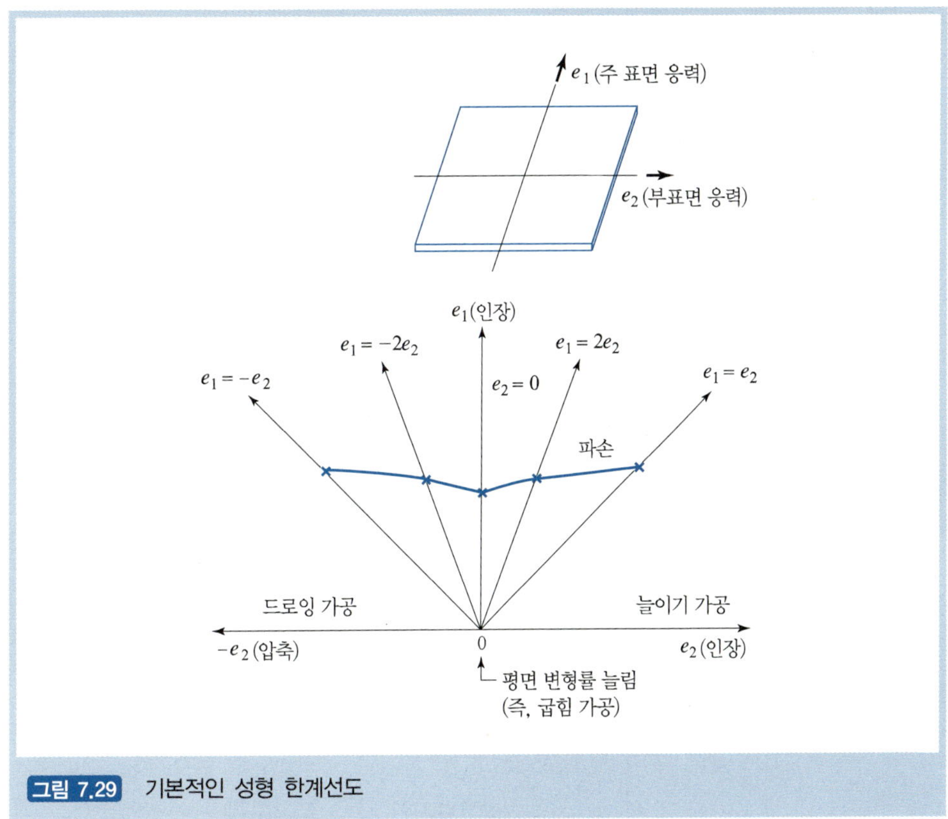

그림 7.29 기본적인 성형 한계선도

7.5.6 현업에서 성형 한계 개략도의 유용함

흥미롭게도 $e_2 = 0$일 경우는 어느 성형 공정에도 원하지 않는 표면 변형률들의 조합을 보인다. 그러므로 프레싱(pressing)의 한계 영역에서 변형률 e_2를 증가시키거나 줄이는 것은 파단이 발생하기 전에 더 많이 변형되게 한다.

자동차 패널의 성형성에 대해 좀 더 잘 이해하기 위해, 먼저 격자 패턴을 블랭크에 새긴다. 에칭 공정을 사용하여 지름 2~3mm 정도의 작은 원 모양의 격자를 만들 수 있고, 이 원의 지름은 프레싱 후에 측정된다(그림 7.30 참조).

격자의 원은 프레싱 과정에서 타원으로 변형되고, 타원들의 상호 간에 수직한 주축과 부축들은 주 면에 대한 진변형률 ε_1과 ε_2를 정의한다.

원과 타원의 형상으로부터 다음과 같은 식이 정리된다.

그림 7.30 성형된 셀에서 변형 상태 : 성형된 셀의 뒤쪽으로 새겨진 작은 원은 응력 분포에 대해서 아는 데 유용하게 사용될 수 있다.

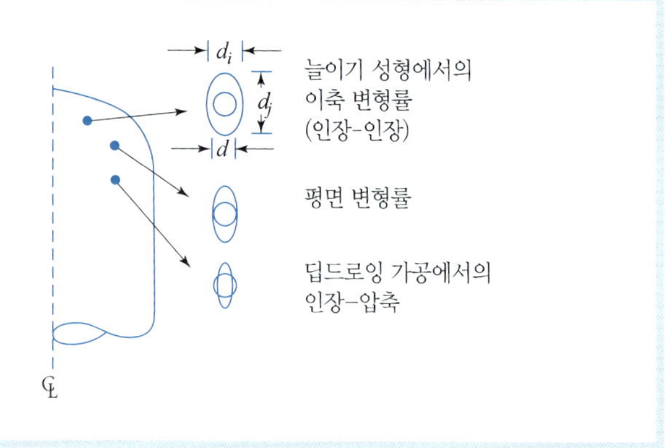

$$\varepsilon_1 = \log_e \frac{d_j}{d}, \ \varepsilon_2 = \log_e \frac{d_i}{d}$$

여기서,

d=압착 전의 격자 원의 지름
d_j=압착 후의 타원의 큰 지름
d_i=압착 후의 타원의 작은 지름

일반적으로 이 결과를 진변형률과 자연변형률의 정의보다는 공칭 주변형률을 보는 것이 보다 편리하다. 즉,

$$e_1 = \frac{d_j - d}{d}, \quad e_2 = \frac{d_i - d}{d}$$

만약 네킹 또는 파단 영역 바로 근처의 원들에 대해 분석을 한다면, 부변형률(e_2) 대 주변형률(e_1)의 선도에서 약하거나 파단된 부분을 성공적인 프레싱이 가능한 변형률 조건과 구분하여 찾을 수 있다(즉, 성형 한계를 보여 준다).

따라서 그림 7.31의 압착 업체의 실험 데이터에서와 같이 서로 다른 재료와 두께에 대한 '안전' 영역과 '실패' 영역이 만들어진다.

일반적으로 사용되는 성형 한계선도를 고려해 보는 것은 유익할 수 있다. 격자로

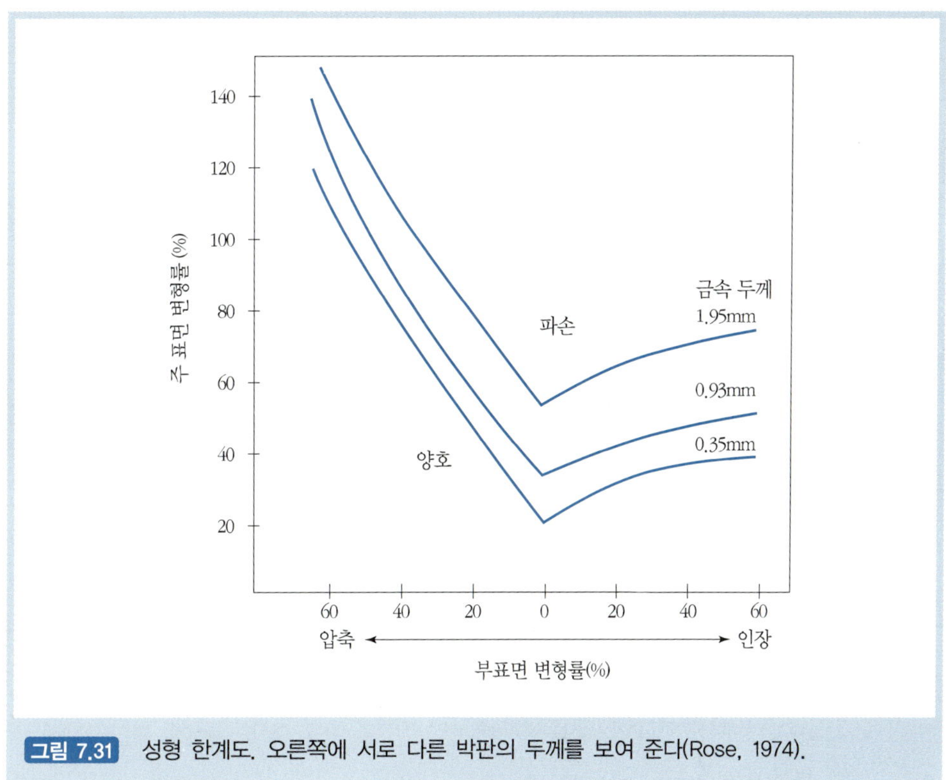

그림 7.31 성형 한계도. 오른쪽에 서로 다른 박판의 두께를 보여 준다(Rose, 1974).

된 박막의 단일 압착실험을 하면, 주어진 장비를 이용하여 새로운 파트를 가공하는 것이 쉬울지, 어려울지 또는 불가능할지를 쉽게 결정할 수 있다. 그러면 설계 변경이나 재료의 변경에 대한 정량적인 논의가 가능하다. 또 이전에 논의된 것과 같이 금형 형상을 조금 변경해서 변형률을 크게 하고 실패 영역에서 안전 영역으로 가공영역을 옮길 수 있다.

대부분의 경우 몰리브덴 이황화물(molybdenum dissulfide)을 포함하는 특수한 윤활제는 잠재적으로 얇아지거나 파단될 점들의 주변에 국소적으로 사용되어 변형률 분포를 변경한다.

기준점을 잡는 프레싱을 계속하면 다이를 설정하는 사람은 대량 생산 중 프레스가 조절 범위를 벗어나거나 박판의 물성이 변화된 경우에도 문제가 될 위치를 찾을 수 있다. 결과적으로 격자로 된 블랭크가 기준이나 시험 평가용으로 사용될 수 있다면 프레스 조작자와 다이 조정자의 훈련은 더 쉽고 빨라질 수 있다.

7.6 기술 경영

7.6.1 정밀 제조 서비스와 고객들

오늘날 '하이테크' 가공 업체와 금속 가공 업체들의 고객 중에는 의학산업, 바이오 기술산업, 금형 가공산업, 가전제품의 플라스틱 케이스, 항공산업, 할리우드 영화 산업의 특수효과 업체들이 있을 수 있다.

적은 생산량의 고정밀 가공 업체는 또한 반도체 산업(제5장)과 PCB 산업(제6장)용 장비들의 주요 공급처이다. 광리소그래피에서 마스크를 이동시키는 데 사용되는 스텝퍼(stepper)는 금속 가공을 사용하여 제작되고, 제작비용이 100~200만 달러 정도가 되는 장비의 좋은 예이다.

'고객에 기초한' 이 가공에 대한 정리는 미래에도 유효할 주요 역사적인 관점을 제시한다. 즉, 다른 제품의 생산을 위한 기초를 제공하기 때문에 명백히 공작기계 산업은 산업 사회의 주요 구성요소이다. 특히 산업혁명 이후 첫 수십 년 동안(약 1780~1820년) 이 사실은 분명했다. 1920년대를 지나면서 공작기계 산업은 조선업, 철도, 총기 생산, 건설, 자동차, 초기 항공산업의 기반이 되었다.

그 이후에는 반도체 생산과 모든 가전제품 생산의 근간이 되었다. 이러한 제품들이 보다 특화되고 소형화됨에 따라, 이를 만들기 위해 특화된 장비도 여전히 '하이테크' 장비 업체와 금속 가공 업체에 의해서 제작될 것이다.

이러한 기여를 고려할 때 장비의 정밀도와 최적화에 대해 생각하는 것은 당연할 것이다. 또한 특화된 기술로 여겨졌던 레이저 가공은 이제 일상적인 정밀 구멍 드릴링의 기본 기술로 사용되고 있다(chryssolounis, 1991).

전체적으로 설계로 G&M 코드를 신속히 작성하는 것(7.2.5절), 고도로 특화되어 대량 생산을 담당할 공작기계(7.4절), 금형 설계기술의 향상(7.5.6절) 등이 최고의 생산 기술 중에 포함된다. 절삭력의 예측과 같은 박판 성형과 절삭 가공에 대해 물리적으로 깊이 이해하는 것(7.3.1절)은 가공 장비, 성형 장비, 압연 장비 등을 잘 만들기 위해 투자할 만한 요소이다.

7.6.2 개방형 구조의 제조

이와 동시에 보다 정교한 금속(절단과 금속)의 성형 가공이 이들 전통적인 공정들이 SFF 기술과 함께 사용될 수 있게 한다(제4장). 여기서는 CNC 가공 제어기가 보다 유연해지도록 하기 위해 개발된 새로운 기술들에 대해서 다룬다.

오늘날 공작기계 업체에서 공장으로 판매되는 CNC 장비는 '닫힌 제어기 구조'를 갖는다. 대표적인 컨트롤러 제조 회사로 화낙(Faunc), 마작(Mazak), 신시내티 미라크론(Cininnati-Milacron) 등이 있다. 특히 이러한 닫힌 제어기 구조는 사용자와 프로그래머가 각각의 공작기계 업체의 장비에 특화된 제어기와 함께 공급되는 G&M 코드 라이브러리(지금의 RS274 표준)를 사용해야 한다는 것을 의미한다. 이는 제한된 라이브러리 기능과 각 회사가 정의한 형식으로 쓴 언어를 사용하게 만든다. 이는 오늘날 반복 생산에는 적당할지 모르나, 새로운 CAD 형상이나 시장에 출시될 새로운 가공 센서에 대해서 제3자(third-party) 소프트웨어 개발자들이 C 언어 기반의 서브 루틴을 제공할 수 있도록 '열려 있는' 것은 아니다.

외부의 모든 제3자의 개발자에게 개방된 넓은 의미의 '열림(openness)'은 미국 정부에서 추산한 프로젝트의 설계 목표 중 하나였다(Schofield & Wright, 1998; Greenfeld et al., 1989). 이 시도의 목적은 미국 공작기계 산업의 생산성을 높이기 위한 것이며, 단지 공작기계 업체에만 초점을 맞춘 것이 아니라 CAD 업체, 센서 업체, 진단 소프트웨어 개발자, 기타 부품 공급자들에게 시장 진입의 기회를 넓히기 위함이다. 이 패러다임은 PC 산업을 넓히고 있다. 일반적인 제품과 개방 시스템을 사용함으로써, 다수의 제3자의 제품들이 상업적으로 사용될 것이며, 표준 CNC 장비와 유연생산 시스템의 생산성이 증가될 것이다.

'개방구조' 장비 제어는 그림 7.32와 같이 고성능 CAD, CAPP, CAM 사이의 빠른 접근을 가능하게 해 줄 것이다.

- 첫 번째 예로, 특히 금형과 일부 항공 부품들에 있어서 CAD에서 제작된 매우 복잡한 형상을 절삭 공구의 움직임으로 변환하는 것은 매우 중요하다. 예를 들어, 힐레어(Hillarire)와 동료들(1998)은 매우 복잡한 형상의 CAD로부터 NURBS (Non-Uniform Rational B-Spline) 곡면을 구하고 이를 표준 3축 밀링 장비에서

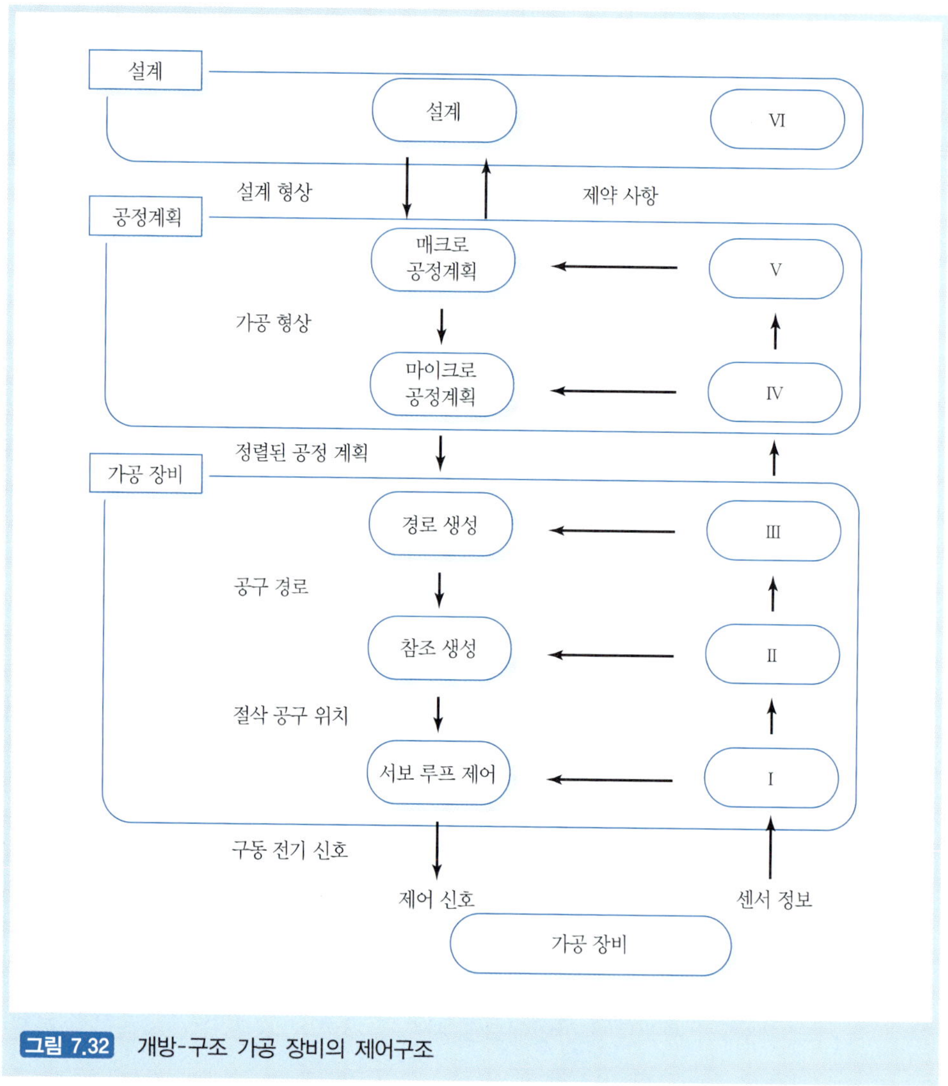

그림 7.32 개방-구조 가공 장비의 제어구조

가공하기 위한 기능에 대해서 연구하였다. 이와 반대로 '닫힌 구조'를 사용할 경우, 사용자의 작업은 형상과 공작기계 업체의 라이브러리에 있는 표준 보간으로 인해 제한된다.

- 두 번째로 개방구조는 공작기계가 자동으로 피삭재의 위치 제어에서 발생하는 오차를 보정해 주고 외부 센서로부터의 입력을 받아들여 가공 공정의 능동 제어와 같이 이전 세대의 제어기에서는 불가능했던 기능을 가능하게 해 준다. 이로

인해 보다 빠르고 유연한 생산, 장비에서 검사와 품질 제어에 대한 가능성이 증가하였다. 박판 성형에서의 유연함은 제어가 가능한 금형 표면으로 향상될 수 있다(Walczyk & Hardt, 1998).

1990년대 중반부터 휴렛패커드, 알렌-브래들리, 델타 타우, 에어로텍(Delta Tau, 1994 참조)과 같은 일부 산업체들에서 개방구조의 공작기계 제어기가 상업적으로 판매되기 시작하였다. 이러한 새 제품들은 주로 PC 기반이었으며 UNIX나 NT 운영체제를 사용했고, 제3의 공급자, 센서, 진단 시스템, 프로그래밍 인터페이스 소프트웨어 툴에 대해서도 개방되었다.

항공우주산업에서와 같은 숙련된 사용자들을 목표로 하는 개방구조 공작기계는 독립된 장비의 성능으로뿐만 아니라 고성능이고 유연 제조를 위한 네트워크 기반 장비에 대해서도 매우 유용하다. 개개의 시스템들은 높은 정밀도를 갖는 부품의 소량 생산에도 적용이 가능할 것이다. 이들은 또한 공장의 나머지 부분과 장비가 쌍방향(bidirectional) 통신이 가능하도록 해 주는 시스템들의 공장 구성요소가 될 것이다. 콜(Cole, 1999)은 이와 같은 쌍방향 지식 교환이 공장 단위에서 품질의 완전한 통합을 위한 TQM, JIT, 6 시스마 공정의 구현을 위한 주요 요소임을 강조하였다.

이 장의 분석을 마치며, 은행 장비나 전화기는 장비 자체가 정교할 뿐만 아니라 세계 도처로 연결된 전역 네트워크를 통해 쌍방향 지식 교환 기능을 가능하게 해 준다는 점에서 유용하다는 점을 말하고 싶다. 실제로 네트워크에 대한 접근성과 그에 대한 서비스는 장비 자체의 특징보다 더 중요하다.

7.7 용어 설명

가공성(machinability) 서로 다른 재료에 대한 가공의 용이함을 표현할 때 사용되는 상대적인 값. 일반적으로 공구의 마모와 수명이 이를 결정하는 중요한 목적 함수이다.

경사각(rank angle) 경사각은 절삭될 부분에 수직한 공구의 면으로부터 측정된다.

고정구(fixture) 재료를 고정하고 있는 장치로 재료에 작용하는 절삭 공구의 절삭력에 대해 재료를 고정해 준다.

공구 수명(Tool Life, T) 일반적으로 공구의 플랭크 마모가 0.75mm 정도 일어날 때까지의 시간.

늘이기 가공(stretching) 금속 박판 성형의 변형 모드에서 박판 면의 원래 사각요소에서 양쪽 x와 y 방향으로 모든 방향에서 커진다.

동력(Power) 선반이나 밀링 공정에 필요한 전력량으로 제품의 주 절삭력과 절삭 속도로 측정된다.

드로잉 가공(drawing) 일반적인 금속 박판 성형을 뜻하며, 보다 자세히는 금형 벽에 밀려지는 제품의 테두리에서의 재료의 거동을 의미한다.

딥드로잉 가공(deep drawing) 기본적으로 드로잉 가공 공정과 동일하나, 여러 번 반복적인 드로잉을 통해 보다 긴 제품을 만들 수 있다.

롤 간격(roll gap) 스트립의 소성 변형이 발생하는 롤 사이의 거리.

롤 하중(roll load) 스트립의 변화와 관련된 롤 사이의 힘.

마모 원리(wear mechanisms) 침식, 마찰, 파손에 의한 공구 마모는 저속 가공 시 발생한다. 특히 경사면에서의 고온 환경이 나타나는 경우 높은 속도의 확산이 나타난다.

밀링(Milling) 각주 형태의 부품의 가공에 적합한 절삭 가공 공정.

변형/비변형 칩 두께(Deformed/Undeformed Chip Thickness) 절삭 가공에 대한 형태는 칩 두께(t_c)와 칩이 아닌 부분의 두께(t)로 표현될 수 있다. 만약 경사각이 0°라면 tan ϕ는 t/t_c이다.

변형률(strain) 재료의 늘어난 길이를 원래의 길이로 나눈 값.

- 공학 변형률 : 재료의 늘어난 길이를 원래의 길이로 나눈 값.
- 진변형률 : 재료의 늘어난 길이를 변형이 증가함에 따라 그때의 길이로 나눈 값.

성형 한계선도(Forming Limit Diagram) +/− x축에서의 부변형률과 y축에서의 주 변형률에 대한 선도이다. 변형률은 실험에 앞서 박판에 에칭된 작은 원을 이용하여 측정된다. 이 작은 원은 변형이 발생함에 따라 타원이나 큰 원으로 변하게 된다. 또한, 이 선도는 어떠한 주/부변형률의 조합이 박판에 파열되는지에 대해서 보여 준다. 파열이 발생하는 이 지점들이 성형 한계 곡선 또는 선도이다.

세라믹과 입방정질화붕소 절삭 공구(Ceramic and Cubic Boron Nitride(CBN) Cutting Tools) 강화, 비금속 소결 절삭 공구로 초경합금 절삭 공구보다 높은 마모 저항을 가지며, 상대적으로 낮은 강도를 갖는다.

여유면/여유각(flank face/flank angle) 터닝 공정에서 절삭 공구의 옆면에 주어지는 경사면. 이는 일반적으로 공구의 왼쪽에 위치하는 숄더(shoulder)가 가공되는 것을 방지해 준다.

응력(stress) 하중이 작용하는 두 영역의 접촉면의 넓이로 하중을 나눈 값.

- 공학 응력 : 원래의 접촉면의 넓이로 하중을 나눈 값.
- 순응력 : 변형이 증가함에 따라 그때의 접촉면의 넓이로 하중을 나눈 값.

이송 속도(feed rate, f) 터닝 공정에서 이송 속도는 바를 따라 길이 방향에 대해 단위 회전당 이송 거리(mm)로 측정된다. 밀링에서는 절삭 공구와 평면 위에서 가공되는 부품의 상대적인 이동을 뜻하기 때문에 분당 이송 거리로 측정된다.

전단각, ϕ(shear plane angle) 전단각 ϕ는 간단한 면이 아니라 미세 영역에서 정의될 수 있는 좁은 영역에 대한 값이다. 전단각은 이 영역과 공구나 재료의 속도 요소의 방향 사이에서 측정된다.

- 주 전단 : 칩을 발생시키는 주 전단 공정.

- 부전단 : 칩의 바닥과 공구면 사이의 전단면.

절삭 깊이(depth-of-cut, DOC, d) 터닝 공정에서 절삭 깊이는 바에서 가공되어 들어간 영역의 반지름을 의미하며, 밀링에서는 블록에 가공된 수직 깊이를 나타낸다.

절삭력(Forces) 주 절삭력은 F_c로 밀링 공정에서의 공구와 터닝 공정에서의 재료로부터 공구면에 작용한다. 수직력 F_T는 주 절삭력에 수직하게 작용한다.

지그(jig) 변형된 고정장치로 절삭 공구가 부품의 표면에 특정한 위치로 이동할 수 있도록 도와준다.

채터(chatter) 가공 장비 부품들 사이에서 시작되는 가공 장비의 공진 현상으로, 부품의 표면에 기복이 심해지면서 반복되는 채터가 생기면 더욱 심해진다.

척(chuck) 선반에서 사용되는 고정장치.

초경합금 절삭 공구(cemented carbide cutting tools) 소결 방법으로 제작된 절삭 공구로 소량의 코발트 결합재와 고온, 마모 저항 등을 위한 텅스텐 탄화물(tungsten carbide), 티타늄 탄화물(titanium carbide), 탄탈늄 탄화물(tantalum carbide)과 같은 다양한 강화 탄화물 분말들이 사용된다. 이러한 초경합금 재료들은 일반적으로 얇은 마모 저항층을 추가로 코팅한다.

컵(cup) 금속 박판의 스트레칭과 드로잉을 평가할 때 사용되는 평가 부품 형상.

터닝(Turning) 대칭 부품에 적합한 가공 공정.

테일러 공식(Taylor equation, $VT^n=C$) 로그-로그 축에서 절삭 속도(V)에 대해 공구 수명 데이터(T)를 그린 결과이다.

표면 마감, 표면 거칠기(surface finish, surface roughness) 절삭 공구는 이송 속도와 공구 끝 반지름에 영향을 받아 부품의 표면에 특유의 흔적을 남긴다(Armargego & Brown, 1969 참조). 이러한 흔적 위로 표면굴곡 측정장치(profilometer)를 사용하여 거칠기를 측정할 수 있다(트랙을 따라가지 않고 가로지르며 긁는 구식 레코드 플레이어의 스타일러스를 상상해 보라). 표면 거칠기는 수학적인 중심선 평균(R_a) 또는 제곱평균(R_q)으로 측정할 수 있다. 이들 값을 얻기 위해서는 중심선 축에 대해 사인파형(sine wave shape)이나 거친 절단면(cross section)을 생각해 보라. R_a는 거친 사인파형의 크기나 수직값을 n으로 나누는 것에서 큰 n 값을 사용하여 얻어진다. 일반적으로 R_q는 제곱평균을 취함으로써 얻어진다. 보통 R_a는 표면에 대해 125μm 정도이며, 잘 가공된 부드러운 표면의 경우 60~80μm 정도이다.

형상 오차(Form Error) 이상적으로 밀링 가공된 벽은 수직이어야 한다. 그러나 고정장치, 부품, 절삭 공구의 변형으로 인해 형상 오차가 발생한다. 선반의 경우, 절삭 공구의 변형으로 인해 스키-슬로프와 같은 형태가 나타나곤 한다. 이와 유사하게 터닝 공정에서는 재료가 가늘거나 공구로부터 밀려날 때 이러한 형태가 나타난다.

n 값, 가공경화 지수(n Value, the Work-Hardening Coefficient) 로그축에서 그려지는 응력-변형률 선도. 물리적으로 높은 n 값은 변형 중 가공경화되는 재료에서 발생한다. 오스테나이트계, 스테인리스강이 이에 속한다.

R 값(R Value) 평판의 평면에서의 변형률과 평판의 두께에서의 변형률의 비로 정의된다. 큰 R 값의 재료는 두께 방향으로 얇아짐이 없이 확장되거나 성형되기 때문에 좋은 성형성을 나타낸다.

7.8 참고문헌

Armarego, E. J. A., and R. H. Brown. 1969. *The machining of metals.* Englewood Cliffs, NJ: Prentice-Hall.

Asada, H., and A. Fields. 1985. Design of flexible fixtures reconfigured by robot manipulators. In *Proceedings of the Robotics and Manufacturing Automation ASME Winter Annual Meeting,* 251-257.

Backofen, W. A. 1972. *Deformation processing.* Reading, MA: Addison Wesley.

Chryssolouris, G. 1991. *Laser machining.* New York: Springer-Verlag.

Cole, R. E. 1999. *Managing quality fads: How American business learned to play the quality game.* New York and Oxford: Oxford University Press.

Cook, N. H. 1966. *Manufacturing analysis.* Reading, MA: Addison-Wesley.

Delta Tau Data Systems Inc. 1994. *Product Literature: "PMAC-NC."* Northridge, CA.

Ernst, H., and M. E. Merchant. 1940-1945. In particular see M. E. Merchant. 1945. The mechanics of the metal cutting process. *Journal of Applied Physics* 16: 267-275.

Goodwin, G. M. 1968. Application of strain analysis to sheet metal forming problems in the press shop. In *Proceedings of the Fifth Biennial Congress I.D.D.R.G.,* Torino, Italy.

Greenfeld, I., F. B. Hansen, and P. K. Wright. 1989. Self-sustaining, open-system machine tools. In *Proceedings of the 17th North American Manufacturing Research Institution Conference,* 17: 281-292.

Grippo, P. M., B. S.Thompson, and M. V. Ghandi. 1988. A review of flexible fixturing systems for computer integrated manufacturing. *International Journal of Computer Integrated Manufacturing* 1 (2): 124-135.

Hill, R. 1956. *The mathematical theory of plasticity.* New York and Oxford: Oxford University Press.

Hillaire, R., L. Marchetti, and P. K.Wright. 1998. Geometry for precision manufacturing on an open architecture machine tool (MOSAIC-PC). In *Proceedings of the ASME International Mechanical Engineering Congress and Exposition,* 8: 605-610.

Hoffman, E. G. 1985. *Jig and fixture design.* Albany, New York: Delmar.

Johnson, W., and P. B. Mellor. 1973. *Engineering plasticity.* London: Van Nostrand Reinhold.

Lu, L., and S. Akella. 1999. Folding cartons with fixtures: A motion planning algorithm. In *IEEE Conference on Robotics and Automation.* Detroit.

Meyer, R. H., and J. R. Newby. 1968. Effect of mechanical properties of bi-axial stretchability on low carbon steel. Paper presented at the *SAE Automotive Engineering Congress.* Paper No. 680094.

Michler, J. R., M. L. Bohn, A. R. Kashani, and K. J. Weinmann 1995. Feedback control of the sheet metal forming process using drawbead penetration as the control variable. In *Proceedings of the North American Manufacturing Research Institution,* 23: 71-78.

Miller, S. M. 1985. Impacts of robotics and flexible manufacturing technologies on manufacturing cost and employment. In *The Management of Productivity and Technology in Management,* edited by P. R. Kleindorfer, 73-110. New York: Plenum Press.

Mueller, M. E., R. E. DeVor, and P. K. Wright. 1997. The physics of end-milling: Comparisons between simulations (EMSIM) and new experimental results from touch probed features. In *Transactions of the 25th North American Manufacturing Research Institution,* 25: 123-128. See 〈http://mtamri.me.uiuc.edu〉.

Rose, F. A. 1974. Grid strain analysis technique for determining the press performance of sheet metal blanks. In *International Conference on Production Technology.* Melbourne. Institution of Engineers.

Rowe, G. W. 1977. *Principles of industrial metalworking processes.* London, Arnold.

Sarma, S., and P. K. Wright. 1997. Algorithms for the minimization of setups and tool changes in 'simply fixturable' components in milling. *Journal of Manufacturing Systems* 15 (2): 95-112.

Schofield, S. M., and P. K. Wright. 1998. Open architecture controllers for machine tools, part I: Design principles. *ASME Journal of Manufacturing Science and Engineering,* 120: 425-432.

Stevenson, M. G., P. K. Wright, and J. G. Chow. 1983. Further developments in applying the finite element method to the calculation of temperature distribution in machining and comparisons with experiment. Transactions of the ASME, *Journal of Engineering for Industry* 105: 149-154.

Stori, J. A. 1998. Machining operation planning based on process simulation and the mechanics of milling. Ph.D. dissertation, University of California, Berkeley.

Trent, E. M., and P. K. Wright. 2000. *Metal cutting, 4th ed.* Boston and Oxford: Butterworths.

Wagner, R., G. Castanotto, and K. Goldberg. 1997. FixtureNet: Interactive computer aided design via the WWW. *International Journal on Human-Computer Studies* 46: 773-788.

Walczyk, D. F., and D. E. Hardt. 1998. Design and analysis of reconfigurable discrete dies for sheet metal forming. *Journal of Manufacturing Systems* 17 (6): 436-454.

7.9 인용문헌

Bammann, D. J., M. L.Chiesa, and J. C. Johnson. 1995. Modeling large deformation anisotropy in sheet metal forming. In *Simulation of materials processing: Theory, methods, and applications,* 657-660. edited by Shen and Dawson, Rotterdam: Balkema.

DeVries, W. R. 1992. *Analysis of material removal processes.* New York: Springer-Verlag.

Klamecki, B. E., and K. J. Weinmann. 1990. Fundamental issues in machining. In *Proceedings of the Winter Annual Meeting of ASME in Dallas Texas,* 43: New York: American Society of Mechanical Engineers.

Kobayashi, S., S-I. Oh, and T. Altan. 1989. *Metal forming and the finite element method.* New York and Oxford: Oxford University Press.

Komanduri, R. 1997. Tool materials. In *The Kirk-Othmer Encyclopedia of Chemical Technology,* 4th ed., 24. New York: John Wiley and Sons.

Oxley, P. L. B. 1989. *The mechanics of machining: An analytical approach to assessing machinability.* New York: Halsted Press.

Pittman, J. T., R. D. Wood, J. M. Alexander, and O. C. Zienkiewicz. 1982. *Numerical methods in industrial forming operations.* Swansea, U.K.: Pineridge Press.

Shaw, M. C. 1991. *Metal cutting principles.* Oxford Series on Advanced Manufacturing, Vol. 3. Oxford: Oxford Science Publications, Clarendon Press.

Stephenson, D. A., and R. Stevenson. 1996. *Materials issues in machining III and the physics of machining processes III.* Warrendale, PA: TMS Press (Minerals, Metals, and Materials Society).

Wang, C. H. 1997. *Manufacturability-driven decomposition of sheet metal products.* Robotics Institute Technical Report CMU-RI-TR-97-35. Pittsburgh, PA: Carnegie Mellon University.

7.10 참고 URL 주소

A collection of sites for machining planning and automation can be found at 〈http://kingkong.me.berkeley.edu/html/contact/mach_software.html〉. A site for metal products in general is 〈www.commerceone.com〉.

21ST
CENTURY
MANUFACTURING

플라스틱 제품 제조와 최종 조립

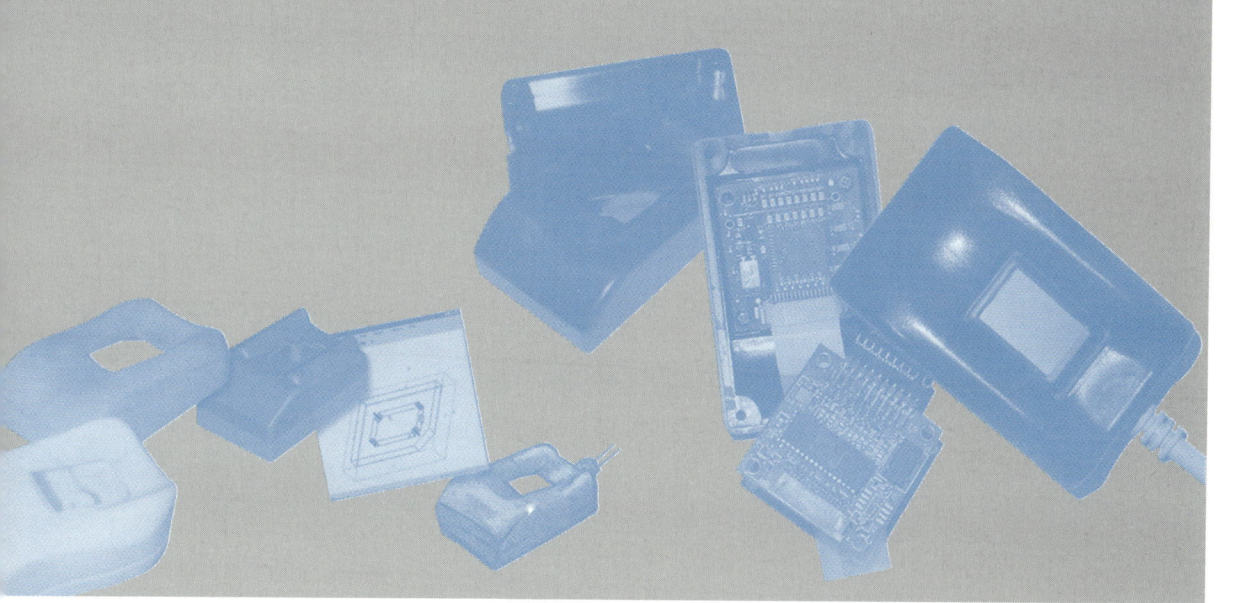

8.1 서론

요즘 대학생들은 교정에서 인라인 스케이트를 신고, 워크맨(Walkman, 더 최근에는 MP3 플레이어)을 들으며, 생수병의 물을 마시고 다닌다. 이 장에서는 이들 세 가지 제품들의 제조 공정(manufacturing process)에 대해서 자세히 다룬다. 특히 대부분의 가전제품(consumer electronics product)들의 패키지를 만드는 데 사용되는 사출성형(injection molding)을 깊이 있게 다룬다. 이러한 제품의 외형은 반드시 가볍고, 외부로부터의 충격에 강하며, 가격이 저렴해야 한다. 또한 주변 상점의 진열대나 인터넷 쇼핑 사이트(.com)에서 미적인 흥미를 불러일으킬 수 있어야 한다.

또한 '지금까지 다루었던 제품 개발 과정'을 다시 살펴보는 것 또한 중요하다. 제품 개발 과정은 그림 2.1의 원형도(clock-face diagram)에 나온 다양한 단계들을 포함한다.

- 제품의 설계(제3장)
- 제품의 시작품 제작(제4장)
- 내부 시스템의 제작(제5장)
- 내부 시스템의 조립(제6장)
- 금형의 절삭 가공(제7장)
- 제작된 금형을 이용한 사출(제8장)

최종적으로 플라스틱 사출성형 및 제품 조립은 수백만 개의 소비자 제품의 생산에 있어서 앞 장들에서 소개된 공정과 기기들의 정점(culmination)이라 할 수 있다. 이와 함께 제6장의 사례 연구에서 소개되었던 IafoPad의 예로부터, 초기 사용자 테스트(early consumer testing) 및 평가판(evaluation kit)에 사용하기 위한 수십 개~수백 개 정도의 작은 배치 제조가 가능한 사출용 금형을 알루미늄으로 가공할 수 있음을 다시 생각해 볼 필요가 있다.

8.2 플라스틱의 특성

플라스틱(또는 폴리머)의 특성은 앞서 제7장에서 다루었던 금속과는 많이 다르기 때문에 사출성형이나 중공성형(blow molding)에 대해서 논하기 전에 살펴볼 필요가 있다. 실제로 폴리머의 분자나 열(thermal) 특성들은 전부는 아닐지라도, 이후에 나오는 그림들과 같이 대부분의 부품 및 장비(equipment) 설계의 중요 사항에 영향을 미친다.

제7장과 동일하게 독자가 학부 과정에서 재료 과학(material science)을 잘 이수하였다면, 폴리머가 크게 다음과 같이 두 분류로 나누어진다는 것을 기억하고 있을 것이다.

- 열경화성 성형 재료(thermosetting molding material) : 단단한 플라스틱 테이블에 사용되는 멜라민 포름알데히드(melamine-formaldehyde)와 접착제나 카약, 테니스 라켓과 같은 강화 주조 제품에 사용되는 에폭시 수지가 이에 해당된다. 열경화성 제품들은 재료를 점성 액체 상태까지 용융시켜 금형에 붓고, 사출 후 경화시켜 만든다. 이때 화학적 교차 결합(cross-linking)은 비가역적(irreversible)이며, 불용성(infusible)인 플라스틱 덩어리를 형성한다.
- 열가소성 성형 재료(thermoplastic molding material) : 장난감, 가전제품, 유연함이 필요한 주방용품에 사용되는 ABS(Acrylonitrile Butadiene Styrene)나 폴리카보네이트(polycarbonate) 등의 폴리머들이 이에 포함된다. 이 재료는 열에 의해 점성 유체(viscous fluid)로 용융, 경화, 냉각되는 과정이 가역적이며 반복적(time-and-time-again)이라는 특징 때문에, 이후 소개될 사출성형 공정에 적합하다. 따라서 다음 절에서는 열가소성 재료에 대해서 보다 자세히 다룬다.

8.2.1 열가소성 재료의 특성

특정 부품을 제작할 때 어떤 폴리머 재료를 사용해야 하는가? 제품의 사용 온도에 따라 해당 온도에서 폴리머의 거동을 고려하여 적합한 폴리머를 선택할 수 있다. 해당 온도는 다르지만, 모든 열가소성 폴리머들은 표 8.1의 폴리스티렌(polystyrene)과 같은 재료 특유의 변화를 겪는다.

폴리스티렌은 낮은 온도에서는 유리질(glassy)이며 탄성계수(Young's modulus, E)

표 8.1 폴리스티렌 계열의 열가소성 재료의 일반적인 특징

℃	거시적인 상태	미시적인 상태
<90	유리질	금속 수준의 결합 신축
90~120	전이 가죽상	사슬의 휨과 풀림
120~140	고무 평탄상	사슬의 미끄러짐
>140	점성용액	사슬의 이동

로 나타내어지는 높은 강성(stiffness)을 갖는다. 강성을 높이기 위해서는 폴리머의 분자량(molecular weight)이나 폴리머 사슬의 가지를 증가시키거나 사슬들이 서로 접히도록 해 주는 특정한 결정 패턴(crystallization pattern)을 생성하거나 사슬 사이를 가로지르는 연결 고리를 추가하는 방법이 사용된다. 일반적으로 낮은 온도에서의 기계적 물성은 결합의 신축(bond stretching)을 포함하여 금속과 유사한 수준을 보이나, 높은 온도에서의 폴리스티렌의 분자 사슬은 요리된 스파게티의 면발과 같이 서로 밀리게 된다.

열가소성 재료의 변화는 온도와 시간의 영향을 동시에 받는다. 따라서 일반적인 탄성계수는 너무 단순하므로, 대신 주로 응력완화계수(stress-relaxation modulus, E_r)를 사용한다. 다양한 온도(T)에서 플라스틱 시편들에 미리 선정된 연신율(elongation)이나 변형률 ε_1이 작용할 때, 시간이 지남에 따라 응력이 어떻게 감소하는지를 측정한다.

응력완화계수는 다음과 같이 주어진다.

$$E_r(t, T) = \frac{\sigma_{(t, T)}}{\varepsilon_1} \qquad (8.1)$$

일반적인 실험 결과는 그림 8.1과 같다(McLoughlin and Tobolsky, 1952).

이 실험들은 주로 아크릴(한국) 또는 플렉시글라스(미국), 퍼스펙스(영국)로 불리는 PMMA(polymethyl methacrylate)에 대해서 이루어졌다. 재료는 40℃에서 오랜 시간 동안 단단한 상태로 있지만, 온도가 135℃까지 증가함에 따라 유연해지고(가죽상 leathery) 그 이상의 온도에서는 점성의 상태로 변한다.

또 다른 중요한 요소로는 유리상에서 가죽상으로 변하는 열가소성 변이가 일어나는 유리전이온도(glass trasition temperature)가 있다. 그림 8.2는 온도 변화에 따른 폴

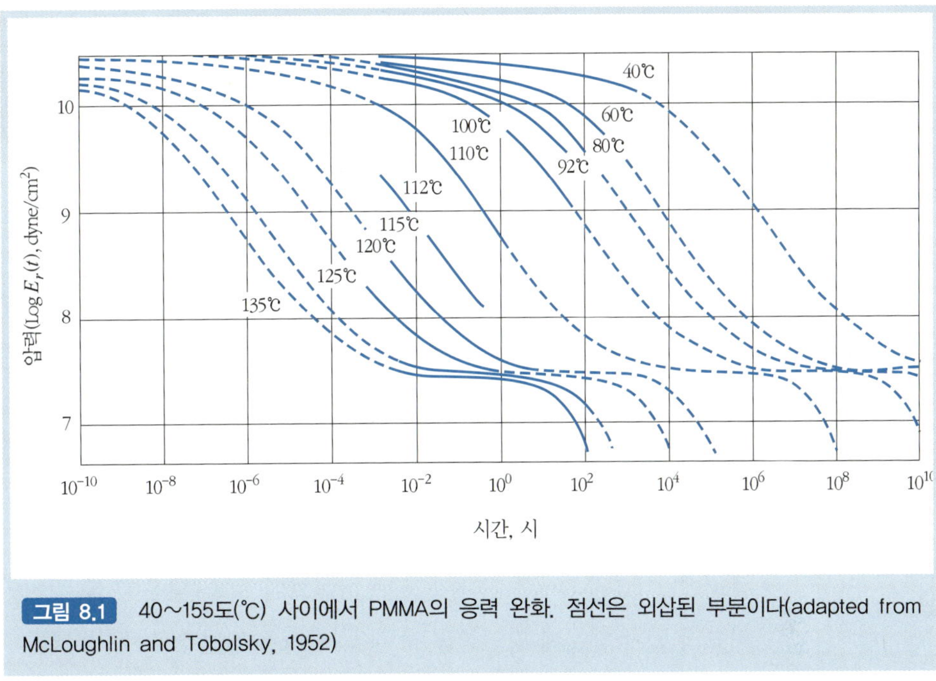

그림 8.1 40~155도(℃) 사이에서 PMMA의 응력 완화. 점선은 외삽된 부분이다(adapted from McLoughlin and Tobolsky, 1952)

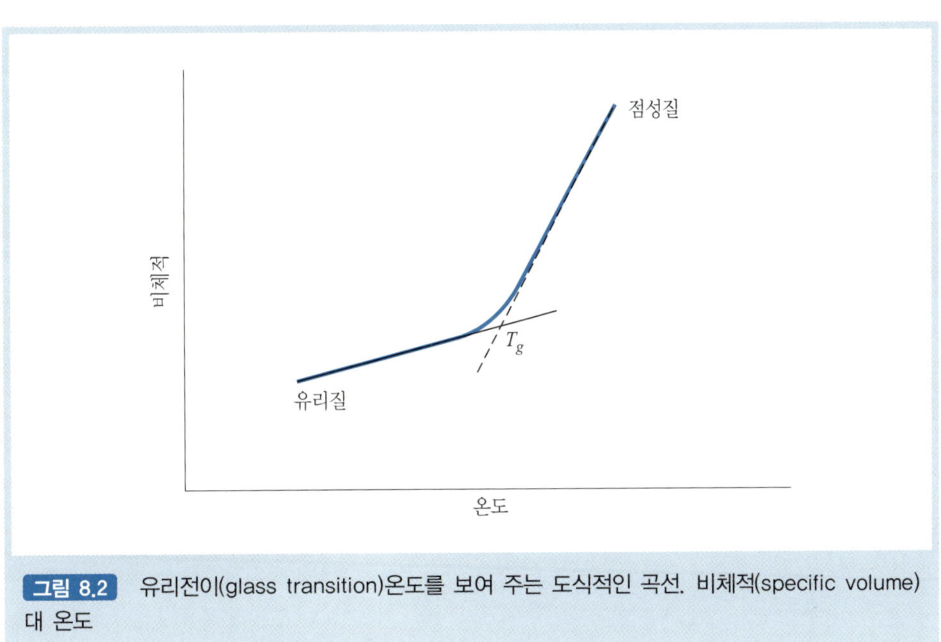

그림 8.2 유리전이(glass transition)온도를 보여 주는 도식적인 곡선. 비체적(specific volume) 대 온도

리비닐아세테이트(polyvinyl acetate)의 비체적 변화를 보여 준다. 유리전이온도는 유리상 영역과 가죽상 영역을 외삽(extrapolating)하여 얻을 수 있으며 이 경우 교차점의 온도는 T_g=26℃이다.

8.2.2 개념 설계 시 재료 특성이 미치는 영향

설계의 측면에서는 제품의 사용 온도, 대부분의 경우 상온에서 요구되는 특성을 보일 수 있는 폴리머를 선택하는 것이 재료 선택의 전략이다. 그림 8.3은 다음과 같은 사항들을 포함하는 설계 전략을 보여 준다.

- PMMA는 T_g에 비해 상당히 낮은 온도인 상온에서는 강인한 구조적 재료의 특성을 갖는다.
- 폴리에틸렌(Polyethylene)과 ABS는 상온보다 다소 낮은 T_g를 갖지만, 녹는점이 비교적 높기 때문에 강인함을 보인다. 따라서 장난감, 자동차 부품, 전자제품 외관 형상 등에 적합하다.
- 폴리염화비닐(Polyvinyl chloride, PVC) 판재는 상온에서 유연하기 때문에 일종의 의류나 가죽 모사 제품에 적합하다.

이러한 이유로 InfoPad와 같은 장치를 ABS 사출성형을 이용하여 만드는 것이 가능하다. 개념적으로 ABS를 높은 점성을 갖는 상태로 가열한 후 금형 캐비티(cavity)로

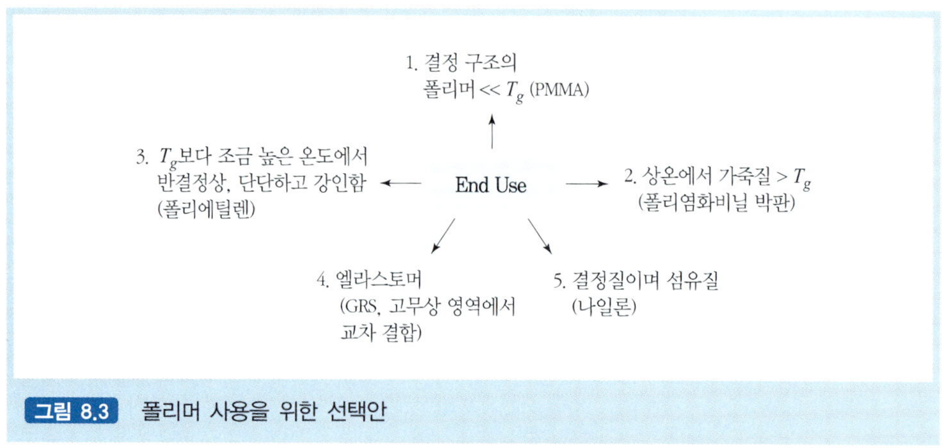

그림 8.3 폴리머 사용을 위한 선택안

주입한다. 그리고 요구되는 형상을 갖추기 위해 냉각한다. 이에 대한 보다 자세한 설명과 주요한 현상들에 대해서는 다음 절에서 다룬다.

8.3 플라스틱 가공 공정 I : 사출성형 기법

8.3.1 개관

사출성형은 가전제품의 외형을 생산하는 주요한 기법 중의 하나로, 비용이 저렴하며, 신뢰성이 높고, 금속을 사용했을 때에 비해 제품의 무게를 크게 줄일 수 있다. InfoPad (제6장의 사례 연구)의 케이스가 이를 통해 만들어졌으며, 장난감, 전화기, 자동차 부품에 이르는 매우 다양한 소비자 제품의 제작에 사용되고 있다.

그림 8.4에는 일반적인 금형의 형상들을 보여 준다. 작은 물통(bucket)이나 컵 같은 부품이 오른쪽 하단에 나온 코어와 캐비티 사이의 빈 공간에 만들어질 수 있다. 이때 왼쪽 하단에 표시된 분리면(parting plane)이 물통의 가장자리 입 부분이 될 수 있다. 제품에 따라서는 이러한 분리면의 배치가 쉽지 않을 수 있다. 따라서 종종 플라스틱 장난감이나 단순한 가전제품들의 경우 융기된 부분(ridge)에 분리면이 위치했던

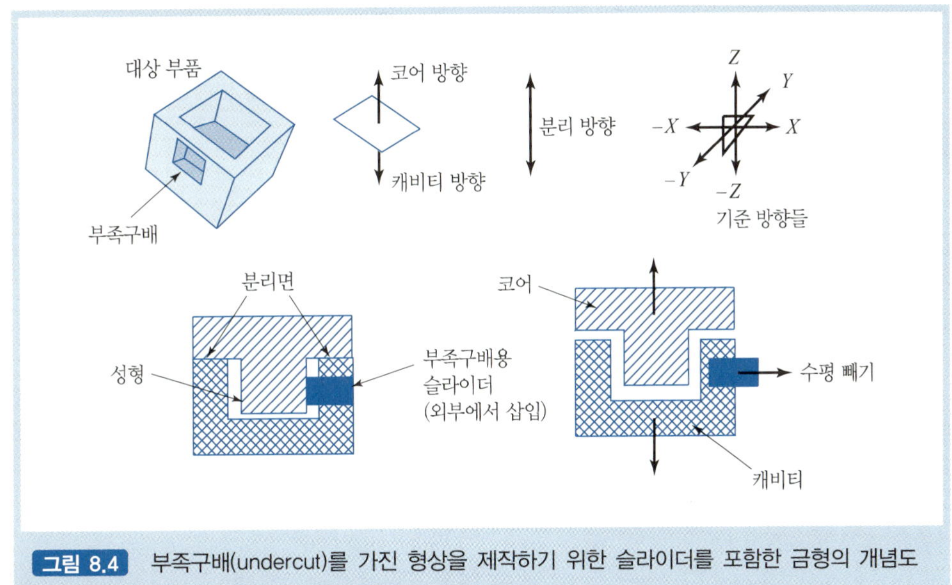

그림 8.4 부족구배(undercut)를 가진 형상을 제작하기 위한 슬라이더를 포함한 금형의 개념도

흔적이 보이기도 한다. 이와 같은 제품에는 손으로 하는 적절한 후처리가 필요할 수 있다.

또한 후처리는 (a) 사출 시 제품의 표면에 작은 여드름(pimple)처럼 생기는 게이트 마크(gate mark)나, (b) 휴대전화의 케이스와 같이 상대적으로 작은 제품에서 6mm 정도의 크기로 나타날 수 있는 분리핀 마크(ejector-pin mark) 등을 제거하는 데도 필요할 수 있다. 이들 사출성형의 흔적은 일상의 다양한 제품들에서 직접 확인해 볼 수 있다. 하지만 후처리 작업에 필요한 비용을 줄이기 위해, 이 형상들은 대부분 외형의 고려가 필요하지 않은 부분(주로 바닥면)에 위치하게 된다.

그림 8.5는 사출성형의 과정을 보여 준다. 열가소성 플라스틱 알갱이(pellet)들을 오른쪽 상단에 표시된 호퍼(hopper)에 넣고, 스크류를 이용해 가열 영역으로 밀면서 가열한다. 이렇게 녹아서 섞인 재료는 유압 램(ram)에 의해 노즐을 통해 금형으로 밀어 넣어진다. 이후 열가소성 수지는 금형에서 냉각되고 단단히 경화된다. 일단 두 파트의 금형이 분리되고 나면, 분리핀들은 금형의 아랫부분으로 제품이 쉽게 빠져나올 수 있게 해 준다. 이 공정에 대한 보다 자세한 설명은 다음과 같다.

8.3.2 왕복 스크류 장비

왕복 스크류 장비는 가장 많이 사용되는 사출성형 장비의 하나로, 그 형태는 그림 8.5a와 같다. 장비 그림의 아래에는 단일 캐비티(single cavity) 금형과 다중 캐비티(multiple cavity) 금형이 나와 있다. 이 장비는 수평으로 구성되어 작동되기 때문에, 금형은 그림 8.4와 달리 장비에 부착되어 수평으로 개폐되도록 위치하게 된다.

그림 8.5b와 8.5c에서 캐비티와 코어는 각각 오른쪽과 왼쪽에 위치한다. 용융된 플라스틱은 왕복 스크류 장비의 노즐을 통해 금형으로 분사되고, 금형의 스프루(sprue)를 통해 금형 안으로 들어가게 된다. 이때 금형이 다중 캐비티 형태이면, 스프루를 통해 들어간 재료는 러너(runner)와 게이트를 채우게 된다.

배럴이 가열되고 스크류가 알갱이를 오른쪽으로 밀기 시작하면, 기계적인 분쇄효과(mechanical pulverizing effect)에 따라 추가적인 열이 발생한다. 실제로 이러한 장비는 크게 다음과 같은 2단계로 작동된다.

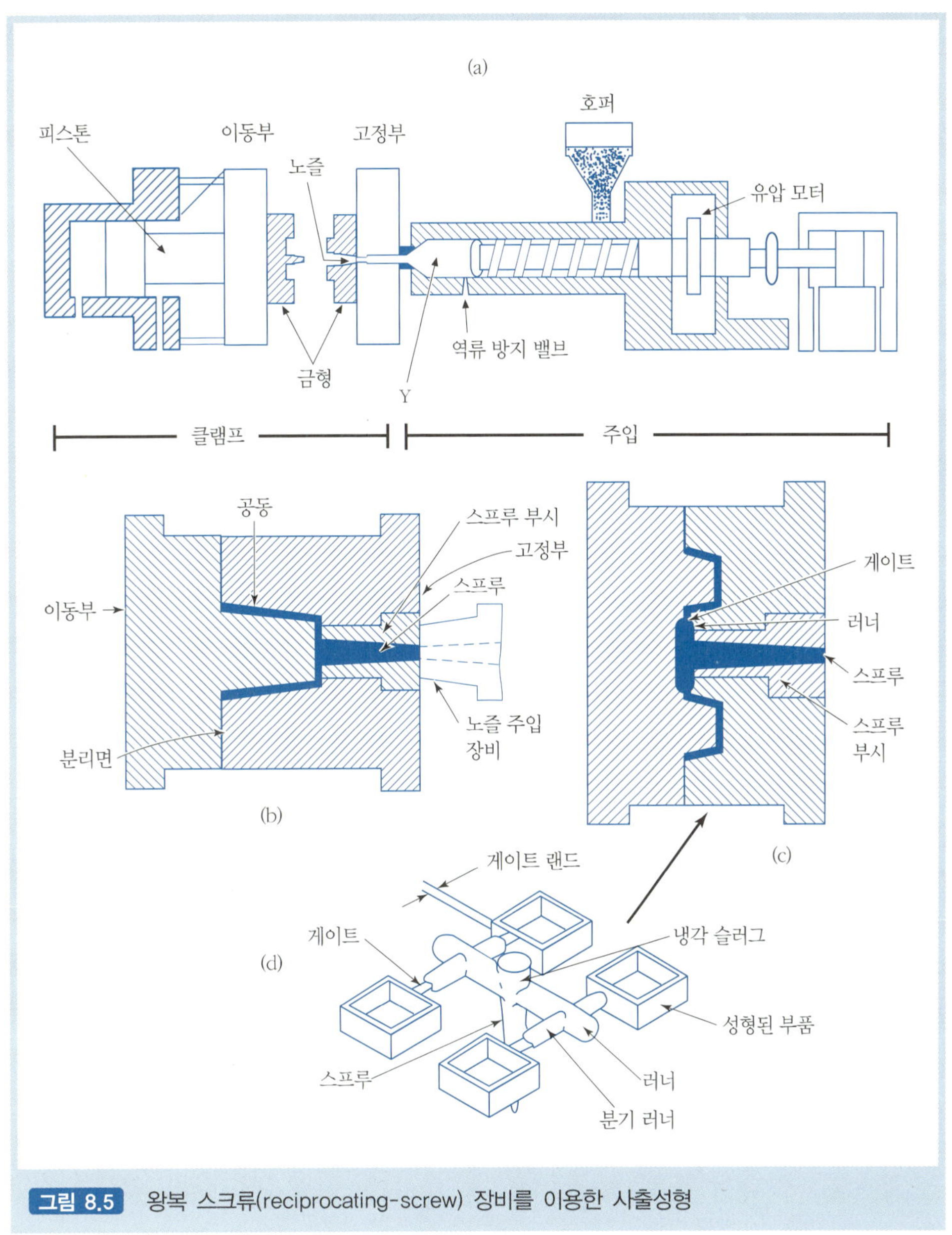

그림 8.5 왕복 스크류(reciprocating-screw) 장비를 이용한 사출성형

- 단계 1, 열가소성 플라스틱의 성형 : 가열기와 스크류의 공급으로 노즐 바로 뒷편의 Y 영역에 일정한 부피의 액상 폴리머가 이르게 된다. 노즐의 지름이 작기 때문에 이전 사출로부터 차가운 플라스틱 찌꺼기(slug)로 인해 닫혀진다.

- 단계 2, 금형으로 주입 : 스크류 동작이 정지한 상태에서, 이 정지된 스크류는 스프루를 통해서 노즐 밖으로 액상 폴리머를 밀어 금형으로 주입시키는 램으로 사용된다. 램 동작이 끝나기 직전에, 그림 8.5b와 8.5c에 어둡게 표시된 영역과 같은 틀에 액상 폴리머가 채워질 수 있도록 금형이 닫힌다.

램의 뒤에 위치한 비복귀(nonreturn) 밸브는 액상 폴리머가 스크류 채널로 거꾸로 들어오는 것을 방지해 주고, 이 두 공정에 이어 다음의 여러 가지 일들이 동시에 진행된다. 부품이 냉각되고, 적당한 시간이 지난 후 부품을 꺼내기 위해 금형이 열린다. 냉각 시간을 줄이기 위해서, 금형에 물을 공급하여 냉각시키기도 한다. 그리고 이러한 냉각이 진행되는 동안 스크류는 다음 사출을 위해 폴리머 알갱이들을 모으고, 뒤로 움직이면서 Y 위치에 다음 사출을 위한 재료의 공간을 확보한다.

8.3.3 컴퓨터 지원 가공

최근에 맥크럼(McCrum), 버클리(Buckley), 벅네일(Bucknail)(1997)은 장비와 제어부 설계에 대한 연구에 대해서 정리하였다. 스크류는 폴리머 알갱이를 이송하고, 가열부의 열과 함께 재료를 압축시키고 용융시키며, 마지막으로 램의 동작 중에 용융된 재료를 노즐을 통해 금형 안으로 주입할 수 있도록 충분한 힘을 전달해 주는 세 가지 기능을 한다. 배럴(barrel)과 스크류 날개의 평편한 면 사이의 간격은 0.01mm에 불과하며, 이들은 내마모성 코팅이 된 강화 금속으로 만들어진다. 일반적으로 내부 압력은 100MPa에 이른다.

CNC 제어기는 시스템에 설치된 센서를 모니터링하고 다양한 변수를 제어하는 데 사용된다(그림 8.6). 주요 특징은 다음과 같다.

- 배럴, 노즐, 금형의 온도를 측정하기 위한 열전대(thermocouple)
- 스크류와 램의 압력 센서
- 금형 내부의 압력을 측정하기 위한 압력 센서
- 스크류의 위치와 램 동작 단계에서 속도를 측정하기 위한 위치 센서(전위차계 또는 LVDT)

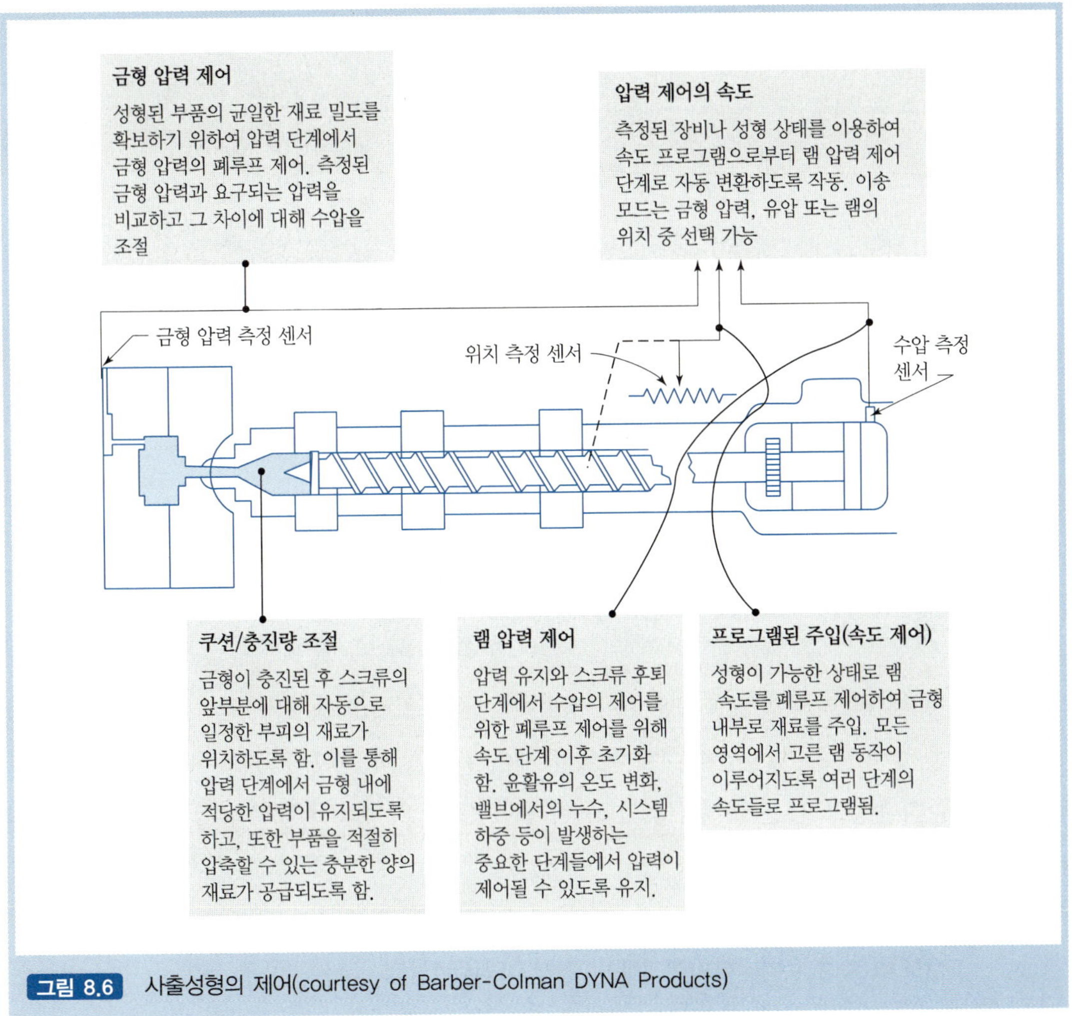

그림 8.6 사출성형의 제어(courtesy of Barber-Colman DYNA Products)

제어기는 사이클을 최적화하고 지속적인 램의 압력하에서 폴리머를 밀어 넣고 지속시켜 준다. 이를 위한 두 가지 기법에 대해서는 8.3.5절에서 다룬다.

8.3.4 충진 단계 동안 금형 내에서의 폴리머의 거동

캐비티에서 폴리머가 냉각되면서 크게 수축하고 코어의 벽에 닿으며 이동한다. 제7장에서 나오는 것과 같이 금형을 가공하는 밀링 공정에서 이러한 벽들은 제품의 손쉬운 방출을 위해 경사지게 만들어진다. 대기압하에서 폴리머가 용융 온도에서 상온으로

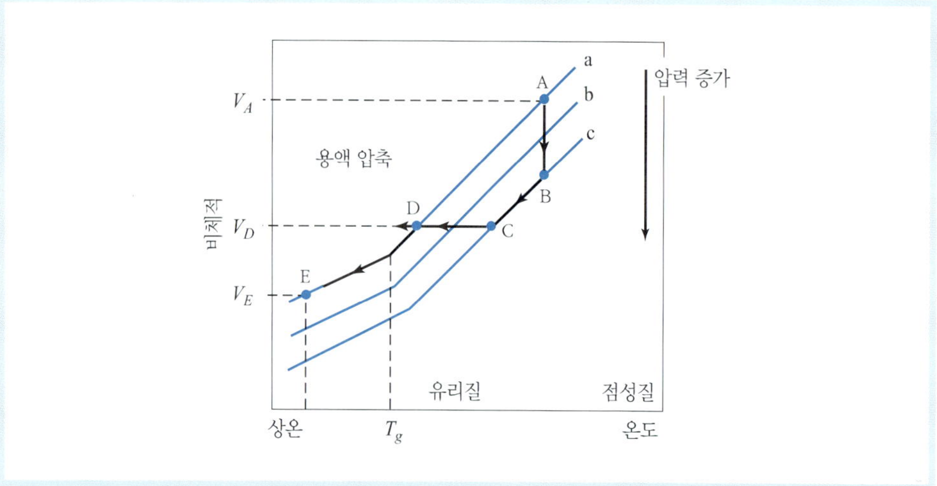

그림 8.7 대략 1,000 기압 정도에서 액상의 폴리머는 A에서 B로의 경로를 따른다. B와 C 사이에서는 액체가 압축된다. C 지점에서는 게이트가 냉각/압축. C와 D 사이에서는 플라스틱이 일정한 부피로 냉각된다(V_D)(adapted from McCrum, Buckley, and Bucknall, 1997).

냉각될 때의 부피 수축률은 10% 정도이다. 플라스틱의 제조에 있어 폴리머들이 이러한 수축을 보이는 것에 대해 특별한 제어가 없을 때 기포나 싱크 마크(sink mark)가 나타나는 또 다른 문제점이 있다. 이러한 공극들은 기계적 물성을 떨어뜨리고 외형의 완성도를 떨어뜨린다.

그림 8.7은 맥크럼(McCrum)과 동료들(1997)에 의해 소개된 부피 수축이 일어나는 정도를 보여 준다. 다이어그램의 선 a, b, c는 압력 증가에 따른 등압선을 나타내며, 선 C는 최고값을 보여 준다. 상세한 설명은 다음과 같다.

사이클은 다음과 같은 특징을 갖는다.

- 우선 최고 온도와 최대 비체적 상태(VA)에서 용융된 플라스틱은 금형에서 대략 $P=1000$ 기압 정도의 압력을 받는다. 이는 약 10% 정도의 부피 감소를 동반한다(즉, 선 a와 c 사이의 A, B). 식 (8.2)에서 K는 1기압하에서 대부분의 유체에 해당하는 체적 탄성률(bulk modulus)이다.

$$\frac{\Delta V}{V}=\frac{P}{K}=\frac{10^3\times1.01\times10^5}{10^9}=0.101 \tag{8.2}$$

- 다시 말해 액상 폴리머가 이와 같은 온도에서 램이 되면 금형은 100% 채워지게 되며, 이때 금형은 1기압의 경우보다 10% 정도 많은 폴리머를 포함하게 된다.
- 다음 단계로 B와 C 사이에서 금형 안의 파트는 C 기압하에서 냉각되고, 램은 수축을 보상하기 위해 금형 안으로 계속적인 유체의 흐름을 유지한다.
- C 지점에서는 게이트가 냉각/압축되고, 금형을 밀폐하여 추가로 주입되고 압력이 가해지는 것을 막는다.
- C와 D 사이에서는 일정한 체적(V_D)을 유지하며 압력을 대기압까지 줄이면서 플라스틱을 냉각하여 D 점으로 돌아온다.
- D 구간에서 E 구간까지 금형은 자연적으로 냉각되고 일반적인 열적 수축을 겪는다. 만약 폴리머가 자연적으로 냉각되도록 그대로 둔다면, $(1-V_E/V_A)$인 자유 열적 수축률(free thermal shrinkage)은 10~15%가량 된다. 그러나 압축 냉각 사이클로 인해 실제 수축 $(1-V_E/V_A)=1\%$ 정도로 나타난다.

최고 허용 클램핑 힘은 장비의 설계와 가격을 결정하는 주요한 요소 중 하나이다. 이 외에 다음과 같은 요소들이 설계와 가격 결정에 영향을 미친다. (a) 폴리스티렌의 등가 비체적으로 표현되는 사출량, (b) 사출되는 제품의 최대 깊이를 제한하는 분리 거리.

8.3.5 폴리머 냉각 제어

그림 8.7에 나온 압축 냉각(pressured cooldown)을 위한 두 가지 주요 기법들이 다음의 다이어그램에 나와 있다(Barber-Colman Company). 처음에 램을 이용하여 금형을 충진시키는 것은 양쪽 모두 동일하다.

- 단계 1, 충진 : 연속되는 속도 프로파일은 그림 8.8의 왼쪽에 나온 것과 같이 프로그램되어 있다. 초기에는 금형에 액상 폴리머를 가속시켜 넣기 위해 빠른 속도를 유지하고, 이후 금형이 채워짐에 따라 속도가 줄어든다.
- 단계 2, (그림 8.7의 A에서 B, C를 따라)패킹(packing)과 유지 상태를 위한 대안 1 : 램 압력을 이용하여 공정을 제어한다. 금형 내 형상을 요구되는 부피로 패킹하는 동안 램의 압력 센서가 최고 압력치를 모니터링하고 제어한다. 다음으로

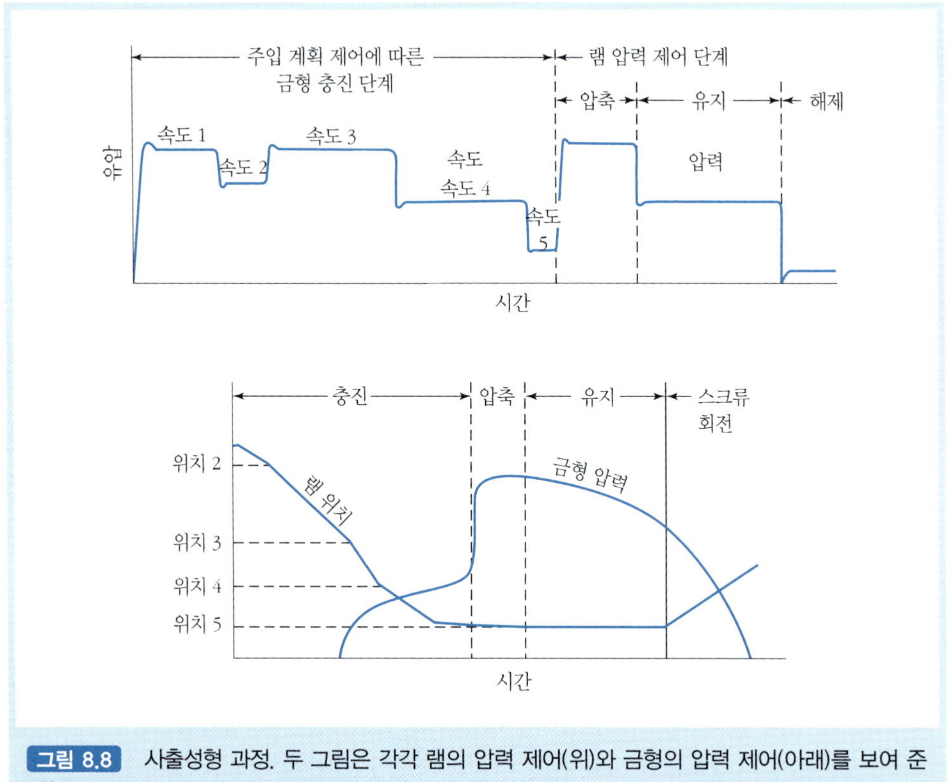

그림 8.8 사출성형 과정. 두 그림은 각각 램의 압력 제어(위)와 금형의 압력 제어(아래)를 보여 준다(Barber-Colman DYNA Products 제공).

그림의 가장 오른쪽에 나온 것과 같아 시스템은 게이트가 경화될때까지 낮은 유지 압력을 전달하고, 지정된 시간 이후에는 스크류/램을 회전하여 후퇴시킨다.

- 단계 2, 패킹 대안 2 : 보다 직접적인 방법으로 금형 캐비티 내에서 압력 센서를 장착하는 방법이다. 그림 8.8은 보다 적절하게 금형 압력을 해제하고 냉각 중인 금형에서 직접 공정을 측정하는 것이 가능함을 보여 준다.

8.3.6 분리와 스테이지 재설정

분리와 재설정 단계에서는 금형이 열리면서 캐비티와 코어가 떨어지고, 분리핀이 파트를 다이 표면으로부터 부품을 분리시킨다. 그림 8.9는 그랜빌(Glanvill)과 덴턴(Denton)에 의해 설계된 2단 구성 금형의 개념도를 보여 준다(1965). 여기서는 실제 생산용 금형이 이전까지 소개된 일반적인 구조보다 더 복잡하다는 것을 보여 준다. 하지만, 사

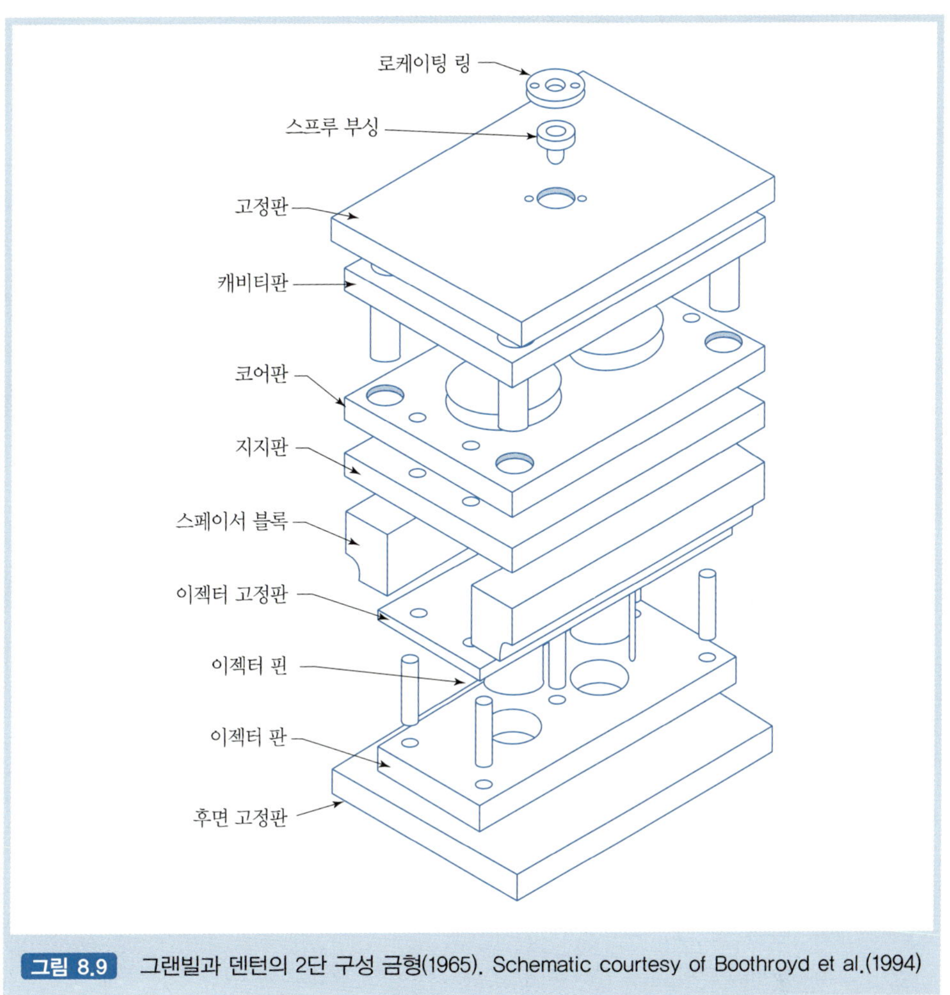

그림 8.9 그랜빌과 덴턴의 2단 구성 금형(1965). Schematic courtesy of Boothroyd et al.(1994)

실 그림 8.9도 상당히 단순하게 표현된 것이다. 이와 관련된 전통적인 교재들(Pye, 1983, Glanvill & Denton, 1965)은 앞서 보인 개념도보다 더 많은 정렬핀(alignment pin)과 덧판(backing plate)을 보여 준다. 금형에 사용되는 추가 블록(extra bulk), 보조 블록, 분리핀, 고정면들은 높은 성형 압력과 다량의 생산을 반증해 준다(10,000~10,000,000개). 따라서 이러한 분리핀과 이동 파트를 닳지 않게 하려면 많은 기구들이 필요하다. 유압식 또는 기계식 구동기를 이용하여 금형이 상대적으로 천천히 열리게 함으로써, 분리핀들이 코어판으로부터 모두 분리된 후에 캐비티로부터 파트를 분리할 수 있도록 해 준다(그림 8.9의 중간). 가능한 작은 분리판을 사용하여 파트의 뒤틀림과 제작 주기를 줄일 수 있다.

8.3.7 게이트 위치 선정

그림 8.10a와 8.10c는 각각 전형적인 게이트의 설계와 컵 형상에 적합한 스프루와 게이트의 형태를 보여 준다. 게이트는 매우 가는 관 형태로 액체가 외력에 의해 통과할 때 추가적인 전단이 발생하도록 하는데, 이는 온도를 20℃ 정도 상승하게 하여 금형의 충진에 유리하게 작용한다. 이후 단계에서는 작은 관으로 인해 폴리머가 게이트 쪽에서부터 냉각되기 때문에 배럴의 재료로부터 성형된 파트를 분리하는 데 유리하다. 또한 그림 8.10c에 나온 것과 같이 효과적인 금형의 충진을 위해서 게이트의 설계도 중요한 요소로 작용한다.

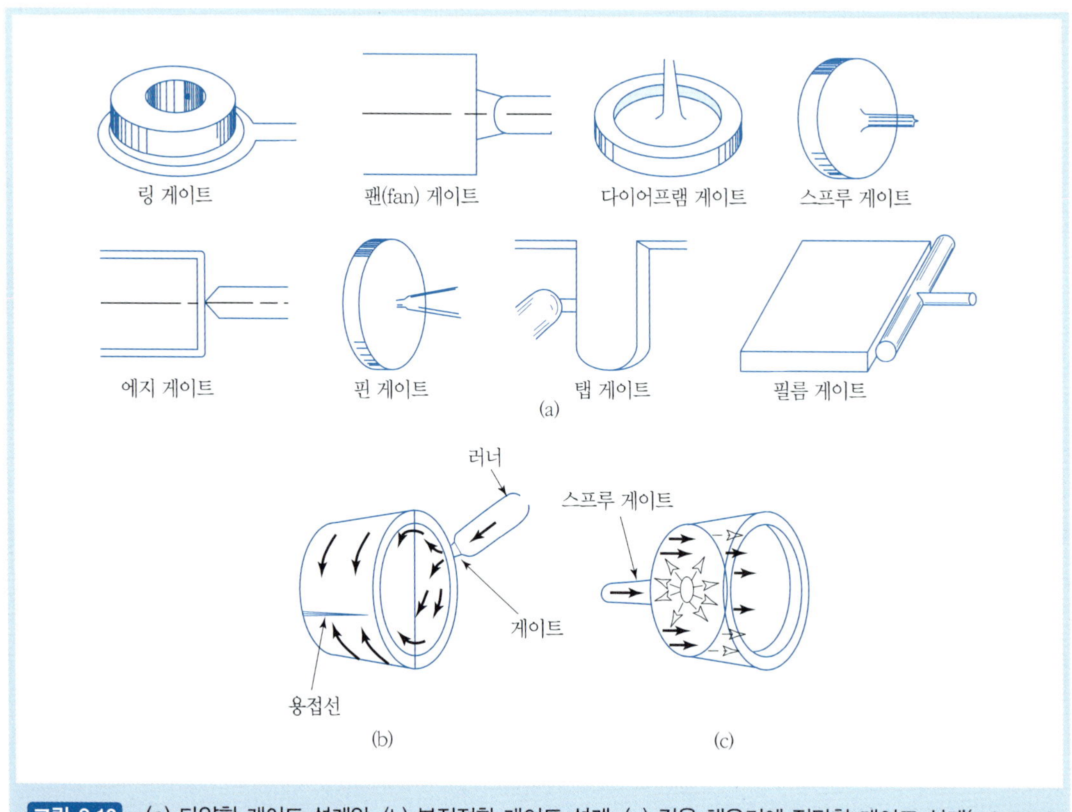

그림 8.10 (a) 다양한 게이트 설계안, (b) 부적절한 게이트 설계, (c) 컵을 채우기에 적당한 게이트 설계(adapted from ICI and Pye)

마지막으로 게이트로 인한 제품의 성능 저하를 막기 위해, 다음의 주요 설계 이슈들을 따라야 한다.

- 게이트는 외형관이 중요하지 않은(noncosmetic) 부분에 위치하도록 한다. 가전제품의 경우, 일반적으로 케이스 내부에 위치한다. 그 외의 경우에 게이트는 반드시 제거에 비용이 많이 들지 않거나 후처리가 용이한 곳에 위치해야 한다.
- 게이트는 제품에서 응력이 집중되는 곳을 피해서 위치해야 한다.
- 게이트는 사출된 재료를 냉각시킬 때 공기 배출(air expulsion)이 용이하게 위치해야 한다.
- 외관이나 응력이 중요한 부분에 대해서는 용접선(weld line)이 형성되는 것을 피해야 한다.

아마도 몇몇 독자들은 램이 금형을 채우는 동안 어떻게 공기가 빠져나갈 수 있을지 의아해할 수도 있다. 일반적으로 공기가 배출을 돕기 위해 분리면에는 미세 배기구가 설치된다. 공기는 또한 분리핀 주변으로도 빠져나갈 수 있으므로 미세 배기구의 상대적인 위치가 매우 중요하다. 이는 반드시 게이트의 위치로부터 배기구의 위치까지 공기가 흐르기 쉽도록 해 주어야 한다. 만약 공기가 적절하게 배기되지 못할 경우, 이 부분은 높은 압력으로 인해 파트가 과열되고 검게 눋게(scorch) 된다.

8.3.8 부품 주조를 위한 설계 지침

금형을 설계하는 데에는 냉각 시 열가소성 플라스틱의 수축, 파트가 분리되기 위해 수직벽에 적용되는 구배각(draft angle), 분리면의 위치를 고려할 수 있는 다양한 경험이 요구된다.

그림 8.11에는 몇 가지 주요한 설계 지침이 소개되었다. 이 예들은 마그랩(Magrab, 1997)과 브렐라(Bralla, 1998), 니벨, 드레이퍼, 위직(Niebel, Draper, Wysk, 1989)의 저서에서 발췌하였다.

- 단순한 분리를 위해 부족구배(undercut) 형상을 지양한다.
- 균일한 수축과 뒤틀림(warpage)이 없도록 하기 위해 일정한 벽 두께를 사용한다.

지침	나쁨	좋음
벽 두께를 균일하게 유지하거나 점진적인 변화를 적용	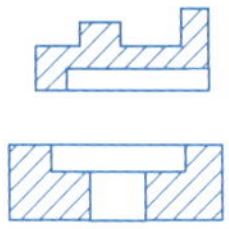	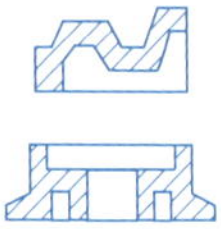
깊게 막힌 구멍은 단계적인 지름을 사용	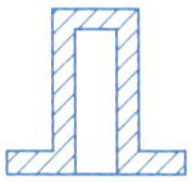	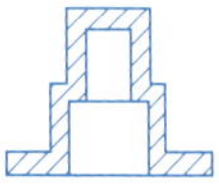
열경화성 수지 부품에 대해 균일한 벽 두께를 유지	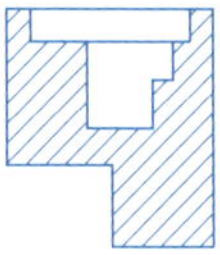	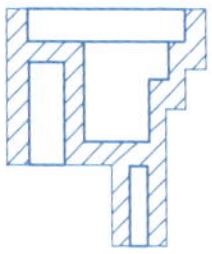
분리선에 있는 비드는 금형 플래시를 제거하기 쉽도록 정리	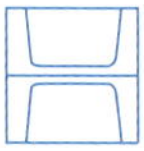	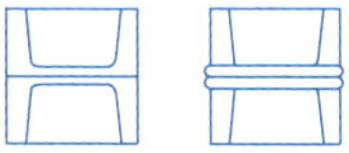
수축을 숨기기 위한 장식적인 설계를 이용	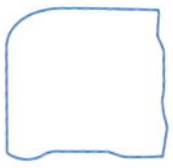	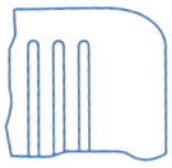
부족구배나 균일하지 않은 벽 두께의 사용 회피	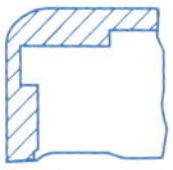	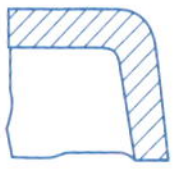
금형들이 적절히 정렬되지 않았을 때 발생하는 결함을 가리기 위해 의도적으로 측면 벽을 오프셋		
구멍이나 측면 벽의 최소 간격을 지정	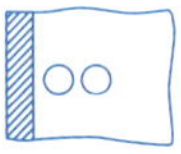	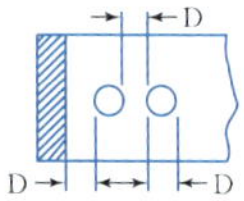 D D D D
구멍과 부품의 모서리 사이의 최소 간격 지정	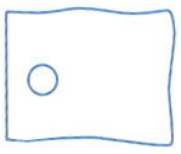	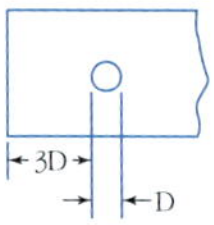 3D D

그림 8.11 플라스틱 사출성형을 위한 설계 지침(reprinted with permissioin from *Integrated Product and Process Design and Development* by E.B. Magrab. Copyright CRC Press, Boca Raton, Florida)

- 압축과 냉각 시 코어핀들에 대한 부하를 줄이기 위해 깊은 홀에 대해서는 이중의 지름값을 사용한다.
- 균일한 금형의 충진과 형상 사이의 간격을 유지하기 위해, 홀과 홀, 홀로부터

벽까지의 거리를 되도록 작게 한다.

- 분리선에서 플래시(flash)의 발생을 줄일 수 있는 캐비티의 형상을 사용한다.
- 사출로 성형하기 어려운 부분에 대해서는 부가적인 장식을 사용한다. 예를 들어, 게이트가 자리 잡았던 곳의 주변에 얕은 동심원을 표시한다. 이는 사출성형 후 사용자나 소비자에게 연못에 돌을 던져 생기는 것과 같은 패턴으로 받아들이게 하여, 균일하지 못한 게이트 흔적을 알아채지 못하게 해 준다. 이는 결과적으로 설계 과정에서 고려된 미적인 형상으로 보인다.
- 때로는 수축과 여러 가지 오점을 감추기 위해 미세한 오렌지 필(orange-peel) 같은 질감이 가미된 금형을 사용하기도 한다.
- 분리선에서는 일반적으로 정확한 오프셋보다는 조금 더 큰 값을 사용한다. 이는 목공품 제작에서 자주 사용되는 방법으로 작은 간격(set back)이 실수로 보이는 반면, 과도한 간격은 의도적으로 설계된 것처럼 보인다.

또한 금속에 비해 상대적으로 낮은 플라스틱의 탄성계수는 스냅핏(snap fit)의 설계가 용이하도록 해 준다. 8.7절에서는 IBM의 ProPrinter의 재설계 사례가 다루어진다. IBM은 자사의 표준 프린터에 대해 전체적인 재설계를 수행하면서, 부품의 수를 줄이고 나사 대신 가능한 많은 스냅핏을 사용하였다. 이를 통해 부품의 수를 152개에서 32개로 줄일 수 있었다. 동시에 열가소성 플라스틱 스냅핏의 유연함으로 조립시간은 30분에서 3분으로 줄어들었다(Dewhurst & Boothroyd, 1987 참조). 그림 8.12는 스냅핏 형식의 외팔보들을 제작할 수 있는 금형의 설계를 보여 준다. 그림의 윗부분에 나온 금형의 코어 막대(rod)들은 이동이 가능하며, 사출된 플라스틱을 버팀 없이 서 있도록 하기 때문에 휨이 발생할 수 있다. 반면, 그림의 아랫부분에서 금속 인서트의 측면 분리 조각은 사출된 플라스틱의 아래에 부족구배를 형성한다.

8.4 플라스틱 가공 공정 II : 폴리머 압출성형

플라스틱 제품의 대량 생산에 있어서, 단순한 압출성형 방법은 매우 일반적이다. 튜브, 배관용 플라스틱 파이프, 창틀의 금형, 전기적인 사용을 위한 절연된 전선 등이

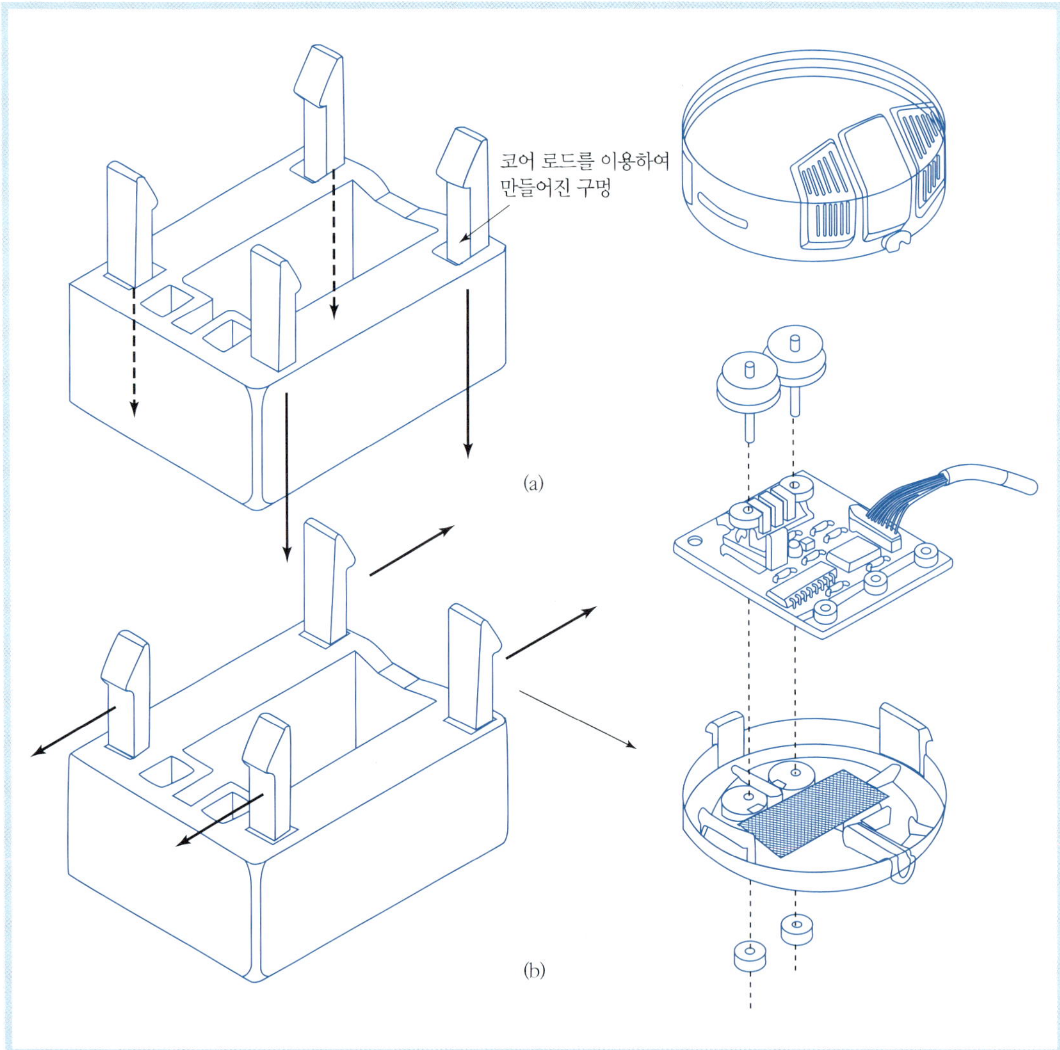

그림 8.12 사출성형 공정을 통해 사용이 가능한 외팔보(cantilever) 스냅핏 : (a) 화살표 방향은 요구되는 부족구배를 성형한 후에 코어 로드가 빠져나오는 방향을 보여 준다. (b) 측면 분리 조각의 분리 방향을 보여 준다. 오른쪽에는 부스로이드의 DFA 방법으로 재설계된 Digital Corporation 마우스를 보여 준다 – 아래에 위치하는 하위 조립품에 스냅핏이 사용되었다(couresy of Boothroyd et al., 1994).

이를 이용해 생산된다. 폴리머를 배럴의 가열된 영역을 지나도록 하고, 스크류 작용을 통해 가소화시킨다. 다이의 출구 쪽에서는 액상의 제품이 그림 8.13의 왼쪽에 나온 것과 같은 사전에 제작된 다이를 통해 압출된다.

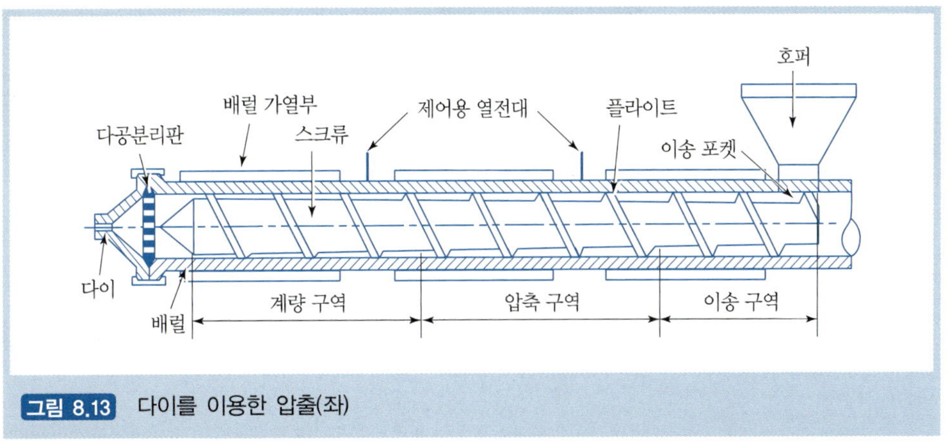

그림 8.13 다이를 이용한 압출(좌)

이때, 스크류의 내부 지름은 앞부분보다 호퍼 주변의 뒷부분 주변에서 더 작아야 한다. 이는 고체 알갱이들이 불규칙하게 압축되어 같은 질량의 액상보다 더 큰 부피를 갖기 때문이다. 그리고 스크류 메커니즘에 따라 모든 영역에서 질량의 흐름비(mass flow rate)가 일정해야 하기 때문에, 폴리머가 고체 알갱이에서 액상으로 변해 감에 따라 스크류 채널의 넓이가 반드시 감소해야 한다.

8.5 플라스틱 가공 공정 III : 중공성형

중공성형(blow molding) 공정은 다양한 디자인의 물병이나 이와 유사한 소비제품 등을 만드는 데 주로 사용된다. 그림 8.14는 압출 중공성형 방법을 보여 주며, 사출 중공성형과 늘림(stretch) 중공성형도 이와 유사하다.

우선 압출기가 패리슨(parison)이라 불리는 가열된 환형 튜브(hollow tube) 덩어리를 금형에 밀어 넣는다. 금형이 닫히고, 위쪽 튜브의 끝을 조여 준다. 이는 흔히 병의 아랫부분에 해당된다. 독자는 플라스틱 물병 아래에서 이런 거친 돌출부가 있는 것을 확인할 수 있으며, 몇몇 설계에서는 주름(crease)이 사용되기도 한다. 어쨌든, 부품 설계자에게는 새로운 문제가 발생한다. 바닥면에서 균일하지 못한 돌출은 병을 사용자의 책상에 세웠을 때 불안정하게 할 수 있다. 또한 몇몇 병들의 아랫부분에서는 주의 깊게 설계된 볼록형상(convex hull) 또는 병의 가장자리(perimeter)에 일종의 발처럼

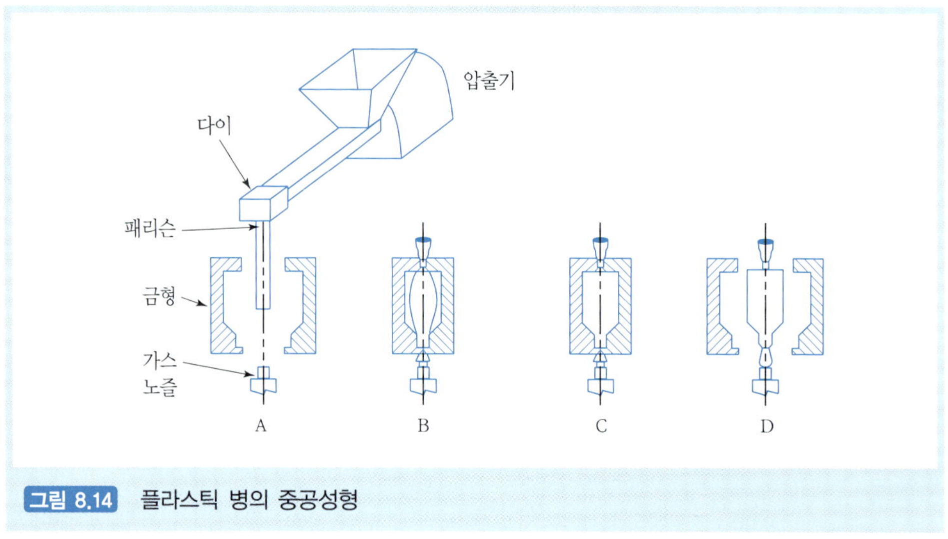

그림 8.14 플라스틱 병의 중공성형

(feetlike) 생긴 사출들을 볼 수 있다.

금형이 닫히고, 패리슨이 공기에 의해 팽창하고 금형의 모양을 따라 부풀어 오르게 된다. 가죽상의 폴리머가 금형의 모양을 따를 수 있게 하기 위해, 압출된 패리슨은 이미 가열되고, 금형 입구는 따뜻해진다. 순차적으로 성형된 병이 냉각되고 금형으로부터 제거된다. 그리고 새로운 패리슨이 열려진 금형 안으로 압출된다.

8.6 플라스틱 가공 공정 IV : 박판의 열성형

8.6.1 개요

열성형 공정(또는 중공성형)은 앞서 제7장에서 기술된 금속-성형 작업과 형상 측면에서 많은 유사성을 갖는다. 차이점은 플라스틱 덩어리들이 가열된 후 다이가 아닌 공압(air pressure)에 의해 변형된다는 점이다. 확장된 플라스틱 돔은 원하는 형상을 생성하기 위해 형상이 새겨진 다이를 이용하여 자유롭게 성형되거나 부풀려질 수 있다. 돔이 자유롭든 고정되어 있든 금속 박판 성형과 같이 그 두께가 너무 얇아지지 않도록 하는 것이 중요하다. 다음 절에서는 플라스틱 박판의 성형에 필요한 요소들에 대해서 분석하였다.

8.6.2 분석 : 균일한 박판 두께의 유지

ABS나 PMMA, HIPS(High Impact Polystyrene, 내충격성 폴리스티렌), 폴리에틸렌 등으로 성형된 제품의 대부분은 판의 두께가 균일하지 못하다. 다시 말해 자유 성형된 돔의 끝단에서 발생하는 변형이 고정된 모서리에 비해 매우 크기 때문이다.

이러한 문제는 금속 박판 성형에서 n 값이 높은 재료를 사용하는 것과 유사하다. 금속 박판 성형과의 큰 차이점은 플라스틱이 일반적인 열성형 온도에서 시간에 종속적인 크리프(creep)를 겪는다는 것이며, 다음의 식 (8.3)에 이러한 부분이 추가되어 있다.

응력-변형-시간의 관계는 다음과 같이 정의될 수 있다.

$$\sigma = kt^{m'}\varepsilon^{n} \tag{8.3}$$

여기서, σ = 응력

ε = 시간 t 이후의 변형률

m' = 변형비(시간) 감도 지표

n = 변형률-경화 감도 지표

k = 상수

서로 다른 재료들의 열성형 특성은 응력-변형-시간의 관계식에서 m'값과 n 값의 비교를 통해 설명될 수 있다. 특히, ABS, PMMA, HIPS와 관련해서는 높은 n 값과 낮은 m' 값을 갖는 재료가 보다 균일한 두께 분포를 보이는 것으로 나타났다.

하나 중심선을 지나는 돔의 단위 너비에 대해서 다음과 같은 관계식이 얻어진다. 일반적인 장비 설계나 응력 해석을 다루는 기계 공학 서적에서는 압력관이나 실린더, 셸 등에 대해서 다음과 같은 방정식을 이용한다.

$$\sigma \cdot s = P \cdot R$$

또는

$$\sigma = \frac{PR}{s} \tag{8.4}$$

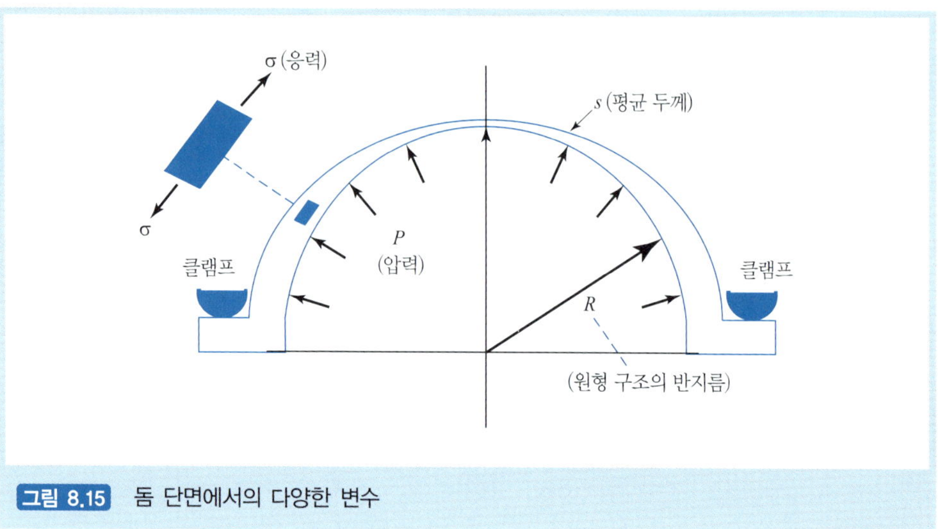

그림 8.15 돔 단면에서의 다양한 변수

여기서, σ = 응력

P = 열성형 압력

R = 돔의 내부 반지름

s = 판의 두께(그림 8.15)

식 (8.3)과 (8.4)를 정리하면,

$$\frac{PR}{s} = kt^{m'}\varepsilon^{n}$$

또는

$$n \cdot \ln(\varepsilon) = \ln(P) + \ln(R) - \ln(s) - (m' \cdot \ln(t)) + \ln(k)$$

이를 미분하면 다음과 같다.

$$n \cdot \frac{\delta\varepsilon}{\varepsilon} = \frac{\delta P}{P} + \frac{\delta R}{R} - \frac{\delta s}{s} - m'\frac{\delta t}{t}$$

여기서, $\delta\varepsilon$, δP, δR, δs는 시간 δt에 대한 증분값이다.

이제 완전한 소성유동 흐름에 대해서, 대칭형 2축성 변형(balanced biaxial strain)은

$$d\varepsilon = \frac{\delta s}{s}$$

따라서

$$n \cdot \frac{\delta\varepsilon}{\varepsilon} - \delta\varepsilon = \frac{\delta P}{P} + \frac{\delta R}{R} - m'\frac{\delta t}{t}$$

따라서 열성형된 돔에서 균일한 두께 분포를 얻기 위해서는 어느 위치에서든지 동일한 변형값을 가져야 한다. 즉,

$$\Delta\left(\frac{\delta\varepsilon}{\varepsilon}\right) = \frac{1}{n-\varepsilon}\left[\frac{\delta P}{P} + \frac{\delta R}{R} - m'\frac{\delta t}{t}\right] \to 0 \quad (8.5)$$

이는 높은 n 값과 낮은 m' 값을 이용하여 얻을 수 있다.

8.7 컴퓨터 상품 : 조립 및 제조고려설계

8.7.1 사출성형에서의 시스템 구성 및 패키징

컴퓨터, 휴대폰과 같은 대부분의 최신 소비재 가전제품의 생산에 있어서 시스템 조립은 최종 단계에 위치한다. 그림 6.1은 주 마이크로프로세서와 8개의 추가 메모리 보드가 장착된 PCB를 보여 준다. 이 보드는 그림 6.1의 오른쪽과 같은 컴퓨터 케이스에 조립된다. 하드디스크나 다른 시스템 부품들이 장착되고, 전원공급 장치와 연결된다. 그다음 조립된 제품에 전원을 공급하여 테스트를 한다. 일단 기능 테스트를 마치면 사용된 테스트 케이블을 제거하고 사출성형된 케이스가 봉합된다.

8.7.2 1990년대 초기 이후, 컴퓨터 산업에서의 조립고려설계와 제조고려설계기술의 상업적 영향

잘 알려진(실제) 이야기로…

옛날에 IBM이라 불리는 큰 컴퓨터 회사는 로봇을 이용하여 그들의 ProPrinter를 조립하기 위해 설계를 다시 하기로 했다. 로봇이 작은 스크류를 집거나 정교한 조립 작업들을 수행하지 못하기 때문에 엔지니어들은 프린터의 설계를 엄청나게 단순화시켰다. 예를 들어, 그들은 스냅 리벳을 사용하고 가능한 조립 작업들이 같은 선상의 위치에서 이루어지거나 중력의 방향에 도움을 받을 수 있도록 하였다. 그런데 재설계가 끝났을 때, 조립 공정은 의도했던 로봇보다도 사람이 더 싸고 빠르게 할 수 있게 잘 정리되었다. 그래서 로봇들은 해고되고, 사람들은 오래오래 행복하게 살았다.

이 이야기는 조립고려설계(Design for Assembly, DFA)와 제조고려설계(Design for Manufacturing, DFM)가 가질 수 있는 잠재적인 영향력을 보여 준다. 점차적으로 DFA와 DFM을 응용한 본체와 프린터, 스캐너 같은 주변장치들이 이들을 포함하는 컴퓨터 산업에 중요한 영향을 미쳐왔다.

한 예로, 컴팩(Compaq, 2001년 HP와 합병)은 1991년 새로운 경영진이 들어오면서 DFA와 DFM을 적극적으로 적용하기 시작한 결과 순 판매이익(net profit margin)은 40% 이상에서 20~25%까지 줄어들었으나, 1992~1994년 사이에 컴팩의 기본 사양의 486DX2/50 기기의 가격은 3,000달러에서 1,800달러까지 내려갔다. 이러한 변화는 다른 양산 PC 제조업자들에게 '충격'을 주었으며, 명백히 PC가 대중화되기 시작하는 하나의 전환점이 되었다.

다음의 리스트는 1990년대의 컴팩의 전략을 그림 8.16은 그 성공에 대해서 보여준다.

- 조립 시간과 하위부품의 수를 줄이기 위해 DFA를 사용한다. 평균적으로 1/3 가량의 부품들이 줄어들어야 한다.
- 결과적으로 주 공장의 공간과 임대비용을 1/3 정도 줄일 수 있다.
- 모든 하청 업체가 주 공장의 24km 반지름 내에 위치하는 즉시(just-in-time) 생산 방식을 사용한다.
- 새로운 조립 기계에 투자한다.
- 계획 초기 몇 년의 판매이익(profit margin)을 40%에서 20~25% 정도로 줄인다.

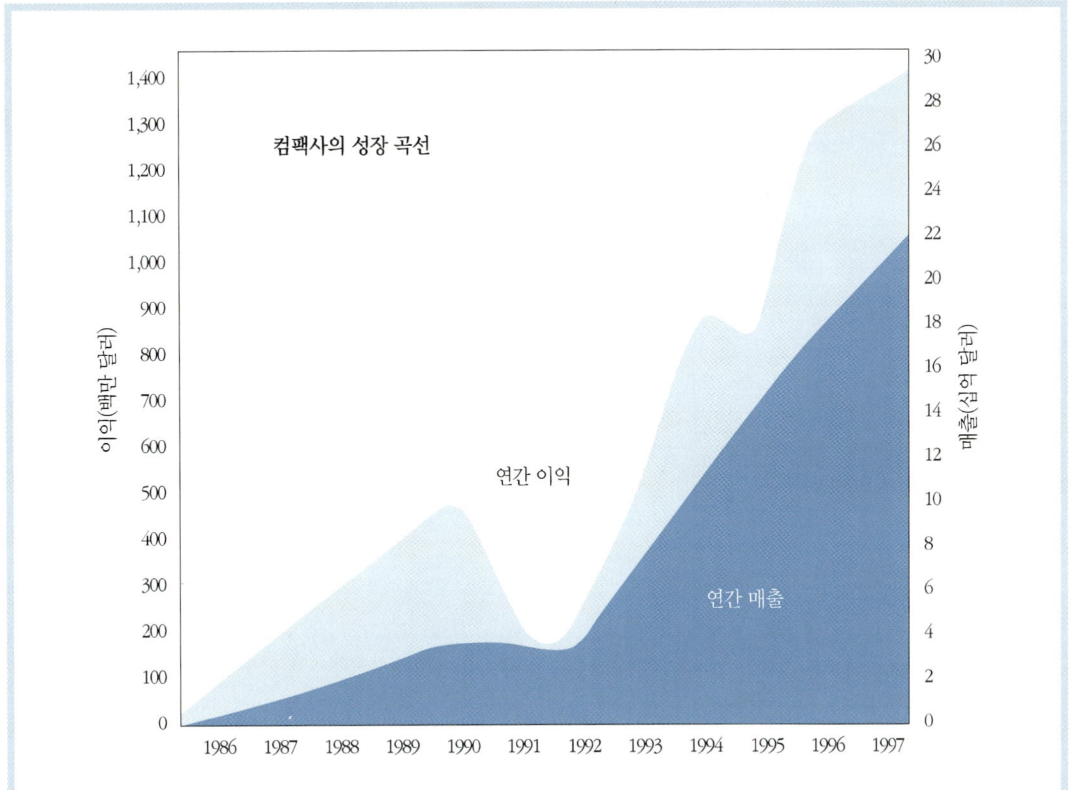

그림 8.16 컴팩의 DFA와 JIT 응용사례. 1991년에서 1992년 사이에 고의적으로 이익을 줄였으나, 이는 이후 컴팩의 급격한 성장을 가능케 했다. 또한 이는 전 세계적으로 일반적인 PC의 가격체계에 큰 변화를 가져왔다(data from Compaq).

이러한 전략의 효과는 1991년 그림에서 자명히 드러난다. 세일과 이익에서의 일시적인 감소는 이전 여러 해의 극적인 증가보다 크다.

8.7.3 조립고려설계 절차의 개관

조립고려설계는 2개의 상식적인 아이디어를 포함한다.

- 개개의 하위부품들의 품질이 우수해야 하며, 이들의 수는 가능한 줄여야 한다.
- 하위부품 간의 조립 작업들은 가능한 단순해야 한다. 예를 들어, 공장의 레이아웃을 규칙적으로 유지하고, 개개 부품의 형상을 단순하게 하고, 그림 8.17과 같이

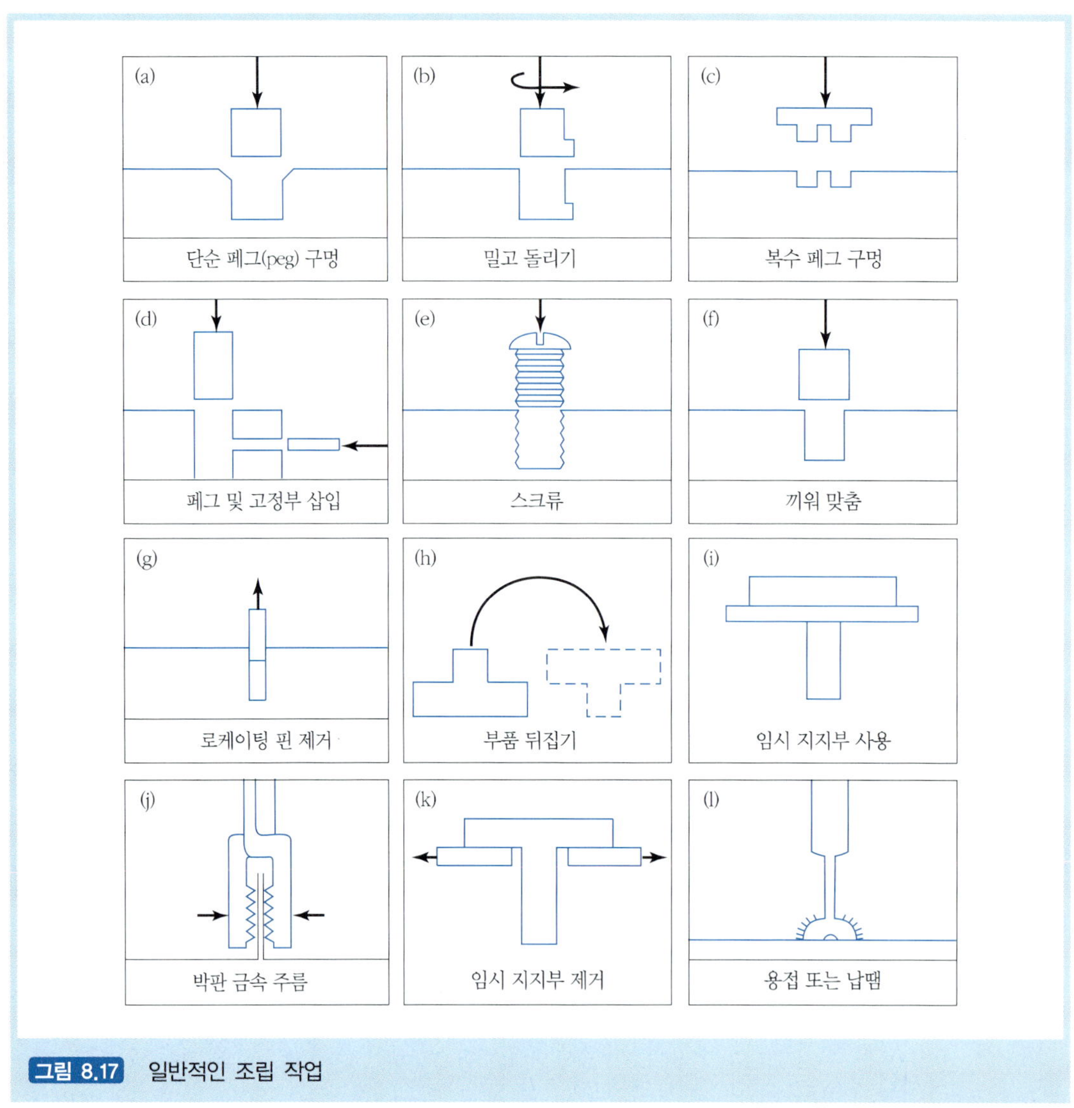

그림 8.17 일반적인 조립 작업

부품 간의 조립을 단순하게 해 줄 수 있는 특정한 설계 형상들을 사용하고, 중력에 역으로 조립하지 않는다(누구든지 차의 엔진 오일을 교환하기 위해 기름통의 플러그를 열어 본 사람이라면 무슨 말인지 잘 알 것이다).

8.7.4 개별 하위부품을 위한 설계 점검표

하위부품의 수를 줄이고 그들의 품질을 향상시키기 위해 다음의 과정들이 포함된다.

우선 일반적인 형상이 고려되어야 한다.

- 서로 다른 공급자들이 동일한 제품을 공급할 수 있도록 하위부품의 설계가 표준화되어 있는가?
- 하위부품들이 대칭적인가? 되도록 사람이나 로봇이 그 부품들을 특정 방향으로만 다루지 않도록 한다.
- 만약 비대칭이라면, 최소한 항상 동일한 방법으로 정렬될 수 있나?
- 나사산이 있는 형상은 가능하면 없앨 수 있나?
- 그림 8.17a와 같이 모따기(champer) 형상을 따라 조립할 수 있나?
- 부품은 사람이나 기계가 그것을 집으려고 할 경우, 엉키거나, 뒤집히거나, 맞물리거나, 또 다른 문제점을 일으킬 수 있나?
- 어떤 부품은 서로 포개져 집는 데 문제를 일으킬 수 있나?

둘째, 공차나 기계적 물성들이 고려되어야 한다.

- 주요한 치수나 공차는 명확히 정의되었나?
- 공차가 가능한 큰가?
- 날카로운 모서리들이 제거되었는가?
- 버(burr)와 플래시(flash)가 제거되었는가?
- 부품들이 그림 8.17c와 8.17d, 8.17f와 같이 조립과정에서 눌릴 경우 좌굴(buckling)을 견디기에 충분히 견고한가?
- 무게가 최소화되었나?

셋째, 하위부품들의 제조고려설계가 분석되어야 한다.

- 금형 등의 가공 요구조건들이 최소화되고 표준화되었나?
- 현재 작업에 사용되는 장비들이 모든 조립 요구사항들을 수용할 수 있는가?
- 하청 업체들이 6 시그마(six sigma)를 만족시키는 제품을 공급할 수 있는가?

8.7.5 조립 작업을 위한 설계 점검표

산업 공학의 초기 개척자인 테일러(Taylor)와 길브레스(Gilbreth)는 그들의 초기 시간-움직임(time-motion)에 대한 연구를 통해 효과적인 조립 작업을 위한 방법의 기반을 다졌다. 이 연구들은 여러 상식적인 내용들을 포함한다. 그들의 하위부품을 위해 정돈된 작업 공간과 인간공학적인 디자인, 잘 구성된 배송 체계를 강조하였다. 이상적으로, 사람이나 기계는 부품을 가져오기에 너무 멀리 움직이지 않도록 해야 한다.

부품들을 배치하고 서로 가까이 두는 것은 피츠의 법칙(Fitts's law)과 관련이 있다. 그림 8.18에서 연필의 포인트를 일정한 영역 안에 맞추는 속도와 정확도는 난이도(difficulty)$=\boldsymbol{s}/\boldsymbol{w}$의 대수로 계산되는 피츠의 색인으로 주어진다.

이 색인은 하위부품이 반드시 단단히 작업 공간에 정지되어야 함을 주지하나(작은 $\boldsymbol{s}$), 실제 조립 과정(작업)에서는 작업자와 기계의 다변하는 특성을 허용해야 한다(큰 $\boldsymbol{w}$). 예를 들어, 그림 8.17a의 리드인(lead-in) 모따기는 PIH(pin-in-hole) 형식의 정렬을 위한 보다 많은 영역을 만든다.

다시 말해, 피츠는 전반적으로 (a) 하위부품이 이동되어야 하는 거리($\boldsymbol{s}$)를 줄이고, (b) 기기의 기능에 영향을 주지 않는 범위에서 가능한 큰 '허용치' w값을 갖도록 추천하고 있다.

8.7.6 전기기계 기기를 위한 설계 점검표

전기기계 기기의 조립을 위해서 다음과 같은 점검사항이 고려된다.

- 수직으로 쌓을 수 있고, 중력을 이용한 조립이 가능한가? 그림 8.19는 A부터 L까지 표시된 10개의 산업용 제품들의 데이터를 요약하였다. 수직적인 조립이 가장

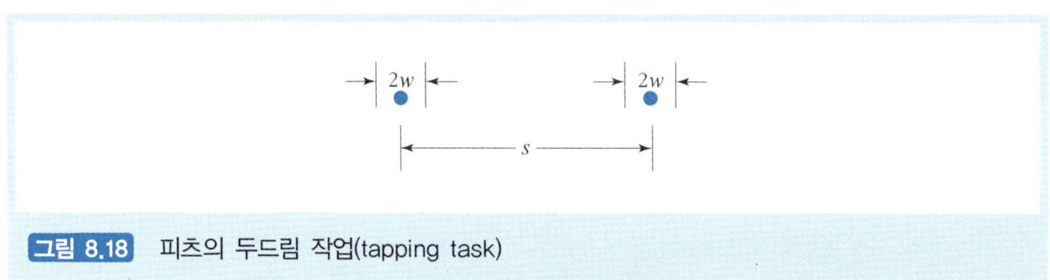

그림 8.18 피츠의 두드림 작업(tapping task)

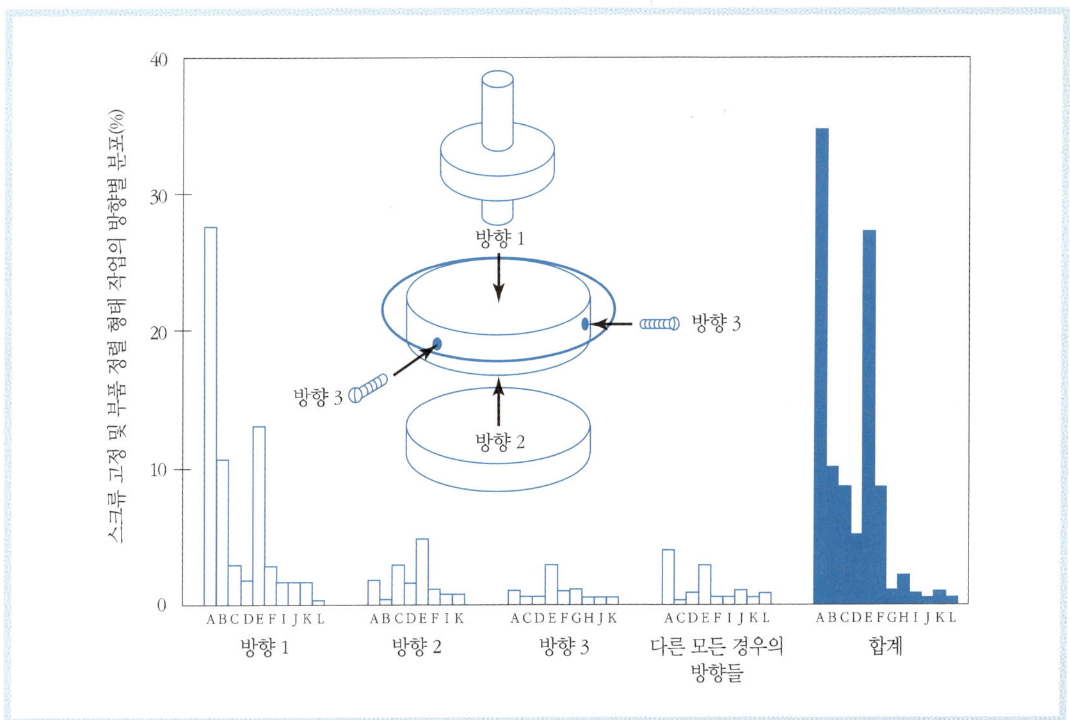

그림 8.19 일반적으로 체결부품은 위에서 아래로 끼워진다. (a) 글자 A~L은 서로 다른 조립된 제품을 의미한다, (b) 만약 어느 글자가 '방향-n' 표시에 없다면 – 예를 들어 방향 3에 B가 없다, 이는 해당 제품에 해당 조립 작업이 없음을 의미한다, (c) 제품의 조립과정에서 접착이나 용접과 같은 다른 작업들이 사용되기 때문에, 각 조립 작업들의 합은 정확히 100%가 되지 않는다.

일반적인 조립 작업임을 보여 준다. 여기서 부품 E는 2와 3 방향에서 조립하기 위한 가장 복잡한 부품이다.

- 설계는 기준을 잡는 것을 위한 기준면(datum surface)를 갖는가?
- 불필요한 방향 전환이나 조작이 제거되었나?
- 깊이 파묻혀 위치하거나 접근이 어려운 하위부품들이 제거되었나?
- 고정장치는 정밀하고 효과적인가?
- 나사나 체결부들은 스냅핏을 사용하여 최소화되거나 제거되었나?
- 모든 작업이 하나의 조립 기계에서 자동적으로 이루어질 수 있나?
- 다른 부품들이 조립될 수 있는 베이스 부품 또는 베이스 판, 중심축이 사용되었나? 이를 사용할 경우 중심 조립축으로 모든 부품을 정렬할 수 있다.

- 하위조립품이 모듈화되어 있는가?
- 조립 공정에서 다음 부품의 조립을 위한 그룹 기술(Group Technology, GT)이 사용되었나?
- 최상의 가치를 부여할 수 있는 작업이 마지막에 수행되나? 이는 최종 순간에 무언가 고장날 것을 고려하여 매우 중요하다.
- 요구되는 조립의 정교함이 최소화되었나?

8.7.7 용접, 경납땜, 납땜, 접착을 위한 설계 점검표

여기서는 접합에 대한 방법을 다룬다. 칼팍지안(kalpakjian, 1995)과 브렐라(bralla, 1998)는 물리 화학과 DFA, DFM 측면에서 우수한 고찰을 남겼다.

용접(welding processes) : '용접봉(welding-stick)'의 전기적인 아크, 제어된 플라스마 아크 또는 '점 용접(spot-welding)' 장치로부터의 강한 열은 두 부품의 표면에서 국소 용융과 혼합, 국소 재경화를 발생시켜 서로 결합시킨다. 이러한 '미소 용융/주조(micromelting/casting)'는 제한된 공간에서 이루어져야 한다. 그렇지 않으면 대기 중의 산소가 국소 산화 적층(local oxide deposits)을 형성하여 최종 결합부의 금속 재료 물성을 해치게 된다. 예를 들어, 소모성 용접봉이 열에 의해 분해됨으로써 이러한 환경을 제공하기 위해 사용된다. 이는 불활성 가스의 보호막을 형성한다.

경납땜과 납땜(brazing and soldering) : 납땜(또는 연납땜)은 충진 재료를 '납땜용 인두(soldering iron)'로, 경납땜은 화염으로 국소 용융시키고 두 표면을 결합시킨다. 용접과 달리 두 대상 표면은 용융되지 않으며, 충진 재료만 재경화되어 각각의 표면과 충진 재료 사이에 고체 상태의 결합을 만든다. 충진 재료는 일반적으로 전기적인 납땜용 재료(예전에는 주석-납 합금, 최근에는 납 성분이 없는 저온 용융 합금) 또는 경납땜용 혼합재(은 또는 구리 합금)가 사용된다. 경납땜은 납땜보다 높은 강도를 제공한다.

접착(gluing methods) : 에폭시 수지와 아크릴 접착제는 두 표면의 접합을 위해 화학적인 결합을 만든다. 접착이 잘 되기 위해서는 되도록 그리스나 산소가 없는 깨끗한(clean) 표면이 요구된다. 그렇지만, 이러한 화학적인 결합은 앞서 소개된 용접이나 경납땜, 납땜에 비해 상대적으로 매우 낮은 강도를 보여 준다. 종종 이러한 접착은 자연

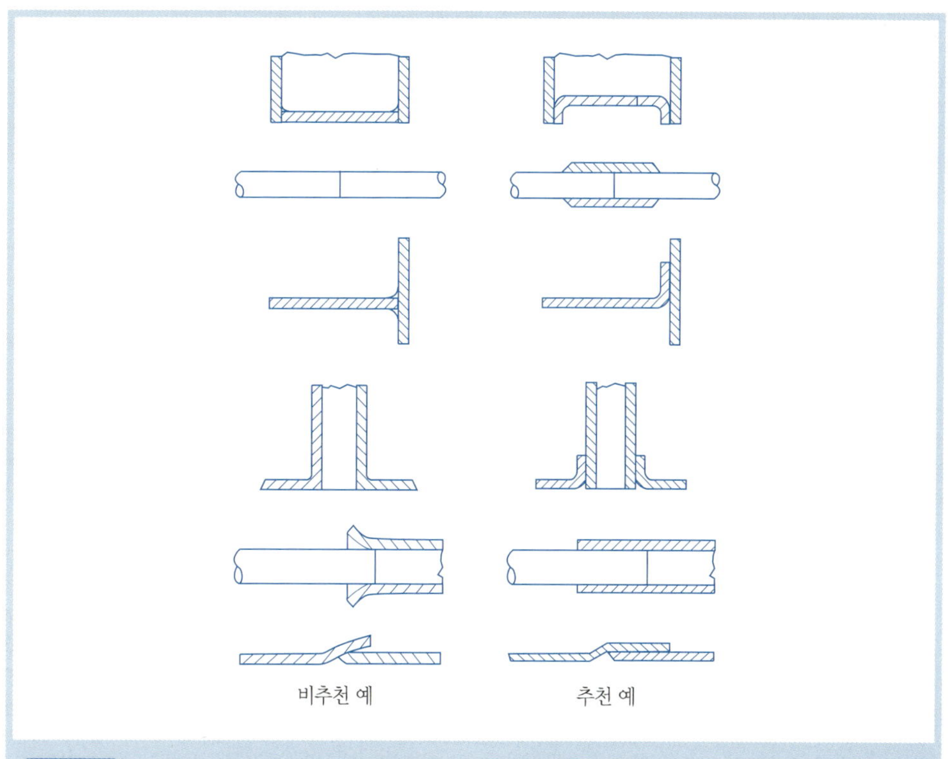

그림 8.20 납땜과 경납땜 공정의 일반적인 설계 지침들의 예(from *Design Manufacturability Handbook* edited by J. G. Bralla, © 1998. McGraw-Hill Companies의 동의하에 재인쇄됨)

광하의 자외선에 장시간 노출되었을 때 민감하게 반응하기도 한다. 따라서 오랜 시간 동안 사용되어야 하는 접합에 대해서는 접착제의 사용이 적절하지 못하다.

CAD 모델링을 하는 동안 설계자는 구성된 접합부의 구조적인 안정성을 향상시킬 수 있는 부품의 형상을 설계하는 것을 목적으로 한다. 그림 8.20은 납땜과 경납땜을 위한 적절한 몇 가지 접합 형상들을 보여 준다(Bralla, 1998). 동시에 현장에서의 생산과정(downstream manufacturing)에서는 반드시 수동으로 조작되는 용접 토치나 점용점 로봇의 접근성이 고려되어야 한다. 예를 들어, 자동차 조립 라인에서 트렁크 내부의 용접 작업들은 제한된 좁은 공간에서 이루어진다.

초기 설계자, 공정계획자, 고정장치 기술자 모두가 용접의 최종적인 품질을 좌우하는 공정의 진행에 영향을 미친다. 이러한 모든 조립 작업들에 대해서 작업 평면을 위에서 아래로 하도록 추천한다.

8.7.8 조립 평가를 위한 일반적인 방법

앞서 보인 리스트를 가능한 정량화하고자 하는 다양한 분야의 기업들은 정형화된 설계안(formal scheme)을 이용하고 있다. 당연히 각 회사에서 사용하는 최적의 방법은 다음의 조립 평가 항목들을 포함해야 한다.

8.7.8.1 부스로이드와 듀허스트의 방법

부스로이드(boothroyd)와 듀허스트(dewhurst)의 평가 방법은 다음 작업들에 대해서 점수를 매기는 것이다.

- 부품의 수 : 간단히 수를 세고, 부품의 수를 줄이기 위해 가능한 설계 변형을 한다.
- 대칭 : 축 대칭이 권장되며, 이에 대해 가장 높은 순위를 준다.
- 부품의 크기 : 사람이 집기에 쉬운 중간 크기의 부품에 대해 가장 높은 점수를 준다. 하드디스크의 작은 읽기/쓰기 헤드(head) 같은 경우, 조립에 입체 현미경(stereomicroscope)과 집게(tweezer)가 필요하기 때문에 낮은 점수를 준다. 호이스트(hoist)나 수작업용 지렛대(human amplifier)를 이용하여 들어 올려야 하는 무거운 부품에 대해서도 낮은 점수를 준다.
- 형태 : 복잡하지 않고 부드러운(smooth) 형상에 대해 높은 점수를 준다.
- 어려움의 정량화 : 마지막으로 어떠한 관점에서라도 어색하고, 미끄러지기 쉽고 부서지기 쉬우면 추가적인 벌점을 준다. 또 하나의 방법은 작업을 마치기 위해 필요한 시간과 기술의 수준을 측정하는 것이다.

8.7.8.2 제록스

제록스(Xerox corporation)의 평가 방법은 부스로이드와 듀허스트의 방법에 비해 간단하다. 다음과 같은 분야에 대해 정량적인 점수가 매겨진다.

- (앞서와 마찬가지로) 부품의 수
- (그림 8.19와 같은) 조립 동작의 방향
- 각각의 작업준비(setup)에 대한 고정장치(fixture)의 필요 여부

- 조정 방법, 나사나 용접보다는 스냅핏을 선호

8.7.9 시스템 전체의 관점을 유지–맺음말

다양한 소비재 가전제품의 설계 및 시작품 제작을 위해 수많은 DFM/DFA 전략들이 사용되었다. 예를 들어, PCB를 위쪽 뚜껑에 고정시키기 위해 스냅핏이 사용되었다. 이와 함께, 이러한 설계는 부족구배를 필요로 하기 때문에 알루미늄 금형의 가공비용과 작업비용을 증가시킨다. 따라서 당부의 말은 설계팀은 반드시 큰 그림을 볼 수 있어야 한다. 첫 200개의 제품을 만드는 경우 스냅핏의 가치는 크지 않을 것이다(비용만 더 소요됨). 하지만 수백만 개의 부품들을 제작했을 때, 금형을 가공하고 부족구배를 위한 코어를 조작하는 데 필요한 추가적인 시간은 아마도 공장에서의 조립 비용이 줄어드는 것으로 상쇄될 것이다.

이 장에서는 확장된 '학습 조직'으로부터 흥미로운 성공이야기(Prentice, 1991)로 결론을 대신하고자 한다. 평범한 휴대용 스테레오의 재설계 중, 어떤 크기의 플라스틱 외형이 적당한지에 대한 의문이 제기되었다. 언뜻 보기에는 이런 크기들은 다소 제멋대로인 것처럼 보였다. 그러나 보다 세심하게 따져보면, 태평양을 가로지르며 물건을 운반하는 화물 컨테이너를 특정 숫자로 완전히 채울 수 있는 큰 이점이 있음을 알 수 있고, 개개의 스테레오의 크기를 조절하여 보다 많은 수의 제품을 컨테이너에 넣을 수 있었다. 또한, 완전히 채워서 물건을 쌓으면 운반 중 파손이 덜 발생하므로 패키지 재료를 줄일 수 있다. 아마도 다소 거리가 먼 물류 체인에서의 구속조건을 바탕으로 설계를 변경한다는 것은 일반적이지는 않다. 그러나 위의 예제는 개개의 설계 담당자가 학습 조직에서 가능한 넓은 사고를 하도록 도전하게 한다.

8.8 기술 경영

8.8.1 제품과 공정 설계의 통합

경제적인 압력, 특히 제조된 상품의 질과 시장적기대응과 관련하여, 설계자들은 제품 설계와 통합된 제품과 공정의 설계에 대해서뿐만 아니라, 마지막으로 제조 계획과 제어에 대해서도 생각하도록 강요받고 있다.

이러한 세 가지 상위 수준의 요구가 커지고 있는데, 요즘에는 제조 공정에서의 재료의 거동, 가공과 관련한 응력과 온도, 최종 제품의 통합을 예측하기 위한 제7, 8장에서 소개된 형태의 보다 더 종합적인 모델에 대한 요구가 커지고 있다. 전체적인 목표는 다음과 같은 CAD/CAM 환경을 풍부하게 하는 것이다.

- 물리적으로 정확한 유한 요소 해석과 제조 공정의 가시화
- 세세한 비용 예측이 가능한 공정계획 모듈에 접근

이장에서 주로 다루어진 폴리머 재료와 금형 제작에 대한 CAD/CAM 참고 URL 주소는 8.12절에 나와 있다.

8.8.2 데이터베이스와 전문가 시스템

제조와 관련한 유한 요소 해석 방법과 함께, **전문가 시스템**은 계속 중요한 기술로 사용되고 있다(Barr & Feigenbaum, 1981). 전문가 시스템은 직접적인 정량 분석으로 정리되기 어려운 제조 사안들에 대한 해결책을 공식화한다. 1980년대 초기부터 이러한 전문가 시스템은 다양한 분야의 스케줄링 문제를 해결하는 데 유용하게 사용되었다(Adiga, 1993 참조). 전문적인 기술은 **지식 공학**(knowledge engineering)으로 알려진 정형화된 질의와 기록 과정에 의해 얻어진다. 이러한 접근에서 엔지니어는 공장 직원들과 일하며 직접 기록하고 테이프 및 비디오로 정보를 모은다. 이렇게 축적된 정성적 모델은 문제해결에 도움을 준다.

제2장에서 소개된 학습 조직 내에서 진행할 때, 공장 직원과 기계공들의 설정을 문서화하고 개개의 기계 장비들의 절차들을 감시하는 것과 같이 생산 장비와 함께 발생하는 문제를 문서화하는 것을 선호한다(Wright and Bourne, 1988). 최선의 경우 자신들의 지식이 가치가 있고 수집되어 다음 세대에 이전되게 하는 이런 작업에 매우 만족해한다. 대부분 전문가로부터 얻은 정성적 지식은 'IF~then …'으로 구성된 일련의 법칙으로 이루어진다. 이러한 분야에서 정성적인 변수들은 색깔이나 대략적인 백분율과 같은 비정량적인 데이터가 될 수 있다.

제조 데이터와 같이 보다 정량적인 경향이 강한 경우, 전형적인 관계형 데이터베

이스나 객체 지향 데이터베이스가 보다 효과적이다(Kamath, Pratt, Mize, 1995 참조). 높은 수준에서 이러한 데이터베이스는 회사의 역사나 일반적인 제품의 의미, 배치(batch)의 크기, 회사의 전체 생산 규모를 나타낼 수 있다. 다소 중간적인 수준의 추상화 단계에서는 공장-내부 장비의 달성 가능한 공차나 작업비용, 허용치와 함께, 생산능력을 보일 수 있다. 최하위 수준에서 데이터베이스는 리소그래피나 에칭 시간에 대해 구체적으로 문서화된 공정들을 포함할 수 있다. 어느 산업에서든 즉각 대응할 수 있는 장비의 설정을 위한 정확한 변수와 장비 상태에 대한 진단은 매우 중요하다. 이러한 데이터베이스는 또한 DFA와 DFM 자료 구조의 병합이 용이해야 한다.

이러한 데이터베이스나 CAD/CAM 시스템을 위한 국제 공통 프레임 워크로서 PDES/STEP가 등장했다. 이들은 서로 다른 기업들 사이의 제품과 공정들의 정보호환을 보장하는 것을 목표로 한다. 최근에는 수많은 기업들이 그들의 공급망을 구축하기 위해 하청 업체나 외부 공급에 의존하면서, 공통 교환 형식의 필요성이 그 어느 때보다 중요해졌다(Borrus, Zysman, 1997 참조).

8.8.3 대규모 제조의 경제

경제적으로 CAM 과정에서 애매함이나 '재작업(rework)'을 제거함으로써 높은 수준의 제품을 보장하고, 시장적기대응을 하는 것이 목적이다. 예를 들어, 할펀(Halpern)은 1998년 보고서에서 그룬딕(Grundig)사는 텔레비전 케이스의 앞과 뒤 금형의 가공을 위해 각각 대략 300,000달러씩을 소요하였다고 한다. 이러한 금형에 작은 수정을 가하는 것에는 일반적으로 원래의 다이 비용의 10%, 즉 약 30,000달러 정도가 소요된다. 제6장의 끝에서 소개된 형식의 통합된 CAD/CAM 시스템은 금형 설계, 가공, 시험 사출하는 과정에서 이러한 재작업을 최소화하기 위해 매우 중요한 소프트웨어 도구이다.

(금속 또는 플라스틱에 대해) 대부분의 **대규모 제조** 작업들은 정의상 제2장에 나온 시장 적응 커브에 잘 맞는 성숙한 기술들이다. 소비자는 이러한 성숙한 기술들을 선택하는데 이 기술은 이미 여러 번 시도되었고, 그래서 말을 하지 않아도 결과가 예측 가능하기 때문이다. 기계 가공이나 금속 박판 가공, 사출성형, 열성형 같은 방법들은 제7, 8장에서 소개된 스테레오리소그래피나 SLS가 갖는 기술적 매력을 갖고 있지 않지만, 여전히 대부분의 주요 산업과 경제의 중심에서 대부분을 차지하고 있다.

그럼에도 글로벌 시장에서 경쟁하기 위해 이러한 산업들의 모든 기업들은 창의적인 방법과 혁신을 반드시 시도해야 한다. 여기에는 명백히 시장적기대응을 이루기 위한 새로운 CAD/CAM 기술, 인건비를 줄이기 위한 작업장에서의 센서 기반 자동화의 사용, 품질 보장 기술들이 포함된다. 인터넷 사용자를 위한 개별화를 제공하기 위해서는 전통적인 제조 흐름을 모듈 단위로 나누어야 한다. 의류 생산자들은 개별 재단업 시장에 부응하기 위해 이러한 변화를 고려하였다. 2000년 이코노미스트지에서는 전통적인 제조업자들도 이와 같은 사례를 따라야 한다고 주장했다.

8.9 용어 설명

가지상 고분자(branching) 가지상 고분자들은 옆부분 가지가 이웃하는 사슬과 결합되어 보다 강한 내부 결합과 강성(stiffness)을 갖는다.

게이트(gate) 금형 내부의 캐비티에 연결된 입구.

결정화(crystallization) 기계적 공정과 함께, 폴리머 결합이 보다 딱딱한 재료를 얻기 위해 명확한 구조 안으로 포개진다(folded).

교차 결합(cross linking) 교차 결합은 폴리머 사슬과 사슬 사이에 추가 요소로 연결된다. 가장 좋은 예는 자동차 타이어를 만들기 위해 사용되는 재료에서 교차 결합 엘라스토머(elastomer)를 만드는 데 황이 사용되는 경우이다.

러너(runners) 다수의 부품이 포함된 금형에 대해 스프루에서 각각의 부품 형상에 연결된 게이트로 연결된다.

변형률-경화 감도 지표(Index of Strain-Hardening Sensitivity) 이 장의 8.6절에 나온 것과 같이, 변형률-경화 감도는 주어진 변형률에서 경도 증가의 양과 관련이 있다.

변형비(시간) 감도 지표(Index of Time Sensitivity) 이 장의 8.6절에 나온 것과 같이, 시간 감도는 주어진 온도에서 이완과 관련된 재료의 물성이다.

부족구배(Undercuts) 금형에서 분리 방향으로 부품을 꺼낼 때, 이를 방해하는 사출된 부품의 오목하게 들어가거나 튀어나온 옆 부분. 이러한 부족구배는 슬라이더(slider)와 같은 특별한 금형 설계로 해결될 수 있다.

분리면(parting plane) 두 금형을 분리하는 면.

분리핀(ejectors) 사출의 마지막 단계에서 금형으로부터 부품을 분리시키기 위해 사용되는 핀들.

사출성형(injection molding) 플라스틱을 요구되는 형상의 금형 내부로 주입한다. 그리고 플라스틱을 냉각한 후 최종 부품을 꺼낸다. 전화기나 컴퓨터 케이스, CD 플레이어 등과 같은 대부분의 소비자 제품들이 사출성형으로 만들어진다.

설계 지침(design guides) 오랜 시간 동안 다양한 경험식(heuristic)들이 부품 설계와 금형 설계를 연결하기 위해 개발되었다. 설계 지침은 주로 싱크마크나 뒤틀림을 줄이기 위해 사용된다.

수축률(shrinkage) 폴리머의 부피 수축량. 일반적으로 이는 왕복 스크류 장비에서 1~2% 정도이다.

스냅핏(snap fit) 다른 부품과의 기계적인 결합을 부여하기 위해 밀어 넣어 발생하는 변형을 이용하는 돌출부.

스프루(sprue) 사출 장비의 노즐과 러너나 게이트 사이의 통로.

열가소성 폴리머(thermoplastic polymers) (열을 작용하여) 유리상, 가죽상, 교질상, 가죽상, 유리상 사이클에서 가역 변화를 겪는 폴리머.

열경화성 폴리머(thermosetting polymers) 에폭시 수지와 같은 화학 물질을 첨가하여 용융 상태에서 고체 상태로 비가역 변화를 겪는 폴리머.

열성형(thermoforming) 플라스틱 시트의 모서리를 고정하고 가열한 후 공기로 압력을 가하여 팽창시키는 공정. 반구 형상(dome)이 자유 성형되거나 금형에 맞춰 표면이 형성된다.

왕복 스크류 장비(reciprocating-screw machine) 대부분의 산업용 사출성형기 형태. 가소화(plasticization) 공정을 위한 스크류 동작과 사출 공정을 위한 래밍 동작으로 이루어진다.

유리전이온도(glass transition temperature) 유리전이온도는 그림 8.1에서 유리상과 가죽상의 대략적인 중간 단계에 있다. 또한 그림 8.2와 같이 유리상 거동과 교질상(viscous) 거동의 두 커브를 외삽하여 교차시키면 유리전이온도를 알 수 있다.

조립고려설계(Design for Assembly) 조립고려설계에는 부품의 수를 줄이는 것, 부품이 손쉽게 조립될 수 있도록 가능한 좋은 품질을 유지하는 것, 개별적인 부품들이 모이기 쉽게 하기 위해 공장의 내부 배치를 단순하게 하는 것, 가능한 많은 조립 공정들이 수직방향에서 이루어지도록 하는 것 등이 포함된다. 수직방향은 그림 8.17에 나온 그림들과 같다.

중공성형(blow molding) 다양한 종류의 중공성형 방법으로 플라스틱 튜브나 시트를 금형을 따라 공기 압력으로 팽창시킨다. 플라스틱 음료수 병이 이러한 중공성형으로 만들어진 가장 대표적인 제품이다.

탄성계수(Young's modulus) 재료의 강성으로 정의되며, 탄성영역에서 응력을 변형률로 나누어 얻어진다.

패리슨(parison) 중공성형을 위해 가열되어 금형 안으로 주입된 플라스틱 튜브. 이 튜브는 한쪽 끝을 고정하고 순차적으로 나머지 한쪽이 중공성형이 진행되면서 부풀어 오른다.

패킹(packing) 램이 용융된 플라스틱을 주어진 압력으로 유지하고 있는 사출성형의 한 상태. 이 상태에서 대략 10% 정도의 추가 폴리머가 금형 안으로 주입된다.

플래시(flash) 금형이 잘 결합되지 못하거나 마모되었을 경우, 추가적인 플라스틱이 금형 사이에 가해지는 것. 일반적으로 이러한 플래시는 발생하지 않도록 해야 하며, 경우에 따라 플래시가 과다하게 나타난다면 추가의 강화 후처리가 필요하다.

8.10 참고문헌

Adiga, S. 1993. *Object-oriented software for manufacturing systems.* London: Chapman Hall.

Barr, A., and E. A. Feigenbaum. 1981. *The handbook of artificial intelligence: Volumes 1-3.* Los Altos, CA: William Kaufmann.

Beitz, W., and K. Grote. 1997. *Dubbel taschenbuch für den maschinenbau [Pocket book for mechanical engineering].* Berlin: Springer-Verlag.

Boothroyd, G., and P. Dewhurst. 1983. *Design and assembly handbook.* Amherst: University of Massachusetts.

Boothroyd, G., P. Dewhurst, and W. Knight. 1994. *Product design for manufacture and assembly.* New York: Marcel Dekker.

Borrus, M., and J. Zysman. 1997. Globalization with borders: The rise of wintelism as the future of industrial competition. *Industry and Innovation* 4 (2). Also see *Wintelism and the changing terms of global competition: Prototype of the future.* Work in Progress from Berkeley Roundtable on International Economy (BRIE).

Bralla, J. G., ed. 1998. *Design for manufacturability handbook,* 2d ed. New York: McGraw-Hill.

Dewhurst, P., and G. Boothroyd. 1987. *Design for assembly in action.* Assembly Engineering.

Economist. 2000. All yours. (April 1): 57-58.

GE Plastics. 2000. *GE engineering thermoplastics design guide.* Pittsfield, MA: General Electric Company. Also see http://www.geplastics.com.

Glanvill, A. B., and E. N. Denton. 1965. *Injection mold design fundamentals.* New York: Industrial Press.

Halpern, M. 1998. Pushing the design envelope with CAE. *Mechanical Engineering Magazine,* November, 66-71.

Hollis, R. L., and A. Quaid. 1995. An architecture for agile assembly. In *Proceedings of the American Society of Precision Engineers' 10th Annual Meeting.* Austin, TX.

Kalpakjian, S. 1995. *Manufacturing engineering and technology.* Menlo Park, CA: Addison Wesley. See in particular Chapters 27-30.

Kamath, M., J. Pratt, and J. Mize. 1995. A comprehensive modeling and analysis environment for manufacturing systems. In *4th Industrial Engineering Research Conference, Proceedings,* 759-768. Also see http://www.okstate.edu/cocim.

Magrab, E. B. 1997. *Integrated product and process design and development.* Boca Raton and New York: CRC Press.

McCrum, N. G., C. P Buckley, and C. B. Bucknall. 1997. *Principles of polymer engineering.* Oxford and New York: Oxford Science Publications.

McLoughlin, J. R., and A. V. Tobolsky. 1952. The viscoelastic behavior of polymethylmethacrylate.

Journal of Colloidal Science 7: 555-568.

Niebel, B. W., A. B. Draper, and R. A. Wysk. 1989. *Modern manufacturing process engineering.* New York: McGraw-Hill.

Prentice, B. 1977. Re-engineering the logistics of grain handling: The container revolution. In *Managing enterprises: Stakeholders, engineering, logistics, and achievement,* 297-305. London: Mechanical Engineering Publications Limited.

Pye, R. G. W. 1983. *Injection mold design.* London: Godwin.

Richmond, O. 1995. Concurrent design of products and their manufacturing processes based upon models of evolving physicoeconomic state. In *Simulation of materials processing: Theory, methods, and applications,* edited by Shen and Dawson, 153-155. Rotterdam: Balkema.

Urabe, K., and P. K.Wright. 1997. Parting directions and parting planes for the CAD/CAM of plastic injection molds. Paper presented at the ASME Design Technical Conference, Sacramento, CA.

Wright, P. K., and D. A. Bourne. 1988. *Manufacturing intelligence.* Reading, MA: Addison Wesley.

8.11 인용문헌

Modern Plastics Encyclopedia. New York: McGraw-Hill. Published annually.

8.12 참고 URL 주소

For mold design: **www.cmold.com**

General design with polymers: **www.IDESINC.com**

Bayer polymers division: **http://www.bayerus.com/polymers/**

Magics: **http://www.materialise.com/**

GE plastics: **http://www.ge.com/plastics/**

Society of Plastics Engineers: **http://www.4spe.org/**

Trading networks: **www.iprocure.com**, **www.memx.com**, and **www.commerceone.com**.

21ST
CENTURY
MANUFACTURING

09

생명공학

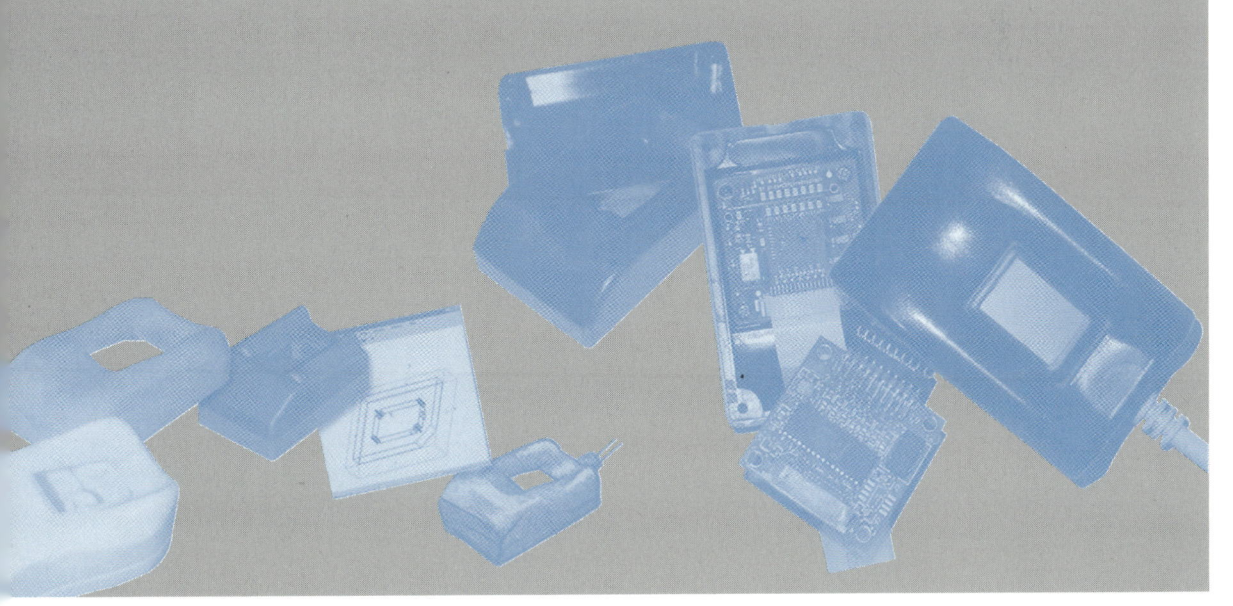

9.1 서론

1967년에 제작된 영화 '졸업'에서 더스틴 호프만(Dustin Hoffman)이 연기한 주인공은 "한마디로…… 플라스틱이야." 라는 조언을 듣는다.[1)] 만약 그 영화의 대본이 오늘날 쓰여졌다면, 그 조언은 아마도 '생명공학(biotechnology)'이었을 것이다.

이 책에서 생명공학은 "원하는 제품을 생산하기 위해 생물학적 공정을 사용하는 것"으로 정의된다. 그러나 생명공학 산업은 수학, 물리학, 화학, 생물학과 같이 많은 분야에서의 누적된 과학적 지식에 의존하므로, 그 정의에 대해 너무 현학적인 것은 현실적이지 못할 것이다.

생명공학 산업에서 사용되는 생물학적인 기술은 DNA 재조합 기술, 세포 융합 기술 그리고 유용한 제품 또는 공정을 생산하기 위하여 생명체를 성장시키거나 변형시키는 진보된 기술을 포함한다. 1970년대에 유전자 재조합 기술이 인간의 인슐린 복제를 위해 최초로 사용된 이래 생명공학 산업은 수십억 달러의 국제적인 산업으로 성장해 왔다. 마이크로 전자공학 및 컴퓨터와 함께 생명공학은 오늘날 가장 기술집약적 산업의 하나이다. 또한 생명공학과 생물공학[2)]은 토목, 기계, 화학, 전기 공학과 더불어 공학 세계에서의 '5번째 기둥'으로 여기고 있다.

생명공학은 오늘날 세계적인 산업이 되었으나, 그 효시는 샌프란시스코의 베이 에어리어(Bay Area)라고 할 수 있다. 1970년대 초, 샌프란시스코의 캘리포니아대학(UCSF)과 스탠퍼드(Stanford)대학에서 수행된 유전자 접합과 복제에 대한 연구는 지넨테크(Genentech)와 키론(Chiron)을 비롯한 많은 작은 회사들이 설립되는 기초를 제공했다.

바이오테크(Biotech)라는 줄임말로 표현되는 이러한 기업들은 1980년대 극적으로 성장하였다. 오늘날에는 세계적인 기업들이 생명과학 졸업자, 설비 기술자(facility

---

1) 역자 주 : 미래에 유망한 분야에 대한 조언

2) 생물공학(Bioengineering)과 생명의학공학(biomedical engineering)은 생명공학과 어떻게 다른가? 생물공학은 "인체를 개선하고 증진시키는 장치들을 설계하고 제작하기 위한 공학적인 분석 도구를 사용하는 것으로, 예를 들어, 인공 무릎 관절, 인공 심장의 밸브, 조직 공학 등"으로 정의될 수 있다—Berger, Goldsmith, Lewis(1996) 참고. 생명의학공학도 생물공학과 유사한 정의를 가질 수 있다. 그러나 생명의학공학은 의학적인 모니터링 장치와 약물전달 시스템을 포함하는 것으로 확장될 수 있다. 세 가지 영역에서의 이러한 중복은 지나치게 현학적인 정의에 대한 주의를 요구한다.

engineer), 공정개발 전문가, 정보 시스템 전문가, 상품 지원 인력을 찾고 있다.

그리고 이러한 기업들은 생명과학 분야에서 기술적인 능력과 경험을 가진 사람뿐 아니라 경영, 제조, 마케팅 기술을 가진 인력 또한 고용하고 있다. 벤처 캐피탈 리스트, 컨설팅 회사, 특허 법률 사무소에서도 바이오테크 상품 및 공정 지식을 갖춘 인재를 채용하기를 희망한다.

또한 바이오테크와 전자공학의 상호 상승작용에 대한 가능성도 나타나고 있다. 예를 들어, 오늘날 많은 수의 박테리아의 유전자 정보가 비싸지 않은 가격의 메모리 칩에 저장되고 있고, 이러한 정보들은 그 중요성이 매우 크다. 이러한 메모리 칩은 유전자 재조합 공정, 유전자 복제 및 생산과정에 유용하다(Campbell, 1998).

9.2 고대예술의 현대적 실천

생명공학에 대한 과장된 보도에도 불구하고, 생명공학은 전혀 새로운 것이 아니다. 10,000년 전에 수메르, 바빌론, 이집트에서는 맥주와 포도주를 생산하면서 가장 기초적인 생명공학 공정인 공정에서 효모(단세포 생물)를 사용하였다. 몇 세기에 걸쳐서 생명공학이 적용된 식료품은 점점 많아졌다. 알코올뿐만 아니라 효모는 빵을 만드는 데도 유용하다는 것이 발견되었다. 사람들은 응유효소(rennin)와 곰팡이를 사용하여 치즈를 만들고, 박테리아로 요구르트를, 선택적 육종을 통해 더 큰 곡식과 가축을 기르는 것을 배웠다.

또한 1850년대에 파스퇴르(Louis Pasteur)는 미생물이 조절된 열에 의해 제거될 수 있다는 것을 보였다. 이러한 조절된 열의 사용은 저온살균으로 알려지게 되었고, 즉시 음식과 음료, 특히 우유의 보존에 사용되었다. 또한 이와 관련된 일로, 그의 조절된 공정은 누에고치를 공격하는 해로운 미생물을 제거하는 데도 사용되었다. 파스퇴르는 그 당시 프랑스의 와인과 비단산업을 구해 낸 것으로 사람들은 믿었으며, 또한 그는 현대 생명공학의 응용분야에 있어서 창시자 중 한 사람으로 여기고 있다. 기술 경영의 관점에서 그는 어떻게 실험과학에서부터 얻은 결과를 상품으로 전환시키는지를 확실히 이해했고, 재빨리 제2장에서 언급한 '캐즘을 뛰어넘었다'.

최근의 수십 년간 세포생물학과 분자생물학에 대한 이해는 현저히 진보했다. 이 새로운 지식은 오늘날 당면한 커다란 문제들을 해결하기 위한 흥미로운 가능성뿐 아니라, 광범위한 상업적 기회도 열어 가고 있다. 가장 넓게 드러나는 적용분야는 의학 분야이다. 분자생물학과 세포생물학에서 이루어진 연구는 에이즈(AIDS), 몇 종류의 암, 다발성 경화증(sclerosis) 등의 질병을 이해하고, 또 치료제를 개발하는 데 중요한 역할을 하였다. 분자생물학에서의 도구와 기술들은 개개인의 특정 질병에 대한 위험을 진단하거나 심지어 예측하는 것을 용이하게 만들었다. 생명공학을 연구하는 사람들은 인슐린과 인간성장 호르몬과 같은 제품을 합성하였다.

이러한 의학적인 발전뿐만 아니라, 생명공학은 환경문제를 경감시키고, 지구의 식량공급을 증가시키는 데에도 중요한 역할을 하였다. 따라서 질병의 치료를 넘어서, 생명공학은 농업, 유전학, 에너지, 환경과학과 같은 넓은 범위의 분야에서의 도구와 적용을 만들고 있다.

생명공학자들은 생분해 플라스틱, 유기농 농약 그리고 유출된 기름이나 화학약품을 분해하는 미생물들을 개발하였다. 곡물 생산성과 병에 대한 저항성의 개선은 결국 점점 늘어나는 세계 인구를 먹이고 입히는 데 도움을 줄 것이다. 그리고 DNA 분석을 통한 유전자 '지문채취'는 미국의 심슨(O. J. Simpson)공판에서는 배심원에게 인정받지 못했지만, 강력한 범죄수사 도구가 되었다.[3)]

9.3 흥미 끌기

생명공학 제품의 생산은 계속 가속화되고 오늘날의 학생들에게 커다란 고용기회를 제공할 것이다. 따라서 이번 장과 그림 9.1은 이번 장을 '전통적인 생산 공정'과 관련 없다고 무시하고 싶은 독자들의 상상력을 붙잡도록 계획되었다.

DNA와 RNA가 인체 내에서 단백질의 '생산'을 통제하는 방법은 주목할 만한 공정이며, 이는 연구의 가치가 있다. 유전자 공학에서의 새로운 진보는 더욱 주목할 만하다. 예를 들면,

3) 역자 주 : 미국의 미식축구 선수이자 영화배우인 심슨이 부인을 살해했는지에 대한 공판

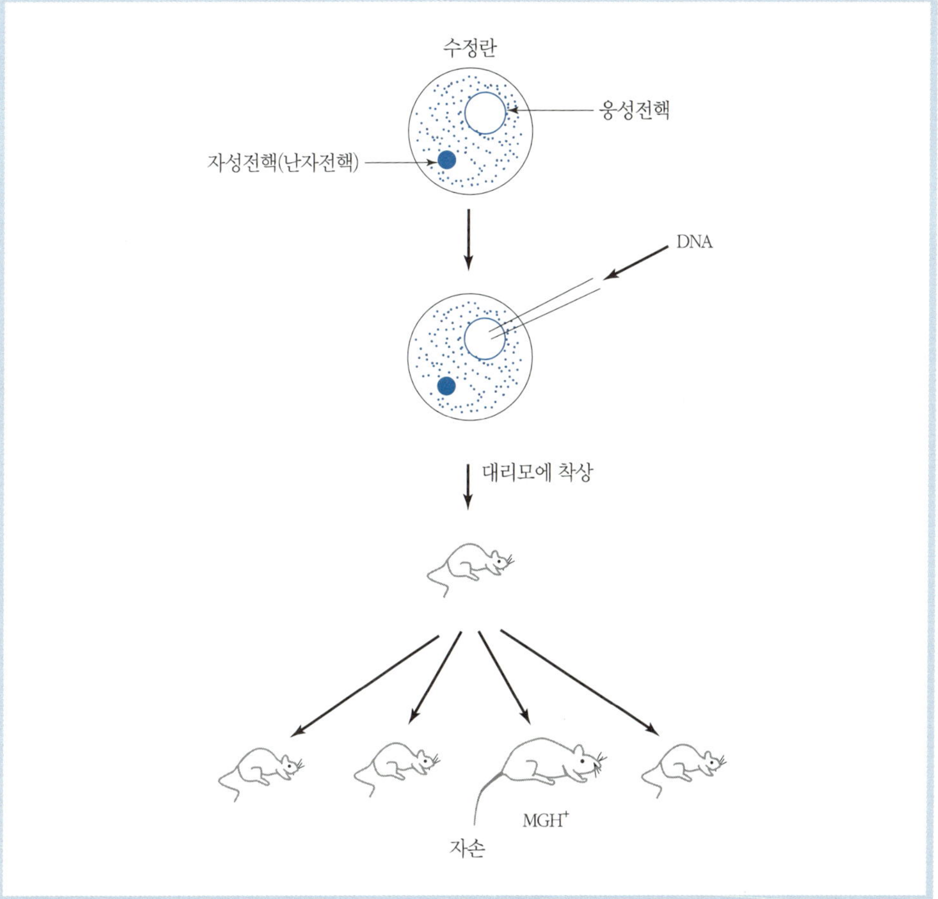

그림 9.1 '슈퍼 생쥐'의 창조(Palmiter et al., 1982의 실험에 기초한 그림. Desmond S. T. Nicholl의 An introduction to Genetic Engineering에서 재인쇄됨. Cambridge University Press의 허가를 받고 인쇄됨.) 맨 위 그림에서 수정란이 암컷 쥐로부터 제거된다. 두 번째 그림에서 MGH－생쥐의 유전자 정보와 쥐의 성장 호르몬의 융합－를 지닌 DNA를 수정란에 주입한다. 그리고 이 수정란을 대리모에 이식한다. 맨 아래 그림에서 생쥐의 자손 중 하나가 MGH 형질을 나타낸다. 즉, 그 자손은 MGH^{+}이다. 그리고 비정상적인 크기로 자란다.

- 당뇨병 환자들을 위한 인슐린과 같은 유용한 단백질의 생산.
- 생산량 증가를 위한 유전형질이 전환된 식물의 창조(Economist, 1998 참조).
- 유전형질이 전환된 동물의 예인 '슈퍼 생쥐'. 슈퍼 생쥐는 쥐의 성장 호르몬 유전자를 생쥐의 DNA와 결합하는 실험의 결과이다. 이러한 다른 형태의 DNA를 조합하는 방법은 DNA 재조합 방법이라고 불린다. 새로운 DNA가 수정란으로

주입되고, 그 수정란은 암컷 생쥐에 이식된다. 그리고 몇몇의 자손들에게서 빠른 성장으로 거대한 크기의 생쥐가 되도록 하는 쥐의 성장 호르몬이 발현된다 (Palmiter et al., 1982).

9.4 생명공학 역사에서의 이정표

9.4.1 진화론, 유전학 그리고 생화학

진화론

19세기 초에 다윈(Charles Darwin)은 '적자생존'에 의하여 식물과 동물의 진화가 이루어졌다고 제안했다. 다시 말해서, 다양한 종 중에서 가장 적합한 종이 그들의 유리한 형질을 자손에게 물려주는 반면, 불리한 형질은 사라진다는 것이다. 결국 바람직한 형질을 가진 가장 잘 적응한 개체들이 그 주변 환경에서 살아남아 종족을 번식시킨다.

유전학

어떻게 이러한 바람직한 형질들이 한 세대에서 다음 세대로 전해지는가? 이 질문에 대한 초기의 대답은 오스트리아의 수도사 멘델(Gregor Mendel)에 의해 최초로 얻어졌다. 멘델의 유전 법칙은 그가 완두콩을 사용하여 수행한 이종교배(Cross-breeding) 실험에 기초하고 있으며, 이러한 실험을 수행하면서 그는 관찰할 수 있는 형질들이 세대를 뛰어넘어서 발현될 수 있다는 것을 발견했다. 그는 형질들이 보이지 않는 내부의 '요소들'에 의해서 전달되는 것이라고 제안했다. 덧붙여 말하면, 그는 이러한 요소들이 어떻게 유전되는지를 주장하였고, 후에 다른 과학자들이 유전자라고 알려진 이러한 요소들을 발견하였다. 멘델의 법칙은 '고전' 유전학의 기초이다.

생화학

19세기 중반 이후에 다른 과학자들은 식물, 동물 그리고 인간 세포에 대한 생화학에 대해 연구하였다. 지질, 탄수화물, 핵산 그리고 단백질의 기본구조를 이루는 성분인 아미노산 등과 같은 세포의 구성성분 그 자체뿐만 아니라 세포 내에서 일어나는 많은

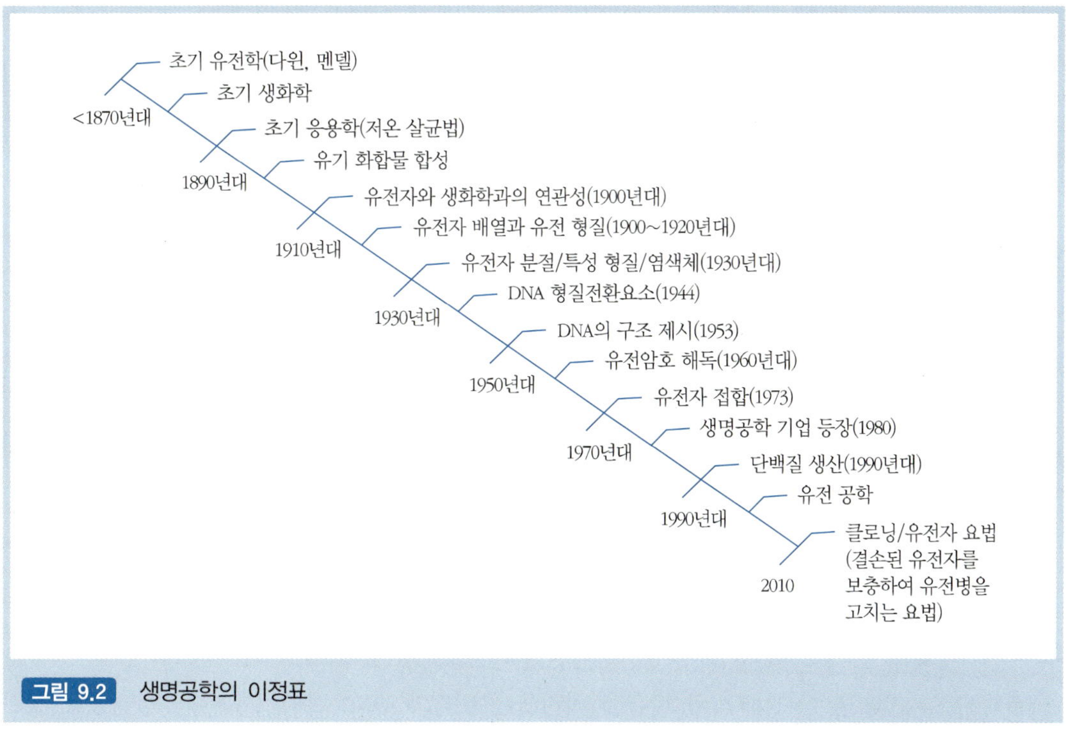

그림 9.2 생명공학의 이정표

화학반응들도 알려졌다. 예를 들어, 피셔(Fischer)는 단백질 내의 화학적 연결이 각각의 인접한 아미노산들 간의 펩티드 결합에 의해서 확립된다고 제안했다(그림 9.2. 참조).

9.4.2 DNA의 구조와 기능의 발견

20세기 동안에 유전학과 세포의 생화학 사이의 상호작용이 명확해졌다. 1930년대에 모건(Morgan), 맥클린톡(McClintock) 그리고 다른 과학자들은 "유전자가 단지 이론적인 존재가 아니라" 세포 내부의 생물학적이고 유전적인 물질과 관련이 있다는 것을 분명히 하였다[다넬(Darnell) 등의 1986년 연구 인용]. 그 이후 1944년 에버리(Avery), 매클라우드(MacLeod), 매카티(McCarty)는 디옥시리보핵산(Deoxyribonucleic acid, DNA)이 박테리아를 유전적으로 변형시킬 수 있는 형질전환 물질 또는 소인(principle)이라는 것을 보였다. 이러한 에버리와 동료들의 1944년의 연구는 허시(Hershey)와 체이스(Chase)의 1952년 실험에 의하여 더욱 확실해졌다. 그리고 오직 박테리아 바이러스의

DNA가 숙주의 세포 내로 들어가는 경우에만 박테리아 바이러스가 다른 박테리아를 감염시킬 수 있다는 것이 밝혀졌다. 요약하면, 1950년대 초에 이전 100년간 이루어진 연구의 결과로 DNA가 유전정보를 전달하는 역할을 한다는 것이 밝혀졌다.[4)]

과학자들은 또한 생화학 실험으로부터 DNA 분자가 인산염(phosphate), 디옥시리보오스 그리고 네 가지 염기인 아데닌, 시토신, 구아닌, 티민으로 구성되어 있다는 것을 알아냈다. 그러나 어떻게 이 여섯 가지 물질이 DNA를 형성하기 위해 결합되어 있는지는 알지 못했다.

분자생물학과 유전학에서의 중요한 진전은 1953년 4월에 이루어졌다. 영국 케임브리지대학의 제임스 왓슨(James Watson)과 프랜시스 크릭(Francis Crick)은 지금까지 존재하는 관찰 및 화학적 분석들과 일치하는 DNA의 구조를 추론하였다. 그들은 DNA가 이중 나선 구조로 되어 있다고 제안하였다. 단순화하자면 이 구조는 뒤틀려 있는 밧줄 사다리와 유사하다. 이후 그들이 제안한 구조는 다른 실험들에 의해서 확인되었다.

몇 년 후에 크릭과 다른 과학자들은 어떻게 DNA 분자가 RNA라 불리는 전달자 분자를 매개로 단백질을 합성하는지에 대한 분자생물학에서의 중심 정리를 설명하였다. 단백질의 아미노산 서열이 DNA 분자의 서열 안에 암호화되어 있다는 것이다. 이후에 많은 연구진들에 의하여 집중적인 연구가 이루어졌고, 이는 그들이 단백질의 합성과 관련된 20개의 아미노산에 대한 '유전자 암호를 해독한' 1966년에 정점에 이르렀다.

9.4.3 최초의 유전자 이어 맞추기 실험

1973년 샌프란시스코에 있는 캘리포니아대학의 허버트 보이어(Herbert Boyer)와 스탠퍼드대학의 스탠리 코언(Stanley Cohen)은 DNA를 잘라서 재조합한 최초의 과학자들이다. 그들의 최초의 실험은 같은 종류의 박테리아의 DNA를 자르고 붙인(재조합한) 것이었다. 그 후에 그들은 다른 종류의 DNA를 원형의 작은 염색체(minichromosome)인 플라스미드(plasmid)에 접합하였다. 그러고 나서 그들은 이러한 재조합 DNA를 박

4) 호기심에 말하자면, 1870년경 스위스의 생물학자 프리드리히 미셔(Friedrich Miescher)는 인간의 고름세포에 염산을 첨가하여 DNA를 분리하였다. 그는 그가 얻은 회색의 침전물을 뉴클레인(nuclein)이라고 불렀다. 그러나 유전에 있어서 그것의 중요성은 알지 못하였다.

테리아 내부로 주입하였고, 박테리아 숙주가 분열하여 증식하면서 새로운 DNA가 복제되었다. 1976년에 생명공학을 포함하는 제품과 공정의 생산과 또한 유전공학에 전적으로 노력을 쏟은 지넨테크(Genentech)가 설립되면서 현대의 생명공학 산업이 탄생하였다. 1980년에 지넨테크는 주식을 상장한 최초의 생명공학 회사가 되었다.

9.5 생명과학(bioscience)의 재검토

9.5.1 세포

자연에 존재하는 수많은 다양함에도 불구하고 지구상의 모든 생명체는 그들이 모두 세포로 구성되어 있다는 한 가지 공통점을 갖는다. 효모와 같이 단 하나의 세포로 이루어진 생명체조차도 우리와 마찬가지로 살아 있다. 동시에 누구나 하나의 원자에서 분자로, 그리고 효모와 같은 단세포 생물로, 또 수천 개의 세포로 이루어진 조직이나 기관으로 그리고 하나의 완전한 동물로의 크기 변천에 대해서 생각할 수 있다. 하나의 세포는 막으로 둘러싸여 있고, 이 안에는 젤리와 같은 **세포질**이 들어 있다. 세포는 분열하여 증식하므로 하나의 세포가 둘이 되고, 각각의 새로운 세포는 원래의 유전정보의 복사본을 갖게 된다.

DNA는 세포의 핵심 성분이며, 모든 기관의 유전물질이기도 하다. 어떠한 특정 기관에서도 DNA의 화학적 사슬의 정밀한 배열은 유전정보를 저장하고, 그 유전정보에 명령을 내리는 데 사용된다. 이는 마치 컴퓨터의 데이터베이스와 프로그램과 유사하다. 이러한 유전 프로그램은 거의 모든 세포의 활동을 통제한다. 예를 들어, 유전자에 저장된 정보는 단백질을 만드는 데 사용된다(9.5.2절 참조).

유전자는 부모에서 자식으로의 형질의 유전을 조절한다. 인체 내의 많은 유전자를 구성하는 DNA의 특정 조각들은 눈의 색깔과 같은 특정 형질을 한 세대에서 다음 세대로 전달한다. 흥미로운 점은 어떠한 식물, 동물 또는 사람이든 그 DNA는 모두 유사하게 생겼다는 것이다. 그러나 DNA에 실려 전달되는 유전정보는 모든 생물을 각각 다르고 독특하게 만든다.

대부분의 세포들은 DNA를 포함하는 핵을 가진 **진핵세포**(eukaryotic)이다. 몇몇 단세포 생물들은 핵을 지니지 않는데, 이러한 생물들은 원핵세포(prokaryotic)라 불리며 분자생물학자들이 유전자 발현과 관련하여 DNA와 그 과정을 연구하면서 1950년대와 1960년대에 많은 주목을 받았다. 대장균(E. coli)은 연구에 많이 사용되는 원핵세포인 단세포 박테리아이다. 비록 원핵세포가 핵을 가지지 않는다 하더라도 여전히 DNA를 포함하고 있다. 따라서 대부분의 경우 유전자 발현은 진핵세포와 원핵세포 모두 유사하게 나타난다.

9.5.2 생명 공정에서의 단백질의 역할

모든 생명체의 세포는 단백질을 갖는다. 몇몇 단백질은 세포벽이나 막을 유지하기 위한 구조적 역할을 한다. 반면에 다른 단백질들은 일련의 화학반응을 조절한다. 세포는 수천 가지의 서로 다른 기능을 하는 단백질을 생산하고, 그 생산된 단백질은 세포핵 내의 DNA에 의해서 결정된다.

단백질의 생산에 관한 DNA의 역할은 유전자로서 정보를 '저장'하는 것이고, 메신저 RNA를 통해 에너지와 생명을 위하여 필요한 단백질의 창조를 허락하는 것이다.

이러한 과정은 종종 분자생물학의 중심 정리로 불린다. 핵심적인 개념은 유전정보가 RNA라 불리는 전달자 분자를 통해 DNA로부터 단백질을 향하는 한쪽 방향으로 흐른다는 것이다[5](그림 9.3).

단백질은 아미노산 사슬로 구성된 복잡한 구조로 되어 있다. 아미노산은 탄소, 수소, 산소, 질소로 구성되며, 어떤 아미노산은 황을 포함한다(그림 9.4). 단 10개에서

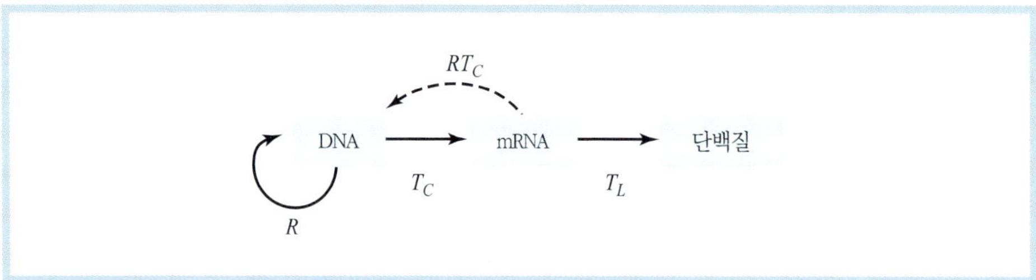

그림 9.3 정보가 DNA에서 mRNA, 그리고 단백질로 단방향적으로 흐른다는 '중심 정리'. 전사와 해독, DNA 축적과 같은 과정은 이러한 규칙을 따라 일어난다.

5) 어떤 RNA 바이러스들은 자신의 바이러스 RNA 게놈의 DNA 복사본을 생산하면서, 역방향으로 전사를 일으키기도 한다.

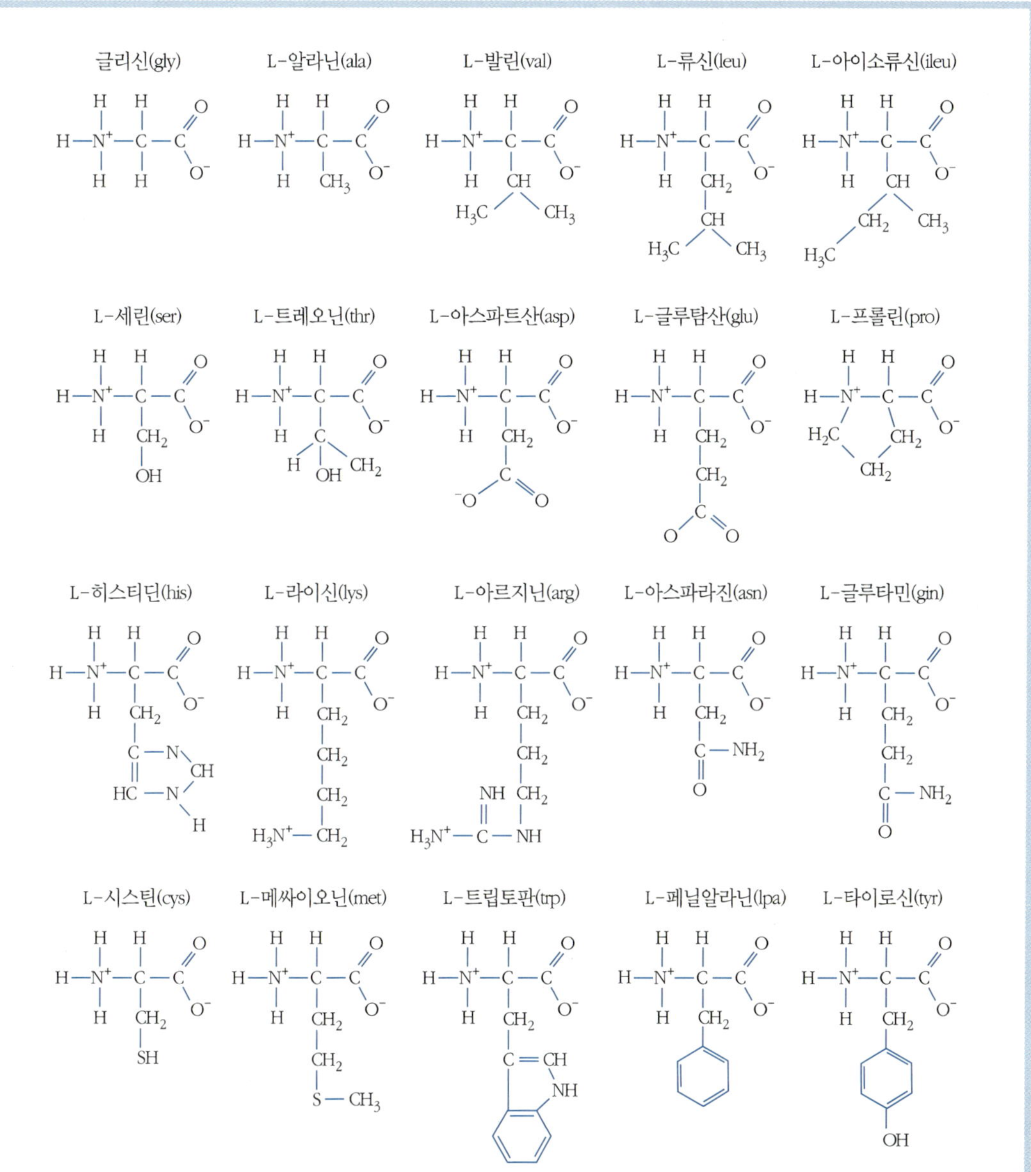

그림 9.4 체내에 존재하는 20개의 아미노산. 각각의 단순화된 분자구조 위에 아미노산의 이름과 일반적인 약어를 표시하였다.

100개가 넘는 특정한 아미노산 연결들을 사용하여서 사슬들이 수많은 방법으로 형성될 수 있으므로 이러한 아미노산들은 다양한 조합으로 연결될 수 있고, 따라서 가능한 단백질의 수는 매우 크다. 예를 들어, 인체 내에서는 20개의 아미노산으로 이루어진 약 60,000개에서 80,000개의 단백질이 형성된다.

9.5.3 생명활동 과정에서 효소의 역할

대사작용의 각 단계는 **효소**(enzyme)라고 불리는 단백질 분자에 의해서 조절된다. 효소란 화학반응의 속도를 빠르게 하는 특별한 형태의 단백질이다. 그러므로 이러한 효소는 이 장에서 설명하는 세포 내부에서 일어나는 많은 생물학적 반응에서 촉매로 작용한다. 예를 들어, RNA 중합효소라고 불리는 효소는 DNA가 mRNA로 전사되는 반응에서 촉매로 작용한다.

덧붙여서 효소들은 인체의 많은 영역에서 기능한다. 예를 들어, 침샘에서 분비되는 아밀라아제는 빵이나 파스타에 포함된 탄수화물을 단순한 화합물로 분해한다. 위벽에서 분비되는 펩신은 생선이나 고기에 포함된 단백질을 분해하며, 소장에서 분비되는 리파아제는 버터나 치즈에 포함된 지방을 분해한다.

또한 효소는 합성하여 생산될 수 있으며, 일상생활에서 사용되기도 한다. 예를 들어, 세탁비누는 옷에 묻은 단백질을 분해한다.

9.5.4 게놈과 염색체

게놈은 한 개체의 완전한 유전정보 또는 모든 DNA의 내용을 의미한다. 이러한 게놈은 실을 감아 놓은 것처럼 빽빽하게 감겨 있는 DNA와 조합된 단백질로 이루어지며 유전 구조체인 염색체 내에 담겨있다. 게놈은 개체를 만드는 청사진 역할을 하며, 개체의 수명이 다할 때까지 세포 구조와 생명활동 과정을 위한 모든 명령을 포함한다. 다른 종류의 개체는 다른 수의 염색체가 세포핵에 존재한다. 인간은 22쌍 더하기 XY 또는 XX로 구성된 총 46개의 염색체를 가지고 있다. 예외적으로 정자와 난자에는 각각 22개의 염색체와 X 또는 Y 염색체가 들어 있다. 대부분의 인간의 세포핵에는 두 쌍의 염색체가 존재하는데, 각각의 쌍은 부모의 한쪽으로부터 받은 것이다. 염색체는 현미경으로 관찰 가능한데, 특정 염색약으로 염색하여 관찰하면 밝고 어두운 띠들로 구성된 특유의 패턴을 관찰할 수 있다. 핵형(karyotype)분석 시에 크기와 띠들의 패턴에 있어서의 확연한 차이는 한 염색체와 다른 염색체를 구별할 수 있게 한다. 또한 핵형 분석으로부터 21번 염색체가 1개 더 존재하는 다운 증후군과 같은 주요한 염색체 이상도 발견할 수 있다.

9.5.5 유전정보의 전달자 DNA

디옥시리보핵산(Deoxyribonucleic acid, DNA)의 과학과 공학은 대부분의 생명공학 산업과정에서 중심에 위치한다. 왜 DNA가 그렇게 특별한가? 그 해답은 바로 DNA가 아마도 모든 생명체의 유전물질이기 때문이다.[6](어떤 바이러스들은 유전물질로 DNA 대신 RNA를 사용한다는 사실을 주지해야 한다). 특히 DNA는 인체 내의 세포의 정상적인 성장, 기능, 분열을 위한 중요한 유전정보를 함유하고 있다. 따라서 DNA는 지구상에 존재하는 단순한 박테리아부터 인간과 같은 복잡한 유기체에 이르는 생명체를 정의하고 통제하는 보편적인 역할을 하고 있다. 또한 DNA가 유기체 내에서 생명활동 동안에 정교하게 스스로를 복제할 수 있다는 사실을 포함한 다른 이유들도 주목할 만하다. DNA는 자신의 합성을 위해서 뿐만 아니라 모든 세포의 기능을 위해 필요한 단백질의 생산을 지시한다.

이 장의 초반부에서 DNA의 이중나선 구조를 뒤틀려 있는 밧줄 사다리라고 표현하였다. DNA의 구조를 더 자세히 알기 위해서 '구슬'이 꿰어져 있는 서로 꼬인 두 가닥의 실을 상상해 보자. 이러한 이중나선 구조는 다음에 나오는 내용으로 구성된다.

- 각각의 '구슬'은 오탄당(5-carbon), 뉴클레오티드(nucleotide)라 불리는 당인산화물(sugar/phosphate) 분자이다. 각각의 뉴클레오티드는 그림 9.5의 오른쪽에 보이는 것과 같은 염기를 갖는다. 이 염기들은 2개의 퓨린[아데닌(A) 또는 구아닌

6) 마스카레냐스(D. Mascarenhas, 1999)는 강의에서 일상적이지만 이해하는 데 도움이 되는 유전정보를 담고 있는 DNA와 노트나 음악을 담고 있는 카세트테이프를 비교하여 설명하였다. 카세트테이프의 각 트랙은 노래에 대한 정보를 담고 있는데, 이는 마치 한 가닥의 DNA가 하나의 유전자에 대한 정보를 담고 있는 것과 같다. 각각의 트랙(유전자) 사이에는 다음 노래(유전자)가 시작하기 전에 쉬는 부분이 존재한다. 또한 카세트테이프를 맨눈으로 살펴보면 아무것도 볼 수 없으나 카세트테이프에는 노래가 담겨 있는 것처럼, DNA 가닥에는 보이지는 않지만 유전정보가 담겨 있다.

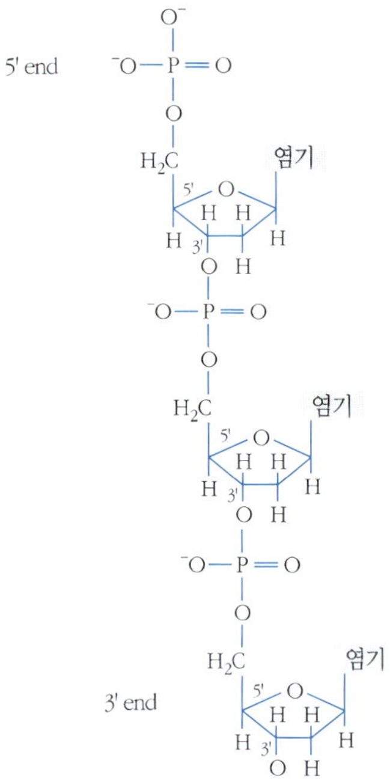

그림 9.5 DNA를 구성하는 뉴클레오티드의 개략도

(G)]과 2개의 피리미딘[티민(T) 또는 시토신(C)]이 될 수 있다(그림 9.6과 9.7).

- 한 가닥의 DNA 안에서 연결을 형성하기 위해서 5′ 탄소원자에 위치한 하나의 뉴클레오티드의 인산기와 3′ 탄소원자에 위치한 다음 뉴클레오티드 사이에 인산디에스테르 결합(phosphodiester bond)으로 뉴클레오티드 간에 서로 부착된다. 이러한 결합은 그림 9.5의 좌측에 나타난다. 이는 뉴클레오티드 가닥의 5′ 말단에서 3′ 말단으로의 방향성을 갖게 한다.
- 두 가닥의 DNA 사이에 결합을 형성하기 위해서, 한쪽의 DNA 가닥에 존재하는 염기들은 느슨하게 반대편의 DNA 가닥의 염기에 수소결합으로 결합되어 있다. (그림 9.7) 염기쌍은 다음과 같은 규칙을 따른다. A는 항상 T와 쌍을 이루고, G는 항상 C와 쌍을 이룬다. 따라서 ATGG…과 같은 한쪽 가닥에서의 염기의 순서는 반대편 가닥이 TACC…이라는 상보적인 순서를 갖게 된다는 것을 의미한다.

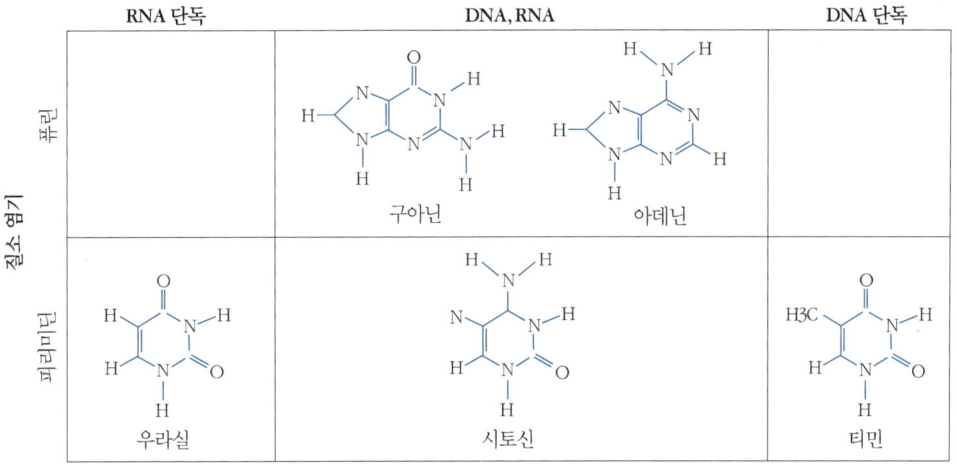

그림 9.6 DNA와 RNA를 구성하는 5개의 질소함유 염기

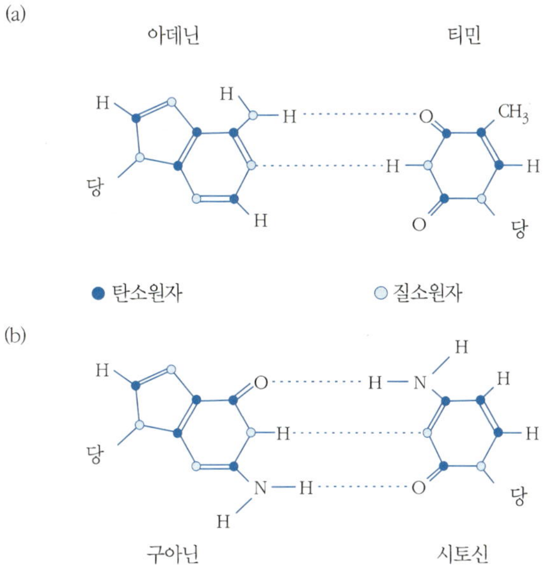

그림 9.7 DNA에서의 염기쌍의 배열(Desmond S. T. Nicholl의 *An Introduction to Genetic Engineering* 으로부터. © 1994, Cambridge University Press로부터 재인쇄 동의를 얻음.)

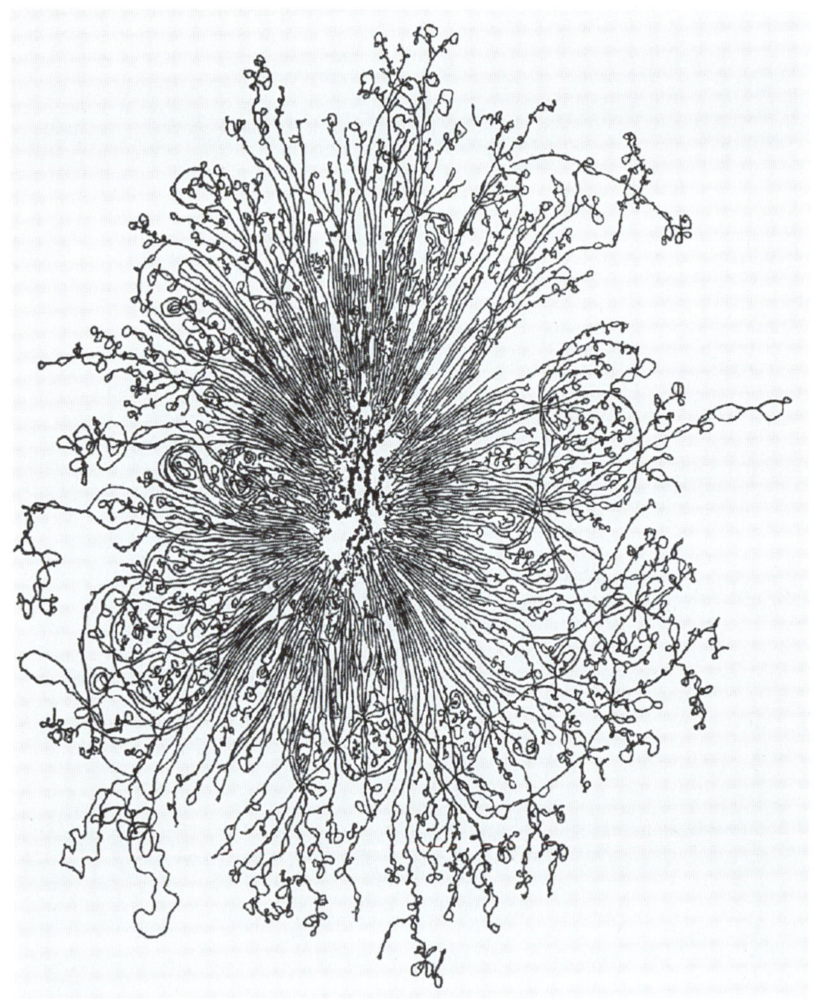

그림 9.8 대장균 DNA 분자의 전자현미경 사진

5′ .... −ATGGCTACCAAGGTA .... −3′

3′ .... −TACCGATGGTTCCAT .... −5′

게놈은 이러한 염기쌍의 개수로 표현될 수 있다. 대장균(E.coli)과 같은 단순한 박테리아에 들어 있는 DNA는 4×10^6개의 염기쌍으로 이루어져 있다. 이러한 염기쌍들이 그림 9.8에 나타나 있다. 이와는 대조적으로 인간의 게놈은 약 30억 개의 염기쌍으로 이루어져 있다.

9.5.6 DNA 복제 그리고 DNA 복제와 세포분열과의 관계

한 생명체 내의 세포가 분열하기 전에 그림 9.9, 9.10, 9.11에 묘사된 것처럼 DNA는 자신을 복제한다. 그림 9.9에 나타난 것처럼 결합되어 있는 두 줄의 DNA 분자는 A-T와 C-G의 염기쌍이 분리되면서 풀어져서 두 가닥으로 분리된다. 이후에 특정 효소들의 도움에 의해서 각 가닥은 세포 내에 존재하는 자유 뉴클레오티드로 이루어진 염기들을 잡아서 결합한다. 이러한 과정이 그림 9.10에 개략적으로 나타나 있다. 이러한 염기쌍을 붙잡아 결합하는 과정에서 다시 한 번 염기쌍 형성 규칙이 적용된다. 이러한 방법으로 각각의 새로운 이중나선이 원래 이중나선의 복제가 된다. 왜냐하면 그림

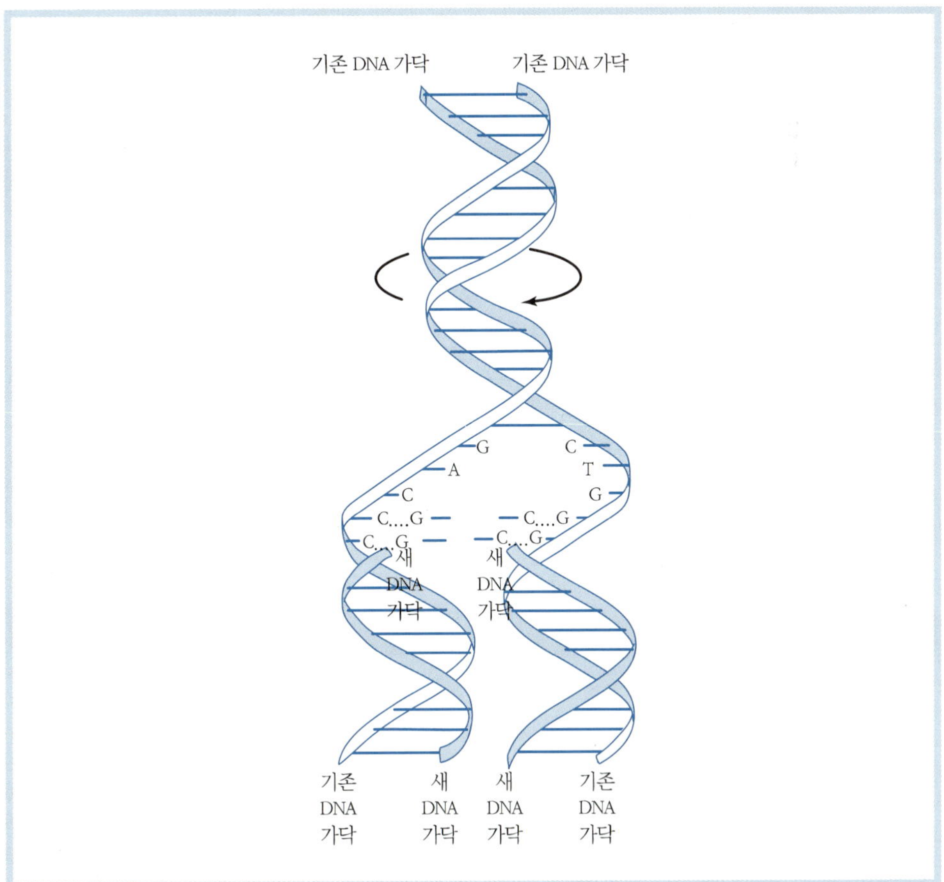

그림 9.9 복제가 일어나는 동안 선형의 DNA 가닥들이 풀어짐. 각 가닥은 복제가 되지 않은 DNA 이중나선을 축으로 회전하면서 풀리게 된다.

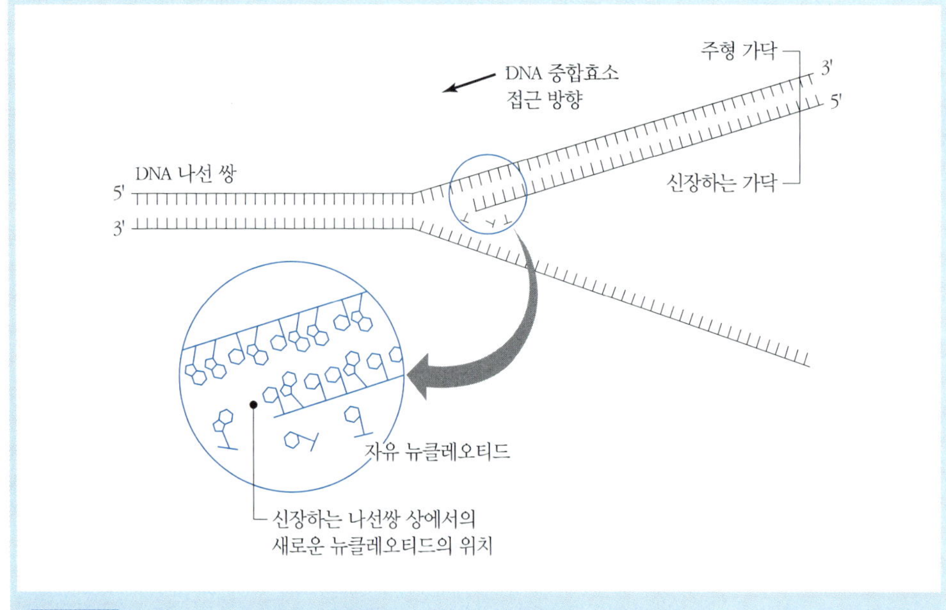

그림 9.10 DNA 복제는 자유 뉴클레오티드의 첨가(좌측 하단)를 포함한다. 그림에서 염기는 육각형 모양으로 나타나 있고, 가닥을 형성하는 당인산화 결합은 '선'으로 나타난다. DNA 중합효소와 다른 단백질들이 이 과정을 촉진한다.

9.10과 9.11에서 나타난 것처럼, 원래의 가닥이 새로운 가닥을 성장시키기 위해서 어떠한 염기가 추가되어야 할지를 구체화시키는 주형(template)과 같은 역할을 하기 때문이다. 따라서 세포가 분열하기 시작하면, 그림 9.11에서와 같이 각각의 새로운 딸세포는 원래 세포와 동일한 DNA 분자 집합을 얻게 된다.

9.6 생명공학 공정

9.6.1 유전자 발현 : 유전자, DNA, RNA, 단백질 간의 관계

유전자는 유전의 기본 단위이다. 각각의 유전자는 단백질의 합성을 지시하는 정보를 지니는 DNA 뉴클레오티드의 특정한 서열이다. DNA에 기록된 유전정보가 세포 내부의 단백질 공장으로 흘러들어 가는 과정은 복잡한 일련의 생화학 반응들이다(그림 9.12).

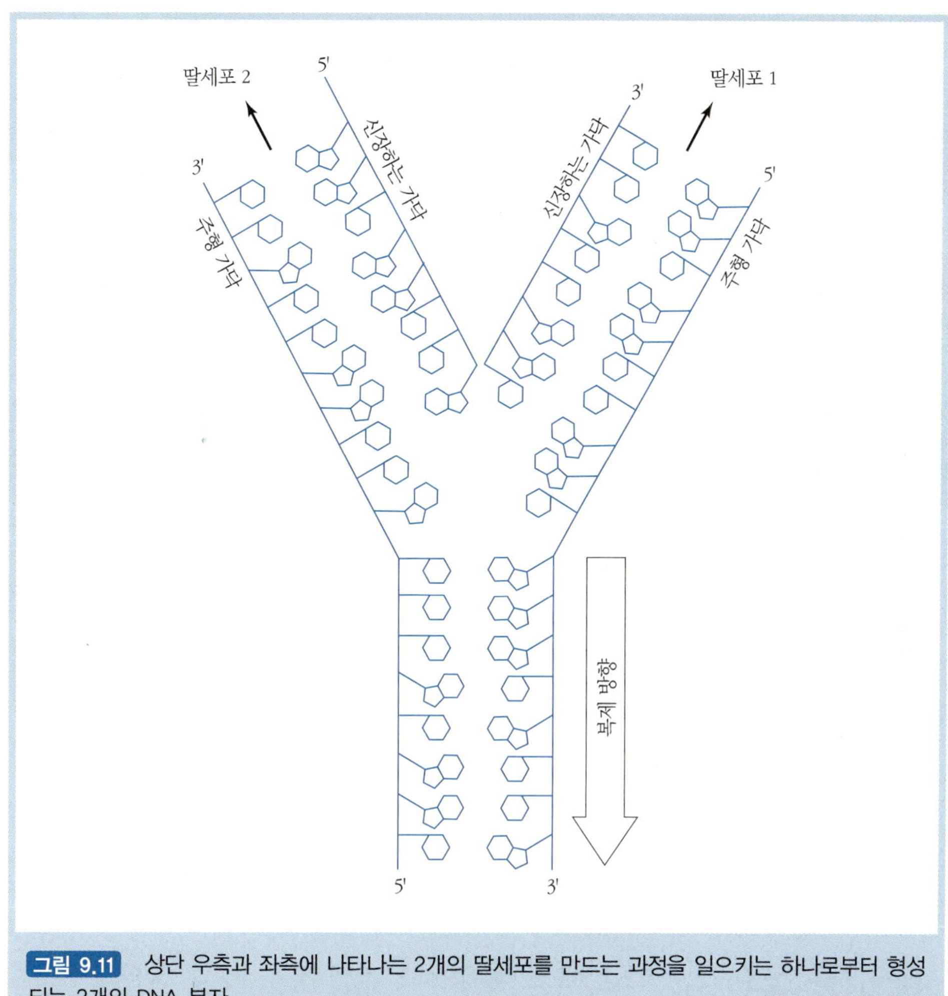

그림 9.11 상단 우측과 좌측에 나타나는 2개의 딸세포를 만드는 과정을 일으키는 하나로부터 형성되는 2개의 DNA 분자

9.6.2 RNA(RiboNucleic Acid)

유전자 발현의 중요한 열쇠가 되는 물질은 리보핵산(RNA)이다. DNA 내부에 기록된 정보 중에서 단백질의 합성은 몇 종류의 RNA를 필요로 한다. 이러한 RNA들은 리보솜 RNA(rRNA), 메신저 RNA(mRNA), 운반 RNA(tRNA)이다. 유전자 발현은 또한 RNA 중합효소와 같은 몇 종류의 단백질을 필요로 한다.

RNA는 DNA와 유사하지만, 몇 가지 주요한 차이가 존재한다.

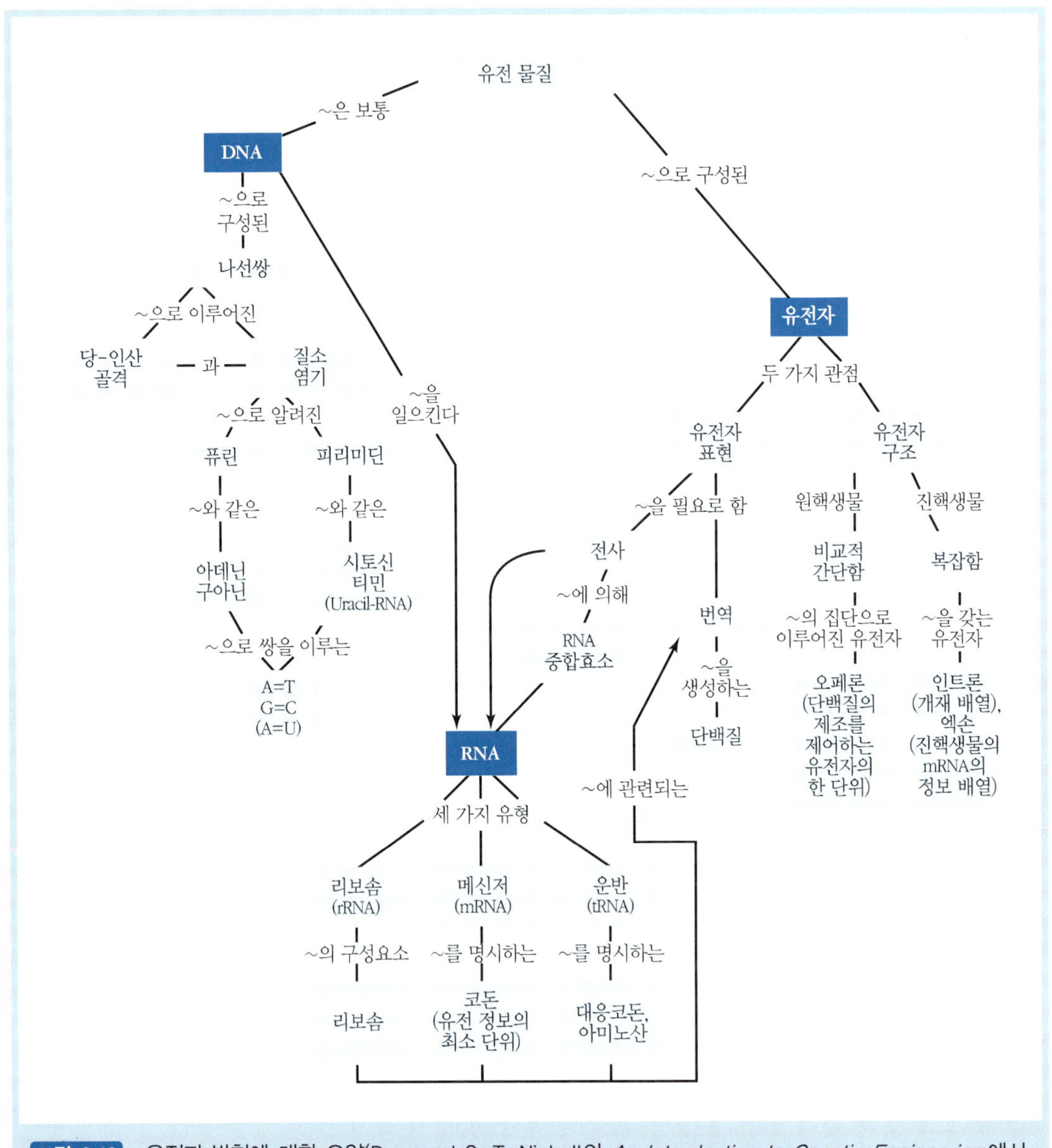

그림 9.12 유전자 발현에 대한 요약(Desmond S. T. Nicholl의 *An Introduction to Genetic Engineering*에서, ⓒ 1994. Cambridge University Press로부터 재인쇄 동의를 얻음.)

- RNA는 사슬구조의 분자이나 한 가닥으로 이루어져 있다.
- RNA도 네 가지의 염기를 갖는다. 그러나 RNA는 DNA에 사용되는 티민(T) 대신에 우라실(U) 염기를 사용한다.

- DNA에 존재하는 당이 디옥시리보오스인데 반해, RNA에 존재하는 당은 리보오스이다. 둘 모두 5탄당(5-carbon)이나 DNA의 당은 2′ 탄소원자에 산소(oxygen)가 하나 부족하므로 RNA 당은 리보오스라고 불리고, 반면에 DNA 당은 리보오스의 2′ 탄소원자에 산소가 하나 부족하기 때문에 디옥시리보오스(deoxyribose)라고 불린다. 약어 RNA와 DNA는 이러한 당분자의 묘사로부터 유래되었다.

9.6.3 전사

유전자 발현의 첫 번째 단계는 유전정보를 지니는 DNA 분자가 mRNA 분자를 합성하기 위한 주형의 역할을 하게 되는 전사(transcription)이다.[7] 전사는 DNA의 한 가닥이 상보적인 핵산 서열의 합성을 위한 주형으로 사용되는 DNA 복제와 유사하다.

그림 9.13a에서 어두운 색의 타원은 RNA 중합효소라는 효소를 나타낸다. 화살표로 강조된 것처럼 중합효소는 DNA를 따라서 이동한다. 짧은 구간에 걸쳐서 중합효소는 유전정보를 따라 이동하면서 일시적으로 2개의 DNA 가닥을 푼다. RNA 중합효소는 mRNA 사슬을 형성하기 위해서 적절한 mRNA의 리보뉴클레오티드들을 각각 연결시키는 역할도 수행한다. DNA는 어떤 것이 다음에 추가할 적합한 리보뉴클레오티드인지를 상세하게 기록한 주형으로의 역할을 수행한다. 이러한 과정은 염기쌍 규칙에 따라서 진행된다. 단 DNA에서의 티민(T)은 RNA의 우라실(U)로 대체된다. 새로 형성된 mRNA 가닥은 주형으로 사용되지 않는 DNA 가닥과 같은 서열을 지니게 된다. 어떤 유전자에서도 오직 DNA 가닥 중 하나만이 mRNA 합성을 위한 주형으로 사용된다.

9.6.4 촉진 유전자

어떻게 이러한 전 과정이 시작되는가? 그 해답은 다음과 같다. 이러한 염기쌍 규칙 이외에도 DNA 가닥 내부에는 세분화된 규칙과 순서가 존재한다(Nicholl, 1994; Okamura, 1998 참조). 그림 9.13a의 우측 상단에 나타난 것처럼 특정한 유전자의 상위(upstream)에 RNA 중합효소가 결합할 수 있는 DNA 서열이 존재한다. 전사가 시작되는 이러한 위치−다시 말해서 일시적으로 RNA 중합효소를 DNA 가닥에 접합하는 장소−는 촉진

7) 전사는 rRNA와 tRNA의 합성에도 적용된다. 그러나 단백질로 되는 것은 mRNA이다.

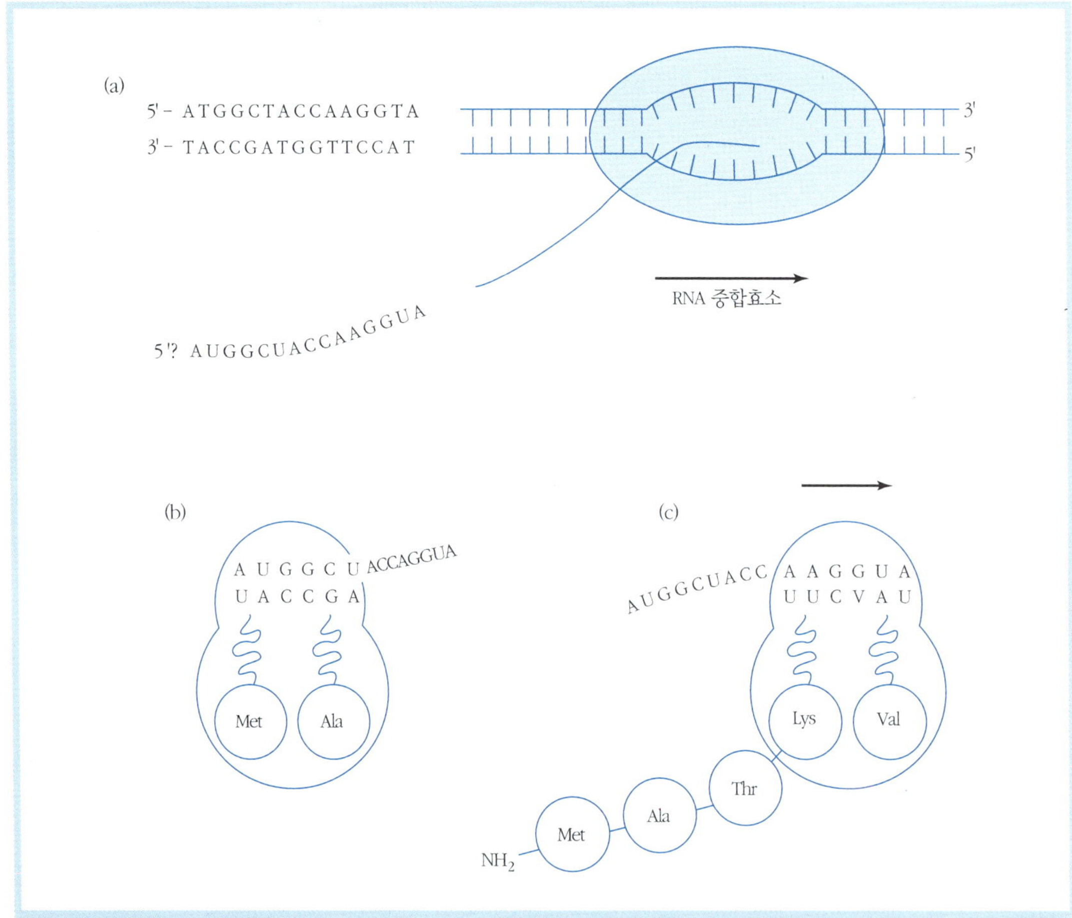

그림 9.13 위쪽의 그림은 전사, 아래의 두 그림은 해독. (a)에서 DNA의 두 가닥은 RNA 중합효소에 의해 일시적으로 분리된다. 그리하여 mRNA가 유전자 발현 동안에 mRNA가 형성될 수 있다(Desmond S. T. Nicholl의 유전공학 입문에서. © 1994. Cambridge University Press의 동의하에 재인쇄함).

유전자(promoters)라고 알려져 있다. 이러한 촉진 유전자 위치는 지능적인 스위치로 볼 수도 있다. 따라서 어떠한 음식물이 체내의 시스템으로 들어올 때 촉진 유전자 위치는 활성화되고, 다음과 같이 구성된 바람직한 사슬 반응이 시작된다(DNA → mRNA → 단백질 합성 → 세포가 필요로 하는 것 → 신체가 필요로 하는 것). 흔히 말해서 이것이 바로 왜 한 세대의 부모가 다음 세대인 자식들에게 좋은 아침식사를 하도록 권장하는 이유이다. 예를 들어, 우리의 장내에 존재하는 대장균 내부의 **젖당 오페론**(lac operon)이라고 알려진 유전자 그룹은 젖당 또는 유당을 분해하는 효소를 위한 코드이다.

그러나 이러한 유전자 그룹을 위한 '상위'의 촉진 유전자 위치는 젖당이 존재할 때에만 활성화된다. 따라서 대장균과 젖당은 장 내의 다른 음식물을 분해하기 위한 복잡한 사슬반응을 시작한다.

9.6.5 해독 혹은 단백질 합성

해독(translation)은 전사의 결과물인 mRNA에 의해서 운반된 정보를 사용하여 단백질이 합성되는 과정이다. 단백질은 아미노산으로 이루어졌다는 것을 상기하자. mRNA의 특정 뉴클레오티드 서열은 특정한 단백질을 생성하기 위해서 어떠한 아미노산이 결합되어야 하는지를 결정한다. 3개의 뉴클레오티드가 조합된 것(예 : ACG, GGG, CAG)은 **코돈**(codon)이라고 불리며 이는 아미노산을 특정 짓는다. 코돈과 그에 대응하는 아미노산들이 그림 9.14에 나타나 있다. mRNA 서열이 아미노산 서열로 '해독'되는 과정은 다음 문단에 묘사한다.

해독에는 리보솜이 필요한데, 리보솜은 리보솜 RNA와 리보솜 단백질로 구성된다. 리보솜은 세포 내의 단백질 공장으로 그림 9.13b와 9.13c에서 중앙이 오목하게 들어간 타원으로 나타난다.[8] 리보솜은 mRNA 사슬을 따라 움직이며, 그림 9.13c에 나타난 것처럼 연속적인 아미노산들이 크기가 성장하는 단백질 사슬에 연결된다. 이러한 과정은 또 다른 형태의 RNA−운반(transfer) RNA 또는 tRNA−를 필요로 한다. 각각의 아미노산에 대해 적어도 한 가지 종류의 tRNA가 존재한다. 다시 한 번 염기쌍 규칙이 적용되면서 mRNA의 코돈 서열은 tRNA 분자들에 의해서 인식된다. 여기서 tRNA는 (a) 대응하는 리보뉴클레오티드의 대응 코돈을 지니며, (b) 코돈에 의해서 결정되는 아미노산을 지닌다. 그러므로 리보솜이 mRNA를 따라서 이동하면서 tRNA는 단백질 사슬에 추가되어야 하는 적절한 아미노산을 공급하게 된다. 이러한 과정은 마지막 코돈인 '정지 코돈'이 나타날 때까지 계속된다. 그림 9.14에서 볼 수 있듯이, 정지 코돈은 UAA, UAG, UGA 중 하나가 될 수 있다. 이러한 정지 코돈은 아미노산을 결정하는 대신에 단백질 합성이 끝났으며 리보솜으로부터 분리되어 그 기능을 수행할 수 있다는 신호의 역할을 한다. 어떤 단백질들은 세포의 유지와 작동을 위하여 세포질에 남으며, 다

8) 니콜(Nicholl, 1994)은 리보솜을 "mRNA를 제 위치에 고정시킴으로써 아미노산이 결합하여 사슬이 성장할 수 있도록 하는 중요한 '지그(jig)'−[예 : 제7장의 그림 7.17, 7.19 참조]−의 역할을 수행하는 복잡한 구조체"라고 묘사하였다.

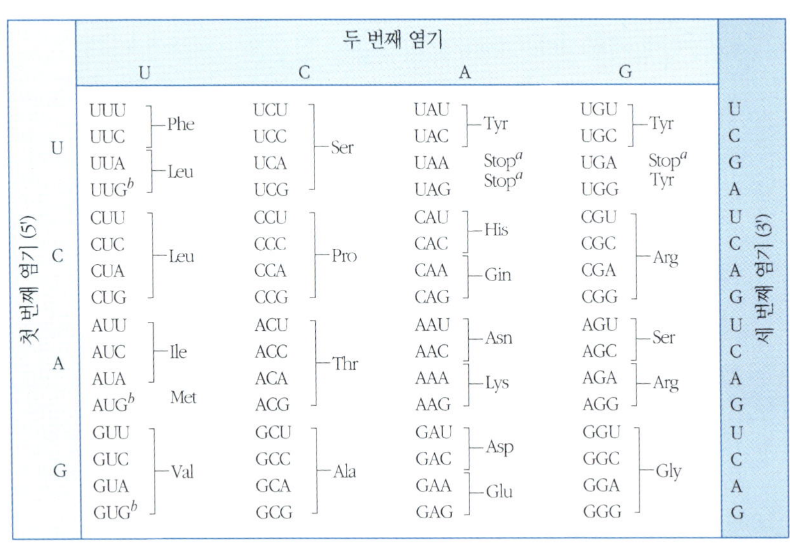

첫 번째 염기 (5')	두 번째 염기 U		C		A		G		세 번째 염기 (3')
U	UUU	Phe	UCU	Ser	UAU	Tyr	UGU	Tyr	U
	UUC		UCC		UAC		UGC		C
	UUA	Leu	UCA		UAA	Stop[a]	UGA	Stop[a]	A
	UUG[b]		UCG		UAG	Stop[a]	UGG	Tyr	G
C	CUU	Leu	CCU	Pro	CAU	His	CGU	Arg	U
	CUC		CCC		CAC		CGC		C
	CUA		CCA		CAA	Gin	CGA		A
	CUG		CCG		CAG		CGG		G
A	AUU	Ile	ACU	Thr	AAU	Asn	AGU	Ser	U
	AUC		ACC		AAC		AGC		C
	AUA		ACA		AAA	Lys	AGA	Arg	A
	AUG[b]	Met	ACG		AAG		AGG		G
G	GUU	Val	GCU	Ala	GAU	Asp	GGU	Gly	U
	GUC		GCC		GAC		GGC		C
	GUA		GCA		GAA	Glu	GGA		A
	GUG[b]		GCG		GAG		GGG		G

그림 9.14 '유전암호' : 아미노산을 구성하는 뉴클레오티드 서열. A, C, G, T 네 가지의 DNA 뉴클레오티드 염기로부터 총 64개의 3글자로 구성된 코돈이 형성된다. 그러나 실제로는 64개가 아닌 단 20개의 아미노산만이 존재한다. 이는 대부분의 아미노산에 해당하는 코돈이 하나 이상이라는 것을 의미한다. 예를 들어, 테이블 좌측 하단에 위치한 Valine(Val.)의 경우 이에 해당하는 코돈은 네 가지가 존재하는 것을 알 수 있다. 세 가지의 정지 코돈(UAA, UAG, UGA)은 '멈춤'의 신호이며, mRNA 사슬의 끝을 의미한다.

른 단백질들 중 일부는 세포핵에 필요하고, 소화효소와 같은 또 다른 단백질들은 세포를 떠나서 그 기능을 수행한다.

9.6.6 요약

다음의 유추는 다소 과장되었으나

- DNA에 의해서 전달되는 유전정보는 제4장에 있는 그림 4.17의 상단에 나타나는 디자이너와 유사하다.
- mRNA와 전사는 설계 정보를 생산을 위한 세부 정보로 전환하는 공정계획 단계와 유사하다.
- 리보솜은 단백질이 해독 또는 합성되는 곳이므로 기계 가공을 사용한 제조와 유

사하다.

- 단백질은 세포의 기능을 수행하기 위한 생산된 제품이다.
- 이러한 단백질은 시스템 전반에 에너지를 가져오는 '일꾼'으로 볼 수 있다. 생산된 단백질과 효소들은 촉진 유전자를 자극하는 것과 같이 유전자 복제를 수행하도록 하는 다른 과정들이 일어나도록 한다. 여기에 요약된 전 과정은 자기 증식이다.

9.5절의 생명과학과 9.6절의 생명공학 공정에 대한 정리를 바탕으로 이제부터는 생명공학과 특히 유전공학 및 생산에 대한 다른 측면들은 더 자세히 생각해 볼 수 있을 것이다.

9.7 유전공학 I : 개관

9.7.1 동기와 목표

생명공학 기술 중 가장 흔한 종류의 유전공학 기술은 잠재적으로 유용한 목적을 위해 한 개체의 유전정보를 다른 개체로 이동시키는 재조합 DNA 기술이다. 예를 들어, 농업분야에서는 새로운 품종의 식물들과 동물들의 생산에 대한 가능성이 제기되고 있고, 의학분야에서는 유전질환을 가진 환자들을 위한 치료방법이 개발되고 있다. 오늘날 유전자가 헌팅턴 무도병(Huntington's disease), 낭포성 섬유증(cystic fibrosis), 겸상 적혈구 빈혈증(sickle-cell anemia), 망막아종(retinoblastoma), 알츠하이머병(Alzheimer's disease) 등과 관련 있다는 사실이 확인되었다.

또한 의학분야에 있어서 유전공학을 통한 유용한 단백질의 생산은 많은 생명공학 기술 회사들의 기본적인 목표이다. 면역 체계 기능에 중요한 역할을 하는 인터페론과 같은 시토카인(cytokine) 생산에 대한 관심이 높아지고 있다.

재조합 DNA 기술은 또한 인슐린을 생산하기 위해서 사용될 수 있다. 당뇨병 환자들은 충분한 양의 단백질 인슐린을 생산하지 못해 그들의 당(sugar) 대사를 조절할 수 없다. 인슐린을 매일 주입하는 것은 다른 체내의 화학 반응에 직접적으로 간섭하지 않으면서 대사 체계를 조절할 수 있다. 과거에 인슐린은 큰 비용을 들여 돼지 췌장으로부터 추출하여서만 얻을 수 있었다. 오늘날에는 유전공학의 도움으로 박테리아를 사용하여 풍부한 양의 인슐린을 생산할 수 있으며, 또한 돼지의 인슐린에 알레르기가 있는 사람도 도움을 받을 수 있게 되었다. 개체에 인슐린과 같은 자연 또는 합성 단백질을 주입하는 것은 개체의 단백질 구성과 기능에 일시적인 변화를 야기할 수 있다. 세포의 내부에서의 단백질 합성을 조작하는 것이 가능하다면, 개체 내부에서의 영구적인 변화도 얻을 수 있다.

9.7.2 필수 단계

그림 9.15은 니콜(Nicholl, 1994)이 제시한 복제 유전자 생산에 대한 모식도이다.

- 제1단계 : 먼저 개체, 식물 또는 동물의 DNA를 조각으로 절단한다.

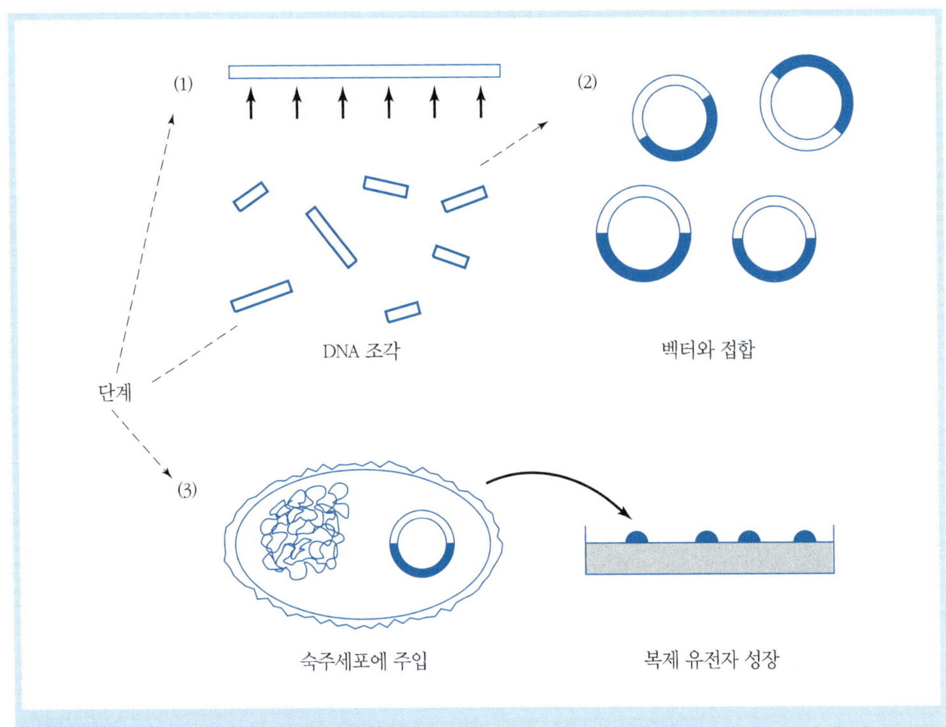

그림 9.15 유전자 복제의 개략도(Desmond S. T. Nicholl의 유전공학 입문에서. © 1994. Cambridge University Press의 동의하에 재인쇄함).

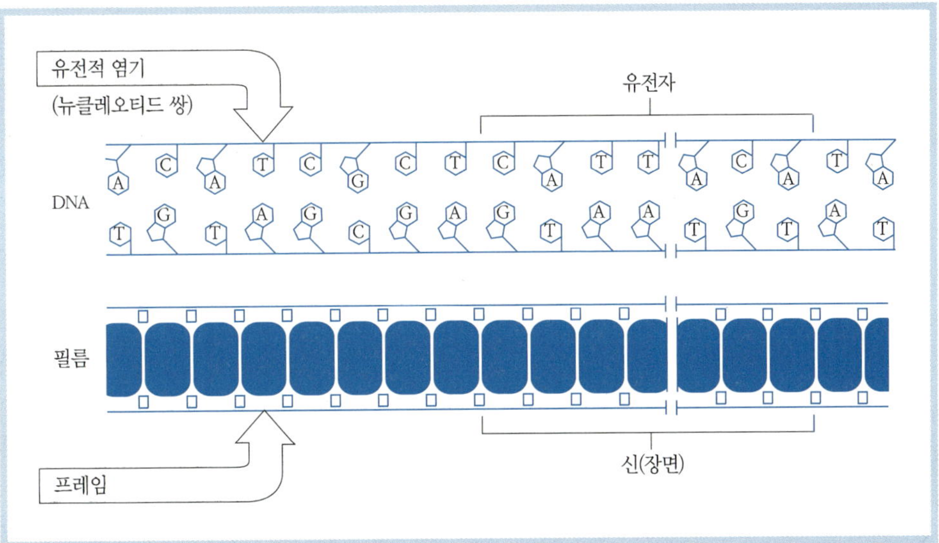

그림 9.16 유전자 이어 맞추기와 유사한 영화 필름 이어 맞추기. 유전자의 일부분만 나타내었다. 실제로 그림 우측의 '괄호로 묶인' 부분에는 많은 뉴클레오티드 쌍과 영화 필름의 프레임이 담겨 있다(Drlica의 DNA와 유전자 복제의 이해로부터. © 1992. John Wiley & Sons, Inc.의 동의하에 재인쇄됨).

- 제2단계 : 벡터 또는 매개자라고 불리는 전달자에 조각을 연결한다.
- 제3단계 : 이러한 재조합 DNA를 숙주(host) 세포의 내부로 재주입한다. 적절한 조절을 가해 주면, 복제 유전자가 성장한다.

유전자 이어 맞추기는 유전자 복제 과정에서 가장 일반적이고 필수적인 단계이며, 생명공학 연구활동에서 가장 중요한 부분 중 하나이다. 이러한 유전자 이어 맞추기는 기본적으로 영화 필름을 잘라서 이어 맞추는 것과 유사하지만 필름 대신에 DNA 조각이 사용되는 자르고 붙이는 과정으로 그림 9.16에 그 과정이 나타나 있다.

9.7.3 제1단계 : 제한효소를 사용한 DNA의 절단

그림 9.15에 나타난 첫 번째 단계에서 DNA는 제한효소(restriction enzyme)에 의해서 정확하게 정의된 뉴클레오티드의 위치가 절단되어 조각으로 나누어진다. 이러한 과정은 그림 9.17에 나타나 있다.

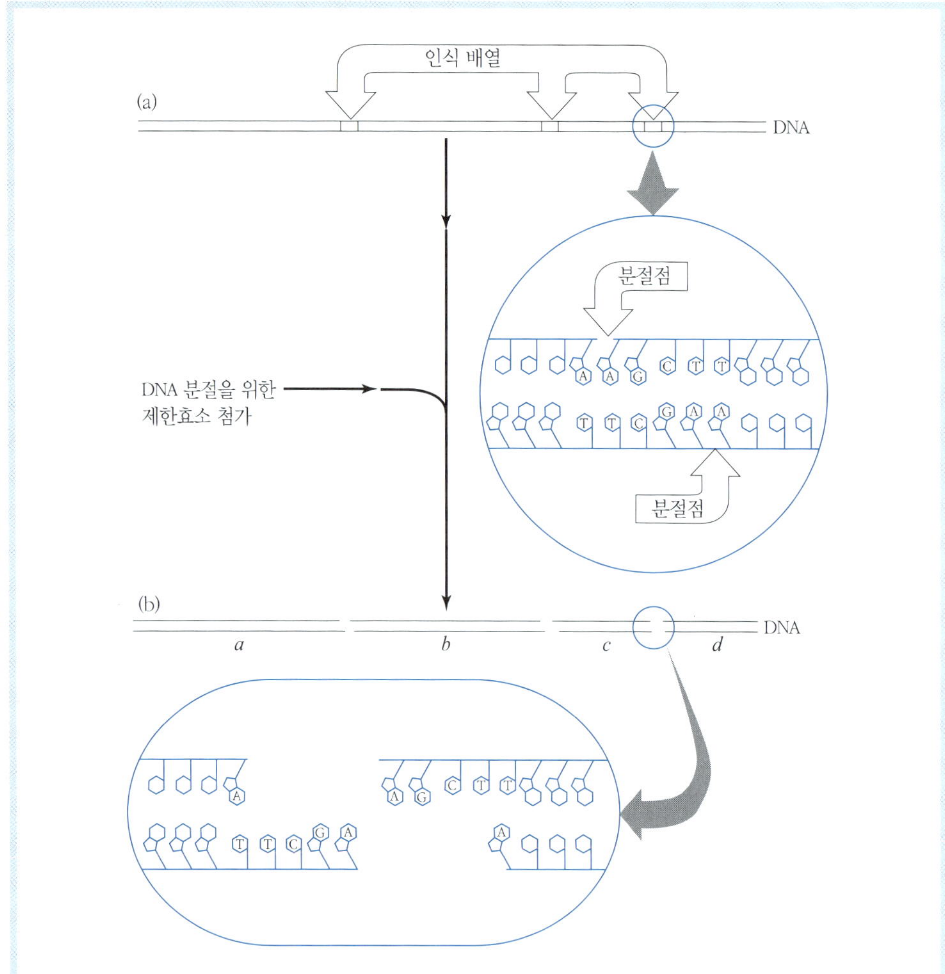

그림 9.17 엇갈린 조각으로 잘린 DNA. 제한효소가 DNA에 첨가되면, 제한효소는 DNA에 결합하여 DNA를 절단한다. 상단의 그림에서 세 군데의 잘린 부분이 존재하는 것을 알 수 있다. 이러한 과정은 DNA 분자를 4개의 더 작은 분자 a, b, c, d로 전환시킨다. 이후에 각 분자의 말단은 유전자 이어 맞추기 과정에서 다른 DNA와 결합하여 염기쌍을 형성할 수 있는 '끈끈한 끝부분'을 갖게 된다(Drlica의 DNA와 유전자 복제의 이해로부터. © 1992. John Wiley & Sons, Inc.의 동의하에 재인쇄함).

9.7.4 제2단계 : DNA 리가아제 효소를 사용한 DNA의 접합

DNA가 조각으로 분리된 후, DNA 조각은 다른 DNA 분자와 결합할 준비가 된다. 이러한 과정은 DNA 리가아제(ligase)라고 불리는 또 다른 효소를 필요로 한다. 한 개체의 DNA가 완전히 다른 개체의 DNA와 결합하게 되는 DNA 접합은 재조합 DNA 기술에서 매우 핵심적인 부분이다. 이러한 과정은 그림 9.15의 2단계와 그림 9.18에 나타나 있다. DNA 조각이 접합되는 DNA 분자는 보통 원형의 플라스미드(plasmid)나 또는 파지(phage)–박테리오파지(bacteriophage)의 줄임말–이다. 이는 그림 9.19와 9.20에 나타나 있다. 플라스미드나 파지는 벡터(vector)라고 불린다.

9.7.5 제3단계 : 벡터, 숙주 그리고 복제

플라스미드 또는 파지 벡터는 유전물질이 번식될 수 있는 숙주 세포 내부로 재조합 DNA를 옮기기 위해서 사용된다. 숙주 세포들은 대부분 박테리아나 효모와 같이 경이적인 번식률을 가진 단세포 생물이다. 따라서 박테리아와 효모는 복제에서 중요한 도구이다. 생산의 관점에서 이러한 숙주들은 '대량 생산을 위한 동선(transfer line)'으로 볼 수 있다.

재조합 DNA를 지닌 숙주 세포들이 분할하면 그림 9.15의 파트 3에서 볼 수 있는 것처럼 많은 수의 유전적으로 동일한 복제 세포를 생산하게 된다. 가장 일반적인 박테리아 숙주는 대장균이다. 대장균은 인간뿐 아니라 대부분의 동물의 장 내에 존재한다(흥미롭게도 대장균은 최근 몇 년 동안 몇몇 사람들이 대장균이 너무 많은 덜 익힌 햄버거를 먹고 사망하거나 병에 걸려서 악명을 얻었다. 그러나 이러한 형태의 대장균은 병원성이 없는 실험실에 있는 대장균과는 다른 것이다). 대장균은 지난 수십 년간 연구되어서 그 성질과 기능이 잘 알려져 있으므로 유전자 복제를 위한 박테리아로 사용된다. 고배율로 본 대장균 세포는 그림 9.21에 나타나 있으며, 실물 크기의 박테리아 군체(colony)가 자라는 것은 그림 9.22에 나타나 있다.

9.7.6 형질전환 식물과 동물

형질전환(transgenic) 식물 또는 동물은 다른 개체, 보통은 다른 종의 유전자를 포함하도록 변형된 것을 말한다. 식물에 대한 유전적 조작은 선택적 육종법의 과학으로서 잘 발달되었다. 직접적인 식물 유전자에 대한 조작은 더 새로운 시도이며, 동시에 박테리아나 효모에 대한 유전자 복제 방법과 대체로 유사한 기술이다.

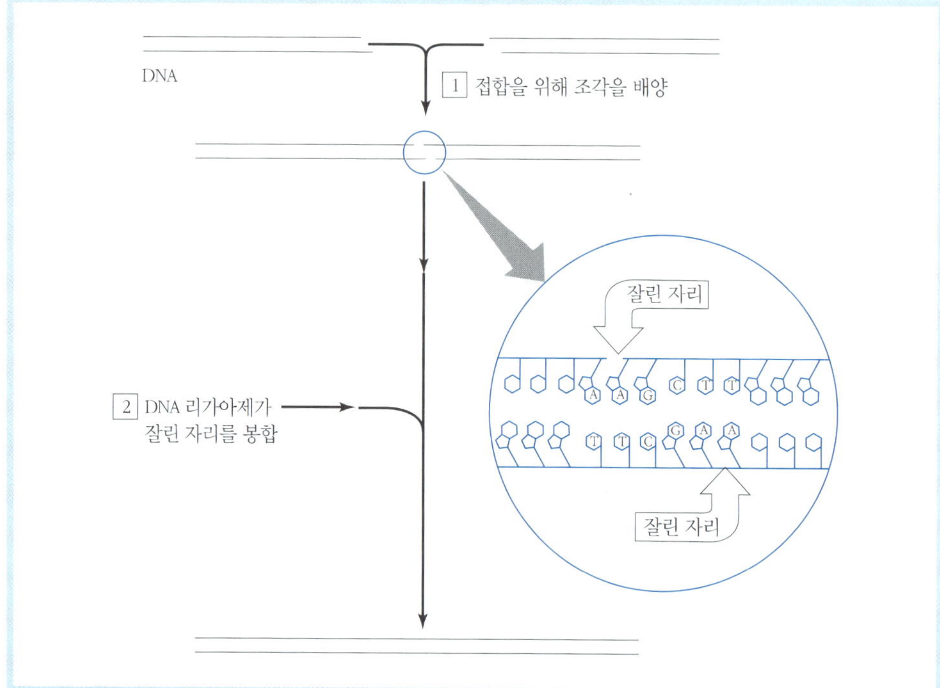

그림 9.18 2개의 DNA 조각의 접합. DNA의 서로 대응하는 말단이 접합을 촉진시킨다. '잘린 자리'는 DNA 리가아제에 의해서 효소적으로 봉합된다(Drlica의 DNA와 유전자 복제의 이해로부터. © 1992. John Wiley & Sons, Inc.의 동의하에 재인쇄함).

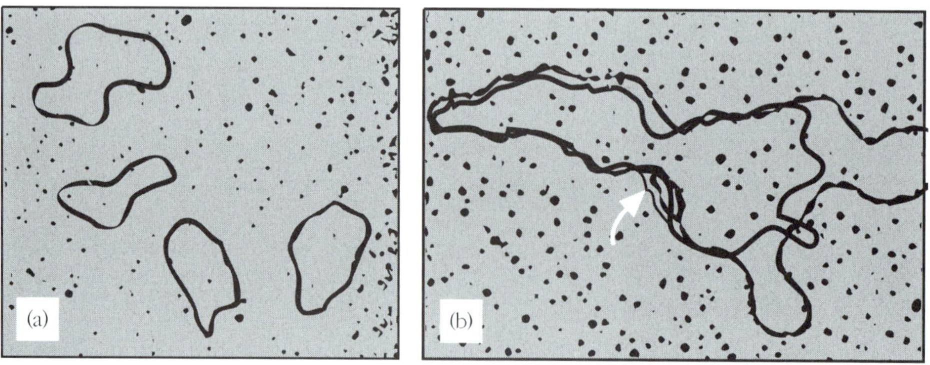

그림 9.19 (a) 원형 플라스미드에 대한 '예술가의 인상', (b) 하나의 가닥으로 된 짧은 부분을 나타내는 플라스미드의 확대 그림

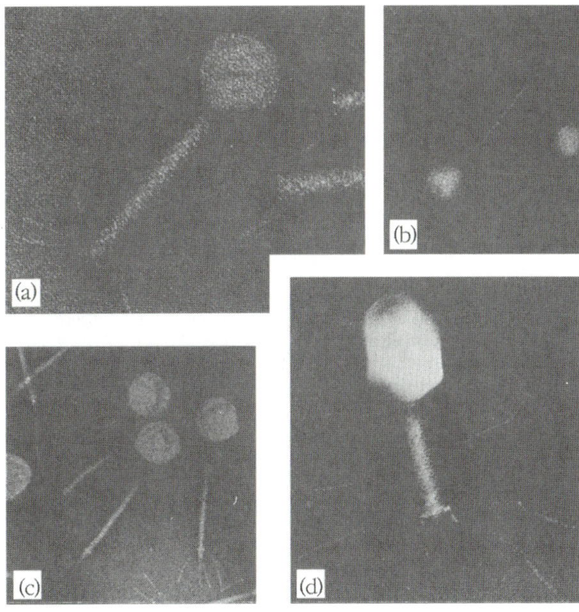

그림 9.20 박테리오파지 : (a) 박테리오파지 P2, ×226,000, (b) 박테리오파지 람다, ×109,000, (c) 박테리오파지 T5, ×91,000, (d) 박테리오파지 T4, ×180,000(현미경 사진은 Robley Williams의 승인을 얻음. 캘리포니아대학, 버클리)

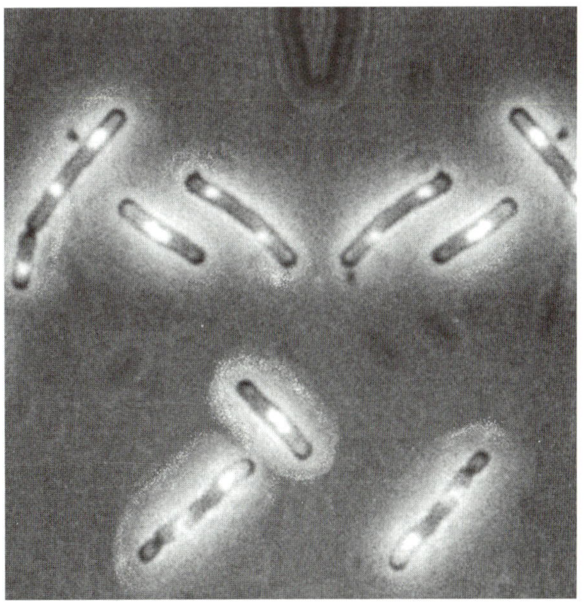

그림 9.21 대장균 박테리아의 현미경 사진

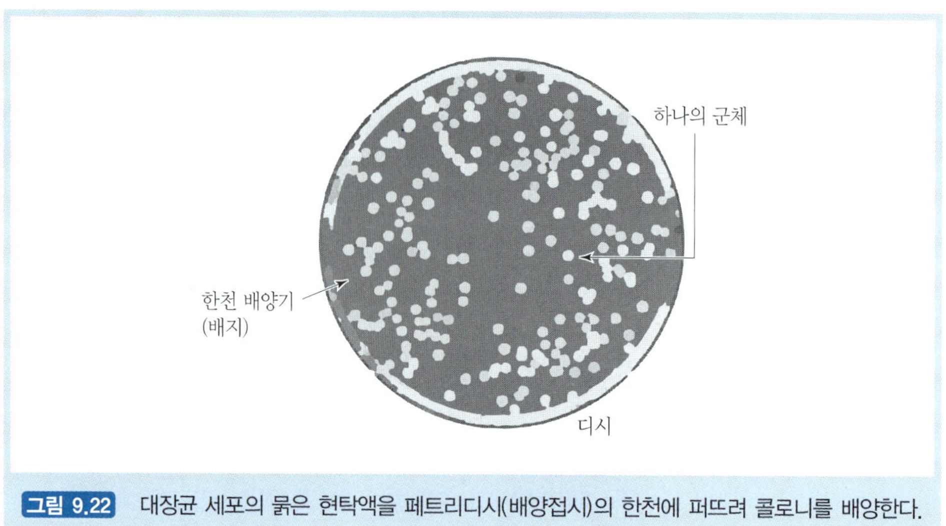

그림 9.22 대장균 세포의 묽은 현탁액을 페트리디시(배양접시)의 한천에 퍼뜨려 콜로니를 배양한다.

인간을 포함하여 최근에 형질전환 동물은 대중에게 많은 불안감을 주는 유전자 공학이 되었다. 그림 9.1에 나와 있는 '슈퍼 생쥐'와 같은 형질전환 동물을 생산하는 것은 형질전환 유전자 동물의 세포 내부에서 형질전환 여부를 확인하기 위한 유전자 복제와 성적(sexual) 재생산기술을 요구하는 복잡한 과정이다.

생명공학이 인간의 형질을 전환할 수 있을까? 유전공학에서 가장 논란이 되는 측면 가운데 하나는 돌연변이나 유전자 부족을 치료하기 위해서 유전자를 제거하거나 추가하는 것에 대한 잠재적 가능성이다.

9.8 유전공학 II : 헤모글로빈의 유전자 복제 사례

9.8.1 서론

이전 절에서는 생명공학에서 사용하는 유전자의 절단, 접합, 복제의 과정에 대해 요약하였다. 영화 필름을 이어 붙이는 과정으로의 유추는 드리카(Drlica, 1992)에 의해서 제시되었다. 이러한 유추는 유용하지만 DNA와 영화 필름의 크기의 차이는 강조되어야 한다. DNA의 '뒤틀린 밧줄 사다리'의 지름은 오직 2nm인데 비해 영화 필름의 넓이는 대략 2cm 정도이다. 이는 폭이 10^7배의 차이가 난다는 것을 의미한다. 길이를 비교해 보면 나선형의 DNA(그림 9.9의 상단에 가장 잘 나타나 있는)는 주기당 10개의 염기쌍으로 이루어진 한 단위의 거리가 3.4nm이지만, 한 프레임에 해당하는 영화 필름의 길이는 대략 2cm이다. 이처럼 미소한 DNA의 부분들을 다루는 것은 다음과 같은 특별한 기술을 요구한다.

- DNA를 세포로부터 분리하는 것.
- DNA를 자르고 변형하고 접합하기 위한 효소를 준비하는 것.
- 수십억 개의 세포를 생산하기 위해 복제하는 것.
- 원하는 유전자를 찾기 위한 방사성 탐침을 만들기 위해 DNA의 조각에 방사성 식별을 가능하게 하는 것.

9.8.2 헤모글로빈 DNA의 복제 DNA를 얻기 위한 방법에 대한 사례 연구

위에 제시된 기술들을 실제 특정한 유전자 복제 과정의 내용 속에서 설명한다면 더 이해하기 쉬울 것이다. 이번 절의 사례 연구의 목적은 어떻게 헤모글로빈의 합성을 담당하는 유전자가 최소로 복제되었는지에 대해 설명하는 것이다. 도표들은 드리카(Drlica)의 책(1992) 제8장에서 발췌하였으므로 더 포괄적인 설명을 위해서는 그 부분을 참조하기 바란다.

왜 이러한 과정이 관심을 끄는가? 헤모글로빈은 인간의 혈액 내에 있는 중요한 단백질로 폐 내부의 산소를 체내의 조직으로 운송하는 역할을 한다. 겸상 적혈구 빈혈증(sickle-cell anemia)과 같이 많은 유전적 장애는 결함을 가진 헤모글로빈과 연관이 있다. 이러한 심각한 질병에 대해 연구하기 위해서 과학자들은 다양한 실험을 해야 하며 많은 양의 헤모글로빈 유전자를 필요로 한다. 유전자 복제는 그것 자체로 끝나는 것이 아니라, 그 구조를 분석하고 기능을 이해할 수 있도록 충분한 '연구 물질'을 제공하기 위한 일반적인 수단이 된다. 예를 들어, 하나의 헤모글로빈 유전자가 어떻게 작동하는 상태가 되고, 또 다른 헤모글로빈 유전자는 작동하지 않는 상태가 되는지 이해하는 데 있어서 위 수단이 중요한 것이다. 암과 에이즈(AIDS)와 같은 질병에 대한 분석 및 질병 형성과 관련해서 다량의 복제 유전자의 공급이 필요하다.

헤모글로빈 유전자를 찾기 위해서 필요한 전 과정이 그림 9.23에 나타나 있다. 우

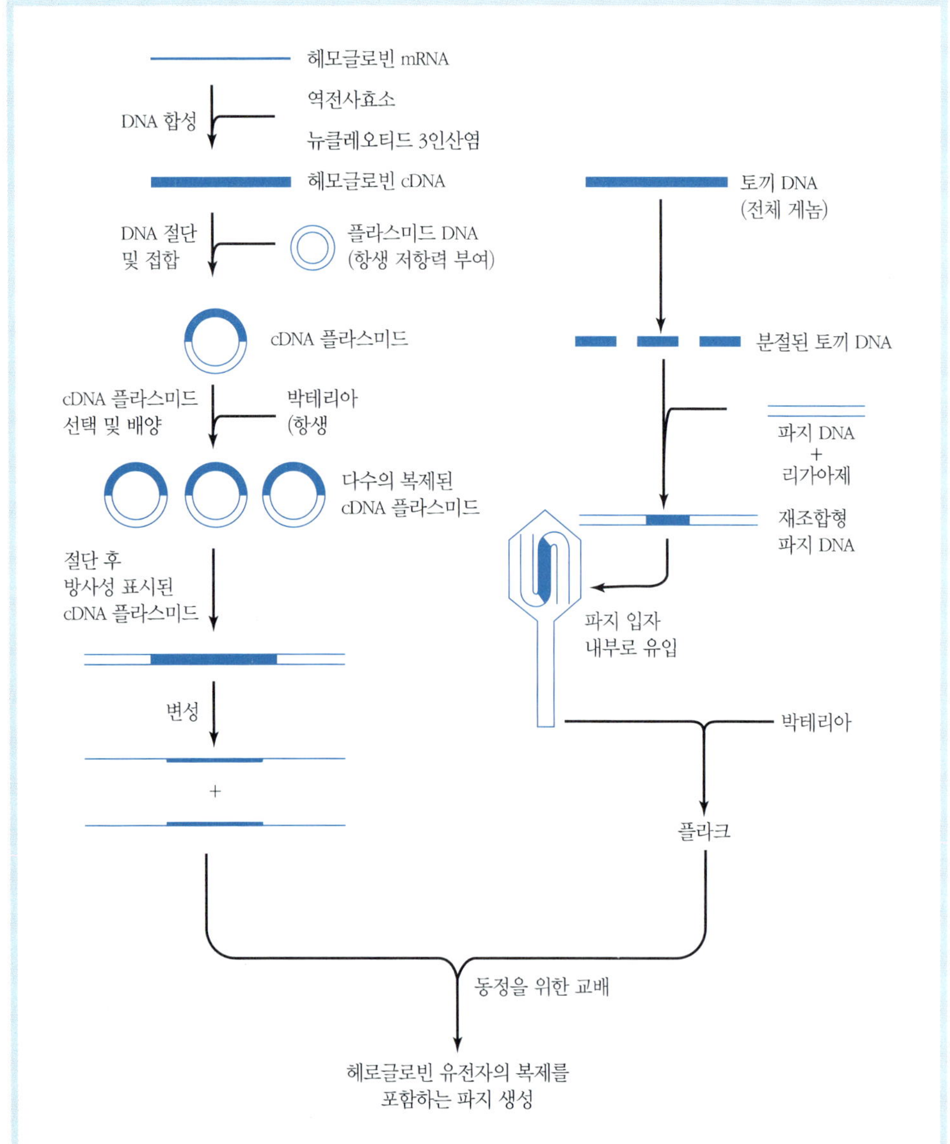

그림 9.23 겸상 적혈구 빈혈증 연구를 위한 다량의 헤모글로빈의 복제 세포 얻기. 파지 벡터에 조각난 토끼의 DNA가 삽입되는 과정이 그림 오른편에 나타나 있다. 왼편에는 cDNA의 방사성 탐침이 준비되어서 플라스미드에 잘라 붙이고 대장균을 사용하여 증식시켜 다수의 개체를 얻는 과정이 나타나 있다. 하단에는 파지 입자들이 다수로 증식된 후에 원하는 헤모글로빈 유전자를 포함하는 개체들이 상보적 염기쌍 형성 과정을 통해 탐침과 함께 분리되는 과정이 나타나 있다(Drlica의 DNA와 유전자 복제의 이해로부터. © 1992. John Wiley & Sons, Inc.의 동의하에 재인쇄됨).

선 유전자가 발견되고 분리된다면, 그 유전자는 박테리아 숙주를 통해서 다량으로 배양된다.

9.8.3 제1단계 : DNA의 확보(그림 9.23의 우측 상단)

DNA와 단백질을 방출하기 위해서 세포가 열릴 수 있다. 그 후에 다른 과정을 통해서 DNA는 단백질과 분리된다. 그러나 이 절에서 소개된 많은 다른 단계들은 예를 들어, 헤모글로빈을 암호화한 부분과 같은 특별한 유전자를 DNA 내부에 존재하는 수백만 개에 달하는 수천 개의 다른 형태의 유전자와 분리하기 위해서 필요하다. 다음 절에 소개되는 실험에서는 헤모글로빈 세포를 얻기 위해서 토끼의 간을 사용하였다. 그러나 거의 모든 종류의 조직도 원료를 얻기 위해서 분해될 수 있다.

실제 기술

기계적인 휘젓기는 세포벽을 부수어 DNA와 단백질이 세포 밖으로 나올 수 있게 한다. 단백질을 분해하고 또한 DNA를 절단할 수 있는 핵산 가수분해효소를 비활성화시키기 위해 세정제와 효소가 용액에 첨가된다. 그러고 나서 페놀을 첨가하고 강하게 휘저어서, 남아 있는 단백질을 페놀 속으로 이동시킨다. 용액의 젓기를 멈추고 나면 DNA가 풍부한 층이 테스트 튜브 내에서 분리되며, 그 후에 피펫으로 그 층을 제거한다. 추가적인 원심분리로 DNA를 더 정제할 수 있고, 이후에 DNA는 제2단계를 위해서 세척된다.

9.8.4 제2단계 : 박테리오파지 내부로 투입시키기(그림 9.23의 우측 중앙)

토끼의 DNA와 파지의 DNA는 우선 각각 제한효소에 의해서 절단된다. 토끼 DNA의 조각들을 파지 DNA의 조각들과 섞는다. 그리고 DNA 조각들을 접합하기 위해 효소 DNA 리가아제를 첨가한다.

이 단계에서 섞인 이후에 몇몇의 파지들은 토끼의 DNA를 포함한다. DNA가 파지 내부로 유입되면서 파지들은 파지 단백질로 코팅된다. 이는 그림 9.23의 우측에 나타나 있다. 이러한 파지들은 이후에 한천(agar) 위의 대장균 숙주를 감염시키기 위해서 사용된다.

불행하게도 박테리아가 성장하는 동안 오직 극소수의 형성된 플라크만이 헤모글로빈 유전자를 포함한다. 결국 이러한 극소수의 원하는 플라크들을 발견하는 것이 관건이다. 방사성 표기가 된 핵산 탐침은 이러한 목적으로 사용된다. 다음의 두 단계는 이러한 탐침의 준비와 관련되는데, 이러한 방법은 모든 플라크를 테스트할 수 있는 충분한 물질을 만들기 위해서이다. 탐침의 준비는 그림 9.23의 좌측에 나타나 있다.

9.8.5 제3단계 : 탐침을 만들기 위한 주형인 mRNA의 준비(그림 9.23의 좌측 상단)

방사성 탐침을 위한 잠재적인 원천 중 하나는 발견된 유전자로부터의 메신저 RNA이다. 헤모글로빈은 특별한 경우를 대표하는데, 왜냐하면 적혈구 세포의 mRNA는 주로 헤모글로빈 mRNA이기 때문이다.

실질적인 기술

토끼에서 추출한 적혈구 세포는 RNA가 다른 세포 구성성분으로부터 분리된 작은 덩어리를 얻기 위해서 페놀과 알코올 처리를 하여 원심분리되며, RNA를 더 정제하기 위해 원심분리를 추가로 수행한다. mRNA를 리보솜 RNA와 운반 RNA로부터 분리하기 위하여 혼합물은 셀룰로오스로 채워진 유리 기둥을 통해 흐르게 된다. mRNA 분자가 가진 독특한 특징은 오직 아데닌(A) 염기만이 그 사슬의 말단에 추가되어 있는 것이다. 이러한 mRNA 분자의 특징은 mRNA를 tRNA와 rRNA와 같은 다른 종류의 RNA로부터 분리하는 데 사용된다. 티미딘으로 이루어진 한 가닥으로 된 DNA는 셀룰로오스에 부착된다. 그리고 염기쌍 형성을 통해 이들은 mRNA의 아데닌에만 부착되고 다른 종류의 RNA는 기둥을 그냥 통과하게 되므로 mRNA를 다른 RNA로부터 분리할 수 있게 된다. 그 후에 A-T 염기쌍이 깨지도록 온도를 올려서, 기둥에 부착된 헤모글로빈 mRNA를 제거한다.

9.8.6 제4단계 : 플라스미드를 사용하여 복제함으로써 탐침의 공급을 증가시킴(그림 9.23의 좌측 중앙)

mRNA는 뉴클레오티드와 DNA 합성을 위해 RNA를 주형으로 사용할 수 있는 효소인 역전사 효소 이후에 cDNA로 전환된다. 그러나 다량의 cDNA를 얻기 위해서는 우선 cDNA를 원형의 플라스미드에 복제해 넣어서 대장균에 의해 복제되도록 해야 한다.

이는 그림 9.23의 좌측 중앙에 나타나 있다.

실질적인 기술

cDNA를 플라스미드 내부로 끼워 넣어서 대장균 숙주를 통해 복제하는 것은 위의 제2단계와 유사하다. 그러나 토끼의 cDNA가 주입된 플라스미드 DNA를 취한 특정 대장균 세포들을 분리하는 과정은 여전히 필요하다. 이러한 과정은 그림 9.24에 나타나 있다. 이 과정에서 항생 저항성을 띠는 2개의 유전자, 즉 테트라시클린 저항성(tet R)과 암피실린 저항성(amp R)을 포함하고 있는 플라스미드가 신중하게 선택된다.

선택된 플라스미드에서 amp R 유전자는 절단되는 데 따라서 cDNA를 포함하는 플라스미드는 더 이상 amp R 유전자를 갖지 않게 된다. 이후에 예를 들어, 테트라시클린이 존재하면 이는 이러한 플라스미드를 갖지 않는 세포들을 모두 죽일 것이다. 그후에 테트라시클린을 포함하는 한천(그림 9.24)에서 형성된 콜로니에 대해 암피실린이 포함된 한천에서 성장하지 못하는 것들을 찾아낸다. 플라스미드를 포함하는 특별한 대장균 세포들은 토끼의 DNA가 부착되어 있지 않는 토끼의 cDNA와 접합한다. 그림 9.24e와 9.24f에 이러한 두 가지 유형이 나타나 있다.

이러한 cDNA는 분리될 수 있고 한 가닥으로만 만들 수 있으며(일반적으로 끓여서), 또 방사성 식별을 가능하게 만들 수도 있다.

9.8.7 제 5단계 : 게놈 복제물을 분리하기 위해 핵산 활성화를 사용한 마지막 선별 과정(그림 9.23 하단)

마지막 단계는 원래의 조각난 토끼의 DNA를 포함하고 있는 파지로부터 성장한 군체를 선별하고, 어떠한 군체가 원하는 헤모글로빈 유전자를 가지고 있는지 찾는 것이다(그림 9.23의 우측 부분을 다시 보라). 각각의 플라크에 있는 DNA는 그것이 발견되는 헤모글로빈 유전자에 상충하는 방사성이 있는 헤모글로빈 cDNA 핵산과 함께 잡종을 만들게 되는지 테스트를 받는다. 이러한 기술은 2단계에서 기술된 극소량의 플라크 중에서 cDNA 탐침과 원하는 헤모글로빈 유전자 사이의 상보 염기쌍 형성 원리에 기초한다.

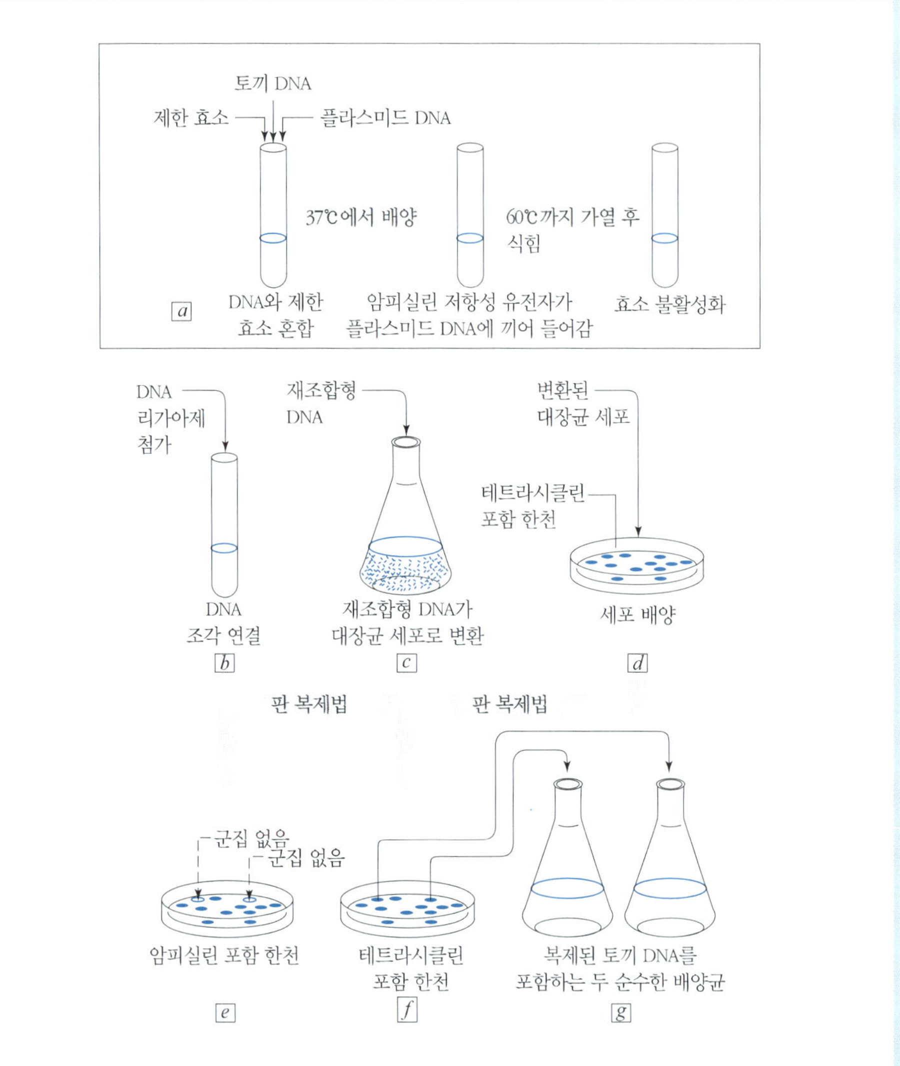

그림 9.24 토끼 DNA를 포함하는 순수한 복제물을 얻기 위한 과정. (a) 테트라시클린과 암피실린 저항성을 지닌 플라스미드 DNA가 토끼의 cDNA와 혼합된다. (b) DNA 조각을 연결하기 위해서 DNA 리가아제가 첨가된다. (c) 대장균 세포가 숙주로 작용한다. (d) 테트라시클린을 포함하는 한천 위에서 성장시켜 플라스미드를 포함하는 세포가 선택되고, 토끼의 cDNA와 결합된 플라스미드를 함유한 세포들은 암피실린을 포함하는 한천 위에서 걸러 내어서 확인된다. (e)와 (f)에서는 이러한 세포들이 오직 테트라시클린 위에서만 성장하며, (g)는 복제된 유전자를 함유한 순수한 배양균이다(Drlica의 DNA와 유전자 복제의 이해로부터. © 1992. John Wiley & Sons, Inc.의 동의하에 재인쇄됨).

실질적인 기술

파지는 한천 위의 대장균 군체를 성장시키기 위해 사용된 후에 여과지를 한천에 놓은 후에 제거한다. 따라서 세포들은 그 여과지로 이동하게 되고, 이 여과지를 묽은 수산화나트륨 용액(잿물)에 담근다. 이러한 과정의 첫 번째 특징은 수산화나트륨이 헤모글로빈 DNA가 한 가닥이 되도록 만든다는 것이다. 두 번째 특징은 한 가닥이고 방사성을 띠는 cDNA가 첨가되면, 오직 여과지에 부착된 DNA가 발견된 그 유사한 한 가닥의 헤모글로빈 DNA 유전자를 포함해야만 상보적인 염기쌍이 형성된다는 것이다. 방사성을 띠는 cDNA는 발견된 토끼의 헤모글로빈 유전자의 위치를 확인하면서 여과지에 부착된다. 이후에 남아 있는 염기쌍을 형성하지 않은 방사성 탐침을 제거하기 위해 여과지가 세척된다. 그리고 관심 있는 헤모글로빈 유전자를 포함하는 박테리아 군체를 찾기 위해서 엑스레이 필름을 사용한다. 이러한 과정을 통해서 원하는 헤모글로빈 유전자가 복제되어 있는 파지를 포함하는 순수한 대장균을 얻는다.

요약하면, mRNA로부터 얻은 방사성 탐침 cDNA는 토끼의 DNA를 포함하는 박테리아를 함유한 파지로부터 형성된 플라크를 찾기 위해 사용되며, 결국 원하는 헤모글로빈의 복제 유전자를 분리하기 위해서 쓰인다.

9.9 생물학적 처리 공학

9.9.1 바이오리액터

바이오리액터(bioreactors, 생물반응기)는 생물학적 반응이 일어나는 컨테이너 또는 용기를 말한다. 예를 들어, 발효는 바이오리액터에서 일어난다. 이는 탄소와 질소(미생물의 '식량')를 포함하는 기판 위의 미생물을 증식(배양)시키는 공정이다. 자연에서 찾을 수 있는 바이오리액터의 예는 바로 조류와 수면(pond scum, 해캄)을 '생산하는' 연못이다.

바이오리액터는 1*l* 용량의 작은 탁상용 발효조부터 100만 *l*를 생산할 수 있는 생산 설비에 이르기까지 다양하다. 다양한 식품을 생산하는 것 외에도 바이오리액터는 공업적 화학약품, 효소, 바이오 연료를 생산하는 데에도 사용된다. 연료를 생산하기 위해서 미생물을 이용하는 것은 에너지 부족 국가의 연구자들에게 특히 주목받고 있다. 예를 들어, 핀란드에서는 빵을 만드는 데 사용되는 효모가 기판의 산화-환원 화학작용으로 전기에너지를 생산하는 바이오 전기 화학장치에 사용되고 있다.

세포의 증식과 생명공학 제품의 형성 사이의 관계뿐 아니라 생합성 공정은 바이오리액터의 종류에 따라 다르다. 두 가지 전통적인 방법은 독립식 발효와 연속배양발효이다. 생물학적 변화는 또한 습기가 많은 고체 상태의 기판 위에서 발생할 수 있다.

생명공학 공정의 주요 업무는 변화 속도와 생산량을 경제적으로 실현 가능하게 바이오리액터를 설계하고, 동작시키고, 조절하는 것이다. 또 다른 과제는 세포와 효소들이 다양한 분쇄, 혼합, 가열 등과 같은 과정을 거치는 동안 계속 생존할 수 있도록 유지하는 것이다. 이러한 이유로 생명공학 공정기술자는 공정개발, 장치설계, 용량증대에만 정통할 것이 아니라, 미생물이 계속 생존할 수 있도록 유지시키고 최적의 속도로 증식할 수 있도록 하기 위해서 무엇이 필요한지를 이해해야 한다.

일반적인 형태의 바이오리액터는 기계적으로 휘젓는 탱크로서, 이는 세 가지 상(기체-고체-액체)의 반응을 이용한다. 이러한 장치에서 기체는 용기의 바닥부분으로 살포된다. 그리고 기계적 혼합기에 의해서 발효 공정의 액상과 혼합된다(그림 9.25). 이러한 과정에는 까다로운 제약이 존재한다. 예를 들어, 호기성 발효를 위해서 꾸준하게 산소기체 방울을 공급하는 것이 매우 중요하다. 휘젓기는 기체방울을 분산시키고, 액체를 균질하게 만들고, 고체 부유물을 확보하기 위해 충분히 빠르게 회전해야 한다. 과도한 휘젓기는 세포의 파괴를 일으킬 수 있는 반면, 충분하지 못한 휘젓기는 세포를 질식시킬 수 있다. 또 다른 과제는 열제거 속도를 최적화하는 것이다. 예를 들어, 발효 속도가 증가하면 열의 발생속도가 증가하고, 용량이 증가하면 부피 대 면적의 비가 감소하여 열제거 속도가 감소한다.

무균상태는 또 하나의 과제이다. 공정들은 절대적으로 무균상태여야만 한다. 생산품의 품질을 확보하고, 미생물의 오염을 막아서 원하는 성질이 변하지 않게 하기 위해서는 원하지 않는 미생물의 제거가 요구된다. 이는 설계와 기기의 작동과 관련해 중대한 어려움을 야기한다. 이는 특히 다른 공정 요구조건과의 혼합 과정에서 잘 나타난다. 예를 들어, 반복되는 멸균 과정에 견딜 수 있는 고품질의 온도 센서를 설계하는 것은 큰 문제이다.

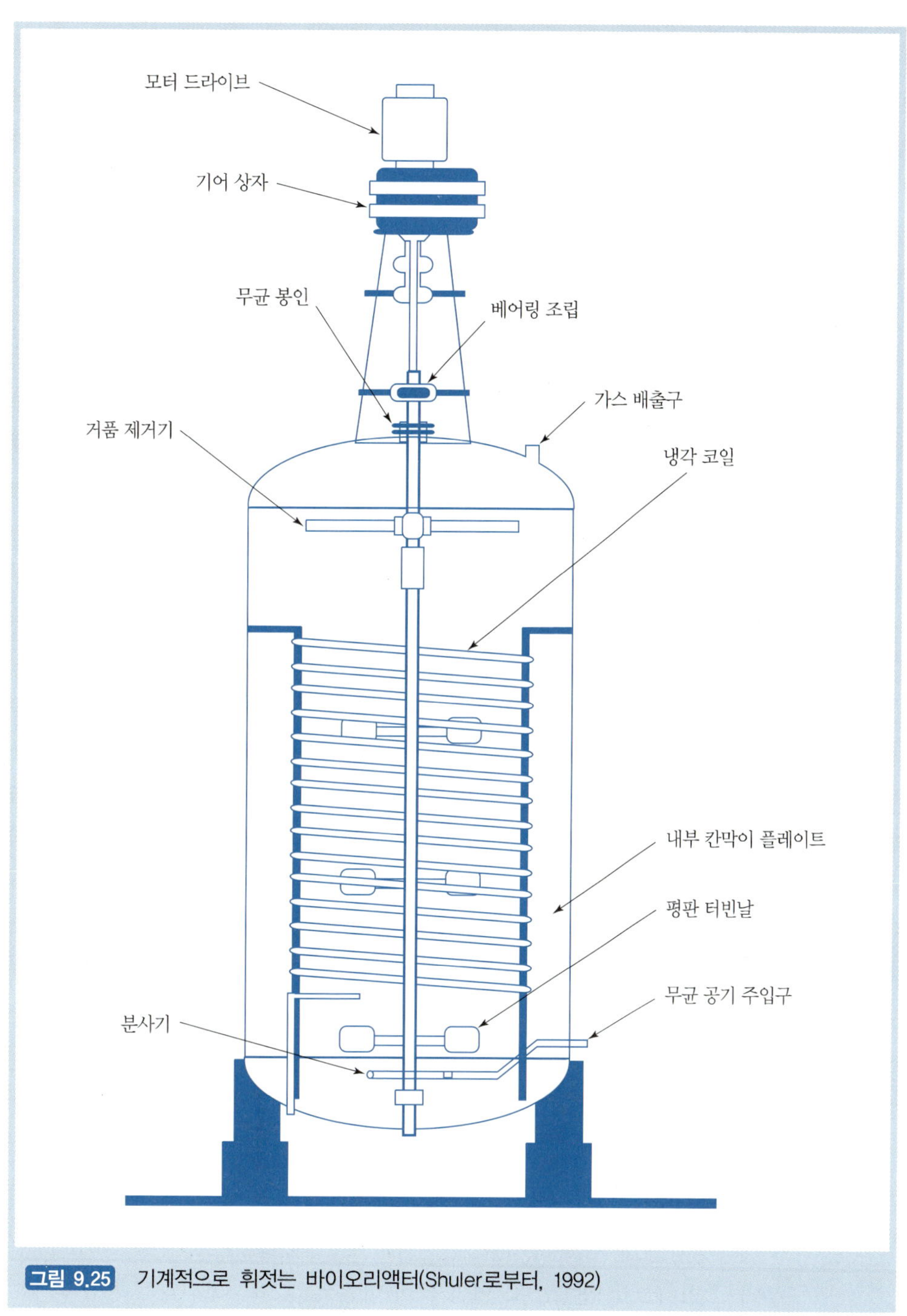

그림 9.25 기계적으로 휘젓는 바이오리액터(Shuler로부터, 1992)

바이오리액터 내부의 분자 반응들은 세포의 증식 특성을 지배한다. 세포의 증식 유형은 산소의 이용 가능성, 영양분의 공급, pH, 온도, 세포의 밀도를 포함하는 다양한 조건들에 의존한다. 일반적인 독립식 발효에서 세포의 증식은 네 가지의 각기 다른 상태를 따른다. 증식 지연, 기하급수적 증식, 증식의 정지, 개체수의 감소. 지연 상태에서 세포의 증가는 거의 관찰되지 않는다. 왜냐하면 이 상태에서 세포는 주변 환경에 적절하도록 자신의 생합성 메커니즘을 개조하기 때문이다. 기하급수적 증식 상태에서는 세포 주어진 조건 속에서 가능한 빨리 성장한다(산업에서는 이러한 상태를 세포밀도가 두 배가 되는 데 걸리는 시간인 바이오매스를 기준으로 측정한다). 기하급수적 증가는 영양분의 고갈, 물리적인 과밀, 대사과정에서 발생한 부산물의 축적을 포함하는 다양한 원인에 의해서 멈추게 된다. 이후에 나타나는 정지 상태에서는 과도한 리보솜과 함께 빠른 성장을 촉매했던 효소가 세포 유지를 위해 다른 효소나 연료를 공급하기 위해서 분해된다. 내부의 에너지원이 감소하면 세포는 기본적인 기능을 수행할 수 없다. 이러한 결과는 용균 작용(파손) 또는 생존 불가능 상태(재생산이 불가능한)가 될 수 있다. 감소 상태에서는 바이오매스가 감소한다(그림 9.26).

바이오리액터의 기능을 최적화하는 것은 통기, 교반, 물질 및 열전달, 측정과 조절, 세포대사, 제품 합성(product expression)과 같은 각기 다른 여러 공정변수들과 배양 준비를 포함한다.

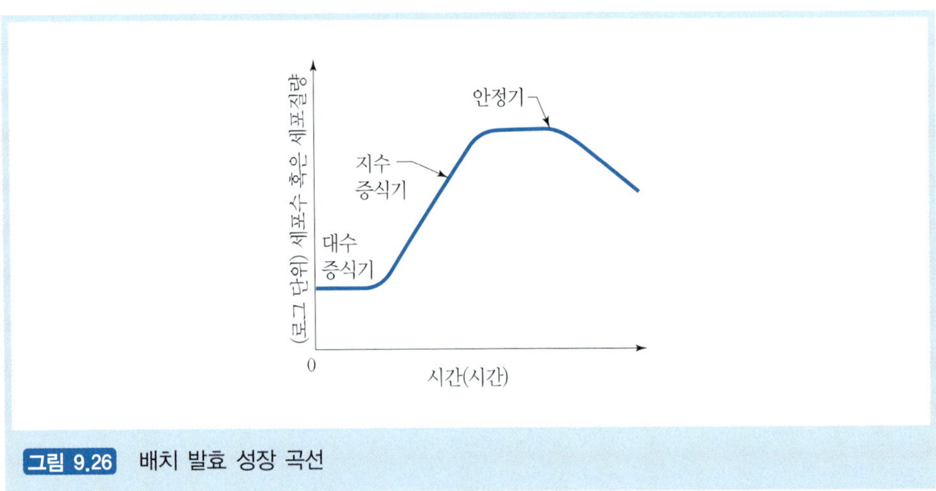

그림 9.26 배치 발효 성장 곡선

실시간 모니터링과 발효 공정의 조절을 위한 전문적인 시스템을 개발하는 것은 하나의 연구 분야가 되었다. 하나의 중요한 목표는 온라인으로 공정의 문제를 정확히 인식하고 그것을 해결하는 것이다. 발효 공정을 위해서 이는 센서, 장치 그리고 공정 실패 모니터링을 포함한다. 조절과 발효장치의 유지 또한 자동화를 위한 중요한 후보들이다.

9.9.2 후처리 공정

바이오리액터 단계는 바이오 공정의 심장이다. 그러나 발효 제품의 복구(recovery)와 정화(purification) 공정은 어떤 상업용 공정에서도 필수적이다. 복구와 정화 공정에서의 어려움의 정도는 제품의 특성과 깊은 관계가 있다. 전형적인 제품생산 말기 공정인 제품 복구와 개선(enrichment)공정은 여과, 결정화 그리고 건조공정기술을 포함한다. 제품의 포장과 운송도 또한 중요한 후처리 공정이다.

9.10 기술 경영

9.10.1 오늘날의 경향

매우 짧은 기간 동안 중대한 진보가 이루어졌고, 이러한 진보는 생명공학 산업이 성장할 수 있도록 계속해서 육성할 것이다. 예를 들어, 미국 보건연구소(National Institute of Health)와 에너지성(Department of Energy)에 의해 재정지원을 받는 인간 게놈 프로젝트는 1990년부터 진행되고 있으며(역자 주 : 2006년에 99.9% 완료됨), 또한 1998년 5월에 사설 비영리 유전연구소인 미국 유전체연구소(The Institute of Genomic Research, TIGR)와 염기 서열 결정 기구의 주요 제조사인 퍼킨-엘머(Perkin-Elmer)의 공동연구가 발표되었다. 이 프로젝트는 30억 개의 인간 염기쌍의 서열과 대략 6~8만 개의 인간 유전자를 확인하는 것에 초점을 맞추고 있다. 매우 자연스럽게도 이러한 경쟁적인 프로젝트와 셀레라 게놈 연구그룹(Celera Genomic Group)과 같은 기업들은 서로 경쟁에 돌입하여 매우 경쟁이 치열한 사업 환경은 만들고 있다.

초창기의 이러한 연구들은 궁극적으로 DNA 염기 서열 내의 모든 유전자를 결정하는 방향으로 각 인간의 염색체 지도를 작성하는 데 공헌했다. 그 과정에서 연구자들은 유전자 지도화와 서열 확인을 위한 자동화와 최적화 방법을 개발하고 있다.

그 후 연구들은 병의 조기 발견, 효과적인 예방약, 효율적인 약물의 개발 그리고 아마도 유전자 치료나 유전자 교체에 기초한 '분자 약물'의 개발에 초점을 맞출 것이다. 또한 다른 연구들은 박테리아, 효모, 식물, 가축 그리고 다른 생물들의 게놈 서열을 확인하기 위해 노력을 기울이고 있다. 게놈에 대한 연구, 특히 자동화 및 최적화 방법들에 대한 연구 중에 개발된 많은 기술들은 바이오 기술 산업에 커다란 이익을 가져다줄 것이다.

9.10.2 생산

지식에 있어서의 이러한 진보에도 불구하고, 실험실에서 시장으로 나아가는 길은 장애물로 가득 차 있다. 생명공학기술에 대한 연구는 고비용이고, 시간이 많이 들며, 빈번히 수확물이 없다. 경제성이 있도록 대량 생산을 하는 단계에서도 많은 과제가 놓여 있다.

생명공학기술은 그 원천이 되는 분야인 화학공학과 연관이 깊다. 그러나 생명공학에서의 재료, 촉매, 제품 모두는 살아 있는 생명체로, 천성적으로 석유화학 제품이나 다른 물질들에 비해 더 부서지기 쉽고 변덕스럽기 때문에 화학공학보다 더욱 어렵다. 특히 치료를 위한 제품의 경우 매우 까다로운 제품의 안전에 대한 요구는 제품의 상업화에 특별한 어려움을 만든다. 장비와 시설은 제품의 순도를 확인하기 위하여 엄격한 안전과 품질 관리 기준을 만족해야만 한다. 오늘날까지 중요한 공정 부품들(밸브의 설계와 기능과 같은)에 대한 표준이 여전히 설립되고 있는 중인데, 이는 생명공학 장치와 시스템을 설계하고 제작하는 것을 어렵게 하고 있다. 생산에 관한 전문 지식의 부족으로 인해 많은 회사들은 연구에 집착하고 있고, 그들의 기술을 이미 생산 능력을 갖춘 바이오 기술 회사들에게 이전하고 있다. 이는 제5장의 기술 경영 부분에서 나타난 '공장 없는 집적회로(fabless IC)'와 유사하다.

긴 허가 과정과 다른 상품 개발의 위험들은 새로운 상품을 시장으로 가져오기 위한 중요한 경로를 단축시키는 것을 특히 중요하게 만든다. 바이오 공정의 산업화를 위해 필요한 생산량 확대에는 천성적으로 문제가 있기 때문에, 의학적인 시도에 대해

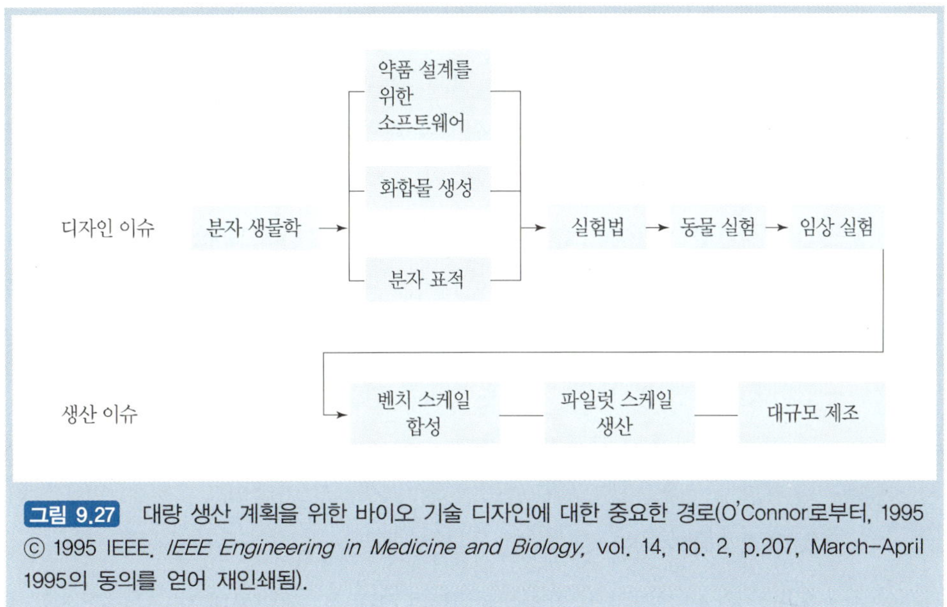

그림 9.27 대량 생산 계획을 위한 바이오 기술 디자인에 대한 중요한 경로(O'Connor로부터, 1995 ⓒ 1995 IEEE. *IEEE Engineering in Medicine and Biology,* vol. 14, no. 2, p.207, March–April 1995의 동의를 얻어 재인쇄됨).

결론이 내려지기 전에 탁상용 장비와 시험공장 단계에서 합성의 개발을 시작하는 것이 중요하다(그림 9.27). 이는 이전의 몇몇 장에서 설명한 동시공학에서의 일반적인 시간 단축 방법과 유사하다.

덧붙여 말하자면, 많은 중요한 규제의 장벽이 존재한다. 새로운 치료를 위한 화합물은 까다로운 미국 식품의약국(Food and Drug Administration, FDA) 규정에 따른 수많은 의학적 실험에 의해서 엄격히 검증되어야만 한다. 허가 과정은 일반적으로 5년에서 7년이 소요되고, 제품이 실패할 가능성이 높다. 농업의 규제는 덜 엄격하다. 미 연방정부는 최근에 실험과 유전적으로 변형된 농작물의 시장 거래에 대한 규제를 완화하였다.

9.10.3 투자

바이오 기술의 상업적 적용(그림 9.28)에 대한 잠재적인 가능성과 영향력이 알려졌으므로, 바이오 기술이 월 스트리트나 벤처 캐피털리스트들의 관심을 끄는 것은 당연하다. 1980년대 동안에 자금이 투입된 수백 개의 새로운 회사들이 생겨났고, 각각의 회사들은 새로운 상품으로 시장에서 다른 회사들을 물리치기 위해서 경쟁했다. 1990년대 초반, 잘 알려진 제약 회사들도 바이오 기술에 참여하게 되었다. 많은 경우에 상대적으로 큰 제약회사들이 작은 신생 회사들을 인수하거나 또는 주식을 매입하였다.

그 결과 오늘날 바이오 산업에는 다양한 회사 종류가 존재하게 되었다. 극단적인 예로, 대학교에서 분자와 세포생물학을 전공하는 학생들은 계속해서 연구 중심의 개인 회사들을 세운다. 그러한 풍토에 대해서는 케니(Kenney, 1986)가 책에서 다루었다. 또 다른 극단에서는 거대한 제약회사가 잘 알려진 재료를 위한 만들기 생산라인을 설치하였다. 두 극단의 중간에서 키론(Chiron)과 지넨테크(Genetech)와 같은 바이오 산업의 선구적인 회사들은 새로운 상품을 만들기 위한 기초 연구와 이미 잘 정립된 제품의 생산 사이에서 균형을 맞추고 있다.

9.10.4 미래

유명한 잡지나 신문의 기사에서 볼 수 있듯이, 생명공학 연구는 제5장부터 제8장까지의 내용에서 소개된 산업에 비해서 윤리적인 논쟁거리를 더 많이 만들어 낸다. 이러한 논란은 '자연을 어지럽혔을 때' 나타날 수 있는 잠재적인 위험에 관한 매혹적인 생각과 두려움으로부터 일부 유래한다. 마이클 크라이턴(Michael Crichton)과 할리우드 영화계는 열대섬에서 발생한 과거로부터 귀환한 공룡들이 가져온 대혼돈으로 이러한 걱정을 자극하는 데 도움을 주었다(역자 주 : 영화 쥐라기 공원의 영향을 설명함).

그러나 공상과학 소설의 매혹적인 공포의 너머에서, 바이오 기술은 실질적인 염려뿐 아니라 윤리적인 문제의 원인이 된다. 선택적 육종법은 수 세대 동안 원하는 식물과 동물의 특성을 얻기 위한 유일한 방법이었다. 대조적으로 유전공학은 특정한 종을 정확하게 복제할 수 있다. 이는 아마도 잘 알려진 복제 양보다는 덜 위협적일지 모른다. 그러나 최근 미국 정부의 법적 금지 조치는 사회가 인간에 대한 복제 가능성에 대해 위협을 느끼고 있다는 것을 잘 보여 준다. 사회가 인간의 생물학적인 발전과정에 인위적으로 개입할 권리가 있는가? 이러한 인위적 개입으로 발생할 수 있는 생물학적 다양성에 대한 결과는 무엇일까?

사생활과 공정성도 염려스럽다. 보험회사에서 잠정적인 고객들의 DNA를 모두 검사하기로 결정하였다. 그 결과 회사는 고객 중 1명이 45세에 심장마비에 걸리게 만들지도 모르는 어떤 특정 DNA 서열을 그의 할머니로부터 물려받았다는 것을 발견한다

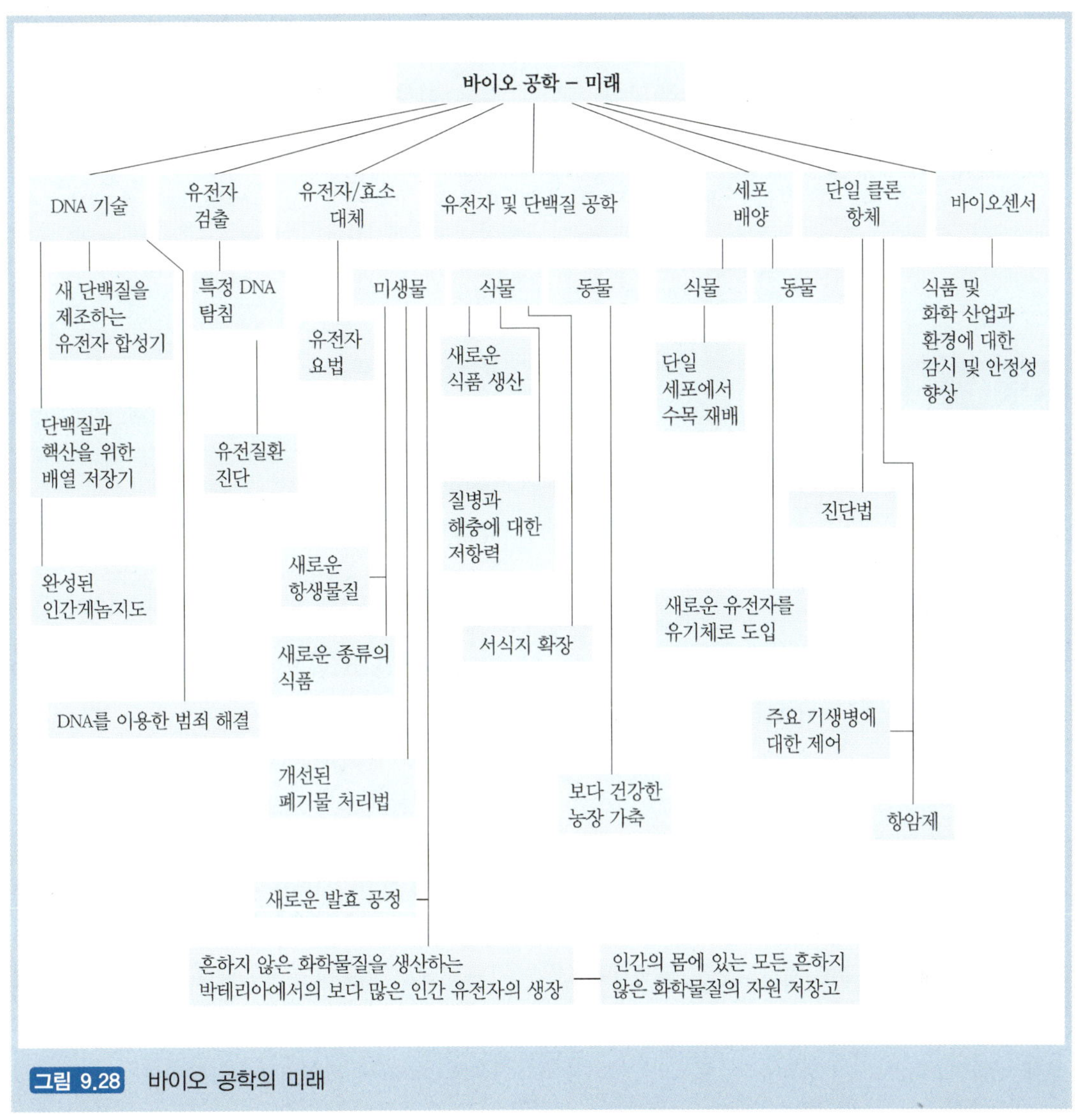

그림 9.28 바이오 공학의 미래

고 가정해 보자. 비록 원인은 분명하지만 그 치료법은 개발되지 않았다. 그 결과 회사는 그 잠정적인 고객의 보험 가입을 거부하고 다른 보험사들에게 이러한 위험 요소를 알려 주었다. 이것은 윤리적인가?

9.10.5 요약

생명공학에 대한 이 짧은 장이 포함된 것은 이 분야가 빠른 성장을 경험할 것이고, 생산공학에 관심이 있는 사람들에게 미래의 많은 직업의 기회를 제공할 것이기 때문이다. 이 장에서는 생명에 필수적인 흥미 있는 과학적 원리들에서부터 유전자 이어붙이기 공학, 바이오리액터의 작동, 마지막으로 윤리적인 문제들까지 언급되었다.

9.11 용어 설명

게놈(Genome) 조직의 통합 유전 정보

뉴클레오티드(Nucleotide) DNA와 RNA의 구성 요소. 뉴클레오티드는 당분과 인산염, 화학 기제로 구성된다. DNA는 아데닌(A), 구아닌(G), 티민(T) 그리고 사이토신(C)으로 이루어진다. RNA는 A, G, C를 포함하지만, 티민을 대신하여 우라실(U)이 들어 있다.

단백질(Proteins) 단백질은 아미노산 사슬을 가지고 있는 긴 사슬형 분자이다. 20개의 서로 다른 아미노산들이 단백질을 만드는 데 사용된다.

바이오리액터(Bioreactors) 발효 또는 다른 변형 과정을 통해 생물학적 반응이 일어나는 용기. 예를 들어, 인터페론은 유전적인 공학 발표 과정을 통해 만들어진다.

바이오센서(Biosensors) 바이오센서는 생물학, IC-설계, IC-미세가공 기술들을 조합하여 센서에 생물학적인 요소들을 사용하는 기기이다. 바이오센서는 (a) 생물학적인 분자 인식 요소와, (b) 광학 기기, 수정 진동자, 전극과 같은 물리적인 검출기 사이에서 작동을 한다.

발효(Fermentation) 조직에 '음식'으로 제공하기 위한 탄소와 질소를 포함하는 기질에서 미생물이 자라는 과정.

벡터(Vector) DNA 분자로, 일반적으로 파지나 플라스미드, 생장을 위해 DNA를 숙주 세포에 넣는 데 사용된다.

세포(Cell) 자체적인 영속이 가능한 생물체의 가장 작은 단위

숙주(Host) 재조합형 DNA 분자를 번식시키는 데 사용되는 세포

아미노산(Amino Acids) 단백질의 구성 요소. mRNA에 대한 유전적인 정보에 따르면(전사와 해독 참고), 리보솜의 표면에서 이루어지는 단백질 합성 과정에서 펩타이드 결합들 사이에 함께 연결된 20개의 서로 다른 아미노산들이 있다.

염색체(Chromosome) DNA를 조직하고 단단히 하는 단백질들을 포함하는 분리된 DNA 분자들과 세포 이하의 구조

유전공학(Genetic Engineering) DNA 조각에 기록되어 있는 유전 정보를 조작하여 기본적인 연구를 수행하거나 의료용 또는 과학용 제품을 만드는 활동. 선택적인 번식은 유전공학 중 가장 오래된 예들 중의 하나이다. 그보다 상당히 새로운 유전자 복제도 이제는 매우 일반적인 방법이 되었다.

유전공학은 다음의 세 가지 분야에서 사용된다. 유전자의 기능이나 구조에 대한 기초 과학적인 연구, 의료용 또는 기타 목적으로 단백질을 생산 그리고 유전자 이식 식물이나 동물을 만드는 것.

유전자 복제(Gene Cloning) 유전공학의 가장 일반적인 기술의 하나로, 유전 복제는 특정 DNA 순서의 정확한 복제품을 대량 생산하기 위해여 미생물을 이용하는 방법이다. 복제된 유전자들은 대부분 단백질을 합성하는 데 사용된다. 기본 기술은 재조합형 DNA 분자를 구성하고, 이렇게 얻은 DNA 순서를 운송용 분자나 벡터에 넣은 다음 번식과 생장을 위해 그 벡터를 숙주 세포에 넣는다.

유전자 코드(Genetic Code) 그림 9.14에 64개의 가능한 코돈과 아미노산들이 각각 정의되어 있다.

유전자(Gene) 유전의 기본 단위로, 유전자는 단백질 분자를 구성하는 코드를 포함하는 DNA 순서이다.

자연 선택(Natural Selection) 하나의 종이 그 주변의 환경에 적응하여 보다 개선된 형태로 변해가는 과정—종의 진화에 기반이 되는 원리. 이 과정은 성적 재생산, 돌연변이, 재조합형 DNA를 통해 만들어지는 유전적 다양함에 영향을 받는다. 변종은 가장 잘 적응한 경우가 살아남고 재생산되며, 그들의 유전자들이 계속 전달될 것을 보장한다. 수백, 수천의 세대를 거쳐, 종은 특정 환경에서 잘 살아남을 수 있는 특징을 하나의 완전한 조합으로 발전시킬 수 있다.

재조합형 DNA(Recombinant DNA) DNA 분자는 2개의 다른 DNA 분자에서 비롯되는 순서들로 만들어진다. 재조합은 자연적이거나 유전공학을 통해 발생할 수 있으며, 유전적 다양성의 근본이 된다. 새로운 DNA를 생산하는 과정은 일반적으로 DNA 가닥의 분리와 재결합을 포함한다.

전사와 해독(Transcription and Translation) 이 과정에서 DNA 분자의 유전 정보는 단백질을 합성하는 데 사용된다. 전사 중에 mRNA의 가닥이 DNA 템플릿으로부터 합성된다. 해독 중에는 단백질을 구성하는 아미노산 사슬을 만들기 위해 리보솜(세포의 단백질 공장)에서 mRNA의 유전 정보가 tRNA에 의해 읽혀진다.

중심 정리(Central Dogma) 분자 생물학의 전사나 해독 과정에서 유전 정보가 DNA에서 RNA를 거쳐 단백질로 이어지는 단일 방향으로만 전달이 된다는 콘셉트

코돈(Codon) mRNA에 기반을 둔 3개의 뉴클레오티드 조합은 특정한 아미노산을 정의한다. 예를 들어, 코돈 C-G-U는 아르기닌을 뜻한다. 총 64개의 서로 다른 코돈 조합이 있다. 일부 아미노산은 1개 이상의 코돈 순서로 정의된다.

효소(Enzymes) 화학 반응을 촉진시키는 단백질.

DNA(Deoxyribonucleic Acid, DNA) 모든 조식에 있는 유전자 소재. 길고, 사슬형태의 분자로 일반적으로 2개의 상호 보완적인 나선 형태의 가닥으로 이루어진다.

RNA(Ribonucleic Acid, RNA) 뉴클레오티드 A, G, U, C로 구성되는 긴 사슬형 분자. 세포는 메신저 RNA(mRNA), 리보솜 RNA(rRNA), 운반 RNA(tRNA)를 포함하는 다양한 RNA 형태를 포함한다. 각각의 RNA들은 단백질 합성에서 특정한 역할을 담당한다(전사와 해독 참고).

9.12 참고문헌

Avery, O. T., C. M. MacLeod, and M. McCarty. 1944. *Journal of experimental medicine* 78: 137-158.

Campbell, D. 1998. The application of combinatorial strategies to the identification of antimicrobial agents. Paper presented at the Symposium on Microarrays and Drug Resistance, the American Society of Microbiology. Atlanta, GA.

Darnell, J., H. Lodish, and D. Baltimore. 1986. *Molecular cell biology.* New York: Scientific American Books.

Drlica, K. 1992. *Understanding DNA and gene cloning: A guide for the curious.* New York: John Wiley & Sons.

Economist. 1998. Science and technology. 13 (June): 79-80.

Hershey, A. D., and M. Chase. 1952. *Journal of General Physiology* 36: 39-56.

Mascarenhas, D. 1999. DNA technology in plain English. *Lecture notes from the Symposium on Twenty-Five Years of Biotechnology,* May 13, UC Berkeley Extension.

Nicholl, D. S. T. 1994. *An introduction to genetic engineering.* Cambridge University.

Okamura, S. M. 1998. *Genes required in the a/alpha cell type of saccharomyces cerevisiae,* Ph.D. dissertation. University of California, Berkeley.

Palmiter, R. D., R. L. Brinster, R. E. Hammer, M. E. Trumbauer, M. G. Rosenfeld, N. C. Birnberg, and R. M. Evans. 1982. Dramatic growth of mice that develop from eggs microinjected with metallothione in Growth hormone fusion genes. *Nature* 300 (December): 611-615.

Watson, J. D., and F. H. C. Crick. 1953. *Nature* 171: 737-738, 964-967.

Watson, J. D., N. H.Hopkins, J. W. Roberts, J. A. Steitz, and A. M. Weiner. 1987. *Molecular biology of the gene.* Menlo Park, CA: Benjamin Cummings.

9.13 인용문헌

Bains, W. 1993. *Biotechnology: From A to Z.* Oxford University.

Baker, A. 1994. Engineers further biotechnology's reach. *Design News* 29: 29.

Berger, S. A., W. Goldsmith, and E. R Lewis. 1996. *Introduction to bioengineering.* Oxford:

Oxford University Press.

Bruley, D. F. 1995. An emerging discipline: Focus on biotechnology. *IEEE Engineering in Medicine and Biology* 14 (2): 201.

Bud, R. 1993. *The uses of life: A history of biotechnology.* Cambridge University Press.

Economist. 1995. A survey of biotechnology and genetics: A special report. 334 (7903).

Ezzell, C. 1991. Milking engineered "pharm animals." *Science News* 140 (10): 148.

Kenney, M. 1986. *Biotechnology: The university-industrial complex.* New Haven: Yale University Press.

O'onnor, G. M. 1995. From new drug discovery to bioprocess operations: Focus on biotechnology. *IEEE Engineering in Medicine and Biology* 14 (2): 207.

Rosenfield, I., E. Ziff, and B. Van Loon. 1983. *DNA for beginners.* Writers and Readers, U.S.A.

Shuler, M. L. 1992. Bioprocess engineering. In *Encyclopedia of physical science and technology* 2. San Diego, CA: Academic Press.

Timpane, J. 1993. Career paths for MS and BS scientists in pharmaceuticals and biotechnology. *Science* 261 (5125): 197.

Watson, J. D. 1968. *The double helix.* Atheneum Press.

21ST
CENTURY
MANUFACTURING

10 미래 제조업 전망

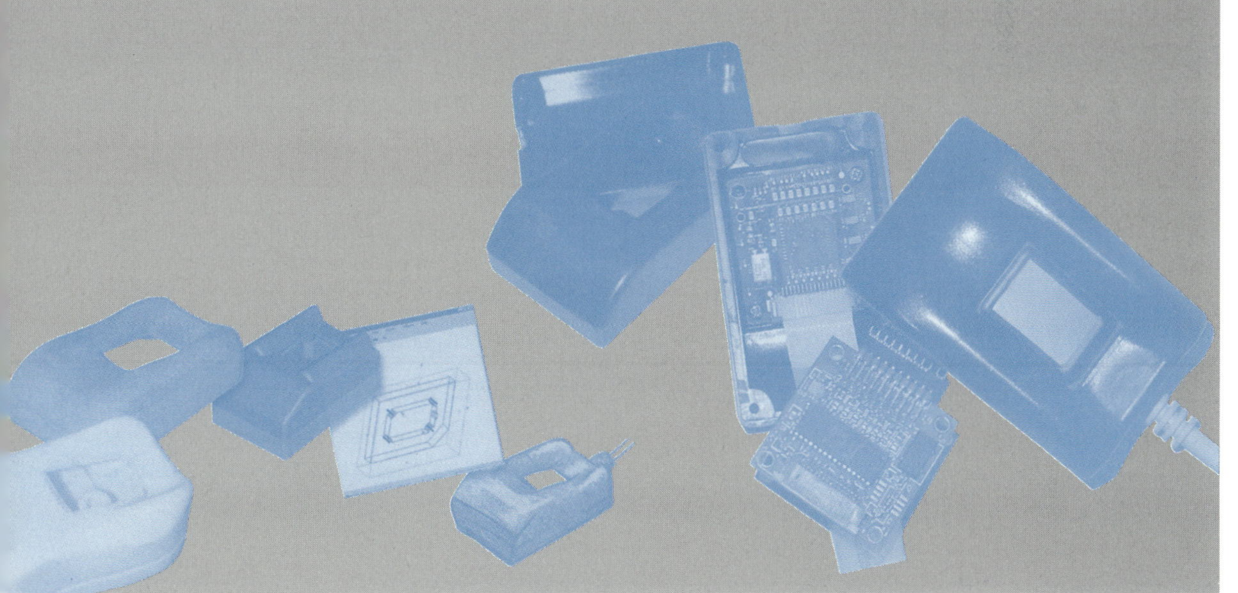

10.1 이 책의 목표와 내용에 대한 고찰

이 책의 목표는 다음과 같다.

- 일반적인 제조 원리에 대한 소개(제1, 제2장)
- 소비재 전기, 기계 제품의 개발 과정에서 필요한 주요 제조 기술들에 대한 검토(제3~8장)
- 생명공학과 관련된 새로운 제조 시장에 대한 검토(제9장)
- 기술 경영과 교차학문적(cross-disiplinary) 문제들에 대한 정리(제10장)

학교에서 간단한 제품을 설계하고 제작하며, 경영학의 관점에서 분석하는 것을 한 학기 동안의 프로젝트로 진행하는 것은 매우 유용하다. 또한 공장을 방문하고 제조업에서 일상적인 경쟁과 기업들의 미래 성장에 대해서 사례 분석을 해보는 것도 유익하다. 어느 누구도 임상 경험이 없는 의사에게 치료를 받는 것을 원하지 않을 것이다. 이와 마찬가지로 기술에 대해 자신의 경력을 갖고자 하는 학생들이 경력을 쌓는 초기에 이러한 산업 현장을 보는 것은 많은 도움이 될 수 있다.

이 책은 공학 분야와 경영학 전공학생들로 이루어진 수업에 맞춰 정리되었다. 학생들의 다양한 관심을 그룹 중심의 사례 분석이나 자문 프로젝트와 함께 모든 참여자들의 전공에 대한 어느 정도의 유연성과 타협을 필요로 한다.

이 책과 또 관련된 수업에서, 각각의 제조 주제들에 대해 심도 있게 다루며, 또한 오늘날의 비즈니스 환경에 대한 문제에 초점을 두고 있다. 이러한 접근은 다음과 같은 두 가지 명백한 한계를 갖는다.

첫째, 깊이가 중요한 만큼 각각의 장은 하나의 완성된 교재가 될 수 있도록 기술적인 자료들로 이루어졌다. 그리고 모든 장들은 아직 연구가 진행 중인 기술적인 자료들을 포함하고 있다. 따라서 이 교재의 독자들에게 매년 개최되면서 최신의 연구 결과를 보여 주는 ASME(American Society of Mechanical Engineers)나 IEEE(Institute of Electrical and Electronics Engineers)와 같은 학술대회의 내용을 참고하기를 권한다. 이와 유사하게 대부분 장의 시작과 끝 부분에 있는 경영 형식의 검토들에는 Harvard Business Review나 California Management Review와 같은 확장되고 정확한 분석 형식의 자료가 활용될 수 있다.

둘째, 책 속의 내용을 최신으로 유지하는 데에는 어려움이 있다. 이 책의 대략적인 초안은 매 학기 여러 학년의 다양한 제조 수업들로부터 추가되었고, 개개의 개정안에서는 실제적인 변경이 계속 이루어졌다. 예를 들어, 최근의 하이테크 공동체들은 임베디드 시스템을 위한 Java나 Jini(Waldo, 1999 참조), 팜 파일롯(Palm Pilot), PDA와 같은 휴대용 컴퓨터의 사용 증가 그리고 20억 달러 이상의 공장과 함께 12인치 실리콘 웨이퍼의 사용 경향 등을 목격하였다. 하지만 유감스럽게도 일부 다른 업체들은 쇠퇴의 길을 걷기도 한다. 예를 들어, 2000년 당시 애플은 미국의 개인용 컴퓨터 시장에서 단지 4% 정도의 시장만을 차지하고 있었다. 물론 애플의 지지자들은 새로운 디자인과 마케팅 방법이 회사의 실적을 보다 강화시킬 것이라고 생각하고 있었지만 말이다.[1)]

10.2 기술 경영

앞서 언급되었던 한계에도 불구하고, 특히 기술이 가진 변화의 특성으로 인해, 여전히 상세한 가공 기술들과 함께 기술 경영에 대해서 통합적인 분석을 제공할 수 있는 교재가 요구되고 있다.

기술 경영(MOT)은 하이테크 제품을 소비 시장으로 출시하는 데 관련되는 일련의 활동 정도로 정의할 수 있다. 그 세부적인 문제들은 다음과 같다.

- 소비자에 대한 정의
- 휴렛패커드의 Return Map과 같은 기술 투자에 대한 분석[2)]
- TQM을 사용한 학습 조직 내의 창의적인 제품의 출시
- 시작품의 제작과 높은 효율을 갖는 대량 생산으로의 양적 확대
- 하이테크 마케팅의 새로운 기법 개발
- 아웃소싱과 같은 인터넷 기반, 기업 간 전자상거래(business-to-business, B2B)

1) 역자 주 : 이 책의 초판이 인쇄된 2000년의 상황을 설명하고 있으며, 번역본이 출간된 2010년에는 아이폰과 아이패드가 성공하고 있는 상황이다.

2) Hous, C. H. and Pric, R. L., "The Return Map : Tracking Product Teams Harvard Business Review," January-February, pp.92-101, 1991.

성능의 개발

이 마지막 장에서는 하이테크, 세계화 지향, 상업적인 기업과 같은 다양한 국면들의 통합에 유용한 구체적인 방법론과 접근법에 대해서 요약하였다.

10.3 과거에서 현재로

10.3.1 대량 생산과 테일러리즘

제1장에서는 제조업의 역사에 대해서 검토하였다. 여기에는 산업혁명(1780~1820)과 호환성이 있는 부품의 중요성(Colt & Whitney), 설계와 제조 사이의 구분과 함께 조직화된 대량 생산(Taylor & Ford)에 대해서 상세히 다루었다. 사실 분업(division of labor)의 상업적인 개념은 산업혁명보다 이른 18세기 초로 거슬러 올라간다. 애덤 스미스(Adam Smith)는 그의 저서 『국부론(The Welath of Nations)』에서 분업을 주장하였다(Plumb, 1985). 프레드릭 테일러(Fredrich Taylor)도 그의 저서 『과학적 경영의 원리(Principles of Scientific Management)』에서 분업에 대해서 강하게 옹호하였다.

대량 소비 제품의 대량 생산을 지향하기 위해, 테일러리즘은 설계, 가공, 마케팅과 같은 기능 영역들 사이의 경계를 뚜렷하게 정의하는 피라미드 형태의 계층을 만들었다.

테일러의 과학적인 경영주의를 따라, 창의적인 작업은 공장의 육체노동으로부터 명백히 분리되었다. 공장의 작업자는 '고용인(hired hands)'으로 불리며, 의사결정 과정에서 관리에 영향을 미치거나 의견을 제시하는 것은 의도적으로 제한되었다. 정보는 기업조직에서 수직 채널을 따라 흘러내리는 경향이 있다.

다시 말해, 경영은 관리자들에 의해 상위 단계의 조직 목적으로부터 하위 단계의 절차적인 방법에 이르기까지 모든 것들이 정해지는 엄격한 수직구조이다.

10.3.2 오늘날의 소비자 맞춤형 생산

테일러의 계층구조와 사례들은 제품 주기의 단축, 시장의 세분화, 품질과 속도를 보다 중요하게 여기는 새로운 경쟁환경에는 잘 어울리지 않는다. 예를 들어, 커리(Curry)와 케니(Kenney)는 그들의 기고문인 *Beating the Clock : Corporate Responses to Rapid Changes in the PC Industry*에서 이러한 새로운 '경기장(playing field)'을 지적하였다. 이 책의 6.5절에 이러한 역학관계에 대해 보다 자세히 정리하였다. 물론 대중 매체들도 이러한 주제에 대해서 꾸준히 이야기하고 있다. 『포브스지(Forbes)』의 기사인 'Warehouese That Fly'는 PC 산업에서 생산의 속도를 간결히 기술하였다. 이는 큰 저장고에 재고를 보관한다는 '낡은' 생각은 이미 무의미하다는 것으로 요약될 수 있다. 특히 PC 산업에서의 재고는 FedEx나 DHL의 화물기로 운반되거나 익일 배송을 위해 공항 물류창고에서 분류되고 있다(Tanzer, 1999).

전반적으로 기업 내의 전 부문에서 의사소통과 통합을 촉진하기 위해서는 협업(cross functional)과 교차학문적 접근이 요구된다. 기업에 있어서 자체적인 생산 활동에 대한 꾸준한 평가를 통해 잠재적인 향상을 추구하는 것은 '학습 조직'으로 되기 위한 근본적인 필요조건이다(Coles, 1999). 테일러리즘이 주장하는 구분된(compartmentalized) 정신과 달리, 학습 조직은 계획과 창의를 통해 제조를 다시 재통합한다. 이는 공장 인력, 생산 직원, 설계기술자, 관리자들을 포함하는 모든 조직들 사이의 통합적인 문제해결을 향상시킨다. 이러한 접근법의 중요한 장점은 제품의 설계와 생산, 마케팅에 대한 교차학문적 이해를 수행하고 발전시켜 학습을 향상시킬 수 있는 것이다.

10.4 현재에서 미래로

10.4.1 새로운 경쟁 환경

최근 제조업에서의 경쟁은 100년 전은 말할 것도 없고, 10년 전과도 매우 다르다. 예를 들어,

- 대형 시장들이 세분화, 맞춤형 시장들로 대부분 교체되었다.
- 시장과 경쟁이 전 세계적으로 이루어지고 있다.
- 제품 사용 주기가 매우 짧아졌다. 모토로라의 무선호출기와 휴대전화들은 6~12개월 정도의 사용 주기를 갖는다. 나이키 운동화의 스타일은 계절에 따라 거의 한 달에 한 번씩 변한다.

- 고객들은 점점 수준이 높아지고, 저가 제품, 개별 서비스, 월등한 품질과 성능, 짧은 배송 시간 등 제품 구매 시 여러 기준을 한꺼번에 요구한다.

10.4.2 일반적인 기술 해결책

최근의 모든 회사들은 한편으로 완고한 테일러리즘과, 다른 한편으로는 빠른 시장 반응, 유연한 생산, 제품 개발 주기의 단축에 대한 요구 사이의 불일치에 대해서 인식하고 있다. 이러한 회사들은 새롭게 구성된 인사관리(Human Resource, HR) 부서의 도움으로 그룹 문제해결 전략을 개발하기 위해 노력하고 있다. 또한 업무 프로세스 재설계(Business Process Reengineering, BPR)를 활용하고 중간 관리의 불필요한 층을 제거해 왔다. 다음의 혁신적인 공정기술들은 오늘날의 다양한 영역에서 경쟁의 압력에 직면하고 있는 기업들에게 유용할 수 있다.

- **설계** : 혁신적인 설계 기법들과 DFM/DFA 기술들은 제품의 성능, 생산 및 원자재 비용 절감, 새로운 시장 개척의 기회를 증가시켜 준다.
- **쾌속 조형** : CAD/CAM과 쾌속 조형 기술들이 설계/제조/마케팅의 경계를 잘 연결시켜 줌으로써 제품 출시 시간을 단축시킬 수 있다.
- **컴퓨터 통합 생산**(Computer Integrated Manufacturing, CIM) **시스템** : 유연하고 재구성이 가능한 생산 시스템과 장비들은 소량 생산과 제품 설계의 변화에서도 기업이 수익을 달성하며 운영되도록 도와준다.
- **전문가 시스템과 데이터베이스** : 어떤 기업의 '지식 자본'은 무엇보다도 학습 조직의 사람들에게 속해 있다. 그러나 그들의 기술과 지식은 그 유지에 한계가 있다. 따라서 지식의 취합과 보급을 위한 컴퓨터화된 방법이 필수적이다.
- **인터넷 기반, B2B 협력** : (a) 분산 컴퓨팅과, (b) 클라이언트 측 또는 브라우저 측 처리라는 두 가지 근본적인 기술의 변화가 WWW(World Wide Web) 기반설비들에 더해지고 있다. 이러한 애플리케이션들은 분산 설계, 계획, 제조 환경의 성능을 확장시켜 주고 있다. 직접적인 B2B(기업 대 기업) 거래를 통한 '가격인상(markup)'의 최소화는 공급사슬의 효율성을 향상시켜 주고 있다.

10.5 조직적인 '계층형성'의 원리

앞 절에서는 상업적 성공을 위한 몇 가지 일반적인 솔루션들을 제안하였다. 그러나 제품, 공정, 서비스의 범위가 너무 넓어서 어떤 특정 기업에서 한 종류의 경이적인 솔루션으로 시장을 선도하는 것은 거의 불가능하다. 만약, 한 기업이 훌륭한 기술을 개발하여 시장을 잠시 선점한다고 하더라도, 다른 경쟁자가 이를 따라잡는 데까지 그렇게 오랜 시간이 걸리지 않는다. 이에 대한 중요한 예로 초기 애플 데스크톱이 있다. 이 제품은 시장에서 사라질 때까지 여러 사람들에게 칭송되고 복제되었다. 더 이상 훌륭한 기술만 가지고는 성공할 수 없고, 적어도 그러한 성공은 오래가지 못한다. 주어진 시장과 기술의 복잡성(complexity)과 변동성(volatility)으로 인해 성공에는 단 하나의 모델만 있는 것이 아니다.

그러므로 **포스트-대량 생산 모델**을 설명하는 대신에 지능형 제조 기업을 위한 일반적인 조직과 경영 원리들을 고려하는 것이 보다 유용하다. 다음의 절들은 첨단 제품뿐만 아니라 지속적인 향상이 요구되는 성숙한 제품들을 개발하는 기업에서 동일하게 사용할 수 있는 일반적인 원리들을 제공한다(그림 10.1 참조).

기업에 대한 주요 추천사항들로는 다음의 계층들에 대해 동시에 관심을 기울이는 것이다.

- **학습 조직에서의 품질 보장(또는 TQM)** : 기존 공정들에서의 효율성을 지속적으로 향상시킨다.
- **시장적기대응** : 신제품을 시장에 최초로 출시할 수 있는 방법과 기술을 소개한다.
- **설계에서의 심미성** : 소비자를 사로잡을 수 있는 근본적인 제품 혁신을 소개한다.
- **교차학문적 협업을 통한 제품 개발** : 기계, 전기, 생명공학 등을 아우르는 영역에서 시너지를 제공하는 미래 제품을 개발하는 데 유리한 위치를 제공한다.

그림 10.1에서 첫 번째 경향은 1980년대에 도요타, 혼다, 일본의 DRAM 제조기업들에 의해 최초로 다양하게 개발된 TQM[3])이 적절하다고 생각된다(Leachman & Hodeges,

3) 여기서는 TQM이 매우 익숙한 용어이기 때문에 사용되고 있다. 그러나 실제 TQM 용어는 품질확인(QA) 분야의 전문가들에게서 다소 흥미를 잃어 왔다(Cole, 1999). 콜의 동료인 도쿄의 카노(Kano) 박사는 TQM이 공장 주변에 둘러진 일련

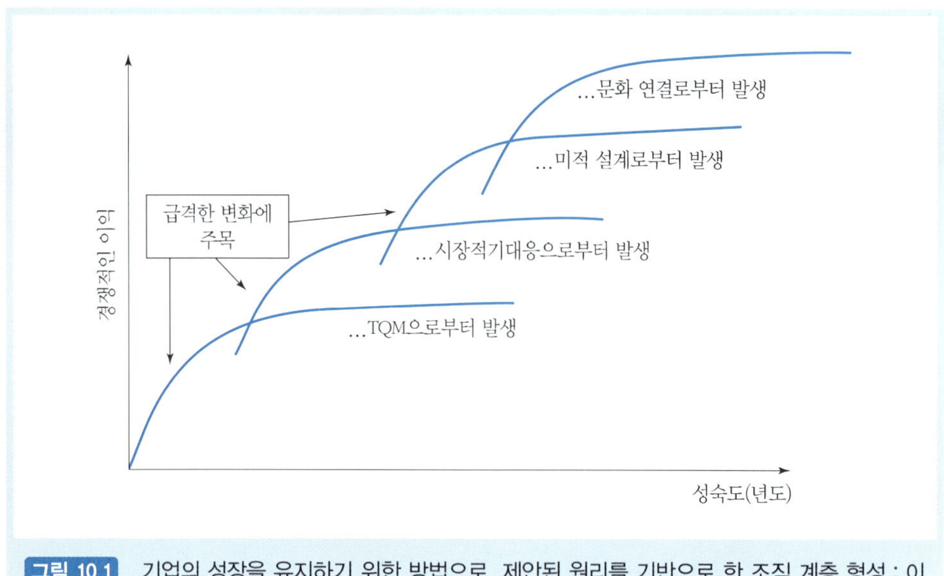

그림 10.1 기업의 성장을 유지하기 위한 방법으로, 제안된 원리를 기반으로 한 조직 계층 형성 : 이 개요도는 이러한 새로운 경향들의 초기 기울기 부분에서 큰 비즈니스 성공이 발생하는 것을 강조한다.

1996; Cole, 1999; Spear & Bowen, 1999 참조). 그림 10.1의 좌측에 나타난 것과 같이 이들은 TQM 이론을 처음으로 성공시킴으로써 상당한 이익을 얻게 되었다. 이후 대부분의 제조기업들이 TQM의 중요성을 실감하였다. 일단 이러한 인식이 생기고 나서 경쟁 시장은 그림과 같이 수평을 이루었다. 이제 더 이상 TQM으로부터 경쟁적인 이득이 없으며, 오히려 이제 TQM은 생존을 위한 필요조건이 되었다.

두 번째 경향은 1990년대 초반에서 중반의 기간 동안 최초로 시장적기대응(time-to-market)을 최대로 개발한 인텔이나 모토로라와 같은 회사에서 제안되었다. 이제는 모든 기업들이 이 개념의 중요성에 대해서 알고 있으며, 그 곡선은 수평해지고 있다.

세 번째로 최근 설계 심미성은 자신의 시장 부문에서 선도하고 있는 나이키, 포드, 모토로라와 같은 기업들에 의해 제안되었다. 이들 기업들은 TQM이나 시장적기대

의 배너여서는 안 된다고 지적하였다. 게다가 이와 같은 배너들은 그곳에 품질문제가 있다는 것을 의미할 수 있다. TQM이나 QA의 진정한 의미는 다음과 같은 기업 문화를 만드는 것이다. (a) 지속적인 향상을 지원하고 그에 대해 보상하며, (b) 꾸준한 기업의 성공을 위한 필요조건으로 지속적인 혁신이 기대되고 수용되어야 함을 확신해야 하며, (c) 품질 달성에 대한 성능 표준, 임금인상을 선정해야 한다.

응을 넘어서 아마도 고객이나 소비자들이 제품 설계의 '경향'이나 '최첨단'의 매우 미묘한 표현들을 추구하고 있음을 이해한 최초의 기업들일 것이다.

네 번째로 생명공학을 포함하여 다양한 학문들을 종합하는 기술적인 제품들이 도래할 것에 대해서는 10.9절에서 다룰 것이다. 오늘날의 조직들은 새로운 연구개발(R&D)팀이나 선경쟁적인 '비밀 개별 프로젝트(skunk work project)'를 만들어 이러한 흐름이나 시나리오에 대해 대비해야 한다.

10.6 계측 I : 학습하는 조직

축척 가능한 넓은 기반의 학습은 각 제품 세대에 따라 기술 완성도와 응답성의 전반적인 증가와 함께 순차적인 문제해결의 단계를 가속시킨다. 사실, 어떤 기업이 (n+1)번째 세대의 제품 제조에서 선두가 되고 싶다면, 반드시 n번째 세대의 제품에 대해 선두가 되어야 한다. 이는 코헨(Cohen)과 자이스만(Zysman)의 저서인 『Manufacturing Matters』에서 소개된 그들의 중요한 발견 중의 하나이다(1987). 그들은 적절한 사례와 함께, 미국이 제품 개발의 제조 측면을 포기하고 전 세계에 서비스 산업만을 제공해서는 안 된다고 주장하였다.[4] 예를 들어, 기업들이 (SLA에 의한 쾌속 조형과 같은) 특화된 제조 기능들을 하청 계약한다 할지라도 여전히 부공급자(subsuppliers)들과 함께 통합된 팀으로 일하는 것은 매우 중요하다.

제품의 주요 설계자나 선택된 부공급자들로 이루어진 이와 같은 통합된 팀들은 다음과 같은 특징을 갖추고 있어야 한다.

- 협업팀은 책임을 함께 져야 한다.
- 모든 팀의 구성원들은 팀의 성과에 책임을 져야 한다.
- 관리자는 개개인에게 권한을 위임하고 팀의 활동을 촉진시켜 주어야 한다.
- 모든 기능 단위들은 공동의 목표를 달성하기 위해 협력되어야 한다.
- 다른 의견이 나오는 경우, 문제를 정의하는 데 필요한 최상의 정보와 지식이 있

4) 1992년 당시 대선에 대한 미국 내 상황에 대한 기술이 주석으로 설명되어 있으나 번역본에서는 삭제

는 조직상 위치에서 해결되어야 한다.

연구자들은 인트라넷의 개방성으로 인해 학습 조직 내에서 아이디어를 정직하게 공유하는 것이 더 필요하게 되었다고 강조한다. 그러나 한 기업이 회사 대 회사(B2B) 관계에서 그 기업의 **경계 밖**의 모든 공급자들에게 어느 정도의 양과 수준으로 정보를 제공해야 하는지에 대해서 여전히 다양한 연구들이 이루어지고 있다. 다음의 글은 1999년 『이코노미스트(Economist)』에 게재된 기사이다(Symond, 1999).

> 과거에 비즈니스의 법칙은 간단했다. 경쟁자를 굴복시키고 하청업체를 쥐어짜고, 소비자를 계속 무지하게 만들어 착취한다. 적어도 누구나 자신이 하고 있는 일에 대해 잘 알고 있었다. 그러나 새로운 기술들은 예상하기 어려운 정도의 협력 가능성을 제공하기 때문에, 아무도 개별 회사들이 회사의 경계를 넘어 어디까지 협력하게 될지 예상하지 못한다.

버너스 리(Berners Lee), 샤피로(Shapiro), 배리언(Varian)은 이 넓은 영역의 협력에 대해서 설명하면서 기업이나 협력기관을 위한 **정보 세계**(information universe)의 구축이라고 보았다. 이것은 개인들이 자신의 방식에 따라 행동하지만 보다 큰 사회적 모습, 그것의 윤리에 대한 이해를 바탕으로 행동하는 법률체계의 모습과 유사하다. 이를 기업이나 기업의 동맹체로 확대해 보면, 이는 조직 전체의 달성 기준에 대해 모든 구성원들이 스스로 공감할 수 있는 정보 세계를 만들기 위한 의도일 것이다.

리(Lee)와 메서슈미트(Messerschmitt)에 의해 저술된 미래에 대한 전망의 글에서, 대학 환경은 학습 조직의 구성원들에게 '평생 교육'의 기회를 제공할 수 있을 것이라고 이야기되었다. 하나의 중요한 아이디어로는 학생과 함께 거주하는 개인교수(tutor)에 의해 주도되는 작은 마을 같은 학습 커뮤니티인 '옥스브리지(Oxbridge, 오랜 전통의 옥스퍼드와 케임브리지 두 대학)' 모델로 돌아가는 것이 있다. 이러한 커뮤니티는 기업 내에도 존재하지만, 특별한 행사가 있고, 또 분산된 '학습 마을'을 연결해 주는 교수들이 있는 근처의 중점 대학과도 넓은 유대를 가지고 있다.

10.7 계층 II : 시장 진입 기간의 단축

오랜 시간 동안 기업들은 제품 설계에만 초점을 맞추고 제조는 변함없는 요소이거나 설계와 분리된 사후(ex post) 문제로 여겼다. 하지만 이러한 생각이 최근에는 변하고 있다. 동시적인 제품과 공정의 설계가 최상의 방법인 것으로 모든 산업들에서 밝혀졌다(Black, 1991; Leachman and Hodges, 1996).

전문 기업들에게 수주를 주는 제조 아웃소싱은 이러한 제품과 공정의 동시적인 설계에 대한 필요를 보다 증가시켰다. 쾨니히(Koenig, 1997), 자이스만(Borrus Zysman, 1997), 핸드필드(Handfield)와 동료들, 콜(Cole, 1999)은 모든 부공급자들과 최종 고객들이 반드시 동시적인 설계와 지속적인 개선 과정에 참여되도록 추천하였다. 종업원들이 기업 밖에서도 그들의 동료들과 상호작용하도록 권장되었다. 이러한 변화는 제조 개발 분야에서 최고의 위치를 유지하고 그동안 아웃소싱되었던 제조 공정에 대한 원거리 학습이나 재교육 기회들을 활용하는 것을 목적으로 한다. 물리적인 제조 공정이 아웃소싱될지라도 기업 내부의 설계자들은 반드시 그들의 분야에서 지식을 여전히 유지하고 있어야 한다.

다시 말해, 모든 기업에 있어서 제조 공정은 부공급자로부터 시작하여 자신의 회사를 통해 고객들에게까지 확장되는 큰 생산 사슬의 한 부분이다. 기업들 간에 거리감은 기술과 제품이 급변하는 환경에서 빠른 대응을 어렵게 한다. 아이디어 창출과 문제해결에 있어서 기업의 공급자와 고객들은 중요한 자원이다. 예를 들어, 만약 어떤 설계 변경이 하나 또는 다수의 부품 설계를 변화시킨다면, 공급업체의 아이디어와 그들 나름의 생산 공정 변경이 필요하다는 점을 알리기 위해 부품 공급업체와 함께 해결책을 논의하고 결정하는 것이 유용하다. 한편으로, 부품 설계자들은 새로운 제조 방법과 아이디어를 발전시키기 위해서 새로운 제조 방법이 될 수 있는 기술들을 알고 있는 것이 중요하다.

다음의 기반적인 도구들은 시장적기대응과 설계-제조 사이의 쌍방향 의사소통을 촉진해 왔다.

- 동시공학(제3장)

- 쾌속 조형(제4장)
- 컴퓨터 통합 제조(제5~8장)
- 전문가 시스템과 데이터베이스 관리(제8장)
- 인터넷 기반 협업(제4장)

첫 번째 예로, 인텔과 같이 계속해서 새로운 세대의 IC들을 다른 기업보다 빨리 생산해 낸 기업들의 지속적인 성공이 이를 설명해 준다.

두 번째 예로, 제6장에서 소개된 InfoPad는 DUCADE의 사용으로 설계와 제조 단계의 속도가 빨라졌다(Wang et al., 1996). 이러한 전기기계적인 제품의 제조에서는 전기 CAD와 기계 CAD를 동시에 사용하는 소프트웨어 환경이 이용된다.

10.7.1 품질보증과 시장적기대응 사이의 전체적인 조망

제품 개발 전체를 놓고 보면, 품질보증과 시장적기대응 사이에는 피할 수 없는 상충관계가 있을 것이다(Cole, 1991, 1999 참고). 하지만 이는 새로운 현상이 아니다. 제1장에서 휘트니(Eli Whitney)가 처음에는 느린 납품으로 비난을 받았다고 소개되었다. 그러나 이후에 그는 그가 만든 총의 높은 품질과 수리의 용이성으로 명성을 떨쳤다. 어쨌든 이 방법 사이에는 항상 일종의 팽팽한 협상이 있어 왔다.

다수의 하이테크 시장들에서 제품 주기가 단축되고 있는 요즘 시장에서 최초로 출시하는 제품은 높은 시장 점유율과 이익을 안겨 준다. 나아가 이 이익은 향후 기술 투자를 위한 자금을 제공한다. 이는 주로 인텔이나 마이크로소프트와 같은 생산자들이 이전 제품이나 현재 제품의 버전들을 훨씬 뛰어넘는 신제품을 개발할 때 일어난다. 만약 초고속 컴퓨터의 속도를 중요시하는 고객과 같이 성능의 향상을 높게 평가한다면 약간의 품질 문제는 간과할 수 있다. 이러한 제품들은 그 베타 버전의 시험 중에 이미 사람들에게 익숙해지게 된다.

가장 극적인 예로 마이크로소프트사의 윈도 2000은 베타 테스트에 500,000명의 사전 출시 고객들이 참여하였다. 이와 같이 고객의 행동을 넓은 시야로 보면, 공급자와 수요자 사이에 매우 적절한 거래가 이루어질 때 최상의 제품이 출시되는 것을 알 수 있다.

10.8 계층 III : 설계의 심미성

공학자와 기술자들은 미술과 심미성에 대해서 토론하는 것에 대해서 약간 거부감을 갖는 경향이 있다. 그러나 생각해 볼 만한 질문은 만약 소형화된 전자기기들을 의류나 집과 같이 우리 일상생활의 한 부분으로 여긴다면, 사람들이 원하는 편안함과 우아함, 미적 디자인에 어울리도록 기술이 유연할 수는 없는 것인가?

이후 한동안 경쟁력을 유지하기 위한 한 가지 중요한 방법은 소비재 제품의 예술적인 측면과 심미성의 중요성에 대해 인정하는 것이다. 이는 다소 성급한 예측일 수 있으나, 제품의 미적인 측면에 보다 관심을 갖고 향상시키기 위해 노력하여 그들의 경쟁력을 높인 다음의 세 기업의 예를 통해 증명된다.

- 포드 자동차는 오래된 설계에서 새로운 차량 사업에 몇 가지 괄목할 사항들이 있다는 것을 재소개했다. 머스탱이 그 좋은 예일 것이다. 이 독창적인 미국식 스포츠카는 1980년대 초기에 소개된 기능 위주의 모난 외형보다 1960년대의 곡면 형태로 다시 출시되었다. 또한 익스플로러는 2000년대의 소비자 시장의 정확한 요구를 맞춰 냈다.
- 모토로라와 노키아는 휴대전화를 지속적으로 소형화와 스타일의 향상을 시도했다. 화려한 색상의 외부 케이스 교체가 가능한 노키아의 휴대전화는 '움직이면서도 계속 연락하는' 십 대 소비 시장을 겨냥했다. 좀 더 성숙하고 패션을 중요시하는 사람들에게는 모토로라의 StarTAC(스타택)이 조르지오 아르마니 정장에도 착용하기 쉽고 옷의 외형을 망치지 않았다. 청바지와도 잘 어울리도록 만들어진 휴대전화는 통신 기능만을 제공하는 것이 아니라 스타일 있는 옷과 잘 어울리는 것도 목표로 했다. 이러한 스타택의 작은 크기와 우아함은 월 가(Wall Street)의 투자자나 실리콘 밸리의 컴퓨터 프로그래머와 같은 사람들의 패션 감각에 호소할 수 있었다.
- 나이키와 더 최근의 힐피거는 그들의 출시 제품들에 '최첨단' 디자인을 갖도록 하여 수많은 사람들이 약 10만 원이 넘는 러닝화를 꾸준히 사도록 만들었다. 이 '최첨단'은 어느 명백한 하나의 기준으로 측정될 수 없다. 이는 형태, 재료, 색상,

느낌 그리고 광고와 유명 운동선수들의 보증선언(endorsement) 등으로 이루어진다. 거기에 더해, 십 대들의 즉각적인 감각도 하나의 요소이다. 이 글을 쓰고 있는 지금도 나이키와 힐피거가 시장을 차지하고, 리바이스는 그 자리를 잃고 있다. 그러나 어디까지나 모든 것들은 빨리 변한다.[5)]

이 예는 강의실에서 자주 논의되는 대표적인 내용이다. 보다 자세히 알기 위해서는 짐 애덤스(Jim Adams)의 『Conceptual Blockbusting』이라는 책이 좋은 출발점을 제시한다(1974). 그리고 여러 대도시의 현대 미술관에서 미래 제품들의 형상에 대한 영감을 얻을 수 있다.

10.9 계층 IV : 신제품을 창조하기 위한 문화의 연결

미래의 제품들은 교차학문적인 특징을 가지며, 기계, 전기, 바이오 공학 등 다른 학문간의 상승효과로 만들어질 것이다. 다음의 토론은 서로 다른 기술들의 융합이 각각의 다른 기술들을 더 높은 단계에 이르도록 하는 나선형의 상승 능력을 만든다는 것을 보여 준다. 이러한 경향은 확실히 21세기 제조에서 중심이 되는 특징으로 계속될 것이다.

우선 기계(m), 전기(e), 광학(o)의 접두사로 구분되는 다구찌 표 10.1에 대해서 소개한다.

- 일반적인 제조는 (m)자동차 제조, (e)시계, (o)카메라 본체에 요구되는 정밀도를 제공한다.
- 정밀 제조는 (m)베어링과 기어, (e)전기적 계전기, (o)광학 연결장치에 요구되는 정밀도를 제공한다.
- 초정밀 제조는 (m)초정밀 x-y 테이블, (e)VLSI 제조 지원, (o)렌즈, 회절 격자, 비디오 디스크(DVD)에 요구되는 정밀도를 제공한다.

이 자료는 지난 수십 년 동안 제조 정밀도가 어느 수준까지 달성될 수 있었는지를

5) 2000년 당시 미국 시장을 기초로 한 설명으로 국내 의류 시장의 최근 변화와는 차이가 있다.

표 10.1 서로 다른 정밀도 수준으로 만들어진 제품(다구찌, 1994 제공)

정밀 가공 제품의 예				
	공차	기계	전기	광학
일반 가공	200μm	일반적인 내수용 가전, 차량 조립품 등	일반적인 목적의 전기 부품(예 : 스위치, 모터, 커넥터)	카메라, 망원경, 쌍안경
	50μm	타자기나 엔진 등에 사용되는 일반적인 용도의 기계 부품	테이프 녹음기에 사용되는 트랜지스터, 다이오드, 자석 헤드	카메라나 망원경의 카메라 셔터나 렌즈 홀더
	5μm	기계식 시계 부품, 가공 장비 베어링, 기어, 볼스크류, 회전식 압축기 부품	전기적인 릴레이, 콘덴서, 실리콘 웨이퍼, 텔레비전 컬러 마스크	렌즈, 프리즘, 광학 섬유와 연결부(멀티모드)
정밀 가공	0.5μm	볼/롤러 베어링, 정밀 드로운 선, 수압식 서보-밸브, 기체 정력학 자이로 베어링	자석식 자, CCD 카메라, 수정, 자기장 기억 제품, IC 선 두께, 박판 압력 트랜스듀서, 열 프린터 헤드, 박판 헤드 디스크	정밀 렌즈, 광학 렌즈, IC 노출 마스크(포토, X-ray), 레이저 반사경, X-ray 반사판, 소성 변형 반사판, 단모드 광학 섬유와 연결부
	0.05μm	게이지 블록, 다이아몬드 인덴터 상부 반지름, 마이크로톰 절삭 모서리 반지름, 초정밀 X-Y 테이블	IC 메모리, 전자식 비디오 디스크, LSI	광학 평판, 정밀 프레넬 렌즈, 광학 회절 격자, 광학 비디오 디스크
초정밀 가공	0.005μm		VLSI, 초격자 박막	초정밀 회절 격자

주 : CCD－전하결합소자
IC－집적회로
LSI－대규모 집적회로
VLSI－초대규모 집적회로

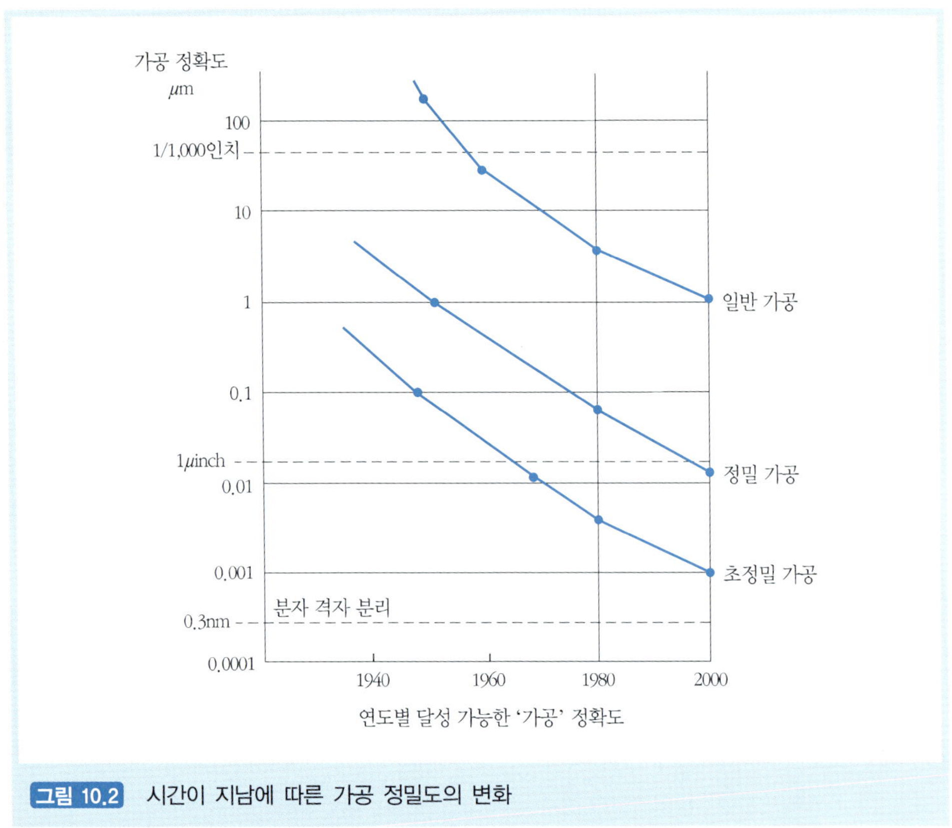

그림 10.2 시간이 지남에 따른 가공 정밀도의 변화

보여 준다. 아마도 적절한 변환기, 서보 모터, 서보 메커니즘으로 공장 장비의 축이 구동되는 CNC 제어가 이루어 낸 결과일 것이다(Bollinger & Duffie, 1998). 이러한 장비들의 동작을 위한 폐루프(closed loop) 제어는 아마도 지난 50년 동안 정밀도와 정확도의 향상에 가장 큰 영향을 미쳐왔다(그림 10.2). 또한 가공 장비도 강성(stiffness)이 많이 향상되었다. 이러한 분야에서의 향상은 틀러스티(Tlusty)와 동료들에 의해 진행된 연구에서 집중적으로 다루었다(1999).

그림 10.2와 그림 10.3의 비교가 매우 가치 있는 일이다. 오늘날 반도체 제조업에서 논리회로의 선폭은 일반적으로 0.25~0.35μm 정도이다(역자 주 : 2009년 40nm 정도임). 이러한 선폭은 1960년대에 집적회로의 소개 이후 급격히 감소하고 있다. 그림 10.3에서 보이는 것과 같이, 시간이 지남에 따라 VLSI 설계, 리소그래피 기술, 적층 방법, 청정실에서의 다양한 기술의 발전은 선폭을 지속적으로 감소시켜 왔다.

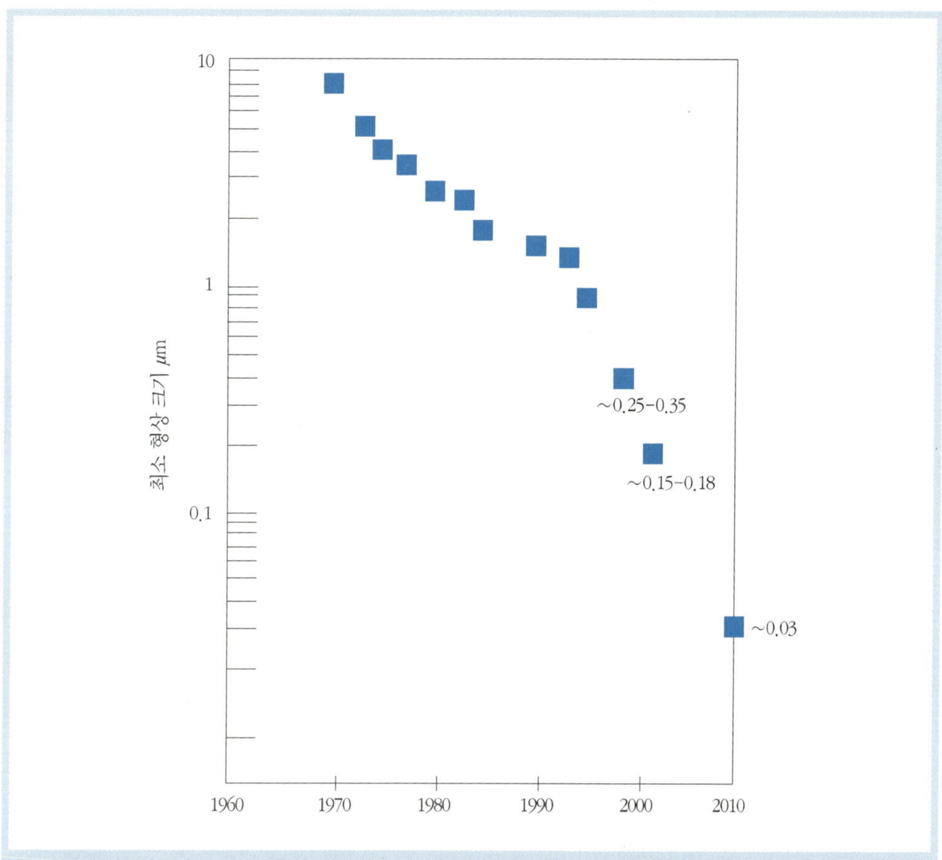

그림 10.3 반도체 트랜지스터 회로 기기의 정밀도 향상 경향. 이 책이 출판되고 있는 동안에도 일반적인 선폭의 값은 0.25~0.35μm에서 0.13~0.18μm로 작아지고 있다. 연구 프로젝트에서는 0.1μm 이하를 목표로 하고 있으며, 2010년에는 0.03μm 정도가 가능하다. 보다 자세한 정보는 반도체 연합 로드맵(Semiconductor Association Roadmap)을 참고하기 바란다(SIA Semiconductor Industry Association, www.semichips.org).

반도체 산업에서는 오늘날 광학 리소그래피 기술들이 그림 10.3의 경향을 유지하기 위해서 정확도가 따라가지 못한다는 점에 주목을 하고 있다. 제5장에서는 리소그래피 과정에서 사용되는 투사(projection) 프린팅 기술의 개념도를 보여 준다. 자외선(UV light) 광원은 일련의 렌즈들로 초점이 맞춰진다. 이 렌즈에서의 작은 뒤틀림은 빛의 경로를 변화시킬 수 있다. 더구나 노광 시스템에 사용되는 빛의 파장이 최소 형상 크기와 비슷할 경우, 회절로 인해 자외선이 만들 수 있는 해상도가 제한된다.[6] 그러므로 우리가 직면하고 있는 딜레마는 명확하다. 설계자들은 더 작은 트랜지스터와 회로를 요구하고 있으나, 자외선 리소그래피는 그 가공의 한계에 다다랐다.

반도체 제조에 사용되는 자외선 리소그래피의 고유한 선폭 한계는 0.13~0.18μm 정도로 알려져 있다(Madden and Moore, 1998). 이에 대한 연구는 반도체 제조 기업들이 서로 연합하여 지원하는 주요 연구 과제로 진행되어 왔다(제5장 참조). 인텔, 알카텔 루슨트(Alcatel-Lucent), IBM은 그들의 자체적인 동맹 기업들과 함께 리소그래피 경쟁에서 그들만의 해결책을 가지고 있다. 한 예로, 인텔과 3개의 미국 정부연구기관, 반도체 장비 업체들 사이의 동맹이 있다(Peterson, 1997). 이 프로젝트들에서 극자외선(Extreme UV) 리소그래피와 자기장으로 부양되는 스테이지를 사용하여 0.1μm 이하의 선폭을 목표로 하였으며, 최근에는 0.03μm의 선폭의 가공이 가능하게 되었다. 이러한 기술들이 상업적으로 사용되는 데는 시간이 필요하지만, 이들은 그림 10.3에 나온 경향이 어떻게 계속 구현될 수 있을지를 보여 준다.

일반적으로 예상할 수 있듯이 높은 정밀도와 정확도는 제조 비용을 증가시킨다. IC 웨이퍼 가공을 위해서는 수십억 원에 이르는 이온 주입 장비가 필요하다. 스텝 앤드 리피트(step-and-repeat) 리소그래피 장비는 100억 원에 이른다. IC 제조의 모든 요구사항을 위한 300mm와 0.13~0.18μm 수준의 형상 크기의 가공이 가능한 팹을 만드는 데는 3조 원 정도의 비용이 든다. 또한 이러한 장비를 생산하는 데는 높은 정밀 가공 장비와 측정 장비가 요구된다. 그러므로 일반적인 3축 CNC 밀링 장비가 그 크기나 성능에 따라 8천만 원~2억 원 정도인 반면, 표 10.1의 하단에 나온 제품들은 초정밀 가공을 위한 항온항습실과 능숙한 기술자에 의한 주기적인 보정이 요구되며 10배 이상 고가이다.

제2장에서 언급되었듯이, 아이리스(Ayres)와 밀러(Miller)는 컴퓨터 통합 생산의 간결한 정의를 다음과 같이 정리하였다. "공급 요소(새로운 컴퓨터 기술들과 같이)와 수요 요소(유연성, 품질, 다양성에 대한 소비자의 요구들)가 만나는 지점"

이러한 융합의 많은 예가 표 10.1에 나와 있다. 한 기술에서의 향상은 다른 보완적인 기술의 **수요자**에 대한 **공급**이 될 수 있다. 구체적으로 보다 좁은 선폭에 대한 반도체 산업의 압박적인 요구는 자기 부양 테이블, 정밀렌즈, 광학 스케일, 회절 격자의

6) 참고, 0.25~0.35μm로 선폭을 만들기 위해서는 248~365nm의 파장을 갖는 UV 시스템을 사용해야 한다. 0.13~0.18μm의 선폭을 만들기 위해서는 193nm의 레이저가 필요하다.

가공에서의 다양한 혁신을 자극한다. 이와 유사하게, 그 반대 또한 사실이다. 향상된 마이크로프로세서는 더 정밀한 다수의 공장 로봇과 가공 장비들을 만들 수 있게 했다.

다시 말해, 정밀 기계 장비들은 정밀 VLSI와 광학 장비를 만들 수 있게 해 주고, 이는 되돌아와서 보다 잘 제어되고 더 정확한 기계 장비를 만들 수 있게 해 준다. 이것은 서로 다른 기술들이 더 높은 단계에 다다르게 해 주는 발전하는 나선이다.

그러면 어떻게 이 나선이 바이오 공학과 같은 보다 넓은 다학제적인 분야들로 확장될 수 있을까? 미래를 예측해 보는 것은 특히 책에서는 매우 위험한 시도일 수 있다. 그러나 일부 상승효과들은 다음과 같은 주제들을 포함할 것이다.

- 인간 유전자의 해석을 위해 컴퓨터를 사용하는 것과 바이오 공학에 참여하는 것은 유전자에 관한 발견의 '필요'가 컴퓨터 기술에 대한 '요구'를 만드는 중요한 상승효과의 영역이 될 것이다.
- 중요한 상승효과에 대한 예측을 위한 또 다른 좋은 예는 모니터링과 진단을 위한 바이오 센서를 만드는 것이다. 이러한 센서는 센서 안으로 들어가는 생물학적인 요소와 함께 생물학, IC 설계, IC 미세 가공 기술들로 이루어진다. 센서는 (a) 생물학적 분자 인식 요소와, (b) 광학기기, 수정 결정, 전극과 같은 물리적인 검출자 사이에서 작동한다.
- 보다 명확히 말하자면, 바이오 센서는 실리콘 기반 칩과 분자기기 사이의 상승효과에서 성공적인 애플리케이션을 찾을 수 있다. 이러한 기기는 염색체와 세포 상태를 모니터하기 위해 피부에 삽입된다. 그리고 만약 작은 유해 변화가 발견되면, 센서는 기본적으로 착용자가 의사에게 가서 일종의 건강 강화제나 약을 진단받도록 알려 준다. 이에 대한 약간의 확장으로, 피부를 통해 주입하기 위한 인슐린과 상피 패치를 탑재하고 있는 손목시계 형태의 장치가 기계 설계, 전기, 바이오 공학 사이의 상승효과를 사용한 기기의 예이다. 원리적으로 이러한 상승효과는 입을 수 있는 컴퓨터에서 생명공학과 모니터링 기기로의 확장이라고 할 수 있다.

10.10 계층 이론에 대한 결론

1. 어떤 기업이든 지속적인 성장은 매일매일의 품질보장, 시장적기대응, 심미적 설계, 새로운 학제 간의 협업 기회에 대해 인식을 하는가에 달려 있다.
2. 여유가 있을 때 누구나 환상적인 신제품을 개발하여 '대단한 부자'가 되기를 꿈꾼다. 하지만 오늘날 대부분의 신제품들은 명백히 '하룻밤에 성공'하기에 앞서 오랜 시간 동안 기복을 겪는 과정을 거쳐 개발된다. 팜 파일롯(Palm Pilot)이 그중 하나이다. 심지어 애플사의 매킨토시 데스크톱과 같은 제품이 명확히 시장의 선두 위치에 있더라도, 이 책에서 다루어진 여러 사항들에 대해서 관심을 기울이지 않고서는 계속 선두를 유지하는 것을 장담할 수 없다.
3. 이 책에서는 미래의 기술 관리자가 되고자 하는 학생들에게 하나의 유일한 기적의 해결책이 부와 명예를 가져다준다는 믿음을 갖지 않도록, 계층 형성 이론을 옹호하였다.

10.11 참고문헌

Adams, J. L. 1974. *Conceptual blockbusting: A guide to better ideas.* San Francisco and London: Freeman.

Ayres, R. U., and S. M. Miller. 1983. *Robotics: Applications and social implications.* Cambridge, MA: Ballinger Press.

Berners-Lee, T. 1997. World-wide computer. *Communications of the ACM* 40 (2): 57-58.

Black, J. T. 1991. *The design of a factory with a future.* New York: McGraw-Hill.

Bollinger, J. G., and N. A. Duffie. 1988. *Computer control of machines and processes.* Reading, MA: Addison Wesley.

Borrus, M., and J. Zysman. 1997. Globalization with borders: The rise of Wintelism as the future of industrial competition. *Industry and Innovation* 4 (2). Also see Wintelism and the changing terms global competition: Prototype of the future. Work in progress from Berkeley Roundtable on International Economy (BRIE).

Cohen, S., and J. Zysman. 1987. *Manufacturing matters: The myth of the post industrial economy.* New York: Basic Books.

Cole, R. E. 1991. The quality revolution. *Production and Operations Management* 1 (1): 118-120.

Cole, R. E. 1999. *Managing quality fads: How American business learned to play the ,quality game.* New York and Oxford: Oxford University Press.

Curry, J., and M. Kenney. 1999. Beating the clock: Corporate responses to rapid changes in the PC industry. *California Management Review* 42 (1): 8-36.

Handfield, R. B., G. L. Ragatz, K. J. Petersen, and R. M. Monczka. 1999. Involving suppliers in new product development. *California Management Review* 42 (1): 59-82.

Koenig, D. T. 1997. Introducing new products. *Mechanical Engineering Magazine,* August, 70-72.

Leachman, R. C., and D. A. Hodges. 1996. Benchmarking semiconductor manufacturing. IEEE *Transactions on Semiconductor Manufacturing* 9 (2): 158-169.

Madden, A. P., and G. Moore. 1998. The lawgiver: An interview with Gordon Moore. *Red Herring Magazine,* April, 64-69.

Peterson, I. 1997. Fine lines for chips. *Science News* 152 (November 8): 302-303.

Plumb, J. H. 1965. *England in the eighteenth century.* Middlesex, U.K.: Penguin Books.

Rosenberg, N. 1967. *Perspectives on technology.* U.K.: Cambridge, England: Cambridge University Press.

Shapiro, C., and H. R. Varian. 1999. *Information rules.* Boston: Harvard Business School.

Spear, S., and H. K. Bowen. 1999. Decoding the DNA of the Toyota production system. *Harvard Business Review,* September/October, 97-106.

Symonds, M. 1999. The Net imperative. *Economist,* 26 June.

Taniguchi, N. 1994. Precision in manufacturing. *Precision Engineering* 16 (1): 5-12.

Tanzer, A. Warehouses that fly. *Forbes October* 18, 120-124.

Taylor, F. W. 1911. *Principles of scientific management.* New York: Harper & Bros.

Tlusty, G. 1999. *Manufacturing processes and equipment.* Upper Saddle River, NJ: Prentice Hall.

Trumper, D. L., W. Kim, and M. E. Williams. 1996. Design and analysis framework for linear permanent-magnet machines. *IEEE Transactions on Industry Applications* 32 (2): 371-379.

Waldo, J. 1999. The Jini architecture for network-centric computing. *Communication of the ACM* 42 (7): 76-82.

Wang, F-C., B. Richards, and P. K. Wright. 1996. A multidisciplinary concurrent design environment for consumer electronic product design. *Journal of Concurrent Engineering: Research and Applications* 4 (4): 347-359.

10.12 인용문헌

Bessant, J. 1991. *Managing advanced manufacturing technology: The challenge of the fifth wave.* Manchester, U.K.: NCC Blackwell.

Betz, F. 1993. *Strategic technology management.* New York: McGraw-Hill.

Busby, J. S. 1992. *The value of advanced manufacturing technology: How to assess the worth of computers in industry.* Oxford, U.K.: Butterworth-Heinemann.

Chacko, G. K. 1988. *Technology management: Applications to corporate markets and military missions.* New York: Praeger.

Compton, W. D. 1997. *Engineering management.* Upper Saddle River, NJ: Prentice Hall.

Dussauge, P., D. Hart, and B. Ramanantsoa. 1987. *Strategic technology management.* Chichester, U.K.: John Wiley & Sons.

Edosomwan, J. A., ed. 1989. *People and product management in manufacturing.* Amsterdam: Elsevier.

Edosomwan, J. A. 1990. *Integrating innovation and technology management.* New York: John Wiley & Sons.

Gattiker, U. E. 1990. *Technology management in organizations.* Newbury Park, CA: Sage Publications.

Gattiker, U. E., and L. Larwood, eds. 1998. *Managing technological development: Strategic and human resource issues.* Berlin: Walter deGruyter.

Gaynor, G. H. 1991. *Achieving the competitive edge through integrated technology management.* New York: McGraw-Hill.

Gerelle, E. G. R., and J. Stark. 1988. *Integrated manufacturing: Strategy, planning, and implementation.* New York: McGraw-Hill.

Lee, E. A., and D. G. Messerschmitt. 1999. A highest education in the year 2049. *Proceedings of the IEEE* 87 (9): 1685-1691.

Martin, M. J. C. 1994. *Managing innovation and entrepreneurship in technology-based firms.* New York: John Wiley & Sons.

Monger, R. F. 1988. *Mastering technology: A management framework for getting results.* New York: Macmillan.

Parsaei, H. R., and A. Mital, eds. 1992. *Economics of advanced manufacturing systems.* London: Chapman & Hall.

Parsaei, H. R., W. G. Sullivan, and T. R. Hanley, eds. 1992. *Economic and financial justification of advanced manufacturing technologies.* Amsterdam: Elsevier Science.

Paterson, M. L., and S. Lightman. 1993. *Accelerating innovation: Improving the process of product development.* New York: Van Nostrand Reinhold.

Rubenstein, A. H. 1989. *Managing technology in the decentralized firm.* New York: John Wiley & Sons.

Shapiro, H. J., and T. Cosenza. 1987. *Reviving industry in America: Japanese influences on manufacturing and the service sector.* Cambridge, MA: Ballinger.

Souder, W. E. 1987. *Managing new product innovations.* Lexington, MA: D.C. Heath and Company, Lexington Books.

Susman, G. I., ed. 1992. *Integrating design and manufacturing for competitive advantage.* New York: Oxford University Press.

Suzaki, K. 1987. *The new manufacturing challenge: Techniques for continuous improvement.* New York: Macmillan.

Szakonyi, R., ed. 1988. *Managing new product technology.* New York: American Management Association.

Szakonyi, R., ed. 1992. *Technology management: Case studies in innovation.* Boston: Auerbach.

Warner, M., W. Wobbe, and P. Brodner, eds. 1990. *New technology and manufacturing management: Strategic choices for flexible production systems.* Chichester, U.K.: John Wiley & Sons.

부록

프로젝트, 견학, 사업계획서를 위한 아이디어의 '연습장'

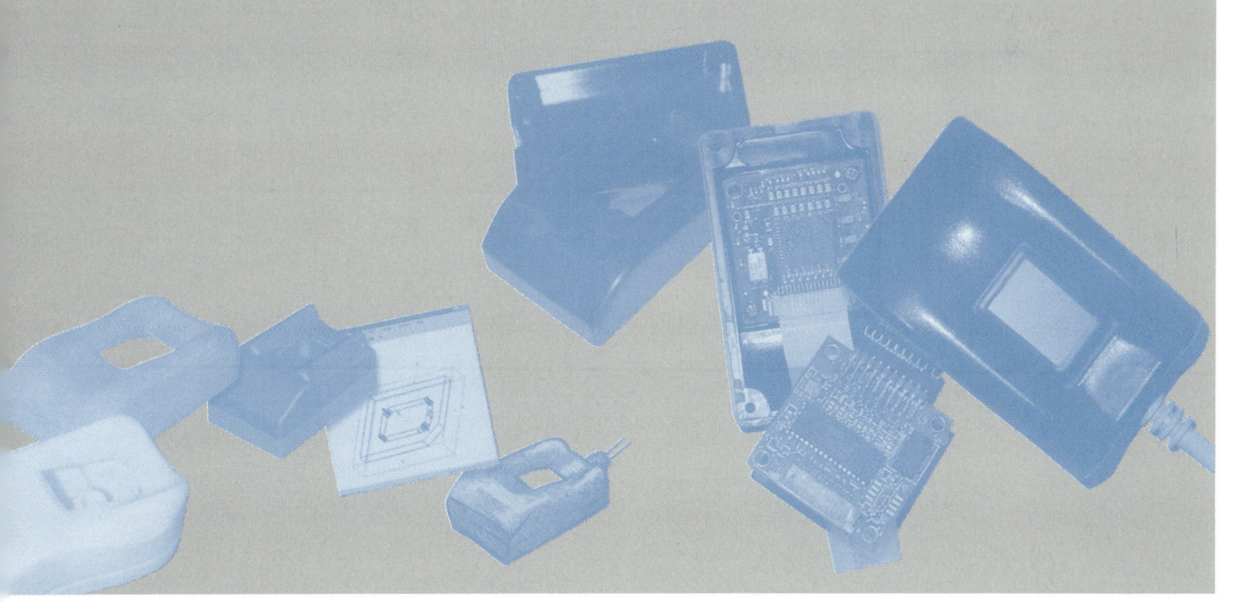

A.1 누가 기업가가 되고 싶어 하는가?

A.1.1 필수적인 자세 : 창의적이고 전략적인 측면

성공적인 기업가들은 다음과 같은 주요 특징들을 갖는다.

- 시장의 흐름과 소비자의 요구사항들을 읽을 수 있는 능력
- 제품 설계와 회사 운영에 대한 창의성의 혼합
- 감정적으로 균형잡힌 상태에서 경제적인 위험을 감수할 수 있는 의지
- 성공을 향한 강한 원동력과 결합된 성공에 대한 열정
- '부자가 되고자 하는' 뻔한 목표보다 '세상을 변화시키고자 하는' 의지

A.1.2 필수적인 자세 : 일상적인 측면

또한, 어느 기업가든지 일상적으로 주의를 기울여야 하는 사항들이 있다.

- 기업의 설립 취지 또는 임무선언문(mission statement)
- 설립 취지를 만족시키고자 하는 절박함이 기업 내에 정착될 때까지 대화나 통합을 지연
- 모든 개별 구성원들에게 명확한 성능 지수(performance parameters)
- 조직이 설립취지와 판매 실적에 집중할 수 있도록 해주는 게시판
- '학습 조직'으로서 주어진 기한을 맞추기 위해 매일 회의
- 시간순서(time line)와 공식적인 PERT 차트를 통한 하위 프로젝트 그룹들 사이의 상호관계
- 경쟁자들의 상태를 알기 위한 시장 분석 방법
- 비판 없이 아이디어를 순환시키며 공유할 수 있는 능력
- 사람들의 노하우나 문제 해결 능력에 대해 보상을 하고, 창의력은 아무리 비싼 장비나 소프트웨어로도 대체할 수 없다는 점을 인정
- (회사 내/외적으로 얻어진) '하향식' 제조에 대한 통합된 지식
- 외부의 아이디어나 최신 기술들에 대한 열린 자세

창조적인 도약과 일상적인 문제를 잘 조합하는 것이 초기의 성공과 장기적인 성장의 열쇠가 된다.

A.2 시작품 제작과 회사운영에 대한 프로젝트

이 부록은 공학적인 맥락에서 기업가 정신을 탐구하고 연습하기 위한 일종의 연습문제라 할 수 있다. 초반에는 컴퓨터 이용 설계(CAD), 시작품 제작, 통합된 제조방법에 대한 한 학기 정도의 프로젝트가 논의된다. 공학도는 '독특한 장치(wild gizmo)'를 만들며 경쟁할 때 매우 흥분된다. 간단히 말해 이것은 즐거운 일이며, 좌뇌의 분석력과 우뇌의 창의력을 동시에 아우른다. 그러나 이 프로젝트에서 제작될 기기가 점차 사용될 잠재시장에 대한 '기업 운영적인(businesslike)' 분석을 포함하면 더 교육적이다. 이러한 프로젝트는 작은 신생기업에서 어떻게 사업을 하는지를 조금이나마 경험하게 해준다. 대기업에서도 사람들이 공학적인 업무를 하는 일로 경력을 시작하지만 몇 년 후에는 여러 가지 관리직에서 일하게 될 것이다. 서문과 제2장에서 소개된 구조적인 제품개발 접근법에 대해서 기억해보자. 시계 모양의 도안은 제3장에서 제10장에 걸쳐 소개된 다양한 내용들을 하나로 모아서 보여 준다. 이러한 이유로 제2장에서 소개된 그림을 여기서는 그림 A.1로 다시 사용하였다. 동시공학과 제조에 대한 새로운 그림은 GE 핸드북(1999)에서 인용하였다. 이 그림은 선형적인 시간의 겹침을 보여 준다. 또한 여기서는 하청업체와의 아웃소싱 단계가 언급되었다(그림 A.2).

A.3 프로젝트 진행단계와 제작 진도

이들 프로젝트 기반 사례 연구들은 수년에 걸쳐 진행되어 왔다. 그리고 예상해 볼 수 있듯이, 이 과정에서 여러 실수들과, 또 의사결정에서의 오류들이 있을 수밖에 없었다. 이어지는 절들에서는 한 학기 프로젝트를 성공적으로 진행되게 해 준 요소의 일부를 소개한다.

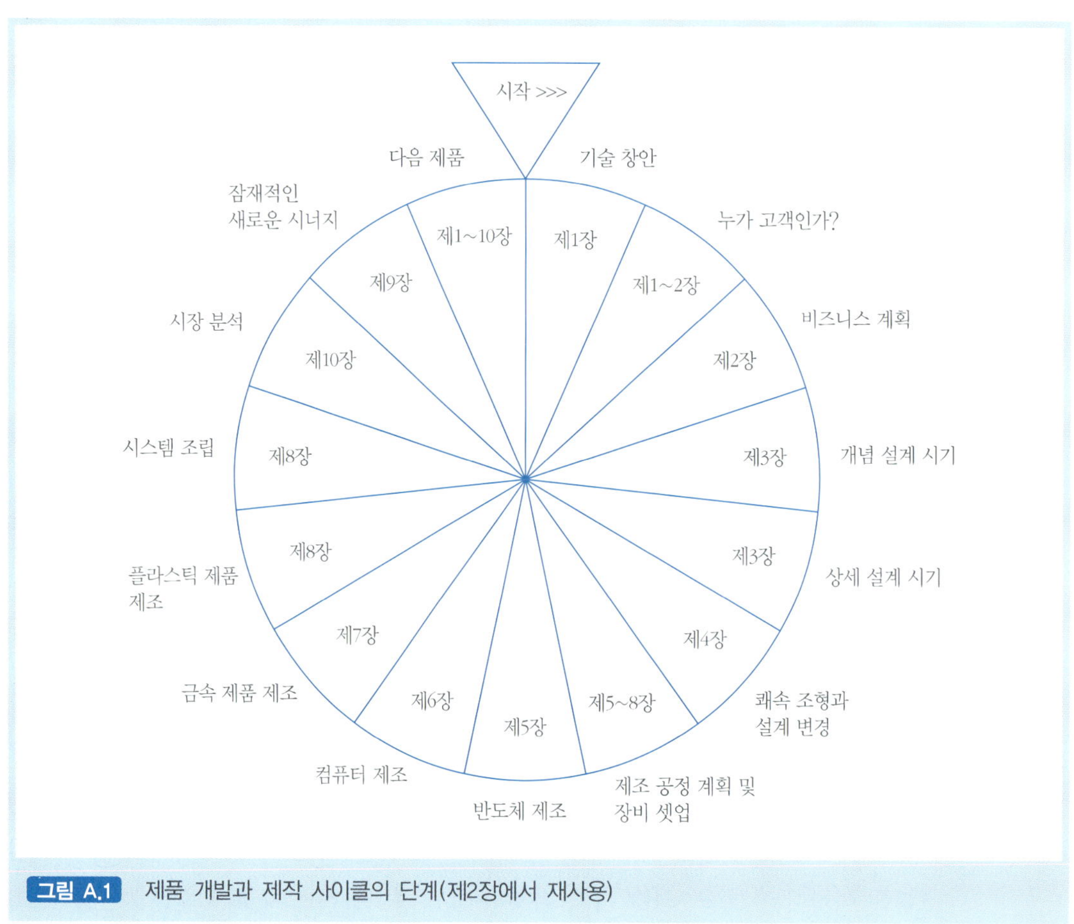

그림 A.1 제품 개발과 제작 사이클의 단계(제2장에서 재사용)

A.3.1 설계 팀의 구성

4~6명 정도의 그룹 활동 : 현대 제품들은 모든 종류의 공학 이론과 컴퓨터 과학의 복합적인 조합체이다. 이상적인 상황에서는 그룹들 또한 공학자와 경영자들이 함께 포함된다. 그러나 이와 동시에 사람들은 그들의 친구나 같은 연구실 사람들과 팀을 구성하려는 경향이 있다. 이러한 팀 조직은 자연스러운 소통이나 '서로 끌리는 화학 반응'이 있는 그룹들에서 매우 창의적인 생각이 잘 된다는 사실 때문에 권장된다. 그룹의 구성이 어떻든 간에, 역동적인 그룹을 만들기 위해 사회학적 이해와, 오늘날에는 일반적인 회사 운영방식인 구조화되지 않은 제품 개발 환경에 대한 경험을 해 볼 수 있는 장점이 있다.

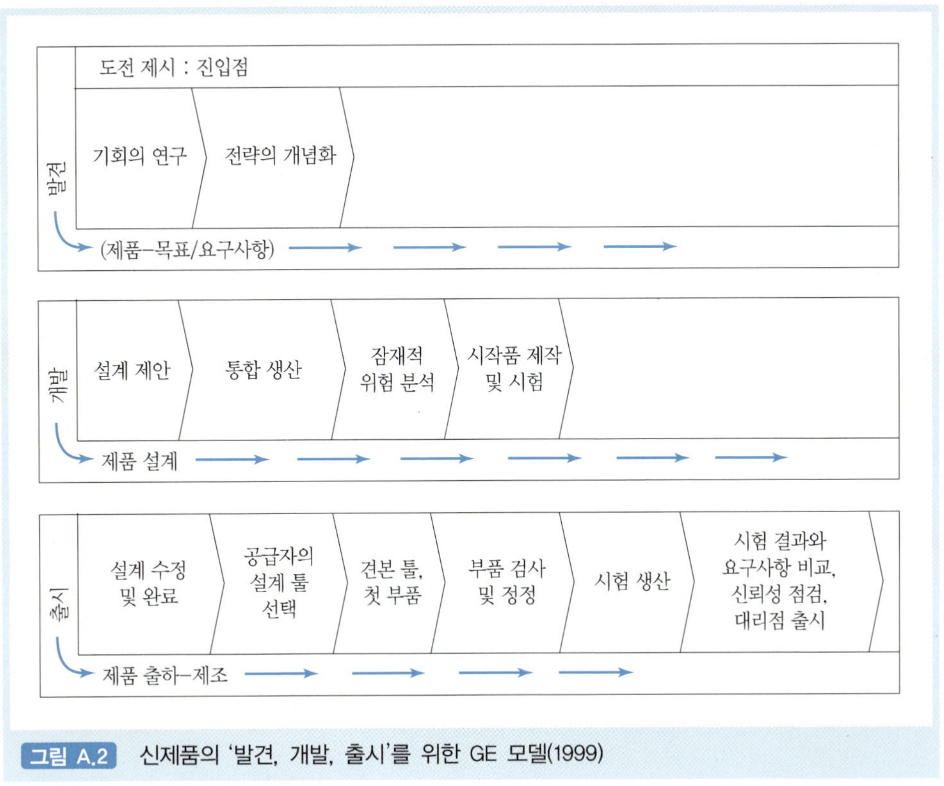

그림 A.2 신제품의 '발견, 개발, 출시'를 위한 GE 모델(1999)

'기술 우위의 매력(edge appeal)'을 가진 프로젝트를 선택 : 지난 몇 년에 걸친 관찰에서 아마도 가장 인상적이었던 것은 도전을 통해 팀원들이 발전하는 것을 보는 것이었다. 학기를 시작할 때만 하더라도 익숙하지 않은 분야를 대상으로 하는 통신장치나 메카트로닉스를 이용한 제품을 제작하고 제어하는 과제에 대해서 걱정했을 것이다. 하지만, 학기가 끝나감에 따라 놀라운 작동 시작품들이 제작되었다. 궁극적으로, 이러한 프로젝트가 기술 우위(edge)라 이야기되는 다소 정의가 어려운 현대적인 특징을 보여주는 제품을 제작하는 데는 최선의 방법이다. 학생들은 이러한 제품을 창의적으로 설계하고 열정적으로 제작 작업에 참여한다. 그리고 제작된 최종 제품은 학생들의 친구나 그들의 잠재적인 고용주에게 자신감 있게 소개한다.

적절한 예산의 배정 : 정해진 예산으로 그룹들은 지역의 모델 상점이나 전자부품 상점에서 그들이 필요로 하는 것들을 구입하게 된다. 그룹별로 프로젝트에 대해 라디오나 카메라를 구입하는 것을 포함하여 최대 500달러 정도를 사용하였다. 전자부품을 사용하지 않는 그룹의 경우 100달러 정도로도 프로젝트가 잘 진행되었다. 제한된 예산은 프로젝트의 범위를 현실적으로 제한해 주는 장점이 있으며, 이는 또한 삶에서 얻어지는 교훈이기도 하다.

캐즘(chasm)을 넘기(무어, 1995 참고) : 제품 개발 과정의 어려운 측면을 이해하기 위해서는 그림 2.3에서 소개된 수정된 시장 적응 곡선의 시작 부분에 초점을 맞추는 것이 좋다. 제품을 판매할 시장의 틈새를 예측하는 일은 설계 의도와 제작과정의 복잡성을 보다 정교하게 준비하는 데 도움이 된다.

A.3.2 개념 설계

개념 설계를 창안 : 처음 몇 주간 각 그룹들은 A1~A2 용지 정도의 미술용 종이에 펜으로 그들의 개념 설계를 스케치한다. 이것은 프로젝트의 첫 진입부이며 관련될 벤처 캐피털 회사의 이해를 돕는다. 아마도 펜과 종이를 이용한 스케치 방법이 처음에는 다소 구식인 듯하게 보일지도 모르지만, 이 방법이 진정으로 창의적이고 그룹의 모든 구성원들의 아이디어를 모으는 데 최선의 방법이다.

A.3.3 상세 설계

선호하는 CAD 환경 사용 : 학기 중반에는 각 그룹들이 그들의 제품에 대한 상세 설계를 진행하면서, 비록 간단하지만 초기 사업계획을 발표하는 데 중점을 둔다. 이 사업 계획은 A.4절에서 보인 계획을 짧게 줄인 정도의 내용이면 된다. 이 기한이 지나자마자, 설계된 CAD 도면들을 '.STL' 파일로 변환하고 인근의 SFF 장비 업체로 전달한다. 그렇지 않은 경우에는 밀링 가공과 조립이 준비되어야 한다.

A.3.4 시작품 제작

실제 제품을 제작 : 일부 기초적인 SFF와 다른 제조 방법들을 잘 사용하는 것이 수업의 성패를 좌우하는 주요한 요소로 부상하고 있다.

A.3.5 전시회

제품을 다른 사람들에게 설명 : 학기 말에는 수업을 마무리 하는 '전시회'에서 각 그룹들이 준비한 포스터와 데모를 발표하고, 참석자들은 그곳을 돌아다니며 결과물에 대해 질문을 한다. 이러한 경험은 또한 학생들이 개발한 제품의 성능이나 판매 계획에 대해 '25단어 정도로' 효과적으로 설명하는 것을 연습할 수 있는 좋은 기회이다.

A.3.6 사업 계획

대량 생산 방법과 잠재적 시장에 대한 분석 : 마지막으로, 장기적인 시장 반응을 보는 것은 정말 어려운 평가이다. 그러므로 일반적인 경영학 석사(Master of Business Administration : MBA) 프로그램에서 사용되는 정도는 아니더라도, 대량 생산에 필요한 가격의 관점에서 어느 정도 상세한 사업 계획을 정리해 보는 것이 유용하다. 여기서 중요한 점은 제품 제작을 위해 제공해야 할 필요한 플라스틱 사출 금형과 특수 칩이나 인쇄회로 기판의 **배치생산** 가격을 예측해 보는 것이다. 보다 자세한 내용은 다음 절에 정리되어 있다.

A.4 단기 사업 계획의 구성

A.4.1 표지

- 제품과 팀 구성원들의 이름
- 설립 취지(25단어 이내의 간략한 표현)
- 제품이 어떻게 사용될 것인가에 대한 시나리오
- 진입점(볼링에서 공을 던지는 사람과 가장 가까운 핀) 또는 첫 시장의 틈새(Moore, 1995)
- 대중/유명 상점들에서 판매되기 위해 필요한 비용(10단어 정도)
- 제조된 직후의 원가(10단어 정도, 일반적으로 제조 원가와 판매가의 일반적인 비율은 1 : 4이다.)

A.4.2 추가되는 10쪽

1. 제품과 사용방법에 대한 설명(2쪽)

2. 목표 시장 : 누가 사용할 것인가, 어디서 사용될 것인가(2쪽)?
3. 이 단계 까지 시작품 제작에 얼마의 비용이 필요한가(2쪽)?
   a. 재료비용=
   b. 시작품 제작비용=
   c. 인건비(80,000달러 연봉×그룹당 4~5명)
   d. 사무실 임대료(약 100m^2 면적, 1m^{2}당 약 25달러/월) 전기 사용료, 전화 사용료 등의 추가관리비용
   e. 워크스테이션, 네트워크 사용료, CAD 라이센스, 프린터 등의 주변기기들에 대한 비용
4. 첫 한 해 동안 필요한 운영 자금(2쪽)?
   a. 창업 및 홍보비용
   b. 장비, 세금, 금융 서비스, 특허 등에 필요한 비용
   c. 직원 급여
5. 회사 운영 방법(2쪽)?
   a. 저렴한 해외 제조가 필요한가?
   b. 회사의 구조를 어떻게 할 것인가?
   c. 누가 대표가 될 것인가?
   d. 어떤 시장을 상대할 것인가?
   e. 경쟁 상대는 누구인가? 경쟁 상대에 대한 '시장 진입 장벽'을 만들어 두었는가? 경쟁 상대가 아이디어를 훔쳐갈 수 있는가?
   f. 개발 기간은 얼마나 걸릴 것인가?

A.4.3 최악, 보통, 최상의 경우에 대한 시나리오(3개의 표와 설명)

사회 운영 계획에서의 주요 사항은 처음 5년간의 기대 수익이다. 표 2.4에 나온 내용들을 참조하라. 맥랩(1997)은 연구 개발의 확산을 포함한 다양한 시나리오에 대한 추가 정보를 제공한다. 이런 경우 최악, 보통, 최상의 시나리오들에 대한 근거를 세 가지 표로 구성해 보는 것이 좋다.

투자하려는 은행 대출담당자나 벤처 자본가라면 제품에 대한 일반적인 설립 취지나 회사 설립자의 이력에 대해 알아본 다음 곧바로 이러한 가상의 시나리오들에 대해서 살펴볼 것이다.

A.5 프로젝트 선택

오늘날 공학 경력에서 기계, 전기, 재료, 컴퓨터 과학 등의 다양한 분야에 대한 융합된 기술들이 중요하다는 것을 앞에서 강조했다. 심지어 전통적인 산업분야들도 내장형 컴퓨터 제어기술에 의해 영향을 받고 있다. 여러 공학자들과 회사 경영자들이 이런 융합적인 공학 환경에 직면하고 있는 최근에는 수업의 프로젝트가 소비자 전자기기 시장에 초점을 맞추어 진행되었다.

이 프로젝트들의 사례 연구들로는 (a) 간단한 가상 환경에 사용할 마우스 입력 장치, (b) 영상회의 장치, (c) 소형 라디오, (d) GPS 장치 등이 다루어졌다. 이들은 상당히 성공적인 주제들이었으며, 다른 수업의 프로젝트로 확장될 수 있었다. 몇 가지 측면에서 다음과 같은 괄목할 만한 성과가 나타났다.

- 몇몇 해에는 '프로젝트 발표' 후에 캠퍼스의 다른 연구팀에서 해당 수업을 통해 개발된 시작품을 가지고 싶어 했다. 이러한 경우, 외부의 연구팀은 기꺼이 시작품 제작을 위해 필요한 몇 개의 가포장된(prepackaged) 전기부품들을 제공한다. 또한 이 외부 연구팀을 수업에 초대하여 '고객'으로서 제품을 만드는 사람들에게 질문을 하도록 부탁할 수도 있다. 이 단계에서는 추가적인 비용투자를 통해 시장에 출시될 만큼 훌륭한 수준의 시작품을 제작할 수도 있다.
- 다른 해에는 학기 초에 과제 정의가 명확하지 않은 상태에서 시작했고, 학생들이 그들의 전자부품을 직접 제작하였다. 이렇게 보다 개방적인 사례 연구들에서는 그룹당 500달러 이상의 큰 예산이 필요한 경우도 있음을 확인하였다. 또한 이 경우에는 각 그룹에서 혼합된 공학 형태로 전기 공학도와 같이 하기를 원했다.
- 또 다른 해에는 꽤나 보수적인 접근법이 시도되었으며, 학생들은 가게에서 구입할 수 있는 장치를 제공받고 이들을 '분해하고' 개선점을 찾아 새로운 기기로

조립하라는 숙제를 하게 되었다.

미래에는 이런 프로젝트 기반 사례 연구들이 어떻게 변할 것인가? 팀들은 '특별한' 제품을 도전할 때 크게 발전함을 명심하라. 그래서 연구실에서 막 연구 중인 주제인데 곧 주류분야와 소비자가 살 수 있는 제품으로 될 수 있는 것을 선택하는 것이 중요하다.

1995년의 기사에서 포펠과 툴(Poppel과 Toole)은 다음의 분야들이 '최신의 경쟁기술(bleeding edge of technology)'이 될 것이라고 제안했다. 비동기 전송 방식(Asynchronous Transfer Mode, ATM), 데스크톱 3차원 그래픽, 나노 기술, 객체 지향 데이터베이스 관리 시스템, 휴대 정보 단말기(PDAs), 음성 인식, 가상현실. 이 책을 집필할 때나 번역을 하는 지금도 이러한 분야는 충분히 고려할 만한 것들이다.

A.6 프로젝트 예제 : 기능이 향상된 마우스 – 입력 기기

이 프로젝트 기반 사례 연구를 통해 그림 3.6과 같은 시작품들이 제작되었다. 이 향상된 기능의 마우스 입력 기기들은 가상현실 소프트웨어, 비디오 게임과 같은 분야에 사용될 수 있다. 프로젝트의 시작을 위해 각 그룹들에게 PCB에 장착된 작은 동작 센서가 제공되었다. 이 가포장된 부품들은 전기공학부의 한 산학협력 연구팀에서 제공하였다. 3차원 마우스 입력기, 조이스틱 입력기, 헬멧형 입력기 등을 만들어 볼 수 있다고 제안하였지만, 꼭 이렇게만 주제를 제한하지는 않았다. 제품을 판매할 업체로는 비디오 게임, 공학 교육, 애니메이션이나 동작 측정 관련 회사들이 선정되었다. 학기 중 프로젝트가 진행됨에 따라, 각 그룹들은 실제 시장의 수요나 새로운 관련 기기들의 등장에 대해서 생각하게 되었다. 이들 기기들은 동일하게 작은 기판에 센서가 장착된 기반 기술을 이용하였다. 새로운 기기들은 다음과 같은 것들이 있다.

스윙 측정 골프채 : 이 기기는 골프채의 손잡이 주변에 센서 패키지를 삽입하여 사용자의 스윙 방향을 측정할 수 있도록 하였다.

가속도/속도 측정 기기 : 학생들이 직접 지역의 자동차 경주로에서 시장 조사를 통해 단

거리 경주용 차량의 가속도를 측정하고, 계기판에 장착되는 기기를 제안하였다.

손목형 방향 제어기 : 이 기기는 휠체어의 방향을 제어할 수 있도록 고안되었다.

위의 기기들은 개념 단계에서 잘 동작했다. 다음에 설명하는 두 가지 장치들은 그해의 프로젝트 중 극과 극의 예이다 . 첫 번째 기기는 어느 정도 작동은 하였으나, 실제로 반응 시간이 오래 걸렸다. 그래서 나머지 학생들은 이 제품의 시장이 실제로 형성되는 것에 회의적이었다. 반면, 두 번째 프로젝트는 매우 성공적이었고, 수업이 끝나고 지역 가공업자들을 통해 여러 시작품들이 제작되었다. 요즘에는 누구나 부유한 사업가가 되기를 꿈꾼다. 이런 면에서 전기공학 연구팀에서 졸업한 한 학생이 기계 진동측정 기기를 개발하는 한 업체의 동업자가 된 것은 매우 의미 있는 일이다 (http://www.xbow.com).

지능형 춤 신발(터무니없는 아이디어) : 이 기기는 무도회장에서 춤을 출 때 춤추는 사람이 발이 정확히 원하는 위치로 옮겨지도록 하기 위해 센서를 무도용 신발에 삽입하였다. 센서는 정확한 발동작을 위해 사전에 만들어진 프로그램과 연결되었다.

기계용 진동 센서(평범한 아이디어) : 이 기기는 가공 장비나 산업용 기계들에 장착하여 사용 중 진동을 측정할 수 있는 센서 패키지를 포함하는 작은 블랙박스이다.

A.7 프로젝트 상담(그룹이 아닌 팀으로 통일)

앞서 소개된 프로젝트들은 개념 설계 단계에서 상당한 성공을 거두었고, 최종 '설명회 (trade show)'에서 전기기계 부품으로 구성된 시작품은 잘 작동하였다. 사실, 시작품의 기능은 약간 어설프게 작동하는 경우도 있었고, 성능은 데모의 목적을 넘어서지 못했다. 그리고 이곳저곳에 불필요한 부품들(kluges)을 사용해야 했다. 하지만 이러한 부족함에도 불구하고 시작품의 데모는 잘 진행되었다.

물론, 이러한 사례 연구로 시장에서 평가되기에 충분한 수준의 매우 견고한 시스템을 출시하기는 어렵다. 하지만, 이를 통해 개발된 기기가 어느 정도 작동하고 기본적인 성능을 보일 수 있으며 정리된(modest) 사업 계획으로 보완하는 정도가 적당한 목표일 것이다. 이 사업 계획에는 반드시 보다 오랜 기간과 많은 예산을 사용해서 제품을 상용화할지가 포함되어야 한다.

또 다른 수업 방식은 '상담 프로젝트(consulting project)'로 3~4명의 학생들이 한 학기 동안 지역 생산 설비를 위한 '기술상담사(컨설턴트)'로 활동하는 것이다. 이 상담 프로젝트는 학생들이 생산 현장에서 일을 하면서 직접적인 경험을 하는 것을 포함한다. 이러한 방법은 직원의 도움이나 연구실 시설이 제한된 경우와 같이 완전한 시작품이나 모델을 만들기 어려운 경우 매우 유용하다.

각 그룹들은 그들의 고객과 제품의 요약, 재료, 현재 생산 방법들에 대해서 정리한다. 그리고 그룹별로 그들의 제품에 대한 품질이나 최종품에 관련된 문제들을 명확히 하고 이를 평가하여 관련된 데이터를 측정하고 분석한다. 그리고 자동화를 포함하는 대안 생산 방법들을 연구하고 비용분석 등의 해결책을 제시한다.

고객의 시설들은 시멘트 혼합 공장에서 대규모 커피 전문점까지 다양하다. 이 시설들은 대량 생산을 위한 것들이며 생산과 관련된 문제들이 중요한 요소가 된다.

각 팀들은 학기 동안 그들의 상담 프로젝트에 대한 진행사항을 발표해야 한다. 발표는 슬라이드나 온라인을 통해 10분 정도씩 진행하고 이에 대해 수업 담당 교수나 수업을 참여하는 학생들이 그 팀(그룹)에게 각 단계별로 피드백을 줄 수 있다. 최종 발표 후에는 10쪽 정도의 보고서를 제출하도록 한다.

단계 1에서는 팀원들이 적당한 시설과 담당자를 찾는다. 이때 친절하고 열정적인 담당자를 찾게 된다면 프로젝트는 보다 즐거워질 것이다. 프로젝트의 특성을 고려하여, 이 사례 연구가 교육 프로젝트이며 결과에 대한 어떠한 보장도 없음을 분명히 말해 두는 것이 중요하다. 종종 회사들은 그들의 생산 방법에 대해 보안을 유지해 주도록 요구한다. 하나의 선택안은 회사의 이름을 모든 발표자료에서 보안으로 유지하는 것이다(다음 11, 12절에서 참고). 또한 생산 수량을 일부러 바꾸어 표시하거나 보안과 관련된 정보들을 포함시키지 않을 수 있는데, 이러한 경우 회사에서는 해당 정보를 프로젝트에 사용할 수 있도록 동의해야 한다. 설비는 팀원들이 최소한 3번 정도 현장 방문이 가능할 정도로 가까운 곳이어야 한다. 또한 단계 1에서는 팀원들의 담당부분이 어떻게 되는지를 보고서로 정리해야 한다.

단계 2에서는 고객, 역사, 제품, 최근 생산 방법에 대한 발표를 준비한다. 사진이나 순서도를 포함하는 공장의 외형은 매우 유용하다. 또한 인터넷이나 도서관을 통해 유사한 생산 설비를 조사하고 고객의 시장과 산업에 대한 일반적인 통계를 제시한다.

단계 3에서 팀은 품질이나 최종품에 관련된 상세한 연구 문제에 대해서 규명하고 정량화한다. 설비에 대한 모든 것을 분석하는 것은 사실상 불가하다. 따라서 대부분 노동 집약적이거나 자동화를 통해 개선될 여지가 있는 최근의 생산 방법들에 대해서 다루도록 한다. 제품의 불균일성, 폐기물, 생산 비용의 감소나 생산량의 향상, 제품 설계변경 등이 목적으로 정해질 수 있다. 다음 절에 참고할 만한 예들이 정리되어 있다. 필요하다면 이미 출시된 장비 모델에 대해서 설명하거나 장치 생산 업체로부터 자료를 얻을 수 있다. 여기서 중요한 점은 성능을 측정하고 비교하기 위한 상세한 수치적 측정(metrics)과 비용과 이익에 대한 이들의 관계이다. 팀들은 설비로부터 직접 측정을 하거나(스톱워치, 자를 이용), 고객으로부터 제공된 데이터를 수집한다. 팀들은 이렇게 모은 데이터를 통계적으로 분석하고 그 결과를 그래프로 나타낸다. 단계 3과 4에서는 컴퓨터를 이용한 시뮬레이션이 유용하게 사용될 수 있다.

단계 4에서는 팀들은 주로 자동화(또는 이미 사용되고 있는 장비의 새로운 모델)를 포함하는 대안 공정을 찾아보기 위해 인터넷이나 전화번호부를 이용해야 한다. 업체들을 찾기 위한 유용한 서비스로 Thomas Register Directory의 온라인 서비스(www.thomasnet.com)가 있다. 그러고 나서 학생들은 예상되는 개선내용을 정량화하고 노동력, 시장 점유율의 증가, 법률적 책임의 감소 등을 포함하는 비용 분석을 제공한다. 이렇게 정리된 최종 보고서를 수업에서 발표하고 고객으로부터의 피드백을 추가하여 보고서의 최종본을 정리한다.

A.8 최근의 상담 프로젝트 예

최근에 진행된 상담 프로젝트의 예는 다음과 같다.

1. Diamond Team Noodle Company의 밀가루 배송 방법
2. Berkeley Farms 아이스크림 공장의 설비 레이아웃 분석
3. San Francisco Chocolate Co.의 몰딩과 장식의 자동화

4. WWW Chocolate Co.의 코코아 콩의 무게에 대한 통계적 분석
5. Hause Window Shade Company의 시뮬레이션과 주기 분석
6. PG&E(역자 주 : 우리나라 한전과 유사한 전기공급업체)의 계량기 재사용에 대한 분석
7. 쾌속 조형용 스테레오리소그래피 적층 방향 최적화
8. Komag Magnetic Disk Co.의 패드의 그라인딩과 폴리싱 일정 계획
9. Procter & Gamble의 자동화 패키징 장비 분석
10. Saudi Cable Co.의 봉(rod) 분쇄 장비의 효율 분석
11. 네트워크 컴퓨터 회사의 워크스테이션 조립 순서 설계
12. Pyramid Brewing Co.의 병 이송 불량 분석
13. J and S Candles의 폐 왁스 분석
14. SunPower Inc.의 태양전지용 웨이퍼 사용 시간 분석
15. Peet's Coffee Co.의 이메일-주문 처리 분석
16. GM-Toyota NUMMI(New United Motor Manufacturing, Inc.) 자동차 공장의 토크(torque) 데이터 분석

A.9 가능한 공장 견학

공장 견학은 이 책에서 다룬 기술적인 내용들을 확인해 보는 것으로 구성될 수 있다.

CAD/CAM

쾌속 조형과 SFF

반도체 제조

컴퓨터 제조

금속 제품 제조

플라스틱 제품 제조

생체기술 제조

이 공장 견학은 2주 단위 활동으로 분석될 수 있다. 첫 강의에서는 각 기술의 기술적, 경제적 중심 사항들에 대해서 다룬다. 이어지는 강의에서는 공장을 방문하고 회사의 중견 관리자로부터 회사의 역사와 미래 그리고 시장 경쟁력 등에 대해서 듣는 것이 효과적이다. 두 번째 주에는 해당 회사의 기술적인 역량과 경제적인 장단점에 대한 정보를 수집한다. 마지막 강의에서는 이 분야의 기술 측면을 통합하여 정리한다.

A.10 분야 선정의 기준

제조에 대한 이야깃거리들은 앞서 이야기된 7개의 분야 이상으로 다양하다. 이들 중 특정한 산업분야를 선택한 이유는 다음과 같다.

CAD와 쾌속 조형은 대부분의 제조 주제들의 첫 부분을 대표하며, 새로운 제품이나 기존의 제품의 수정안을 개발 과정에 제시하는 데 사용된다. 보통 대기업들은 자체적인 쾌속 조형 설비를 갖추고 있다. 다른 한편으로, 새로운 공정들의 대부분은 특정 업체들에게 아웃소싱된다. 이러한 작은 서비스 중심 기업들의 특화된 기술자들은 일반적으로 최대의 정확도를 얻기 위해서 쾌속 조형 장비를 변경할 수 있다. 이러한 기업을 방문해 보는 것은 매우 좋은 경험이다. 제4장의 끝 부분에 소개된 웹 사이트들에서 미국과 전 세계의 여러 쾌속 조형 서비스 회사들에 대한 정보를 참고할 수 있다.

반도체 제조(그리고 반도체 장비 제조)는 비록 여러 새로운 '공장을 갖지 않는 업체(fab)'들이 아시아에 위치하고, 미국에서는 IC 제조의 선두를 차지하기에 충분한 세금 혜택, 자금이 충분한 기반설비, 저렴한 천연자원, 공장에서 일할 수 있는 숙련된 기술자들의 풍부한 흐름이 제한되지만, 아직까지 미국에서 주요 시장으로 남아 있다. 이러한 업체들에 방문해 보면 정밀 가공의 인상적인 시연을 볼 수 있을 것이다.

컴퓨터 제조는 칩에서 보드 조립, 케이스 조립으로 이어지는 일련의 복잡한 과정들을 포함한다. 이상적으로는 한 수업 단위로 인근의 생산 라인에 방문하여 최근의 가전기기나 컴퓨터 부품의 조립에 필요한 상세한 과정을 볼 수 있다. 이러한 생산 라인은 준비구역, 상세한 조립, 신뢰성 평가, 품질 확인 방법들을 포함한다. 오늘날 주요 컴퓨터 회사에 아웃소싱을 제공하는 많은 기업들은 자체적인 제조고려설계(DFM) 팀이나 통합 품질 관리 프로그램을 가지고 있다(www.solectron.com 참고).

금속 제품과 플라스틱 제품의 제조는 그다음 관심 분야이다. 플라스틱 사출성형용 고정밀 몰드나, 리소그래피용 초정밀 제어 장비, 디스크 드라이브 조립 시스템, 생체기술 장비 등의 제품에 특화된 공장 업체를 찾아가 보는 것도 학생들에게 도움이 된다. 여러 쾌속 조형 업체나 가공 업체에서도 플라스틱 사출을 할 수 있다. 종종 견학을 통해 여러 공정을 한 번에 볼 수도 있다.

생체기술은 제조의 관점에서 중요한 분야이지만 아직 대부분의 대학에서 공학 과정의 기초 수업으로 포함되지 않았다. 이 책은 제9장에 내용을 추가함으로써 이러한 누락을 바로잡고자 하였다. 생체기술 관련 회사를 방문하는 것도 좋은 시도이다. 이런 회사들은 주로 샌프란시스코 연안이나 보스턴, 볼티모어 등지에 위치하고 있다. 다른 지역에서 생체기술 제조에 대한 감각을 익히기 위해서는 소형 양조장을 방문해 보는 것도 좋다. 수업에서는 성공적인 '시험관(test tube) 기반' 연구를 효과적이고 유연한 생산 시스템으로 규모를 확장하는 내용에 집중한다. 생체기술 산업에서의 센서와 제어 시스템 소프트웨어에 대한 사항들도 보다 넓게 다룰 필요가 있다.

A.11 공장 견학 사례 연구 정리

공장 견학을 마치고 나면 같은 팀끼리 3,000~5,000단어 정도의 분량으로 사례 연구(일반적인 비즈니스 스쿨에서 사용되던 '사례'가 아니다.)를 작성한다. 보통 공장 견학 후 2주 정도의 기간 동안 작성하면 된다. 다음 절에서 사례 연구의 적절한 형식이 소개된다. 보고서의 분위기는 상담 보고서와 같이 형식을 갖추고 사실적인 형태로 정리되어야 한다. 한편으로 '직선적'이어야 하지만, 때론 예의를 갖추어야 한다. 학기가 진행됨에 따라 잘 정리된 사례 연구를 수업 내에서 돌려 보는 것도 좋다. 또한 가장 잘 정리된 보고서의 경우 회사에 전달하는 것도 좋다.

수집되는 정보들의 90% 이상은 견학과 상담을 통해서 얻을 수 있으며, 나머지 일부 정보와 배경 지식은 인터넷을 통해서 얻는다. 잘 운영되는 팀이라면 4시간 정도의 보고서 초안 정리 후에 한 시간 정도의 수정으로 마무리하면 충분할 것이다.

학생들을 격려하자면, 사례 연구를 위한 보고서 형식은 이후 직업을 구할 때 사전 면담 조사 같은 종류와 거의 일치한다. 회사에 대한 정보를 얻기 위한 기본틀을 이용하면 관심 질문들을 구성해 볼 수 있고, 이를 통해 강한 인상을 남기고 좋은 자리를 차지하는 데 도움이 될 수 있다.

또 다른 면에서 누군가 주식시장의 투자가 되고 싶다면, 어렵게 마련한 투자비용을 투자하기 전에 필요한 중요한 질문에 대한 답을 보고서 양식에서 구할 수 있을 것이다.

A.12 공장 견학 실시 예를 위한 추천 형식과 내용

A.12.1 회사의 주요 통계

일반적으로 이러한 내용은 보고서 첫 페이지에 박스 형태의 표로 정리한다.

- 회사명과 위치
- 사업 종류
- 일반적인 고객
- 주요 고객
- 주요 경쟁사
- 주식회사 등 공공 기업 또는 개인 회사
- 총수입(gross revenue)과 수익(profits)
- 인터넷 홈페이지 주소

A.12.2 규모와 영역

이 부분에 대한 보고서의 내용은 개조식이나 문장으로 정리될 수 있으며, 다음과 같은 내용이 포함된다.

- 연간 매출
- 대략적인 수익

- 회사의 매출 총이익(gross margin)
- 잠재적 경제 규모
- 해당 사업에서의 가능한 현금 유동 문제
- 가격 구조
- 직원 수
- 연구직의 비율
- 최근 채용률
- 예상 채용률

A.12.3 시장 분석

여기서는 앞서 소개된 자료 중심적인 내용들보다 설명적인 내용들이 들어간다.

- 앞서 정리된 고객들의 주요 제품
- 경쟁 상황에서의 대응 방법(죄수 딜레마)
- '주문대응(to order)' 또는 '재고관리(for inventory)' 중 어느 생산 방식을 사용하는가? 후자라면, 재고품의 제어가 잘 되고 있는가?
- 일반적인 배송 시간은 얼마나 되나(경쟁 상대에 비해 빠른가, 느린가)?
- 제품 개발의 역사
- 미래의 시장 또는 성장 계획(더 이상 발전이 없는가, 가파르게 성장하는가?)
- 배송과 포장과 이미지에 대한 조언들

A.12.4 다른 산업들에 비해서 이 산업 또는 회사가 남다른 점은 무엇인가?

제2장의 그림 2.2에서 우측 상단에 위치한 기업들은 '(오래된)' 제품들을 생산하고 있으며, 보다 시장의 경쟁에서 앞서가기 위해 품질과 점진적인 향상, 정확한 시장 틈새를 찾는 데 초점을 맞추어야 한다. 이와 달리, 좌측 하단에 위치하는 PDA나 새로운 소형 컴퓨터 기기들을 생산하는 기업들은 시장 분석에 집중해야 한다. 인쇄 회로 기판의 조립에 특화된 하청업체들은 실제로 그들의 제품을 직접 생산하는 것이 아니고, 제조고려설계나 기판조립에 대한 기술을 제공하는 것이기 때문에 그들은 반드시 고객

의 만족과 함께 상당히 인하된 가격의 부품들을 안정적으로 공급하는 데 신경을 써야 한다. 의학기술 관련 기업들은 특허나 미국 식약청의 승인에 초점을 맞추어야 할 것이다. 각 시장과 기업들에는 경쟁 우위를 차지할 수 있는 특정한 문제들이 있기 마련이다. 인터넷 검색을 통해 경쟁 회사와 이러한 측면에서 비교해보는 것도 좋다.

A.12.5 공학적 분석

이 절은 다음과 같은 내용들을 간략히 다룬다.

- 중요하거나 독특한 기술
- 장비 가치
- 장비 수명
- 장비나 기술에 대한 개선의 필요성
- 재작업, 스크랩(후처리 필요), 환경성 고려

A.12.6 과거에 왜 이 기업이 성공적이었을까?

여기서는 다양한 내용이 포함될 수 있으며, 그 답은 아마 다음 중 하나일 것이다.

- 고객과의 좋은 관계
- 좋은 시장의 틈새(그렇다면, 그 규모는?)
- 고품질 공학기술
- 훌륭한 홍보
- 지리적인 입지 조건
- 시장 경쟁에서의 우위 유지
- 새로운 장비에 대한 투자의지
- 시장의 다각화
- 경영 방식(예 : 수평적 또는 계층적)

A.12.7 앞으로도 계속 성공을 거두기 위해 필요한 것들은?

여기 또한, 다양한 내용에 대한 답을 담고 있다.

- (예들과 함께) 새로운 공학적인 개발
- 새로운 시장
- 품질 보장에서의 향상(예 : TQM)
- 새로운 마케팅 기술
- 다른 지역의 새로운 부서
- 새로운 장비 또는 기술
- 다각화의 가능성
- 새로운 인사 전략
- 회사가 직면하고 있는 위험과 기회

A.12.8 상세한 추천사항

보고서의 마지막 1,000여 단어 정도는 팀이 회사의 한 부서의 생산성을 향상시키기 위해 실제로 많은 예산을 배정받았다고 가정해 보자.

추천사항들은 팀의 강점에 맞춰서 어떠한 영역도 가능하다. 영업, 기술 개발, 정책 등. 여기서 투자 회수(ROI)와 이외의 다양한 관점들을 고려하는 것이 중요하다.

A.12.9 전반적인 내용

사례 연구의 나머지 부분에 대해서

- 회사가 보유하고 있는 주요 강점은 무엇인가?
- 현재 관련 제품의 선두주자는 누구인가?
- 여러분의 팀은 주요 강점이 무엇이라고 생각하는가?
- 회사의 기업 가치는 무엇인가?
- 최고책임자의 비전은 무엇인가?
- 회사가 직면하고 있는 문제들은 무엇인가?

- 일반적인 해결책은 무엇인가?

A.13 참고문헌

Bowen, H. K., K. B. Clark, C. A. Holloway, and S. C. Wheelwright. 1994. *The perpetual enterprise machine.* Oxford and New York: Oxford University Press.

Canny, J. F. 2000 *Telepresence devices at UC Berkeley.*

Chien, G. 2000. Low-noise local oscillator design techniques using a DLL-based frequency multiplier for wireless applications. Ph.D. thesis. University of California, Berkeley.

Dillon, P., and D. Roth. 1998. The next small thing: The right way to make mistakes. *Fast Company,* no. 15: 98-110 with the extract on page 108 (publisher address: 77 North Washington Street, Boston, MA 02114-1927).

GE. 1999. *The GE Engineering Thermoplastics Design guide.*

Magrab, E. B. 1997. *Integrated product and process design and development.* Boca Raton and New York: CRC Press.

Moore, G. A. 1995. *Inside the tornado.* New York: Harper Business. (also see Crossing the Chasm, an earlier book by the same author.)

Morone, J. G. 1993. *Winning in high-tech markets.* Boston: Harvard Business School Press.

Poppel, H. L., and M. Toole. 1995. The bleeding edge of information technology. *Red Herring,* 82-86.

Rudell, J., J. J. Ou, T. Cho, G. Chien, F. Brianti, J. Weldon, and P. R. Gray. 1997. A 1.9 GHz wide-band IF double conversion CMOS integrated receiver for cordless telephone application. In *Proceedings of the International Solid State Circuits Conference.* San Francisco, CA.

A.14 인용문헌

Allen, B. 1991. Choosing R&D projects: An informational approach. *AEA Papers and Proceedings,* 81 (2): 257-261.

Norman, D. A. 1990. *The design of everyday things.* New York: Doubleday. 1990.

Norman, D. A. 1998. *The invisible computer.* Cambridge, MA: MIT Press.

A.15 참고 URL 주소

Some interesting URLs on wearable computers are a resource for future projects:

www.microopticalcorp.com

www.5050LTD.com

www.InfoCharms.com

www.symbol.com

www.xybernaut.com

찾아보기 _INDEX

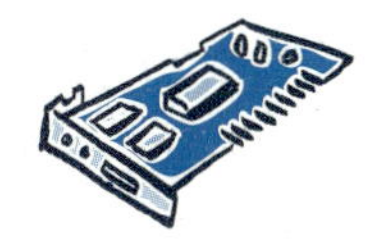

【ㄱ】

가공경화 지수 373, 387
가공 바이스 360
가공성 385
가상 기업 22
가지상 고분자 428
간판 방식 17
개방구조 제조 20
건식 에칭 239
게놈 444, 480
게이트(gate) 215, 272, 398, 407, 428
게이트 어레이(gate array) 250, 272
결정화 428
경계 모서리 표현법 144
경계 표현법(b-rep) 122
경납땜 422
경사각 338, 385
경사면 338
계층구조 488
고정구 344, 385
공구 경로 계획 192
공구 수명 356, 385
공리 설계 107
공작기계 9
공정관리한계 66
공정능력계수 C_p 69
공정능력계수 C_{pk} 69
공정품질 62
공정품질 관리 22
공차 66
공핍층 272
교차 결합 393, 428
교체 가능한 부품 9
굽힘 가공 372
규격한계 66
극자외선 리소그래피 263
근사 형태 175, 196
금속 산화물 반도체 216, 272
금형 336
기계식 가공 144, 196
기술 경영 487
기업 통합 21
기판 217, 272, 282, 316

【ㄴ】

납땜 422

내구성 76
농업 혁명 3
뉴클레오티드 445, 480
늘이기 가공 371, 385

【ㄷ】

다구치 방법 66
다이(die) 237, 272
다이오드(diode) 214, 272
다이캐스팅 188, 196
다중 칩 모듈 288, 316
단결정 실리콘 232
단백질 436, 480
대량 생산 11, 337
도요타 생산 시스템 16
도핑(doping) 15, 208, 272
동력 350, 386
동시공학 17
동적 임의접근 기억장치 211, 272
듀얼 인 라인 패키지 247, 249
듀얼 인 라인 패키징(Dual-in-Line Packaging, DIP) 272
드레인(drain) 207, 215, 273
드로잉 가공 371, 386
딥드로잉 가공 386

【ㄹ】

랜드(Lands) 282, 316
랩핑과 폴리싱 196
러너 398, 428
로봇 공학 12
로스트-왁스 인베스트먼트 주조 184
롤 간격 386
롤 하중 386
리드 타임 14, 55
리소그래피 15
리액티브 이온 에칭 238
리턴 맵 58
린 제조 14

【ㅁ】

마모 원리 386
마이크로 컨트롤러 212, 273
마이크로프로세서(microprocessor) 268, 273
마이크로플래닝 192
말콤 볼드리지 품질상 77
매크로플래닝 191
무기준 부품 채움 364
미감 76
밀링(Milling) 334, 386

【ㅂ】

바이오리액터 471, 480
바이오센서 480
바이오테크 434
박판 재료 적층 조형 152, 170, 196
반도체(semiconductor) 204, 273
반도체 장치 213, 273
발효 480
방전가공 177, 196, 336
배치 사이즈 43
버 419
벡터 459, 480
벽을 넘어선 제조 17
변수기반 설계 115, 144
변형되지 않은 칩의 두께 339
변형된 칩의 두께 339
변형/비변형 칩 두께 386

변형률 371, 386
변형률-경화 감도 지표 413, 428
변형비(시간) 감도 지표 413, 428
볼 그리드 어레이 288, 293, 316
부족구배 397, 428
분리면 55, 397, 428
분리판 405
분리핀 428
불리언 조합 조작자 122
비(vee) 블록 359
비아(Via) 273
빼기 경사각 55

【ㅅ】

사이버컷 189
사인 평행면 359
사출성형 108, 144, 153, 196, 336, 398, 428
사형 주조 188
사회적 기업 22
산업혁명 7
삼각화(tessellation) 144, 196
상보형 금속 산화막 반도체 216, 273
상세 설계(detail design) 107, 144
상호연결(interconnect) 273, 282, 316
상호연결층 217
생명과학 441
석기시대 3
선반 4, 334
선반 효과 28
선택(Select) 273
선택적 레이저 소결 152, 168, 196
설계 103
설계 길이 228
설계 지침 428
성능 75
성형 한계선도 378, 379, 386
세라믹과 입방정질화붕소 절삭 공구 386
세라믹-주형 인베스트먼트 주조 186
세포 434, 480
셸 성형 187
소스(source) 207, 215, 273
솔리드 모델링(Solid Modeling) 102, 144
솔리드 스테이트 207, 273
수동 고정 요소 359
수율 252, 273
수축률 402, 428
수치제어 11
숙주 459, 480
슈퍼 생쥐 437
스냅핏 409, 429
스위프트(Swift) 평가 378
스테레오리소그래피 152, 156, 196
스퍼터링(sputtering) 221, 273
스프루 398, 429
슬라이더(Sliders) 300, 316
습식 에칭 238
시작품(prototype) 83, 102, 144, 196
시장 수용 그래프 34
시장적기대응 40
시장 채택 곡선 311
시편 316
신뢰성 76
신속 공구 교환 363
신속 대응 생산 14, 20
실리콘 밸리 335

【ㅇ】

아미노산 438, 480

양극형(bipolar) 273
에릭슨(Erichsen) 평가 377
에칭(Etching) 221, 274
에피택시 242
엑스레이 리소그래피 263
엘리 휘트니(Eli Whitney) 8, 9
여유각 386
여유면 342, 386
열가소성 성형 재료 393
열가소성 폴리머 393, 429
열경화성 성형 재료 393
열경화성 폴리머 429
열성형 412, 429
염색체 440, 480
옆자리 방식 증후군 6, 27
와이어 접합 274
와이어 프레임 기법 114
와이어 프레임 모델링 144
왕복 스크류 장비 398, 429
용융 적층 조형 170
용접 422
우물(well) 217, 274
운영연구 11
원격제조 23
웨이브 납땜 289, 316
웨이퍼 209, 274
웨이퍼 성형(wafer fabrication) 274
유리전이(glass transition)온도 395, 429
유압식 고정 시스템 364
유연생산 시스템 12
유연성 86
유전공학 441, 480
유전자 434, 481
유전자 복제 435, 481
유전자 코드 481
유한 요소 해석(FEA) 112
응력 386
이송 속도 342, 386
이온 주입 240
인베스트먼트 주조 145, 183, 196
인쇄 회로 기판 20, 250, 274, 280, 316
일반적인 제조 498
입체 표면 경화 153, 174, 196
입체 형상 가공 145, 152, 196

【ㅈ】

자기 잠식 효과 22
자동 재구성 고정구 시스템 364
자연 공차 51
자연 선택 481
재공품 14
재조합 DNA 460, 481
적합성 76
전계효과 트랜지스터 216, 274
전단각 339, 386
전단 응력 340
전단처리 221, 274
전문가 시스템 426
전사 442, 444, 481
전사적 품질경영 12, 62
절삭 가공 153
절삭 깊이 345, 387
절삭력 339, 387
접착 422
접촉층(contact) 217, 274
접합 패드(bonding pads) 274
정밀도 65

정밀 제조 498
정보 세계 494
정확도 65
제약요소 기반 설계 110
제조 2
제조고려설계 5, 111, 145, 310, 316, 415, 416
제한효소 459
조립고려설계 83, 111, 145, 310, 316, 415, 416, 429
조직품질 62
주문형 반도체 212, 274
주형 4
중공성형 393, 411, 429
중심 정리 440, 481
중앙처리장치(Central Processing Unit, CPU) 274, 298, 316
증기기관 8
지각된 품질 76
지그 358, 387
지식 공학 426
집적회로 204, 211, 274

【ㅊ】
차고 334
채널(channel) 215, 274
채터(chatter) 387
척(chuck) 340, 361, 387
철기시대 4
초경합금 절삭 공구 387
초정밀 제조 498
초크랄스키 232

【ㅋ】
캐즘 308
캐즘 넘기 36
컨셉 디자인(creative design) 145
컴파일러(Compiler) 317
컴퓨터 통합 제조 12
컵 371, 387
코돈 455, 481
쾌속 조형 44, 102, 145, 152, 196
쿼드 플랫 패키지 250, 274
크리프 413

【ㅌ】
탄성계수 393, 429
탈랍 주조 4
터닝 358, 387
테이프 자동 본딩 295, 317
테일러 공식 356, 387
테일러리즘 18
토 클램프 361
트랙 282, 317
트랜지스터 205, 210, 274
특색 75

【ㅍ】
파라메트릭 모델링 110
패리슨 411, 429
패킹 403, 429
팹(Fab) 254, 274
편리함 76
포토레지스트(Photoresist) 223, 274
포토리소그래피(photolithography) 221, 234, 274
포토마스크(Photomask) 234, 274
폴리실리콘(Polysilicon) 275
폴리실리콘 게이트 207
표면 거칠기 346, 387
표면 마감 336, 387

표면 실장 기술 288, 292, 317
품질 관리 2
품질 기능 전개 105
플라스틱 사출 144
플라스틱 사출성형 145, 177, 196
플래시 419, 429
플립 칩 기술 288, 295, 317
피로 균열 334
필드 프로그래밍 가능한 게이트 어레이 275

【ㅎ】

하드 드라이브 298
학습 조직 74, 425, 489
한국 4, 12, 260
해독 442, 481
헤드 스택 조립체 304, 317
헤드 짐벌 조립체 304, 317
헨리 포드 2
형상 기반 설계 129, 145
형상 오차 345, 387
형상 적층 조형 175, 197
화학기계적 폴리싱 268
화학적 기상 증착(CVD) 223, 242, 275
환경고려설계 111, 145
환류 방법 292
활성 트랜지스터 영역(active) 275
황삭 336
효소 444, 481
후위처리(back end) 222, 275
후위처리 공정 227

【기타】

APT 348
BiPolar 15
CAD 2
CAM 2, 11
CMOS 15
CNC 347
CSG(constructive solid geometry) 128, 145
DNA 434, 481
DSG(destructive solid geometry) 135, 145
F. W. 테일러 10
G-코드(G-code) 197
ISO 9000 77
Known Good Die(KGD 317
M-코드(M-Code) 197
MOSIS 83
n 값 373, 387
n형 반도체 214, 275
n형 실리콘 213
N형 MOS 275
NMOS 15
p형 반도체 275
p형 실리콘 213
P형 MOS 275
PDA(Personal Digital Assistant) 145
PIH(Pin-In-Hole) 287, 317
Printed Circuit Board Assembly 317
R 값 375, 387
RNA 436, 481
STL 파일 159
3차원 인쇄 152, 153, 172, 197
3차원 잉크젯 프린팅 145, 197
3차원 플로팅 172, 197
6시그마 품질 71

역자 소개

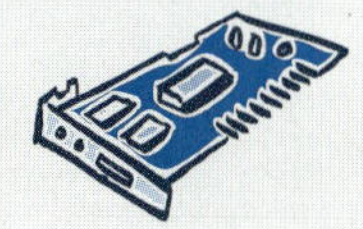

안성훈

스탠퍼드대학교 항공우주공학과 박사

UC 버클리 기계공학과 연구원

서울대학교 기계항공공학부 교수

김형중

서울대학교 대학원 기계항공공학부 박사과정

김휘준

서울대학교 대학원 기계항공공학부 석사

SNU Precision 연구원

김민형

서울대학교 대학원 기계항공공학부 석사

두산중공업 발전 BG 설비기술팀 연구원

김지석

서울대학교 대학원 기계항공공학부 석사

삼성테크윈 Security Solution 기술개발그룹 연구원